QUÍMICA INTEGRADA 3

Caderno de Atividades

José Ricardo L. Almeida
Nelson Bergmann
Franco A. L. Ramunno

editora HARBRA

Direção Geral:	Julio E. Emöd
Supervisão Editorial:	Maria Pia Castiglia
Ilustrações:	KLN Ana Olívia Justo
Editoração Eletrônica:	Neusa Sayuri Shinya
Capa:	Mônica Roberta Suguiyama
Fotografias:	Shutterstock
Impressão e Acabamento:	Gráfica Forma Certa Ltda.

CIP-BRASIL CATALOGAÇÃO NA PUBLICAÇÃO
SINDICATO NACIONAL DOS EDITORES DE LIVROS, RJ

A448q

Almeida, José Ricardo L.
Química integrada 3 / José Ricardo L. de Almeida, Nelson Bergmann, Franco A. L. Ramunno. - 1. ed. - São Paulo : HARBRA, 2019
368p. : il.; 28 cm. (Química integrada)

ISBN 978-85-294-0520-9

1. Química. (Ensino médio) - Estudo e ensino. I. Bergmann, Nelson. II. Ramunno, Franco A. L. III. Título. IV. Série.

18-53845 CDD: 540.712
CDU: 373.5.016:54

QUÍMICA INTEGRADA 3 – CADERNO DE ATIVIDADES

Rua Joaquim Távora, 629
04015-001 São Paulo – SP
Tel.: 5084-2482 Fax: (0.xx.11) 5575-6876
www.harbra.com.br

ISBN 978-85-294-0520-9

Impresso no Brasil *Printed in Brazil*

Apresentação

A Humanidade encontra-se... diante de um grande problema de buscar novas matérias-primas e novas fontes de energia que nunca se esgotarão. Enquanto isso, não devemos desperdiçar o que temos, mas devemos deixar o máximo que for possível para as próximas gerações.

Svante Arrhenius
Químico sueco, prêmio Nobel de Química (1903).

Aproximadamente um século depois de proferidas as palavras acima, hoje a Humanidade se preocupa cada vez mais com a necessidade de poupar recursos e desenvolver processos não só eficazes como também sustentáveis.

E a ciência Química, que já chegou a ser vista como um tipo de "mágica", tem papel fundamental nessa busca da Humanidade, visto que, hoje, a Química está presente em todas as relações humanas, desde as reações que ocorrem dentro do nosso próprio corpo até o processo de produção industrial de fertilizantes, necessários para obtenção de alimentos para os mais de 7 bilhões de habitantes presentes no mundo.

A amplitude e a abrangência da ciência Química podem até mesmo nos amedrontar, mas não podem nos paralisar. Para que isso não ocorra, precisamos conhecer essa Ciência. Não só o que ela foi ou o que ela é, mas também o que ela será. Precisamos, ao longo de nossa jornada no estudo da Química, aprender a integrar os conceitos, possibilitando a interpretação dos acontecimentos no nosso cotidiano à luz dos conhecimentos desenvolvidos dentro da Química.

Assim, sabendo que *Química é transformação e conexão*, desejamos (de forma nada modesta) que todos que nos acompanharem na jornada do estudo da Química transformem a visão que possuem dessa Ciência e a insiram em um mundo que faça jus às particularidades contemporâneas, sem, contudo, esvaziar sua grandeza. Almejamos, com essa coleção, apresentar de forma descontraída, precisa e integrada não só os preceitos básicos, mas também discussões mais aprofundadas sobre a Química.

Os livros da coleção **Química Integrada** buscam aproximar e relacionar conceitos da química orgânica à físico-química, evidenciando as interações entre a Química e outras ciências: o estudo da bioquímica traz à tona as intersecções entre a Química e a Biologia, enquanto que o estudo da eletroquímica aborda conceitos relacionados à geração e utilização da corrente elétrica, em sintonia com conhecimentos desenvolvidos pela Física. Cada volume apresenta exercícios agrupados em séries em ordem crescente de dificuldade, de modo a guiar os alunos nessa escalada de conhecimento. A presença de **Exercícios Resolvidos** também auxilia o estudante no processo de aprendizagem.

Ao final de cada volume da coleção **Química Integrada**, foram inseridos capítulos complementares com exercícios atualizados dos principais vestibulares (como FUVEST, UNICAMP, UNESP, entre outros) e ENEM.

Desde já, deixamos nosso agradecimento especial aos alunos por nos acompanharem na procura por uma visão integrada e transformadora da Química, ressaltando sua importância no século XXI, de forma sustentável e limpa.

Um abraço,
Os autores.

Conteúdo

Equilíbrios Iônicos em Solução Aquosa

Capítulo 1

JASON PATRICK ROSS/SHUTTERSTOCK

No famoso livro "*Viagem ao Centro da Terra*", do escritor francês Jules Verne, o professor Lidenbrock e seu sobrinho Axel embarcam numa aventura em direção ao centro da Terra. Eles iniciam essa empreitada a partir de um vulcão desativado na Islândia e, logo adentrarem nas profundezas da Terra, Axel nota a presença de uma formação rochosa:

"Mas aquilo que formava degraus para nossos pés, tornava-se estalactite nas outras paredes."

Mas o que seriam essas estalactites e como teriam se formado?

Estalactites são depósitos minerais que formam as estruturas das cavernas e revestem seu interior. As estalactites são formações que se originam do teto das cavernas, como pingentes de gelo, e geralmente estão associadas a outras estruturas que estão saindo do chão e são chamadas de estalagmites.

Ambas as palavras remetem à palavra grega "*stalassein*", que significa pingar. Apesar de um pouco assustadoras, essas estruturas crescem simplesmente em decorrência da água que passa sobre o material inorgânico e através dele.

Na maioria dos casos, essas estruturas são encontradas em cavernas de calcário, que é constituído basicamente de carbonato de cálcio ($CaCO_3$). Quando a água (proveniente da chuva, por exemplo) cai sobre uma caverna e escorre pelas rochas, ela carrega dióxido de carbono (CO_2) do ar e o calcário. Essas três substâncias reagem entre si formando o bicarbonato de cálcio, que é solúvel. A solução passa então a ter uma elevada concentração de íons Ca^{2+}, sendo chamada de água dura.

$$H_2O(l) + CO_2(aq) + CaCO_3(s) \rightleftharpoons Ca^{2+}(aq) + 2\,HCO_3^-(aq)$$

Se no teto ocorrer o acúmulo de água dura, podem ocorrer dois fenômenos interessantes:

- com a lenta evaporação da água, a reação acima se desloca para a esquerda, com a formação do precipitado $CaCO_3$. Assim, com o decorrer dos anos, formaram-se as estalactites.
- por outro lado, as gotas de água dura podem gotejar sobre o solo. Nesse caso, o processo de evaporação da água e precipitação do sal ocorrem no próprio solo, formando as conhecidas estalagmites.

Vamos estudar neste capítulo como os íons interferem na posição do equilíbrio e seus cálculos correspondentes.

1. Conceito

É um caso particular dos equilíbrios químicos em que aparecem íons.

Exemplo:

$$2\,CrO_4^{2-} + 2\,H^+ \rightleftharpoons 2\,Cr_2O_7^{2-} + H_2O$$

Os equilíbrios iônicos em solução aquosa mais estudados são: a dissolução de um ácido fraco em água e a dissolução de uma base fraca em água.

A quantidade de íons é verificada pela condutividade elétrica das soluções.

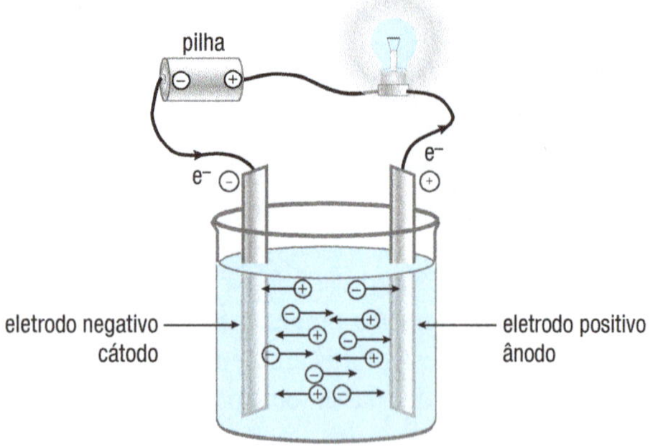

pilha
e⁻
e⁻
eletrodo negativo
cátodo
eletrodo positivo
ânodo

2. Teorias que explicam a formação de íons quando dissolvemos um ácido fraco ou base fraca em água

2.1 Teoria de dissociação de Arrhenius

a) Para Arrhenius, ao dissolver um ácido na água ocorre uma dissociação do ácido. Esta dissociação (separação) ocorre devido às colisões entre as moléculas do ácido com as moléculas da água. Esta colisão rompe a ligação covalente do ácido, formando íons.

$$\text{ácido} \overset{H_2O}{\rightleftharpoons} H^+ + \text{ânion} \qquad Ka, \alpha$$

A constante de equilíbrio nesse processo é chamada constante de dissociação do ácido (Ka) e o rendimento da reação (α) é chamado grau de dissociação que pode ser calculado pela expressão:

$$\alpha = \frac{\text{quantidade em mols dissociados}}{\text{quantidade em mols dissolvidos}}$$

ácido fraco $\alpha \leqslant 5\%$; base fraca $\alpha \leqslant 5\%$.

Exemplos:

- $CH_3COOH \rightleftharpoons H^+ + CH_3COO^- \quad Ka = 1{,}8 \cdot 10^{-5}$

$$Ka = \frac{[H^+]\,[CH_3COO^-]}{[CH_3COOH]}$$

- $HCN \rightleftharpoons H^+ + CN^- \quad Ka = 4{,}9 \cdot 10^{-10}$

$$Ka = \frac{[H^+]\,[CN^-]}{[HCN]}$$

Conclusão: CH_3COOH é mais forte que HCN.

> Quanto maior for o valor da constante de dissociação de um ácido (Ka), maior será a força desse ácido.

b) Ka para diácidos, triácidos...

Vamos dissolver H_2S na água:

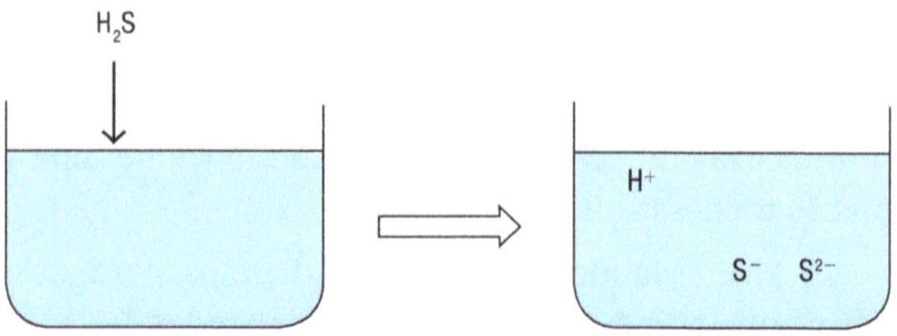

H₂S
H⁺
S⁻
S²⁻

Através de uma análise química na solução, verificamos a presença de íons H^+, HS^- e S^{2-}, sendo que a quantidade de íons HS^- é maior que S^{2-}.

Conclusão: a dissociação de H_2S em água ocorre em duas etapas, sendo que a primeira etapa é mais intensa que a segunda, pois a carga negativa dificulta a saída do H^+.

$$H_2S \rightleftharpoons H^+ + HS^- \quad K_1 = 1{,}3 \cdot 10^{-7}$$

$$HS^- \rightleftharpoons H^+ + S^{2-} \quad K_2 = 7{,}1 \cdot 10^{-15}$$

equação global $$H_2S \rightleftharpoons 2\,H^+ + S^{2-}$$

$$K_3 = K_1 \cdot K_2 = 2{,}2 \cdot 10^{-23}$$

$$K_1 = \frac{[H^+]\,[HS^-]}{[H_2N]} \quad K_2 = \frac{[H^+] \cdot [S^{2-}]}{[HS^-]} \quad K_3 = \frac{[H^+]^2 \cdot [S^{2-}]}{[H_2S]}$$

Para poliácidos: $K_1 > K_2 > ...$

c) Para Arrhenius, ao dissolver uma base na água ocorre uma separação entre o cátion e o ânion hidróxido (OH^-).

$$\text{base} \xrightleftharpoons{H_2O} \text{cátion} + OH^- \qquad Kb,\ \alpha$$

A constante de equilíbrio nesse processo é chamada constante de dissociação da base (Kb).

Exemplo:

$$NH_4OH \rightleftharpoons NH_4^+ + OH^- \quad Kb = 1{,}8 \cdot 10^{-5}$$

$$Kb = \frac{[NH_4^+]\ [OH^-]}{[NH_4OH]}$$

2.2 Teoria de ionização de Brönsted-Lowry

Essa teoria é mais ampla do que a de Arrhenius, pois utiliza conhecimentos químicos mais avançados, como exemplo, ligação covalente e polaridade.

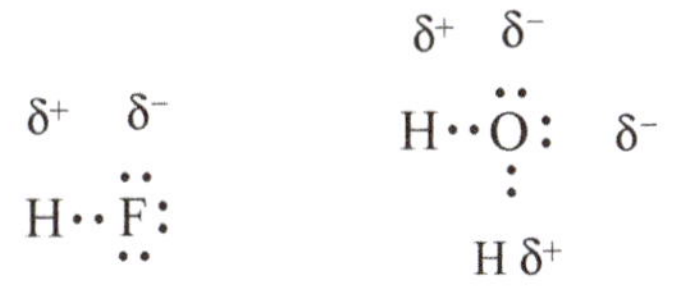

molécula polar   molécula polar

H^+ próton
não tem elétron

Ao dissolver o HF na água, o polo negativo (O) da água atrai o polo positivo do HF(H), ocorrendo uma transferência de próton (H^+) do HF para H_2O formando o cátion H_3O^+ chamado de hidrônio ou hidroxônio e F^-, de acordo a equação química.

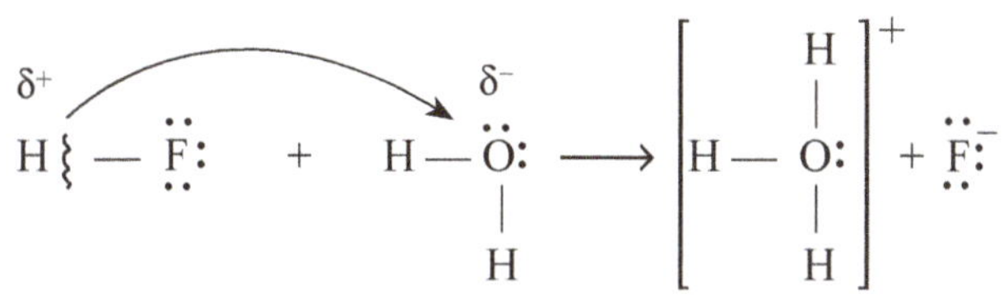

p = 10   p = 11
e = 10   e = 10

p = número de prótons
e = número de elétrons

Outra maneira de escrever:

$$HF + H_2O \xrightarrow{} H_3O^+ + F^- \quad (H^+ \text{ transferido do HF para } H_2O)$$

Ácido de Brönsted: espécie química que fornece H^+ (próton).
Base de Brönsted: espécie química que recebe H^+ (próton).

Essa reação é chamada de **ionização**, pois temos a formação de íons. A ionização é um processo **reversível**, isto é, os reagentes originam os produtos e os produtos regeneram os reagentes.

Os íons H_3O^+ e F^- se atraem e colidem entre si ocorrendo uma transferência de H^+ para o F^- formando o HF e H_2O.

$$H_3O^+ + F^- \longrightarrow HF + H_2O \quad (H^+)$$

De acordo com Brönsted temos dois ácidos e duas bases.

$$\text{ácido 1} + \text{base 1} \rightleftharpoons \text{ácido 2} + \text{base 2} \quad (H^+ \text{ em cada sentido})$$

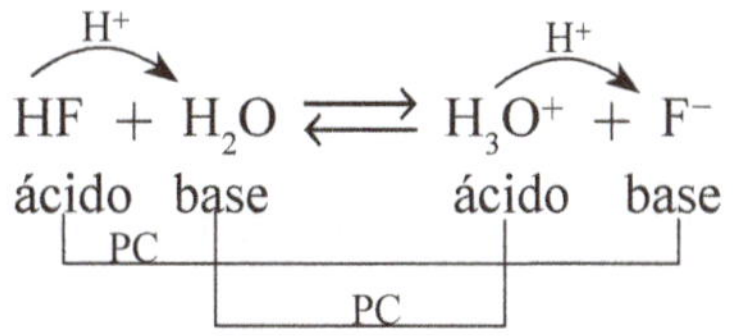

Par conjugado é um ácido e uma base de Brönsted que diferem de 1 H^+ (próton).

HF e F^-; H_2O e H_3O^+

Exemplos de ionização envolvendo ácidos fracos.

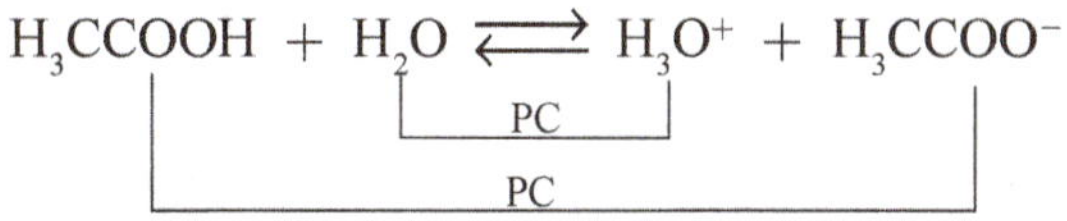

$$Ka = 1{,}8 \cdot 10^{-5}$$

$$Ka = \frac{[H_3O^+]\,[H_3CCOO^-]}{[H_3CCOOH]}$$

- $HCN + H_2O \rightleftharpoons H_3O^+ + CN^-$

  $Ka = 4{,}9 \cdot 10^{-10}$

  $$Ka = \frac{[H_3O^+]\,[CN^-]}{[HCN]}$$

  Ka = constante de ionização do ácido

Exemplos de ionização envolvendo bases fracas.

- $NH_3 + H_2O \rightleftharpoons NH_4^+ + OH^-$ $\quad Kb = 1{,}8 \cdot 10^{-5}$

  (PC: NH_3 / NH_4^+; PC: H_2O / OH^-)

  $$Kb = \frac{[NH_4^+]\,[OH^-]}{[NH_3]}$$

- $H_3C - NH_2 + H_2O \rightleftharpoons H_3C - NH_3^+ + OH^-$

  (PC: $H_3C - NH_2$ / $H_3C - NH_3^+$; PC: H_2O / OH^-)

  $Kb = 3{,}9 \cdot 10^{-4}$

  $$Kb = \frac{[H_3C - NH_3^+]\,[OH^-]}{[H_3C - NH_2]}$$

  Kb = constante de ionização da base.

Conclusão: $H_3C - NH_2$ é mais forte que NH_3.

> Quanto maior for o valor da constante de ionização de uma base (Kb), maior será a força dessa base.

Explicação: por que a concentração da água não entra na expressão da constante de ionização (Ka ou Kb)?

$$NH_3 + H_2O \rightleftharpoons NH_4^+ + OH^-$$

A água é o solvente da reação. Nas soluções diluídas do soluto a concentração da água é muito grande e praticamente invariável com a reação.

$$[H_2O] >> [NH_3] \;\therefore\; [H_2O]\text{ inicial} \cong [H_2O]\text{ final}$$

Por isso, a concentração em mol/L da água não é incluída na expressão de constante de equilíbrio, como no caso dos sólidos.

Atenção:

$$CH_3COOH(solv) \quad CH_3CH_2OH(solv) \rightleftharpoons CH_3COOCH_2CH_3(solv) + H_2O(solv)$$

$$K_C = \frac{[CH_3COOCH_2CH_3]\;[H_2O]}{[CH_3COOH]\;[CH_3CH_2OH]}$$

Nesse caso a concentração da água entrou na expressão da constante de equilíbrio, pois a água não é o solvente.

Embora a ionização seja o mais correto, os químicos continuam usando a dissociação de acordo com a Teoria de Arrhenius.

2.3 Força envolvendo par conjugado

Se o ácido for mais forte que H_3O^+, a transferência de H^+ do ácido para água é mais fácil do que a transferência de H^+ do H_3O^+ para o ânion, resultando Ka > 1.

H^+ fácil (HCl → H_2O) $\quad$ H^+ difícil (H_3O^+ → Cl^-)

$HCl + H_2O \rightleftharpoons H_3O^+ + Cl^-$ $\qquad Ka = 1 \cdot 10^7$

ácido forte $\quad$ base fraca

Se o H_3O^+ for mais forte que o ácido, a transferência de H^+ do ácido para água será mais difícil do que a transferência de H^+ de H_3O^+ para o ânion, resultando Ka < 1.

H^+ difícil (HCN → H_2O) $\quad$ H^+ fácil (H_3O^+ → CN^-)

$HCN + H_2O \rightleftharpoons H_3O^+ + CN^-$ $\qquad Ka = 4{,}9 \cdot 10^{-10}$

ácido fraco $\quad$ base forte

> **Conclusão:** se o ácido é forte a sua base conjugada é fraca e vice-versa.

Força de ácido crescente ↑ | Força de base crescente ↓

Nome do ácido	Ácido	Ka	Base	Kb	Nome da base
ácido perclórico	$HClO_4$	grande	ClO_4^-	muito pequena	íon perclorato
ácido súlfurico	H_2SO_4	grande	HSO_4^-	muito pequena	íon hidrogenossulfato
ácido clorídrico	HCl	grande	Cl^-	muito pequena	íon cloreto
ácido nítrico	HNO_3	grande	NO_3^-	muito pequena	íon nitrato
íon hidrônio	H_3O^+	55,5	H_2O	$1,8 \cdot 10^{-16}$	água
ácido sulfuroso	H_2SO_3	$1,2 \cdot 10^{-2}$	HSO_3^-	$8,3 \cdot 10^{-13}$	íon hidrogenossulfito
ácido cianídrico	HCN	$4,0 \cdot 10^{-10}$	CN^-	$2,5 \cdot 10^{-5}$	íon cianeto

$HClO_4$, H_2SO_4, HX, HNO_3 > H_3O^+ > demais (H_2SO_3, HCN)
ácidos fortes — ácidos fracos

HX: HCl, HBr, HI

3. Deslocamento de equilíbrios iônicos

3.1 Diluição de um ácido fraco e base fraca. Adição de água

Considere o equilíbrio de um ácido fraco: HAc (ácido acético)

$$HAc \rightleftharpoons H^+ + Ac^- \qquad Ka = 1,8 \cdot 10^{-5}$$

equilíbrio: $v_1 = v_2$

$$v_1 = k_1 [HAc] \qquad v_2 = k_2 [H^+]\ [Ac^-]$$

$$H_2O \downarrow$$

$$HAc \rightleftharpoons H^+ + Ac^-$$

Ao adicionar água, o volume da solução aumenta, acarretando uma diminuição das concentrações de HAc, H^+ e Ac^-, portanto, perturbando o equilíbrio.

É fácil observar que v_2 diminui mais que v_1, deslocando o equilíbrio para a direita, aumentando o rendimento da reação (α aumenta) e a quantidade de íons H^+ e Ac^-.

$$\underset{\text{diminui}}{v_1 = k_1 [HAc]} \qquad v_2 = k_1 \underset{\text{diminui}}{[H^+]} \quad \underset{\text{diminui}}{[Ac^-]}$$

Conclusões:

Adição de água → α aumenta → α tende a 100%

Adição de água → direta → quantidade de íons aumentam (n aumenta)

$$[Ac^-] = \frac{n}{V} \xrightarrow{H_2O} \underset{\text{diminui}}{[Ac^-]} = \frac{n \ (\text{aumenta})}{V \ (\text{aumenta muito})}$$

Conclusão: quantidade em mol dos íons aumenta, concentração de íons em mol · L^{-1} diminui.

- pH da solução aumenta ($pH = -\log [H^+]$).
- Condutividade elétrica da solução diminui.
- Ka permanece constante.

Vamos discutir agora uma expressão matemática que envolve Ka ou Kb com grau de dissociação (α) e a concentração em mol/L (M), usando um ácido fraco HA.

	HA $\rightleftarrows$	H^+	+ A^-
início	M	–	–
reage e forma	αM	αM	αM
equilíbrio	$M - \alpha M$	αM	αM

$$Ka = \frac{[H^+]\ [A^-]}{[HA]} \quad \therefore \quad Ka = \frac{\alpha M \cdot \alpha M}{M(1-\alpha)}$$

$Ka = \dfrac{\alpha^2 M}{1-\alpha}$ essa expressão é conhecida como lei da diluição de Ostwald.

$\alpha \leqslant 5\%$ $\quad 1 - \alpha \cong 1$ $\quad \boxed{Ka = \alpha^2 M}$ ou $\boxed{Kb = \alpha^2 M}$

Essa fórmula explica a diluição.

Com adição de água

α aumenta M diminui

$K = \uparrow \alpha^2 \cdot M \downarrow$ para K continuar constante.

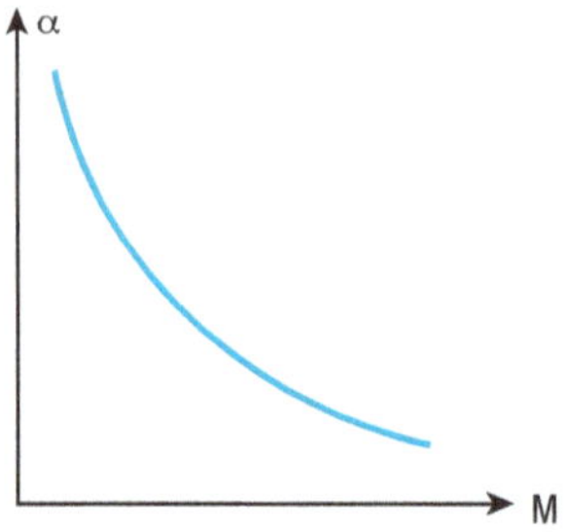

α
M

Em exercícios numéricos envolvendo Kb e Ka, para facilitar a resolução utilizamos as seguintes equações.

ácido fraco com $\alpha \leqslant 5\%$

$Ka = \alpha^2 M$, $[H^+] = \alpha M$, $[H^+] = \sqrt{Ka \cdot M}$

base fraca com $\alpha \leqslant 5\%$

$Kb = \alpha^2 M$, $[OH^-] = \alpha M$, $[OH^-] = \sqrt{Kb \cdot M}$

Provando $[H^+] = \sqrt{Ka \cdot M}$

$$Ka = \alpha^2 M \quad [H^+] = \alpha M \quad \alpha = \frac{[H^+]}{M} \quad Ka = \frac{[H^+]^2}{M^2} M$$

$$Ka \cdot M = [H^+]^2 \quad \therefore \quad [H^+] = \sqrt{Ka \cdot M}$$

3.2 Efeito do íon comum

Íon comum é um íon adicionado no equilíbrio, que é igual ao íon presente no equilíbrio.

Exemplo: vamos adicionar 1 mol de ácido (HA) em água suficiente para completar 1 L de solução, cujo grau de dissociação é 20%

	HA $\rightleftarrows$	H^+	+ A^-
início	1	–	–
reage e forma	0,2	0,2	0,2
equilíbrio	0,8	0,2	0,2

$$Ka = \frac{[H^+]\ [A^-]}{[HA]} \quad \therefore$$

$$Ka = \frac{2 \cdot 10^{-1} \cdot 2 \cdot 10^{-1}}{8 \cdot 10^{-1}} \quad \therefore \quad Ka = 5 \cdot 10^{-2}$$

Vamos agora adicionar a essa solução um pouco de sal solúvel que possua o íon A^- (íon comum), por exemplo, 0,35 mol de NaA.

NaA (0,35 mol)

$\downarrow$

HA $\rightleftarrows$	H^+ +	A^-
0,8	0,2	0,2

	HA $\rightleftarrows$	H^+	+ A^-
equilíbrio	0,8	0,2	0,2
adição de A^-	0,8	0,2	0,55
reage e forma	+x	−x	−x desloca para a esquerda
novo equilíbrio	0,8 + x	0,2 − x	0,55 − x

$$Ka = \frac{[H^+]\ [A^-]}{[HA]} \quad \therefore$$

$$5 \cdot 10^{-2} = \frac{(0{,}2 - x) \cdot (0{,}37 - x)}{(0{,}8 + x)} \quad \therefore \quad x = 0{,}1$$

	[HA] $\rightleftarrows$	H^+	+ A^-
novo equilíbrio	0,9	0,1	0,45

Perceba que o rendimento (α) diminui

	H^+	
equilíbrio	0,2 ______	20%
novo equilíbrio	0,1 ______	x $\quad \therefore \quad$ x = 10%

Percebemos então que a adição de um íon comum desloca o equilíbrio de dissociação para a esquerda. Perceba:

- Ka ou Kb não se altera, pois ela depende apenas da temperatura.
- A concentração de íons H^+ diminui.
- O grau de dissociação do ácido diminui.
- pH da solução aumenta ($pH = -\log [H^+]$).

3.3 Efeito do íon não comum

É possível deslocar um equilíbrio iônico mesmo sem adicionar um íon comum. Para isso basta que o íon adicionado reaja com um dos participantes do equilíbrio.

Exemplo:

$$\overset{\text{NaOH}}{\downarrow}$$

$$\underset{\text{amarelo}}{2\,CrO_4^{2-}(aq) + 2\,H^+(aq)} \rightleftharpoons \underset{\text{alaranjado}}{Cr_2O_7^{2-}(aq) + H_2O(l)}$$

A adição de OH^- nesse equilíbrio desloca para a esquerda, pois reage com H^+ diminuindo sua concentração, de acordo com a equação química:

$$H^+ + OH^- \longrightarrow H_2O$$

Como consequência a solução fica amarela.

Exercícios Série Prata

1. A dissociação do ácido acético, presente no vinagre, pode ser assim equacionada:

$$CH_3COOH \rightleftharpoons CH_3COO^- + H^+$$

A expressão correta para a constante de acidez (constante de dissociação) desse composto é:

a) $\dfrac{[H^+]}{[CH_3COO^-]}$

b) $\dfrac{[H^+] \cdot [CH_3COO^-]}{[CH_3COOH]}$

c) $\dfrac{[H^+] + [CH_3COOH]}{[CH_3COO^-]}$

d) $\dfrac{[CH_3COOH]}{[H^+] \cdot [CH_3COO^-]}$

e) $\dfrac{[H^+] + [CH_3COO^-]}{[CH_3COOH]}$

2. (UEL – PR) Na comparação entre as forças de ácidos é correto afirmar que o ácido mais forte tem maior:

a) massa molecular.
b) densidade.
c) temperatura de ebulição.
d) temperatura de fusão.
e) constante de dissociação.

3. (PUC – MG) A constante de dissociação dos ácidos em água (Ka) indica a força relativa dos ácidos. De acordo com a tabela seguinte, o ácido mais fraco é o:

Ácido	Ka (25 °C)
H_2SO_3	$1{,}6 \cdot 10^{-2}$
HNO_2	$4{,}0 \cdot 10^{-4}$
C_6H_5COOH	$6{,}6 \cdot 10^{-5}$
H_2S	$1{,}0 \cdot 10^{-7}$
HCN	$4{,}0 \cdot 10^{-10}$

a) HCN
b) H_2S
c) C_6H_5COOH
d) HNO_2
e) H_2SO_3

4. Três ácidos presentes no cotidiano são:

- HCl ($Ka = 10^{+7}$), vendido comercialmente impuro como "ácido muriático" e usado para limpar pisos e paredes.
- H_3PO_4 ($Ka = 7{,}6 \cdot 10^{-3}$), usado como acidulante em refrigerantes, balas e gomas de mascar.
- H_2CO_3 ($Ka = 4{,}3 \cdot 10^{-7}$), presente em bebidas com gás. Sobre eles, alguns alunos fizeram as seguintes afirmações. Qual delas é a correta?

a) O H_2CO_3 é o mais fraco.
b) O H_3PO_4 é o mais forte, pois apresenta mais hidrogênios na molécula.

c) O H_3PO_4 é o mais forte, pois apresenta mais oxigênios na molécula.
d) H_2CO_3 é mais forte que HCl.
e) HCl é o mais fraco dos três.

5. (UNIFOR – CE) O ácido mais forte da série é:

Ácido	Ka (25 °C)
nitroso – HNO_2	$4,5 \cdot 10^{-4}$
fórmico – HCOOH	$1,8 \cdot 10^{-4}$
acético – H_3COOH	$1,8 \cdot 10^{-5}$
hipocloroso – HClO	$3,5 \cdot 10^{-8}$
hipobromoso – HBrO	$2,0 \cdot 10^{-9}$

a) HNO_2
b) HCOOH
c) H_3CCOOH
d) HClO
e) HBrO

6. (PUC – MG) A seguir estão tabeladas as constantes de ionização (Ka) em solução aquosa a 25 °C.

Ácido	Ka (25 °C)
HBrO	$2 \cdot 10^{-9}$
HCN	$4,8 \cdot 10^{-10}$
HCOOH	$1,8 \cdot 10^{-4}$
HClO	$3,5 \cdot 10^{-8}$
$HClO_2$	$4,9 \cdot 10^{-3}$

A ordem decrescente de acidez está corretamente representada em:

a) $HClO_2$ > HCOOH > HClO > HBrO > HCN
b) HCN > HBrO > HClO > HCOOH > $HClO_2$
c) $HClO_2$ > HClO > HCOOH > HCN > HBrO
d) HCOOH > HClO > $HClO_2$ > HBrO > HCN
e) $HClO_2$ > HBrO > HClO > HCOOH > HCN

7. (FUC – MT) Considere soluções aquosas de mesma concentração em mol/L dos ácidos relacionados na tabela.

Ácido	Ka (25 °C)
ácido nitroso (HNO_2)	$5,0 \cdot 10^{-4}$
ácido acético (H_3C – COOH)	$1,8 \cdot 10^{-5}$
ácido hipocloroso (HClO)	$3,2 \cdot 10^{-8}$
ácido cianídrico (HCN)	$4,0 \cdot 10^{-10}$

Podemos concluir que:

a) o ácido que apresenta maior acidez é o ácido cianídrico.
b) o ácido que apresenta menor acidez é o ácido acético.
c) o ácido que apresenta menor acidez é o ácido hipocloroso.
d) o ácido que apresenta maior acidez é o ácido nitroso.
e) todos os ácidos apresentam a mesma acidez.

8. Complete com **forte** ou **fraco** ou **fraca**.

a) H_3CCOOH ($Ka = 1,8 \cdot 10^{-5}$) é ácido mais ______________ que o HCN ($Ka = 4,0 \cdot 10^{-10}$).
b) CN^- é base mais ______________ que o CH_3COO^-.
c) Se o ácido for mais fraco a sua base conjugada será mais ______________.
d) Se o ácido for mais forte a sua base conjugada será mais ______________.

9. (UFRN) A amônia (NH_3) é um gás incolor e de cheiro irritante que, quando borbulhado em água, origina uma solução denominada amoníaco, utilizada na fabricação de produtos de limpeza doméstica. Quando dissolvida em água, a amônia sofre ionização, que pode ser representada por:

$$NH_3(g) + H_2O(l) \rightleftharpoons NH_4^+(aq) + OH^-(aq)$$

No equilíbrio acima, as espécies que se comportam como ácidos de Brönsted-Lowry são:

a) H_2O e NH_4^+
b) NH_3 e NH_4^+
c) H_2O e NH_3
d) NH_3 e OH^-

10. (UFAL) De acordo com Brönsted-Lowry, "um ácido libera prótons para uma base e uma base aceita prótons de um ácido".

$$HCl(aq) + NH_3(aq) \rightleftarrows NH_4^+(aq) + Cl^-(aq)$$

Na equação acima, dentro do conceito de Brönsted-Lowry, são ácidos as espécies químicas:

a) $HCl(aq)$ e $NH_3(aq)$
b) $HCl(aq)$ e $NH_4^+(aq)$
c) $HCl(aq)$ e $Cl^-(aq)$
d) $NH_3(aq)$ e $NH_4^+(aq)$
e) $NH_4^+(aq)$ e $Cl(aq)$

11. (UNIRIO – RJ) "Imagens de satélite do norte da África mostram que áreas do Deserto do Saara afetadas durante décadas pela seca estão ficando verdes novamente. (...) A causa dessa retração deve-se provavelmente ao maior volume de chuvas que cai sobre a região." (www.bbc.co.uk)

A água é uma substância peculiar e sua molécula possui propriedades anfipróticas. A seguir estão descritas três reações:

$NH_3 + H_2O \rightleftarrows NH_4^+ + OH^-$ (reação 1)
$HBr + H_2O \rightleftarrows Br^- + H_3O^+$ (reação 2)
$HNO_2 + H_2O \rightleftarrows NO_2^- + H_3O^+$ (reação 3)

Assinale a opção que contém o comportamento da água em cada reação:

	Reação 1	Reação 2	Reação 3
a)	ácido	base	ácido
b)	base	base	ácido
c)	ácido	ácido	base
d)	ácido	base	base

12. (UERJ) O controle do pH do sangue humano é um processo complexo que envolve o cérebro, os pulmões e os rins. Neste processo, o íon hidrogenocarbonato desempenha uma importante função tamponante. Em relação ao íon hidrogenocarbonato, escreva o nome da espécie química que desempenha o papel de seu ácido conjugado e indique a fórmula de sua base conjugada.

13. (UFFRJ) Sabe-se que, em água, alguns ácidos são melhores doadores de prótons que outros e algumas bases são melhores receptoras de prótons que outras. Seguindo Brönsted, por exemplo, o HCl é um bom doador de prótons e considerado um ácido forte.

a) Quanto mais forte a base, mais forte é seu ácido conjugado.
b) Quanto mais forte o ácido, mais fraca é sua base conjugada.
c) Quanto mais fraco o ácido, mais fraca é sua base conjugada.
d) Quanto mais forte a base, mais fraca é sua base conjugada.
e) Quanto mais forte o ácido, mais fraco é seu ácido conjugado.

14. (UFES) Considere as dissociações:

$H_2S \rightleftarrows H^+ + HS^-$ $\quad \alpha_1, K_1$
$HS^- \rightleftarrows H^+ + S^{2-}$ $\quad \alpha_2, K_2$

Podemos afirmar que:

a) $\alpha_1 = \alpha_2$ e $K_1 = K_2$
b) $\alpha_1 > \alpha_2$ e $K_1 < K_2$
c) $\alpha_1 < \alpha_2$ e $K_1 < K_2$
d) $\alpha_1 > \alpha_2$ e $K_1 > K_2$

15. (UFES) Considere as dissociações e complete.

$H_2S \rightleftarrows H^+ + HS^-$ $\quad K_1$
$HS^- \rightleftarrows H^+ + S^{2-}$ $\quad K_2$

$H_2S \rightleftarrows 2\,H^+ + S^{2-}$ $\quad K =$

16. Complete.

Em decorrência do uso do pH, a letra p minúscula passou a significar, em Química, − log.

a) pKa = ______________________________ .

b) pKb = ______________________________ .

c) Quanto menor o pKa mais __________________ é o ácido.

d) Quanto menor o pKb mais __________________ é a base.

17. Complete com **fraco** ou **forte**.

$HNO_2 \rightleftarrows H^+ + NO_2^-$ pKa = 3,3

$HCN \rightleftarrows H^+ + CN^-$ pKa = 9,3

HNO_2 é o ácido mais ________________ que HCN.

As questões **18** a **25** referem-se ao esquema a seguir:

↓ água

$HA \rightleftarrows H^+ + A^-$

ácido fraco

18. Complete com **aumentam** ou **diminuem**.

As concentrações HA, H^+ e A^- ________________ devido à adição de água.

19. Complete com > ou <.

Q ________________ Ka devido à adição de água.

20. Complete com **direita** ou **esquerda**.

O equilíbrio se desloca para a ________________ devido à adição de água.

21. Complete com **constante** ou **não constante**.

O valor de Ka permanece ________________ devido à adição de água.

22. Complete com **aumentam** ou **diminuem**.

A quantidade de íons H^+ e A^- ________________ devido à adição de água.

23. Complete com **aumenta** ou **diminui**.

O rendimento ou grau de dissociação (α) ____ ________________ devido à adição de água.

24. Complete com **aumenta** ou **diminui**.

A condutividade elétrica ________________ devido à adição de água, pois a concentração dos íons diminuem.

25. Complete com **aumenta** ou **diminui**.

O pH ($pH = -\log [H^+]$) ________________ devido à adição de água.

26. Complete.

a)

	HA(aq) $\rightleftarrows$	**H⁺(aq)** +	**A⁻(aq)**
início	M	–	–
reage e forma	αM		
equilíbrio			

b) $[H^+]$ = ______________ $[OH^-]$ = ______________ .

c) Ka = ______________ Kb = ______________ .

Essa expressão matemática de Ka ou de Kb é conhecida como lei da diluição de Ostwald.

27. Complete com **zero** ou **1**.

a) ácido fraco com α ⩽ 5%

$1 - \alpha \cong$ ______________ , Ka = ______________

$[H^+] = \sqrt{}$

b) base fraca com α ⩽ 5%

$1 - \alpha \cong$ ______________ , Kb = ______________

$[OH^-] = \sqrt{}$

28. Complete com **aumenta** ou **diminui**.

Quando diluímos uma solução de ácido ou base, ambos fracos, o valor de M ________________ e, em consequência, α ________________ para que o produto $\alpha^2 M$ permaneça constante.

29. Considere o esquema.

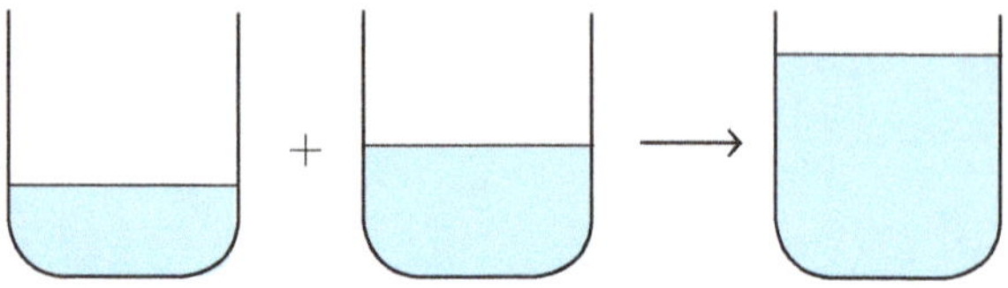

ácido fraco
água
nova solução

Complete com **aumenta** ou **diminui**.

α da nova solução ________________ .

30. Um ácido HX apresenta uma constante de ionização igual a 10^{-6}, a 25 °C. Calcule o grau de ionização desse ácido numa solução 0,01 mol/L a 25 °C.

$Ka = \alpha^2 M$

31. Um monoácido fraco tem constante de ionização igual a 10^{-9}, a 25 °C. Esse ácido numa solução 0,1 mol/L terá que grau de ionização?

$Ka = \alpha^2 M$

32. Sabendo-se que o ácido cianídrico, HCN, numa solução aquosa 0,1 mol/L, encontra-se 0,007% ionizado, determine a concentração de H^+ e a de CN^- na solução.

$[H^+] = \alpha \cdot M$

33. Qual é o valor de $[H^+]$ numa solução 0,01 mol/L de um monoácido que apresenta $Ka = 4 \cdot 10^{-6}$?

$[H^+] = \sqrt{Ka \cdot M}$

34. (FEI – SP) Uma solução 0,01 mol/L de um monoácido está 4% ionizada. A constante de ionização desse ácido é:

a) $16,66 \cdot 10^{-3}$
b) $1,6 \cdot 10^{-5}$
c) $3,32 \cdot 10^{-5}$
d) $4 \cdot 10^{-5}$
e) $3 \cdot 10^{-6}$

$Ka = \alpha^2 \cdot M$

35. Podemos considerar a constante de basicidade (Kb) da amônia como valendo $2 \cdot 10^{-5}$. Qual o valor de $[OH^-]$ numa solução 0,05 mol/L de amônia?

$[OH^-] = \sqrt{Kb \cdot M}$

36. Qual é a concentração em mol/L de uma solução de ácido cianídrico, sabendo-se que ele está 0,01% dissociado e que a constante de dissociação, na mesma temperatura, é $7,2 \cdot 10^{-10}$?

$Ka = \alpha^2 M$

37. (ITA – SP – adaptada) Observe o esquema:

NaCN
↓

$$HCN \rightleftharpoons H^+ + CN^-$$

a) Indique para qual lado o equilíbrio é deslocado.
b) O grau de ionização aumenta, diminui ou não se altera?
c) A $[H^+]$ aumenta, diminui ou não se altera?
d) A Ka aumenta, diminui ou não se altera?

38. (CESGRANRIO – RJ) Qual dos sais abaixo poderia diminuir o grau de ionização da base NH_4OH?

a) NaCl
b) $NaNO_3$
c) NH_4Cl
d) H_2SO_4
e) $CaCl_2$

39. (FUVEST - SP) No vinagre ocorre o seguinte equilíbrio:

$$H_3CCOOH \rightleftharpoons H^+ + H_3CCOO^-$$

Que efeito provoca nesse equilíbrio a adição de uma substância básica? Justifique sua resposta.

40. (FUVEST - SP) Considere o seguinte equilíbrio em solução aquosa:

$$2\ CrO_4^{2-} + 2\ H^+ \rightleftharpoons Cr_2O_7^{2-} + H_2O$$

Para deslocar o equilíbrio no sentido da formação do íon dicromato será necessário adicionar:

a) ácido clorídrico.
b) hidróxido de sódio.
c) hidróxido de amônio.
d) água.
e) sal de bário para precipitar $BaCrO_4$.

41. (PUC - Campinas - SP) Para aumentar efetivamente a concentração de íons carbonato no equilíbrio:

$$HCO_3^- + OH^- \rightleftharpoons H_2O + CO_3^{2-}$$

deve-se adicionar:

a) HCl.
b) NaOH.
c) H_2SO_4.
d) H_2O.
e) CH_3COOH.

42. No equilíbrio

$$HS^- + H_2O \rightleftharpoons H_3O^+ + S^{2-}$$

a adição de qual íon irá aumentar efetivamente a concentração de íons S^{2-}?

a) H_3O_7
b) Br^-
c) Cl^-
d) OH^-
e) Na^+

43. (MACKENZIE - SP) Sejam os equilíbrios aquosos e suas constantes de dissociação a 25 °C.

$$HF \rightleftharpoons H^+ + F^- \quad K_1 = 10^{-4}$$
$$HA \rightleftharpoons H^+ + A^- \quad K_2 = 10^{-5}$$

O valor da constante de equilíbrio da reação abaixo é:

$$HF + A^- \rightleftharpoons HA + F^-$$

a) 10^{-9}
b) 10^{-5}
c) 10
d) 10^{-1}
e) 10^{-20}

44. (UERJ) Numa aula experimental, foram preparadas quatro soluções eletrolíticas com a mesma concentração de soluto e as mesmas condições adequadas para o estabelecimento de um estado de equilíbrio (figura 1). A seguir, cada uma dessas soluções foi submetida a um teste de condutividade elétrica. Observe a seguir o esquema do teste realizado (figura 2).

Figura 1

I	$CH_3COOH(aq) \underset{2}{\overset{1}{\rightleftharpoons}} H^+(aq) + CH_3COO^-(aq)$
II	$KCl(aq) \underset{2}{\overset{1}{\rightleftharpoons}} K^+(aq) + Cl^-(aq)$
III	$H_2SO_4(aq) \underset{2}{\overset{1}{\rightleftharpoons}} H^+(aq) + HSO_4^-(aq)$
IV	$Ca(OH)_2(aq) \underset{2}{\overset{1}{\rightleftharpoons}} Ca^{2+}(aq) + 2\ OH^-(aq)$

Figura 2

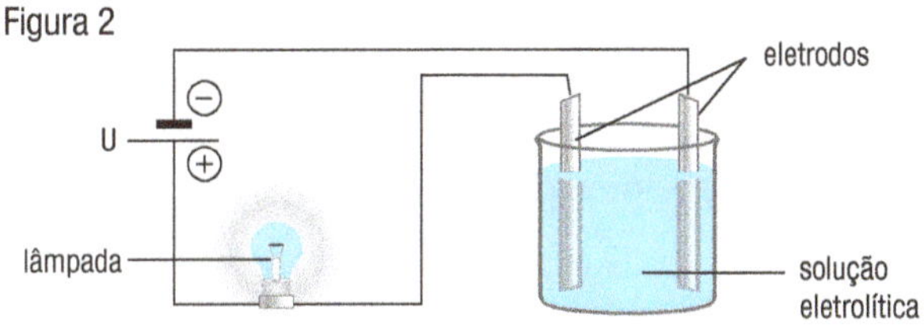
eletrodos
U
lâmpada
solução
eletrolítica

A solução na qual a posição de equilíbrio está acentuadamente deslocada no sentido 2, e provocará, quando submetida ao teste, menor intensidade luminosa da lâmpada, é a de número:

a) I b) II c) III d) IV

45. (UFRRJ) A tabela abaixo relaciona as constantes de ionização em solução aquosa de alguns ácidos a 25°C.

Nome	Fórmula	Ka
ácido acético	CH_3COOH	$1,8 \cdot 10^{-5}$
ácido fórmico	HCOOH	$1,7 \cdot 10^{-4}$
ácido fluorídrico	HF	$2,4 \cdot 10^{-4}$

a) Dentre os compostos acima, o ácido mais fraco é _______________ .

b) A equação de ionização do ácido fórmico em água é _______________ .

c) A expressão da constante de equilíbrio (Ka) para a ionização representada pela equação do item (b) é _______________ .

Exercícios Série Ouro

1. (FATEC – SP) Uma solução aquosa 1 mol/L, de um ácido genérico HA, poderá ser classificada como solução de um ácido forte, se

a) a solução for altamente condutora de corrente elétrica.
b) mudar de cor, de vermelho para azul, o papel de tornassol.
c) apresentar coloração avermelhada na presença do indicador fenolftaleína.
d) mantiver uma concentração de HA muito maior que a concentração dos íons H^+.
e) não se alterar na presença de uma base.

2. (FATEC – SP) Utilizando um dispositivo constituído por dois eletrodos conectados a uma lâmpada, testou-se o grau de condutibilidade elétrica de volumes iguais de duas soluções aquosas, uma do ácido HA e outra do ácido HB. Os resultados foram os seguintes:

Intensidade da luz da lâmpada
- solução de HA: muito intensa
- solução de HB: fraca

De acordo com esses resultados, as soluções de HA e HB podem ser, respectivamente:

a) CH_3COOH 0,01 mol/L e CH_3COOH e 0,1 mol/L.
b) CH_3COOH 0,1 mol/L e H_2SO_4 0,1 mol/L.
c) HCl 0,1 mol/L e CH_3COOH 0,1 mol/L.
d) HCl 0,01 mol/L e H_2SO_4 0,1 mol/L.
e) HCl 0,001 mol/L e H_2SO_4 0,1 mol/L.

3. (UFSCAR – SP) O "gelo seco" é dióxido de carbono sólido, e na condição ambiente sofre sublimação. Colocando-se gelo seco em contato com água destilada contendo o indicador azul de bromotimol, observa-se que a coloração da solução, que inicialmente é verde, torna-se amarelada. Com base nessas informações, é correto afirmar que:

a) a solução final tornou-se alcalina.
b) o pH da solução aumentou.
c) as interações intermoleculares do gelo seco são mais intensas do que as interações intermoleculares da água.
d) o azul de bromotimol adquire coloração amarelada em meio ácido.
e) o gelo seco possui interações intermoleculares do tipo ligação de hidrogênio.

4. (UNICAMP – SP) Água pura, ao ficar em contato com o ar atmosférico durante um certo tempo, absorve gás carbônico, CO_2, o qual pode ser eliminado pela fervura. A dissolução do CO_2 na água doce pode ser representada pela seguinte equação química:

$$CO_2(g) + H_2O(l) \longrightarrow HCO_3^-(aq) + H^+(aq)$$

O azul de bromotimol é um indicador ácido-base que apresenta coloração amarela em soluções ácidas, verde em soluções neutras e azul em soluções básicas.

Uma amostra de água pura foi fervida e em seguida exposta ao ar durante longo tempo.

A seguir, dissolveu-se nessa água o azul de bromotimol.

a) Qual a cor resultante da solução?
b) Justifique sua resposta.

5. (FGV) A amônia é um composto muito versátil, pois seu comportamento químico possibilita seu emprego em várias reações químicas em diversos mecanismos reacionais, como em

I. $HBr(g) + NH_3(aq) \longrightarrow NH_4^+(aq) + Br^-(aq)$
II. $NH_3(g) + CH_3^-(g) \longrightarrow CH_4(g) + NH_2^-(g)$

De acordo com o conceito ácido-base de Lewis, em I a amônia é classificada como ________. De acordo com o conceito ácido-base de Brönsted-Lowry, a amônia é classificada em I e II, respectivamente, como ________ e ________.

Assinale a alternativa que preenche, correta e respectivamente, as lacunas.

a) base — ácido — base
b) base — base — ácido
c) base — ácido — ácido
d) ácido — ácido — base
e) ácido — base — base

Resolução:

Em I, a amônia é classificada como *base de Lewis*, pois fornece par de elétrons ao íon H^+.

$$HBr(g) + H - \ddot{N}(H) - H \quad \therefore \quad \text{base de Lewis}$$
(H^+ transferido ao N)

Em I, a amônia é classificada como *base de Brönsted-Lowry*, pois recebe H^+ (próton) do HBr.

$$HBr(g) + \underset{\text{base de Brönsted}}{NH_3(aq)} \rightleftarrows NH_4^+(aq) + Br^-(aq)$$
(H^+)

Em II, a amônia é classificada como *ácido de Brönsted-Lowry*, pois fornece H^+ (próton) ao CH_3^-(g).

$$\underset{\text{ácido de Brönsted}}{NH_3(g)} + CH_3^-(g) \rightleftarrows CH_4(aq) + NH_2^-(aq)$$
(H^+)

Resposta: alternativa b.

6. (MACKENZIE – SP) Uma substância química é considerada ácida devido a sua tendência em doar íons H^+ em solução aquosa. A constante de ionização Ka é a grandeza utilizada para avaliar essa tendência. Assim, são fornecidas as fórmulas estruturais de algumas substâncias químicas, com os seus respectivos valores de Ka, a 25 °C.

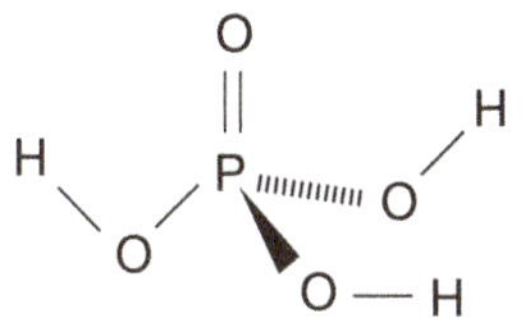

Ka = $7{,}6 \cdot 10^{-3}$

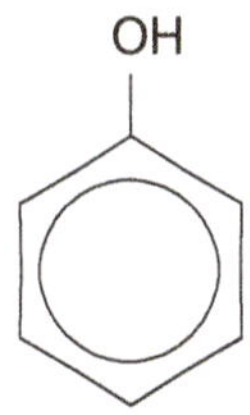

Ka = $1{,}0 \cdot 10^{-10}$

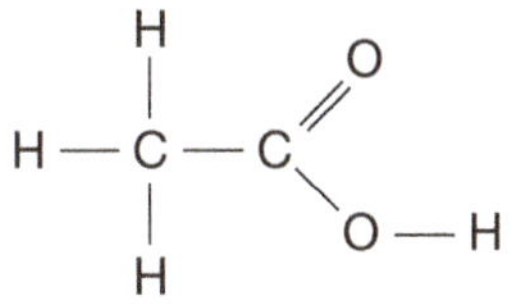

Ka = $1{,}8 \cdot 10^{-5}$

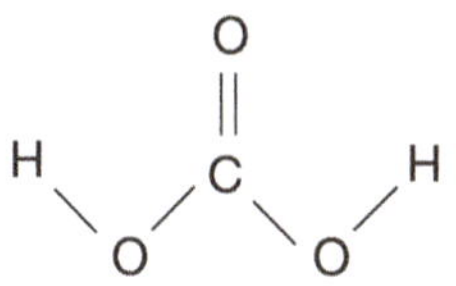

Ka = $4{,}3 \cdot 10^{-7}$

A ordem crescente de acidez das substâncias químicas citadas é

a) ácido fosfórico < ácido etanoico < ácido carbônico < ácido fênico.
b) ácido fênico < ácido carbônico < ácido etanoico < ácido fosfórico.
c) ácido fosfórico < ácido carbônico < ácido etanoico < ácido fênico.
d) ácido fênico < ácido etanoico < ácido carbônico < ácido fosfórico.
e) ácido etanoico < ácido carbônico < ácido fênico < ácido fosfórico.

7. Define-se pK como sendo:

$$pK = -\log K$$

sendo K a constante de equilíbrio.

Considere as reações químicas:

$CH_3NH_2 + H_2O \rightleftharpoons CH_3NH_3^+ + OH^- \quad pK = 3{,}0$

$(CH_3)_3N + H_2O \rightleftharpoons (CH_3)NH^+ + OH^- \quad pK = 4{,}13$

Pode-se afirmar que:

a) A metilamina é uma base mais forte que a trimetilamina.
b) A metilamina é um ácido mais forte que a trimetilamina.
c) A concentração de OH^- no primeiro equilíbrio é menor que a concentração de OH^- no segundo equilíbrio.
d) O pH no primeiro equilíbrio é menor do que 7.
e) No primeiro equilíbrio a amina funciona como ácido e no segundo equilíbrio a amina é uma base.

8. (UFSM – RS) Na construção de barragens usa-se o concreto. Nos primeiros dias de confecção, o concreto tem pH alcalino, o que protege a ferragem da oxidação. Com o tempo, o pH diminui pela carbonatação do concreto que se dá pela presença do H_2CO_3.

Em um teste de carbonatação feito em laboratório, foi usada uma solução de H_2CO_3 de concentração 0,02 mol $\cdot$ L^{-1}, a qual apresenta um grau de dissociação de 0,45% a 25 °C. O valor da primeira constante de dissociação do H_2CO_3, nessa temperatura, é, aproximadamente:

a) $0{,}9 \cdot 10^{-5}$
b) $9 \cdot 10^{-5}$
c) $0{,}4 \cdot 10^{-7}$
d) $9 \cdot 10^{-7}$
e) $4 \cdot 10^{-7}$

9. (PUC – SP) Tem-se 250 mL de uma solução 0,100 mol/L de hidróxido de amônio, à temperatura de 25 °C. Nesta solução ocorre o equilíbrio.

$NH_4OH(aq) \rightleftharpoons NH_4^+(aq) + OH^-(aq)$

$Kb = 1{,}8 \cdot 10^{-5}$

Se esta solução for diluída a 500 mL com água pura e a temperatura permanecer constante, a concentração, em mol/L, de íons OH^- __________ e a quantidade, em mol, de íons OH^- __________ .

a) diminuirá — aumentará.
b) diminuirá — diminuirá.
c) aumentará — aumentará.
d) aumentará — diminuirá.
e) ficará constante — ficará constante.

10. (ITA – SP) Um copo, com capacidade de 250 mL, contém 100 mL de uma solução aquosa 0,10 mol/L em ácido acético na temperatura de 25 °C. Nesta solução ocorre o equilíbrio.

$HOAc(aq) \rightleftharpoons H^+(aq) + OAc^-(aq); K_C = 1{,}8 \cdot 10^{-5}$

A adição de mais 100 mL de água pura a esta solução, com a temperatura permanecendo constante, terá as seguintes consequências:

	Concentração de íons acetato (mol/L)	Quantidade de íons acetato (mol)
a)	vai aumentar	vai aumentar
b)	vai aumentar	vai diminuir
c)	fica constante	fica constante
d)	vai diminuir	vai aumentar
e)	vai diminuir	vai diminuir

11. (FUVEST – SP) Algumas argilas do solo têm a capacidade de trocar cátions da sua estrutura por cátions de soluções aquosas do solo. A troca iônica pode ser representada pelo equilíbrio:

$$R^-Na^+(s) + NH_4^+ \rightleftharpoons R^-NH_4^+(s) + Na^+(aq)$$

em que R representa parte de uma argila.

Se o solo for regado com uma solução aquosa de um adubo contendo NH_4NO_3, o que ocorre com o equilíbrio acima?

a) Desloca-se para o lado do $Na^+(aq)$.
b) Desloca-se para o lado do $NH_4^+(aq)$.
c) O valor de sua constante aumenta.
d) O valor de sua constante diminui.
e) Permanece inalterado.

12. (UNICAMP – SP) Numa solução aquosa diluída de ácido acético (H_3CCOOH) existe o seguinte equilíbrio:

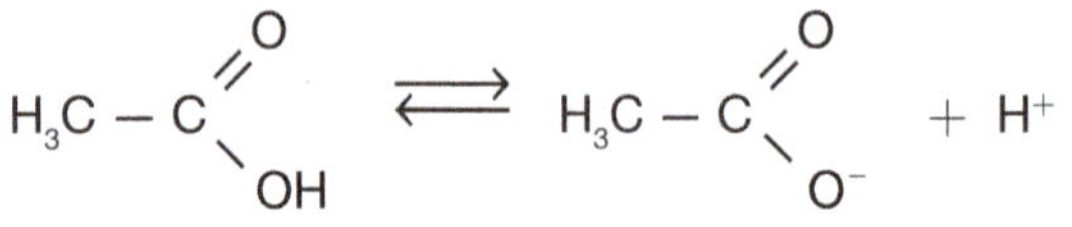
H3C – C
O
OH
H3C – C
O
O–
+ H+

a) O que acontece com a concentração do íon acetato quando adicionamos ácido clorídrico (HCl) a essa solução?

b) Escreva a expressão da constante desse equilíbrio em termos de concentração.

13. (PUC – RS) Considere o equilíbrio químico que se estabelece em uma solução aquosa de ácido acético que pode ser representado pela equação:

$CH_3 - COOH(aq) \rightleftharpoons CH_3 - COO^-(aq) + H^+(aq)$

Mantendo-se constante a temperatura e adicionando-se uma solução aquosa de acetato de sódio, de fórmula $CH_3 - COONa$, é incorreto afirmar que:

a) o equilíbrio se desloca para a esquerda.
b) aumenta a concentração de CH_3COOH.
c) aumenta a concentração do íon CH_3COO^-.
d) diminui a concentração do íon H^+.
e) altera o valor numérico da constante de equilíbrio.

14. (MACKENZIE – SP)

$$\underset{\text{azul}}{[CoCl_4]^{2-}(aq)} + 6\,H_2O \underset{\text{endo}}{\overset{\text{exo}}{\rightleftharpoons}} \underset{\text{rosa}}{[Co(H_2O)_6]^{2+}(aq)} + 4\,Cl^{1-}(aq)$$

Essa equação representa a reação que ocorre no "galinho do tempo", enfeite cuja superfície é impregnada por uma solução em que se estabelece o equilíbrio dado acima. O "galinho do tempo" indica, pela cor, como o tempo vai ficar.

Fazem-se as afirmações:

I. Quando a umidade relativa do ar está alta, o galinho fica rosa.
II. Quando a temperatura aumenta, o galinho fica azul.
III. Quando o galinho fica azul, há indicativo de tempo bom sem previsão de chuva.

Das afirmações,

a) somente II está correta.
b) somente I e III estão corretas.
c) somente III está correta,
d) I, II e III estão corretas.
e) somente I e II estão corretas.

15. (UNIP – SP) O esmalte dos dentes consiste em uma substância insolúvel chamada "hidroxiapatita". Na boca existe o equilíbrio:

$$\underset{\text{hidroxiapatita}}{Ca_5(PO_4)_3OH(s)} \underset{\text{mineralização}}{\overset{\text{desmineralização}}{\rightleftarrows}} 5\,Ca^{2+}(aq) + 3\,PO_4^{3-}(aq) + OH^-(aq)$$

A dissolução de hidroxiapatita é chamada "desmineralização" e a sua formação é chamada "mineralização". Quando o açúcar é absorvido no dente e fermenta, produz-se H^+, que provoca todas as transformações seguintes, **exceto**.

a) Ocorre uma desmineralização.
b) A concentração de $Ca^{2+}(aq)$ aumenta.
c) O íon H^+ combina com o íon OH^-.
d) Pode resultar na queda do dente.
e) A hidroxiapatita não sofre ataque de ácidos.

16. (UFRGS – RS) Considere as afirmações seguintes, a respeito da reação:

$$Ca^{2+}(aq) + 2\,HCO_3^-(aq) \rightleftarrows CaCO_3(s) + CO_2(g) + H_2O(l)$$

que é responsável pela formação de estalactites em cavernas.

I. A formação do depósito sólido é favorecida pela perda de CO_2 e evaporação da água.
II. A remoção do $CaCO_3$ precipitado favorece a formação dos depósitos calcários.
III. A formação de estalactites ocorre quando a água passa por rochas calcárias.

Qual(is) está(ão) correta(s)?

a) Apenas I.
b) Apenas I e II.
c) Apenas I e III.
d) Apenas II e III.
e) I, II e III.

17. (UFPel – RS) Os fabricantes de guloseimas têm avançado no poder de sedução de seus produtos, uma vez que passaram a incorporar substâncias de caráter ácido (ácido málico e ácido cítrico) e de caráter básico (bicarbonato de sódio) a eles. Criaram balas e gomas de mascar em que o sabor inicial é azedo, graças, principalmente, aos ácidos presentes e que, após alguns minutos de mastigação, começam a produzir uma espuma brilhante, doce e colorida que, acumulando-se na boca, passa a transbordar por sobre os lábios. Essa espuma é uma mistura de açúcar, corante, saliva e bolhas de gás carbônico liberada pela reação dos cátions hidrônio, H_3O^+, ou simplesmente H^+ (provenientes da ionização dos ácidos málico e cítrico na saliva), com o ânion bicarbonato, conforme a equação:

$$H^+(aq) + HCO_3^-(aq) \rightleftarrows H_2O(l) + CO_2(g)$$

Observação: geralmente o açúcar usado é o comum ou sacarose ($C_{12}H_{22}O_{11}$) que por hidrólise, no tubo digestivo humano, transforma-se em glicose e frutose, ambas de fórmula molecular $C_6H_{12}O_6$ — esses são os glicídios provenientes da sacarose que entram na corrente sanguínea e que, dissolvidos no soro, chegam até as células para supri-las com energia.

A reação entre H^+ e o ânion bicarbonato, formando gás carbônico e água, mostrada no texto é:

a) irreversível e apresentaria maior rendimento de CO_2 na presença de mais íons OH^-.
b) irreversível e apresentaria menor rendimento de CO_2 na presença de mais íons H^+.
c) irreversível e apresentaria maior rendimento de CO_2 na presença de mais íons H^+.
d) reversível e apresentaria menor rendimento de CO_2 na presença de mais íons H^+.
e) reversível e apresentaria menor rendimento de CO_2 na presença de mais íons OH^-.

18. (FGV) A água dura não é adequada para usos domésticos e industriais. Uma das maneiras para remoção do excesso de Ca^{2+} consiste em tratar a água dura em tanques de decantação, envolvendo os equilíbrios representados pelas equações:

$$Ca^{2+}(aq) + 2\,HCO_3^-(aq) \rightleftarrows CaCO_3(s) + CO_2(g) + H_2O(l)$$
$$CO_2(g) + 2\,H_2O(l) \rightleftarrows HCO_3^-(aq) + H_3O^+(aq)$$

Três soluções são adicionadas, separadamente, no processo de tratamento da água dura:

I. ácido nítrico;
II. hidróxido de sódio;
III. bicarbonato de sódio.

Pode-se afirmar que favorece a remoção de íons cálcio da água dura o contido em:

a) I, II e III.
b) II e III, apenas.
c) I e III, apenas.
d) I e II, apenas.
e) I, apenas.

19. (FATEC – SP) Quando cloro gasoso é borbulhado em solução de hidróxido de sódio, à temperatura ambiente, obtém-se uma solução conhecida pelo nome de água sanitária, usada como desinfetante e/ou alvejante. Nessa solução se estabelece o equilíbrio químico representado pela equação:

$$Cl_2(g) + 2\,OH^-(aq) \longrightarrow ClO^-(aq) + Cl^-(aq) + H_2O$$

Normas de segurança alertam quanto ao perigo da adição de ácido a um alvejante doméstico como a água sanitária. Isso porque

I. os íons $H^+(aq)$ do ácido aumentam o pH da solução, tornando-a mais corrosiva;

II. os íons $H^+(aq)$ do ácido favorecem a liberação de cloro, que é tóxico;

III. os íons $H^+(aq)$ do ácido favorecem o aumento das concentrações de Cl^- e de ClO^- na solução tornando-a mais corrosiva.

Dessas afirmações, apenas

a) I é correta.
b) II é correta.
c) III é correta.
d) I e II são corretas.
e) I e III são corretas.

20. (UNESP) Um dos métodos que tem sido sugerido para a redução do teor de dióxido de carbono na atmosfera terrestre, um dos gases responsáveis pelo efeito estufa, consiste em injetá-lo em estado líquido no fundo do oceano. Um dos inconvenientes deste método seria a acidificação da água do mar, o que poderia provocar desequilíbrios ecológicos consideráveis. Explique, através de equações químicas balanceadas, por que isto ocorreria e qual o seu efeito sobre os esqueletos de corais, constituídos por carbonato de cálcio.

21. (VUNESP) Quando a água que atravessa uma camada de calcário contém CO_2 dissolvido, há uma reação na qual o mineral é dissolvido e é formada uma solução aquosa de íons Ca^{2+} e HCO_3^- :

a) $CaCO_3(s) + CO_2(aq) + H_2O(l) \longrightarrow Ca^{2+}(aq) + 2\,HCO_3^-(aq)$

Quando essa água chega a uma caverna, ocorre a reação inversa, havendo o desprendimento de CO_2 gasoso e precipitação de $CaCO_3$. Formam-se assim as estalactites e as estalagmites.

b) $Ca^{2+}(aq) + 2\,HCO_3^-(aq) \longrightarrow CaCO_3(s) + CO_2(g) + H_2O(l)$

Analise as proposições:

I. Pelo exposto, conclui-se que a reação é reversível.

II. Para essa reação em equilíbrio, se a pressão parcial do CO_2 for diminuída, ocorrerá a dissolução do $CaCO_3$.

III. A constante de equilíbrio da reação tal como escrita em (B) é dada pela expressão:

$$K_C = \frac{[CO_2]}{[Ca^{2+}] \cdot [HCO_3^-]^2}$$

Está(ão) correta(s) somente:

a) I b) II c) III d) I e III e) I, II e III

22. (UFAL) Considere a informação a seguir.

Numa solução aquosa contendo nitrato de prata ($AgNO_3$) e amônia (NH_3) existem os equilíbrios:

$$NH_3(g) \rightleftarrows NH_3(aq)$$
$$NH_3(aq) + H_2O(l) \rightleftarrows NH_4^+(aq) + OH^-(aq)$$
$$Ag^+(aq) + 2\ NH_3(aq) \rightleftarrows Ag(NH_3)_2^+(aq)$$

Sendo assim, para precipitar, sob a forma de AgCl, praticamente todo o Ag^+ de uma solução aquosa de $AgNO_3$, pode-se utilizar solução aquosa contendo

a) somente NaCl.
b) somente NH_4Cl.
c) uma mistura de NaCl e NH_4Cl.
d) uma mistura de NaCl e NH_3.
e) uma mistura de NH_4Cl e NH_3.

Resolução:

A solução aquosa de NaCl contém íons dissolvidos Na^+ e Cl^-; os íons Ag^+ e Cl^- imediatamente reagem formando o sólido AgCl (praticamente não teremos mais íons Ag^+ na solução):

$$Ag^+(aq) + Cl^-(aq) \longrightarrow AgCl(s)$$

Ao adicionar uma solução contendo íons NH_4^+ e Cl^-, os íons NH_4^+ sofrem hidrólise (capítulo 11) produzindo NH_3, de acordo com a equação

$$NH_4^+ + HOH \rightleftarrows NH_3 + H_3O^+$$

A precipitação de AgCl será menor devido à presença de NH_3 em maior concentração.

O $NH_3(aq)$ adicionado com NaCl ou NH_4Cl também prejudica a precipitação de AgCl, pois teremos menor concentração de íons Ag^+ dissolvidos para formar AgCl(s).

Resposta: alternativa a.

23. (UFSC) O esmalte dos dentes é constituído de hidroxiapatita, $Ca_5(PO_4)_3OH$, um composto iônico muito pouco solúvel em água. Os principais fatores que determinam a estabilidade desse composto na presença da saliva são o pH e as concentrações dos íons cálcio e o fosfato em solução aquosa. Sabe-se que alimentos contendo açúcar são transformados em ácidos orgânicos pela ação da placa bacteriana. O pH normal da boca apresenta-se em torno de 6,8 e em poucos minutos, após a ingestão de alimentos com açúcar, pode atingir um valor abaixo de 5,5. Uma hora após o consumo de açúcar o pH retorna ao seu valor normal. O processo de mineralização/desmineralização do esmalte do dente pode ser representado pela equação I:

$$Ca_5(PO_4)_3OH(s) \rightleftarrows 5\ Ca^{2+} + 3PO_4^{3-}(aq) + OH^-(aq)\ (I)$$

Na presença de íons fluoreto, é estabelecido outro equilíbrio, indicado pela equação II:

$$5\ Ca^{2+}(aq) + 3\ PO_3^-(aq) + F^-(aq) \rightleftarrows Ca_5(PO_4)_3F(s)\ (II)$$

Nesse processo (equação II) uma nova substância é formada, a fluorapatita [$(Ca_5(PO_4)_3F(s)$], a qual é menos suscetível ao ataque por ácidos. Algumas substâncias presentes nos dentifrícios desempenham funções importantes, atuando como fator abrasivo, corante, espumante, umectante (poliálcoois), edulcorante (confere sabor doce) e agente terapêutico. Um creme dental típico apresenta as seguintes informações em sua embalagem: "ingredientes: 1.500 ppm (partes por milhão) de fluoreto, sorbitol [$C_6H_8(OH)_6$], carbonato de cálcio, carboximetilcelulose, lauril sulfato de sódio, sacarina sódica, pirofosfato tetrassódico, silicato de sódio, aroma, formaldeído e água. CONTÉM MONOFLUORFOSFATO DE SÓDIO". De acordo com o texto, assinale a(s) proposição(ões) CORRETA(S).

(01) O processo de desmineralização do esmalte do dente consiste na dissolução de pequenas quantidades de hidroxiapatita.

(02) Os OH^- são essenciais no processo de mineralização do esmalte do dente.

(04) A ingestão de frutas ácidas e refrigerantes favorece a formação de hidroxiapatita.

(08) A ingestão de leite de magnésia (pH 10) facilita a desmineralização.

(16) A presença de íons fluoreto na saliva contribui para o processo de desmineralização dos dentes.

24. (UNESP) O hipoclorito — ClO^- pode ser preparado pela reação representada pela seguinte equação:

$$Cl_2(aq) + 2\ OH^-(aq) \rightleftarrows ClO^-(aq) + Cl^-(aq) + H_2O(l)$$

Composto	Solubilidade a 18 °C (mol/L)
HCl	9,4
$AgNO_3$	8,3
AgCl	10^{-5}
KNO_3	2,6
KCl	3,9

Considerando, ainda, as informações constantes na tabela, qual substância, ao ser adicionada ao sistema, aumentará o rendimento da reação?

a) HCl b) $AgNO_3$ c) AgCl d) KNO_3 e) KCl

25. (UNICAMP – SP) O nitrogênio é um macronutriente importante para as plantas, sendo absorvido do solo, onde ele se encontra na forma de íons inorgânicos ou de compostos orgânicos. A forma usual de suprir a falta de nitrogênio no solo é recorrer ao emprego de adubos sintéticos. O quadro abaixo mostra, de forma incompleta, equações químicas que representam reações de preparação de alguns desses adubos.

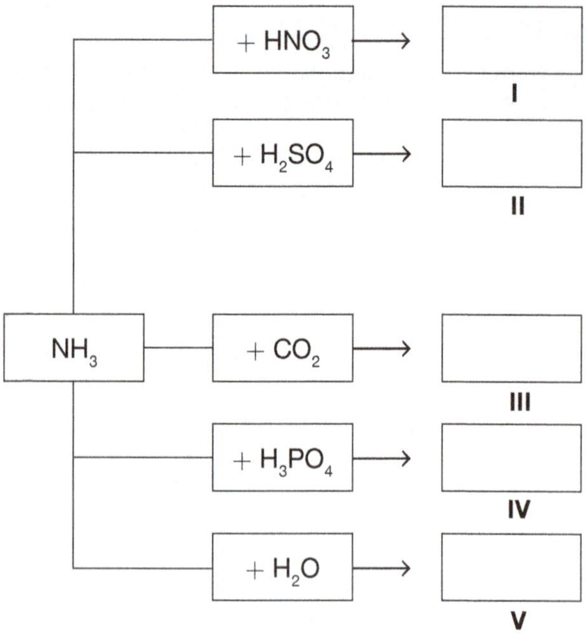

NH3
+ HNO3
+ H2SO4
+ CO2
+ H3PO4
+ H2O
I
II
III
IV
V

a) Escolha no quadro as situações que poderiam representar a preparação de ureia e de sulfato de amônio e escreva as equações químicas completas que representam essas preparações.

b) Considerando-se apenas o conceito de Lowry-Brönsted, somente uma reação do quadro não pode ser classificada como uma reação do tipo ácido-base. Qual é ela (algarismo romano)?

c) Partindo-se sempre de uma mesma quantidade de amônia (reagente limitante), algum dos adubos sugeridos no quadro conteria uma maior quantidade absoluta de nitrogênio? Comece por SIM ou NÃO e justifique sua resposta. Considere todos os rendimentos das reações como 100%.

Dado: massa molar do N = 14 g/mol.

Exercícios Série Platina

1. (ENEM) No ano de 2004, diversas mortes de animais por envenenamento no zoológico de São Paulo foram evidenciadas. Estudos técnicos apontam suspeitas de intoxicação por monofluoracetato de sódio, conhecido como composto 1080 e ilegalmente comercializado como raticida. O monofluoracetato de sódio é um derivado do ácido monofluoracético e age no organismo dos mamíferos bloqueando o ciclo de Krebs, que pode levar à parada da respiração celular oxidativa e ao acúmulo de amônia na circulação.

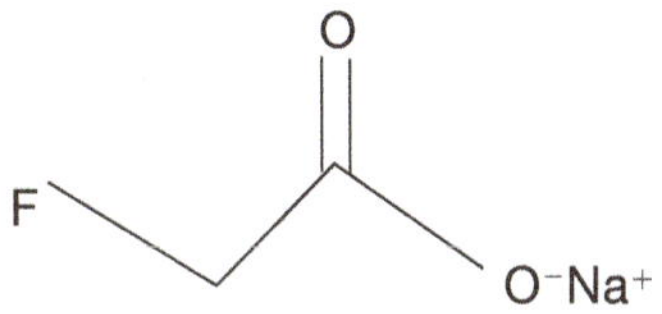

O
F
O⁻Na⁺

monofluoracetato de sódio

Disponível em: <http://www1.folha.uol.com.br>. *Acesso em*: 5 ago. 2010 (adaptado).

O monofluoracetato de sódio pode ser obtido pela

a) desidratação do ácido monofluoracético, com liberação de água.
b) hidrólise do ácido monofluoracético, sem formação de água.
c) perda de íons hidroxila do ácido monofluoracético, com liberação de sódio.
d) neutralização do ácido monofluoracético usando hidróxido de sódio, com liberação de água.
e) substituição dos íons hidrogênio por sódio na estrutura do ácido monofluoracético, sem formação de água.

2. (ENEM) Os refrigerantes têm-se tornado cada vez mais o alvo de políticas públicas de saúde. Os de cola apresentam ácido fosfórico, substância prejudicial à fixação de cálcio, o mineral que é o principal componente da matriz dos dentes. A cárie é um processo dinâmico de desequilíbrio do processo de desmineralização dentária, perda de minerais em razão da acidez. Sabe-se que o principal componente do esmalte do dente é um sal denominado hidroxiapatita. O refrigerante, pela presença da sacarose, faz decrescer o pH do biofilme (placa bacteriana), provocando a desmineralização do esmalte dentário. Os mecanismos de defesa salivar levam de 20 a 30 minutos para normalizar o nível do pH, remineralizando o dente. A equação química seguinte representa esse processo:

$$\underset{\text{hidroxiapatita}}{Ca_5(PO_4)_3OH(s)} \underset{\text{mineralização}}{\overset{\text{desmineralização}}{\rightleftharpoons}} 5\,Ca^{2+}(aq) + 3\,PO_4^{3-}(aq) + OH^-(aq)$$

GROISMAN, S. **Impacto do Refrigerante nos Dentes É Avaliado sem Tirá-lo da Dieta**. *Disponível em*: <http://www.isaude.net>. *Acesso em*: 1.º maio 2010 (adaptado).

Considerando que uma pessoa consuma refrigerantes diariamente, poderá ocorrer um processo de desmineralização dentária, devido ao aumento da concentração de

a) OH^- que reage com os íons Ca^{2+}, deslocando o equilíbrio para a direita.
b) H^+, que reage com as hidroxilas OH^-, deslocando o equilíbrio para a direita.
c) OH^-, que reage com os íons Ca^{2+}, deslocando o equilíbrio para a esquerda.
d) H^+, que reage com as hidroxilas OH^-, deslocando o equilíbrio para a esquerda.
e) Ca^{2+}, que reage com as hidroxilas OH^-, deslocando o equilíbrio para a esquerda.

Capítulo 2 — pH e pOH

A origem da escala de pH

No final da década de 1880, o sueco Svante Arrhenius propôs que ácidos eram substâncias que forneciam íon hidrogênio para a solução.

Esta ideia foi seguida por Wilhelm Ostwald, que calculou a constante de dissociação, cujo símbolo moderno é Ka, para ácidos fracos. Ostwald também mostrou que o valor dessa constante é uma medida da acidez do ácido.

Assim, no início do século XX, iniciou-se o uso da concentração do íon hidrogênio para caracterizar as soluções, principalmente as ácidas. Nesse período, também foi sugerido o uso da concentração de hidroxila (OH^-) para caracterização das soluções alcalinas (básicas), uma vez que foi determinado experimentalmente uma relação entre as concentrações dos íons hidrogênio e hidroxila:

$$\frac{CH^+ \cdot COH^-}{CH_2O} = \text{constante} = 10^{-14}$$

Muitos consideram esta a primeira e real introdução da escala de pH.

Entretanto, a nomenclatura “pH” foi introduzida apenas em 1909 pelo bioquímico dinamarquês Sorensen. Sorensen foi chefe do Centro de Pesquisa Carlsberg durante o período de 1901 a 1938. Este laboratório foi fundado em 1875 para estudar o malte, a cerveja e os processos de fabricação e compartilhava a filosofia de que as descobertas desse laboratório deveriam ser compartilhadas com toda a indústria cervejeira e não apenas usadas pela Carlsberg.

CREATIVE COMNIONS

S. P .L. Sorensen (1868-1939).

No início do século XX, Sorensen estava estudando proteínas, aminoácidos e enzimas e percebeu que a divisão enzimática dependia, entre outros fatores, da acidez ou alcalinidade da solução. Em diversas medições da constante de dissociação da água, ele encontrou o valor de $0{,}72 \cdot 10^{-14}$, ou seja, 10^{-14}. Baseando-se em diversos experimentos, Sorensen percebeu que apenas raramente seriam encontradas concentrações de hidrogênio maiores que 1 mol/L. Assim, para facilitar a representação do valor das concentrações iônicas, ele estabeleceu uma maneira conveniente de expressar a acidez utilizando o logaritmo negativo da concentração do íon hidrogênio. Ele chamou esse fator de “expoente do íon hidrogênio” e designou o valor numérico por pH (“pondus hidrogenni” – potencial de hidrogênio).

Vamos estudar neste capítulo como determinar a acidez ou alcalinidade em soluções aquosas.

1. Equilíbrio iônico da água

Medidas experimentais de condutibilidade elétrica mostram que na água pura temos uma pequena quantidade de íons.

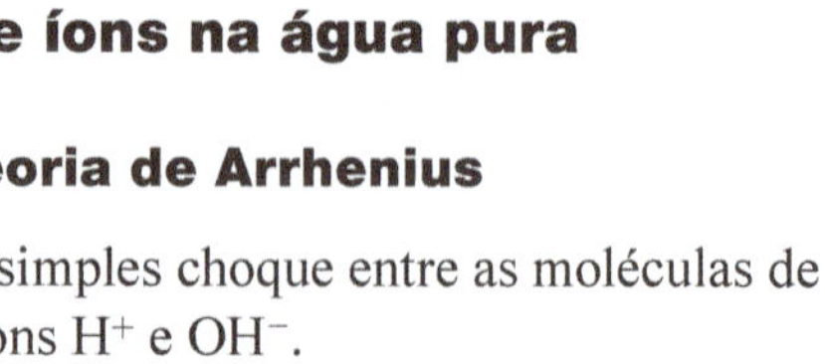
quantidade insignificante de íons
água pura

1.1 Teorias que explicam a presença de íons na água pura

1.1.1 Teoria de Arrhenius

O simples choque entre as moléculas de água origina os íons H^+ e OH^-.

$$H_2O \rightleftarrows H^+ + OH^-$$

1.1.2 Teoria de Brönsted-Lowry

No instante da colisão, ocorre a transferência de um H^+ (próton) de uma molécula de água para a outra molécula de água, formando os íons H_3O^+ e OH^-.

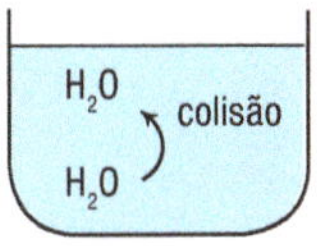
H,0
colisão
H,0

$$H_2O + H_2O \xrightarrow{H^+} \rightleftarrows H_3O^+ + OH^-$$

A representação de Arrhenius é mais utilizada

$$H_2O \rightleftarrows H^+ + OH^-$$

2. Produto iônico da água (Kw)

O Kw é a constante de equilíbrio que representa o equilíbrio iônico da água.

$$H_2O \rightleftarrows H^+ + OH^- \quad Kw$$

$[H_2O]$ não entra, pois é constante (dissociação muito pequena).

$$Kw = [H^+]\,[OH^-]$$

3. Kw a 25 °C

Vamos considerar 1 L de água pura a 25 °C cujo rendimento é de apenas $1{,}81 \cdot 10^{-9}$ (α).

$$1 \text{ L de água} \longrightarrow m = 1.000 \text{ g } (d = 1 \text{ kg/L})$$

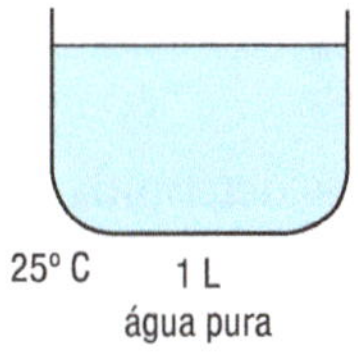
25° C
1 L
água pura

$$n = \frac{m}{M} \therefore n = \frac{1.000}{18} \therefore n = 55{,}5 \text{ mol}$$

	H_2O	$\rightleftarrows$ H^+	+ OH^-
início	55,5	0	0
reage e forma	$55{,}5 \cdot 1{,}8 \cdot 10^{-9}$	–	–
	$\cong 10^{-7}$	10^{-7}	10^{-7}
equilíbrio	55,5	10^{-7}	10^{-}

Observe que a concentração da água permaneceu constante.

água pura a 25 °C $[H^+] = 10^{-7}$ mol/L

$[OH^-] = 10^{-7}$ mol/L

$$Kw = [H^+]\,[OH^-] \therefore Kw = 10^{-7} \cdot 10^{-7}$$

$$Kw = 10^{-14}$$

4. Influência da temperatura no Kw

O processo de dissociação da água é endotérmico ($\Delta H > 0$), portanto, o Kw aumenta com o aumento da temperatura.

$$H_2O \rightleftarrows H^+ + OH^- \qquad \Delta H > 0$$

Influência da temperatura na constante

Temperatura (°C)	Kw
0	$0{,}11 \cdot 10^{-14}$
25	$1{,}00 \cdot 10^{-14}$
40	$3{,}00 \cdot 10^{-14}$
100	$51{,}30 \cdot 10^{-14}$

O Kw sempre apresenta um valor constante a uma dada temperatura, tanto em água pura como em soluções aquosas.

água pura a 25 °C $\quad Kw = 10^{-14}\ [H^+] = [OH^-]$

soluções aquosas a 25 °C

$$Kw = 10^{-14}\ [H^+] \neq [OH^-] \text{ ou } [H^+] = [OH^-]$$

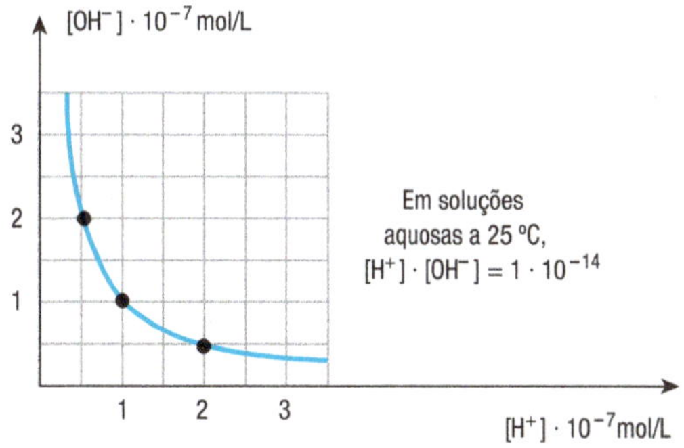
[OH⁻] · 10⁻⁷ mol/L
3
2
1
1
2
3
[H⁺] · 10⁻⁷mol/L
Em soluções
aquosas a 25 °C,
[H⁺] · [OH⁻] = 1 · 10⁻¹⁴

Como podemos observar pelo gráfico, à medida que ocorre um aumento de H^+ ocorre uma diminuição de OH^-.

5. Meio neutro (solução aquosa neutra)

meio neutro $[H^+] = [OH^-]$

25 °C $[H^+] = [OH^-] = 10^{-7}$ mol/L

O equilíbrio iônico da água não é perturbado.

6. Meio ácido (solução aquosa ácida)

Quando adicionamos um ácido na água, o equilíbrio iônico da água é perturbado, isto é, devido ao aumento da concentração do íon H^+, o equilíbrio é deslocado para a esquerda, a concentração de OH^- fica menor que 10^{-7} mol/L. Veja um exemplo:

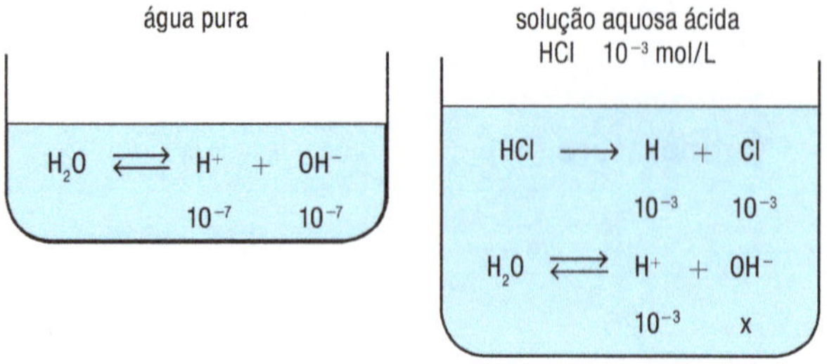
água pura
$H_2O \rightleftarrows H^+ + OH^-$
10^{-7} 10^{-7}
solução aquosa ácida
HCl 10^{-3} mol/L
$HCl \longrightarrow H + Cl$
10^{-3} 10^{-3}
$H_2O \rightleftarrows H^+ + OH^-$
10^{-3} x

$[H^+] = 10^{-7}$ mol/L $+ 10^{-3}$ mol/L $= 10^{-3}$ mol/L

$Kw = [H^+][OH^-] \therefore 10^{-14} = 10^{-3}[OH^-]$

$[OH^-] = 10^{-11}$ mol/L

Em solução aquosa ácida

$[H^+] > [OH^-]$

$[H^+] > 10^{-7}$ mol/L

$[OH^-] < 10^{-7}$ mol/L

7. Meio básico ou alcalino (solução aquosa básica)

Quando adicionamos uma base na água, o equilíbrio iônico da água é perturbado, isto é, devido o aumento da concentração do íon OH^-, o equilíbrio é deslocado para a esquerda, a concentração de H^+ fica menor que 10^{-7} mol/L. Veja um exemplo:

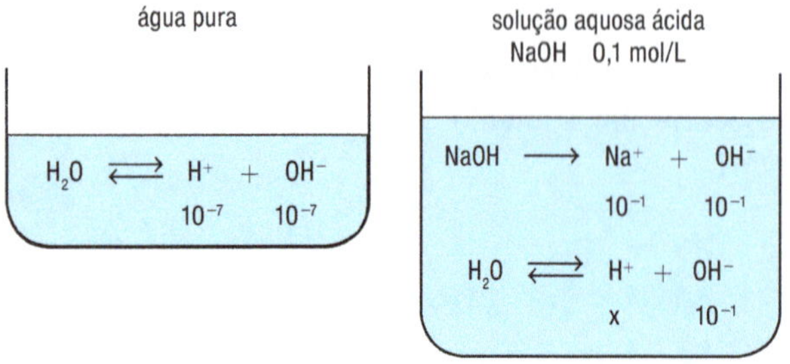
água pura
$H_2O \rightleftarrows H^+ + OH^-$
10^{-7} 10^{-7}
solução aquosa ácida
NaOH 0,1 mol/L
$NaOH \longrightarrow Na^+ + OH^-$
10^{-1} 10^{-1}
$H_2O \rightleftarrows H^+ + OH^-$
x 10^{-1}

$[OH^-] = 10^{-7}$ mol/L $+ 10^{-1}$ mol/L $= 10^{-1}$ mol/L

$Kw = [H^+][OH^-] \therefore 10^{-14} = [H^+] \cdot 10^{-1}$

$[H^+] = 10^{-13}$ mol/L

Em solução aquosa básica:

$[OH^-] > [H^+]$

$[OH^-] > 10^{-7}$ mol/L

$[H^+] < 10^{-7}$ mol/L

8. pH e pOH

Lembrando que em qualquer solução aquosa teremos os íons H^+ e OH^-. Veremos nesse item uma maneira inteligente de lidar com concentrações pequenas de H^+ e OH^-, pois a maioria das soluções aquosas são diluídas.

Em 1901, Sorensen tornou-se diretor de laboratório das empresas Carlsberg. Como a concentração dos íons H^+ na cerveja era em média $10^{-4,5}$ mol/L, criou uma escala chamada de pH para medir a acidez de uma solução e evitar dificuldades matemáticas. Portanto, temos:

$pH = -\log [H^+]$ ou $[H^+] = 10^{-pH}$

cerveja $[H^+] = 10^{-4,5}$ mol/L

$pH = \log 10^{-4,5} \therefore pH = 4,5$

De maneira semelhante, podemos determinar o pOH de uma solução aquosa:

$pOH = -\log [OH^-]$

cerveja $[OH^-] = 10^{-9,5}$ mol/L

$pOH = -\log 10^{-9,5} \therefore pOH = 9,5$

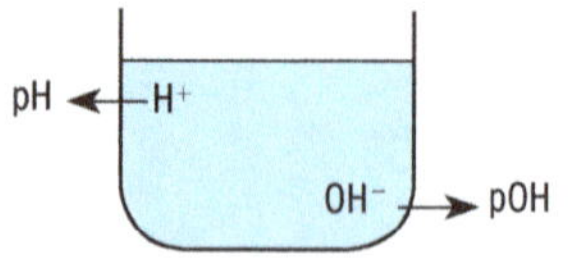
pH
H^+
OH^-
pOH

solução aquosa

9. pH + pOH = 14 a 25 °C

$H_2O \rightleftarrows H^+ + OH^-$ $\quad Kw = [H^+][OH^-]$

Aplicando log:

$\log Kw = \log [H^+] + \log [OH^-]$

Multiplicando por (−1):

$-\log Kw = -\log [H^+] - \log [OH^-]$

$pKw = pH + pOH$

$Kw = 10^{-14}$

$pKw = -\log Kw$

$pKw = -\log 10^{-14} \quad \therefore \quad pKw = 14$

$$pH + pOH = 14$$

10. Escala pH

Devido à definição de pH, $pH = -\log [H^+]$.

Um aumento da acidez de um meio: $[H^+]$ aumenta, pH diminui, portanto, quanto menor o pH, mais ácido o meio.

Um aumento da basicidade de um meio: $[H^+]$ diminui, pH aumenta, portanto, quanto maior o pH, mais básico o meio.

água pura ou meio neutro:

$[H^+] = 10^{-7}$ mol/L, **pH = 7**

meio ácido:

$[H^+] > 10^{-7}$ mol/L, **pH < 7**

meio básico ou alcalino:

$[H^+] < 10^{-7}$ mol/L, **pH > 7**

Só tem sentido usar pH quando a solução é diluída, portanto, a escala de pH varia de 0 a 14. O uso de pH negativo mostraria a falta de sensibilidade científica.

11. Cálculo de H^+ de um ácido fraco

Para agilizar o cálculo podemos utilizar as seguintes fórmulas:

$[H^+] = \alpha M, \quad [H^+] = \sqrt{Ka \cdot M}$

12. Cálculo de OH^- de uma base fraca

Para agilizar o cálculo podemos utilizar as seguintes fórmulas:

$[OH^-] = \alpha M, \quad [OH^-] = \sqrt{Kb \cdot M}$

13. A medida do pH na prática

O pH de uma solução aquosa pode ser medido através de um **peagâmetro ou de um indicador ácido-base**.

13.1 Peagâmetro

É um aparelho que mede a condutividade elétrica da solução e possui uma escala em valores de pH. O pH é medido com alto grau de exatidão.

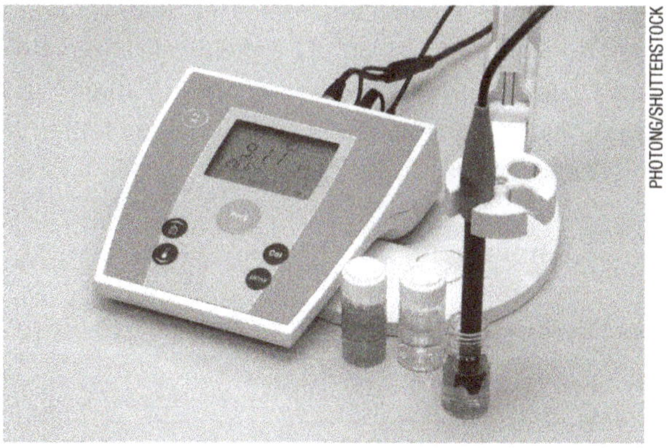
PHOTONG/SHUTTERSTOCK

Peagâmetro.

13.2 Indicadores ácido-base

São substâncias orgânicas (que indicaremos por In) de fórmula complexas e possuidoras de um caráter de ácido fraco (ou de base fraca) que fornece de maneira aproximada o valor do pH do meio, através de um deslocamento de equilíbrio.

Um ácido fraco (ou base fraca) para ser usado como indicador, deve ter a parte molecular (HIn) e a parte iônica (In^-) de cores diferentes.

ácido fraco $\quad HIn \rightleftarrows H^+ + In^-$

cor 1 $\quad\quad$ cor 2

meio ácido prevalece a cor 1

meio básico prevalece a cor 2

Por exemplo, a fenolftaleína, em solução aquosa, estabelece o seguinte equilíbrio:

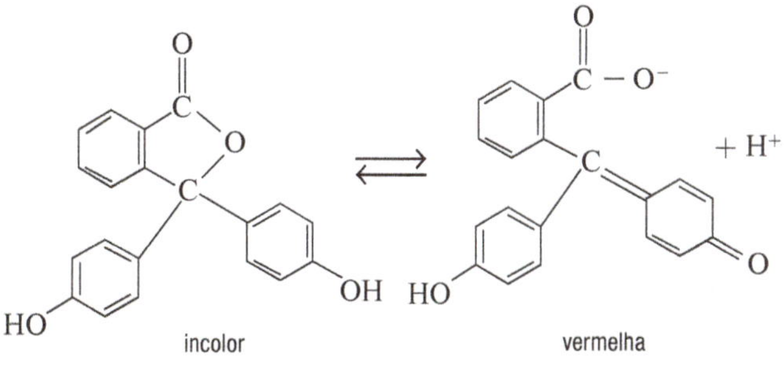
O
C
O
C
HO
OH
O
C − O⁻
C
HO
O
+ H⁺
incolor
vermelha

- **Meio ácido:** concentração de H^+ é elevada, o equilíbrio é deslocado para a esquerda, prevalecendo a estrutura não ionizada, logo, a solução é incolor.
- **Meio básico ou alcalino:** os íons OH^- retiram H^+ do equilíbrio, que se desloca para a direita, prevalecendo a forma ionizada, logo, a solução é vermelha.

A forma ionizada apresenta mais ligações duplas conjugadas, por isso é vermelha. Existe uma estreita relação entre as cores das substâncias orgânicas e a existência de duplas-ligações conjugadas em suas moléculas.

A mudança de cor ocorre em determinados intervalos de pH, denominados faixa ou intervalo de viragem. Quando o valor do pH é menor ao intervalo de viragem, temos uma cor, quando o valor é maior ao intervalo, temos outra cor; na faixa da viragem temos uma cor intermediária às duas.

Exemplo:

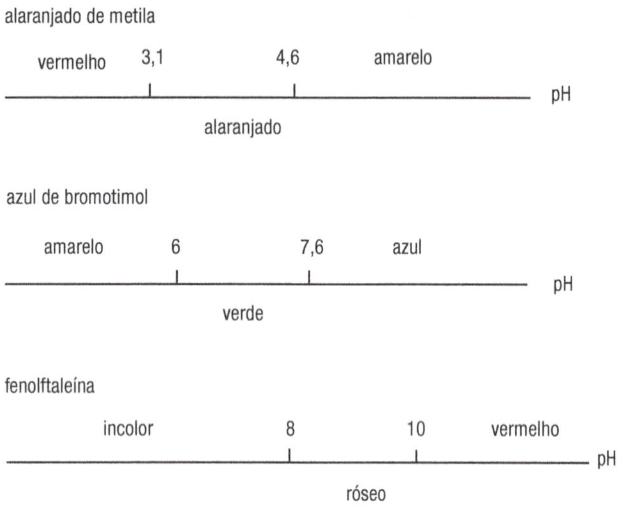

alaranjado de metila
vermelho
3,1
4,6
amarelo
pH
alaranjado
azul de bromotimol
amarelo
6
7,6
azul
pH
verde
fenolftaleína
incolor
8
10
vermelho
pH
róseo

Exercício Ilustrativo

(UFG - GO) Com as constantes estiagens que vêm ocorrendo nos estados da região Sul do Brasil, o racionamento de água em algumas cidades é inevitável. Em função disso, o mercado de água mineral natural engarrafada cresceu nos últimos anos. O pH da água mineral natural, à temperatura de 25 °C, é de 10 e o da água de torneira fica na faixa de 6,5 a 7,5. Na tabela abaixo encontram-se as cores que alguns indicadores apresentam à temperatura de 25 °C.

Indicador	Cores conforme pH
vermelho de metila	vermelho em pH $\leq$ 4,8; amarelo em pH $\geq$ 6,0
fenolftaleína	incolor em pH $\leq$ 8,2; vermelho em pH $\geq$ 10,0
alaranjado de metila	vermelho em pH $\leq$ 3,2; amarelo em pH $\geq$ 4,4

Qual o indicador você usaria para identificar se a água é mineral ou da torneira?

Resolução:

Seria usada a fenolftaleína, pois

- água mineral: pH = 10 (vermelho)
- água de torneira: pH = 6,5 a 7,5 (incolor)

Exercícios Série Prata

1. Calcule as concentrações de H^+ e OH^- de uma solução aquosa 0,1 mol/L de HCl a 25 °C.

Dado: Kw = 10^{-14}.

2. Calcule as concentrações de H^+ e OH^- de uma solução aquosa 0,1 mol/L de NaOH a 25 °C.

Dado: Kw = 10^{-14}.

3. Complete com =, > ou <.

a) solução neutra $[H^+]$ $[OH^-]$
25 °C $[H^+] = 10^{-7}$ mol/L

b) solução ácida $[H^+]$ $[OH^-]$
25 °C $[H^+] > 10^{-7}$ mol/L

c) solução básica $[H^+]$ $[OH^-]$
25 °C $[H^+] < 10^{-7}$ mol/L

4. (FATEC - SP) A concentração de íons H^+ de uma certa solução aquosa é $2 \cdot 10^{-5}$ mol/L a 25 °C. Sendo assim, nessa mesma solução a concentração de íons OH^- em mol/L deve ser:

a) $5 \cdot 10^{-10}$
b) $2 \cdot 10^{-10}$
c) $5 \cdot 10^{-9}$
d) $5 \cdot 10^{-8}$
e) $2,0 \cdot 10^{9}$

Dado: Kw = 10^{-14}.

5. (MACKENZIE – SP)

	Soluções	$[H^+]$
I	urina	$1 \cdot 10^{-6}$
II	clara de ovo	$1 \cdot 10^{-8}$
III	lágrima	$1 \cdot 10^{-7}$
IV	café	$1 \cdot 10^{-5}$

Com os dados da tabela, pode-se afirmar que:

a) I, II, III e IV são soluções ácidas.
b) somente II é uma solução básica.
c) somente I, III e IV são soluções ácidas.
d) somente I, II e III são soluções básicas.
e) somente IV é solução básica.

6. Complete com **7** ou **14**.

A 25 °C pH + pOH = _______________ .

7. Complete com =, > ou <.

a) meio neutro: pH _______________ 7
b) meio ácido: pH _______________ 7
c) meio básico ou alcalino: pH _______________ 7

8. Complete com **menor** ou **maior**.

Quanto maior for a acidez de uma solução, maior será a concentração de H^+, porém _______________ será o pH.

9. Complete com **diluídas** ou **concentradas**.

O pH é utilizado para soluções aquosas e _______________ .

10. Complete **menor** e **maior**.

a) Quanto mais ácida for uma solução, _______________ será o valor do pH.
b) Quanto mais básica for uma solução, _______________ será o valor do pH.

11. Complete com **1** ou **10**.

A variação de uma unidade na escala pH corresponde à variação de _______________ unidades nas concentrações em mol/L de H^+ e OH^-.

$pH_1 = 2 \quad [H^+]_1 = 10^{-2}$ mol/L

$pH_2 = 3 \quad [H^+]_2 = 10^{-3}$ mol/L

$$\frac{[H^+]_1}{[H^+]_2} = 10$$

12. (UNIFOR – CE) Qual das amostras seguintes apresenta maior pH?

a) suco de limão
b) vinagre
c) água destilada
d) solução aquosa de NaOH

13. (IMT – SP) Uma piscina em boas condições de tratamento tem pH = 7,5.

a) Esse meio é ligeiramente ácido ou básico?
b) Se uma piscina apresenta pH = 8,0, qual das substâncias (HCl, NaOH) seria indicada para ser colocada nela a fim de acertar o pH?

14. (UFLA – MG) Para conseguirmos diminuir o pH de uma solução aquosa, devemos nela borbulhar quatro dos gases abaixo, menos um. Qual?

a) CO_2
b) SO_3
c) SO_2
d) CO
e) N_2O_5

15. (UNESP) Determinada variedade de suco de limão tem pH = 2,3 e determinada variedade de suco de laranja tem pH = 4,3. Quantas vezes o suco de limão é mais ácido que o de laranja?

16. Qual o pH de uma solução cuja concentração hidrogeniônica é 10^{-4}? A solução é ácida, neutra ou básica?

17. (PUC – MG) A análise de uma determinada amostra de refrigerante detectou pH = 3. A concentração de íons H^+ nesse refrigerante é, em mol/L:

a) 10^{-3}
b) 10^{-6}
c) 10^{-7}
d) 10^{-8}
e) 10^{-11}

18. Qual o pH de uma solução de HCl 0,1 mol/L?

19. (CEUB) A 25 °C, uma solução aquosa de NaOH tem concentração 0,1 mol/L. O pH dessa solução é:

a) 0,01
b) 0,1
c) 1
d) 7
e) 13

20. Calcule o pH de uma solução cuja concentração hidrogeniônica é $[H^+] = 3{,}45 \cdot 10^{-11}$ mol/L.

Dado: log 3,45 = 0,54.

21. Calcule o pH de uma solução cuja concentração de H^+ é igual a $4{,}5 \cdot 10^{-8}$ mol/L.

Dado: log 4,5 = 0,65.

22. Em solução aquosa 0,1 mol/L, o ácido acético está 1% ionizado. Calcule a concentração hidrogeniônica e o pH da solução.

23. (UNEB – BA) Preparou-se uma solução 0,1 mol/L de um ácido monoprótico que apresentou um pH igual a 3. O grau de ionização do ácido, nessa solução é de:

a) 10^{-3}
b) 10^{-2}
c) 10^{-1}
d) 10^{1}
e) 10^{2}

24. Qual o pH de uma solução 0,01 mol/L de um monoácido que apresenta Ka = 10^{-6}?

25. Considerando a constante de basicidade da amônia como sendo $2 \cdot 10^{-5}$ mol/L, determine o pH de uma solução de amônia 0,05 mol/L.

26. (EE ITAJUBÁ – MG) O pH de uma solução de HCl é 2. Adicionando-se 1 L de H_2O a 1 L da solução de HCl, qual o novo pH?

Dado: log 2 = 0,3.

27. (FUVEST – SP) Um estudante misturou todo o conteúdo de dois frascos A e B, que continham:

- frasco A: 25 mL de solução aquosa de HCl 0,80 mol/L;
- frasco B: 25 mL de solução aquosa de KOH 0,60 mol/L.

a) Calcule o pH da solução resultante.

b) A solução resultante é ácida, básica ou neutra?

28. (MACKENZIE – SP)

$$NH_4^{1+}(aq) + OH^{1-}(aq) \rightleftarrows NH_3(g) + H_2O(l)$$

Se ao equilíbrio acima, se adicionar uma solução de NaOH,

a) a quantidade de amônia liberada aumenta.
b) a concentração do íon amônio aumenta.
c) o pH da solução em equilíbrio diminui.
d) não há qualquer alteração.
e) a quantidade de amônia liberada diminui.

29. (EEM – SP) Uma substância ácida HA apresenta, em solução aquosa, o seguinte equilíbrio:

$$\underset{\text{amarela}}{HA} \rightleftarrows \underset{\text{vermelha}}{H^+ + A^-}$$

Se for borbulhado NH_3 nessa solução, qual será a cor por ela adquirida? Por quê?

30. O indicador ácido-base fenolftaleína, que sofre viragem de incolor a vermelha na faixa de pH de aproximadamente 8 a 10, pode ser usado para diferenciar soluções que apresentam pH.

a) 3 e 11?
b) 5 e 7?
c) 11 e 12?

Exercícios Série Ouro

1. (UNESP) Dois comprimidos de aspirina, cada um com 0,36 g deste composto, foram dissolvidos em 200 mL de água.

a) Calcule a concentração em mol/L da aspirina nesta solução.
Dado: massa molar da aspirina = 180 g/mol.

b) Considerando a ionização da aspirina segundo a equação

$$C_9H_8O_4(aq) \rightleftharpoons C_9H_7O_4^-(aq) + H^+(aq)$$

e sabendo que ela se encontra 5% ionizada, calcule o pH desta solução.

2. (PUC) **Dado:** Ka do ácido acético (H_3CCOOH) a 25 °C = $2 \cdot 10^{-5}$.
A 25 °C, uma solução de ácido acético de pH 4 apresenta, no equilíbrio,

a) $[H_3CCOO^-] = 1 \cdot 10^{-10}$ mol/L.
$[H_3CCOOH] = 1 \cdot 10^{-4}$ mol/L.

b) $[H_3CCOO^-] = 1 \cdot 10^{-4}$ mol/L.
$[H_3CCOOH] = 5$ mol/L.

c) $[H_3CCOO^-] = 1 \cdot 10^{-4}$ mol/L.
$[H_3CCOOH] = 5 \cdot 10^{-4}$ mol/L.

d) $[H_3CCOO^-] = 1 \cdot 10^{-4}$ mol/L.
$[H_3CCOOH] = 1 \cdot 10^{-4}$ mol/L.

e) $[H_3CCOO^-] = 1 \cdot 10^{-2}$ mol/L.
$[H_3CCOOH] = 2 \cdot 10^{-3}$ mol/L.

3. (FUVEST – SP) Considere uma solução aquosa diluída de dicromato de potássio, a 25 °C. Dentre os equilíbrios que estão presentes nessa solução, destacam-se:

Constantes de equilíbrio (25 °C)

$Cr_2O_7^{2-} + H_2O \rightleftharpoons 2\,HCrO_4^-$ $K_1 = 2{,}0 \cdot 10^{-2}$
íon dicromato

$HCrO_4^- \rightleftharpoons H^+ + CrO_4^{2-}$ $K_2 = 7{,}1 \cdot 10^{-7}$
íon cromato

$Cr_2O_7^{2-} + H_2O \rightleftharpoons 2\,H^+ + 2\,CrO_4^{2-}$ $K_3 = ?$

$H_2O \rightleftharpoons H^+ + OH^-$ $Kw = 1{,}0 \cdot 10^{-14}$

a) Calcule o valor da constante de equilíbrio K_3.

b) Essa solução de dicromato foi neutralizada. Para a solução neutra, qual é o valor numérico da relação.

$$[CrO_4^{2-}]^2 / [Cr_2O_7^{2-}]?$$

Mostre como obteve esse valor.

c) A transformação de íons dicromato em íons cromato, em meio aquoso, é uma reação de oxirredução? Justifique.

4. (UNICAMP – SP) A figura da página seguinte esquematiza o sistema digestório humano que desempenha um importante papel na dissolução e absorção de substâncias fundamentais no processo vital. De maneira geral, um medicamento é absorvido quando suas moléculas se encontram na forma neutra. Como se sabe, o pH varia ao longo do sistema digestório.

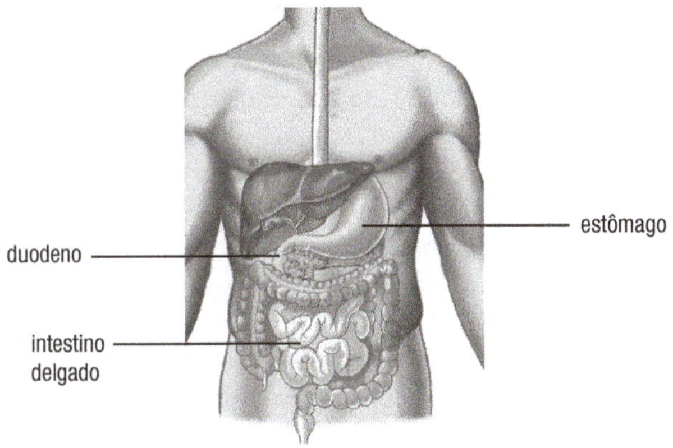
estômago
duodeno
intestino delgado

a) Associe as faixas de valores de pH (7,0 – 8,0; 1,0 – 3,0 e 6,0 – 6,5) com as partes do sistema digestório humano indicadas no desenho.
b) Calcule a concentração média de H^+ em mol/L no estômago.
Dados: log 2 = 0,30; log 3 = 0,48; log 5 = 0,70 e log 7 = 0,85.
c) Em que parte do sistema digestório a substância representada abaixo será preferencialmente absorvida? Justifique.

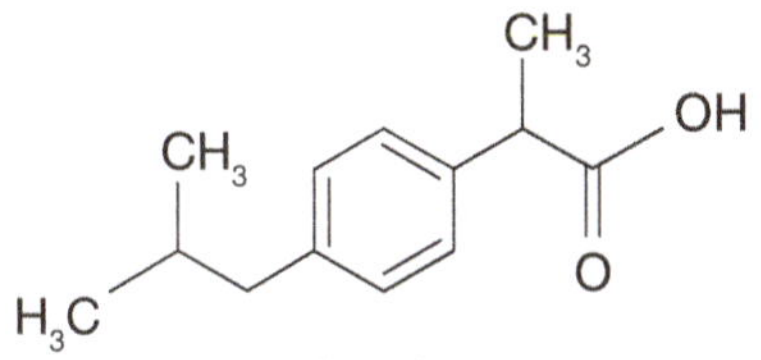
CH3
OH
CH3
O
H3C

Ibuprofen

5. (UFFRJ) Dissolveu-se 0,61 g do ácido orgânico (HA) de massa molar 122,0 g/mol em quantidade suficiente de água para completar 0,5 L de solução.

Sabendo-se que sua constante de ionização vale $4{,}0 \cdot 10^{-6}$, determine:

a) concentração em mol/L do ácido.
b) pH da solução.
c) o grau de ionização do ácido na solução preparada.

Dado: log 2 = 0,3.

6. (FUVEST - SP) Em água, o aminoácido alanina pode ser protonado, formando um cátion que será designado por ala^+; pode ceder próton, formando um ânion designado por ala^-. Dessa forma, os seguintes equilíbrios podem ser escritos:

$$ala + H_3O^+ \rightleftarrows H_2O + ala^+$$
$$ala + H_2O \rightleftarrows H_3O^+ + ala^-$$

A concentração relativa dessas espécies depende do pH da solução, como mostrado no gráfico.

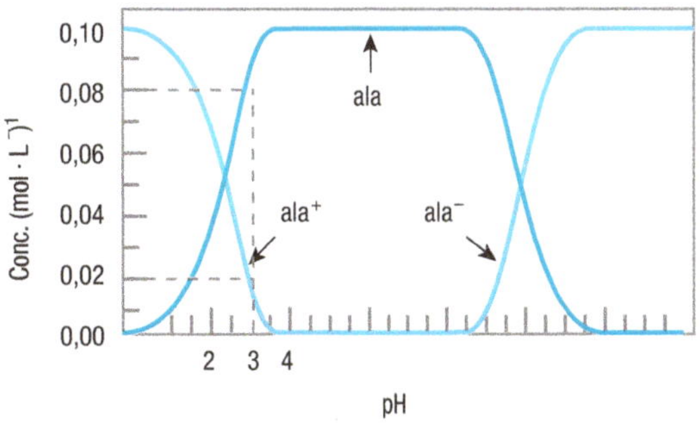
0,10
0,08
0,06
0,04
0,02
0,00
Conc. (mol · L⁻¹)
ala
ala⁺
ala⁻
2 3 4
pH

Quando [ala] = 0,08 mol · L^{-1}, [ala^+] = 0,02 mol · L^{-1} e [ala^-] for desprezível, a concentração hidrogeniônica na solução, em mol · L^{-1} será aproximadamente igual a

a) 10^{-11}
b) 10^{-9}
c) 10^{-6}
d) 10^{-3}
e) 10^{-1}

7. (UNIFESP) Alguns medicamentos à base de AAS (monoácido acetilsalicílico) são utilizados como analgésicos, anti-inflamatórios e desplaquetadores sanguíneos. Nas suas propagandas, consta: "O Ministério da Saúde adverte: este medicamento é contraindicado em caso de suspeita de dengue". Como as plaquetas são as responsáveis pela coagulação sanguínea, esses medicamentos devem ser evitados para que um caso de dengue simples não se transforme em dengue hemorrágica. Sabendo-se que a constante de ionização do AAS é $3 \cdot 10^{-5}$, o valor que mais se aproxima do pH de uma solução aquosa de AAS $3{,}3 \cdot 10^{-4}$ mol/L é

a) 8 b) 6 c) 5 d) 4 e) 3

8. O pH de uma solução aquosa de um monoácido forte, cuja concentração é igual a 10^{-9} mol/L, é aproximadamente igual a

a) 1 b) 2 c) 5 d) 7 e) 9

Dados: $H_2O(l) \rightleftarrows H^+(aq) + OH^-(aq)$

$Kw = [H^+] [OH^-] = 1,0 \cdot 10^{-14}$ a 25 °C

9. (PUC) Um aluno adicionou 0,950 g de carbonato de cálcio ($CaCO_3$) a 100 mL de solução aquosa de ácido clorídrico (HCl) de concentração 0,2 mol/L. É correto afirmar que, após cuidadosa agitação, o sistema final apresenta uma

a) solução incolor, com pH igual a 7.
b) mistura heterogênea, esbranquiçada, pois o $CaCO_3$ é insolúvel em água, com pH < 1.
c) solução incolor, com pH igual a 1.
d) solução incolor, com pH igual a 2.
e) mistura heterogênea, contendo o excesso de $CaCO_3$ como corpo de fundo e pH > 7.

Dado: massa molar do $CaCO_3 = 100$ g/mol.

10. (FGV) Um empresário de agronegócios resolveu fazer uma tentativa de diversificar sua produção e iniciar a criação de rãs. Ele esperou a estação das chuvas e coletou 1 m^3 de água para dispor os girinos. Entretanto, devido à proximidade de indústrias poluidoras na região, a água da chuva coletada apresentou pH = 4, o que tornou necessário um tratamento químico com adição de carbonato de cálcio, $CaCO_3$, para se atingir pH = 7. Para a correção do pH no tanque de água, a massa em gramas, de carbonato de cálcio necessária é, aproximadamente, igual a

a) 0,1
b) 0,2
c) 0,5
d) 5,0
e) 10

Dado: massa molar do $CaCO_3 = 100$ g/mol.

11. (UNESP) Para evitar o desenvolvimento de bactérias em alimentos, utiliza-se ácido benzoico como conservante.

Sabe-se que:

I. Em solução aquosa, ocorre o equilíbrio:

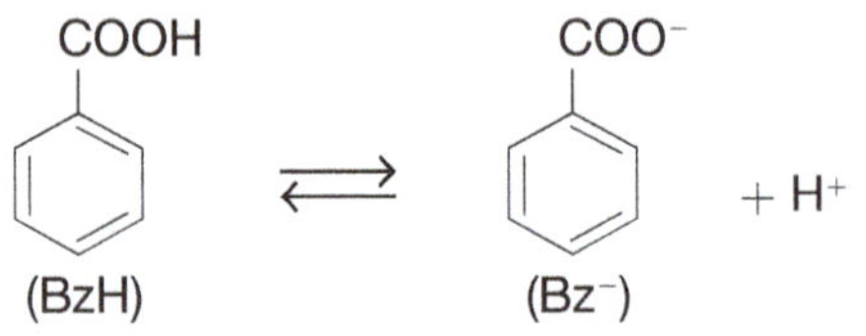
COOH
COO⁻
(BzH)
(Bz⁻)
+ H⁺

II. A ação bactericida é devido exclusivamente à forma não dissociada do ácido (BzH).

III. Com base nessas informações e a tabela seguinte

Alimento	pH
refrigerante	3,0
picles	3,2
leite	6,5

pode-se afirmar que é possível utilizar ácido benzoico como conservante do:

a) refrigerante, apenas.
b) leite, apenas.
c) refrigerante e picles, apenas.
d) refrigerante e leite, apenas.
e) picles e leite, apenas.

12. (VUNESP) As leis de proteção ao meio ambiente proíbem que as indústrias lancem nos rios efluentes com pH menor que 5 ou superior a 8. Os efluentes das indústrias I, II e III apresentam as seguintes concentrações (em mol/L) de H^+ ou OH^-:

Indústria	Concentração no efluente (mol/L)
I	$[H^+] = 10^{-3}$
II	$[OH^-] = 10^{-5}$
III	$[OH^-] = 10^{-8}$

Considerando apenas a restrição referente ao pH, podem ser lançados em rios, sem tratamento prévio, os efluentes:

a) da indústria I, somente.
b) da indústria II, somente.
c) da indústria III, somente.
d) das indústrias I e II, somente.
e) das indústrias I, II e III.

13. (FUVEST - SP) Acreditava-se que a dissolução do dióxido de carbono atmosférico na água do mar deveria ser um fenômeno desejável por contribuir para a redução do aquecimento global. Porém, tal dissolução abaixa o pH da água do mar, provocando outros problemas ambientais. Por exemplo, são danificados seriamente os recifes de coral, constituídos, principalmente, de carbonato de cálcio.

A equação química que representa, simultaneamente, a dissolução do dióxido de carbono na água do mar e a dissolução dos recifes de coral é:

a) $CaC_2(s) + CO_2(g) + H_2O(l) \longrightarrow$
$\longrightarrow Ca^{2+}(aq) + C_2H_2(g) + CO_3^{2-}(aq)$

b) $CaCO_3(s) + 2\ H^+(aq) \longrightarrow$
$\longrightarrow Ca^{2+}(aq) + CO_2(g) + H_2O(l)$

c) $CaC_2(s) + 2\ H_2O(l) \longrightarrow$
$\longrightarrow Ca^{2+}(aq) + 2\ OH^-(g) + C_2H_2(g)$

d) $CaCO_3(s) + CO_2(g) + H_2O(l) \longrightarrow$
$\longrightarrow Ca^{2+}(aq) + 2\ HCO_3^-(aq)$

e) $CaCO_3(s) \xrightarrow{H_2O} Ca^{2+}(aq) + CO_3^-(aq)$

14. (UNESP) Sabe-se que, no estômago, o pH está na faixa de 1 a 3, e no intestino o pH é maior que 7. Com base nessas informações, pode-se prever que:

a) só a aspirina é absorvida no estômago.
b) só a anfetamina é absorvida no estômago.
c) só a aspirina é absorvida no intestino.
d) ambos os medicamentos são absorvidos no estômago.
e) ambos os medicamentos são absorvidos no intestino.

Dados: aspirina = caráter ácido; anfetamina = caráter básico.

15. (UFSCar - SP) A acidose metabólica é causada pela liberação excessiva, na corrente sanguínea, de ácido láctico e de outras substâncias ácidas resultantes do metabolismo. Considere a equação envolvida no equilíbrio ácido-base do sangue e responda.

$$CO_2(g) + H_2O(l) \rightleftharpoons H_2CO_3(aq) \rightleftharpoons H^+(aq) + [HCO_3]^-(aq)$$

a) Explique de que forma o aumento da taxa de respiração, quando se praticam exercícios físicos, contribui para a redução da acidez metabólica.
b) O uso de diuréticos em excesso pode elevar o pH do sangue, causando uma alcalose metabólica. Explique de que forma um diurético perturba o equilíbrio ácido-base do sangue.

16. (UNIFESP) O equilíbrio ácido básico do sangue pode ser representado como segue:

$$CO_2 + H_2O \rightleftarrows H_2CO_3 \rightleftarrows H^+ + HCO_3^-$$

Assinale a alternativa que apresente dois fatores que combateriam a alcalose respiratória (aumento do pH sanguíneo).

a) Aumento da concentração de CO_2 e HCO_3^-.
b) Diminuição da concentração de CO_2 e HCO_3^-.
c) Diminuição da concentração de CO_2 e aumento da concentração de HCO_3^-.
d) Aumento da concentração de CO_2 e diminuição da concentração de HCO_3^-.
e) Aumento da concentração de CO_2 e diminuição da concentração de H_2O.

17. (FUVEST – SP) A autoionização da água é uma reação endotérmica. Um estudante mediu o pH da água recém-destilada, isenta de CO_2 e a 50 °C, encontrando o valor 6,6. Desconfiado de que o aparelho de medida estivesse com defeito, pois esperava o valor 7,0, consultou um colega que fez as seguintes afirmações:

I. O seu valor (6,6) pode estar correto, pois 7,0 é o pH da água pura, porém a 25 °C.
II. A aplicação do princípio de Le Chatelier ao equilíbrio da ionização da água justifica que, com o aumento da temperatura, aumenta a concentração de H^+.
III. Na água, o pH é tanto menor quanto maior a concentração de H^+.

Está correto o que se afirma:

a) somente em I.
b) somente em II.
c) somente em III.
d) somente em I e II.
e) em I, II e III.

18. (UNESP) O esmalte dos dentes é constituído por um material pouco solúvel em água. Seu principal componente é a hidroxiapatita [$Ca_5(PO_4)_3OH$] e o controle do pH da saliva – normalmente muito próximo de 7 — é importante para evitar o desgaste desse esmalte, conforme o equilíbrio apresentado a seguir.

$$Ca_5(PO_4)_3OH(s) + 4\ H^+(aq) \rightleftarrows 5\ Ca^{2+}(aq) + 3\ HPO_4^{2-} + H_2O(l)$$

a) Sabendo que, cerca de dez minutos após a ingestão de um refrigerante com açúcar, o pH da saliva pode alcançar, aproximadamente, o valor 5, e que $pH = -\log [H^+]$, calcule quantas vezes a concentração de H^+ na saliva nesta situação é maior do que o normal. Apresente seus cálculos.
b) Explique, considerando o equilíbrio apresentado e o princípio de Le Chatelier, o efeito da diminuição do pH sobre o esmalte dos dentes.

19. (FUVEST – SP) O fitoplâncton consiste em um conjunto de organismos microscópicos encontrados em certos ambientes aquáticos. O desenvolvimento desses organismos requer luz e CO_2, para o processo de fotossíntese, e requer também nutrientes contendo os elementos nitrogênio e fósforo.

Considere a tabela que mostra dados de pH e de concentrações de nitrato e de oxigênio dissolvidos na água, para amostras coletadas durante o dia, em dois diferentes pontos (A e B) e em duas épocas do ano (maio e novembro), na represa Billings, em São Paulo.

	pH	Concentração de nitrato (mg/L)	Concentração de oxigênio (mg/L)
ponto A (novembro)	9,8	0,14	6,5
ponto B (novembro)	9,1	0,15	5,8
ponto A (maio)	7,3	7,71	5,6
ponto B (maio)	7,4	3,95	5,7

Com base nas informações da tabela e em seus próprios conhecimentos sobre o processo de fotossíntese, um pesquisador registrou três conclusões:

I. Nessas amostras, existe uma forte correlação entre as concentrações de nitrato e de oxigênio dissolvidos na água.
II. As amostras de água coletadas em novembro devem ter menos CO_2 dissolvido do que aquelas coletadas em maio.
III. Se as coletas tivessem sido feitas à noite, o pH das quatro amostras de água seria mais baixo do que o observado.

É correto o que o pesquisador concluiu em

a) I, apenas.
b) III, apenas.
c) I e II, apenas.
d) II e III, apenas.
e) I, II e III.

20. (FGV) *Mudanças climáticas estão tornando oceanos mais ácidos.*

Segundo um estudo publicado na edição desta semana da revista científica "Nature", o pH dos oceanos caiu 6% nos últimos anos, de 8,3 para 8,1 e, sem controle de CO_2 nos próximos anos, a situação chegará a um ponto crítico por volta do ano 2300, quando o pH dos oceanos terá caído para 7,4 e permanecerá assim por séculos. (...) A reação do CO_2 com a água do mar produz íons bicarbonato e íons hidrogênio, o que eleva a acidez. (...) Os resultados do aumento da acidez da água ainda são incertos, mas, como o carbonato tende a se dissolver em meios mais ácidos, as criaturas mais vulneráveis tendem a ser as que apresentam exoesqueletos e conchas de carbonato de cálcio, como corais, descreveu, em uma reportagem sobre a pesquisa, a revista "New Scientist".

globonews.com, 25 set. 2003.

Com base no texto, analise as afirmações:

I. A reação responsável pela diminuição do pH das águas dos mares é:

$$CO_2(g) + H_2O(l) \rightleftarrows HCO_3^-(aq) + H^+(aq)$$

II. Os exoesqueletos e conchas de carbonato de cálcio não sofrem modificações em meio ácido.
III. Se o pH do mar variar de 8,4 para 7,4, a concentração de H^+ aumentará por um fator de 10.

Está correto apenas o que se afirma em

a) I
b) II
c) III
d) I e II
e) I e III

21. (UNIFESP) Quando se borbulha $Cl_2(g)$ na água, estabelecem-se os seguintes equilíbrios:

$$Cl_2(g) \rightleftarrows Cl_2(aq)$$

$$Cl_2(aq) + H_2O \rightleftarrows HClO + H^+ + Cl^-$$

$$HClO(aq) \rightleftarrows H^+ + ClO^-$$

$K_{dissoc} = 8 \cdot 10^{-4}$, a 25 °C.

Analisando-se esses equilíbrios, foram feitas as seguintes afirmações:

I. Quanto maior o pH da água, maior será a solubilidade do gás.
II. Pode ocorrer desprendimento de Cl_2 gasoso se for adicionado NaCl sólido à solução.
III. A constante de dissociação do HClO aumenta se for adicionado um ácido forte à solução, a 25 °C.

Está correto o que se afirma em:

a) I, apenas.
b) II, apenas.
c) I e II, apenas.
d) II e III, apenas.
e) I, II e III.

22. (UNESP) A 1,0 L de uma solução 0,1 mol · L^{-1} de ácido acético, adicionou-se 0,1 mol de acetato de sódio sólido, agitando-se até a dissolução total. Com relação a esse sistema, pode-se afirmar que

a) o pH da solução resultante aumenta.
b) o pH não se altera.
c) o pH da solução resultante diminui.
d) o íon acetato é uma base de Arrhenius.
e) o ácido acético é um ácido forte.

23. (FATEC – SP) O ácido nicotínico, ou niacina ($C_6H_4NO_2H$), é um ácido fraco.

O gráfico a seguir mostra como seu grau de ionização varia de acordo com a concentração de suas soluções aquosas (medidas à temperatura ambiente).

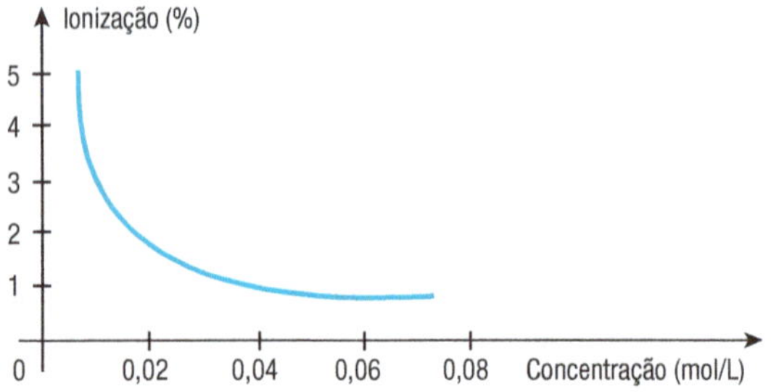

Ionização (%)
5
4
3
2
1
0
0,02
0,04
0,06
0,08
Concentração (mol/L)

Sobre esse gráfico, foram feitas as seguintes afirmações:

I. A ionização do ácido nicotínico aumenta à medida que a concentração da solução aumenta.
II. O pH de uma solução de ácido nicotínico não depende da concentração da solução.
III. Quanto maior a concentração da solução, menor a porcentagem de íons $C_6H_4NO_2^-$ em relação às moléculas $C_6H_4NO_2H$.

Dessas afirmações, somente

a) I é correta.
b) II é correta.
c) III é correta.
d) I e II são corretas.
e) II e III são corretas.

24. (FATEC – SP) Alterações do pH do sangue afetam a eficiência do transporte de oxigênio pelo organismo humano. Num indivíduo normal, o pH do sangue deve-se manter entre os valores 7,35 e 7,45.

Considere os gráficos apresentados a seguir, que se referem às variações do pH e da p_{CO_2} em um paciente submetido a uma cirurgia cardíaca.

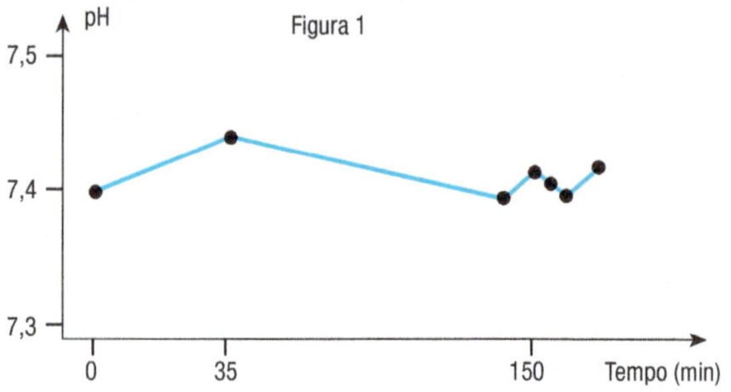

pH
Figura 1
7,5
7,4
7,3
0
35
150
Tempo (min)

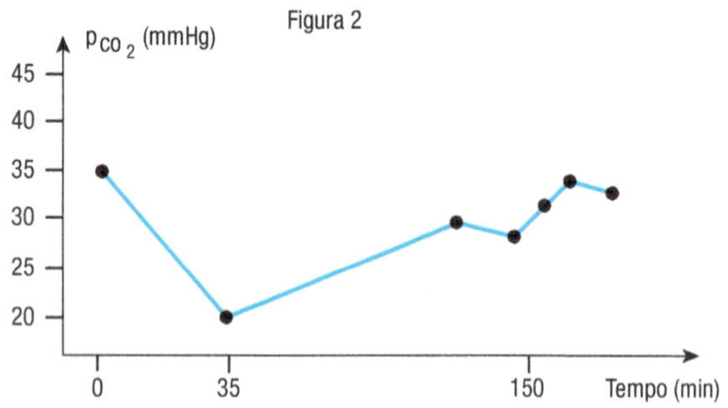

p_{CO_2} (mmHg)
Figura 2
45
40
35
30
25
20
0
35
150
Tempo (min)

Considerando o intervalo de tempo de 0 a 35 minutos, a análise dos gráficos permite as seguintes afirmações:

I. Quando pH aumenta, p_{CO_2} também aumenta.
II. Quando pH = 7,4, p_{CO_2} é cerca de 35 mmHg.
III. Quando pH cresce (> 7,4) a p_{CO_2} decresce (< 35 mmHg).

São corretas apenas as afirmações

a) I
b) I e II
c) II e III
d) III
e) I e III

25. (PUC) Considere as seguintes reações de ionização e suas respectivas constantes:

$H_2SO_3(l) + H_2O(l) \longrightarrow H_3O^+(aq) + HSO_3^-(aq)$

$Ka = 1 \cdot 10^{-2}$

$HCO_2H(g) + H_2O(l) \longrightarrow H_3O^+(aq) + HCO_2^-(aq)$

$Ka = 2 \cdot 10^{-4}$

$HCN(g) + H_2O(l) \longrightarrow H_3O^+(aq) + CN^-(aq)$

$Ka = 4 \cdot 10^{-10}$

Ao se prepararem soluções aquosas de concentração 0,01 mol/L dessas três substâncias, pode-se afirmar, sobre os valores de pH dessas soluções que

a) pH H_2SO_3 < pH HCO_2H < 7 < pH HCN

b) pH HCN < pH HCO_2H < pH H_2SO_3 < 7

c) 7 < pH H_2SO_3 < pH HCO_2H < pH HCN

d) pH H_2SO_3 < pH HCO_2H < pH HCN < 7

e) pH H_2SO_3 = pH HCO_2H = pH HCN < 7

26. (PUC – SP) Duas substâncias distintas foram dissolvidas em água, resultando em duas soluções, **X** e **Y**, de concentração 0,1 mol/L. A solução **X** apresentou pH igual a 4, medido a 25 °C, enquanto a solução **Y** apresentou pH igual a 1, nas mesmas condições. Sobre as soluções e seus respectivos solutos foram feitas as seguintes considerações:

I. Os dois solutos podem ser classificados como ácidos de alto grau de ionização (ácidos fortes).

II. As temperaturas de congelamento das soluções **X** e **Y** são rigorosamente idênticas.

III. A concentração de íons $H^+(aq)$ na solução **X** é 1.000 vezes menor do que na solução **Y**.

Está correto o que se afirma apenas em

a) II.
b) III.
c) I e II.
d) I e III.
e) II e III.

27. (FUVEST – SP) O composto HClO, em água, dissocia-se de acordo com o equilíbrio:

$$HClO(aq) + H_2O(l) \rightleftharpoons ClO^-(aq) + H_3O^+(aq)$$

As porcentagens relativas, em mols, das espécies ClO^- e HClO dependem do pH da solução aquosa. (Constante de dissociação do HClO em água, a 25 °C: $4 \cdot 10^{-8}$.) O gráfico que representa corretamente a alteração dessas porcentagens com a variação do pH da solução é:

a)
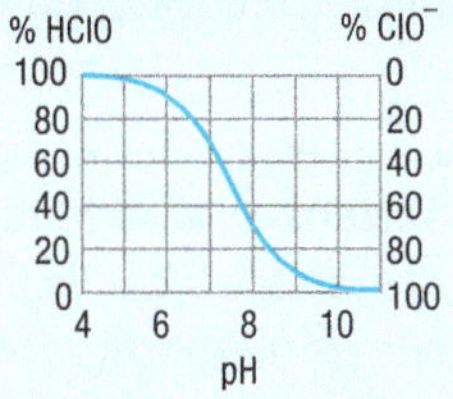
% HClO
% ClO⁻
pH

d)
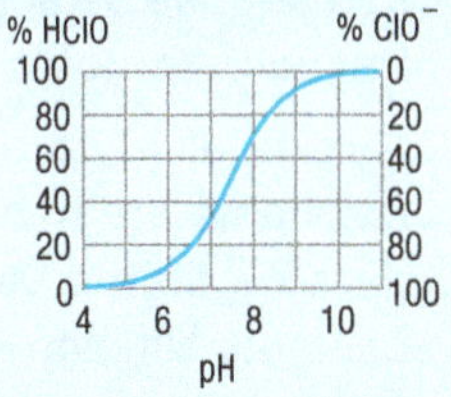
% HClO
% ClO⁻
pH

b)
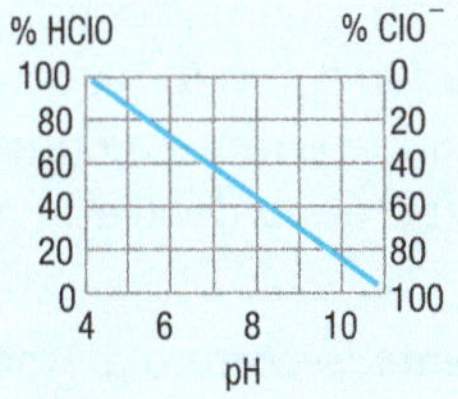
% HClO
% ClO⁻
pH

e)
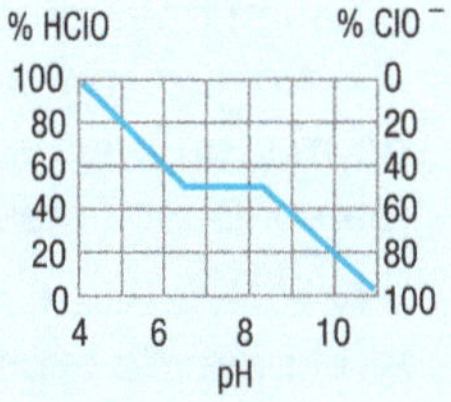
% HClO
% ClO⁻
pH

c)
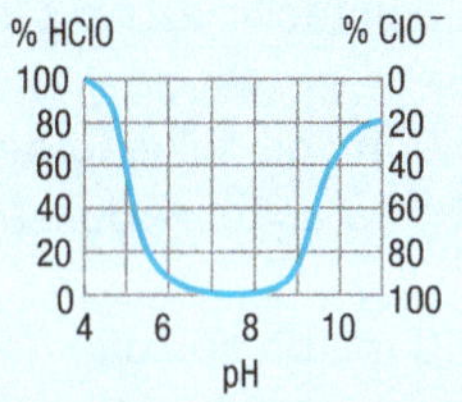
% HClO
% ClO⁻
pH

Resolução:

À medida que aumenta o pH da água, o equilíbrio é deslocado para a direita, aumentando a % de ClO^- e diminuindo a % de HClO.

$$HClO(aq) + H_2O(l) \rightleftharpoons ClO^-(aq) + H_3O^+(aq)$$

Os gráficos possíveis seriam os das alternativas a ou b.

$pH = 6 \quad \therefore \quad [H_3O^+] = 10^{-6}$ mol/L

$$Ka = \frac{[ClO^-]\,[H_3O^+]}{[HClO]} \quad \therefore \quad 4 \cdot 10^{-8} = \frac{[ClO^-] \cdot 10^{-6}}{[HClO]}$$

$$4 \cdot 10^{-2} = \frac{[ClO^-]}{[HClO]} \quad \therefore \quad [HClO] = 25\,[ClO^-]$$

% HClO 26x ———— 100%

25x ———— p ∴ p = 96%

Resposta: essa porcentagem corresponde ao gráfico da alternativa a.

28. (PUC) **Dado:** coloração do indicador azul de bromotimol

$pH < 6 \Rightarrow$ solução amarela

$6 < pH < 8 \Rightarrow$ solução verde

$pH > 8 \Rightarrow$ solução azul

Em um béquer, foram colocados 20,0 mL de solução aquosa de hidróxido de sódio (NaOH) de concentração 0,10 mol/L e algumas gotas do indicador azul de bromotimol. Com auxílio de uma bureta, foram adicionados 20,0 mL de uma solução aquosa de ácido sulfúrico (H_2SO_4) de concentração 0,10 mol/L.

A cada alíquota de 1,0 mL adicionada, a mistura resultante era homogeneizada e a condutibilidade da solução era verificada através de um sistema bastante simples e comum em laboratórios de ensino médio.

Uma lâmpada presente no sistema acende quando em contato com um material condutor, como água do mar ou metais, e não acende em contato com materiais isolantes, como água destilada, madeira ou vidro.

A respeito do experimento, é correto afirmar que

a) após a adição de 10,0 mL da solução de H_2SO_4, a solução apresenta coloração azul e a lâmpada acende.
b) após a adição de 10,0 mL da solução de H_2SO_4, a solução apresenta coloração verde e a lâmpada não acende.
c) após a adição de 12,0 mL da solução de H_2SO_4, a solução apresenta coloração azul e a lâmpada acende.
d) após a adição de 12,0 mL da solução de H_2SO_4, a solução apresenta coloração amarela e a lâmpada acende.
e) após a adição de 20,0 mL da solução de H_2SO_4, a solução apresenta coloração verde e a lâmpada não acende.

29. (FUVEST - SP) O experimento descrito a seguir foi planejado com o objetivo de demonstrar a influência da luz no processo de fotossíntese. Em dois tubos iguais, colocou-se o mesmo volume de água saturada com gás carbônico e, em cada um, um espécime de uma mesma planta aquática. Os dois tubos foram fechados com rolhas. Um dos tubos foi recoberto com papel alumínio e ambos foram expostos à luz produzida por uma lâmpada fluorescente (que não produz calor).

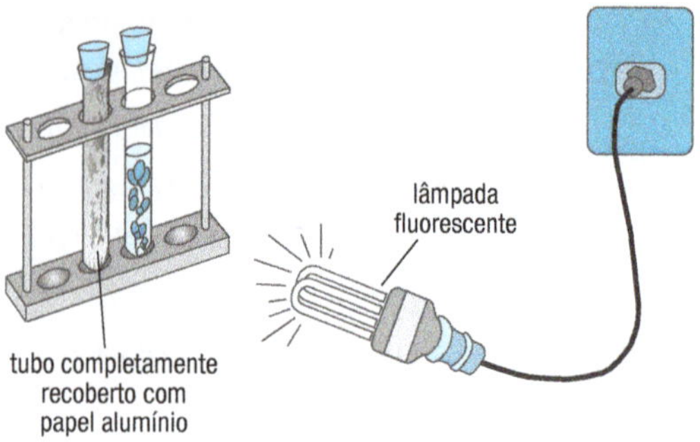
lâmpada fluorescente
tubo completamente recoberto com papel alumínio

ANA OLÍVIA JUSTO/acervo da editora

a) Uma solução aquosa saturada com gás carbônico é ácida. Como deve variar o pH da solução no tubo **não recoberto** com papel alumínio, à medida que a planta realiza fotossíntese? Justifique sua resposta.
No tubo recoberto com papel alumínio, não se observou variação de pH durante o experimento.
b) Em termos de planejamento experimental, explique por que é necessário utilizar o tubo recoberto com papel alumínio, o qual evita que um dos espécimes receba luz.

30. (FUVEST – SP) Íons indesejáveis podem ser removidos da água, tratando-a com resinas de troca iônica, que são constituídas por uma matriz polimérica, à qual estão ligados grupos que podem reter cátions ou ânions. Assim, por exemplo, para o sal C^+A^-, dissolvido na água, a troca de cátions e ânions, com os íons da resina, pode ser representada por:

Resina tipo I – Removedora de cátions

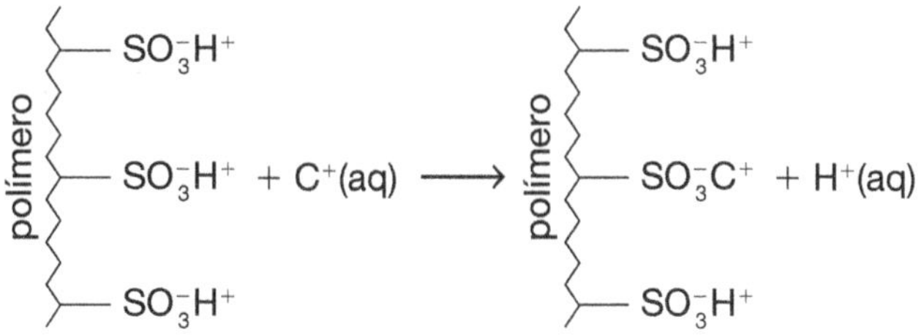
polímero
SO3-H+
SO3-H+ + C+(aq)
SO3-H+
polímero
SO3-H+
SO3-C+ + H+(aq)
SO3-H+

Resina tipo II – Removedora de ânions

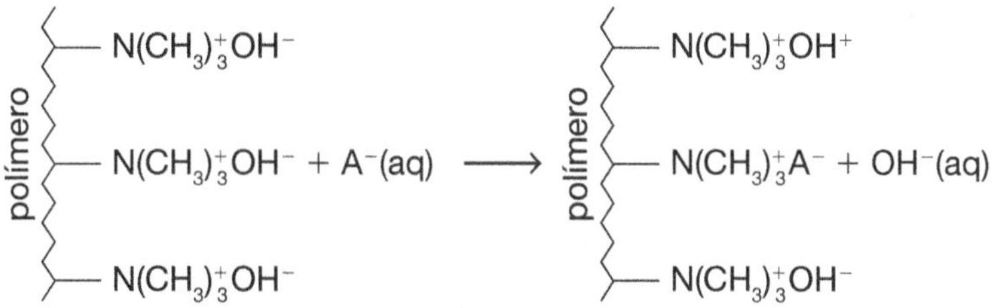
polímero
N(CH3)3+OH-
N(CH3)3+OH- + A-(aq)
N(CH3)3+OH-
polímero
N(CH3)3+OH+
N(CH3)3+A- + OH-(aq)
N(CH3)3+OH-

No tratamento da água com as resinas de troca iônica, a água atravessa colunas de vidro ou plástico, preenchidas com a resina sob a forma de pequenas esferas. O líquido que sai da coluna é chamado de eluído. Considere a seguinte experiência, em que água, contendo cloreto de sódio e sulfato de cobre (II) dissolvidos, atravessa uma coluna com resina do tipo I.

A seguir, o eluído, assim obtido, atravessa outra coluna, desta vez preenchida com resina do tipo II.

Supondo que ambas as resinas tenham sido totalmente eficientes, indique

a) Os íons presentes no eluído da coluna com resina do tipo I.

b) Qual deve ser o pH do eluído da coluna com resina do tipo I (maior, menor ou igual a 7). Justifique.

c) Quais íons foram retidos pela coluna com resina do tipo II.

d) Qual deve ser o pH do eluído da coluna com resina do tipo II (maior, menor ou igual a 7). Justifique.

31. (FUVEST - SP)

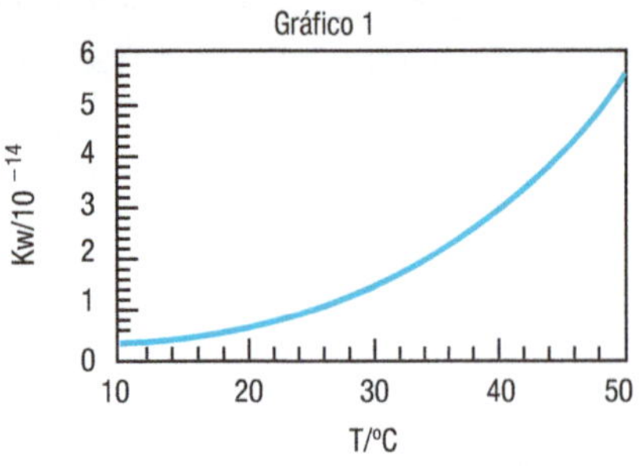

Gráfico 1
Kw/10 −14
6
5
4
3
2
1
0
10
20
30
40
50
T/ºC

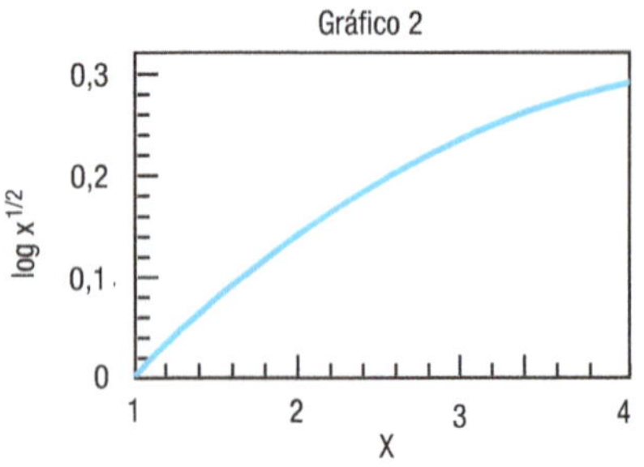

Gráfico 2
log x 1/2
0,3
0,2
0,1
0
1
2
3
4
X

O produto iônico da água, Kw, varia com a temperatura conforme indicado no gráfico 1.

a) Na temperatura do corpo humano, 36 °C.
   1. Qual é o valor de Kw?
   2. Qual é o valor do pH da água pura e neutra? Para seu cálculo, utilize o gráfico 2.

b) A reação de autoionização da água é exotérmica ou endotérmica? Justifique sua resposta, analisando dados do gráfico 1.

> Assinale, por meio de linhas de chamada, todas as leituras feitas nos dois gráficos.

32. (FUVEST - SP) Algumas gotas de um indicador de pH foram adicionadas a uma solução aquosa saturada de CO_2, a qual ficou vermelha. Dessa solução, 5 mL foram transferidos para uma seringa, cuja extremidade foi vedada com uma tampa (**Figura I**). Em seguida, o êmbolo da seringa foi puxado até a marca de 50 mL e travado nessa posição, observando-se liberação de muitas bolhas dentro da seringa e mudança da cor da solução para laranja (**Figura II**). A tampa e a trava foram então removidas, e o êmbolo foi empurrado de modo a expulsar totalmente a fase gasosa, mas não o líquido (**Figura III**). Finalmente, a tampa foi recolocada na extremidade da seringa (**Figura IV**) e o êmbolo foi novamente puxado para a marca de 50 mL e travado (**Figura V**). Observou-se, nessa situação, a liberação de poucas bolhas, e a solução ficou amarela. Considere que a temperatura do sistema permaneceu constante ao longo de todo o experimento.

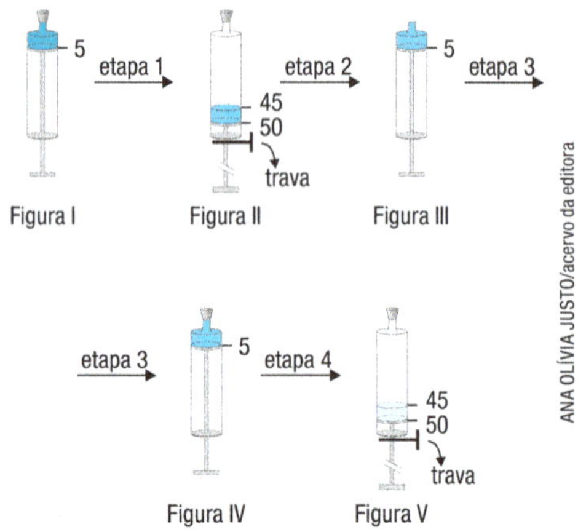

5
etapa 1
45
50
trava
etapa 2
5
etapa 3
Figura I
Figura II
Figura III
etapa 3
5
etapa 4
45
50
trava
Figura IV
Figura V
ANA OLÍVIA JUSTO/acervo da editora

a) Explique, incluindo em sua resposta as equações químicas adequadas, por que a solução aquosa inicial, saturada de CO_2, ficou vermelha na presença do indicador de pH.

b) Por que a coloração da solução mudou de vermelho para laranja ao final da Etapa 1?

c) A pressão da fase gasosa no interior da seringa, nas situações ilustradas pelas figuras II e V, é a mesma? Justifique.

Dados:			
pH	1,0 1,5 2,0 2,5 3,0 3,5 4,0 4,5	5,0 5,5 6,0	6,5 7,0 7,5
cor da solução contendo o indicador de pH	vermelho	laranja	amarelo

33. (UNESP) Ao cozinhar repolho roxo, a água do cozimento apresenta-se azulada. Esta solução pode ser utilizada como um indicador ácido-base. Adicionando vinagre (ácido acético), a coloração mudará para o vermelho e, adicionando soda cáustica (hidróxido de sódio), a coloração mudará para o verde. Se você soprar através de um canudinho na água de cozimento do repolho roxo durante alguns segundos, sua coloração mudará do azul para o vermelho. Destas observações, pode-se concluir que:

a) no "ar" que expiramos existe vinagre, produzindo íons CH_3COO^- e H^+ na solução.
b) no "ar" que expiramos existe soda cáustica, produzindo íons Na^+ e OH^- na solução.
c) no "ar" que expiramos há um gás que, ao reagir com água, produz íons H^+.
d) o "ar" que expiramos reage com a água do repolho formando ácido clorídrico e produzindo íons H^+ e Cl^- na solução.
e) o "ar" que expiramos comporta-se, em solução aquosa, como uma base.

34. (FATEC – SP) Indicadores ácido-base são substâncias que apresentam colorações diferentes em meio ácido e meio básico. Considere o indicador abaixo, para o qual existe o equilíbrio:

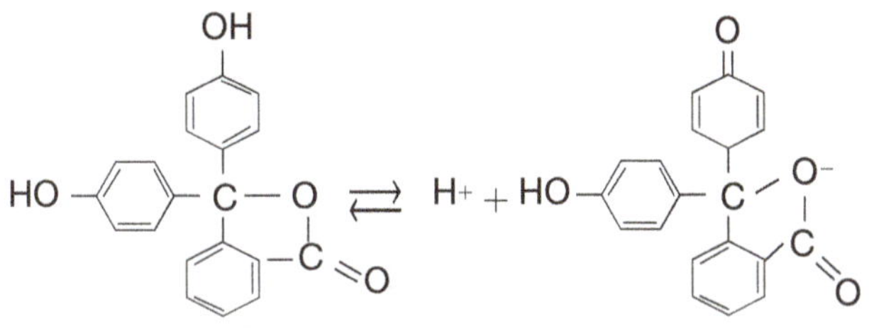

OH
HO
C
O
C
O
H+ + HO
O
C
O-
C
O
incolor
rósea

Esse indicador assumirá a cor rósea quando adicionado a

a) suco de limão.
b) suco gástrico.
c) água com gás.
d) água sanitária ("cândida").
e) cerveja.

35. (FATEC – SP) A tabela seguinte fornece os intervalos de pH de viragem de cor correspondentes a alguns indicadores.

	Indicador	Intervalo de pH de viragem
I.	azul de bromotimol	amarelo 6,0 a 7,6 azul
II.	vermelho de metila	vermelho 4,4 a 6,2 amarelo alaranjado
III.	timolftaleína	incolor 9,3 a 10,5 azul
IV.	azul de bromofenol	amarelo 3,0 a 4,6 violeta alaranjado
V.	alaranjado de metila	vermelho 3,1 a 4,4 alaranjado

Suponha que três copos contenham água mineral. Cada um contém água de uma fonte diferente das demais. Uma das águas apresenta pH = 4,5, outra pH = 7,0 e a outra pH = 10,0.

Para identificar qual a água contida em cada copo, entre os indicadores relacionados na tabela, o mais apropriado é:

a) I. b) II. c) III. d) IV. e) V.

36. (ITA – SP) Um indicador ácido-base monoprótico tem cor vermelha em meio ácido e cor laranja em meio básico. Considere que a constante de dissociação desse indicador seja igual a $8{,}0 \cdot 10^{-5}$. Assinale a opção que indica a quantidade, em mols, do indicador que, quando adicionada a 1 L de água pura, seja suficiente para que 80% de suas moléculas apresentem a cor vermelha após alcançar o equilíbrio químico.

a) $1{,}3 \cdot 10^{-5}$

b) $3{,}2 \cdot 10^{-5}$

c) $9{,}4 \cdot 10^{-5}$

d) $5{,}2 \cdot 10^{-4}$

e) $1{,}6 \cdot 10^{-3}$

Resolução:

$$\underset{\text{cor vermelha}}{HIn} \rightleftarrows \underset{\text{cor laranja}}{H^+ + Ind^-}$$

	HIn	$\rightleftarrows$	H^+	$+ Ind^-$
início	n		0	0
reage e forma	0,2n		0,2n	0,2n
equilíbrio	0,8n		0,2n	0,2n

$$Ka = \frac{[H^+] \cdot [Ind^-]}{[HIn]}$$

$$8{,}0 \cdot 10^{-5} = \frac{0{,}2n \cdot 0{,}2n}{0{,}8n} \quad \therefore \quad \boxed{n = 1{,}6 \cdot 10^{-3} \text{ mol}}$$

Resposta: alternativa e.

Exercícios Série Platina

1. Na temperatura ambiente, a constante de ionização do ácido acético é $1{,}8 \cdot 10^{-5}$.

a) Escreva a expressão da constante de equilíbrio.

b) Qual a concentração, em mol/L, da solução em que o ácido se encontra 3% dissociado.

c) Calcule o pH da solução.

Dado: log 6 = 0,7.

2. (UNIFESP – adaptada) A figura representa os volumes de duas soluções aquosas, X e Y, a 25°C, com $3{,}01 \cdot 10^{14}$ e $6{,}02 \cdot 10^{19}$ íons H^+, respectivamente.

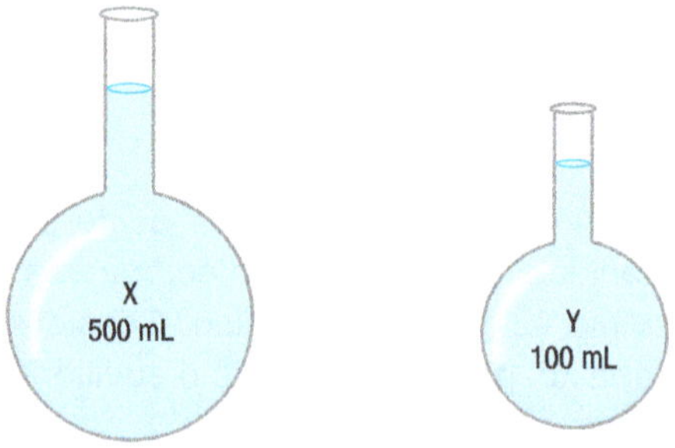
X
500 mL
Y
100 mL

a) Calcular a concentração em mol/L de íons H^+ nas soluções X e Y.

b) Calcular o pH das soluções X e Y.

Dado: constante de Avogadro = $6{,}02 \cdot 10^{23}$ mol^{-1}.

3. (UNICAMP – SP) Antes das provas de 100 e 200 metros rasos, viu-se, como prática comum, os competidores respirarem rápida e profundamente (hiperventilação) por cerca de meio minuto. Essa prática leva a uma remoção mais efetiva do gás carbônico dos pulmões imediatamente antes da corrida e ajuda a aliviar as tensões da prova. Fisiologicamente, isso faz o valor do pH sanguíneo se alterar, podendo chegar a valores de até 7,6.

a) Mostre com uma equação química e explique como a hiperventilação faz o valor do pH sanguíneo se alterar.

b) Durante esse tipo de corrida, os músculos do competidor produzem uma grande quantidade de ácido lático, $CH_3CH(OH)COOH$, que é transferido para o plasma sanguíneo. Qual é a fórmula da espécie química predominante no equilíbrio ácido-base dessa substância no plasma ao término da corrida? Justifique com cálculos.

Dados: Ka do ácido lático $= 1{,}4 \cdot 10^{-4}$; considerar a concentração de $H^+ = 5{,}6 \cdot 10^{-8}$ mol/L no plasma.

4. O ácido benzoico é muito utilizado como conservante de alimentos. Em 1 L de ácido benzoico, em que o grau de ionização vale 1%, são adicionados 99 L de água destilada.

a) Escreva a equação química da ionização do ácido benzoico em água.

b) Explique o que acontece com as quantidades dos íons formados na ionização após adição de 99 L de água.

c) Calcule o grau de ionização do ácido benzoico após a diluição.

d) Calcule o pH após a diluição, admitindo que a concentração hidrogeniônica é igual a 0,1 mol/L, na solução original, antes da diluição.

5. Analise as informações abaixo, a respeito de duas soluções ácidas:

Frasco A	Frasco B
V = 100 mL	V = 100 mL
$4 \cdot 10^{-4}$ mol íons H^+	$1{,}6 \cdot 10^{-3}$ mol íons H^+

Pede-se:

a) Qual das soluções é a mais ácida? Justifique.

b) Calcule o pH resultante da mistura das duas soluções.

c) Qual o volume, em mL, da solução de NaOH de concentração 0,005 mol/L necessária para neutralizar completamente a mistura obtida?

6. (ITA – SP – adaptada) Uma solução aquosa de ácido fraco monoprótico é mantida à temperatura de 25 °C. Na condição de equilíbrio, este ácido está 2,0% dissociado. Calcule o pH e a concentração molar (expressa em mol/L^{-1}) do íon hidroxila nessa solução aquosa.

Dados: pKa = 4,0; log 5 = 0,7

7. (ENEM) Decisão de asfaltamento da rodovia MG--010, acompanhada da introdução de espécies exóticas, e a prática de incêndios criminosos ameaçam o sofisticado ecossistema do campo rupestre da reserva da Serra do Espinhaço. As plantas nativas desta região, altamente adaptadas a uma alta concentração de alumínio, que inibe o crescimento das raízes e dificulta a observação de nutrientes e água, estão sendo substituídas por espécies invasoras que não teriam naturalmente adaptação para esse ambiente; no entanto, elas estão dominando as margens da rodovia, equivocadamente chamada de "estrada ecológica". Possivelmente, a entrada de espécies de plantas exóticas neste ambiente foi provocada pelo uso, neste empreendimento, de um tipo de asfalto (cimento-solo) que possui uma mistura rica em cálcio, que causou modificações químicas aos solos adjacentes à rodovia MG-010.

Scientific American Brasil.
Ano 7, n. 79, 2008 (adaptado).

Essa afirmação baseia-se no uso de cimento-solo, mistura rica em cálcio que

a) inibe a toxicidade do alumínio, elevando o pH dessas áreas.
b) inibe a toxicidade do alumínio, reduzindo o pH dessas áreas.
c) aumenta a toxicidade do alumínio, elevando o pH dessas áreas.
d) aumenta a toxicidade do alumínio, reduzindo o pH dessas áreas.
e) neutraliza a toxicidade do alumínio, reduzindo o pH dessas áreas.

8. (UFG - GO) De acordo com um estudo de indicadores ácido-base ("Quim. Nova", 2006, 29, 600), o equilíbrio ácido-base do corante azul de bromofenol pode ser representado pela Figura 1 e o perfil da concentração desse corante em função do pH é representado no gráfico da Figura 2.

Figura 1

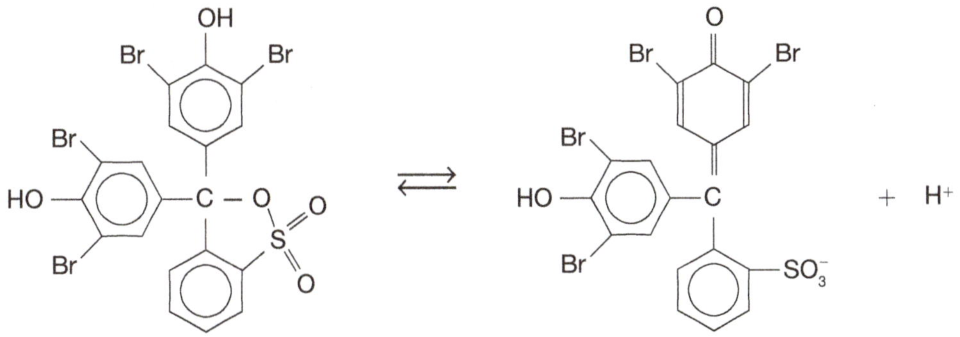

OH
Br
Br
Br
HO
Br
C
O
O
S
O
O
Br
Br
Br
HO
Br
C
SO_3^-
+ H^+

IND
Cor amarela

IND^2
Cor azul

Figura 2

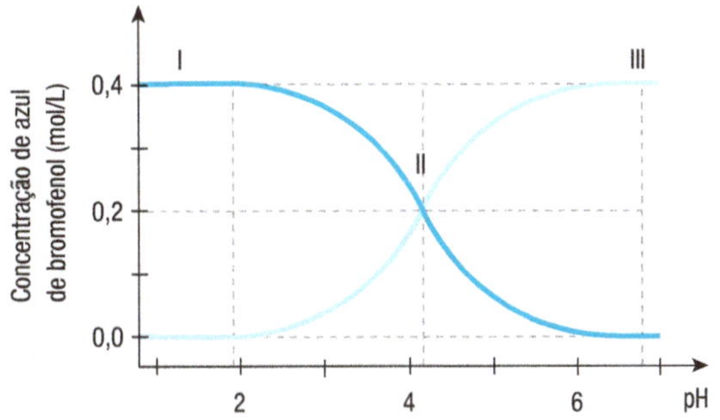

Concentração de azul de bromofenol (mol/L)
0,4
0,2
0,0
I
II
III
2
4
6
pH

ANA OLÍVIA JUSTO/acervo da editora

Com base nas informações apresentadas:

a) identifique as espécies químicas presentes na solução em I, II e III;

b) calcule o valor da constante de equilíbrio em II, sabendo que nesse pH, $[H^+] = 3,2 \cdot 10^{-4}$ mol/L.

Capítulo 3

Caráter Ácido e Básico nos Compostos Orgânicos

1. Teoria de Arrhenius e Brönsted

- **Ácido de Arrhenius:** espécie química que em água libera íons H^+ como único tipo de cátion.

$$HCl \rightleftharpoons H^+ + Cl^-$$

- **Base de Arrhenius:** espécie química que em água libera íons OH^- como único tipo de ânion.

$$NaOH \rightleftharpoons Na^+ + OH^-$$

- **Ácido de Brönsted-Lowry:** espécie química que doa próton (H^+).
- **Base de Brönsted-Lowry:** espécie química que recebe próton (H^+).

$$\underset{\text{ácido}}{H_2O} + \underset{\text{base}}{H_3C-NH_2} \rightleftharpoons \underset{\text{ácido}}{H_3C-NH_3^+} + \underset{\text{base}}{OH^-}$$

(setas indicando a transferência de H^+)

2. Caráter neutro

A maioria dos compostos orgânicos (hidrocarbonetos, haletos orgânicos, éter, aldeído, cetona, éster etc.) não se dissociam na presença de água, portanto, apresentam caráter neutro.

3. Caráter ácido

Os principais compostos orgânicos que apresentam caráter ácido são os ácidos carboxílicos e fenóis.

3.1 Ácidos carboxílicos

Os ácidos carboxílicos, ao serem dissolvidos em água, liberam o íon H^+ do grupo carboxila, de acordo com a equação

$$R-COOH \xrightleftharpoons{H_2O} H^+ + R-COO^-$$

Exemplos:

$$H_3C-COOH \xrightleftharpoons{H_2O} H^+ + H_3C-COO^- \quad Ka = 1{,}8 \cdot 10^{-5}$$

ácido acético — ânion acetato

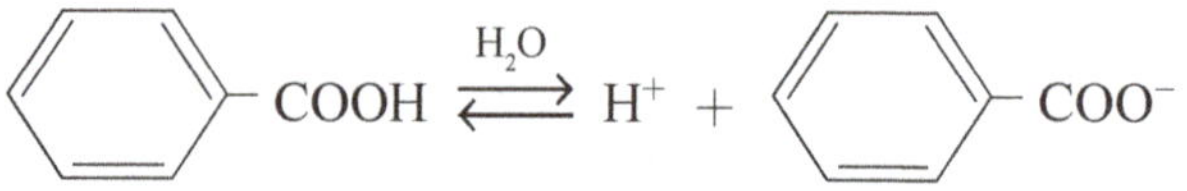

COOH
H2O
H+ +
COO−

ácido benzoico — ânion benzoato

$Ka = 6{,}3 \cdot 10^{-3}$

Os ácidos carboxílicos são fracos quando comparados com os ácidos inorgânicos; porém, são os compostos orgânicos de maior caráter ácido.

3.2 Fenóis

Os fenóis, ao serem dissolvidos em água, liberam o íon H^+ do grupo hidroxila.

Exemplo:

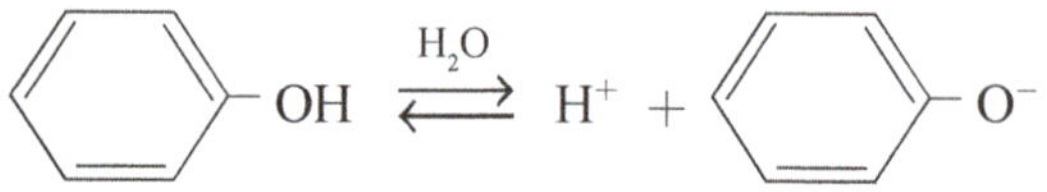

OH
H2O
H+ +
O−

benzenol ou fenol — ânion fenóxido

$Ka = 1{,}3 \cdot 10^{-10}$

Observações:

- A dissociação de um álcool em água é menor que a dissociação de água pura, portanto, podemos considerar que álcool tem caráter neutro.

$$H_2O \rightleftharpoons H^+ + OH^- \quad Kw = 1{,}0 \cdot 10^{-14}$$

$$H_3C-CH_2-OH \rightleftharpoons H^+ + H_3C-CH_2-O^-$$

$Ka = 1{,}0 \cdot 10^{-16}$

- Ácidos carboxílicos e fenóis reagem com base, mas álcoois não.

$$H_3C-COOH + NaOH \longrightarrow H_3CCOO^-Na^+ + HOH$$

ácido etanoico — etanoato de sódio
ácido acético — acetato de sódio

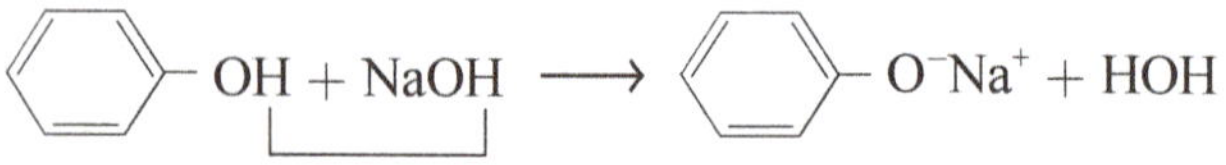

OH + NaOH
O−Na+ + HOH

benzenol — fenóxido de sódio

$H_3C-CH_2-OH + NaOH$ X

- Ácidos carboxílicos reagem com $NaHCO_3$ (bicarbonato de sódio), mas fenóis não.

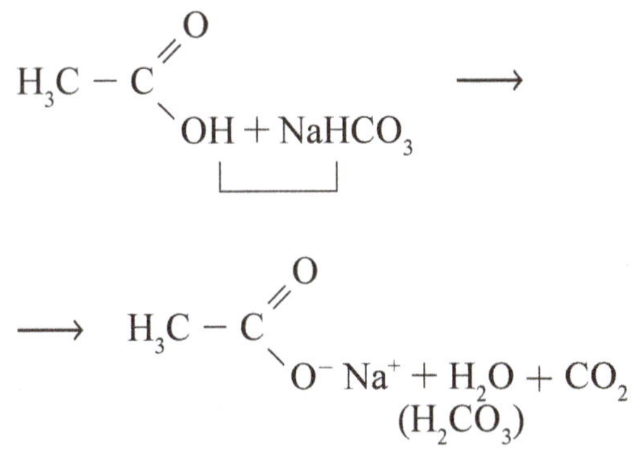

Motivo: o H_2CO_3 é mais fraco que o H_3CCOOH.

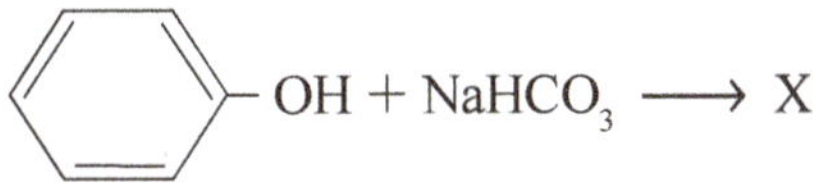

Conclusão:

álcool < água < fenol < ácido carboxílico

acidez crescente →

4. Fatores que alteram a acidez de um ácido carboxílico

As moléculas de água conseguem quebrar a ligação entre o **H** e o **O** do grupo – **OH** presente no ácido carboxílico pelo fato de o par eletrônico dessa ligação estar mais próximo do oxigênio (mais polar que o hidrogênio).

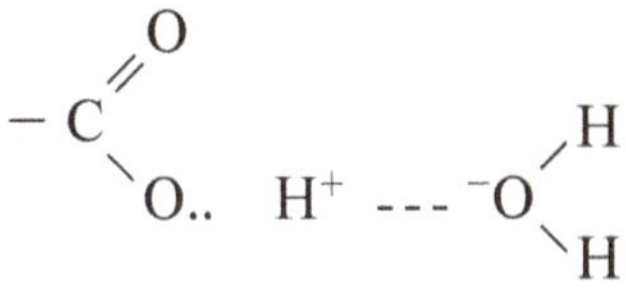

Assim, quanto mais próximo do oxigênio estiver o par de elétrons da ligação O – H, mais fácil será a saída do íon H^+, pois a atração do par de elétrons e o núcleo do hidrogênio diminui.

Concluímos que a força de um ácido carboxílico depende do grupo ligado à carboxila. Esses grupos podem ser de dois tipos:

a. **grupo elétron-atraente:** (F, Cl, Br, I, NO_2, OH).

Atrai os pares de elétrons das ligações, portanto, aumenta a acidez.

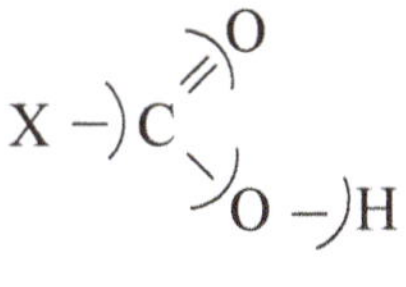

deslocamento dos pares de elétrons na direção de X

Exemplos:

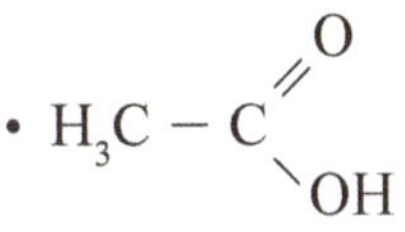

Ka = $1{,}8 \cdot 10^{-5}$

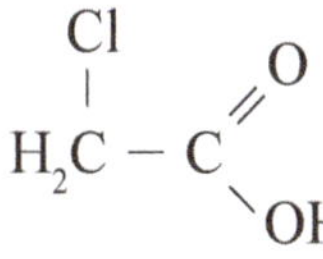

Ka = $1{,}4 \cdot 10^{-3}$ mais forte

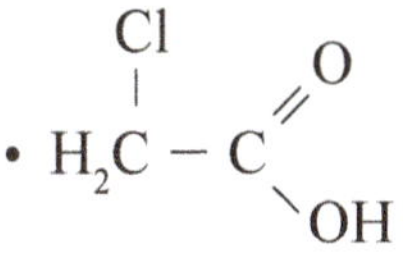

Ka = $1{,}4 \cdot 10^{-3}$

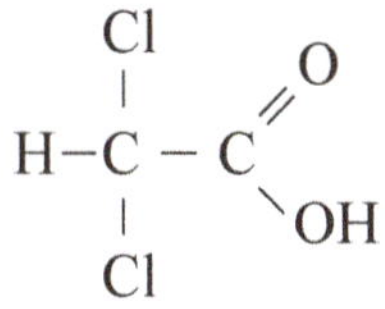

Ka = $5{,}6 \cdot 10^{-2}$

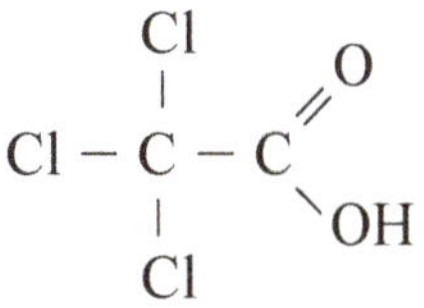

Ka = $2{,}3 \cdot 10^{-1}$ mais forte

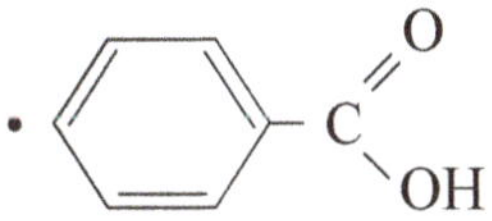

Ka = $6{,}3 \cdot 10^{-3}$

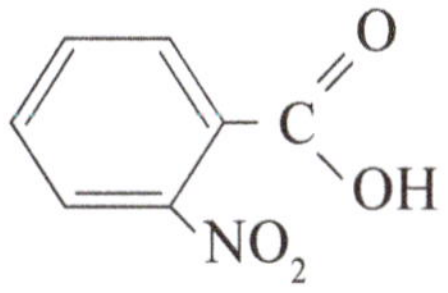

Ka = $6{,}7 \cdot 10^{-3}$ mais forte

b) **grupo elétron-repelente:** (– CH_3, – CH_2 – CH_3 etc.).

Repele os pares de elétrons das ligações, portanto, diminui a acidez.

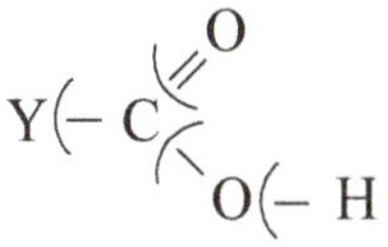

Exemplo:

H – COOH	H_3C – COOH	H_3C – CH_2 – COOH
Ka = $1{,}8 \cdot 10^{-4}$	Ka = $1{,}8 \cdot 10^{-5}$	Ka = $1{,}3 \cdot 10^{-5}$

Observe que, quanto maior a cadeia carbônica, menor a acidez, pois está aumentando o efeito do grupo elétron-repelente.

$$H_3C - CH_2 - > H_3C -$$

Nota: a dissociação do álcool em água é praticamente nula devido ao efeito do grupo elétron-repelente

$$H_3C\,(- CH_2\,(- O\,(- H$$

5. Reação de deslocamento nos compostos orgânicos

O metal sódio desloca o hidrogênio de compostos orgânicos contendo o grupo hidroxila (OH).

Exemplos:

$$H_3C-CH_2-OH+Na \longrightarrow H_3C-CH_2-O^-Na^+ + \frac{1}{2}H_2$$

etanol — etóxido de sódio

$$H_3C-C(=O)-OH + Na \longrightarrow H_3C-C(=O)-O^-Na^+ + \frac{1}{2}H_2$$

ácido etanoico / ácido acético — etanoato de sódio / acetato de sódio

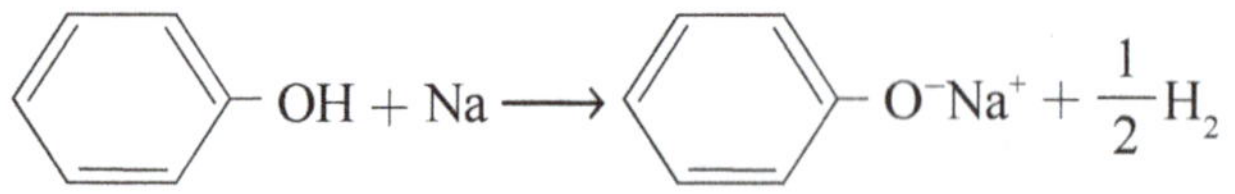

benzenol ou fenol — fenóxido de sódio

6. Caráter básico das aminas

Uma das principais propriedades das aminas é o seu **caráter básico**. Qualquer tipo de amina (primária, secundária e terciária) e a amônia reagem com a água e com os ácidos de forma semelhante:

$$H_2O + NH_3 \rightleftarrows NH_4^+ + OH^-$$

amônio

$$H_2O + H_3C-NH_2 \rightleftarrows H_3C-NH_3^+ + OH^-$$

metilamônio

$$HCl + NH_3 \rightleftarrows NH_4^+Cl^-$$

cloreto de amônio

$$HCl + H_3C-NH_2 \rightleftarrows H_3C-NH_3^+Cl^-$$

cloreto de metilamônio

As aminas têm caráter básico, pois o átomo de nitrogênio tem par de elétrons, podendo receber um próton (H^+).

$$H^+ + -\ddot{N}- \longrightarrow \left[-\overset{H}{\underset{|}{\ddot{N}}}- \right]^+$$

Nota: as amidas possuem um caráter básico muito fraco, pois o grupo $-\overset{O}{\overset{\|}{C}}-$ é elétron-atraente, dificultando a entrada de H^+ no átomo de nitrogênio (diminui a densidade eletrônica do nitrogênio).

$$(-\overset{O}{\overset{\|}{C}}-)\ddot{N}-$$

Exercícios Série Prata

1. (FUVEST – SP)

a) Qual o produto de uso doméstico que contém ácido acético?

b) Indique quatro espécies químicas (íons, moléculas) que existem em uma solução aquosa de ácido acético.

2. (UNICAMP – SP) Um dos átomos de hidrogênio do anel benzênico pode ser substituído por CH_3, OH, Cl ou COOH.

a) Escreva as fórmulas e os nomes dos derivados benzênicos obtidos por meio dessas substituições.

b) Quais desses derivados têm propriedades ácidas?

3. (UNIFESP) Ácidos carboxílicos e fenóis originam soluções ácidas quando dissolvidos em água. Dadas as fórmulas moleculares de 5 substâncias:

I. C_2H_6O
II. $C_2H_4O_2$
III. CH_2O
IV. C_6H_6O
V. $C_6H_{12}O_6$

as duas que originam soluções com pH < 7, quando dissolvidas na água, são:

a) I e II.
b) I e IV.
c) II e IV.
d) II e V.
e) III e IV.

4. (UNESP) Os analgésicos acetominofen e aspirina têm as fórmulas estruturais

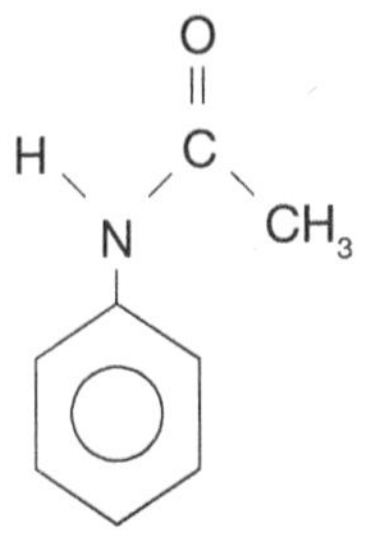

acetaminofen

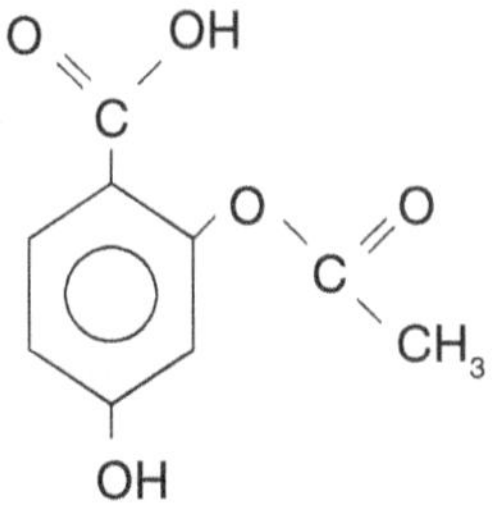

aspirina

As afirmações seguintes referem-se a esses dois analgésicos.

I. Ambos possuem anel aromático.
II. O acetaminofen possui as funções álcool e amida.
III. A aspirina possui a função ácido carboxílico.
IV. Tanto a aspirina como o acetaminofen têm comportamento ácido em solução aquosa.

São verdadeiras as afirmações:

a) I e II, apenas.
b) I e III, apenas.
c) II, III e IV, apenas.
d) I, III e IV, apenas.
e) I, II, III e IV.

5. (MACKENZIE – SP) O etanoato de sódio, encontrado na forma de cristais incolores, inodoros e solúveis em água, é utilizado na fabricação de corantes e sabões.

As fórmulas das substâncias que podem ser usadas para obtê-lo são:

a) 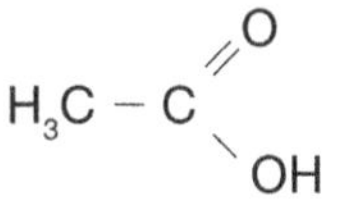 e NaOH

b) 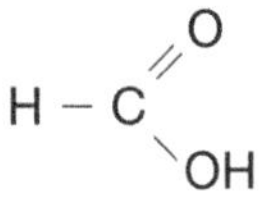 e Na

c) 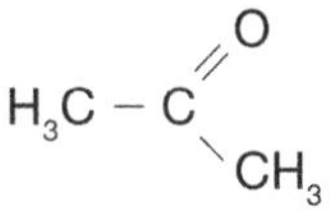 e NaOH

d) 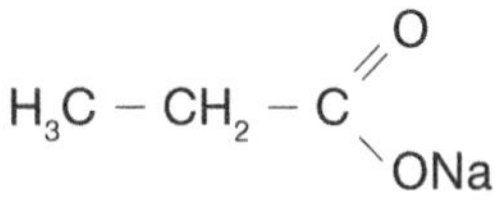 e NaOH

e) 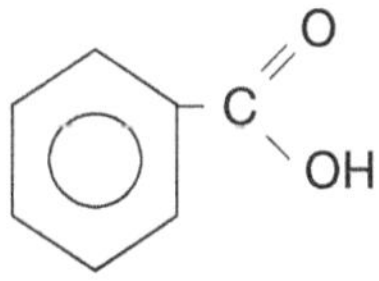 e Na

6. (UNICAMP – SP) Uma das substâncias responsáveis pelo odor característico do suor humano é o ácido caproico ou hexanoico, $C_5H_{11}COOH$. Seu sal de sódio é praticamente inodoro por ser menos volátil. Em consequência dessa propriedade, em algumas formulações de talco adiciona-se "bicarbonato de sódio" (hidrogenocarbonato de sódio, $NaHCO_3$) para combater os odores da transpiração.

a) Dê a equação química representativa da reação do ácido caproico com o $NaHCO_3$.
b) Qual é o gás que se desprende da reação?

7. (UNICAMP – SP) O excesso de acidez gástrica pode levar à formação de feridas na parede do estômago, conhecidas como úlceras. Vários fatores podem desencadear a úlcera gástrica, tais como a bactéria *Heliobacter pylori*, presente no trato gastrointestinal, o descontrole da bomba de prótons das células do estômago etc. Sais de bismuto podem ser utilizados no tratamento da úlcera gástrica. No estômago, os íons bismuto se ligam aos citratos, levando à formação de um muco protetor da parede estomacal.

a) Considerando que no acetato de bismuto há uma relação de 3 : 1 (ânion : cátion), qual é o estado de oxidação de íon bismuto nesse composto? Mostre.

b) Escreva a fórmula do acetato de bismuto.

c) Sabendo-se que o ácido cítrico tem três carboxilas e que sua fórmula molecular é $C_6H_8O_7$, escreva a fórmula de citrato de bismuto formado no estômago.

8. Considere os seguintes dados:

Fórmula estrutural	Ka
HCOOH	$1{,}8 \cdot 10^{-4}$
CH_3COOH	$1{,}8 \cdot 10^{-5}$
CH_3CH_2COOH	$1{,}8 \cdot 10^{-5}$

a) Qual dos ácidos mostrados é o mais forte?

b) Qual dos ácidos mostrados é o mais fraco?

c) Como você explica a variação da força dos ácidos, observada pelos dados da tabela?

9. (FUVEST – SP) Abaixo estão tabeladas as constantes de dissociação (Ka) de uma série de ácidos carboxílicos:

Ácido carboxílico	Ka
CH_3COOH	$1{,}8 \cdot 10^{-5}$
$CH_2ClCOOH$	$1{,}4 \cdot 10^{-3}$
$CHCl_2COOH$	$5{,}6 \cdot 10^{-2}$
CCl_3COOH	$2{,}3 \cdot 10^{-1}$

a) Justifique a ordem relativa dos valores de Ka.

b) Considerando soluções equimolares desses ácidos, qual tem maior pH? Justifique.

10. (ITA – SP) Considere os seguintes ácidos:

I. CH_3COOH

II. CH_3CH_2COOH

III. CH_2ClCH_2COOH

IV. $CHCl_2CH_2COOH$

V. CCl_3CH_2COOH

Identifique a opção que contém a sequência CORRETA para ordem crescente de caráter ácido:

a) I < II < III < IV < V

b) II < I < III < IV < V

c) II < I < V < IV < III

d) III < IV < V < II < I

e) V < IV < III < II < I

11. (PUC - MG) O composto de caráter ácido mais acentuado é:

a) 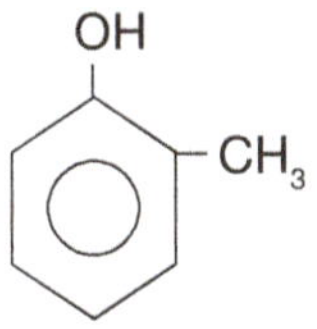

d) 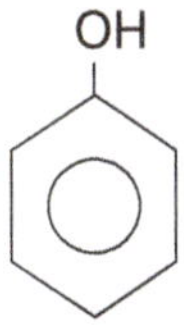

b) 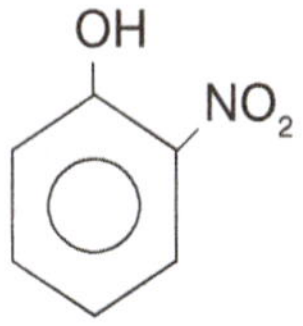

e) 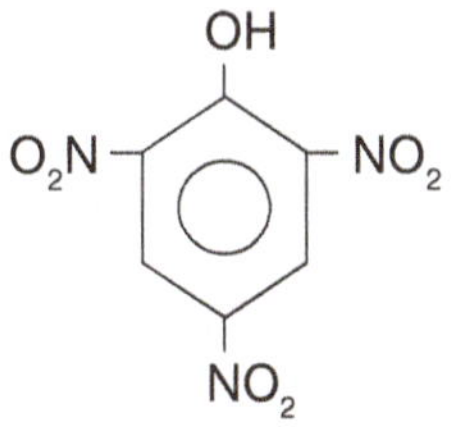

c) 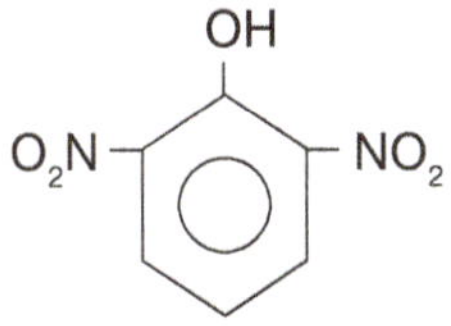

12. (FUVEST – SP) Escreva os nomes dos quatro compostos que se obtêm pela substituição de um átomo de hidrogênio do metano pelos grupos $-CH_3$, $-OH$, $-NH_2$ e $-COOH$. Dentre eles, qual é o composto mais básico?

13. (UNICAMP – SP) A metilamina, $H_3C - NH_2$, proveniente da decomposição de certas proteínas, responsável pelo desagradável cheiro de peixe, é uma substância gasosa, solúvel em água. Em solução aquosa de metilamina ocorre o equilíbrio:

$$H_3C - NH_2(g) + H_2O(l) \rightleftharpoons H_3C - NH_3^+(aq) + OH^-(aq)$$

a) O pH de uma solução aquosa de metilamina será maior, menor ou igual a 7? Explique.

b) Por que o limão ou o vinagre (soluções ácidas) diminuem o cheiro de peixe?

14. (PUC) Os frascos **A**, **B**, **C** e **D** apresentam soluções aquosas das seguintes substâncias:

Frasco A

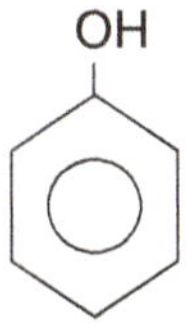

fenol

Frasco B

$H_3C - CH_2 - OH$

etanol

Frasco C

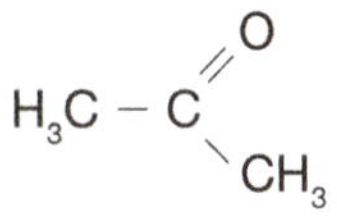

ácido acético

Frasco D

$H_3C - NH_2$

metilamina

Assinale a alternativa que apresenta corretamente o pH dessas soluções.

	Frasco A	Frasco B	Frasco C	Frasco D
a)	pH = 7	pH = 7	pH = 7	pH = 7
b)	pH > 7	pH > 7	pH < 7	pH > 7
c)	pH > 7	pH > 7	pH > 7	pH = 7
d)	pH < 7	pH = 7	pH < 7	pH > 7
e)	pH < 7	pH < 7	pH < 7	pH < 7

15. (UNICAMP – SP) A vitamina C, também conhecida como ácido ascórbico, é um composto orgânico, hidrossolúvel, estável ao aquecimento moderado apenas na ausência de oxigênio ou de outros oxidantes. Pode ser transformada em outros produtos pelo oxigênio do ar, em meio alcalino ou por temperaturas elevadas. Durante processo de cozimento, alimentos que contêm vitamina C apresentam perdas desta vitamina, em grande parte pela solubilização e, também, por alterações químicas. Em função disto, para uso doméstico, deve-se evitar o cozimento prolongado, altas temperaturas e o preparo do alimento com muita antecedência ao consumo.

A análise quantitativa do ácido ascórbico em sucos e alimentos pode ser feita por titulação com solução de iodo, I_2. A seguinte equação representa a transformação que ocorre nesta titulação.

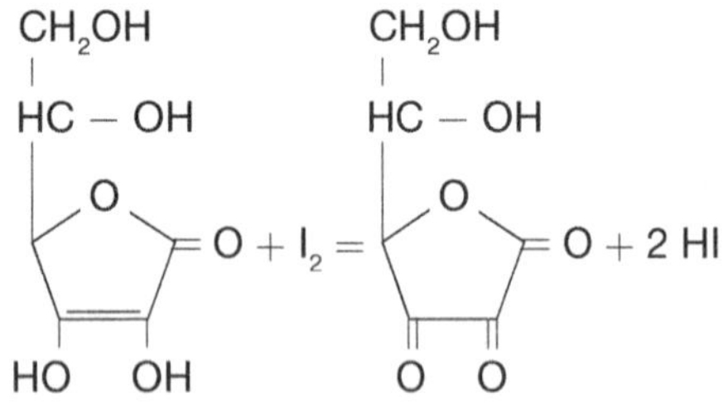
CH2OH
HC – OH
O
= O + I2 =
CH2OH
HC – OH
O
= O + 2 HI
HO OH
O O

a) Esta reação é de oxirredução? Justifique.
Diferentemente da maioria dos ácidos orgânicos, a vitamina C não apresenta grupo carboxílico em sua molécula.
b) Escreva uma equação química correspondente à dissociação iônica do ácido ascórbico em água, que justifique o seu caráter ácido.

Nota: enol de massa molar elevada tem caráter ácido.

16. (UNICAMP – SP) A comunicação que ocorre entre neurônios merece ser destacada. É através dela que se manifestam as nossas sensações. Dentre as inúmeras substâncias que participam desse processo, está 2-feniletilamina, à qual se atribui "ficar enamorado". Algumas pessoas acreditam que sua ingestão poderia estimular o "processo do amor" mas, de fato, isto não se verifica. A estrutura da molécula dessa substância está abaixo representada.

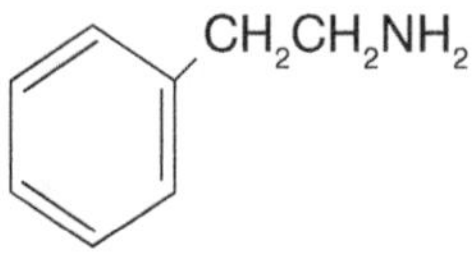
CH2CH2NH2

a) Considerando que alguém ingeriu certa quantidade de 2-feniletilamina, com a intenção de cair de amores, escreva a equação que representa o equilíbrio ácido-base dessa substância no estômago. Use fórmulas estruturais.
b) Em que meio (aquoso) a 2-feniletilamina é mais solúvel: básico, neutro ou ácido? Justifique.

17. A produção industrial do ácido acetilsalicílico (aspirina) aparece esquematizada a seguir.

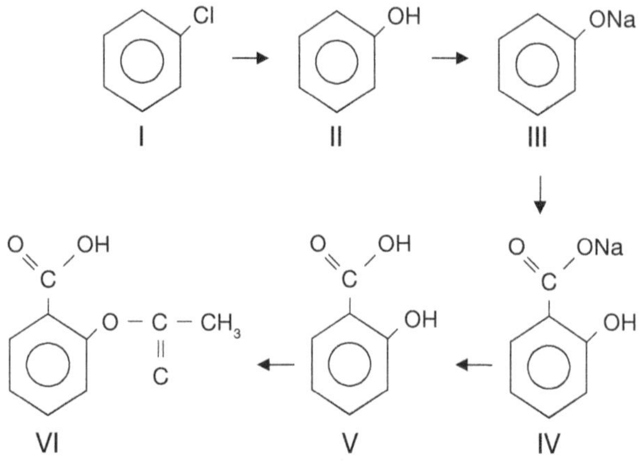
Cl
OH
ONa
I
II
III
O OH
C
O – C – CH3
C
O OH
C
OH
O ONa
C
OH
VI
V
IV

Nesse esquema, I é o composto de partida e VI é a aspirina. Sobre as substâncias envolvidas:

a) Equacione a ionização em água do composto II.
b) Equacione a ionização em água da aspirina.
c) Que substância permite transformar II em III?

18. (UNIFESP) Analgésicos ácidos como aqueles à base de ácido acetilsalicílico provocam em algumas pessoas sintomas desagradáveis associados ao aumento da acidez estomacal. Em substituição a esses medicamentos, podem ser ministrados outros que contenham como princípio ativo o paracetamol (acetaminofen), que é uma base fraca. O meio estomacal é predominantemente ácido, enquanto o meio intestinal é predominantemente básico, o que leva à absorção seletiva nos dois órgãos de medicamentos administrados pela via oral.

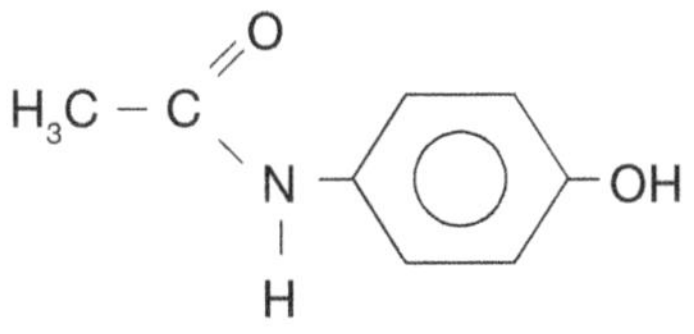
O
$H_3C - C$
N
OH
H

acetaminofen

Considere a figura com a estrutura do acetaminofen e as seguintes afirmações:

I. O acetaminofen apresenta fórmula molecular $C_8H_9NO_2$.
II. O grupo funcional amida é que confere o caráter básico do acetaminofen.
III. A absorção do ácido acetilsalicílico em um indivíduo é maior no estômago do que no intestino, devido ao baixo pH do suco gástrico.
IV. Os fenóis apresentam menor acidez do que os ácidos carboxílicos.

São corretas as afirmações

a) I, II, III e IV.
b) I, II e III, somente.
c) I, II e IV, somente.
d) II, III e IV, somente.
e) III e IV, somente.

19. (UNIFESP) A cocaína foi o primeiro anestésico injetável, empregado desde o século XIX. Após se descobrir que o seu uso causava dependência física, novas substâncias foram sintetizadas para substituí-la, dentre elas a novocaína.

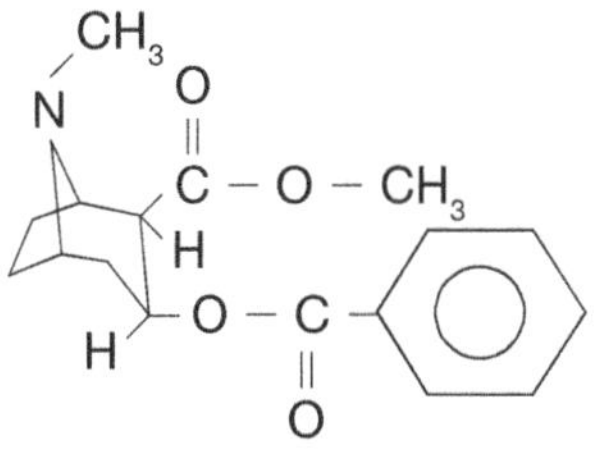
CH_3
N
O
$C - O - CH_3$
H
$O - C$
H
O

cocaína

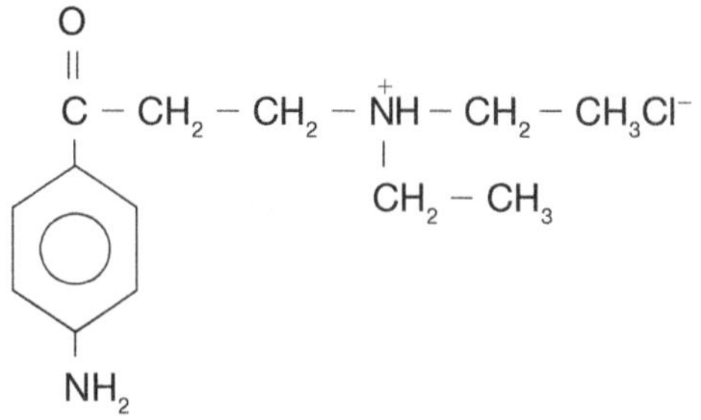
O
$C - CH_2 - CH_2 - \overset{+}{N}H - CH_2 - CH_3Cl^-$
$CH_2 - CH_3$
NH_2

novocaína

A função orgânica oxigenada encontrada na estrutura da cocaína e o reagente químico que pode ser utilizado para converter o grupo amônio da novocaína da forma de sal para a forma de amina são, respectivamente,

a) éster e NaOH.
b) éster e HCl.
c) éster e H_2O.
d) éter e HCl.
e) éter e NaOH.

Capítulo 4
Hidrólise Salina

Por que o papel fica amarelo?

O papel branco é composto basicamente por celulose – um polímero da glicose $(C_6H_{10}O_5)_n$ —, mas também apresenta cerca de 4 a 7% de água.

Durante a fabricação do papel, o sulfato de alumínio, $Al_2(SO_4)_3$ um sal solúvel, é utilizado para purificação da água, controle de espuma, tratamento de efluentes etc.

$$Al_2(SO_4)_3(aq) \longrightarrow 2\,Al^{3+}(aq) + 3\,SO_4^{2-}(aq)$$

Esse sal interfere no equilíbrio iônico da água

$$H_2O(l) \rightleftarrows H^+(aq) + OH^-(aq)$$

acidificando o meio:

$$[Al(H_2O)_6]^{3+} + H_2O \rightleftarrows [Al(H_2O)_5OH]^{2+} + H_3O^+$$

Essa acidez acelera a oxidação da celulose, responsável pelo amarelecimento do papel. A oxidação da celulose pelo oxigênio do ar tem como produtos compostos orgânicos com as funções aldeído, cetona e ácido carboxílico. Nesses compostos, há a presença do grupo orgânico carbonila (—CO—). Esse grupo orgânico, sob reações catalisadas pela luz, provoca o amarelecimento do papel.

A reação entre o cátion Al^{3+} e a água é chamada de hidrólise e será estudada neste capítulo: vamos determinar quais íons podem sofrer reações de hidrólise e como efetuar os cálculos necessários para obter o pH do meio.

1. Força de ácidos e bases

- **Ácidos fortes:** HCl, HBr, HI, HNO_3, $HClO_4$, H_2SO_4 (cedendo apenas o primeiro H^+).
- **Ácidos fracos:** os demais.
- **Bases fortes:** grupo 1 (LiOH, NaOH, KOH) grupo 2 ($Ca(OH)_2$, $Sr(OH)_2$, $Ba(OH)_2$).
- **Bases fracas:** as demais, como destaque temos NH_3 ou NH_4OH.

2. Força do par conjugado

Ácido forte implica (vice-versa) base conjugada fraca

$$\underset{\text{ácido fraco}}{HCN} + H_2O \rightleftarrows H_3O^+ + \underset{\text{base conjugada forte}}{CN^-}$$

$$\underset{\text{base fraca}}{NH_3} + H_2O \rightleftarrows \underset{\text{ácido conjugado forte}}{NH_4^+} + OH^-$$

3. Conceito de sal

Sal é um composto iônico em que o **cátion** é proveniente de uma **base** e o **ânion** proveniente de um **ácido**.

Exemplos:

$$NaOH + HCl \longrightarrow NaCl + H_2O$$

- NaCl
  - → NaOH: base forte
  - → HCl: ácido forte
- KCN
  - → KOH: base forte
  - → HCN: ácido fraco
- NH_4Cl
  - → NH_4OH: base fraca
  - → HCl: ácido forte
- NH_4CN
  - → NH_4OH: base fraca ($Kb = 1{,}8 \cdot 10^{-5}$)
  - → HCN: ácido fraco ($Ka = 4{,}9 \cdot 10^{-10}$)

4. Caráter ácido-base de uma solução aquosa de sal

Observe as seguintes experiências:

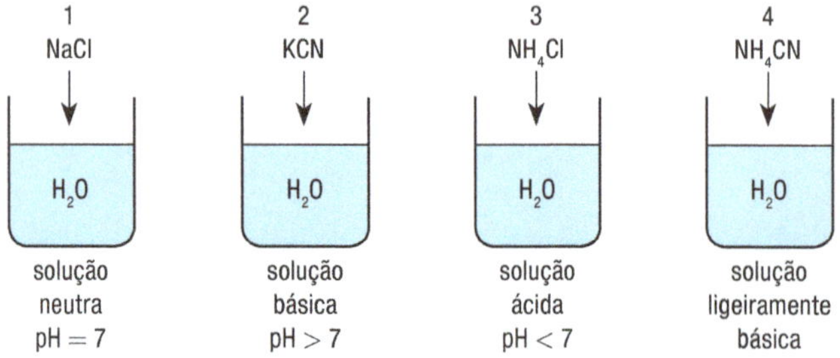
1
NaCl
H2O
solução neutra pH = 7
2
KCN
H2O
solução básica pH > 7
3
NH4Cl
H2O
solução ácida pH < 7
4
NH4CN
H2O
solução ligeiramente básica

Conclusões:

- sal de ácido forte e base forte: solução neutra;
- sal de ácido fraco e base forte: solução básica;
- sal de ácido forte e base fraca: solução ácida;
- sal de ácido fraco e base fraca:

  Ka > Kb: solução ácida;

  Kb > Ka: solução básica;

  Kb = Ka: solução neutra.

Essas experiências podem ser explicadas por um fenômeno chamado **hidrólise salina**. Há reação de hidrólise quando um sal se dissolve em água e provoca alteração da concentração dos íons H^+ ou OH^- da água.

Importante: sal de ácido forte e base forte não sofre hidrólise, pois não altera o pH da água.

Exemplos: NaCl, KNO_3, Na_2SO_4

5. Conceito de hidrólise salina

Hidrólise salina é o nome dc processo em que o cátion(s) e/ou ânion(s) proveniente(s) da dissociação de um sal reage(m) com a água.

6. Quando um ânion sofre hidrólise?

Brönsted explica que apenas ânions de ácido fraco sofrem hidrólise apreciável, pois é uma base conjugada forte capaz de receber H^+ da água.

Exemplo:

$$\underset{\text{ácido fraco}}{HCN} \longrightarrow \underset{\text{base forte}}{CN^-}$$

$$CN^- + HOH \rightleftarrows HCN + OH^- \qquad Kh = 2{,}5 \cdot 10^{-5}$$

$$Kh = \frac{[HCN]\,[OH^-]}{[CN^-]}$$

Kh = constante de hidrólise (não entra H_2O)

$$\text{Como } [OH^-] = \frac{Kw}{[H^+]} \text{ e } Ka = \frac{[H^+]\,[CN^-]}{[HCN]}$$

$$Kh = \frac{[HCN]\,Kw}{[CN^-][H^+]} \quad \therefore \quad Kh = \frac{Kw}{Ka}$$

Pela fórmula, quanto menor for Ka, maior será Kh e, portanto, mais intensa será a hidrólise do seu ânion. Outros exemplos:

$$ClO^- + HOH \rightleftarrows HClO + OH^-$$

$$HCO_3^- + HOH \rightleftarrows H_2CO_3 + OH^-$$

$$CH_3COO^- + HOH \rightleftarrows CH_3COOH + OH^-$$

Ânions que não sofrem hidrólise: Cl^-, Br, I^-, NO_3^-, ClO_4^-, pois são prevenientes de ácidos fortes.

7. Quando um cátion sofre hidrólise?

Brönsted explica que apenas cátions de base fraca sofrem hidrólise apreciável, pois é um ácido conjugado forte capaz de doar H^+ para a água.

Exemplo:

$$\underset{\text{base fraca}}{NH_3} \longrightarrow \underset{\text{ácido conjugado forte}}{NH_4^+}$$

$$NH_4^+ + H_2O \rightleftarrows NH_3 + H_3O^+ \qquad Kh = 5{,}6 \cdot 10^{-10}$$

$$Kh = \frac{[NH_3]\,[H_3O^+]}{[NH_4^+]} \qquad \text{Kh = constante de hidrólise}$$

$$\text{Como } [H_3O^+] = \frac{Kw}{[OH^-]} \text{ e } Kb = \frac{[NH_4^+]\,[OH^-]}{[NH_3]},$$

$$Kh = \frac{[NH_3]\,Kw}{[NH_4^+]\,[OH^-]} \quad \therefore \quad Kh = \frac{Kw}{Kb}$$

Pela fórmula, quanto menor for Kb, maior será o Kh e, portanto, mais intensa será a hidrólise do seu cátion.

Quando o sal de cátion metálico se dissolve na água, o íon do metal fica hidratado. Na realidade, as interações são bastante intensas para que o íon fique envolto por pelo menos seis moléculas de água: $[M(H_2O)_6]^{n+}$, em que M é íon do metal com a carga +n. Os íons de metais provenientes de bases fracas com carga +2 e +3, como Al^{3+} e muitos íons de metais de transição (Cu^{2+}, Fe^{2+}, Zn^{2+}, ...) sofrem hidrólise doando H^+ para a água.

$$[Cu(H_2O)_6]^{2+} + H_2O \rightleftarrows [Cu(H_2O)_5\,(OH)]^+ + H_3O^+$$
$$Kh = 1{,}6 \cdot 10^{-7}$$

Generalizando, temos:

$$[M(H_2O)_6]^{n+} + H_2O \rightleftarrows [M(H_2O)_5\,OH]^{n-1} + H_3O^+$$

8. Cálculo do pH de uma solução aquosa de sal

Como o equilíbrio de uma hidrólise é pouco intenso, podemos usar as mesmas fórmulas do equilíbrio de ácido fraco e base fraca.

- hidrólise de ânion

$Kh = \alpha^2 M$, $[OH^-] = \alpha M$, $[OH^-] = \sqrt{Kh \cdot M}$

- hidrólise de cátion

$Kh = \alpha^2 M$, $[H^+] = \alpha M$, $[H^+] = \sqrt{Kh \cdot M}$

Observações:

- A hidrólise de ânion libera OH^-.
- A hidrólise de cátion libera H^+

Exercícios Série Prata

1. Complete com **fortes** e **fracos**.

a) $HClO_4$, H_2SO_4, HNO_3, HCl, HBr, HI: ácidos __________ .

b) HCN, H_2S, H_3CCOOH, H_2CO_3 ...: ácidos __________ .

2. Complete com **forte** e **fracas**.

a) LiOH, NaOH, KOH, $Ca(OH)_2$, $Ba(OH)_2$ bases __________ .

b) NH_4OH, $Mg(OH)_2$, $Al(OH)_3$, $Cu(OH)_2$ bases __________ .

3. Complete com **base** e **ácido**.

O cátion de um sal é proveniente de uma __________ __________ e o ânion de um sal é proveniente de um __________ .

NaCl: $Na^+ \longrightarrow NaOH$; $Cl^- \longrightarrow HCl$

4. Complete com **forte**, **fraco** ou **fraca**.

a) NaCl → NaOH: base __________ . → HCl: ácido __________ .

b) $NaHCO_3$ → NaOH: base __________ . → H_2CO_3: ácido __________ .

c) NH_4Cl → NH_4OH: base __________ . → HCl: ácido __________ .

d) NH_4F → NH_4OH: base __________ . → HF: ácido __________ .

5. Complete > 7, < 7 e $=$.

Quando um sal é dissolvido na água temos três possibilidades:

a) solução neutra: pH __________ .

b) solução ácida: pH __________ .

c) solução básica: pH __________ .

6. Complete com **neutra**, **básica** ou **ácida**.

a) Sal de ácido fraco e base forte: solução __________ .

b) Sal de ácido forte e base fraca: solução __________ .

c) Sal de ácido forte e base forte: solução __________ .

d) Sal de ácido fraco e base fraca:

1) Ka > Kb solução __________ .

2) Ka < Kb solução __________ .

3) Ka = Kb solução __________ .

7. Complete com **forte**, **fraco** e **fraca**, **pH = 7**, **pH > 7** ou **pH < 7**.

a) KNO_3 → KOH: base __________ → HNO_3: ácido __________

pH __________

b) K_2S → KOH: base __________ → H_2S: ácido __________

pH __________

c) NH_4Cl → NH_4OH: base __________ → HCl: ácido __________

pH __________

d) CH_3COONH_4 → NH_4OH: base __________ → H_3CCOOH: ácido __________

pH __________ (Ka = Kb)

8. Complete com **álcool** ou **água**.

O caráter ácido-básico de uma solução aquosa de sal é explicado através do conceito de hidrólise salina. Hidrólise salina é o nome do processo em que o cátion e/ou ânion proveniente(s) de um sal reage(m) com ________________.

9. Complete com **sofre** ou **não sofre**.
Sal de ácido forte e de base forte ____________ hidrólise do cátion e nem do ânion, pois o pH da água continua 7.

10. Complete com **forte** ou **fraca** e **forte** ou **fraco**.
Apenas cátions de base ________________ e ânions de ácido ________________ sofrem hidrólise.

11. Complete com **H^+** ou **OH^-**.
A hidrólise de um ânion (base de Brönsted): recebe ________________ da água e produz ________________, tornando o meio básico.

Exemplos:

$$\overset{H^+}{\curvearrowleft}$$
$$CN^- + HOH \rightleftharpoons HCN + OH^-$$

$$\overset{H^+}{\curvearrowleft}$$
$$CH_3COO^- + HOH \rightleftharpoons CH_3COOH + OH^-$$

12. Complete com **H^+** ou **OH^-**.
A hidrólise do cátion NH_4^+ (ácido de Brönsted): dá ________________ para água e produz H_3O^+, tornando o meio ácido.

Exemplo:

$$\overset{H^+}{\curvearrowright}$$
$$NH_4^+ + HOH \rightleftharpoons NH_3 + H_3O^+$$

13. Complete.
$[Fe(H_2O)_6]^{3+} + H_2O \rightleftharpoons$ ________________

Para as questões **14** a **26** escrever a equação química de hidrólise do cátion ou do ânion ou de ambos e o pH resultante.

14. KCN

$KCN \longrightarrow K^+ + CN^-$

$CN^- + HOH \rightleftharpoons$ ________________

pH ________________

15. NH_4Cl

$NH_4Cl \longrightarrow NH_4^+ + Cl^-$

$NH_4^+ + HOH \rightleftharpoons$ ________________

pH ________________

16. K_2SO_4

$K_2SO_4 \longrightarrow 2\,K^+ + SO_4^{2-}$

pH ________________

17. Na_2S

$Na_2S \longrightarrow 2\,Na^+ + S^{2-}$

$S^{2-} + HOH \rightleftharpoons$ ________________

pH ________________

18. CH_3COONa

$CH_3COONa \longrightarrow CH_3COO^- + Na^+$

$CH_3COO^- + HOH \rightleftharpoons$ ________________

pH ________________

19. CH_3COONH_4 $\quad Ka\ (CH_3COOH) = 1{,}8 \cdot 10^{-5}$
$\quad Kb\ (NH_4OH) = 1{,}8 \cdot 10^{-5}$

$CH_3COONH_4 \longrightarrow CH_3COO^- + NH_4^+$

$CH_3COO^- + NH_4^+ + HOH \rightleftharpoons$ ________________

pH ________________

20. $NaHCO_3$

$NaHCO_3 \rightleftharpoons Na^+ + HCO_3^-$

$HCO_3^- + HOH \rightleftharpoons$ ________________

pH ________________

21. Na_2CO_3

$Na_2CO_3 \longrightarrow 2\,Na^+ + CO_3^{2-}$

$CO_3^{2-} + HOH \rightleftharpoons$ ________________

pH ________________

22. $LiNO_3$

$LiNO_3 \longrightarrow Li^+ + NO_3^-$

pH ________________

23. $Al_2(SO_4)_3$

$Al_2(SO_4)_3 \longrightarrow 2\,Al^{3+} + 3\,SO_4^{2-}$

$[Al(H_2O)_6]^{3+} + HOH \rightleftharpoons$ ________________

pH ________________

24. NH_4CN

$Kb\ (NH_4OH) = 1{,}8 \cdot 10^{-5}$, $Ka\ (HCN) = 4{,}8 \cdot 10^{-10}$

$NH_4CN \longrightarrow NH_4^+ + CN^-$

$NH_4^+ + CN^- + HOH \rightleftharpoons$ ________________

pH ________________

25. $CaCO_3$

$CaCO_3 \longrightarrow Ca^{2+} + CO_3^{2-}$

$CO_3^{2-} + HOH \rightleftarrows$ ______________

pH ______________

26. $Fe(NO_3)_2$

$Fe(NO_3)_2 \longrightarrow Fe^{2+} + 2\ NO_3^-$

$[Fe(H_2O)_6]^{2+} + HOH \rightleftarrows$ ______________

pH ______________

27. Complete.

a) $CN^- + HOH \rightleftarrows HCN + OH^-$

$Kh =$ ______________ ou $Kh = \frac{Kw}{\quad}$

b) $NH_4^+ + H_2O \rightleftarrows NH_3 + H_3O^+$

$Kh =$ ______________ ou $Kh = \frac{Kw}{\quad}$

c) $NH_4^+ + CN + H_2O \rightleftarrows NH_4OH + HCN$

$Kh =$ ______________ ou $Kh = \frac{Kw}{\quad}$

28. Complete com **menor** ou **maior**.

Quanto mais fraco o ácido ou a base, __________ __________ é o valor da constante de hidrólise (Kh), do ânion ou do cátion correspondente.

$\uparrow Kh = \frac{Kw}{\downarrow Ka}$ $\quad\uparrow Kh = \frac{Kw}{\downarrow Kb}$

29. Qual a solução tem maior pH?

0,1 mol/L de KF ou 0,1 mol/L de KCN

Dados:	Ácido	Ka
	KF	$6,7 \cdot 10^{-4}$
	HCN	$4 \cdot 10^{-10}$

30. Complete com **diferente** ou **parecido**.

A hidrólise salina é um processo __________ a ionização de um ácido fraco ou base fraca, portanto poderemos aplicar fórmulas semelhantes.

31. Complete com **ânion** ou **cátion**.

$Kh = \frac{Kw}{Kb}$, $Kh = \alpha^2 M$, $[H^+] = \alpha M$, $[H^+] = \sqrt{Kh \cdot M}$

Essas fórmulas são usadas na hidrólise de um __________.

32. Complete com **ânion** ou **cátion**.

$Kh = \frac{Kw}{Ka}$, $Kh = \alpha^2 M$,

$[OH^-] = \alpha M$, $[OH^-] = \sqrt{Kh \cdot M}$

Essas fórmulas são usadas na hidrólise de um __________.

33. Calcule o pH de uma solução 0,2 mol/L de NH_4Cl.

Dados: $Kb = 2 \cdot 10^{-5}$, $Kh = \frac{Kw}{Kb}$, $Kw = 10^{-14}$

34. Em uma solução 0,2 mol/L de NaCN, o ânion está 1% hidrolizado. Qual o pH da solução?
Dado: log 2 = 0,3.

35. Em uma solução 0,2 mol/L de CH_3COONa determine:

a) a constante de hidrólise do íon CH_3COO^-;
b) a $[OH^-]$;
c) o pH.

Dados: Ka $(CH_3COOH) = 2 \cdot 10^{-5}$, $Kh = \frac{Kw}{Ka}$.

36. (PUC – MG) Dados os compostos: NaCN, KCl, NH_4Cl, KOH e H_2SO_4.

a) Coloque esses compostos em ordem crescente de acidez.
b) Calcule a constante de hidrólise do cianeto de sódio sabendo-se que, em solução 0,2 mol/L, esse sal está 0,50% hidrolisado.
c) Qual o pH dessa solução de cianeto de sódio?

37. (FUVEST – SP) A redução da acidez de solos impróprios para algumas culturas pode ser feita tratando-os com:

a) gesso $\left(CaSO_4 - \frac{1}{2} H_2O\right)$

b) salitre ($NaNO_3$)

c) calcário ($CaCO_3$)

d) sal marinho (NaCl)

e) sílica (SiO_2)

38. (FESP – PE) A água sanitária é uma solução aquosa de NaClO. Experimentalmente, verifica-se que esse produto é básico, o que pode ser explicado em virtude:

a) da hidrólise do cátion.

b) da hidrólise do ânion.

c) da hidrólise do cátion e do ânion.

d) da oxidação do ClO^-.

e) da redução do Na^+.

39. Bicarbonato de sódio é um produto de larga aplicação doméstica. Explique, com auxílio de uma equação química, por que esse sal produz solução alcalina.

Exercícios Série Ouro

1. (MACKENZIE – SP) Na dissolução de bicarbonato de sódio em água, ocorre a hidrólise apenas do ânion, resultando numa solução com

a) pH = 7, pois $NaHCO_3$ é um sal de ácido e base forte.

b) pH < 7, pois o $NaHCO_3$ é um sal de ácido forte e base fraca.

c) pH > 7, pois o $NaHCO_3$ é um sal de ácido fraco e base forte.

d) pH < 7, pois o $NaHCO_3$ é um sal de ácido e base fracos.

e) pH > 7, pois o $NaHCNO_3$ é um sal de base fraca e ácido forte.

2. (UFSCar – SP) Em um experimento de laboratório, um aluno adicionou algumas gotas do indicador azul de bromotimol a três soluções aquosas incolores: A, B e C. A faixa de pH de viragem desse indicador é de 6,0 e 7,6, sendo que ele apresenta cor amarela em meio ácido e cor azul em meio básico. As soluções A e C ficaram com coloração azul e a solução B ficou com coloração amarela. As soluções A, B e C foram preparadas, respectivamente, com

a) $NaHCO_3$, NH_4Cl e NaClO.

b) NH_4Cl, HCl e NaOH.

c) $NaHCO_3$, HCl e NH_4Cl.

d) NaOH, $NaHCO_3$ e NH_4Cl.

e) NaClO, $NaHCO_3$ e NaOH.

3. (UNIFESP) Os rótulos de três frascos que deveriam conter os sólidos brancos Na_2CO_3, KCl e glicose, não necessariamente nessa ordem, se misturaram. Deseja-se, por meio de testes qualitativos simples, identificar o conteúdo de cada frasco. O conjunto de testes que permite esta identificação é

a) condutibilidade elétrica e pH.
b) solubilidade em água e pH.
c) adição de gotas de um ácido forte e pH.
d) aquecimento e solubilidade em água.
e) adição de gotas de uma base forte e condutibilidade elétrica.

4. (UNESP) Em um laboratório, 3 frascos contendo diferentes sais tiveram seus rótulos danificados. Sabe-se que cada frasco contém um único sal e que soluções aquosas produzidas com os sais I, II e III apresentaram, respectivamente, pH ácido, pH básico e pH neutro. Estes sais podem ser, respectivamente:

a) acetato de sódio, acetato de potássio e cloreto de potássio.
b) cloreto de amônio, acetato de sódio e cloreto de potássio.
c) cloreto de potássio, cloreto de amônio e acetato de sódio.
d) cloreto de potássio, cloreto de sódio e cloreto de amônio.
e) cloreto de amônio, cloreto de potássio e acetato de sódio.

5. (UFSCar - SP) Em um laboratório químico, um aluno identificou três recipientes com as letras A, B e C. Utilizando água destilada (pH = 7), o aluno dissolveu quantidades suficientes para obtenção de soluções aquosas 0,1 mol/L de cloreto de sódio, NaCl, acetato de sódio, CH_3COONa, e cloreto de amônio, NH_4Cl, nos recipientes A, B e C, respectivamente. Após a dissolução, o aluno mediu o pH das soluções dos recipientes A, B, C. Os valores corretos obtidos forma, respectivamente:

a) $= 7$, > 7 e < 7.
b) $= 7$, < 7 e > 7.
c) > 7, > 7 e > 7.
d) < 7, < 7 e < 7.
e) $= 7$, $= 7$ e < 7.

6. (UNIFESP) No passado, alguns refrigerantes à base de soda continham citrato de lítio e os seus fabricantes anunciavam que o lítio proporcionava efeitos benéficos, como energia, entuasiasmo e aparência saudável. A partir da década de 1950, o lítio foi retirado da composição daqueles refrigerantes, devido à descoberta de sua ação antipsicótica. Atualmente, o lítio é administrado oralmente, na forma de carbonato de lítio, na terapia de pacientes depressivos. A fórmula química do carbonato de lítio e as características ácido-base de suas soluções aquosas são, respectivamente:

a) Li_2CO_3 e ácidas.
b) Li_2CO_3 e básicas.
c) Li_2CO_4 e neutras.
d) $LiCO_4$ e ácidas.
e) $LiCO_3$ e básicas.

7. (UFV – MG) A acidez do solo é prejudicial ao desenvolvimento das plantas, podendo ocasionar queda na produção. A aplicação do calcário ($CaCO_3$) no solo reduz sua acidez, conforme representado pela equação química abaixo:

$$CaCO_3(s) + 2\,H^+(aq) \rightleftharpoons CO_2(g) + H_2O(l) + Ca^{2+}(aq)$$

Com base nas informações da página anterior e no seu conhecimento sobre o assunto, assinale a afirmativa **incorreta**.

a) O calcário neutraliza a acidez do solo pelo consumo de íons H^+.
b) O uso do calcário diminui a concentração de íons H^+ no solo.
c) A correção da acidez do solo se faz com consumo de calcário.
d) Além de corrigir a acidez do solo, a aplicação do calcário contribui para o consumo de íons Ca^{2+}.
e) Um solo com concentração de íons H^+ igual a $8 \cdot 10^{-4}$ mol/ha necessita de pelo menos $4 \cdot 10^{-4}$ mol/ha de calcário para a correção da acidez.

8. (FUVEST – SP) O vírus da febre aftosa não sobrevive em pH < 6 ou pH > 9, condições essas que provocam a reação de hidrólise das ligações peptídicas de sua camada proteica. Para evitar a proliferação dessa febre, pessoas que deixam zonas infectadas mergulham, por instantes, as solas de seus sapatos em uma solução aquosa de desinfetante, que pode ser o carbonato de sódio. Neste caso, considere que a velocidade da reação de hidrólise aumenta com o aumento da concentração de íons hidroxila (OH^-). Em uma zona afetada, foi utilizada uma solução aquosa de carbonato de sódio, mantida à temperatura ambiente, mas que se mostrou pouco eficiente. Para tornar este procedimento mais eficaz, bastaria:

a) utilizar a mesma solução, porém a uma temperatura mais baixa.
b) preparar uma nova solução utilizando água dura (rica em íons Ca^{2+}).
c) preparar uma nova solução mais concentrada.
d) adicionar água destilada à mesma solução.
e) utilizar a mesma solução, porém com menor tempo de contato.

9. (UFMG) Considere os sais

NH_4Br, $NaCH_3COO$, Na_2CO_3, K_2SO_4 e NaCN.

Soluções aquosas desses sais, de mesma concentração, têm diferentes valores de pH. Indique, entre esses sais, um que produza uma solução ácida, um que produza uma solução neutra e um que produza uma solução básica. Justifique as escolhas feitas, escrevendo as equações de hidrólise dos sais escolhidos que sofram esse processo.

10. (VUNESP) Quando se adiciona o indicador fenolftaleína a uma solução aquosa incolor de uma base de Arrhenius, a solução fica vermelha. Se a fenolftaleína for adicionada a uma solução aquosa de um ácido de Arrhenius, a solução continua incolor. Quando se dissolve cianeto de sódio em água, a solução fica vermelha após adição de fenolftaleína. Se a fenolftaleína for adicionada a uma solução aquosa de cloreto de amônio, a solução continua incolor.

a) Explique o que acontece no caso do cianeto de sódio, utilizando equações químicas.
b) Explique o que acontece no caso do cloreto de amônio, utilizando equações químicas.

11. (FEI – SP) Quando se fazem reagir quantidades estequiométricas de ácido clorídrico (HCl) e hidróxido de amônio (NH_4OH) em solução aquosa, a solução resultante será neutra, alcalina ou ácida? Explique mediante equações químicas.

12. Sabe-se que a maioria dos cloretos é solúvel, com exceção dos cloretos de prata, chumbo e mercúrio. Os sulfatos são solúveis, com exceção dos sulfatos dos metais alcalinoterrosos e chumbo. Têm-se seis soluções aquosas incolores. Pergunta-se:

I. Como diferenciar uma solução de $AgNO_3$ de uma solução de $NaNO_3$?
II. Como diferenciar uma solução de KCl de uma solução de NH_4Cl?
III. Como diferenciar uma solução de HCl de uma solução de H_2SO_4?

Assinale a alternativa correta.

	I	II	III
a)	medida do pH	adição de $AgNO_3$	papel de tornassol azul
b)	adição de NaCl	medida do pH	adição de $BaCl_2$
c)	condução da eletricidade	medida do pH	papel de tornassol vermelho
d)	adição de $Cu(NO_3)_2$	adição de $Pb(NO_3)_2$	adição de ouro
e)	adição de NaCl	adição de $AgNO_3$	adição de $NaCl_2$

13. Considere os seguintes sistemas:

I. $NaNO_3$ 0,2 mol · L^{-1}
II. $NaHCO_3$ 2 mol · L^{-1}
III. $HClO_3$ 20% g · L^{-1}
IV. H_2CO_3 2% (m/V)
V. KBr 25 ppm
VI. etilamina 5% (V/V)

As soluções aquosas que apresentam pOH menor que 7 são apenas

a) I e II.
b) II e VI.
c) III e IV.
d) III e V.
e) IV e VI.

14. (UNESP) Numa estação de tratamento de água, uma das etapas do processo tem por finalidade remover parte do material em suspensão e pode ser descrita como adição de sulfato de alumínio e da cal, seguida de repouso para a decantação.

a) Quando o sulfato de alumínio – $Al_2(SO_4)_3$ – é dissolvido em água, forma-se um precipitado branco gelatinoso, constituído por hidróxido de alumínio. Escreva a equação balanceada que representa esta reação.
b) Por que é adicionada cal – CaO – neste processo? Explique usando equações químicas.

15. (UFES) Durante uma aula sobre constante de equilíbrio, um estudante realizou o seguinte experimento: em três tubos de ensaio numerados, colocou meia colher de chá de cloreto de amônio. Ao tubo 1, ele adicionou meia colher de chá de carbonato de sódio; ao tubo 2, meia colher de chá de bicarbonato de sódio e, ao tubo 3, meia colher de chá de sulfato de sódio. Em seguida, ele adicionou em cada tubo 2 mililitros de água e agitou-os para homogeneizar. Em qual dos tubos foi sentido um odor mais forte de amônia? Justifique.

Dados:

1) $NH_4^+(aq) + H_2O \rightleftarrows H_3O^+(aq) + NH_3(aq)$
$K_1 = 5{,}6 \cdot 10^{-10}$

2) $CO_3^{2-}(aq) + H_2O \rightleftarrows HCO_3^-(aq) + OH^-(aq)$
$K_2 = 2{,}1 \cdot 10^{-4}$

3) $HCO_3^-(aq) + H_2O \rightleftarrows H_2CO_3(aq) + OH^-(aq)$
$K_3 = 2{,}4 \cdot 10^{-8}$

4) $SO_4^{2-}(aq) + H_2O \rightleftarrows HSO_4^-(aq) + OH^-(aq)$
$K_4 = 8{,}3 \cdot 10^{-13}$

5) $H_3O^+ + OH^-(aq) \rightleftarrows 2\,H_2O$

$$\frac{1}{Kw} = 1 \cdot 10^{14}$$

16. (UNICAMP – SP) Quando em solução aquosa, o cátion amônio, NH_4^+, dependendo do pH, pode originar cheiro de amônia, em intensidades diferentes. Imagine três tubos de ensaio, numerados de 1 a 3, contendo, cada um, porções iguais de uma mesma solução de NH_4Cl. Adiciona-se, no tubo 1, uma dada quantidade de $NaCH_3COO$ e agita-se para que se dissolva totalmente. No tubo 2, coloca-se a mesma quantidade em mol de Na_2CO_3 e também se agita até a dissolução. Da mesma forma se procede no tubo 3, com a adição de $NaHCO_3$. A hidrólise dos ânions considerados pode ser representada pela seguinte equação:

$$X^{n-}(aq) + H_2O(aq) = HX^{(n-1)-}(aq) + OH^-(aq)$$

Os valores das constantes das bases Kb, para acetato, carbonato e bicarbonato são, na sequência, $5{,}6 \cdot 10^{-10}$, $5{,}6 \cdot 10^{-4}$ e $2{,}4 \cdot 10^{-8}$. A constante Kb da amônia é $1{,}8 \cdot 10^{-5}$.

a) Escreva a equação que representa a liberação de amônia a partir de uma solução aquosa que contém íons amônio.

b) Em qual dos tubos de ensaio se percebe cheiro mais forte de amônia? Justifique.

c) O pH da solução de cloreto de amônio é maior, menor ou igual a 7,0? Justifique usando equações químicas.

17. (UNICAMP – SP) Alcalose e acidose são dois distúrbios fisiológicos caracterizados por alterações do pH no sangue: a alcalose corresponde a um aumento, enquanto a acidose corresponde a uma diminuição do pH. Essas alterações de pH afetam a eficiência do transporte de oxigênio pelo organismo humano. O gráfico esquemático a seguir mostra a porcentagem de oxigênio transportado pela hemoglobina, em dois pH diferentes em função da pressão do O_2.

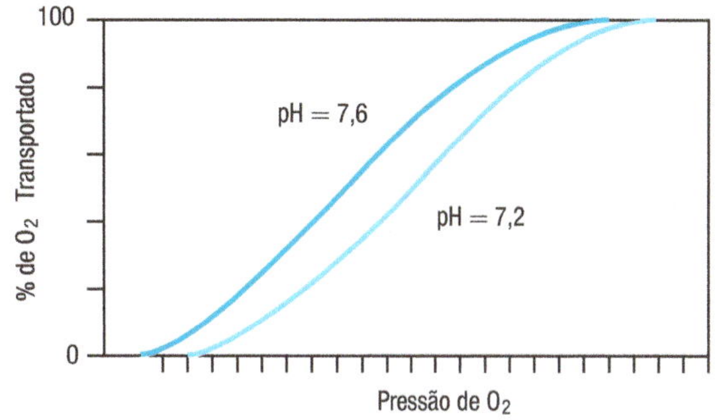
100
0
% de O2 Transportado
pH = 7,6
pH = 7,2
Pressão de O2

a) Em qual dos dois pH há uma maior eficiência no transporte de oxigênio pelo organismo? Justifique.

b) Em casos clínicos extremos, pode-se ministrar solução aquosa de NH_4Cl para controlar o pH do sangue. Em qual destes distúrbios (alcalose ou acidose) pode ser aplicado esse recurso? Justifique.

18. (FUVEST – SP) Em um laboratório químico, um estudante encontrou quatro frascos (1, 2, 3 e 4) contendo soluções aquosas incolores de sacarose, KCl, HCl, e NaOH, não necessariamente nessa ordem. Para identificar essas soluções, fez alguns experimentos simples, cujos resultados são apresentados na tabela a seguir:

Frasco	Cor da solução após a adição de fenolftaleína	Condutibilidade elétrica	Reação com $Mg(OH)_2$
1	incolor	conduz	não
2	rosa	conduz	não
3	incolor	conduz	sim
4	incolor	não conduz	não

Dado: soluções aquosas contendo o indicador fenolftaleína são incolores em pH menor do que 8,5 e têm coloração rosa em pH igual a ou maior do que 8,5.

As soluções aquosas nos frascos 1, 2, 3 e 4 são, respectivamente, de

a) HCl, NaOH, KCl e sacarose.
b) KCl, NaOH, HCl e sacarose.
c) HCl, sacarose, NaOH e KCl.
d) KCl, sacarose, HCl e NaOH.
e) NaOH, HCl, sacarose e KCl.

19. (ITA – SP) Com relação aos ácidos e constantes de dissociação incluídos na tabela a seguir:

Ácido	Ka
acético	$1{,}85 \cdot 10^{-5}$
cianídrico	$4{,}8 \cdot 10^{-10}$
fluorídrico	$6{,}8 \cdot 10^{-4}$
fórmico	$1{,}8 \cdot 10^{-4}$

Assinale qual das afirmações é **falsa**:

a) O ácido fluorídrico é o mais forte dos quatro.
b) O ácido cianídrico é o mais fraco dos quatro.
c) Para soluções 1 mol/L desses ácidos, o pH cresce na seguinte ordem:
fluorídrico → fórmico → acético → cianídrico
d) Dentre os sais de sódio de cada um desses ácidos, o fluoreto de sódio é o que fornece solução aquosa de maior pH.
e) Deve-se esperar a formação de ácido acético quando da reação de ácido fórmico com acetato de sódio.

20. (UEL – PR) Considere a tabela e as constantes de ionização (Ka) abaixo e responda:

Ácido	Ka (25 °C)
fluorídrico (HF)	$6{,}5 \cdot 10^{-4}$
nitroso (HNO_2)	$4{,}5 \cdot 10^{-4}$
benzoico ($C_6H_5 - COOH$)	$6{,}5 \cdot 10^{-5}$
acético ($CH_3 - COOH$)	$1{,}8 \cdot 10^{-5}$
propiônico ($C_2H_5 - COOH$)	$1{,}4 \cdot 10^{-5}$
hipocloroso (HOCl)	$3{,}1 \cdot 10^{-8}$
cianídrico (HCN)	$4{,}9 \cdot 10^{-10}$

Dados os sais de sódio:

I. nitrito
II. hipoclorito
III. benzoato
IV. acetato
V. fluoreto

qual apresenta maior constante de hidrólise (Kh)?

a) I b) II c) III d) IV e) V

21. (FGV) O hipoclorito de sódio, NaOCl, é o principal constituinte da água sanitária. Soluções diluídas de água sanitária são recomendadas para lavagem de frutas e verduras. A equação a seguir representa o equilíbrio químico do íon hipoclorito em solução aquosa a 25 °C:

$$OCl^-(aq) + H_2O(l) \rightleftharpoons HOCl(aq) + OH^-(aq)$$
$$K = 1{,}0 \cdot 10^{-6}$$

Considerando a equação fornecida, o pH de uma solução aquosa de NaOCl de concentração 0,01 mol/L, a 25 °C é

Dados: $pOH = -\log [OH^-]$ e $pH + pOH = 14$.

a) 10 b) 8 c) 7 d) 5 e) 4

22. (UNIFESP) Extratos de muitas plantas são indicadores naturais ácido-base, isto é, apresentam colorações diferentes de acordo com o meio em que se encontram. Utilizando-se o extrato de repolho roxo como indicador, foram testadas soluções aquosas de HCl, NaOH, NaOCl, $NaHCO_3$ e NH_4Cl, de mesma concentração. Os resultados são apresentados na tabela.

Solução	Coloração
HCl	vermelha
NaOH	verde
X	vermelha
Y	verde
NaOCl	verde

a) Identifique as soluções X e Y. Justifique.

b) Calcule, a 25 °C, o pH da solução de NaOCl 0,04 mol/L.

Considere que, a 25 °C, a constante de hidrólise do íon ClO^- é $2,5 \cdot 10^{-7}$.

23. (VUNESP) Quando se dissolvem sais em água, nem sempre a solução se apresenta neutra. Alguns sais podem reagir com a água e, como consequência, íons hidrogênio ou íons hidroxila ficam em excesso na solução, tornando-a ácida ou básica. Essa reação entre a água e pelo menos um dos íons formados na dissociação do sal denomina-se hidrólise.

a) Na reação de neutralização do vinagre comercial (solução de ácido acético) com solução de hidróxido de sódio obtém-se acetato de sódio (CH_3COONa) aquoso como produto da reação. Escreva a reação de hidrólise do íon acetato, indicando se a hidrólise é ácida ou básica.

b) Considerando que a constante de hidrólise para o íon acetato e $Kh = 10^{-10}$ e a constante de autoprotólise da água é $Kw = 10^{-14}$, qual será o valor do pH de uma solução 0,01 mol/L de acetato de sódio?

24. (ENEM) Sabões são sais de ácidos carboxílicos de cadeia longa, utilizados com a finalidade de facilitar, durante processos de lavagem, a remoção de substâncias de baixa solubilidade em água, por exemplo, óleos e gorduras. A figura a seguir representa a estrutura de uma molécula de sabão.

CO_2Na^+ sal de ácido carboxílico

Em solução, os ânions do sabão podem hidrolisar a água e, desse modo, formar o ácido carboxílico correspondente. Por exemplo, para o estearato de sódio, é estabelecido o seguinte equilíbrio:

$$CH_3(CH_2)_{16}COO^- + H_2O \rightleftharpoons CH_3(CH_2)_{16}COOH + OH^-$$

Uma vez que o ácido carboxílico formado é pouco solúvel em água e menos eficiente na remoção de gorduras, o pH do meio deve ser controlado de maneira a evitar que o equilíbrio acima seja deslocado para a direita.

Com base nas informações do texto, é correto concluir que os sabões atuam de maneira

a) mais eficiente em pH básico.
b) mais eficiente em pH ácido.
c) mais eficiente em pH neutro.
d) eficiente em qualquer faixa de pH.
e) mais eficiente em pH ácido ou neutro.

25. (FUVEST – SP) Em uma experiência, realizada a 25 °C, misturam-se **volumes iguais** de soluções aquosas de hidróxido de sódio e de acetato de metila, ambas de concentração 0,020 mol/L. Observou-se que, durante a hidrólise alcalina do acetato de metila, ocorreu variação de pH.

a) Calcule o pH da mistura de acetato de metila e hidróxido de sódio no instante em que as soluções são misturadas (antes de a reação começar).

b) Calcule a concentração de OH^- na mistura, ao final da reação. A equação que representa o equilíbrio de hidrólise do íon acetato é:

$$CH_3COO^-(aq) + H_2O(l) \rightleftarrows CH_3COOH(aq) + OH^-(aq)$$

A constante desse equilíbrio, em termos de concentrações em mol/L, a 25 °C, é igual a $5,6 \cdot 10^{-10}$.

Dados: produto iônico da água: $Kw = 10^{-14}$ (a 25 °C), $\sqrt{5,6} = 2,37$.

Exercícios Série Platina

1. O nitrito de sódio, $NaNO_2$, é um dos aditivos mais utilizados na conservação de alimentos. É um excelente agente antimicrobiano e está presente em quase todos os alimentos industrializados à base de carne, tais como presuntos, mortadelas, salames, entre outros. Alguns estudos indicam que a ingestão deste aditivo pode proporcionar a formação no estômago de ácido nitroso e este desencadear a formação de metabólitos carcinogênicos.

Dada a constante de hidrólise $Kh = \frac{Kw}{Ka}$ e considerando as constantes de equilíbrio $Ka\ (HNO_2) = 5 \cdot 10^{-4}$ e $Kw = 10^{-14}$, a 25 °C, calcule:

a) o valor de Kh.

b) o pH de uma solução de nitrito de sódio $5 \cdot 10^{-2}$ mol/L.

2. (FUVEST – SP) Um botânico observou que uma mesma espécie de planta podia gerar flores azuis ou rosadas. Decidiu então estudar se a natureza do solo poderia influenciar a cor das flores. Para isso, fez alguns experimentos e anotou as seguintes observações:

I. Transplantada para um solo cujo pH era 5,6, uma planta com flores rosadas passou a gerar flores azuis.

II. Ao se adicionar um pouco de nitrato de sódio ao solo em que estava a planta com flores azuis, a cor das flores permaneceu a mesma.

III. Ao se adicionar calcário moído ($CaCO_3$) ao solo em que estava a planta com flores azuis, ela passou a gerar flores rosadas.

Considerando essas observações, o botânico pôde concluir:

a) em um solo mais ácido do que aquele de pH 5,6, as flores da planta seriam azuis.

b) a adição de solução diluída de NaCl ao solo, de pH 5,6, faria a planta gerar flores rosadas.

c) a adição de solução diluída de $NaHCO_3$ ao solo, em que está a planta com flores rosadas, faria com que ela gerasse flores azuis.

d) em um solo de pH 5,0, a planta com flores azuis geraria flores rosadas.

e) a adição de solução diluída de $Al(NO_3)_3$ ao solo, em que está uma planta com flores azuis, faria com que ela gerasse flores rosadas.

Equilíbrio da Dissolução

Capítulo 5

A "dança da chuva" moderna

Sertão nordestino... 37 °C... Tempo seco e 3 meses sem chover. Qual seria a solução? A dança da chuva? Provavelmente não.

Atualmente, existem métodos mais modernos e eficazes para se induzir a precipitação atmosférica de água, chamados de semeadura de nuvens (*cloud seeding*). Alguns desses métodos envolvem a dispersão de substâncias nas nuvens que servem como núcleos de condensação ou núcleos de gelos. Dentre as substâncias mais utilizadas nesses processos, destaca-se o iodeto de prata, pois este possui uma estrutura cristalina similar à do gelo, o que induz a formação de gelo e chuva em certas condições.

STELLA BELICANTA RIBAS

Para que o uso de iodeto de prata seja eficaz, é necessário que, nas condições atmosféricas, essa substância esteja sob a forma sólida, para servir de base para a nucleação da água. Assim, é preciso calcular, de alguma maneira, qual a quantidade mínima necessária de iodeto de prata que deve ser adicionada para que haja a formação de cristais, ou seja, deve-se saber qual é a solubilidade desse sal naquelas condições atmosféricas específicas.

As grandezas utilizadas para essa caracterização são conhecidas como solubilidade e produto de solubilidade e serão apresentadas e estudadas neste capítulo. Enquanto a primeira fornece o valor máximo de determinada substância que pode ser dissolvida, a segunda permite analisar a dissolução a partir da óptica do equilíbrio iônico, permitindo avaliar como a variação da temperatura e a adição de outros elementos influem sobre o valor da solubilidade.

Poluição da água por íons de metais pesados

Muitos íons de metais, como Na^+, K^+, Fe^{2+}, Ca^{2+}, são **íons essenciais** à manutenção da vida. Outros, como íons de metais Pb^{2+}, Hg^{2+}, Cd^{2+}, são chamados de **íons de metais pesados**, pois têm maior massa que os íons essenciais.

Os íons de metais pesados ligam-se às proteínas de nosso corpo, fazendo com que elas não funcionem normalmente. Diz-se que as proteínas são desnaturadas (perdem sua estrutura tridimensional) por esses íons. Os efeitos são traduzidos em danos ao sistema nervoso, aos rins, ao fígado, levando até mesmo à morte.

Quando ocorre contaminação da água por íons de metais pesados, removê-los envolve um processo muito difícil e muito dispendioso. A indústria faz esta remoção por precipitação, assunto abordado nesse capítulo.

1. Introdução

Este capítulo introduz a parte quantitativa da solubilidade.

Duas grandezas experimentais serão abordadas: **solubilidade** (S) ou **coeficiente de solubilidade** (CS) e a **constante do produto de solubilidade** (K_S ou K_{PS}).

2. Solubilidade ou coeficiente de solubilidade

Quando se utiliza uma substância é importante conhecer os valores das principais propriedades físicas, como ponto de fusão, ponto de ebulição e densidade. Esse tópico estuda uma propriedade física chamada de **solubilidade** ou **coeficiente de solubilidade**.

Como exemplo, estudaremos a solubilidade do brometo de potássio (KBr), que é um sólido branco, utilizado no tratamento de pacientes com convulsão leve. Para tanto, deve-se dissolver o KBr em uma certa quantidade de água a uma temperatura constante. Geralmente trabalha-se com a quantidade de água equivalente 100 g ou 100 mL para que o desperdício de material seja evitado.

A tabela a seguir mostra as quantidades máximas de KBr que é capaz de se dissolver (**solubilidade**) em 100 g de água a diferentes temperaturas (valores experimentais).

Solubilidade (g) de KBr	Temperatura (°C)
70	20
80	40
90	60
100	80

Podemos dissolver no máximo 70 g de KBr em 100 g de água a 20 °C obtendo uma mistura homogênea ou solução, denominada de solução saturada.

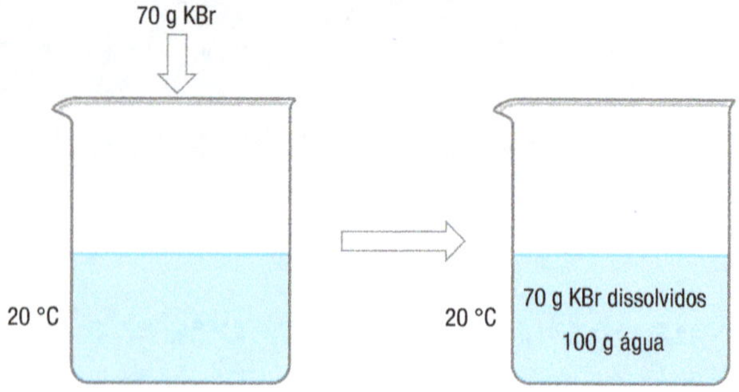
70 g KBr
20 °C
20 °C
70 g KBr dissolvidos
100 g água

100 g H_2O — solução saturada

Todo KBr adicionado além desse valor não se dissolve, indo diretamente para o fundo do béquer (corpo de fundo ou de chão).

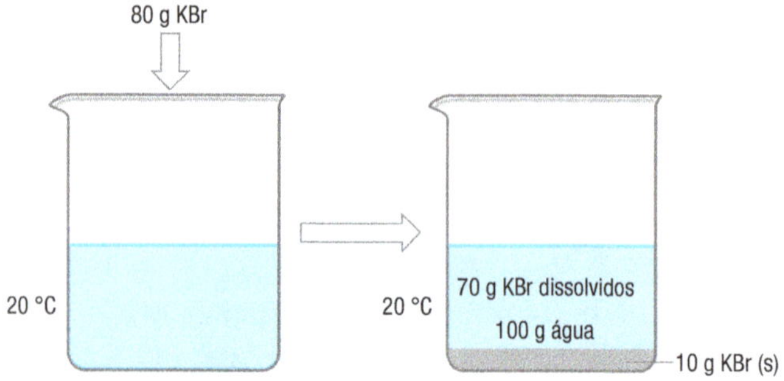
80 g KBr
20 °C
20 °C
70 g KBr dissolvidos
100 g água
10 g KBr (s)

100 g H_2O — mistura heterogênea

A mistura heterogênea é formada por uma fase líquida, que é a solução saturada de KBr, e por uma fase sólida, que corresponde aos 10 g de KBr(s).

Solução de precipitado de hidróxido de ferro (III).

Esta quantidade máxima dissolvida é chamada de **solubilidade** ou **coeficiente de solubilidade**. Dizemos que a solubilidade do KBr é de 70 g/100 g H_2O a 20 °C.

Uma solução saturada mantém sempre uma proporção constante entre as quantidades de KBr e de H_2O. Veja os exemplos:

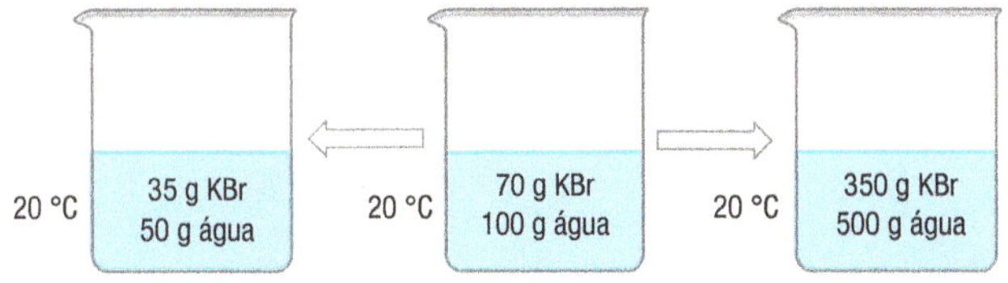
20 °C
35 g KBr
50 g água
20 °C
70 g KBr
100 g água
20 °C
350 g KBr
500 g água

$m_{solução} = 85$ g $m_{solução} = 170$ g $m_{solução} = 850$ g

Concluímos que:

Solubilidade ou **coeficiente de solubilidade** é a máxima quantidade dissolvida de uma substância em uma dada quantidade de água, mantida à temperatura constante, originando uma solução saturada.

Nota: quando a quantidade dissolvida for menor que a solubilidade em uma determinada temperatura, a solução resultante é chamada de **solução insaturada**.

CREATIVE COMMONS
KBr(s)

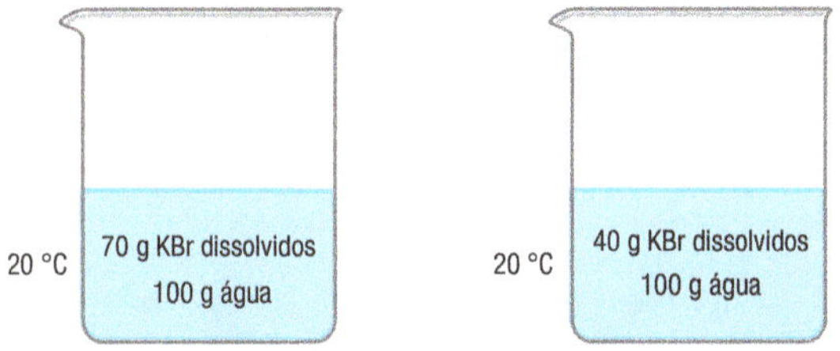
20 °C
70 g KBr dissolvidos
100 g água
20 °C
40 g KBr dissolvidos
100 g água

solução saturada solução insaturada

3. Solução supersaturada

As soluções supersaturadas são muito frequentes em nosso dia a dia. O mel é um exemplo de solução supersaturada, do qual o soluto é a frutose ($C_6H_{12}O_6$).

INAWA/SHUTTERSTOCK
Se o mel é deixado em repouso, a frutose cristaliza.

Você sabia?

Bolsas geradoras de calor muitas vezes utilizam soluções supersaturadas. Quando pressionadas, há cristalização do sal e liberação de calor. Essas bolsas são recipientes plásticos utilizados em primeiros socorros ou em fisioterapia, substituindo as bolsas de água quente.

Não se obtém uma solução supersaturada pela adição direta de uma substância em água.

Preparando uma solução supersaturada de KBr a 20 °C utilizando uma solução saturada de KBr a 60 °C.

KBr $S = 90$ g/100 g H_2O a 60 °C

$S = 70$ g/100 g H_2O a 20 °C

- Situação 1 (mais frequente):

Ao resfriarmos uma solução saturada de KBr a 60 °C deverá ocorrer precipitação, pois a solubilidade diminui.

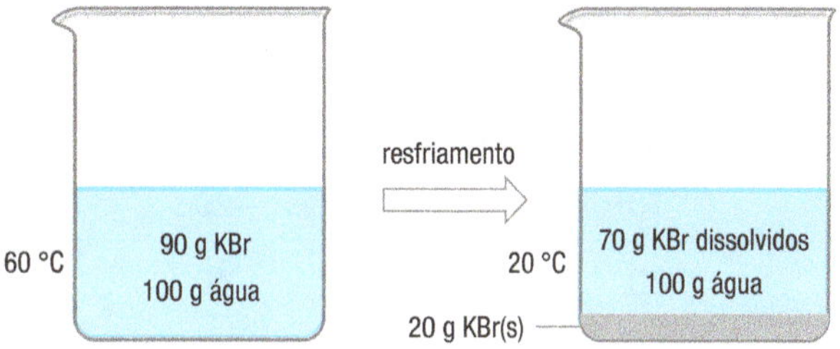
60 °C
90 g KBr
100 g água
resfriamento
20 °C
70 g KBr dissolvidos
100 g água
20 g KBr(s)

solução saturada mistura heterogênea

- Situação 2 (menos frequente):

Ao resfriarmos lentamente uma solução saturada de KBr a 60 °C poderá não ocorrer a precipitação, portanto a massa dissolvida de KBr será maior que a solubilidade do KBr a 20 °C.

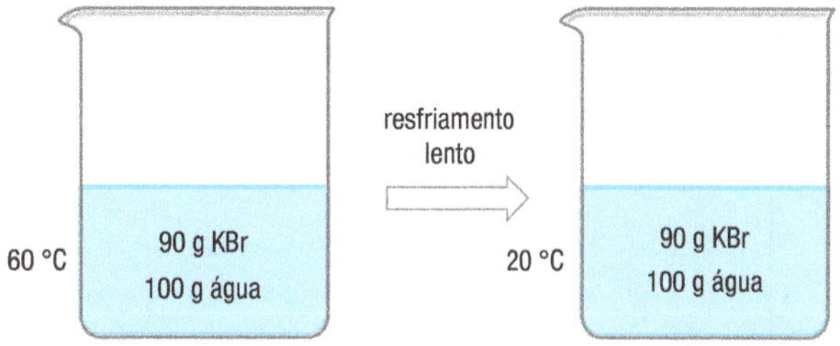
60 °C
90 g KBr
100 g água
resfriamento
lento
20 °C
90 g KBr
100 g água

solução saturada solução supersaturada

Uma solução supersaturada é **instável**, pois uma simples agitação da solução ou adição de um pequeno cristal da substância na solução supersaturada vai precipitar o excesso de soluto (corpo de fundo), liberando calor.

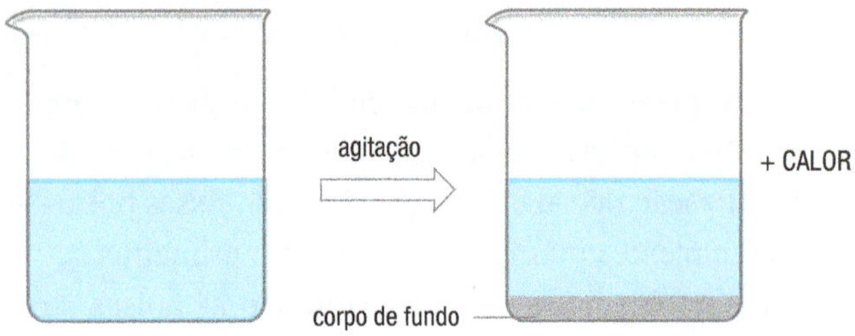
agitação
+ CALOR
corpo de fundo

solução supersaturada de $NaC_2H_3O_2$

Concluímos que:

> Em determinadas condições experimentais, a massa dissolvida pode ser maior que a solubilidade em uma dada temperatura, originando uma solução **supersaturada**.

4. Curvas de solubilidade

4.1 Introdução

Os valores de solubilidade em diversas temperaturas podem ser mostrados em tabelas ou gráficos.

Solubilidade (g) de KBr	Temperatura (°C)
70	20
80	40
90	60
100	80

Observe que ao dobrar a temperatura da água de 20 °C para 40 °C, a solubilidade aumenta de 70 g para 80 g. Assim, solubilidade e temperatura **não** são grandezas diretamente proporcionais.

O gráfico é construído colocando no eixo das ordenadas a solubilidade e no eixo das abscissas a temperatura. A curva obtida é chamada de curva de solubilidade.

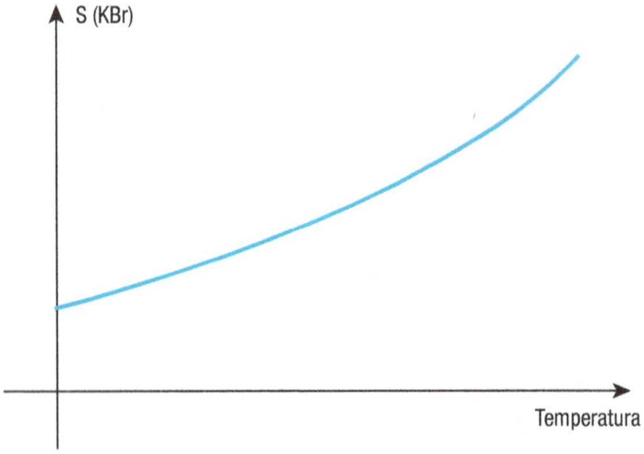
S (KBr)
Temperatura

4.2 Curva ascendente (maioria das substâncias)

A curva ascendente implica que a solubilidade aumenta com o aumento da temperatura da água.

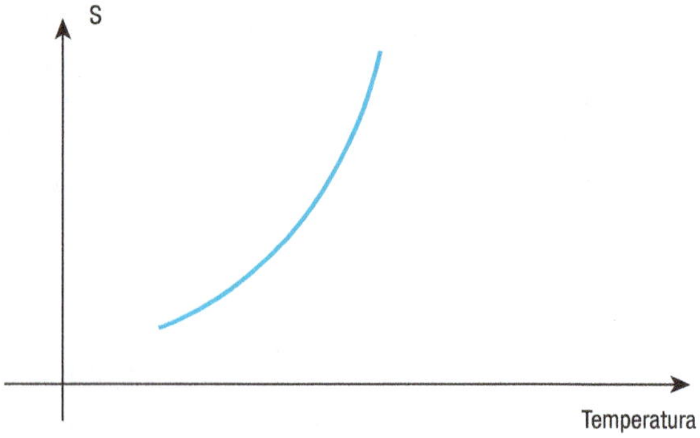
S
Temperatura

A dissolução é endotérmica ($\Delta H > 0$), ou seja, um aumento da temperatura desloca o equilíbrio no sentido dos íons hidratados (sentido endotérmico), aumentando a solubilidade.

$$KBr(s) \rightleftharpoons K^+(aq) + Br^-(aq) \qquad \Delta H > 0$$

4.3 Curva descendente

A curva descendente implica que a solubilidade diminui com o aumento da temperatura da água.

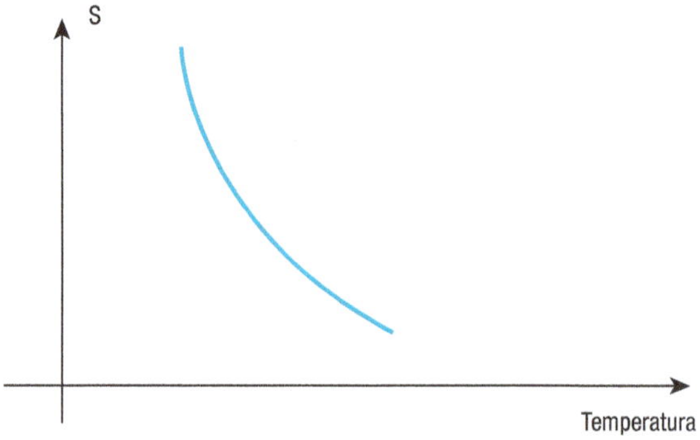
S
Temperatura

A dissolução é exotérmica ($\Delta H < 0$), ou seja, um aumento da temperatura desloca o equilíbrio no sentido da substância sólida (sentido endotérmico), diminui a solubilidade.

$$Ca(OH)_2(s) \rightleftharpoons Ca^{+2}(aq) + 2\,OH^-(aq) \qquad \Delta H < 0$$

4.4 Curva pouco ascendente (Principal exemplo: NaCl)

A curva pouco ascendente implica que a solubilidade aumenta muito pouco com o aumento da temperatura da água.

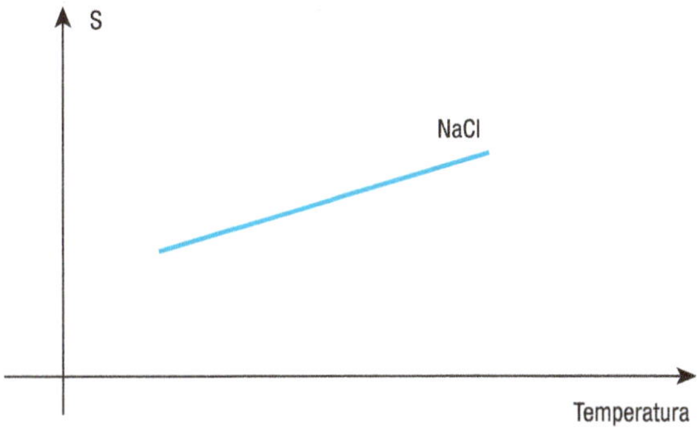
S
NaCl
Temperatura

$NaCl(s) \rightleftarrows Na^{+}(aq) + Cl^{-}(aq) \qquad \Delta H = 6\ kJ$

O equilíbrio desloca pouquíssimo no sentido dos íons $Na^{+}(aq)$ e $Cl^{-}(aq)$, pois o ΔH tem valor muito pequeno.

4.5 Curva com ponto de inflexão

A curva de solubilidade de uma substância é geralmente ascendente ou descendente, mas quando temos um sal hidratado, há curvas que aparecem "quebradas".

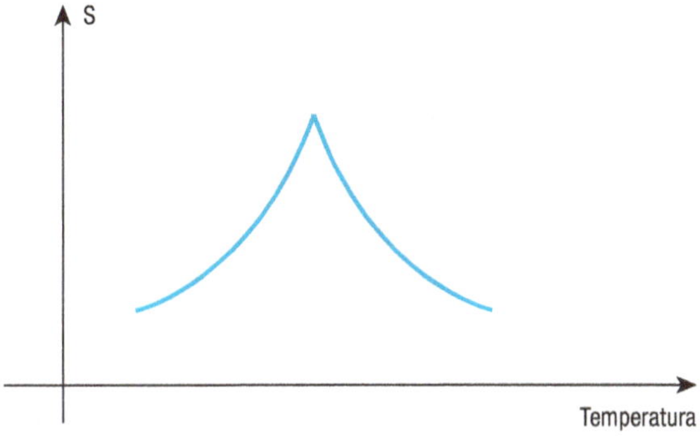
S
Temperatura

Quando os sais se cristalizam a partir de uma solução aquosa, os íons podem reter algumas das moléculas de água de hidratação e formar sais hidratados como $Na_2SO_4.10\ H_2O$ (laxante) e $CuSO_4.5\ H_2O$ (algicida), por exemplo. O tamanho do íon e sua carga controlam a extensão da hidratação. Essa interação é do tipo íon-dipolo.

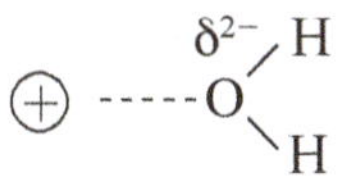
δ2−
H
O
H

As interações íon-dipolo são fortes para íons pequenos com carga elevada. Em consequência, os cátions pequenos com carga elevada formam, frequentemente, sais hidratados. Por exemplo, no grupo 1:

grupo 1 raio iônico aumenta

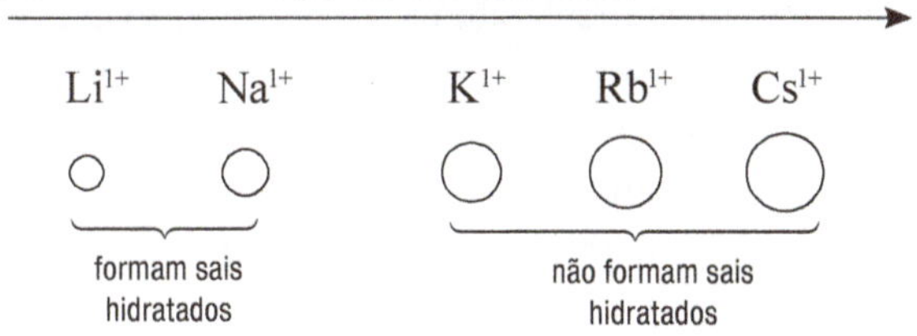
Li1+
Na1+
K1+
Rb1+
Cs1+
formam sais hidratados
não formam sais hidratados

Os nomes dos sais hidratados citados são:

$Na_2SO_4.10\ H_2O \rightarrow$ sulfato de sódio deca-hidratado

$CuSO_4.5\ H_2O \rightarrow$ sulfato de cobre penta-hidratado

Vamos utilizar o sulfato de sódio para explicar a curva de solubilidade de um sal hidratado.

Se a temperatura ambiente for menor que 32 °C, o Na_2SO_4 encontra-se hidratado e sua dissolução em água é endotérmica, de acordo com a equação:

$$Na_2SO_4.10\ H_2O(s) \rightleftarrows$$
$$\rightleftarrows 2\ Na^{+}(aq) + SO_4^{-2}(aq) + 10\ H_2O(l) \qquad \Delta H > 0$$

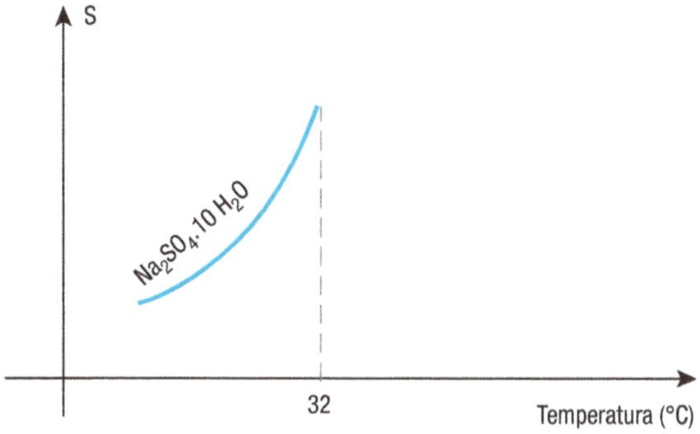
S
Na2SO4.10H2O
32
Temperatura (°C)

Se a temperatura ambiente for maior que 32 °C, o Na_2SO_4 encontra-se anidro e sua dissolução em água é exotérmica, de acordo com a equação:

$$Na_2SO_4(s) \rightleftarrows 2\ Na^{+}(aq) + SO_4^{-2}(aq) \qquad \Delta H < 0$$

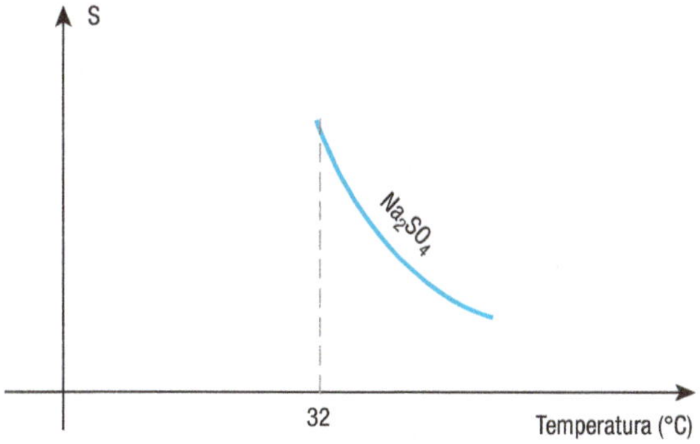
S
Na2SO4
32
Temperatura (°C)

Unindo as duas curvas, temos:

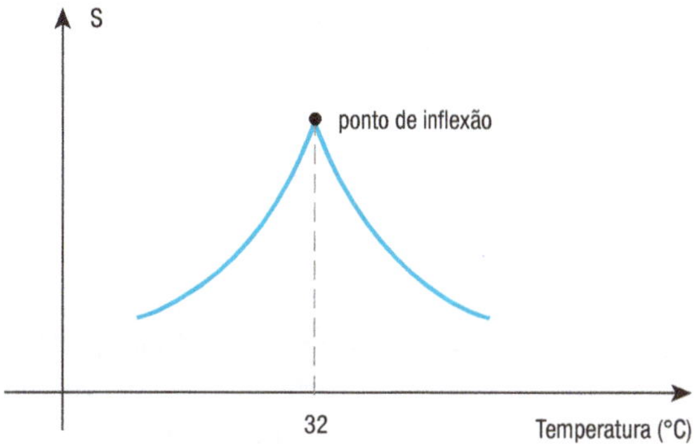
S
ponto de inflexão
32
Temperatura (°C)

No ponto de inflexão ocorre a perda total ou parcial da água de cristalização, alterando, portanto, a estrutura cristalina da substância.

S
solução
supersaturada
solução saturada
solução
insaturada
Temperatura (°C)

Concluímos que:

- Os pontos da curva representam as solubilidades em diferentes temperaturas. Assim temos uma **solução saturada**.
- Um ponto abaixo da curva tem um valor menor que a solubilidade numa determinada temperatura. Assim temos uma **solução insaturada**.
- Um ponto acima da curva tem um valor maior que a solubilidade numa determinada temperatura. Assim temos uma solução **supersaturada**.
- Um ponto acima da curva não representa uma solução saturada com corpo de fundo, pois o eixo da ordenada refere-se à **quantidade dissolvida de substância na solução**.

Acidente no lago Nyos

Imagine um lago de refrigerantes com 200 metros de profundidade só para você! Parece uma ideia fantástica, não é? Agora, imagine a explosão de espuma e gás que um terremoto causaria nesse lago. Por mais maluca que pareça essa ideia, foi um acidente parecido com este que matou mais de 1.700 pessoas em agosto de 1986 na África.

Essas pessoas foram asfixiadas por uma nuvem de gás que saiu do lago Nyos, na República dos Camarões. A nuvem que saiu do lago era de gás carbônico, o mesmo gás que borbulha nos refrigerantes, no champanhe e na cerveja. Mas o gás carbônico é tóxico? Não! Esse gás não é tóxico, mas quando a concentração no ar passa de 10%, morremos asfixiados porque falta oxigênio.

Como o Nyos está na cratera de um vulcão, o gás carbônico que sai da lava vulcânica se dissolve na água do lago. As camadas mais profundas são de águas frias com muito gás carbônico dissolvido; nas camadas superiores, onde a temperatura é mais alta, tem menos gás dissolvido. Veremos a seguir que a solubilidade de um gás diminui com o aumento da temperatura.

4.6 Dissolvendo gases em líquidos

A solubilidade de um gás na água varia, alguns são mais solúveis que outros. Mas a solubilidade de qualquer gás diminui com o aumento da temperatura.

E a pressão? Você sabe como a pressão influi na solubilidade de um gás? Tente explicar por que o refrigerante vira xarope se você largar a garrafa aberta. O segredo está no "*SSSHHHHH*" que você escuta quando abre um refrigerante. Aquele barulho é do gás que sai da garrafa porque a pressão era alta. Era por causa da pressão alta que o gás ficava dissolvido no líquido.

MARYANA M/SHUTTERSTOCK

Quando você abre a garrafa, a pressão diminui e, por isso, o gás escapa.

Mas vamos voltar ao Nyos. Quando algo perturba o equilíbrio, a água do fundo sobe, isto é, a água fria que estava lá embaixo vai lá para cima. Aí é como se abrisse a garrafa de uma champanhe. Lembre-se que a água mais fria tinha mais gás dissolvido porque estava a uma temperatura mais baixa e a pressão era mais alta. (Por que você acha que a pressão era mais alta?)

Depois que o borbulhamento do Nyos terminou, o seu nível estava um metro mais baixo. E dizem que suas águas ficaram tingidas de vermelho por causa do hidróxido de ferro que estava no fundo do lago. Mas um mês depois o lago estava tranquilo de novo e as aldeias vizinhas totalmente desertas.

A concentração de gás carbônico no lago continua subindo, aumentando os riscos de outro evento, que poderá ser pior agora porque a represa está em processo de erosão e, se arrebentar, a inundação pode atingir até a Nigéria. Infelizmente os cientistas não conseguem prever quando a champanhe, quer dizer, o lago Nyos vai estourar de novo.

5. Solubilidade dos gases na água

5.1 Introdução

Quase todos os organismos aquáticos dependem do oxigênio dissolvido para a respiração. Ainda que as moléculas de O_2 não sejam polares, pequenas quantidades do gás se dissolvem em água, cerca de 10 ppm. O O_2 penetra na água, pois a velocidade média das moléculas de O_2 é elevada, em torno de 480 m/s.

O O_2 se dissolve na água graças à força de atração entre um dipolo permanente (molécula de H_2O) e outro induzido (molécula de O_2).

Total de elétrons: 16

4 elétrons ficam entre os núcleos

:Ö::Ö: 12 elétrons ficam ao redor dos 2 núcleos O

O_2: molécula apolar

Quando uma molécula de H_2O fica próxima de O_2, o polo negativo repele a maioria dos 12 elétrons para o lado oposto, criando um dipolo induzido.

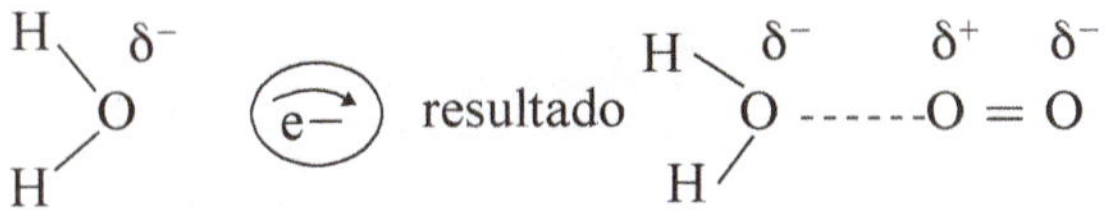
H
δ⁻
O
H
e⁻
resultado
H
δ⁻
O
H
δ⁺
δ⁻
O = O

5.2 Influência da temperatura na solubilidade dos gases na água

No caso da dissolução de um gás na água, não havendo reação química, sempre temos $\Delta H^0 < 0$.

$$O_2(g) \rightleftarrows O_2(aq) \qquad \Delta H^0 < 0$$

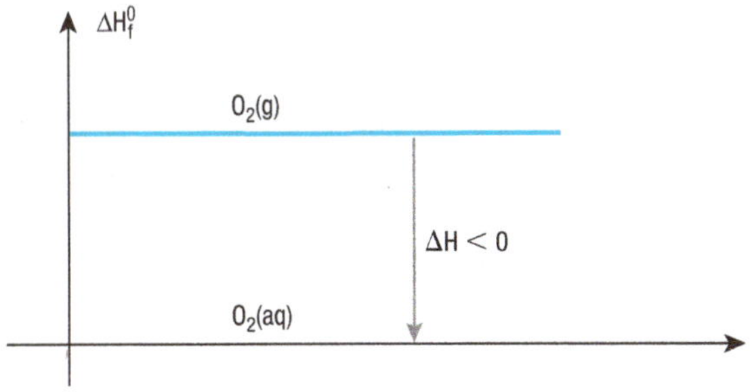
ΔH°f
O2(g)
ΔH < 0
O2(aq)

Um aumento da temperatura desloca o equilíbrio no sentido de $O_2(g)$ (sentido endotérmico), portanto teremos escape de $O_2(g)$, diminuindo a solubilidade de O_2 na água.

A solubilidade de um gás na água diminui com a elevação da temperatura.

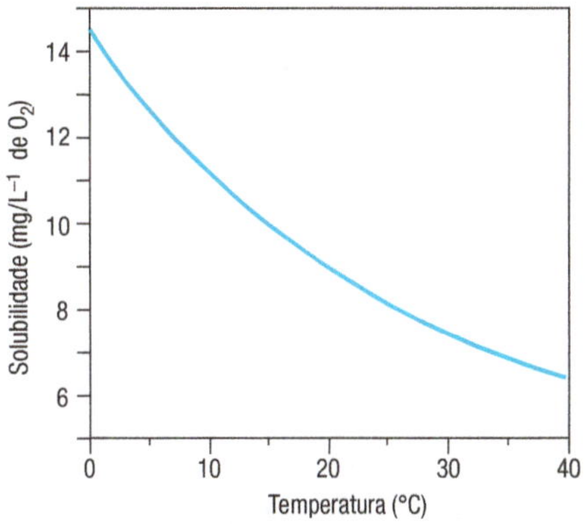
Solubilidade (mg/L⁻¹ de O2)
14
12
10
8
6
0
10
20
30
40
Temperatura (°C)

5.3 Influência da pressão na solubilidade dos gases na água

Lei de Henry

William Henry era um químico inglês que estudou a influência da pressão sobre a solubilidade dos gases na água.

CREATIVE COMMONS

William Henry (1775-1836).

Henry verificou experimentalmente que quanto maior a concentração de um gás no ar (maior pressão parcial), maior é a penetração na água e, como consequência, maior é a quantidade de gás dissolvido na água.

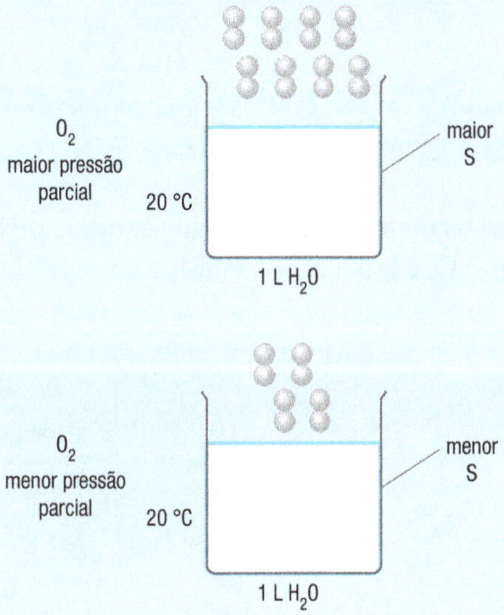
O2
maior pressão parcial
20 °C
maior S
1 L H2O
O2
menor pressão parcial
20 °C
menor S
1 L H2O

A lei de Henry é:

$$S = k_H \cdot p$$

A constante k_H que é chamada **constante de Henry**, depende do gás, do solvente e da temperatura.

$$k_H O_2 = 1{,}3 \cdot 10^{-3}\ mol/L \cdot atm$$

A tabela abaixo mostra a solubilidade do oxigênio em função de sua pressão parcial.

S do O_2 (mol/L)	$0{,}273 \cdot 10^{-3}$	$0{,}546 \cdot 10^{-3}$
p do O_2 (atm)	0,21	0,42

A lei mostra que, em temperatura constante, quando a pressão parcial de um gás dobra, a sua solubilidade dobra também.

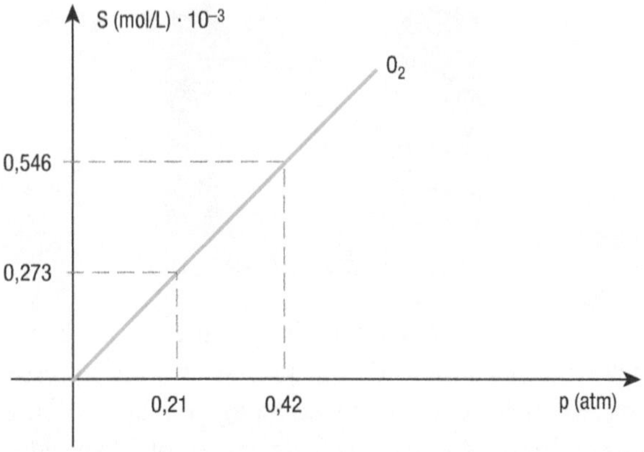
S (mol/L) · 10⁻³
O₂
0,546
0,273
0,21
0,42
p (atm)

Radiografias de contraste

Os raios X, um tipo de radiação eletromagnética, passam facilmente pelos tecidos moles, como músculos e órgãos internos, mas são parcialmente barrados por tecidos mais densos, como dentes e ossos. Com chapas de raios X, podemos localizar cáries dentárias e fraturas ósseas.

A figura abaixo mostra a radiografia do pescoço de um indivíduo. O pescoço é colocado entre o equipamento emissor de raios X e o filme. A parte escura do filme indica que a radiação incidiu no filme, e na parte clara do filme não houve incidência de radiação, pois esta foi absorvida pela parte óssea do pescoço. A parte óssea fica visível no filme revelado.

Para radiografar o estômago ou os intestinos, o paciente precisa ingerir uma suspensão de $BaSO_4$, que forra as paredes dos órgãos e barra a passagem dos raios, aparecendo na chapa como uma região clara. Um tumor, por exemplo, apareceria como uma mancha escura.

Sabe-se que $2 \cdot 10^{-3}$ mol/L do íon Ba^{2+} no organismo de uma pessoa pode levá-la à morte. Por que então a ingestão de solução saturada de $BaSO_4$ não provoca a morte do paciente? A resposta é dada pelos tópicos dos itens 6 e 7.

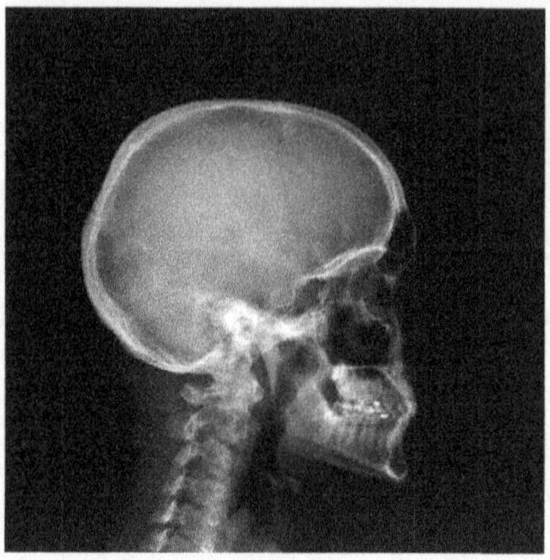

ITSM E JUST/SHUTTERSTOCK

6. Equilíbrio químico entre a solução saturada e o corpo de fundo de uma substância pouco solúvel em água

Vamos preparar uma solução saturada de $BaSO_4$ que poderá ser usada em radiografias de contraste. A solubilidade do $BaSO_4$ é igual a 10^{-5} mol/L a 25 °C.

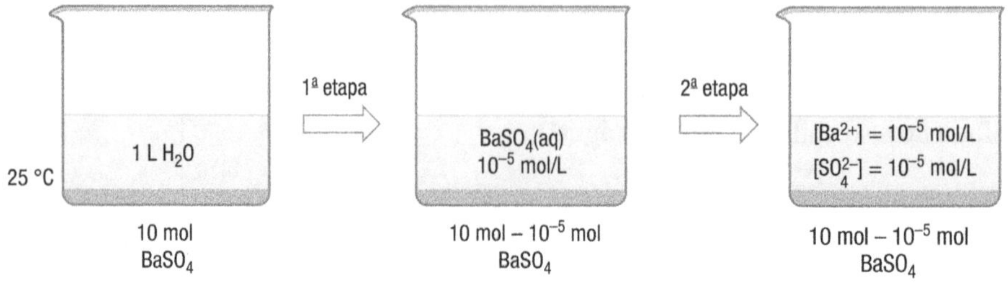
25 °C
1 L H₂O
10 mol
BaSO₄
1ª etapa
BaSO₄(aq)
10⁻⁵ mol/L
10 mol – 10⁻⁵ mol
BaSO₄
2ª etapa
[Ba²⁺] = 10⁻⁵ mol/L
[SO₄²⁻] = 10⁻⁵ mol/L
10 mol – 10⁻⁵ mol
BaSO₄

Na 1ª etapa dissolve-se na água 10^{-5} mol/L de $BaSO_4$ que é a solubilidade em mol/L. Na 2ª etapa ocorre a dissociação do $BaSO_4$, produzindo 10^{-5} mol/L de íons Ba^{2+} e 10^{-5} mol/L de íons SO_4^{2-}. Essas concentrações são constantes (solução saturada) evidenciando que o sistema atingiu o equilíbrio químico.

$$\underset{10\text{ mol} - 10^{-5}\text{ mol/L}}{BaSO_4(s)} \rightleftarrows \underset{10^{-5}\text{ mol/L}}{BaSO_4(aq)} \rightleftarrows \underset{10^{-5}\text{ mol/L}}{Ba^{2+}(aq)} + \underset{10^{-5}\text{ mol/L}}{SO_4^{2-}(aq)}$$

Como a primeira etapa é muito rápida, não é costume escrevê-la.

$$\underset{10\text{ mol} - 10^{-5}\text{ mol/L}}{BaSO_4(s)} \rightleftarrows \underset{10^{-5}\text{ mol/L}}{Ba^{2+}(aq)} + \underset{10^{-5}\text{ mol/L}}{SO_4^{2-}(aq)}$$

Essa equação química representa o equilíbrio do corpo de fundo com os íons da solução saturada.

Conclusão:

> A solução saturada de $BaSO_4$ apresenta concentração de Ba^{2+} igual a 10^{-5} mol/L bem menor que $2 \cdot 10^{-3}$ mol/L necessária para matar uma pessoa, como foi dito em "Radiografias de contraste".

7. Produto de solubilidade

Retornando ao equilíbrio:

$$\underset{10\text{ mol} - 10^{-5}\text{ mol/L}}{BaSO_4(s)} \rightleftarrows \underset{10^{-5}\text{ mol/L}}{Ba^{2+}(aq)} + \underset{10^{-5}\text{ mol/L}}{SO_4^{2-}(aq)} \quad 25\ °C$$

A constante desse equilíbrio é chamada de produto de solubilidade sendo representada por K_S ou K_{PS}.

$$K_S = [Ba^{2+}] \cdot [SO_4^{2-}]$$

$$K_S = 10^{-5} \cdot 10^{-5} \longrightarrow K_S = 10^{-10} \quad 25\ °C$$

O K_S como qualquer constante de equilíbrio só depende da temperatura.

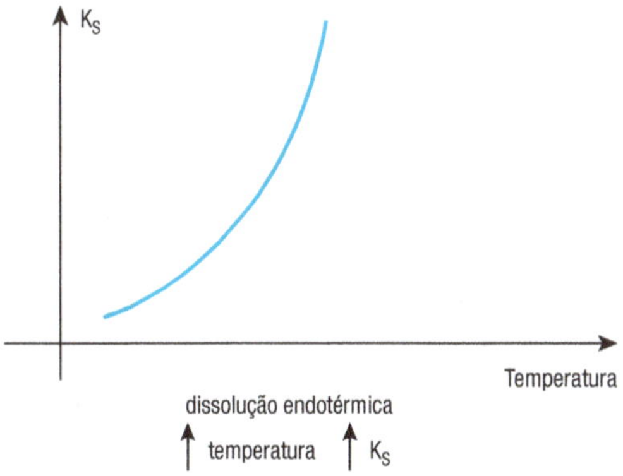

K_S
Temperatura
dissolução endotérmica
↑ temperatura ↑ K_S

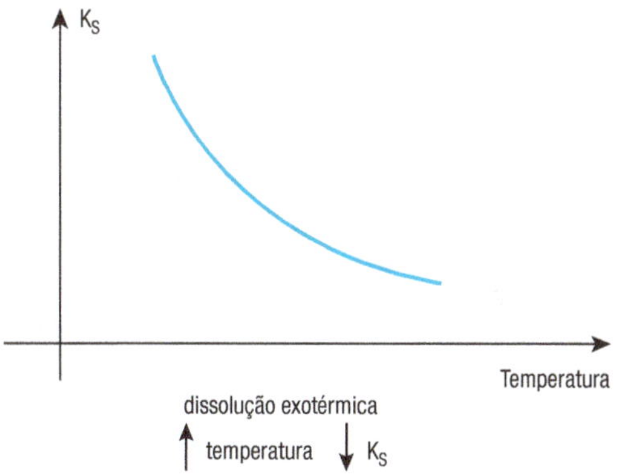

K_S
Temperatura
dissolução exotérmica
↑ temperatura ↓ K_S

Outros exemplos:

	Característica e aplicação	Equilíbrio de solubilidade	Fórmula do K_S
CaF_2	sólido branco usado para obter o ácido fluorídrico (HF)	$CaF_2(s) \rightleftarrows Ca^{2+}(aq) + 2\ F^-(aq)$	$K_S = [Ca^{2+}] \cdot [F^-]^2$
$Al(OH)_3$	sólido branco usado como antiácido	$Al(OH)_3(s) \rightleftarrows Al^{3+}(aq) + 3\ OH^-(aq)$	$K_S = [Al^{3+}] \cdot [OH^-]^3$
Ag_2CrO_4	sólido marrom avermelhado usado em titulação	$Ag_2CrO_4(s) \rightleftarrows 2\ Ag^+(aq) + CrO_4^{2-}(aq)$	$K_S = [Ag^+]^2 \cdot [CrO_4^{2-}]$
Sb_2S_3	sólido cinza chumbo usado para obter o semimetal antimônio	$Sb_2S_3(s) \rightleftarrows 2\ Sb^{3+}(aq) + 3\ S^{2-}(aq)$	$K_S = [Sb^{3+}]^2 \cdot [S^{2-}]^3$

8. Relação entre K_S e S

É preciso não confundir solubilidade (S) com produto de solubilidade (K_S). A **solubilidade** de um composto é a quantidade presente numa certa unidade de solução saturada, expressa, por exemplo, em mol/L. O **produto de solubilidade** é uma constante de equilíbrio. Há entre ambos uma relação, como veremos: o conhecimento de um acarreta o do outro e vice-versa.

A relação entre K_S e S vai depender da fórmula da substância. Veja os exemplos:

$BaSO_4(s) \rightleftarrows Ba^{2+}(aq) + SO_4^{2-}(aq)$
constante S S
$K_S = [Ba^{2+}] \cdot [SO_4^{2-}]$ $K_S = S^2$

$CaF_2(s) \rightleftarrows Ca^{2+}(aq) + 2\,F^-(aq)$
constante S 2 S
$K_S = [Ca^{2+}] \cdot [F^-]^2$ $K_S = 4\,S^3$

$Al(OH)_3(s) \rightleftarrows Al^{3+}(aq) + 3\,OH^-(aq)$
constante S 3 S
$K_S = [Al^{3+}] \cdot [OH^-]^3$ $K_S = 27\,S^4$

$Sb_2S_3(s) \rightleftarrows 2\,Sb^{3+}(aq) + 3\,S^{2-}(aq)$
constante 2 S 3 S
$K_S = [Sb^{3+}]^2 \cdot [S^{2-}]^3$ $K_S = [2S]^2 \cdot [3S]^3$
$K_S = 108\,S^5$

Importante:

Quando os compostos apresentam a mesma proporção dos íons, não é necessário calcular a solubilidade. Aquele que tiver o maior K_S será o mais solúvel.

Exemplo:

AgI ($K_S = 1{,}5 \cdot 10^{-16}$) $BaSO_4$ ($K_S = 1{,}0 \cdot 10^{-10}$)

Portanto, o mais solúvel é o $BaSO_4$ (maior K_S).

Quando os compostos apresentam proporções dos íons diferentes, será necessário calcular a solubilidade de cada composto.

Exemplo:

$BaCO_3$ ($K_S = 4{,}9 \cdot 10^{-9}$)

$BaCO_3(s) \rightleftarrows Ba^{2+}(aq) + CO_3^{2-}(aq)$
S S

$K_S = S^2 \rightarrow 4{,}9 \cdot 10^{-9} = S^2 \rightarrow S = 7{,}0 \cdot 10^{-5}$ mol/L

Ag_2CrO_4 ($K_S = 9{,}0 \cdot 10^{-12}$)

$Ag_2CrO_4(s) \rightleftarrows 2\,Ag^+(aq) + CrO_4^{2-}(aq)$
2 S S

$K_S = 4\,S^3 \rightarrow 9{,}0 \cdot 10^{-12} = 4\,S^3 \rightarrow S = 1{,}3 \cdot 10^{-4}$ mol/L

Portanto, o mais solúvel é o Ag_2CrO_4 (maior S).

9. Efeito do íon comum sobre a solubilidade

Considere uma solução saturada de AgCl em água a 25 °C juntamente com corpo de fundo.

$AgCl(s) \rightleftarrows Ag^+(aq) + Cl^-(aq)$

$K_S = 1{,}6 \cdot 10^{-10}$, $S = 1{,}3 \cdot 10^{-5}$ mol/L

Se adicionarmos NaCl (s) à solução, a concentração de íons Cl^- aumenta. Para que o K_S permaneça constante, a concentração de íons Ag^+ deve decrescer (o equilíbrio foi deslocado no sentido de AgCl(s)). Como existe, agora, menos Ag^+ em solução, a solubilidade de AgCl é menor em uma solução que tem NaCl do que em água pura.

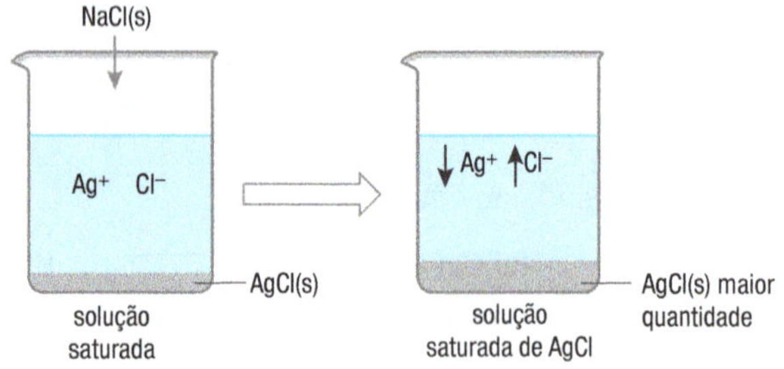

NaCl(s)
Ag^+ Cl^-
AgCl(s)
solução saturada
Ag^+ Cl^-
solução saturada de AgCl
AgCl(s) maior quantidade

Vamos calcular a solubilidade do AgCl quando adicionamos 0,1 mol de NaCl(s).

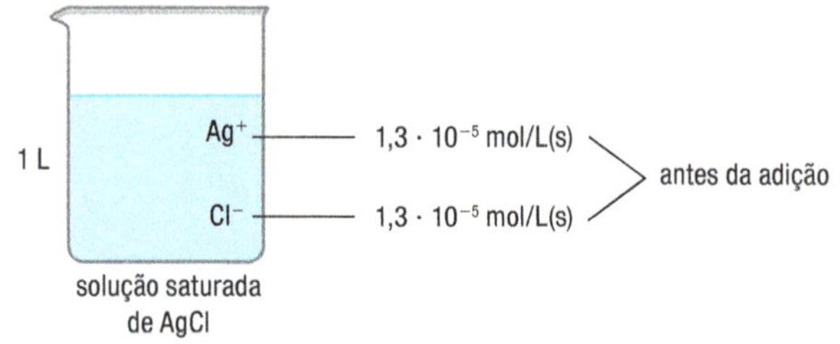

1 L
Ag^+
Cl^-
$1{,}3 \cdot 10^{-5}$ mol/L(s)
$1{,}3 \cdot 10^{-5}$ mol/L(s)
antes da adição
solução saturada de AgCl

Ao adicionar 0,1 mol de NaCl(s) teremos:

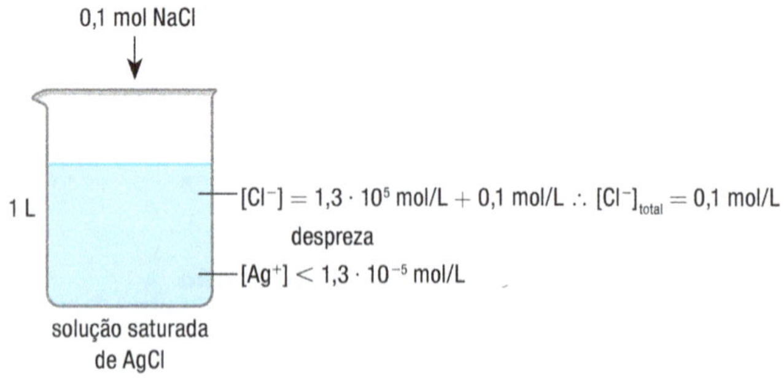

0,1 mol NaCl
1 L
$[Cl^-] = 1{,}3 \cdot 10^5$ mol/L + 0,1 mol/L ∴ $[Cl^-]_{total} = 0{,}1$ mol/L
despreza
$[Ag^+] < 1{,}3 \cdot 10^{-5}$ mol/L
solução saturada de AgCl

$[Ag^+]$ será menor que $1{,}3 \cdot 10^{-5}$ mol/L, pois o equilíbrio foi deslocado para o lado do AgCl(s).

$K_S = [Ag^+] \cdot [Cl^-]$
$1{,}6 \cdot 10^{-10} = [Ag^+] \cdot 0{,}1$
$[Ag^+] = 1{,}6 \cdot 10^{-9}$

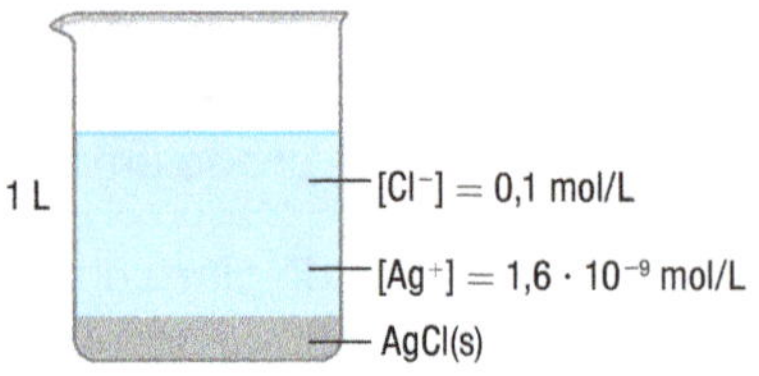

1 L
$[Cl^-] = 0{,}1$ mol/L
$[Ag^+] = 1{,}6 \cdot 10^{-9}$ mol/L
AgCl(s)

A nova solubilidade do AgCl será $1{,}6 \cdot 10^{-9}$ mol/L na presença de NaCl que é 10.000 vezes menor do que a solubilidade de AgCl em água pura ($1{,}6 \cdot 10^{-5}$ mol/L).

Concluímos que:

> O efeito do íon comum é a redução da solubilidade de um composto pouco solúvel por adição de um composto solúvel que tenha um íon comum com ele. O K_S permanece constante.

10. Quando ocorre a precipitação ao misturarmos duas soluções?

Suponha que misturamos duas soluções de igual volume, uma sendo 0,2 mol/L de $Pb(NO_3)_2$ e a outra 0,2 mol/L de KI. Haverá precipitação de PbI_2?

$K_S = 1{,}4 \cdot 10^{-8}$ (PbI_2).

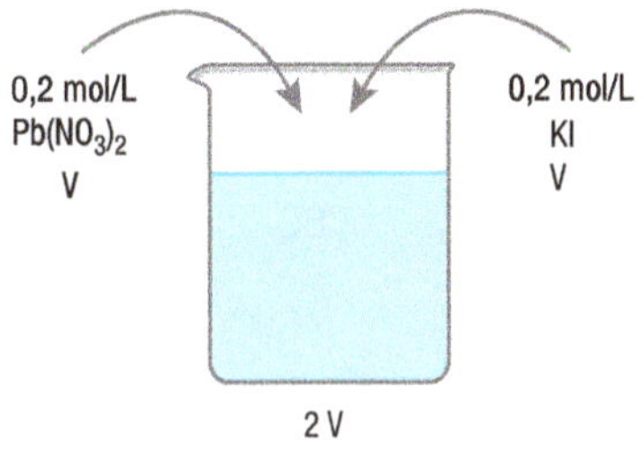
0,2 mol/L
Pb(NO3)2
V
0,2 mol/L
KI
V
2 V

$[Pb^{2+}]$ inicial = 0,2 mol/L

Como V dobrou, $[Pb^{2+}]$ mistura = 0,1 mol/L

$[I^-]$ inicial = 0,2 mol/L

Como V dobrou, $[I^-]$ mistura = 0,1 mol/L

Para saber se houve ou não precipitação de PbI_2, vamos introduzir uma grandeza representada por **Q (produto das concentrações dos íons)** que é calculada da mesma forma que o K_S.

$PbI_2(s) \rightleftarrows Pb^{2+}(aq) + 2\,I^-(aq) \qquad K_S = 1{,}4 \cdot 10^{-8}$

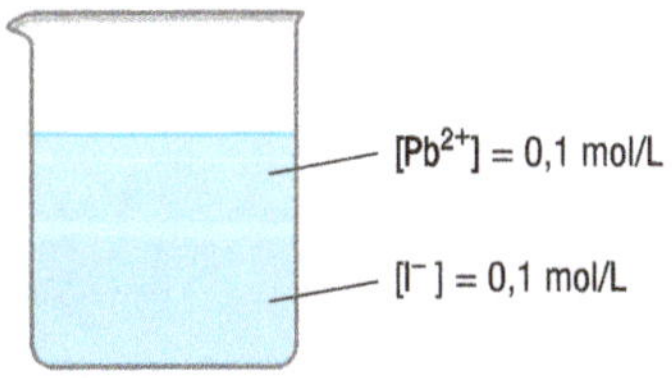
[Pb2+] = 0,1 mol/L
[I−] = 0,1 mol/L

$Q = [Pb^{2+}] \cdot [I^-]^2$

$Q = 0{,}1 \cdot (0{,}1)^2 \quad \therefore \quad Q = 1{,}0 \cdot 10^{-3}$

$Q > K_S \rightleftarrows$ haverá precipitação de PbI_2 até que $Q = K_S$.

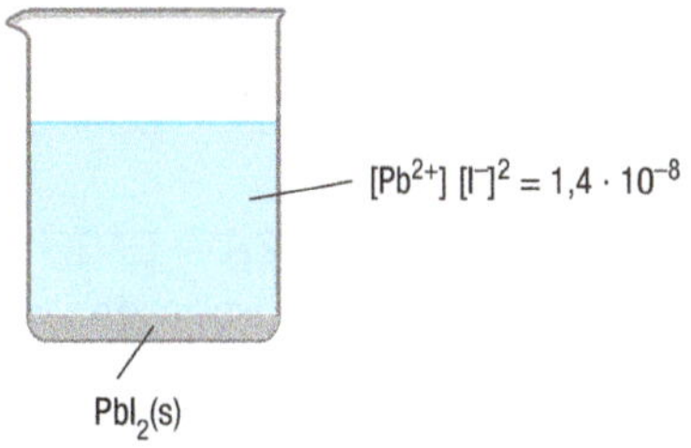
[Pb2+] [I−]2 = 1,4 · 10−8
PbI2(s)

Concluímos que:

> Um composto precipita se Q (produto das concentrações dos íons) for maior que o K_S.

> $K_S < Q$ precipita.
> $K_S > Q$ não precipita.

11. Precipitação seletiva – separação de íons pela diferença de solubilidade

K_2CO_3 sólido é adicionado a uma solução que contém as seguintes concentrações de cátions: 0,030 mol/L de Mg^{2+} e 0,001 mol/L de Ca^{2+}. Determinar a ordem em que cada íon precipita por adição progressiva de K_2CO_3.

Dados: $K_S = 1 \cdot 10^{-5}$ ($MgCO_3$); $K_S = 8{,}7 \cdot 10^{-9}$ ($CaCO_3$).

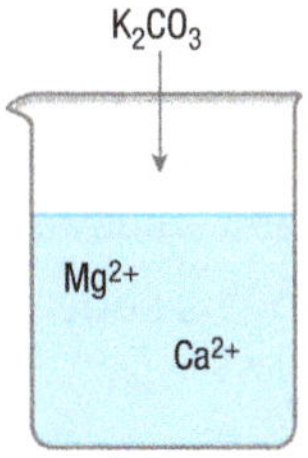
K2CO3
Mg2+
Ca2+

$MgCO_3$ $K_S = [Mg^{+2}] \cdot [CO_3^{2-}] \rightarrow 10^{-5} = 0{,}03\,[CO_3^{2-}] \rightarrow$
$\rightarrow [CO_3^{2-}] = 3{,}3 \cdot 10^{-4}$ mol/L maior

$CaCO_3$ $K_S = [Ca^{+2}] \cdot [CO_3^{2-}] \rightarrow 8{,}7 \cdot 10^{-9} = 0{,}001\,[CO_3^{2-}] \rightarrow$
$\rightarrow [CO_3^{2-}] = 8{,}7 \cdot 10^{-6}$ mol/L menor

O K_S do $CaCO_3$ será ultrapassado apenas quando $[CO_3^{2-}] > 8{,}7 \cdot 10^{-6}$ mol/L; portanto, o $CaCO_3$ precipita antes do $MgCO_3$, este só começará a precipitar quando $[CO_3^{2-}]$ for maior que $3{,}3 \cdot 10^{-4}$.

Concluímos que:

> Quando temos uma mistura, a primeira substância a precipitar é a que requer menor concentração de cátion ou de ânion, isto é, o K_S será ultrapassado em primeiro lugar.

1. (CENTRO PAULA SOUZA – ETEC – SP) Em uma das Etecs, após uma partida de basquete sob sol forte, um dos alunos passou mal e foi levado ao pronto-socorro.

O médico diagnosticou desidratação e por isso o aluno ficou em observação, recebendo soro na veia. No dia seguinte, a professora de Química usou o fato para ensinar aos alunos a preparação do soro caseiro, que é um bom recurso para evitar a desidratação.

> **Soro caseiro**
> um litro de água fervida
> uma colher (de café) de sal
> uma colher (de sopa) de açúcar

Após a explicação, os alunos estudaram a solubilidade dos dois compostos em água, usados na preparação do soro, realizando dois experimentos:

I. Pesar 50 g de açúcar (sacarose) e adicionar em um béquer que continha 100 g de água sob agitação.

II. Pesar 50 g de sal (cloreto de sódio) e adicionar em um béquer que continha 100 g de água sob agitação.

Após deixar os sistemas em repouso, eles deveriam observar se houve formação de corpo de chão (depósito de substância que não se dissolveu). Em caso positivo, eles deveriam filtrar, secar, pesar o material em excesso e ilustrar o procedimento.

Um grupo elaborou os seguintes esquemas:

Experimento I

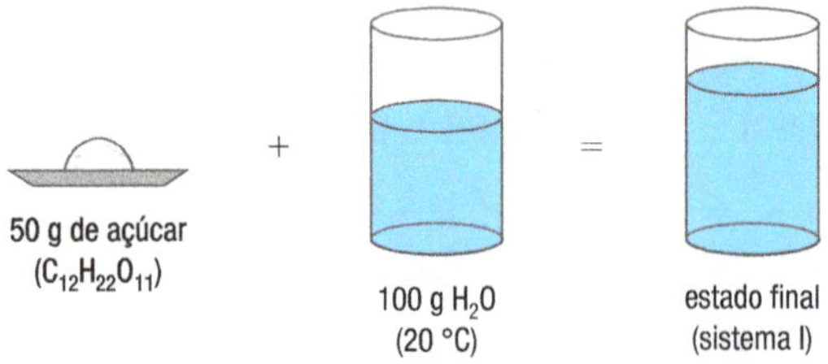
+
=
50 g de açúcar
($C_{12}H_{22}O_{11}$)
100 g H_2O
(20 °C)
estado final
(sistema I)

Experimento II

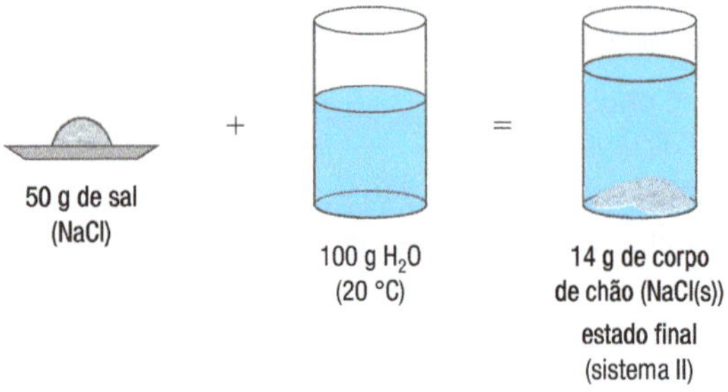
+
=
50 g de sal
(NaCl)
100 g H_2O
(20 °C)
14 g de corpo
de chão (NaCl(s))
estado final
(sistema II)

ANA OLÍVIA JUSTO/acervo da editora

Analisando os esquemas elaborados, é possível afirmar que, nas condições em que foram realizados os experimentos,

a) o sistema I é homogêneo e bifásico.
b) o sistema II é uma solução homogênea.
c) o sal é mais solúvel em água que a sacarose.
d) a solubilidade da sacarose em água é 50 g por 100 g de água.
e) a solubilidade do cloreto de sódio (NaCl) em água é de 36 g por 100 g de água.

2. A solubilidade de um sal é de 60 g por 100 g de água a 80 °C. A massa em gramas desse sal, nessa temperatura, necessária para saturar 80 g de H_2O é:

a) 20 b) 48 c) 60 d) 80 e) 140

3. (MACKENZIE – SP – adaptada) Em 100 g de água a 20 °C, adicionaram-se 40,0 g de KCl. Verifique se o sistema é homogêneo ou heterogêneo.

Dado: S = 34,0 g de KCl / 100 g de H_2O (20 °C).

4. (UFRN – adaptada) Analisando a tabela de solubilidade de K_2SO_4 a seguir, indique a massa de K_2SO_4 que precipitará quando a solução (ver tabela) for devidamente resfriada de 80 °C até atingir a temperatura de 20 °C:

a) 28 g b) 18 g c) 10 g d) 8 g

Temperatura (°C)	0	20	40	60	80	90
K_2SO_4(g/100 g de H_2O)	7,1	10,0	13,0	15,5	18,0	19,3

5. (CESGRANRIO – RJ) A curva de solubilidade de um sal hipotético é:

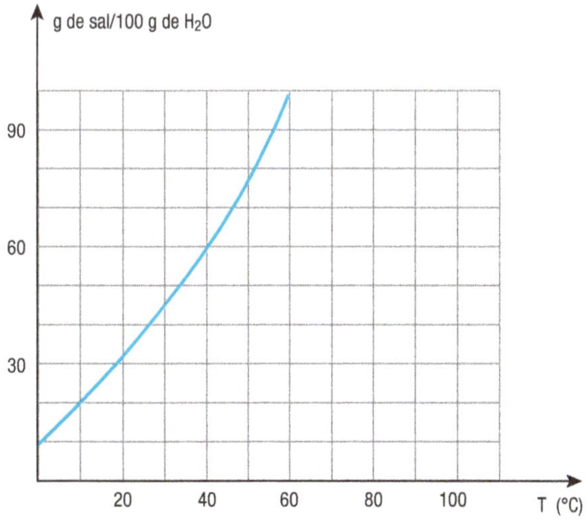
g de sal/100 g de H_2O
90
60
30
20
40
60
80
100
T (°C)

a) Indique a solubilidade do sal a 20 °C.
b) Calcule a quantidade de água necessária para dissolver 30 g do sal a 35 °C.

6. Dadas as curvas de solubilidade dos sais hipotéticos **A** e **B**:

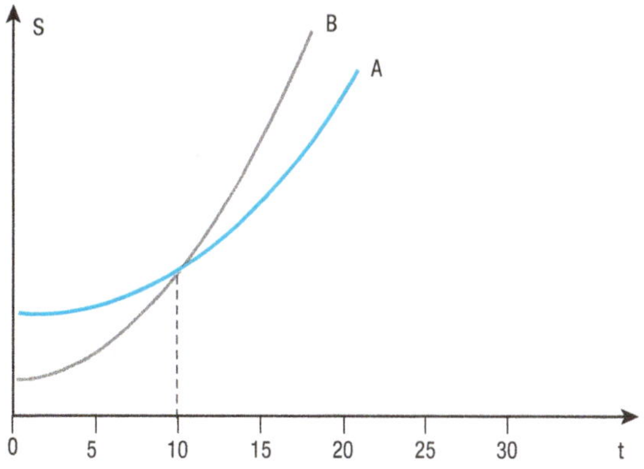
S
B
A
0
5
10
15
20
25
30
t

a) Indique o sal mais solúvel a 5 °C.
b) Indique o sal mais solúvel a 15 °C.
c) Indique a temperatura em que as solubilidades dos sais são iguais.

7. Dada a curva de solubilidade de um determinado sal:

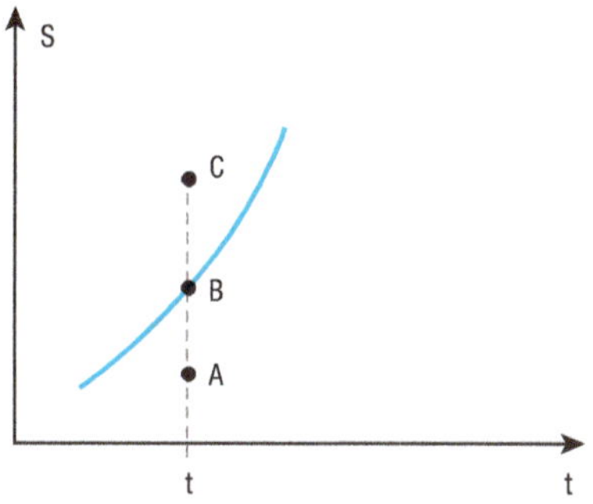
S
C
B
A
t
t

No ponto **A** temos uma solução ______________.
No ponto **B** temos uma solução ______________.
No ponto **C** temos uma solução ______________.

8. A 22 °C, a solubilidade de uma substância **X** em água é igual a 15 g de **X** por 100 g de H_2O. 61 g de **X** são adicionados a 400 g de água, a 22 °C. A solução obtida:

a) é saturada sem corpo de fundo.
b) é supersaturada.
c) é diluída.
d) é insaturada.
e) é saturada com corpo de fundo.

9. Um técnico preparou 340 g de solução saturada de um sal, a 50 °C. Em seguida, resfriou o sistema para 20 °C e notou que houve cristalização do sal sólido. Tendo filtrado o sistema e pesado o precipitado, qual a massa de sal sólido obtida pelo técnico? Considere os dados da tabela:

Temperatura	Solubilidade em 100 g de H_2O
20 °C	40 g de sal
50 °C	70 g de sal

10. Dada a curva de solubilidade de um sal:

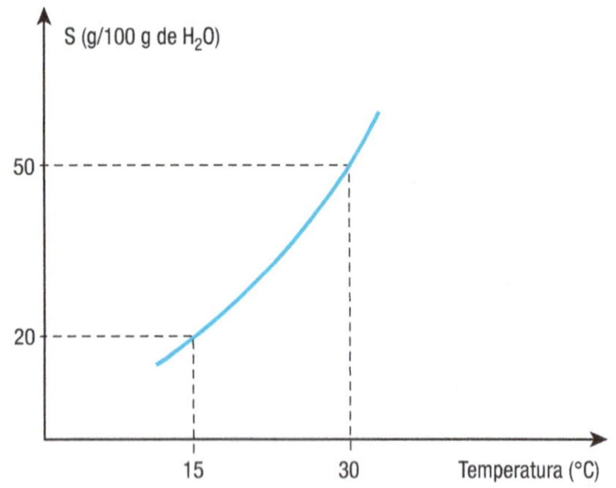

S (g/100 g de H_2O)
50
20
15
30
Temperatura (°C)

Determine a massa de sal que irá cristalizar no resfriamento de 75 g de solução saturada, de 30 °C para 15 °C.

11. (UPE) O gráfico a seguir mostra curvas de solubilidade para substâncias nas condições indicadas e pressão de 1 atm.

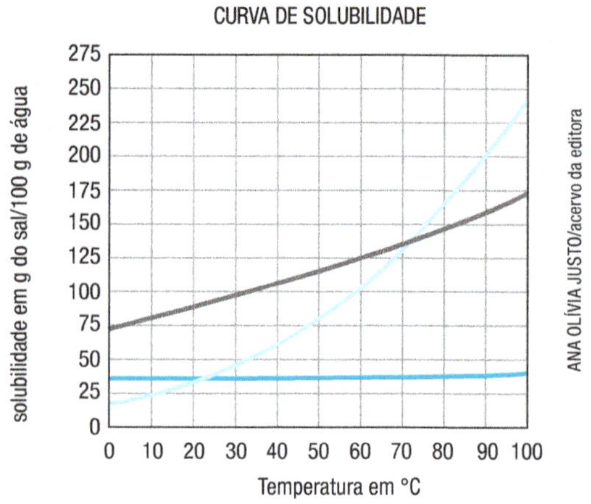

CURVA DE SOLUBILIDADE
solubilidade em g do sal/100 g de água
275
250
225
200
175
150
125
100
75
50
25
0
0 10 20 30 40 50 60 70 80 90 100
Temperatura em °C
ANA OLÍVIA JUSTO/acervo da editora

A interpretação dos dados desse gráfico permite afirmar CORRETAMENTE que

a) compostos iônicos são insolúveis em água, na temperatura de 0 °C.
b) o cloreto de sódio é pouco solúvel em água à medida que a temperatura aumenta.
c) sais diferentes podem apresentar a mesma solubilidade em uma dada temperatura.
d) a solubilidade de um sal depende, principalmente, da espécie catiônica presente no composto.
e) a solubilidade do cloreto de sódio é menor que a dos outros sais para qualquer temperatura.

12. Complete com **exotérmica** ou **endotérmica**.

a)

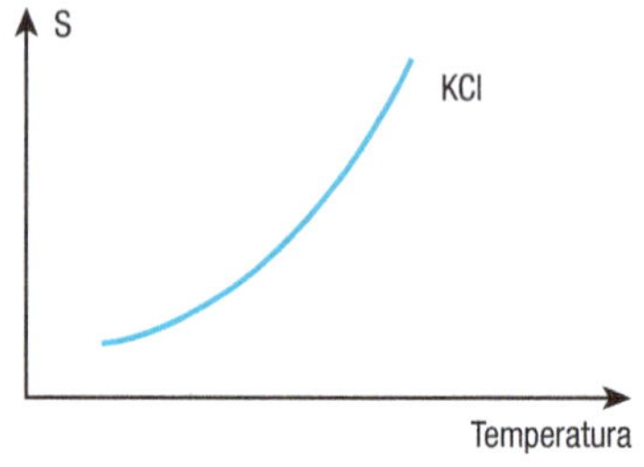

S
KCl
Temperatura

dissolução ______________________

calor favorece a dissolução

$KNO_3(s) + \text{calor} \longrightarrow KNO_3(aq)$

temperatura da água diminui

b) 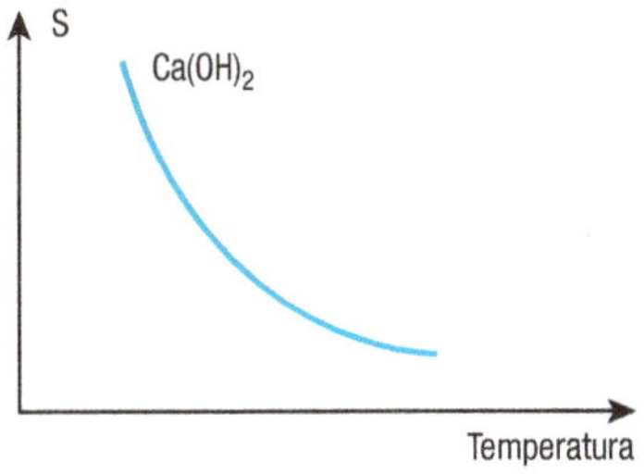
S
$Ca(OH)_2$
Temperatura

dissolução ______________________

calor não favorece a dissolução

$Ca(OH)_2(s) \longrightarrow Ca(OH)_2(aq) + calor$

temperatura da água aumenta

13.

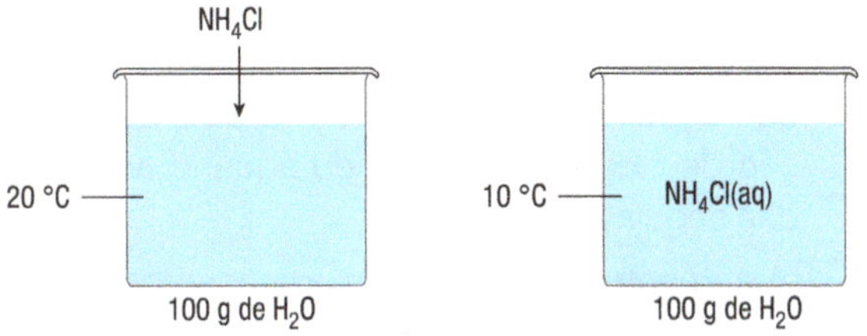
NH_4Cl
20 °C
100 g de H_2O
10 °C
$NH_4Cl(aq)$
100 g de H_2O

Explique o tipo de dissolução ocorrido no sistema.

14. Dada a curva de solubilidade:

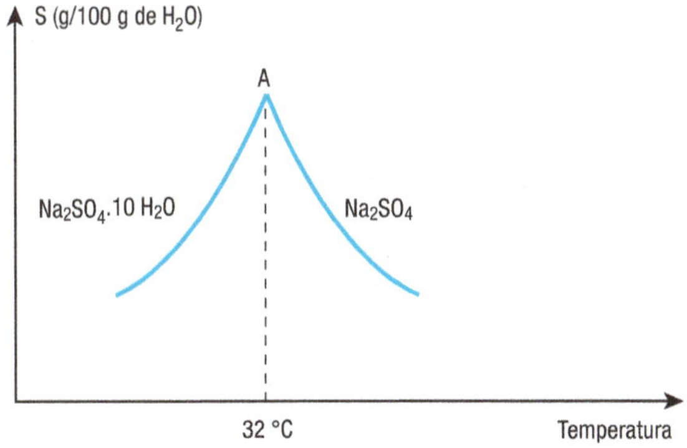
S (g/100 g de H_2O)
A
$Na_2SO_4 \cdot 10\ H_2O$
Na_2SO_4
32 °C
Temperatura

Pede-se:

a) A fórmula do sal que corresponde ao corpo de fundo antes de 32 °C.

b) A fórmula do sal que corresponde ao corpo de fundo depois de 32 °C.

c) Explique o que ocorre no ponto de inflexão (A).

15. (UNIP – SP) Considere as curvas de solubilidade do cloreto de sódio (NaCl) e do nitrato de potássio (KNO_3).

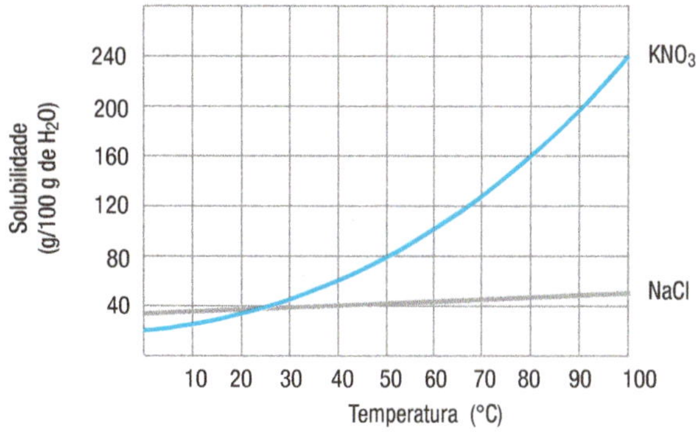
Solubilidade
(g/100 g de H_2O)
240
200
160
120
80
40
KNO_3
NaCl
10 20 30 40 50 60 70 80 90 100
Temperatura (°C)

Pode-se afirmar que:

a) uma solução aquosa de NaCl que contém 25 g de NaCl dissolvidos em 100 g de água, a 20 °C, é saturada.

b) o nitrato de potássio é mais solúvel que o cloreto de sódio, a 10 °C.

c) o nitrato de potássio é aproximadamente seis vezes mais solúvel em água a 100°C do que a 25 °C.

d) a dissolução do nitrato de potássio em água é um processo exotérmico.

e) a 100 °C, 240 gramas de água dissolvem 100 gramas de nitrato de potássio formando solução saturada.

16. (PUC – MG) O diagrama representa curvas de solubilidade de alguns sais em água.

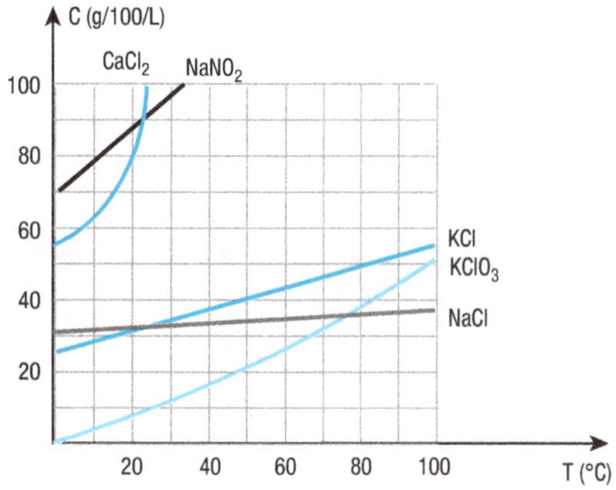
C (g/100/L)
$CaCl_2$
$NaNO_2$
100
80
60
40
20
KCl
$KClO_3$
NaCl
20 40 60 80 100
T (°C)

Com relação ao diagrama anterior, é correto afirmar:

a) O NaCl é insolúvel em água.
b) O $KClO_3$ é mais solúvel do que o NaCl a temperatura ambiente.
c) A substância mais solúvel em água, a uma temperatura de 10 °C, é $KClO_3$.
d) O KCl e o NaCl apresentam sempre a mesma solubilidade.
e) A 25 °C, a solubilidade do $CaCl_2$ e a do $NaNO_2$ são praticamente iguais.

Observando o gráfico a seguir responda as questões **17, 18, 19** e **20**.

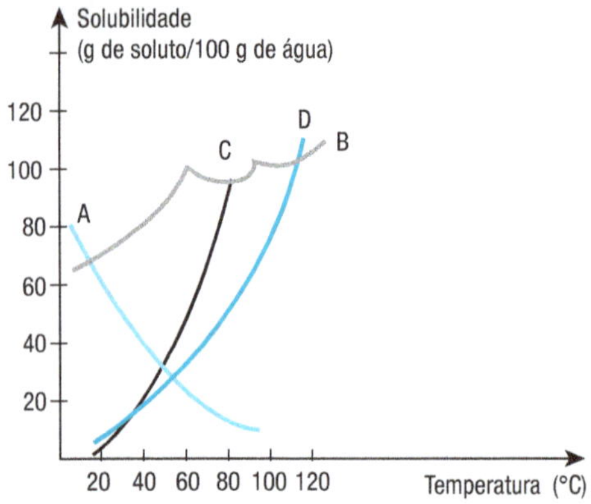
Solubilidade
(g de soluto/100 g de água)
120
100
80
60
40
20
A
B
C
D
20 40 60 80 100 120
Temperatura (°C)

17. Qual das substâncias tem a sua solubilidade diminuída com a elevação da temperatura?

18. Qual a máxima quantidade de **A** que conseguimos dissolver em 100 g de H_2O a 20 °C?

19. Qual das curvas de solubilidade representa a dissolução de um sal hidratado?

20. Qual é a massa de **D** que satura 500 g de água a 100 °C? Indique a massa da solução obtida (massa do soluto + massa do solvente).

21. (UNICAMP – SP) Quando borbulha o ar atmosférico, que contém cerca de 20% de oxigênio, em um aquário mantido a 20 °C, resulta uma solução que contém certa quantidade de O_2 dissolvido. Explique que expectativa se pode ter acerca da concentração de oxigênio na água do aquário em cada uma das seguintes hipóteses:

a) aumento da temperatura da água para 40 °C.
b) aumento da concentração atmosférica de O_2 para 40%.

22. Um refrigerante está contido em uma garrafa fechada, a 25 °C, com gás carbônico exercendo pressão de 5 atm sobre o líquido. Determine a solubilidade do CO_2. Considere desprezível a reação do CO_2 com a água.

Dado: constante de Henry do CO_2 a 25 °C $= \frac{1}{32}$ mol · L^{-1} · atm^{-1}.

23. (FATEC – SP) Considere a seguinte informação:

"Quando um mergulhador sobe rapidamente de águas profundas para a superficie, bolhas de ar dissolvido no sangue e outros fluidos do corpo borbulham para fora da solução. Estas bolhas impedem a circulação do sangue e afetam os impulsos nervosos, podendo levar o indivíduo à morte".

Dentre os gráficos esboçados a seguir, relativos à variação da solubilidade do O_2 no sangue em função da pressão, o que melhor se relaciona com o fato descrito é:

a)

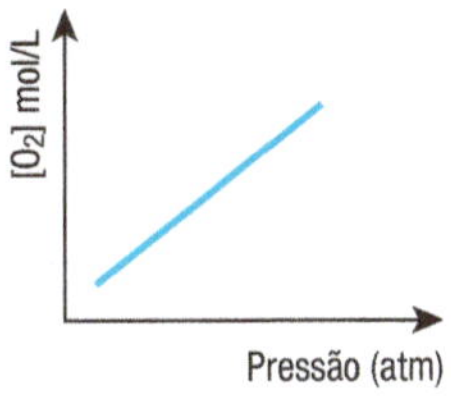

[O2] mol/L
Pressão (atm)

b)

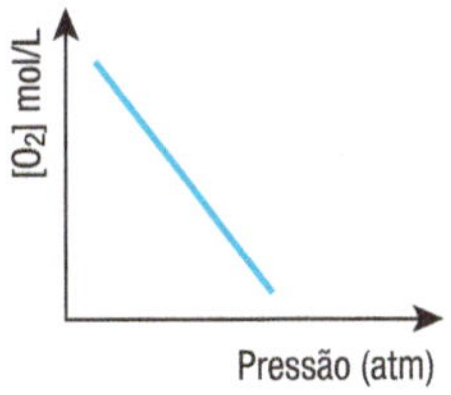

[O2] mol/L
Pressão (atm)

c)

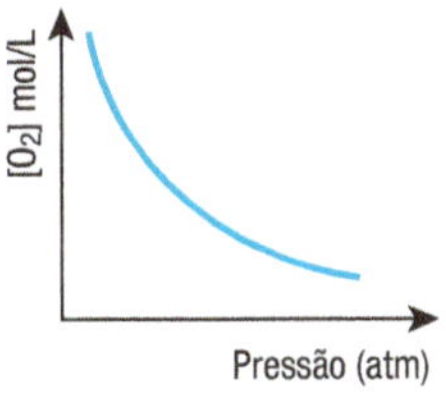

[O2] mol/L
Pressão (atm)

d)

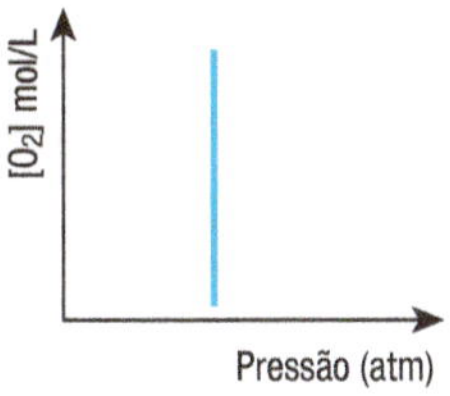

[O2] mol/L
Pressão (atm)

e)

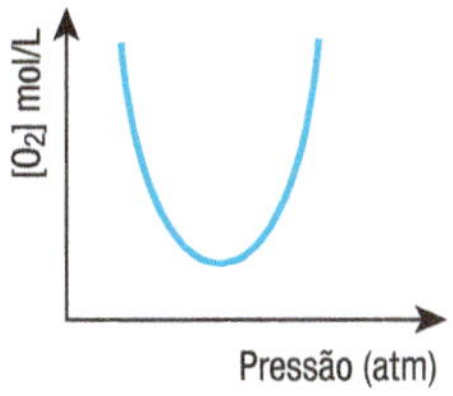

[O2] mol/L
Pressão (atm)

28. Complete com **endotérmica** ou **exotérmica**.

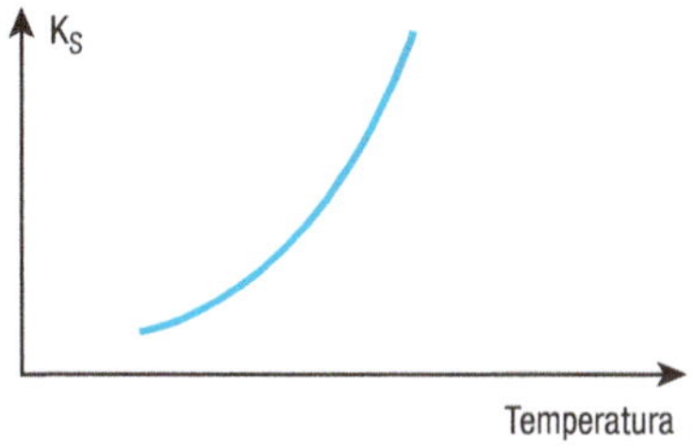

KS
Temperatura

a) ______________________________

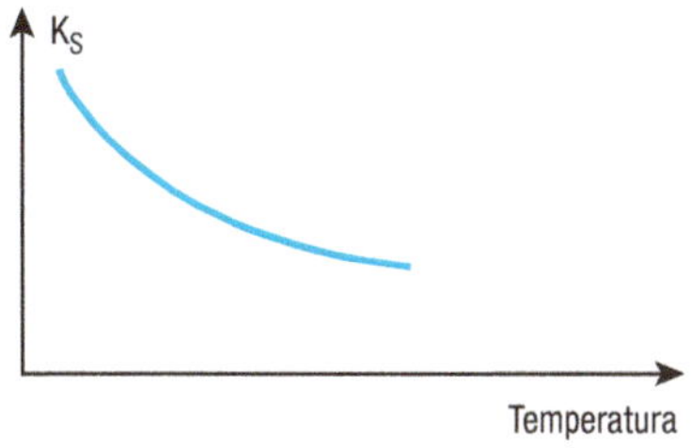

KS
Temperatura

b) ______________________________

Escrever a relação entre a constante do produto de solubilidade e a solubilidade em mol/L para os exercícios **29** a **32**.

29. $BaSO_4(s) \rightleftarrows Ba^{2+}(aq) + SO_4^{2-}(aq)$

30. $Mg(OH)_2 \rightleftarrows Mg^{2+}(aq) + 2\ OH^-(aq)$

31. $Fe(OH)_3(s) \rightleftarrows Fe^{3+}(aq) + 3\ OH^-(aq)$

32. $Ca_3(PO_4)_2(s) \rightleftarrows 3\ Ca^{2+}(aq) + 2\ PO_4^{3-}(aq)$

Escreva a expressão do K_S para as questões de **24** a **27**.

24. $BaSO_4(s) \rightleftarrows Ba^{2+}(aq) + SO_4^{2-}(aq)$

$K_S =$

25. $Mg(OH)_2(s) \rightleftarrows Mg^{2+}(aq) + 2\ OH^-(aq)$

$K_S =$

26. $Ag_2SO_4(s) \rightleftarrows 2\ Ag^+(aq) + SO_4^{2-}(aq)$

$K_S =$

27. $Ca_3(PO_4)_2(s) \rightleftarrows 3\ Ca^{2+}(aq) + 2\ SO_4^{3-}(aq)$

$K_S =$

33. (FUVEST - SP) Em determinada temperatura, a solubilidade do Ag_2SO_4 em água é $2 \cdot 10^{-2}$ mol/L. Qual o valor do produto de solubilidade desse sal, à mesma temperatura?

34. A solubilidade do HgS, em água numa dada temperatura, é $3{,}0 \cdot 10^{-26}$ mol/L. Determine o K_S desse sal nessa temperatura.

35. A solubilidade do cloreto de chumbo (II) em água é $1{,}6 \cdot 10^{-2}$ mol/L. O K_S nessa temperatura será aproximadamente igual a:

a) $1{,}64 \cdot 10^{-6}$
b) $2{,}24 \cdot 10^{-6}$
c) $1{,}60 \cdot 10^{-2}$
d) $3{,}28 \cdot 10^{-4}$
e) $1{,}64 \cdot 10^{-5}$

36. Sabendo que para o $PbBr_2$ o K_S vale $4 \cdot 10^{-6}$, determine o valor da solubilidade desse sal, em mol/L.

37. O produto de solubilidade do sulfato de chumbo (II) é $2{,}25 \cdot 10^{-8}$, a 25 °C. Calcule a solubilidade do sal, em mol/L e g/L nessa temperatura.

Dado: massa molar $PbSO_4 = 303$ g/mol.

38. (UFPE) Um sal BA, de massa molar 125 g/mol, pouco solúvel em água, tem $K_S = 1{,}6 \cdot 10^{-9}$. A massa em gramas desse sal, dissolvida em 800 mL, é igual a:

a) $3 \cdot 10^{-3}$ g
b) $4 \cdot 10^{-5}$ g
c) $4 \cdot 10^{-3}$ g
d) $5 \cdot 10^{-3}$ g
e) $3 \cdot 10^{-4}$ g

39. Qual é o sal mais solúvel?

AgCl $K_S = 1{,}2 \cdot 10^{-10}$

AgI $K_S = 1{,}5 \cdot 10^{-16}$

40. Qual o sal é mais solúvel?

$BaCO_3$ $K_S = 4{,}9 \cdot 10^{-9}$

CaF_2 $K_S = 4 \cdot 10^{-12}$

41. Complete com =, < ou >.

$$BaSO_4(s) \rightleftarrows Ba^{2+}(aq) + SO_4^{2-}(aq)$$

a) $[Ba^{2+}]\,[SO_4^{2-}]$ ______________ K_S A solução fica insaturada, não se formando o precipitado.

b) $[Ba^{2+}]\,[SO_4^{2-}]$ ______________ K_S A solução fica saturada sem corpo de fundo.

c) $[Ba^{2+}]\,[SO_4^{2-}]$ ______________ K_S A solução fica saturada com corpo de fundo (ocorre a precipitação).

42. (OPEQ) Em uma solução de 0,01 mol/L de NaCl é dissolvido $AgNO_3$, lenta e continuamente, até que se inicie a precipitação do AgCl. Sabendo que o K_S do AgCl vale $2 \cdot 10^{-10}$, determine a concentração de íons Ag^+ necessária para que se inicie a precipitação.

43. Em uma solução de 0,002 mol/L de $Pb(NO_3)_2$ é dissolvido NaCl, lenta e continuamente, até que se inicie a precipitação de $PbCl_2$ ($K_S = 2 \cdot 10^{-5}$). Qual é a concentração de íons cloreto (Cl^{-1}) no momento que se inicia a precipitação?

44. Observe o esquema.

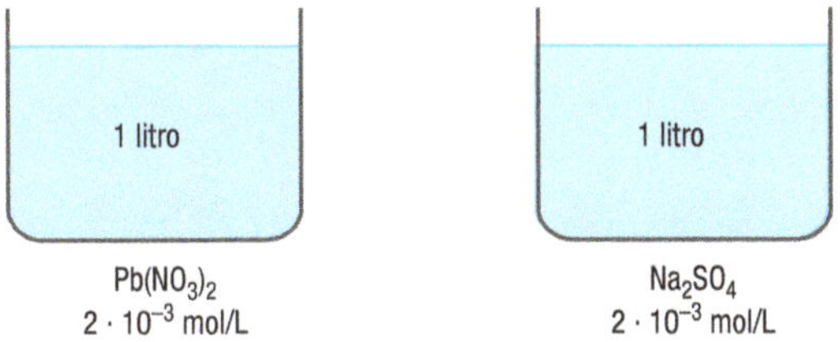
1 litro
1 litro
$Pb(NO_3)_2$
$2 \cdot 10^{-3}$ mol/L
Na_2SO_4
$2 \cdot 10^{-3}$ mol/L

Misturando-se volumes iguais das duas soluções, verificar se ocorre ou não precipitação.

Dado: $K_S = 1{,}3 \cdot 10^{-8}$ ($PbSO_4$).

45. Uma solução aquosa contém 0,1 mol/L de Cl^- e 0,1 mol/L de Br^-. Se íons Ag^+ forem introduzidos nessa solução, o ânion que primeiro precipitará será o:

a) Cl^-
b) Br^-

Dados: AgCl $K_S = 1{,}2 \cdot 10^{-10}$; AgBr $K_S = 4{,}8 \cdot 10^{-13}$

46. (MACKENZIE – SP) Uma solução aquosa é 0,10 mol/L com respeito a cada um dos cátions seguintes: Cu^{++}; Mn^{++}; Zn^{++}; Hg^{++} e Fe^{++}. As constantes do produto de solubilidade (K_{PS}) para o CuS, MnS, ZnS, HgS e FeS são, respectivamente, $8{,}5 \cdot 10^{-45}$; $1{,}4 \cdot 10^{-15}$; $4{,}5 \cdot 10^{-24}$; $3 \cdot 10^{-53}$ e $3{,}7 \cdot 10^{-19}$. Se íons de sulfeto (S^{2-}) forem introduzidos gradualmente na solução acima, o cátion que primeiro precipitará será o:

a) Cu^{++} b) Mn^{++} c) Zn^{++} d) Hg^{++} e) Fe^{++}

47. (FUVEST – SP) Em um béquer foram misturadas soluções aquosas de cloreto de potássio, sulfato de sódio e nitrato de prata, ocorrendo, então, a formação de um precipitado branco, que se depositou no fundo do béquer. A análise da solução sobrenadante revelou as seguintes concentrações:

$[Ag^+] = 1{,}0 \cdot 10^{-3}$ mol/L

$[SO_4^{2-}] = 1{,}0 \cdot 10^{-1}$ mol/L

$[Cl^-] = 1{,}6 \cdot 10^{-7}$ mol/L

De que é constituído o sólido formado? Justifique.

Composto	Produto de solubilidade	Cor
AgCl	$1{,}6 \cdot 10^{-10}$	branca
Ag_2SO_4	$1{,}4 \cdot 10^{-5}$	branca

48. Considere uma solução saturada de cloreto de prata contendo corpo de fundo. Adicionando-se pequena quantidade de cloreto de sódio sólido, qual a modificação observada no corpo de fundo?

a) Aumentará.
b) Diminuirá.
c) Permanecerá constante.
d) Diminuirá e depois aumentará.
e) Aumentará e depois diminuirá.

49. Sabendo que o K_S do AgCl vale $2 \cdot 10^{-10}$, a 25 °C, calcule a solubilidade do AgCl em:

a) água pura, a 25 °C. **Dado:** $\sqrt{2} = 1,4$.
b) uma solução contendo 0,1 mol/L de íons Ag^+, a 25 °C.

50. Considerando que o K_S do $CaCO_3$ vale $3,0 \cdot 10^{-9}$, a 25 °C, calcule a solubilidade do $CaCO_3$ em:

a) água pura, a 25 °C. **Dado:** $\sqrt{30} = 5,5$.
b) uma solução contendo 0,01 mol/L de íons CO_3^{2-}, a 25 °C.

51. (PUC – SP) Uma solução saturada de base, representada por $X(OH)_2$ tem um pH = 10 a 25 °C. O K_S vale:

a) $5 \cdot 10^{-13}$
b) $2 \cdot 10^{-13}$
c) $6 \cdot 10^{-12}$
d) $1 \cdot 10^{-12}$
e) $3 \cdot 10^{-10}$

52. (CESGRANRIO – RJ) Calcule o pH da suspensão a 25 °C, sabendo-se que na temperatura em questão o K_S do $Mg(OH)_2$ é 10^{-12}.

a) 6 b) 8 c) 2,4 d) 7,9 e) 10,1

Dados: log 2 = 0,3, log 3 = 0,48, log 4 = 0,6, log 5 = 0,7.

53. (UEM) O $CaCO_3$ é um sal pouco solúvel em água. Sabe-se que o valor da constante do produto de solubilidade (K_{PS}) do $CaCO_3$, a 25 °C, é igual a $4{,}0 \cdot 10^{-10}$.

$CaCO_3(s) \rightleftarrows Ca^{+2}(aq) + (CO_3)^{2-}(aq) \quad \Delta H > 0$

Com relação a esse equilíbrio, assinale o que for correto.

(01) O valor da constante do produto de solubilidade não depende da temperatura.

(02) A solubilidade desse sal, a 25 °C, é de 2,0 mg/L.

(04) A quantidade máxima desse sal que se dissolve em 6,0 L de água, a 25 °C, é de 12,0 mol.

(08) Esse tipo de equilíbrio é chamado de heterogêneo.

(16) A dissolução desse sal em água é um processo exotérmico.

Dado: massa molar do $CaCO_3$ = 100 g/mol.

Resolução:

(01) *Falso.*

As constantes de equilíbrio dependem da temperatura.

(02) *Correto.*

Se a solubilidade for x mol/L, teremos:

$$CaCO_3(s) \rightleftarrows \underset{x\ mol/L}{Ca^{+2}(aq)} + \underset{x\ mol/L}{CO_3^{2-}(aq)}$$

$K_{PS} = [Ca^{2+}]\,[CO_3^{2-}]$

$4{,}0 \cdot 10^{-10} = x \cdot x$

$x = \sqrt{4{,}0 \cdot 10^{-10}} = 2{,}0 \cdot 10^{-5}$ mol/L

1 mol de $CaCO_3$ ——— 100 g

$2{,}0 \cdot 10^{-5}$ mol de $CaCO_3$ ——— y

$y = 2{,}0 \cdot 10^{-3}$ g = 2,0 mg

$\therefore$ solubilidade = 2,0 mg/L

(04) *Falso.*

$2{,}0 \cdot 10^{-5}$ mol ——— 1 L

y ——— 6 L

$y = 12{,}0 \cdot 10^{-5}$ mol

(08) *Correto.*

Apresenta duas fases.

(16) *Falso.*

$\Delta H > 0 \Rightarrow$ dissolução endotérmica.

Exercícios Série Ouro

1. (FUVEST – SP) 160 gramas de uma solução aquosa saturada de sacarose a 30 °C são resfriados a 0 °C. Quanto do açúcar cristaliza?

Temperatura (°C)	Solubilidade da sacarose g/100 g de H_2O
0	180
30	220

a) 20 g b) 40 g c) 50 g d) 64 g e) 90 g

2. (UNIFESP) A lactose, principal açúcar do leite da maioria dos mamíferos, pode ser obtida a partir do leite de vaca por uma sequência de processos. A fase final envolve a purificação por recristalização em água. Suponha que, para esta purificação, 100 kg de lactose foram tratados com 100 L de água, a 80 °C, agitados e filtrados a esta temperatura. O filtrado foi resfriado a 10 °C. Solubilidade da lactose, em kg/100 L de H_2O:

a 80 °C ——— 95

a 10 °C ——— 15

A massa máxima de lactose, em kg, que deve cristalizar com este procedimento é, aproximadamente:

a) 5 b) 15 c) 80 d) 85 e) 95

3. (FATEC – SP) O processo Solvay de obtenção do Na_2CO_3, matéria-prima importante na fabricação do vidro, envolve os reagentes CO_2, NH_3 e solução saturada de NaCl. Na solução final encontram-se os íons $NH_4^+(aq)$, $Na^+(aq)$, $Cl^-(aq)$ e $HCO_3^-(aq)$. Analisando, no gráfico apresentado, as curvas de solubilidade em função da temperatura, é correto afirmar que, na temperatura de 20 °C, o sólido que deverá precipitar primeiro é o:

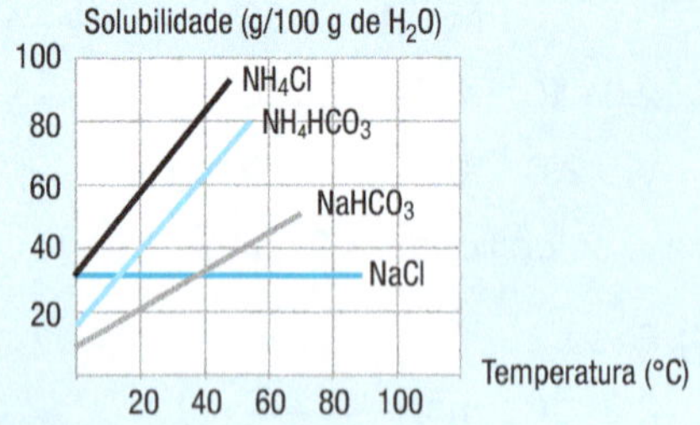

Solubilidade (g/100 g de H_2O)
100
80
60
40
20
NH_4Cl
NH_4HCO_3
$NaHCO_3$
NaCl
20 40 60 80 100
Temperatura (°C)

a) NH_4Cl
b) $NaHCO_3$
c) NH_4HCO_3
d) NaCl
e) Na_2CO_3

Resolução:

Na cristalização fracionada devido a evaporação da água vai precipitar o composto de menor solubilidade. Nas salinas a água evapora ocorrendo a precipitação de NaCl (sal de menor solubilidade).

No nosso exemplo vai precipitar em primeiro lugar o $NaHCO_3$ menor solubilidade a 20 °C. A precipitação é devido a evaporação da água.

Resposta: alternativa b.

4. (UNESP) Os coeficientes de solubilidade do hidróxido de cálcio ($Ca(OH)_2$), medidos experimentalmente com o aumento regular da temperatura, são mostrados na tabela.

Temperatura (°C)	Coeficiente de solubilidade (g de $Ca(OH)_2$ por 100 g de H_2O)
0	0,185
10	0,176
20	0,165
30	0,153
40	0,141
50	0,128
60	0,116
70	0,106
80	0,094
90	0,085
100	0,077

a) Com os dados de solubilidade do $Ca(OH)_2$ apresentados na tabela, faça um esboço do gráfico do Coeficiente de Solubilidade desse composto em função da temperatura e indique os pontos onde as soluções desse composto estão saturadas e os pontos onde essas soluções não estão saturadas.

b) Indique, com justificativa, se a dissolução do $Ca(OH)_2$ é exotérmica ou endotérmica.

5. (UFSCar – SP) As solubilidades dos sais KNO_3 e $Ce_2(SO_4)_3$ em água, medidas em duas temperaturas diferentes, são fornecidas na tabela a seguir.

Sal	Solubilidade, em g de sal/100 g de água	
	10 °C	80 °C
KNO_3	13,3	169,6
$Ce_2(SO_4)_3$	10,1	2,2

Com base nestes dados, pode-se afirmar que:

a) a dissolução de KNO_3 em água é um processo exotérmico.

b) a dissolução de $Ce_2(SO_4)_3$ em água é acompanhada de absorção de calor do ambiente.

c) os dois sais podem ser purificados pela dissolução de cada um deles em volumes adequados de água a 80 °C, seguido do resfriamento de cada uma das soluções a 10 °C.

d) se 110,1 g de uma solução saturada de $Ce_2(SO_4)_3$ a 10 °C forem aquecidos a 80 °C, observa-se a deposição de 2,2 g do sal sólido.

e) a adição de 100 g de KNO_3 a 100 g de água a 80 °C dá origem a uma mistura homogênea.

6. (FUVEST – SP) Quando o composto LiOH é dissolvido em água, forma-se uma solução aquosa que contém os íons $Li^+(aq)$ e $OH^-(aq)$. Em um experimento, certo volume de solução aquosa de LiOH, à temperatura ambiente, foi adicionado a um béquer de massa 30,0 g, resultando na massa total de 50,0 g. Evaporando a solução **até a secura**, a massa final (béquer + resíduo) resultou igual a 31,0 g. Nessa temperatura, a solubilidade de LiOH em água é cerca de 11 g por 100 g de solução. Assim sendo, pode-se afirmar que, na solução da experiência descrita, a porcentagem, em massa, de LiOH era de:

a) 5,0%, sendo a solução insaturada.
b) 5,0%, sendo a solução saturada.
c) 11%, sendo a solução insaturada.
d) 11%, sendo a solução saturada.
e) 20%, sendo a solução supersaturada.

7. (UNIFESP) As solubilidades dos sais KNO_3 e NaCl, expressas em gramas do sal por 100 gramas de água, em função da temperatura, estão representadas no gráfico a seguir.

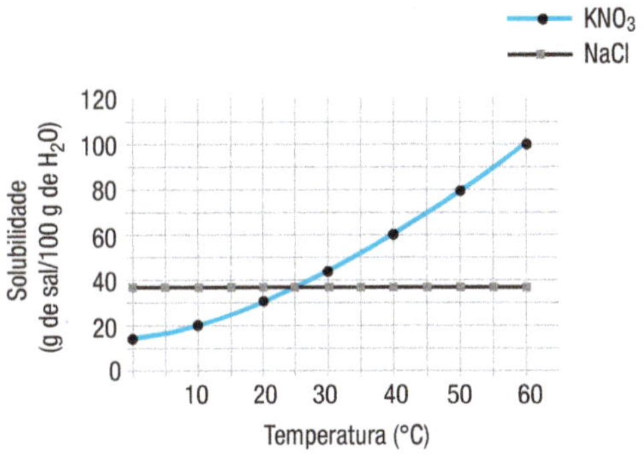

KNO3
NaCl
Solubilidade (g de sal/100 g de H2O)
120
100
80
60
40
20
0
10
20
30
40
50
60
Temperatura (°C)

Com base nas informações fornecidas, pode-se afirmar corretamente que:

a) as dissoluções dos dois sais em água são processos exotérmicos.
b) quando se adicionam 50 g de KNO_3 em 100 g de água a 25 °C, todo o sólido se dissolve.
c) a solubilidade do KNO_3 é maior que a do NaCl para toda a faixa de temperatura abrangida pelo gráfico.
d) quando se dissolvem 90 g de KNO_3 em 100 g de água em ebulição, e em seguida se resfria a solução a 20 °C, recupera-se cerca de 30 g do sal sólido.
e) a partir de uma amostra contendo 95 g de KNO_3 e 5 g de NaCl, pode-se obter KNO_3 puro por cristalização fracionada.

8. (FUVEST – SP) Uma mistura constituída de 45 g de cloreto de sódio e 100 mL de água, contida em um balão e inicialmente a 20 °C, foi submetida à destilação simples, sob pressão de 700 mm Hg, até que fossem recolhidos 50 mL de destilado. O esquema a seguir representa o conteúdo do balão de destilação, antes do aquecimento:

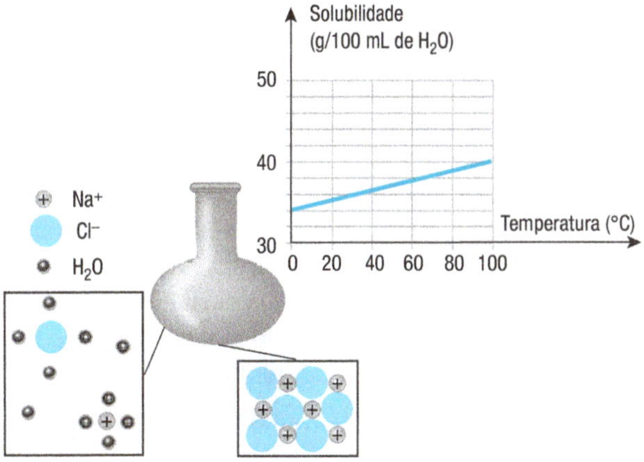

Solubilidade (g/100 mL de H2O)
50
40
30
Temperatura (°C)
0
20
40
60
80
100
Na+
Cl−
H2O

a) De forma análoga à mostrada acima, represente a fase do vapor, durante a ebulição.
b) Qual a massa de cloreto de sódio que está dissolvida, a 20 °C, após terem sido recolhido 50 mL de destilado? Justifique.

9. (FUVEST – SP) Industrialmente, o clorato de sódio é produzido pela eletrólise de salmoura* aquecida, em uma cuba eletrolítica, de tal maneira que o cloro formado no ânodo se mistura e reage com o hidróxido de sódio formado no cátodo. A solução resultante contém cloreto de sódio e clorato de sódio.

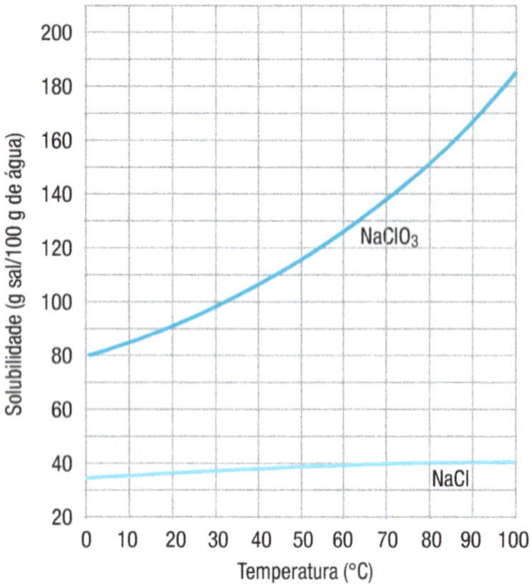
Solubilidade (g sal/100 g de água)
200
180
160
140
120
100
80
60
40
20
0
10
20
30
40
50
60
70
80
90
100
Temperatura (°C)
$NaClO_3$
NaCl

Ao final de uma eletrólise de salmoura, retiraram-se da cuba eletrolítica, a 90 °C, 310 g de solução aquosa saturada tanto de cloreto de sódio quanto de clorato de sódio. Essa amostra foi resfriada a 25 °C, ocorrendo a separação de material sólido.

a) Quais as massas de cloreto de sódio e de clorato de sódio presentes nos 310 g da amostra retirada a 90 °C? Explique.
b) No sólido formado pelo resfriamento da amostra a 25 °C, qual o grau de pureza (% em massa) do composto presente em maior quantidade?
c) A dissolução, em água, do clorato de sódio libera ou absorve calor? Explique.

* salmoura = solução aquosa saturada de cloreto de sódio.

10. (FASM – SP) A cafeína é muito utilizada por atletas, mas existe preocupação com o abuso do seu consumo. Recentemente, alguns estudos mostraram que os efeitos da cafeína na melhora da tolerância ao exercício prolongado devem-se ao aumento da mobilização da gordura durante o exercício, preservando os estoques de glicogênio muscular.

Disponível em: <www.globo.com>. Adaptado.

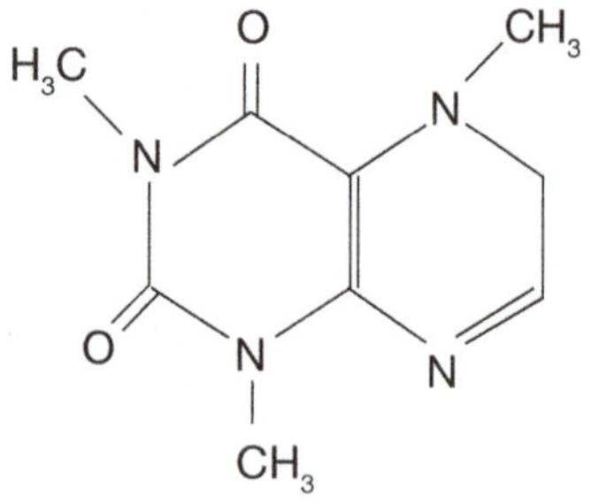
O
H_3C
CH_3
N
N
O
N
N
CH_3

cafeína

O gráfico representa a curva de solubilidade da cafeína em água.

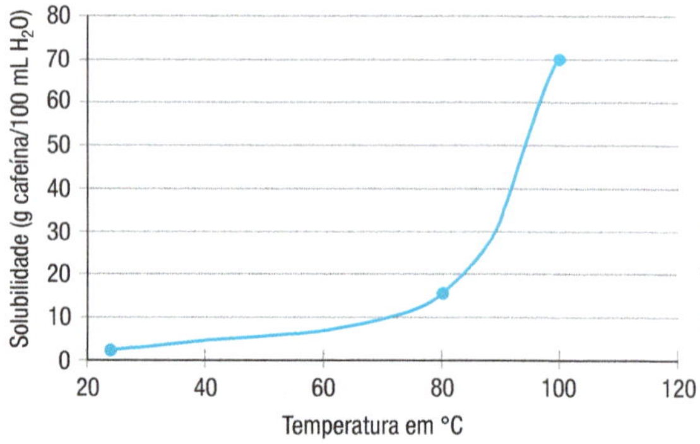
Solubilidade (g cafeína/100 mL H_2O)
80
70
60
50
40
30
20
10
0
20
40
60
80
100
120
Temperatura em °C

ANA OLÍVIA JUSTO/acervo da editora

Quando uma solução saturada de cafeína contendo 200 mL de água é resfriada de 100 °C para 80 °C, a quantidade máxima de cafeína cristalizada, em gramas, será igual a

a) 110.
b) 70.
c) 35.
d) 55.
e) 15.

11. (UFRGS – RS) A solubilidade aquosa do KNO_3 é de 36 g/100 mL, na temperatura 25 °C, e de 55 g/100 mL na temperatura de 35 °C.

Uma solução de KNO_3 preparada em água a 30 °C, contendo 55 g deste sal em 100 mL de água será uma

a) solução saturada, porém sem precipitado.
b) solução saturada na presença de precipitado.
c) solução não saturada, porém sem precipitado.
d) solução não saturada na presença de precipitado.
e) mistura heterogênea formada por sal precipitado e água pura.

12. (FATEC – SP) A partir do gráfico abaixo são feitas as afirmações de I a IV.

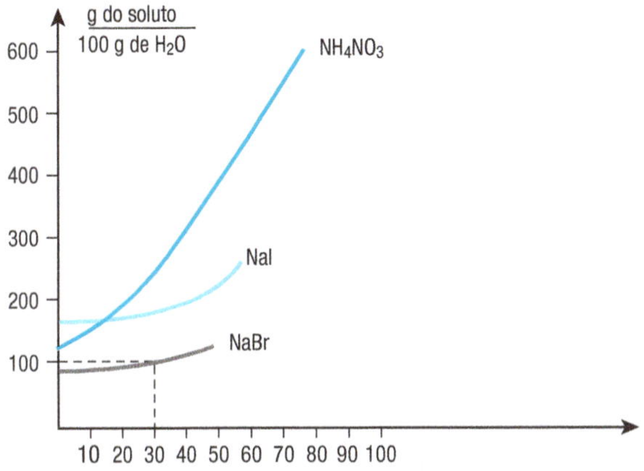
g do soluto / 100 g de H2O
600
500
400
300
200
100
NH4NO3
NaI
NaBr
10 20 30 40 50 60 70 80 90 100

I. Se acrescentarmos 250 g de NH_4NO_3 a 50 g de água a 60 °C, obteremos uma solução saturada com corpo de chão.
II. A dissolução, em água, do NH_4NO_3 e de NaI ocorre com liberação e absorção de calor, respectivamente.
III. A 40 °C, o NaI é mais solúvel que o NaBr e menos solúvel que o NH_4NO_3.
IV. Quando uma solução aquosa saturada de NH_4NO_3, inicialmente preparada a 60 °C, for resfriada a 10 °C, obteremos uma solução insaturada.

Está correto apenas o que se afirma em:

a) I e II.
b) I e III.
c) I e IV.
d) II e III.
e) III e IV.

13. (UFRJ) Os frascos a seguir contêm soluções saturadas de cloreto de potássio (KCl) em duas temperaturas diferentes. Na elaboração das soluções foram adicionados, em cada frasco, 400 mL de água e 200 g de KCl.

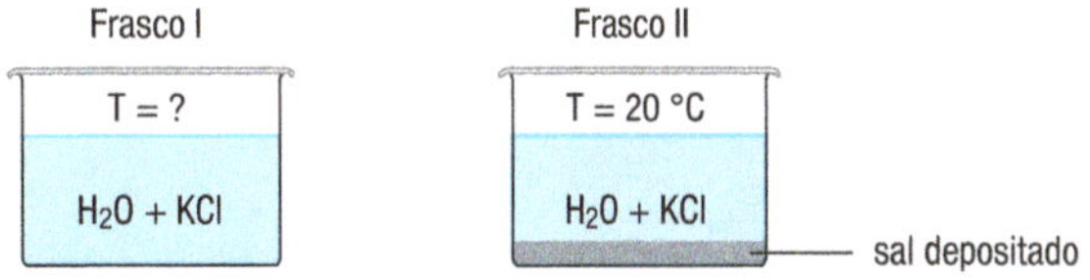
Frasco I
T = ?
H2O + KCl
Frasco II
T = 20 °C
H2O + KCl
sal depositado

O diagrama a seguir representa a solubilidade do KCl em água, em gramas de soluto/100 mL de H_2O, em diferentes temperaturas.

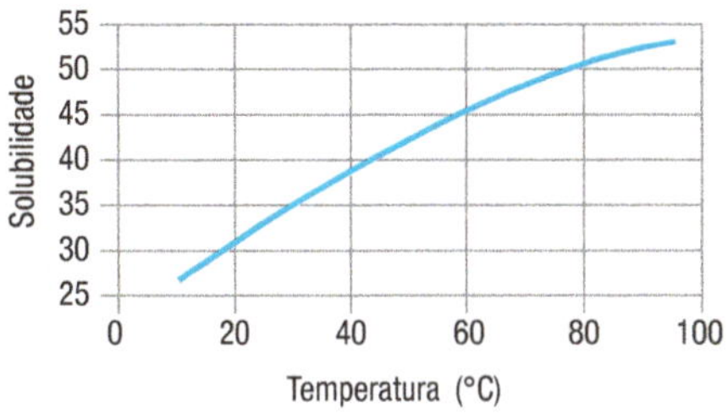
Solubilidade
55
50
45
40
35
30
25
0 20 40 60 80 100
Temperatura (°C)

a) Determine a temperatura da solução do frasco I.
b) Sabendo que a temperatura do frasco II é de 20 °C, calcule a quantidade de sal (KCl) depositado no fundo do frasco.

14. (FUVEST – SP) O gráfico representa a curva de solubilidade do nitrato de potássio (KNO_3).

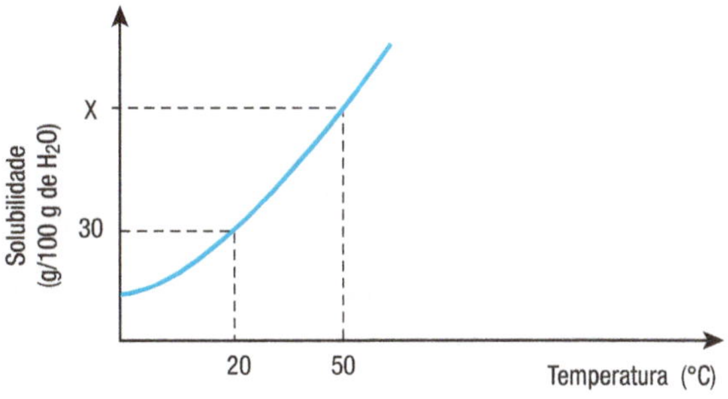
Solubilidade (g/100 g de H2O)
X
30
20
50
Temperatura (°C)

Uma solução saturada sem corpo de fundo com massa igual a 380 g, a 50 °C, foi resfriada a 20 °C, obtendo-se 120 g de cristais de KNO_3. A solubilidade (X) de KNO_3 a 50 °C, em g/100 g de H_2O, é:

a) 200.
b) 180.
c) 120.
d) 90.
e) 60.

b) Calcule a concentração em mol/L de uma solução saturada de KNO_3 a 40 °C. Admita o volume da solução igual a 100 mL.
Dado: massa molar do KNO_3 = 100 g/mol.

c) Sabendo que 120 g de uma solução saturada, sem corpo de fundo, inicialmente à 70 °C, foi resfriada á 40 °C e que após o resfriamento ocorreu a cristalização de 40 g de KNO_3, calcule o valor de X.

15. (ITA – SP) Quando submersos em "águas profundas", os mergulhadores necessitam voltar lentamente à superfície para evitar a formação de bolhas de gás no sangue.

a) Explique o motivo da **não** formação de bolhas de gás no sangue quando o mergulhador desloca-se de regiões próximas à superfície para as regiões de "águas profundas".
b) Explique o motivo da **não** formação de bolhas de gás no sangue quando o mergulhador desloca-se muito lentamente de regiões de "águas profundas" para as regiões próximas da superfície.
c) Explique o motivo da **formação** de bolhas de gás no sangue quando o mergulhador desloca-se muito rapidamente de regiões de "águas profundas" para as regiões próximas da superfície.

16. O gráfico a seguir representa a solubilidade do KNO_3 em 100 g de água em função da temperatura:

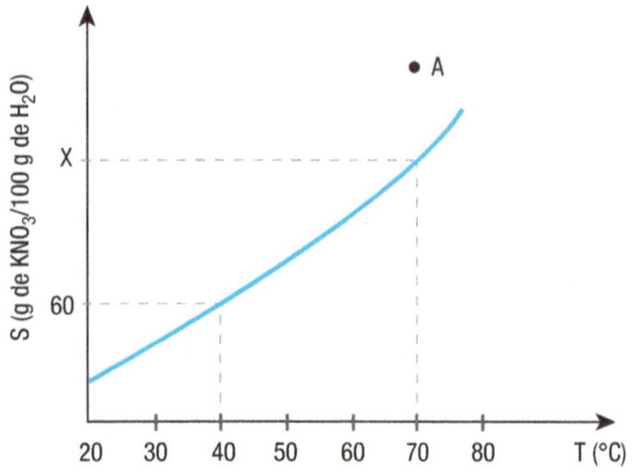

S (g de KNO3/100 g de H2O)
X
60
A
20
30
40
50
60
70
80
T (°C)

a) O que acontece ao se adicionar um cristal de KNO_3 no sistema representado pelo ponto A? Justifique.

17. (UNIMONTES – MG) A solubilidade dos açúcares é um fator importante para a elaboração de determinado tipo de alimento industrializado. A figura abaixo relaciona a solubilidade de mono e dissacarídeos com a temperatura.

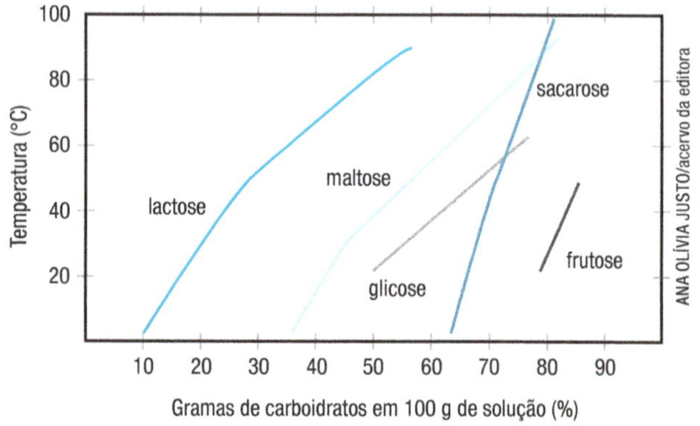

Temperatura (°C)
100
80
60
40
20
lactose
maltose
glicose
sacarose
frutose
10
20
30
40
50
60
70
80
90
Gramas de carboidratos em 100 g de solução (%)
ANA OLÍVIA JUSTO/acervo da editora

Em relação à solubilidade dos açúcares, a alternativa que **contradiz** as informações da figura é

a) A frutose constitui o açúcar menos solúvel em água, e a lactose, a mais solúvel.
b) Em temperatura ambiente, a maior solubilidade é da frutose, seguida da sacarose.
c) A solubilidade dos dissacarídeos em água aumenta com a elevação da temperatura.
d) A 56 °C, cerca de 73 g de glicose ou de sacarose dissolvem-se em 100 g de solução.

18. (UNICAMP – SP) Há uma certa polêmica a respeito da contribuição do íon fosfato, consumido em excesso, para o desenvolvimento da doença chamada osteoporose. Essa doença se caracteriza por uma diminuição da absorção de cálcio pelo organismo, com consequente fragilização dos ossos. Sabe-se que alguns refrigerantes contêm quantidades apreciáveis de ácido fosfórico, H_3PO_4, e dos ânions $H_2PO_4^-$, HPO_4^{2-} e PO_4^{3-}, originários de sua dissociação (ionização). A diminuição da absorção do cálcio pelo organismo dever-se-ia à formação do composto fosfato de cálcio, que é pouco solúvel.

a) Sabe-se que $H_2PO_4^-$ e HPO_4^{2-} são ácidos fracos, que o pH do estômago é aproximadamente 1 e que o do intestino é superior a 8. Nessas condições, em que parte do aparelho digestório ocorre a precipitação do fosfato de cálcio? Justifique.

b) Escreva a equação química da reação entre os cátions cálcio e os ânions fosfato.

19. (UFMG) Analise estes dois equilíbrios que envolvem as espécies provenientes do PbS, um mineral depositado no fundo de certo lago:

$$PbS(s) \rightleftharpoons Pb^{2+}(aq) + S^{2-}(aq)$$

$$S^{2-}(aq) + 2\,H^+(aq) \rightleftharpoons H_2S(aq)$$

No gráfico, estão representadas as concentrações de Pb^{2+} e S^{2-}, originadas exclusivamente PbS, em função do pH da água:

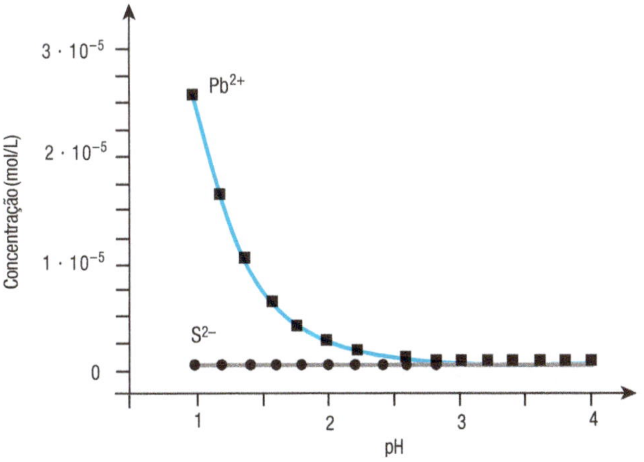

3 · 10⁻⁵
2 · 10⁻⁵
1 · 10⁻⁵
0
Concentração (mol/L)
Pb2+
S2–
1
2
3
4
pH

Considere que a incidência de chuva ácida sobre o mesmo lago altera a concentração das espécies envolvidas nos dois equilíbrios.

Com base nessas informações, é **CORRETO** afirmar que, na situação descrita,

a) a concentração de íons Pb^{2+} e a de S^{2-}, em pH igual a 2, são iguais.

b) a contaminação por íons Pb^{2+} aumenta com a acidificação do meio.

c) a quantidade de H_2S é menor com a acidificação do meio.

d) a solubilidade do PbS é menor com a acidificação do meio.

20. (PUC – SP) Considere os equilíbrios abaixo:

$$Ba^{2+} + SO_4^{2-} \rightleftharpoons BaSO_4(s) \quad K = 1,0 \cdot 10^{10}$$

$$Pb^{2+} + SO_4^{2-} \rightleftharpoons PbSO_4(s) \quad K = 5,2 \cdot 10^{7}$$

a) Qual dos sulfatos acima é mais solúvel? Justifique sua resposta.

b) Calcule a concentração de íons bário em uma solução saturada de $BaSO_4$.

21. O K_S do CaF_2 é $1,7 \cdot 10^{-10}$. Qual é a solubilidade do CaF_2 em uma solução que contém 0,35 mol/L de íons F^-?

a) $2,4 \cdot 10^{-10}$ mol/L

b) $4,9 \cdot 10^{-10}$ mol/L

c) $1,4 \cdot 10^{-9}$ mol/L

d) $1,6 \cdot 10^{-5}$ mol/L

22. (UNIP – SP) São dadas soluções $2 \cdot 10^{-3}$ mol/L de $Pb(NO_3)_2$ e de Na_2SO_4.

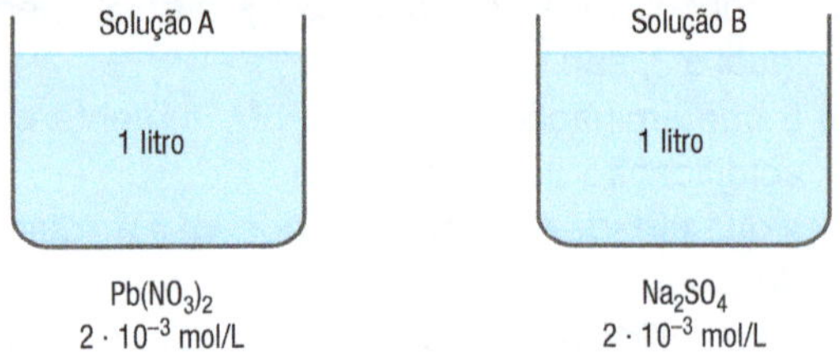
Solução A
1 litro
Pb(NO3)2
2 · 10−3 mol/L
Solução B
1 litro
Na2SO4
2 · 10−3 mol/L

O produto de solubilidade do sulfato de chumbo ($PbSO_4$) é $K_{PS} = 1{,}3 \cdot 10^{-6}$.

Analise as proposições.

I. A concentração de íons Pb^{2+} na solução A é $2 \cdot 10^{-3}$ mol/L.

II. A concentração de íons Na^{1+} na solução B é $2 \cdot 10^{-3}$ mol/L.

III. Misturando-se volumes iguais das duas soluções, forma-se um precipitado.

É(são) correta(s):

a) todas.
b) somente I e III.
c) somente I e II.
d) somente II e III.
e) somente I.

23. (FUVEST – SP) Preparam-se duas soluções saturadas, uma de oxalato de prata ($Ag_2C_2O_4$) e outra de tiocianato de prata (AgSCN). Esses dois sais têm, aproximadamente, o mesmo produto de solubilidade (da ordem de 10^{-12}). Na primeira, a concentração de íons prata é $[Ag^+]_1$ e, na segunda, $[Ag^+]_2$; as concentrações de oxalato e tiocianato são, respectivamente, $[C_2O_4^{2-}]$ e $[SCN^-]$.

Nesse caso, é correto afirmar que:

a) $[Ag^+]_1 = [Ag^+]_2$ e $[C_2O_4^{2-}] < [SCN^-]$.
b) $[Ag^+]_1 > [Ag^+]_2$ e $[C_2O_4^{2-}] > [SCN^-]$.
c) $[Ag^+]_1 > [Ag^+]_2$ e $[C_2O_4^{2-}] = [SCN^-]$.
d) $[Ag^+]_1 < [Ag^+]_2$ e $[C_2O_4^{2-}] < [SCN^-]$.
e) $[Ag^+]_1 = [Ag^+]_2$ e $[C_2O_4^{2-}] > [SCN^-]$.

24. (UNESP) Segundo a Portaria do Ministério da Saúde MS nº 1.469 de 29 de dezembro de 2000, o valor máximo permitido (VMP) da concentração do íon sulfato (SO_4^{2-}), para que a água esteja em conformidade com o padrão para consumo humano, é de 250 mg $\cdot$ L^{-1}. A análise da água de uma fonte revelou a existência de íons sulfato numa concentração de $5 \cdot 10^{-3}$ mol $\cdot$ L^{-1}.

a) Verifique se a água analisada está em conformidade com o padrão para consumo humano, de acordo com o VMP pelo Ministério da Saúde para a concentração do íon sulfato. Apresente seus cálculos.

b) Um lote de água com excesso de íons sulfato foi tratado pela adição de íons cálcio até que a concentração de íons SO_4^{2-} atingisse o VMP. Considerando que o K_{PS} para o $CaSO_4$ é $2{,}6 \cdot 10^{-5}$, determine o valor para a concentração final dos íons Ca^{2+} na água tratada. Apresente seus cálculos.

Dados: massas molares: Ca = 40,0 g $\cdot$ mol^{-1}; O = 16,0 g $\cdot$ mol^{-1}; S = 32,0 g $\cdot$ mol^{-1}.

25. (ITA – SP) Uma solução aquosa saturada em fosfato de estrôncio [$Sr_3(PO_4)_2$] está em equilíbrio químico à temperatura de 25 °C, e a concentração de equilíbrio do íon estrôncio, nesse sistema, é de $7{,}5 \cdot 10^{-7}$ mol L^{-1}.

Considerando-se que ambos os reagentes (água e sal inorgânico) são quimicamente puros, assinale a alternativa CORRETA com o valor do $pK_{PS(25\ °C)}$ do $Sr_3(PO_4)_2$.

a) 7,0
b) 13,0
c) 25,0
d) 31,0
e) 35,0

Dado: K_{PS} = constante do produto de solubilidade.

26. (MACKENZIE – SP) Íons Pb^{2+} e Cd^{2+} reagem com sulfeto de sódio (Na_2S), formando sais insolúveis em água. Pode-se afirmar que:

Dado produto de solubilidade, K_{PS}, a 25 °C:
Sulfeto de cádmio $K_{PS} = 4,0 \cdot 10^{-30}$
Sulfeto de chumbo (II) $K_{PS} = 1,0 \cdot 10^{-20}$

a) a fórmula do sulfeto de chumbo II é Pb_2S.
b) o composto que precipitará primeiro será o sulfeto de cádmio.
c) Cd_2S_3 é a fórmula do sulfeto de cádmio.
d) o composto que precipitará primeiro será o sulfeto de chumbo (II).
e) o coeficiente de solubilidade a 25 °C, em mol/L, do sulfeto de cádmio é $2,0 \cdot 10^{-30}$.

27. (UNESP) Em um litro de água foram adicionados 0,005 mol de $CaCl_2$ e 0,02 mol de Na_2CO_3. Sabendo-se que o produto de solubilidade (K_{PS}) do carbonato de cálcio ($CaCO_3$) é igual a $5 \cdot 10^{-9}$ e que $K_{PS} = [Ca^{2+}] \cdot [CO_3^{2-}]$, pode-se afirmar que:

a) ocorre a precipitação de $CaCO_3$.
b) não ocorre a precipitação de $CaCO_3$ porque o pH é básico.
c) o produto das concentrações dos íons Ca^{2+} e CO_3^{2-} é menor que o valor do K_{PS}.
d) não precipita $CaCO_3$ porque a concentração de íons Ca^{2+} é menor que a concentração de íons CO_3^{2-}.
e) nessas condições, o pH da água é ácido.

28. (F. CARLOS CHAGAS) Quando se misturam volumes iguais de soluções aquosas de $CaCl_2$ e de Na_2CO_3, ambos 0,020 mol/L, há formação de um precipitado de $CaCO_3$.

Qual é a concentração dos íons CO_3^{2-} que permanecem em solução?

a) $2,5 \cdot 10^{-7}$ mol/L
b) $1,0 \cdot 10^{-6}$ mol/L
c) $7,0 \cdot 10^{-5}$ mol/L
d) $5,0 \cdot 10^{-4}$ mol/L
e) $1,0 \cdot 10^{-3}$ mol/L

Dado: K_{PS} ($CaCO_3$) $= 4,9 \cdot 10^{-9}$.

29. O produto de solubilidade para o fluoreto de cálcio (CaF_2) é $1,7 \cdot 10^{-10}$. Em uma solução cuja concentração de íons fluoreto é 0,2 mol/L, pode-se concluir que:

a) a solubilidade do CaF_2 é a mesma tanto em água pura como na solução de $[F^-] = 0,2$ mol/L.
b) a solubilidade do CaF_2 é maior em água pura do que na solução de $[F^-] = 0,2$ mol/L.
c) a solubilidade do CaF_2 é menor em água pura do que na solução de $[F^-] = 0,2$ mol/L.
d) os dados acima são insuficientes para se tirar qualquer conclusão.

30. (UNIFESP) Compostos de chumbo podem provocar danos neurológicos gravíssimos em homens e animais. Por essa razão, é necessário um controle rígido sobre os teores de chumbo liberado para o ambiente. Um dos meios de se reduzir a concentração do íon Pb^{2+} em solução aquosa consiste em precipitá-lo, pela formação de compostos poucos solúveis, antes do descarte final dos efluentes. Suponha que sejam utilizadas soluções de sais de Na^+ com os ânions X^{n-}, listados na tabela a seguir, com concentrações finais de X^{n-} iguais a 10^{-2} mol/L, como precipitantes.

X^{-n} (10^{-2} mol/L)	Composto precipitado	Constante do produto de solubilidade do composto a 25 °C
CO_3^{2-}	$PbCO_3$	$1,5 \cdot 10^{-13}$
CrO_4^{2-}	$PbCrO_4$	$1,8 \cdot 10^{-14}$
SO_4^{2-}	$PbSO_4$	$1,3 \cdot 10^{-19}$
S^{2-}	PbS	$7,0 \cdot 10^{-29}$
PO_4^{3-}	$Pb_3(PO_4)_2$	$3,0 \cdot 10^{-44}$

Assinale a alternativa que contém o agente precipitante mais eficiente na remoção do Pb^{2+} do efluente.

a) CO_3^{2-}
b) CrO_4^{2-}
c) SO_4^{2-}
d) S^{2-}
e) PO_4^{3-}

31. (UNIFESP) O uso de pequenas quantidades de flúor adicionadas à água potável diminui sensivelmente a incidência de cáries dentárias. Normalmente, adiciona-se um sal solúvel de flúor, de modo que se tenha 1 parte por milhão (1 ppm) de íons F^-, o que equivale a uma concentração de $5 \cdot 10^{-5}$ mol de íons F^- por litro de água.

a) Se a água contiver também íons Ca^{2+} dissolvidos, em uma concentração igual a $2 \cdot 10^{-4}$ mol/L, ocorrerá precipitação de CaF_2? Justifique sua resposta.

b) Calcule a concentração máxima de íons Ca^{2+} que pode estar presente na água contendo 1 ppm de íons F^-, sem que ocorra precipitação de CaF_2.

Dado: K_{PS} do $CaF_2 = 1{,}5 \cdot 10^{-10}$; K_{PS} é a constante do produto de solubilidade.

32. (UNICAMP – SP) A questão do aquecimento global está intimamente ligada à atividade humana e também ao funcionamento da natureza. A emissão de metano na produção de carnes e a emissão de dióxido de carbono em processos de combustão de carvão e derivados do petróleo são as mais importantes fontes de gases de origem antrópica. O aquecimento global tem vários efeitos, sendo um deles o aquecimento da água dos oceanos, o que, consequentemente, altera a solubilidade do CO_2 nela dissolvido. Este processo torna-se cíclico e, por isso mesmo, preocupante. A figura a seguir, preenchida de forma adequada, dá informações quantitativas da dependência da solubilidade do CO_2 na água do mar, em relação à pressão e à temperatura.

a) De acordo com o conhecimento químico, escolha adequadamente e escreva em cada quadrado da figura o valor correto, de modo que a figura fique completa e correta: *solubilidade em gramas de CO_2 /100 g água:* 2, 3, 4, 5, 6, 7; *temperatura /°C:* 20, 40, 60, 80, 100 e 120; *pressão/atm:* 50, 100, 150, 200, 300, 400.

Justifique sua resposta.

b) Determine a solubilidade molar do CO_2 na água (em mol/1 L de água) a 40 °C e 100 atm. Mostre na figura como ela foi determinada.

Dados: massa molar do CO_2 = 44 g/mL; d = 1 g/mL.

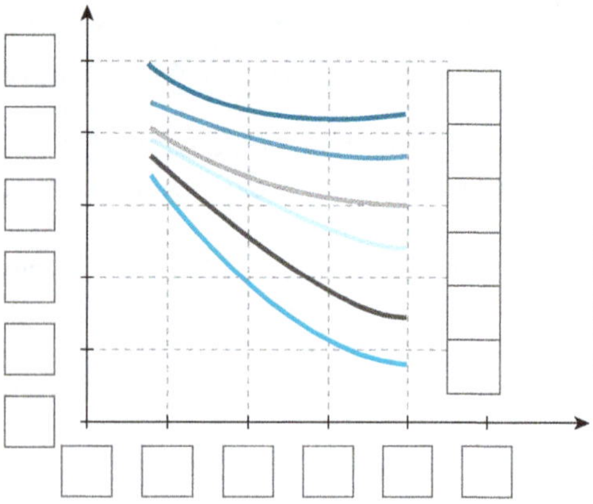

ANA OLÍVIA JUSTO/acervo da editora

33. (UNICAMP – SP) Para fazer exames de estômago usando a técnica de raios X, os pacientes devem ingerir, em jejum uma suspensão aquosa de sulfato de bário, $BaSO_4$, que é pouco solúvel em água. Essa suspensão é preparada em uma solução de sulfato de potássio, K_2SO_4, que está totalmente dissolvido e dissociado na água. Os íons bário, Ba^{2+}, são prejudicais à saúde humana. A constante do produto de solubilidade do sulfato de bário em água, a 25 °C, é igual a $1{,}6 \cdot 10^{-9}$.

a) Calcule a concentração de íons bário dissolvidos em uma suspensão de $BaSO_4$ em água.

b) Por que, para a saúde humana, é melhor fazer a suspensão de sulfato de bário em uma solução de sulfato de potássio do que em água apenas? Considere que o K_2SO_4 não é prejudicial à saúde.

34. (UNICAMP – SP) A presença do íon de mercúrio (II), Hg^{2+}, em águas dos rios, lagos e oceanos, é bastante prejudicial aos seres vivos. Uma das maneiras de se diminuir a quantidade de Hg^{2+} dissolvido é provocando a sua reação com o íon sulfeto, já que a constante de solubilidade do HgS é $9 \cdot 10^{-52}$, a 25 °C. Trata-se, portanto, de um sal pouquíssimo solúvel. Baseando-se somente neste dado, responda:

a) Que volume de água, em dm^3, seria necessário para que se pudesse encontrar um único íon Hg^{2+} em uma solução saturada de HgS? Constante do Avogadro $= 6 \cdot 10^{23}$ mol^{-1}.

b) O volume de água existente na Terra é, aproximadamente, $1{,}4 \cdot 10^{21}$ dm^3. Esse volume é suficiente para solubilizar um mol de HgS? Justifique.

35. (UNICAMP – SP) Uma indústria foi autuada pelas autoridades por poluir um rio com efluentes contendo íons Pb^{2+}. O chumbo provoca no ser humano graves efeitos toxicológicos. Para retirar o chumbo, ele poderia ser precipitado na forma de um sal pouco solúvel e, a seguir, separado por filtração.

a) Considerando apenas a constante de solubilidade dos compostos a seguir, escreva a fórmula do ânion mais indicado para a precipitação do Pb^{2+}. Justifique.

b) Se num certo efluente aquoso há $1 \cdot 10^{-3}$ mol/L de Pb^{2+} e se a ele for adicionada a quantidade estequiométrica do ânion escolhido no item **a**, qual é a concentração final de íons Pb^{2+} que sobra neste efluente? Admita que não ocorra diluição significativa ao efluente.

Dados: sulfato de chumbo $K_S = 2 \cdot 10^{-8}$; carbonato de chumbo $K_S = 2 \cdot 10^{-13}$; sulfeto de chumbo $K_S = 4 \cdot 10^{-28}$.

36. A uma solução de ácido sulfúrico, cujo volume é 10 mL, adiciona-se, gradativamente, solução de hidróxido de bário (0,1 mol/L) e mede-se continuamente a condutividade elétrica do sistema, que é mostrada no gráfico a seguir.

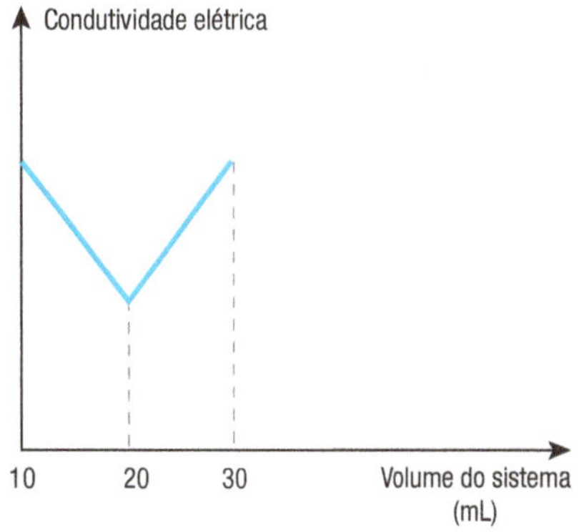
Condutividade elétrica
10
20
30
Volume do sistema
(mL)

A massa do sal formada e a concentração dos íons bário na solução, no instante em que o ácido foi totalmente neutralizado, são, respectivamente,

a) 0,466 g, $1{,}0 \cdot 10^{-5}$ mol/L.
b) 0,466 g, $1{,}0 \cdot 10^{-10}$ mol/L.
c) 0,233 g, $1{,}0 \cdot 10^{-5}$ mol/L.
d) 0,233 g, $1{,}0 \cdot 10^{-10}$ mol/L.
e) 0,699 g, $1{,}0 \cdot 10^{-5}$ mol/L.

Dados: massas molares em g/mol: Ba = 137, S = 32, O = 16 , constante do produto de solubilidade do $BaSO_4 = 1{,}0 \cdot 10^{-10}$ (25 °C); temperatura da experiência = 25 °C.

37. (FUVEST – SP) Num laboratório de ensino de Química, foram realizados dois experimentos:

I. Uma solução aquosa bastante concentrada de nitrato de prata ($AgNO_3$) foi adicionada, gradativamente, a 100 mL de uma solução aquosa de cloreto de sódio de concentração desconhecida.

II. Fluoreto de lítio sólido (LiF) foi adicionado, gradativamente, a 100 mL de água pura.

Em ambos os experimentos, registrou-se a condutibilidade elétrica em função da quantidade (em mol) de $AgNO_3$ e LiF adicionados. No experimento I, a solução de $AgNO_3$ era suficientemente concentrada para que não houvesse variação significativa do volume da solução original de cloreto de sódio. No experimento II, a quantidade total de LiF era tão pequena que variações de volume do líquido puderam ser desprezadas.

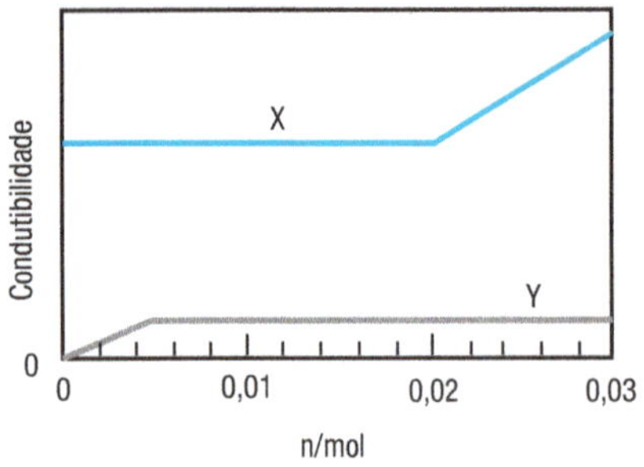

Condutibilidade
X
Y
0
0
0,01
0,02
0,03
n/mol

Utilize o gráfico para responder:

a) Qual dos registros, X ou Y, deve corresponder ao experimento I e qual deve corresponder ao experimento II? Explique seu raciocíonio.

b) Qual era a concentração da solução de cloreto de sódio original? Justifique.

c) Qual é a solubilidade do LiF, em mol por 100 mL de água? Justifique.

Dados: o produto de solubilidade do cloreto de prata é igual a $1,8 \cdot 10^{-10}$. A contribuição dos íons nitrato e cloreto, para a condutibilidade da solução, é praticamente a mesma.

Exercícios Série Platina

1. (PUC – RJ) As curvas de solubilidade das substâncias KNO_3 e $Ca(OH)_2$ (em gramas da substância em 100 g de água) em função da temperatura são mostradas a seguir.

Curva de solubilidade × temperatura para o KNO_3

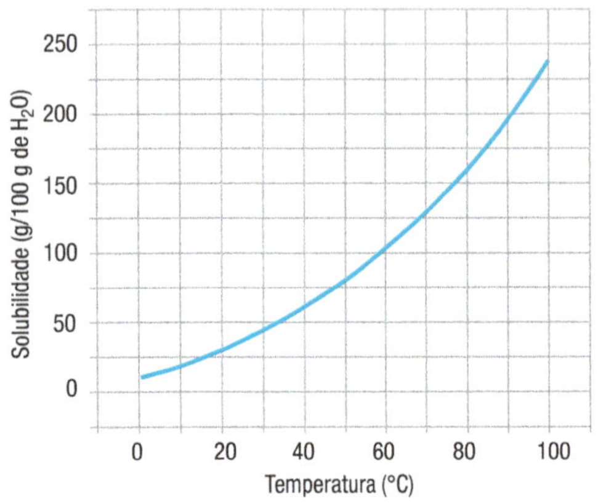

Solubilidade (g/100 g de H2O)
250
200
150
100
50
0
0
20
40
60
80
100
Temperatura (°C)

Curva de solubilidade × temperatura para o $Ca(OH)_2$

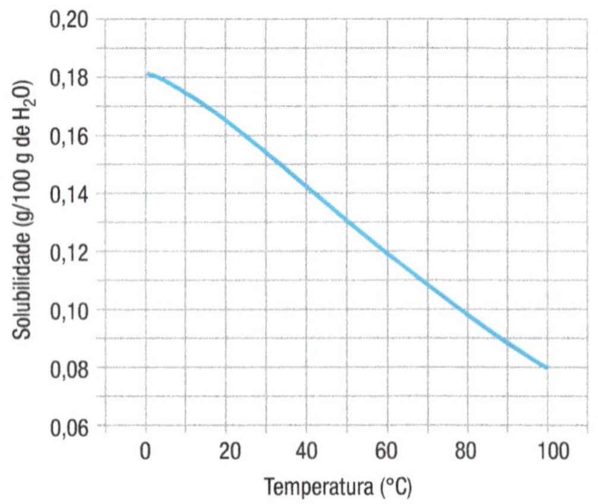

Solubilidade (g/100 g de H2O)
0,20
0,18
0,16
0,14
0,12
0,10
0,08
0,06
0
20
40
60
80
100
Temperatura (°C)

a) 240 g de solução saturada de KNO_3 foi preparada a 90 °C. Posteriormente, esta solução sofreu um resfriamento sob agitação até atingir 50 °C. Determine a massa de sal depositada neste processo. Justifique sua resposta com cálculos.

b) Qual das soluções, de KNO_3 ou de $Ca(OH)_2$, poderia ser utilizada como um sistema de aquecimento (como, por exemplo, uma bolsa térmica)? Justifique sua resposta.

2. (UFSCar - SP) Um frasco contém 40 g de um pó branco que pode ser cloreto de potássio (KCl) ou brometo de potássio (KBr).

a) Sabendo que os sais são compostos iônicos e que a intensidade das forças elétricas que mantém a estrutura de sua rede cristalina pode ser calculada pela Lei de Coulomb, $F = k \cdot (q_1^+ \cdot q_2^-)/d^2$, qual dos sais apresenta maior força elétrica? Justifique sua resposta.

b) Supondo que 100 g de água foram adicionados ao frasco, sob agitação, à 40°C. A partir dos dados da tabela abaixo, responda:

Temperatura (°C)	Solubilidade/100 g de H_2O	
	KCl	**KBr**
10	31	55
20	34	65
30	37	70
40	40	76

I. Identifique para qual dos sais, KCl ou KBr, a mistura água + pó branco resultará em uma solução insaturada.

II. Para o sal identificado no item anterior, escreva a sua equação de dissociação em água.

3. (FUVEST - SP) A vida dos peixes em um aquário depende, entre outros fatores, da quantidade de oxigênio (O_2) dissolvido, do pH e da temperatura da água. A concentração de oxigênio dissolvido deve ser mantida ao redor de 7 ppm (1 ppm de O_2 = 1 mg de O_2 em 1.000 g de água) e o pH deve permanecer entre 6,5 e 8,5.

Um aquário de paredes retangulares possui as seguintes dimensões: 40 × 50 × 60 cm (largura × comprimento × altura) e possui água até a altura de 50 cm. O gráfico abaixo apresenta a solubilidade do O_2 em água, em diferentes temperaturas (a 1 atm).

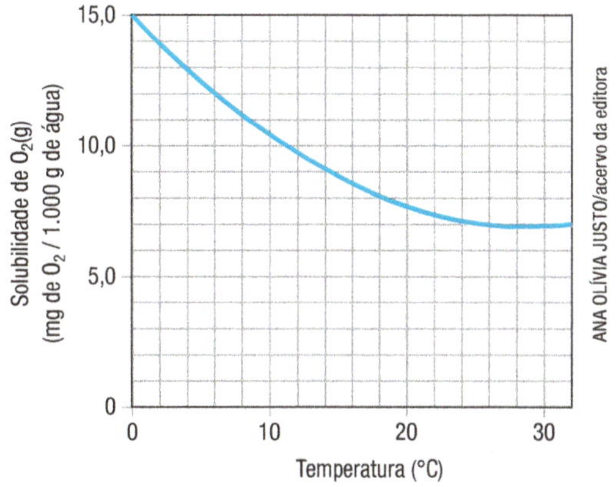

15,0
10,0
5,0
0
Solubilidade de O2(g) (mg de O2 / 1.000 g de água)
0
10
20
30
Temperatura (°C)
ANA OLÍVIA JUSTO/acervo da editora

a) A água do aquário mencionado contém 500 mg de oxigênio dissolvido a 25°C. Nessa condição, a água do aquário está saturada em oxigênio? Justifique.

Dado: densidade da água do aquário = 1,0 g/cm³.

b) Deseja-se verificar se a água do aquário tem um pH adequado para a vida dos peixes. Com esse objetivo, o pH de uma amostra de água do aquário foi testado, utilizando-se o indicador azul de bromotimol, e se observou que ela ficou azul. Em outro teste, com uma nova amostra de água, qual dos outros dois indicadores da tabela dada deveria ser utilizado para verificar se o pH está adequado? Explique.

pH (4,0 4,5 5,0 5,5 6,0 6,5 7,0 7,5 8,0 8,5 9,0 9,5 10,0 10,5 11,0)	**Indicador**
vermelho | laranja | amarelo	vermelho de metila
amarelo | verde | azul	azul de bromotimol
incolor | rosa claro | rosa intenso	fenolftaleína

Com base no gráfico:

a) Identifique pelo menos um haleto capaz de produzir o entupimento descrito, em temperatura ambiente (25 °C).

b) Determine a massa de cloreto de magnésio capaz de saturar 100 cm^3 de água, a 55 °C.

c) Calcule a quantidade de soluto dispersa em 19 g de solução saturada, sem corpo de fundo, de $CaCl_2$, a 40 °C.

4. (UFRJ – adaptada) Dizem os frequentadores de bar que vai chover quando o saleiro entope. De fato, se cloreto de sódio estiver impurificado por determinado haleto muito solúvel, este absorverá vapor-d'água do ar, transformando-se numa pasta, que causará o entupimento. O gráfico abaixo mostra como variam com a temperatura as quantidades de diferentes sais capazes de saturar 100 cm^3 de água.

Obs: haletos são compostos onde um dos elementos pertence ao grupo 17 da Tabela Periódica.

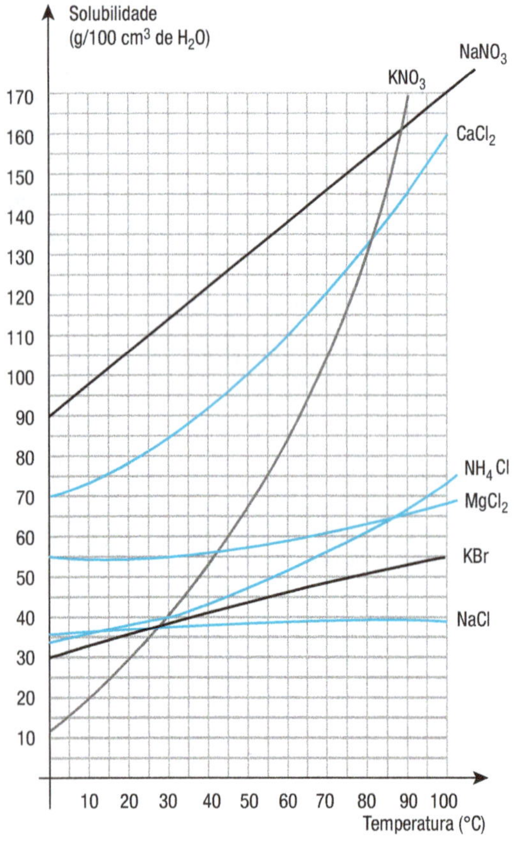

Solubilidade
(g/100 cm³ de H₂O)
170
160
150
140
130
120
110
100
90
80
70
60
50
40
30
20
10
10 20 30 40 50 60 70 80 90 100
Temperatura (°C)
NaNO₃
KNO₃
CaCl₂
NH₄Cl
MgCl₂
KBr
NaCl

5. (UNICAMP – adaptada) A figura abaixo mostra a solubilidade do gás ozônio em água em função da temperatura. Esses dados são válidos para uma pressão parcial de 3.000 Pa do gás em contato com a água. A solubilização em água, nesse caso, pode ser representada pela equação:

$$\text{ozônio(g)} + H_2O(l) \rightarrow \text{ozônio(aq)}$$

Dados: Pa = Pascal – unidade padrão de pressão (101.325 Pa = 1 atm)

a) Esboce, na figura apresentada abaixo, um possível gráfico de solubilidade do ozônio, considerando, agora, uma pressão parcial igual a 5.000 Pa. Justifique sua resposta.

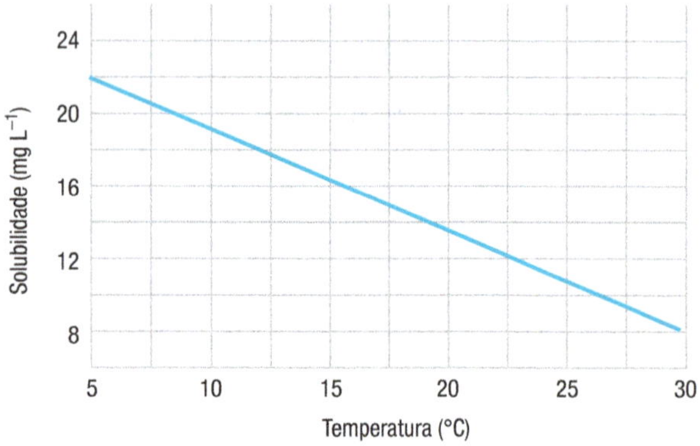

24
20
16
12
8
Solubilidade (mg L⁻¹)
5 10 15 20 25 30
Temperatura (°C)

b) Considerando que o comportamento da dissolução, apresentado na figura anterior, seja válido para outros valores de temperatura, determine, utilizando o gráfico abaixo, a que temperatura a solubilidade do gás ozônio em água seria nula. Mostre como obteve o resultado.

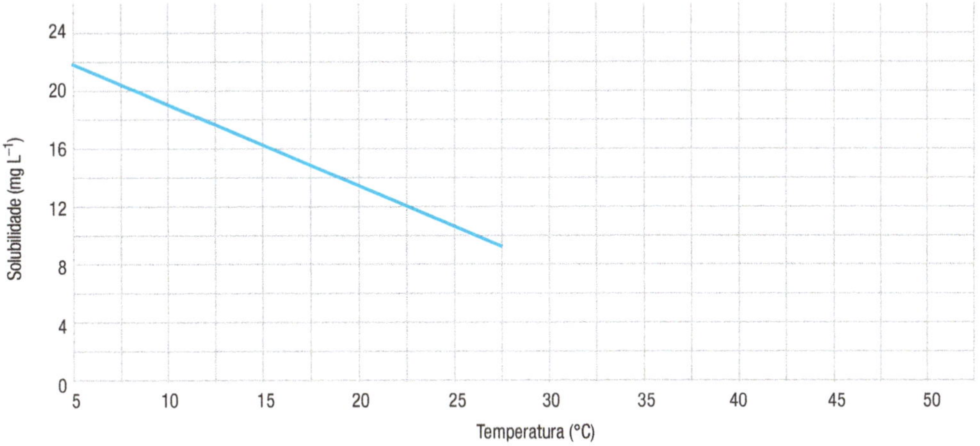

Solubilidade (mg L⁻¹)
24
20
16
12
8
4
0
5
10
15
20
25
30
35
40
45
50
Temperatura (°C)

6. (UNICAMP – SP) Um estudo divulgado na Revista nº 156 mostra as possíveis consequências da ingestão de pastas dentárias por crianças entre 11 meses e 7 anos de idade. A proposta dos pesquisadores é uma pasta que libere pouco fluoreto, e isso é obtido com a diminuição de seu pH. O excesso de fluoreto pode provocar a fluorose, uma doença que deixa manchas esbranquiçadas ou opacas nos dentes em formação, por reação com a hidroxiapatita [$Ca_{10}(PO_4)_6(OH)_2$], um sólido presente nas camadas superficiais dos dentes. Nos casos mais graves, essa doença provoca porosidade nos dentes, o que facilita fraturas dos dentes e absorção de corantes de alimentos.

a) Escolha um íon da hidroxiapatita que pode ser substituído pelo fluoreto. Faça a substituição indicando o nome do íon substituído e a respectiva fórmula da substância formada.

b) Considere que no equilíbrio de solubilidade, a hidroxiapatita libere os íons Ca^{2+}, PO_4^{3-}, OH^- para o meio aquoso próximo à superfície dos dentes. Equacione a reação descrita.

c) Levando em conta apenas o fator pH do dentifrício, a dissolução da hidroxiapatita seria **favorecida**, **dificultada** ou **não sofreria alteração** com a proposta dos pesquisadores? Justifique.

7. (UNESP) Segundo a Portaria do Ministério da Saúde MS nº 1.469, de 20 de dezembro de 2000, o valor máximo permitido (VMP) da concentração de íons sulfato (SO_4^{2-}), para que a água esteja em conformidade com o padrão para consumo humano, é de 250 mg · L^{-1}. A análise da água de uma fonte revelou a existência de íons sulfato numa concentração de $5 \cdot 10^{-3}$ mol · L^{-1}.

Massas molares (g · mol^{-1}): O = 16, S = 32

a) Verifique se a água analisada está em conformidade com o padrão para consumo humano, de acordo com o VMP pelo Ministério da Saúde para a concentração do íon sulfato.
Um lote de água com excesso de íons sulfato foi tratado pela adição de íons cálcio até que a concentração de íons sulfato atingisse o VMP. Considerando que o K_{PS} para o $CaSO_4$ é $2,6 \cdot 10^{-5}$.

b) Escreva a expressão do K_{PS} para o $CaSO_4$.

c) Determine o valor para a concentração final dos íons Ca^{2+} na água tratada.

8. (UFSCar – SP) Uma das origens da água fornecida à população são as fontes superficiais, compreendendo rios e lagos, cujas águas normalmente contêm material em suspensão. Um dos processos utilizados para a remoção do material em suspensão envolve a reação entre $FeCl_3$ e $Ca(OH)_2$, com produção de $Fe(OH)_3$ gelatinoso, o qual, durante sua decantação, remove esse material, que se deposita no fundo do tanque de decantação. Na sequência, a água já clarificada segue para as outras etapas do tratamento, envolvendo filtração, cloração, ajuste do pH e, eventualmente, fluoretação. Considere um lote de água tratado por esse processo e distribuído à população com pH igual a 7,0.

a) Nas condições descritas, calcule a concentração máxima de ferro (III) dissolvido na água, expressa em mol/L. Explicite seus cálculos.
Constante do produto de solubilidade de $Fe(OH)_3$ a 25 °C $= 4 \cdot 10^{-38}$.

b) Segundo as normas vigentes, o valor máximo para o teor de ferro (III) dissolvido em água potável é de 0,3 mg/L. O lote de água em consideração atende a legislação? Justifique sua resposta, comparando o valor máximo previsto pela legislação com a concentração de ferro (III) encontrada no lote de água distribuído para a população.

Dado: massa molar do Fe^{3+} = 56 g/mol.

9. (UERJ) A atividade humana tem sido responsável pelo lançamento inadequado de diversos poluentes na natureza. Dentre eles, destacam-se:

- amônia: proveniente de processos industriais;
- dióxido de enxofre: originado da queima de combustíveis fósseis;
- cádmio: presente em pilhas e baterias descartadas.

Em meio básico, o íon metálico do cádmio forma o hidróxido de cádmio II, pouco solúvel na água.

Sabendo que, a 25 °C, a solubilidade do hidróxido de cádmio II é aproximadamente de $2 \cdot 10^{-5}$ mol $\cdot$ L^{-1}, determine o valor da constante de seu produto de solubilidade e escreva a expressão do K_S.

10. (UFRRJ) Considere uma solução contendo os cátions A^+, B^+ e C^+, todos com concentração 0,1 mol $\cdot$ L^{-1}. A esta solução gotejou-se hidróxido de sódio (NaOH).

a) Determine a ordem de precipitação dos hidróxidos.

b) Calcule a concentração de hidroxila (OH^-) necessária para cada hidróxido precipitar.

Dados: K_{PS} AOH $= 10^{-8}$, K_{PS} BOH $= 10^{-12}$ e K_{PS} COH $= 10^{-16}$.

Propriedades Físicas dos Compostos Orgânicos

Capítulo 6

1. Eletronegatividade

É uma grandeza que mede a atração do núcleo de um átomo sobre os elétrons de uma ligação química.

Escala de Pauling

F	>	O	>	N, Cl	>	Br	>	I, S, C	>	P, H ------
4		3,5		3		2,8		2,5		2,1

O flúor é o elemento mais eletronegativo.

2. Polaridade das ligações

a) **Ligação covalente apolar**

Ligação entre átomos de mesma eletronegatividade.

Exemplos: H •• H   :C̈l••C̈l: :Ö::Ö:

Não ocorre deslocamento do par de elétron, ou seja, não há formação de polos positivo e negativo.

b) **Ligação covalente polar**

Ligação entre átomos de diferentes eletronegatividades.

Exemplos: $\overset{\delta+}{H}$ •• $\overset{\delta-}{\ddot{F}}$: $\overset{\delta+}{H}$ •• $\overset{\delta-}{\ddot{Cl}}$:

Ocorre deslocamento do par de elétrons, ou seja, o par de elétrons fica próximo do elemento mais eletronegativo.

Na molécula do HF, por exemplo, o par de elétrons está mais próximo do flúor, pois é mais eletronegativo que o hidrogênio.

Polo negativo: elemento mais eletronegativo

Polo positivo: elemento menos eletronegativo

3. Polaridade das moléculas

a) **Método dos ligantes**

É o método mais moderno e prático usado para moléculas do tipo AB_x, isto é, a molécula que apresenta um único átomo central ligado a todos os demais átomos da molécula (ligantes).

Ligantes: átomos ligados ao átomo central.

Molécula apolar: ligantes iguais e não há par de elétrons isolado.

Molécula polar: ligantes diferentes ou presença de par de elétrons isolado no átomo central.

Exemplos:

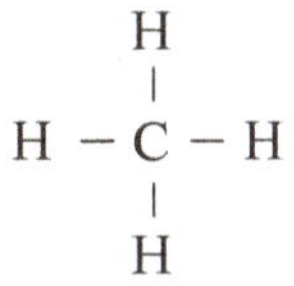

molécula apolar ligantes iguais (H)

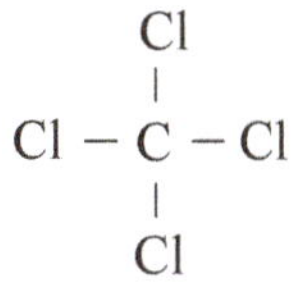

molécula apolar ligantes iguais (Cl)

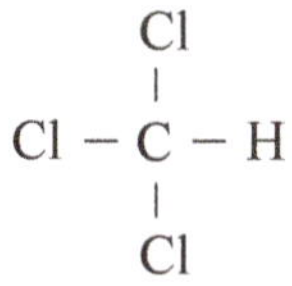

molécula polar ligantes diferentes (H e Cl)

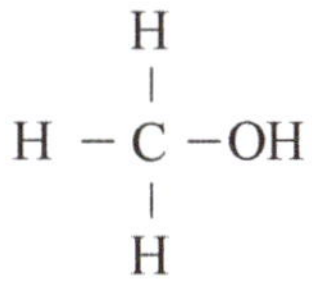

molécula polar ligantes diferentes (H e OH)

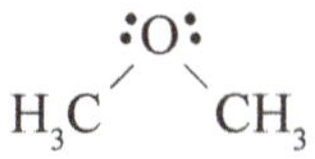

molécula polar (com pares de elétrons isolados)

b) **Método do momento dipolar** (μ)

É um vetor que indica o deslocamento do par eletrônico, isto é, é orientado do polo positivo para o polo negativo.

Exemplo:

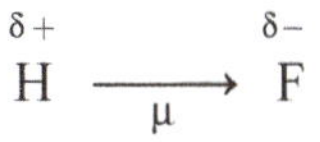

A polaridade de uma molécula pode ser determinada pelo vetor momento dipolar resultante (μ_r), isto é, pela soma dos vetores de cada ligação polar da molécula.

Molécula apolar $\mu_r = 0$; Molécula polar $\mu_r \neq 0$.

Exemplos:

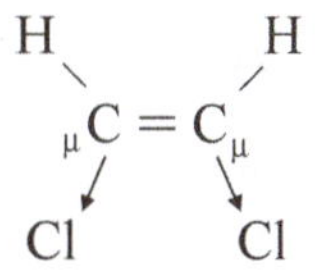

cis-1,2-dicloroeteno
polar
$\mu_{total} \neq 0$

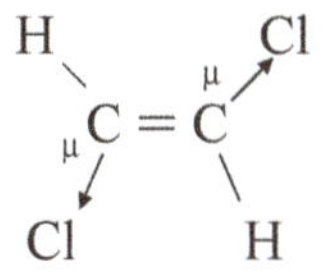

trans-1,2-dicloroeteno
apolar
$\mu_{total} \neq 0$

Observação: hidrocarboneto é sempre **apolar**, pois a ligação C – C é apolar e a ligação C – H é praticamente apolar.

$H_3C - CH_2 - CH_2 - CH_3$ apolar

Experiência mostrando que a cis-1,2-dicloroeteno é uma molécula polar.

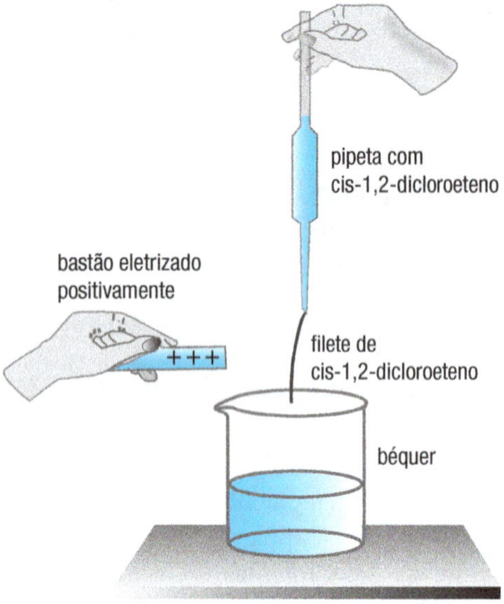
pipeta com
cis-1,2-dicloroeteno
bastão eletrizado
positivamente
+++
filete de
cis-1,2-dicloroeteno
béquer

4. Forças intermoleculares ou ligações intermoleculares

Forças de atração que aproximam as moléculas no estado sólido ou líquido.

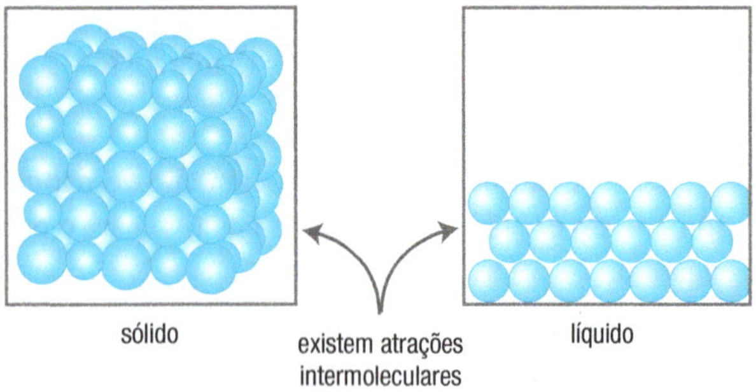
sólido
existem atrações
intermoleculares
líquido

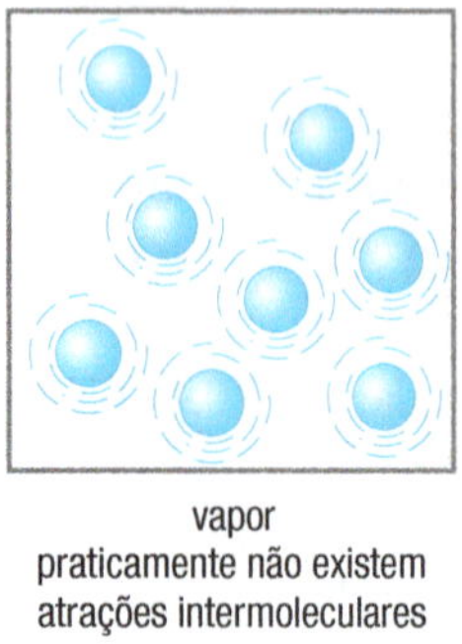
vapor
praticamente não existem
atrações intermoleculares

Considere uma substância molecular AB.

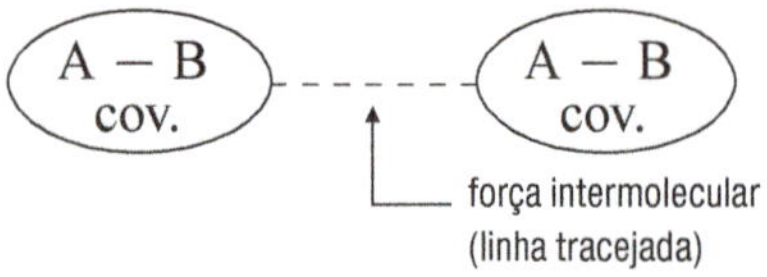
A – B
cov.
A – B
cov.
força intermolecular
(linha tracejada)

A ligação que prende os átomos dentro de uma molécula é a ligação covalente.

A ligação que aproxima as moléculas é a ligação intermolecular.

Essas forças podem ser divididas em dois tipos:

Forças de van der Waals e ligação de Hidrogênio (ponte de Hidrogênio).

Força de van der Waals
- dipolo-dipolo
- dipolo instantâneo-dipolo induzido (London)

4.1 Ligação de hidrogênio ou ponte de hidrogênio

Ocorre em molécula altamente polar (H ligado a FON).

Atração entre o polo positivo do hidrogênio com um par de elétrons isolados do F ou O ou N da outra molécula.

Exemplos:

álcool (R – OH), ácido (R – COOH), amina ($R - NH_2$), amida ($R - CONH_2$)

```
        R         R         R
        |         |         |
...O – H...O – H...O – H...
```

ligações de hidrogênio entre moléculas de álcool

No caso dos ácidos carboxílicos teremos duas pontes de hidrogênio entre as moléculas do ácido formando um dímero.

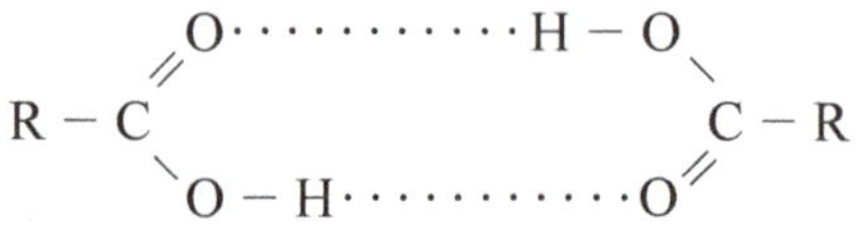
O
H – O
R – C
C – R
O – H
O
dímero

Ligação de hidrogênio intramolecular é formada entre dois grupos funcionais próximos dentro da mesma molécula.

Exemplos:

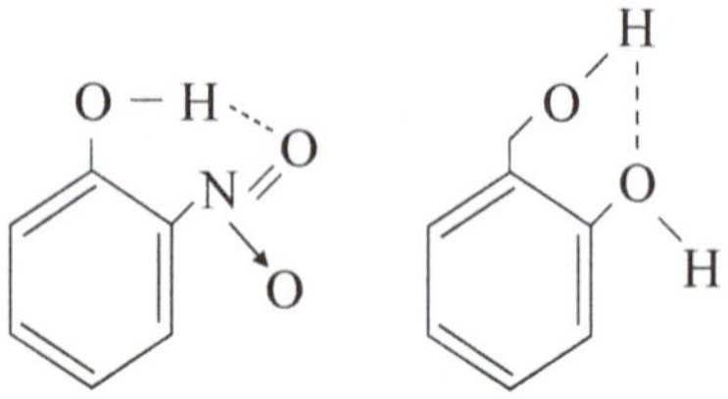
O – H
O
N
O
H
O
O
H

```
H3C – CH – CH – CH2 – CH3
      |    |
      OH···OH
```

4.2 Força entre dipolo-dipolo

Ocorre em molécula polar. O polo positivo de uma molécula atrai o polo negativo de outra molécula.

Exemplos:

$$\underset{H}{\overset{H}{\diagdown}}C=\overset{\delta-}{O}\ \text{------}\ \underset{H}{\overset{\delta+\ H}{\diagdown}}C=O$$

aldeído

$$\underset{H_3C}{\overset{H_3C}{\diagdown}}C=\overset{\delta-}{O}\ \text{------}\ \underset{H_3C}{\overset{H_3C}{\diagdown}}\overset{\delta+}{C}=O$$

cetona

$$\ldots\overset{\delta+}{H_3C}-\overset{\delta-}{Cl}\ldots\overset{\delta+}{H_3C}-\overset{\delta-}{Cl}\ldots$$

haleto orgânico

4.3 Força entre dipolo instantâneo-dipolo induzido ou força de dispersão de London

Ocorre em molécula apolar devido ao movimento dos elétrons dentro da molécula.

Os elétrons estão em movimento contínuo, sendo que em algum instante existe mais elétrons em um lado da molécula, aparecendo na molécula um dipolo temporário ou instantâneo.

Um dipolo instantâneo em uma molécula pode induzir um dipolo em uma molécula próxima. Como resultado, o lado negativo de uma molécula termina adjacente ao lado positivo de outra molécula, como mostrado a seguir.

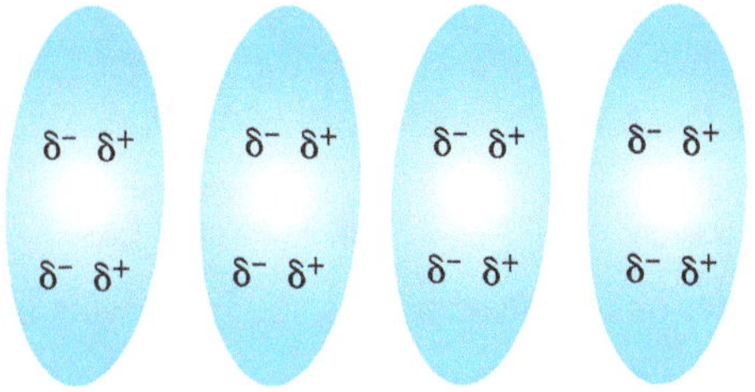

Exemplos:

$$\begin{array}{c}Cl\\|\\Cl-C-Cl\\|\\Cl\end{array}\qquad\begin{array}{c}H\\|\\H-C-H\\|\\H\end{array}$$

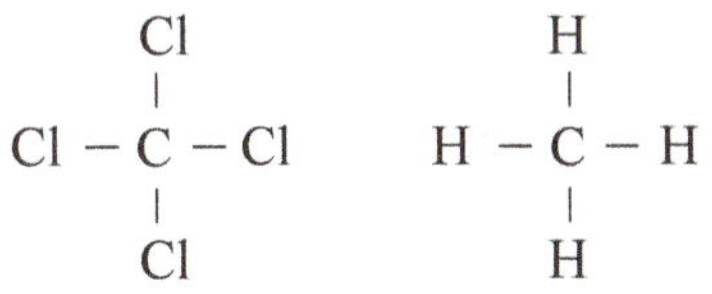

Os hidrocarbonetos são compostos orgânicos que mais comumente apresentam esse tipo de força.

Observação: intensidade das forças intermoleculares para moléculas com tamanhos próximos:

ligação de hidrogênio > dipolo-dipolo > dipolos induzidos

$$H_3C-CH_2-OH\ >\ H_3C-\underset{H}{\overset{\overset{O}{\|}}{C}}\ >\ H_3C-CH_3$$

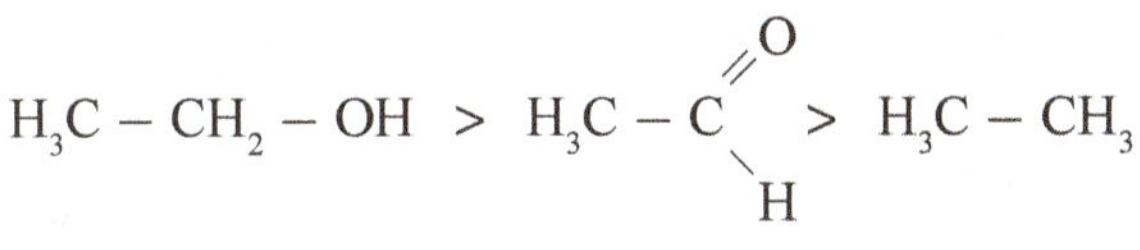

5. Ponto de ebulição (PE)

O ponto de ebulição (PE) de uma substância é a temperatura em que sua forma líquida se torna um gás (vaporiza). Para que uma substância vaporize, as forças que mantêm as moléculas individuais unidas umas às outras precisam ser superadas. Isso significa que o ponto de ebulição de uma substância depende da força atrativa entre as moléculas individuais.

Se as moléculas são mantidas unidas por forças fortes, muita energia será necessária para manter as moléculas separadas umas das outras e a substância terá um ponto de ebulição alto. Por outro lado, se as moléculas são mantidas unidas por forças fracas, apenas uma pequena quantidade de energia será necessária para separar as moléculas uma das outras e a substância terá um ponto de ebulição baixo.

Quanto maior a força intermolecular, maior o ponto de ebulição.

Exemplos:
- Quando o etanol (H_3C-CH_2-OH) ferve, ligações de hidrogênio são quebradas.

$$H_3C-CH_2-OH(l) \longrightarrow H_3C-CH_2-OH(v)$$

- Quando a propanona $\left(H_3C-\overset{\overset{O}{\|}}{C}-CH_3\right)$ 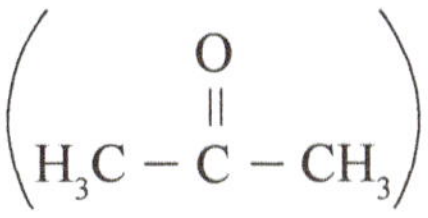 ferve, forças dipolo-dipolo são quebradas.

$$H_3C-\overset{\overset{O}{\|}}{C}-CH_3(l) \longrightarrow H_3C-\overset{\overset{O}{\|}}{C}-CH_3(v)$$

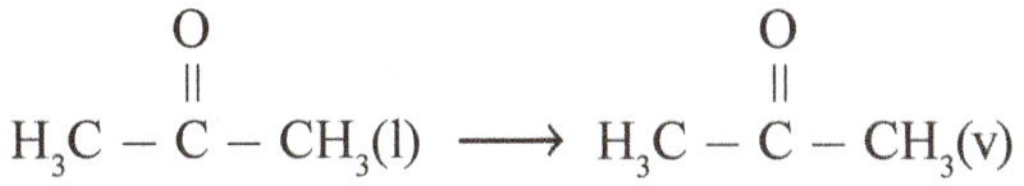

- Quando o pentano ($H_3C-CH_2-CH_2-CH_2-CH_3$) ferve, forças dipolo instantâneo-dipolo induzido são quebradas.

Regras:

1. Para composto de mesma função, quanto maior a cadeia, maior o ponto de ebulição.

	CH_4	CH_3CH_3	$CH_3CH_2CH_3$
PE	–161,7 °C	–88,6	–42,1

	CH_3OH	C_2H_5OH	C_3H_7OH
PE	65	78,5	97

2. Para isômeros, quanto mais ramificada a cadeia, menor o ponto de ebulição (diminui a superfície da molécula).

$CH_3-(CH_2)_3-CH_3$

pentano
PE = 36 °C

$$CH_3-\underset{CH_3}{\overset{}{CH}}-CH_2-CH_3$$

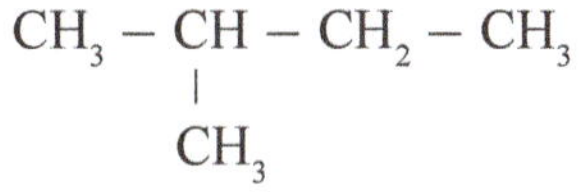

2-metilbutano
PE = 28 °C

$$CH_3-\underset{\underset{CH_3}{|}}{\overset{\overset{CH_3}{|}}{C}}-CH_3$$

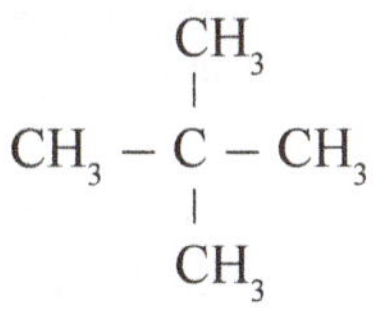

2,2-dimetilpropano
PE = 10 °C

3. Para isômeros, prevalece a intensidade das forças intermoleculares.

dipolos induzidos < dipolo-dipolo < ligação de hidrogênio

Exemplos:

H_3C-CH_2-OH	$H_3C-O-CH_3$
etanol	éter dimetílico
PE = 78,5 °C	PE = –25 °C

O álcool tem maior ponto de ebulição que o éter, pois o álcool faz ligação de hidrogênio.

$CH_3CH_2CH(CH_3)CH_2NH_2$	$CH_3CH_2CH(CH_3)NHCH_3$
amina primária	amina secundária
PE = 97 °C	PE = 84 °C

$CH_3CH_2N(CH_3)CH_2CH_3$

amina terciária

PE = 65 °C

Como aminas primárias têm duas ligações N – H, a ligação de hidrogênio é mais significativa em aminas primárias que em secundárias. Aminas terciárias não podem formar ligações de hidrogênio entre as próprias moléculas porque não têm hidrogênio ligado ao nitrogênio. Consequentemente, se compararmos aminas com a mesma massa molecular e de estruturas semelhantes, observaremos que as aminas primárias têm maior pontos de ebulição que as secundárias, que por sua vez têm maiores pontos de ebulição que as aminas terciárias.

4. Para mesma quantidade de átomos de carbono temos:

$$PE_{ácido} > PE_{álcool} > PE_{hidrocarboneto}$$

$$H_3C-C(=O)-OH > H_3C-CH_2-OH > H_3C-CH_3$$

PE = 118 °C PE = 78,5 °C PE = –88,6 °C

O ácido tem maior ponto de ebulição que o álcool, pois o número de ligações de hidrogênio no ácido é maior (dímero).

5. A ocorrência de ligações de hidrogênio **intramoleculares** reduz a ocorrência de ligações de hidrogênio **intermoleculares** e, por isso, esses compostos têm menor ponto de ebulição que o seu isômero.

Exemplo:

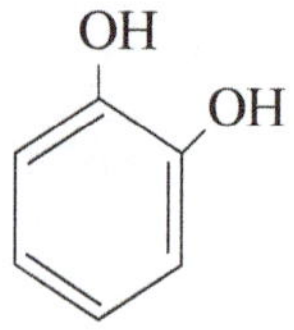

catecol

PE = 105 °C

hidroquinona

PE = 173 °C

6. Solubilidade

6.1 Introdução

Uma substância é solúvel em outra quando ambas apresentam o mesmo tipo de forças intermoleculares e aproximadamente com a mesma intensidade.

O estudo da solubilidade é facilitado utilizando o seguinte princípio:

Semelhantes tendem a dissolver semelhantes:

polar $\xrightarrow{\text{dissolve}}$ polar

apolar $\xrightarrow{\text{dissolve}}$ apolar

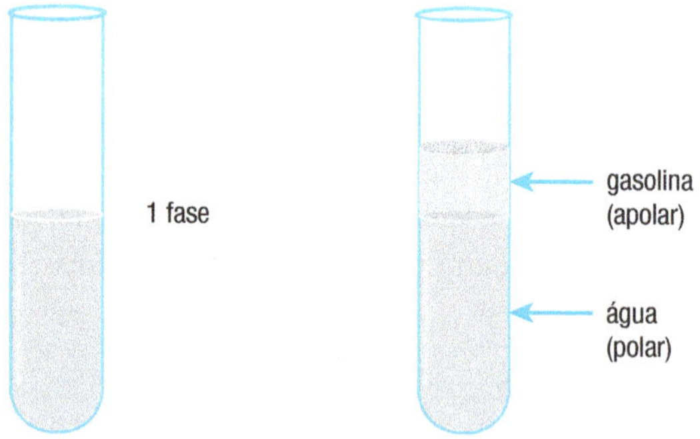
1 fase
gasolina
(apolar)
água
(polar)

água + álcool (ambos polares)   água + gasolina (não ocorre dissolução)

Importante: os hidrocarbonetos são insolúveis na água.

6.2 Parte hidrófoba

A cadeia carbônica é a parte apolar da molécula, portanto, não possui afinidade pela água, pois temos as ligações C – C (apolar) e C – H (praticamente apolar).

A solubilidade diminui à medida que a cadeia carbônica aumenta, pois ela é **hidrófoba**.

Solubilidades de éteres em água

2 C's	CH_3OCH_3	solúvel
3 C's	$CH_3OCH_2CH_3$	solúvel
4 C's	$CH_3CH_2OCH_2CH_2$	ligeiramente solúvel (10 g/100 g H_2O)
5 C's	$CH_3CH_2OCH_2CH_2CH_3$	pouco solúvel (1,0 g/100 g H_2O)
6 C's	$CH_3CH_2CH_2OCH_2CH_2CH_3$	insolúvel (0,25 g/100 g H_2O)

6.3 Parte hidrófila

É a parte polar da molécula.

Exemplos:

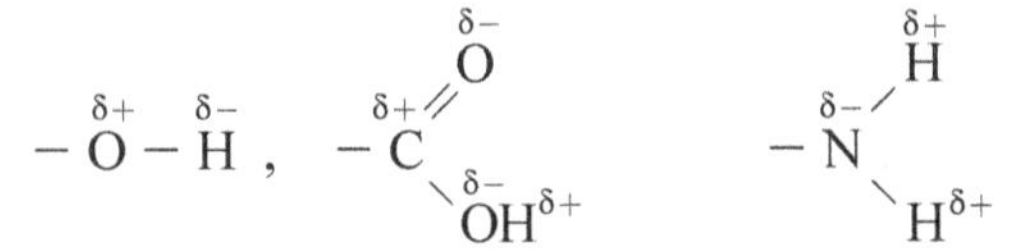

Esses grupos se ligam por ligação de hidrogênio com as moléculas polares da água.

Exemplo:

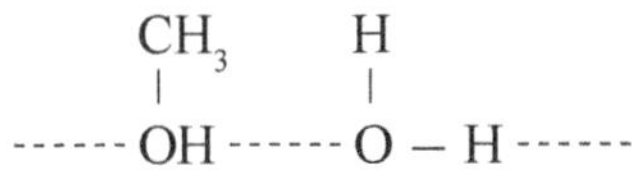

Quanto maior o número de grupos hidrófilos, maior será a tendência de a substância se solubilizar em água.

Exemplo:

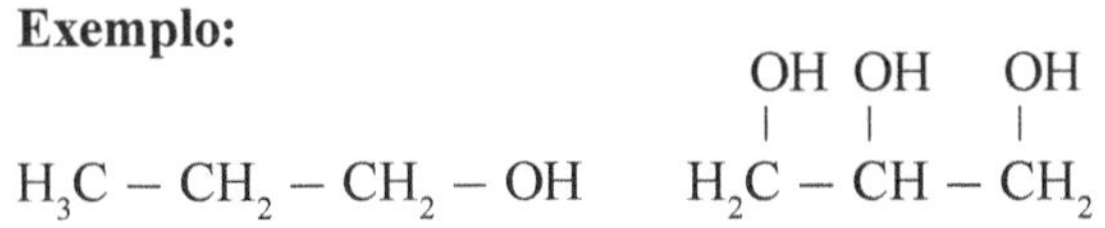

menos solúvel — mais solúvel

6.4 Solubilidade dos álcoois

Um álcool tem tanto um grupo alquila apolar quanto um grupo OH polar. Sendo assim, ele é uma molécula polar ou apolar? Ele é solúvel em um solvente apolar ou solúvel em água? A resposta depende do tamanho do grupo alquila. Quando o grupo alquila aumenta em tamanho, ele se torna a fração mais significativa da molécula de álcool, e a substância se torna cada vez menos solúvel em água. Em outras palavras, a molécula torna-se cada vez mais um alcano. Quatro átomos de carbono tendem a ser a linha divisória da temperatura ambiente. Álcoois com menos de quatro átomos de carbono são solúveis em água, mas álcoois com mais de quatro carbonos são insolúveis. Assim, um grupo OH pode arrastar aproximadamente três ou quatro átomos de carbono para a solução em água.

$$R - \overset{\delta-}{O} - \overset{\delta+}{H}$$

parte apolar	parte polar
hidrófoba	hidrofílica
insolúvel em água	solúvel em água

$R < 4$: totalmente solúvel em água

Os álcoois metanol, etanol e propanol são solúveis em água em qualquer proporção, pois predomina o grupo OH, que é polar.

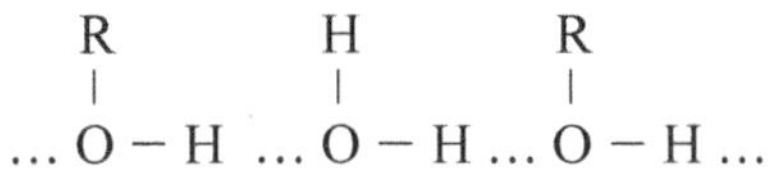

ligações de hidrogênio entre moléculas de álcool e água.

$R \geq 4$: solubilidade em água diminui

À medida que a cadeia carbônica cresce, a solubilidade em água diminui. Nos álcoois de cadeia grande, as cadeias longas e apolares predominam sobre o grupo OH, polar e pequeno.

Álcool	solubilidade em água (g/100 g de H_2O)
CH_3OH	ilimitada
CH_3CH_2OH	ilimitada
$CH_3CH_2CH_2OH$	ilimitada
$CH_3CH_2CH_2CH_2OH$	8 g
$CH_3CH_2CH_2CH_2CH_2OH$	2,3 g

Atenção: os álcoois são solúveis em solventes apolares (gasolina, benzeno, éter), pois a cadeia apolar (R) se liga com o solvente apolar (força de van der Walls).

apolar ... R
R ... apolar

6.5 Solubilidade das vitaminas

Vitaminas hidrossolúveis (hidro = água) são aquelas que se dissolvem bem em água, mas não em óleos e gorduras. Isso se deve à presença de vários grupos OH (polar).

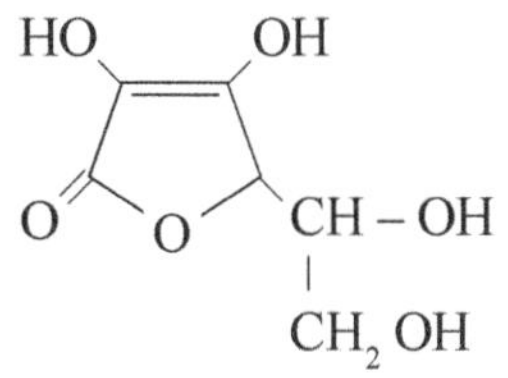

vitamina C (hidrossolúvel)

Vitaminas lipossolúveis (lipo = gordura) são aquelas que se dissolvem bem em óleos e gorduras, mas não em água. Isso se deve ao predomínio de cadeia carbônica (apolar).

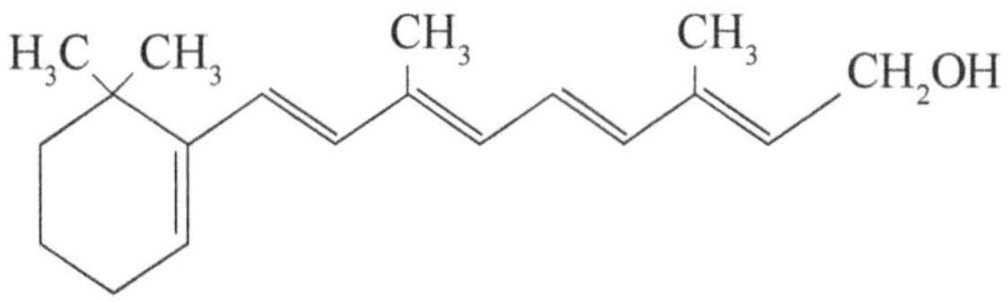

vitamina A (lipossolúvel)

Exercícios Série Prata

Marque apolar ou polar para as questões **1** a **8**.

1. 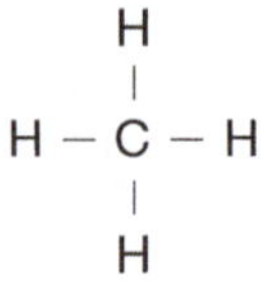 __________________

2. 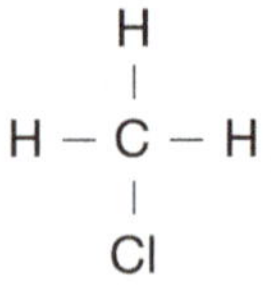 __________________

3. 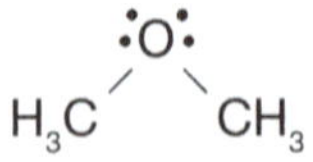 __________________

4. $H_3C - CH_2 - CH_2 - CH_3$ __________________

5. 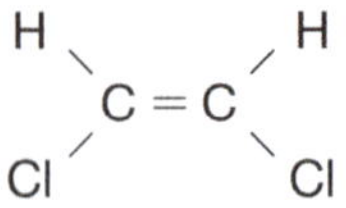 __________________

6. 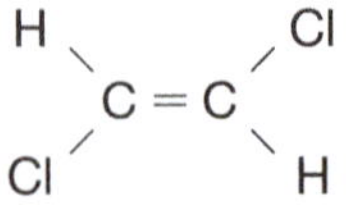 __________________

7. 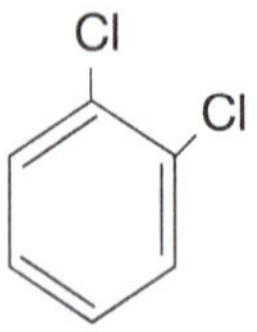 __________________

8. 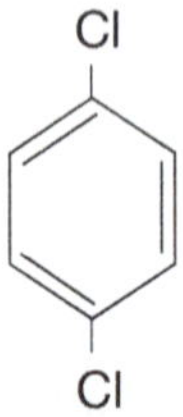 __________________

Para questões **9** a **15** complete com **ligação de hidrogênio**, **dipolo-dipolo** ou **dipolos induzidos**.

9. $H_3C - CH_2 - OH$ __________________

10. 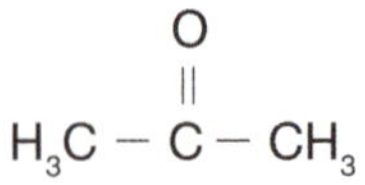 __________________

11.  __________________

13. 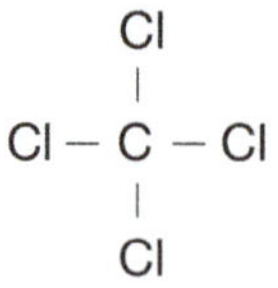 __________________

14. 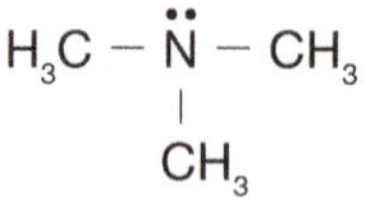 __________________

15. $CH_3\,COOH$ __________________

16. Assinale a alternativa correta.

A representação 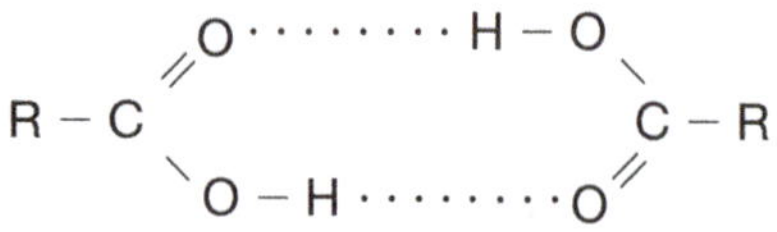

indica um tipo de ligação intermolecular

a) de hidrogênio.
b) covalente.
c) iônica.
d) de van der Walls.
e) apolar.

17. (UEPB) Dados os seguintes compostos:

I. $H_3C - CH_2 - CH_2 - CH_3$

II. $H_3C - CH_2 - CH_2 - CH_2 - CH_3$

III. 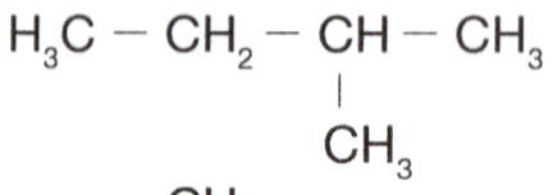

IV. 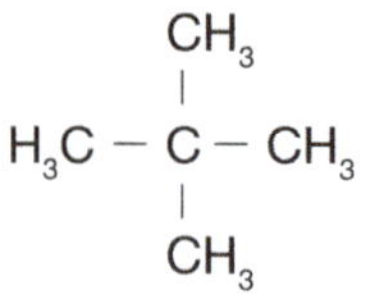

Com base nas propriedades físicas dos hidrocarbonetos supracitados, escolha a alternativa que corresponde à ordem crescente dos ponto de ebulição nos compostos dados.

a) I < IV < III < II.
b) IV < III < II < I.
c) I < II < III < IV.
d) IV < I < III < II.
e) III < IV < II < I.

Dados: H = l g/mol; C = 12 g/mol.

18. (FCMMG/Feluma) A ordem decrescente dos pontos de ebulição dos compostos a seguir está mais bem representada pela opção:

I. $CH_3-C(CH_3)_2-C(CH_3)_2-CH_3$

II. $CH_3(CH_2)_6CH_3$

III. $CH_3(CH_2)_{16}COOH$

IV. $CH_3(CH_2)_6CH_2OH$

a) III, II, I, IV
b) I, II, IV, III
c) III, IV, I, II
d) IV, III, II, I
e) III, IV, II, I

19. (UNIFOR – CE) Analise as substâncias abaixo.

I. etanol (C_2H_5OH)
II. éter dimetílico (H_3COCH_3)
III. propan-1-ol (C_3H_2OH)

Considerando a existência ou não de pontes de hidrogênio ligando moléculas iguais e suas correspondentes massas moleculares, é de ser prever que, sob mesma pressão, os pontos de ebulição dessas substâncias sejam crescentes na seguinte ordem:

a) I, II e III
b) I, III e II
c) II, I e III
d) II, III e I
e) III, II e I

20. Explique por que o ponto de ebulição do ortonitrofenol (100 °C) é bem menor que o do metanitrofenol (194 °C).

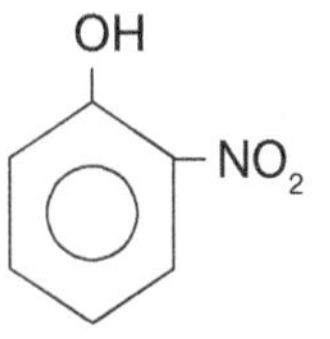
OH
NO2
orto-nitrofenol

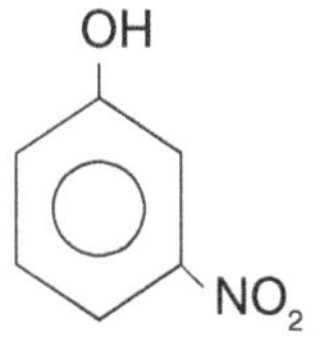
OH
NO2
meta-nitrofenol

21. (FUVEST – SP) Examinando as fórmulas:

I. H_3C-CH_3

II. H_3C-CH_2-OH

III. $H_3C-C(=O)-OH$

IV. $H_3C-O-CH_3$

Podemos prever que são mais solúveis em água os compostos representados por:

a) I e IV.
b) I e III.
c) II e III.
d) II e IV.
e) III e IV.

22. (CESGRANRIO – RJ) Determina-se experimentalmente que, num álcool R – OH, a solubilidade em água varia inversamente com o tamanho de R. Esse fato se deve:

a) somente às propriedades hidrófilas do grupo hidroxila.
b) às propriedades hidrófilas de R, qualquer que seja seu tamanho.
c) às propriedades hidrófobas de R, qualquer que seja seu tamanho.
d) ao aumento de R corresponder ao aumento da parte apolar hidrofóbica.
e) à diminuição de R corresponder a uma diminuição na polaridade da molécula.

Exercícios Série Ouro

1. (PUC – PR) À temperatura ambiente, o éter etílico evapora mais rapidamente que o álcool etílico. Sendo assim, pode-se concluir que, em relação ao álcool, o éter apresenta:

a) ponto de ebulição mais alto.
b) ligações intermoleculares mais fracas.
c) pressão do vapor menor.
d) pontes de hidrogênio em maior número.
e) massa molecular menor.

2. (PUC – SP) A análise da fórmula estrutural de isômeros possibilita comparar, qualitativamente, as respectivas temperaturas de ebulição. Na análise devem-se considerar os tipos de interação intermolecular possíveis, a polaridade da molécula e a extensão da superfície molecular.

Dados os seguintes pares de isômeros:

I. 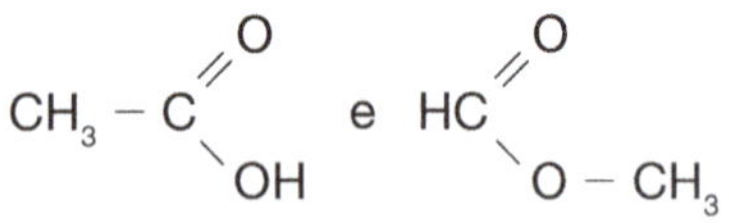

II. 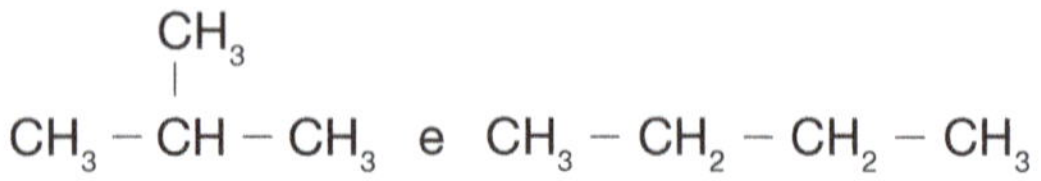

III. 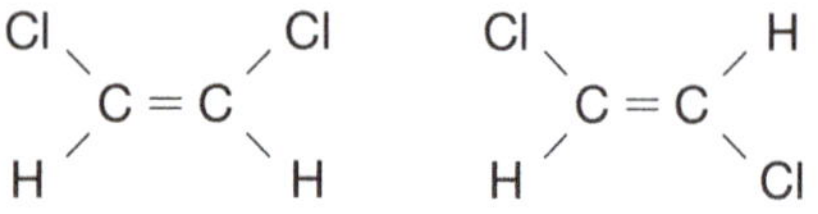

Pode-se afirmar que o isômero que apresenta a maior temperatura de ebulição de cada par é

	I	II	III
a)	ácido etanoico	butano	trans-1,2-dicloroeteno
b)	metanoato de metila	metilpropano	trans-1,2-dicloroeteno
c)	ácido etanoico	metilpropano	cis-1,2-dicloroeteno
d)	ácido etanoico	butano	cis-1,2-dicloroeteno
e)	metanoato de metila	butano	trans-1,2-dicloroeteno

3. (UNIFESP) Solubilidade, densidade, ponto de ebulição (PE) e ponto de fusão (PF) são propriedades importantes na caracterização de compostos orgânicos. O composto 1,2-dicloroeteno apresenta-se na forma de dois isômeros, um com PE 60 °C e outro com PE 48 °C. Em relação a esses isômeros, é correto afirmar que o isômero.

a) cis apresenta PE 60 °C.
b) cis é mais solúvel em solvente não polar.
c) trans tem maior polaridade.
d) cis apresenta fórmula molecular $C_2H_4Cl_2$.
e) trans apresenta forças intermoleculares mais intensas.

4. (UNESP) As moléculas de cis-dibromoeteno (I) e trans-dibromoeteno (II) têm a mesma massa molar e o mesmo número de elétrons, diferindo apenas no arranjo de seus átomos:

(I) 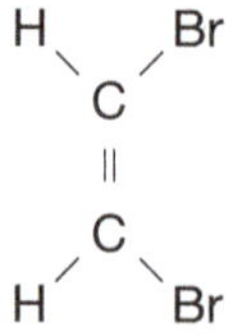

(II) 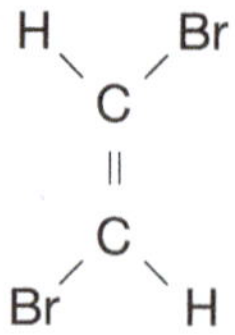

À temperatura ambiente, é correto afirmar que:

a) os dois líquidos possuem a mesma pressão de vapor.
b) cis-dibromoeteno apresenta maior pressão de vapor.
c) as interações intermoleculares são mais fortes em (II).
d) trans-dibromoeteno é mais volátil.
e) as duas moléculas são polares.

5. (ENEM) As fraldas descartáveis que contêm o polímero poliacrilato de sódio (1) são mais eficientes na retenção de água que as fraldas de pano convencionais, constituídas de fibras de celulose (2).

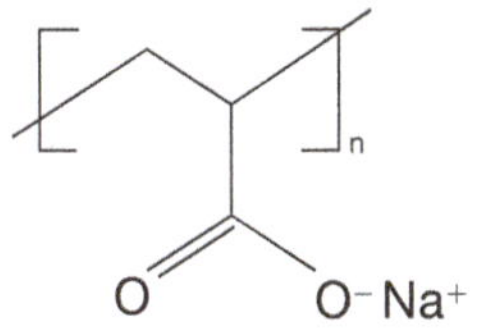

(1)

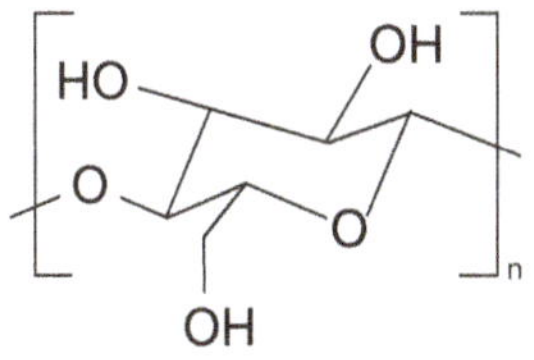

(2)

A maior eficiência dessas fraldas descartáveis, em relação às de pano, deve-se às

a) interações dipolo-dipolo mais fortes entre o poliacrilato e a água, em relação às ligações de hidrogênio entre a celulose e as moléculas de água.
b) interações íon-íon mais fortes entre o poliacrilato e as moléculas de água, em relação às ligações de hidrogênio entre a celulose e as moléculas de água.
c) ligações de hidrogênio mais fortes entre o poliacrilato e a água, em relação às interações íon-dipolo entre a celulose e as moléculas de água.
d) ligações de hidrogênio mais fortes entre o poliacrilato e as moléculas de água, em relação às interações dipolo induzido-dipolo induzido entre a celulose e as moléculas de água.
e) interações íon-dipolo mais fortes entre o poliacrilato e as moléculas de água, em relação às ligações de hidrogênio entre a celulose e as moléculas de água.

6. (FUVEST – SP) Em uma tabela de propriedades físicas de compostos orgânicos, foram encontrados os dados abaixo para compostos de cadeia linear I, II, III e IV. Esses compostos são etanol, heptano, hexano e 1-propanol, não necessariamente nessa ordem.

Composto	Ponto de ebulição*	Solubilidade em água
I	69,0	i
II	78,5	∞
III	97,4	∞
IV	98,4	i

* – em °C sob uma atmosfera
i – composto insolúvel em água
∞ – composto miscível com água em todas as proporções

Os compostos I, II, III e IV são, respectivamente

a) etanol, heptano, hexano e propan-1-ol.
b) heptano, etanol, propan-1-ol e hexano.
c) propan-1-ol, etanol, heptano e hexano.
d) hexano, etanol, propan-1-ol e heptano.
e) hexano, propan-1-ol, etanol e heptano.

7. (FUVEST – SP) Têm-se amostras de três sólidos brancos, A, B e C. Sabe-se que devem ser naftaleno, nitrato de sódio e ácido benzoico, não necessariamente nessa ordem. Para se identificar cada uma delas, determinam-se algumas propriedades, as quais estão indicadas na tabela abaixo:

	A	B	C
Temperatura de fusão °C	306	80	122
Solubilidade em água	muito solúvel	praticamente insolúvel	um pouco solúvel

Esses dados indicam que A, B e C devem ser, respectivamente,

a) ácido benzoico, nitrato de sódio e naftaleno.
b) ácido benzoico, naftaleno e nitrato de sódio.
c) naftaleno, nitrato de sódio ácido benzoico.
d) nitrato de sódio, ácido benzoico e naftaleno.
e) nitrato de sódio, naftaleno e ácido benzoico.

8. (FUVEST – SP) A reação do tetracloroetano ($C_2H_2Cl_4$) com zinco metálico produz cloreto de zinco e duas substâncias orgânicas isoméricas, em cujas moléculas há dupla ligação e dois átomos de cloro. Nessas moléculas, cada átomo de carbono está ligado a um único átomo de cloro.

a) Utilizando fórmulas estruturais, mostre a diferença na geometria molecular dos dois compostos orgânicos isoméricos formados na reação.

b) Os produtos da reação podem ser separados por destilação fracionada. Qual dos dois isômeros tem maior ponto de ebulição? Justifique.

9. (PUC) Foram determinadas as temperaturas de fusão e de ebulição de alguns compostos aromáticos encontrados em um laboratório. Os dados obtidos e as estruturas das substâncias estudadas estão apresentados a seguir:

Amostras	t de fusão (°C)	t de ebulição (°C)
1	–95	110
2	–26	178
3	43	192
4	122	249

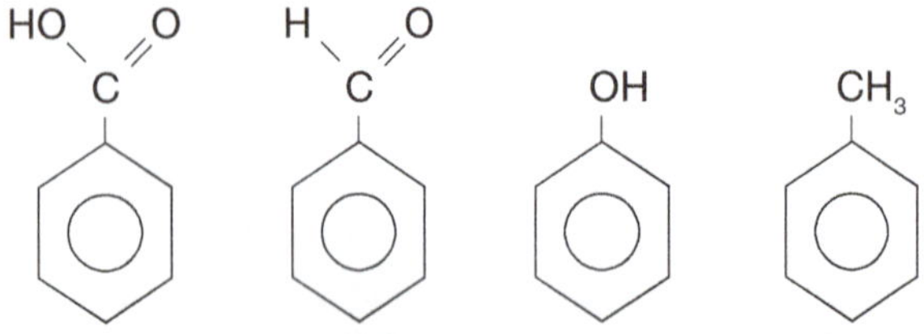
HO
O
C
H
O
C
OH
CH3

ácido benzoico   benzaldeído   fenol   tolueno

A análise das temperaturas de fusão e ebulição permite identificar as amostras 1, 2, 3, e 4, como sendo, respectivamente.

a) ácido benzoico, benzaldeído, fenol e tolueno.
b) fenol, ácido benzoico, tolueno e benzaldeído.
c) tolueno, benzaldeído, fenol e ácido benzoico.
d) benzaldeído, tolueno, ácido benzoico e fenol.
e) tolueno, benzaldeído, ácido benzoico e fenol.

10. (UNICAMP – SP) – Agora sou eu então – diz Chuá.
— Vamos considerar duas buretas lado a lado. Numa se coloca água e na outra hexano, mas não digo qual é qual. Pego agora um bastão de plástico e atrito-o com uma flanela. Abro as torneiras das duas buretas, deixando escorrer os líquidos que formam "fios" até caírem nos frascos coletores. Aproximo o bastão plástico e o posiciono no espaço entre os dois fios, bem próximo deles.

a) A partir da observação do experimento, como se pode saber qual das duas buretas contém hexano? Por quê?
— Hi! Esta questão me entortou! Deixe-me pensar um pouco ... Ah! Já sei! ... Pergunte mais! — diz Naná.

b) Se em lugar de água e de hexano fossem usados trans-1,2-dicloroeteno e cis-1,2-dicloroeteno, o que se observaria ao repetir o experimento?

11. (UNIFESP) Ácido maleíco e ácido fumárico são, respectivamente, os isômeros geométricos cis e trans de fórmula molecular $C_4H_4O_4$. Ambos apresentam dois grupos carboxila e seus pontos de fusão são, respectivamente, 130 °C e 287 °C.

a) Sabendo que C, H e O apresentam as suas valências mais comuns, deduza as fórmulas estruturais dos isômeros cis e trans, identificando-os e explicando o raciocínio utilizado.

b) Com relação aos pontos de fusão dos isômeros, responda qual tipo de interação é rompida na mudança de estado, explicitando se é do tipo inter ou intramolecular. Por que o ponto de fusão do isômero cis é bem mais baixo do que o do isômero trans?

12. (FGV) Armas químicas são baseadas na toxicidade de substâncias, capazes de matar ou causar danos a pessoas e ao meio ambiente.

Elas têm sido utilizadas em grandes conflitos e guerras, como o ocorrido em 2013 na Síria, quando a ação do sarin causou a morte de centenas de civis.

http://pt.wikipedia.org/wiki/Guerra_qu%C3%ADmica e http://pt.wikipedia.org/wiki/Categoria:Armas_qu%C3ADmicas. Adaptado.

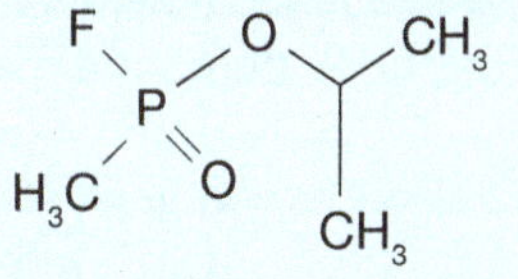
F
O
CH3
P
H3C
O
CH3

sarin

Entre água e benzeno, o solvente mais adequado para a solubilização do sarin e a principal força intermolecular encontrada entre as moléculas do sarin no estado líquido são, respectivamente,

a) água e dispersão de London.
b) água e interação dipolo-dipolo.
c) água e ligação de hidrogênio.
d) benzeno e interação dipolo-dipolo.
e) benzeno e ligação de hidrogênio.

Resolução:

No sarin, o número de ligações polares (C – P, P – F, P – O, O – C e C – H) é maior do que o número de ligações apolares (C – C).
A principal força intermolecular encontrada entre as moléculas do sarin é interação dipolo-dipolo.
O solvente mais adequado é a água, pois é um solvente polar.

Resposta: alternativa b.

13. (UESPI – modificado) A vitamina C atua como antioxidante. Pode ser encontrada nas frutas cítricas, framboesa, tomate, pimenta, etc. De acordo com sua fórmula estrutural a seguir, escolha a alternativa correta.

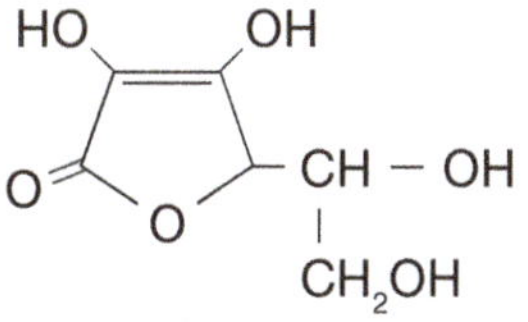
HO
OH
O
O
CH – OH
CH2OH

a) É praticamente insolúvel em água.
b) Apresenta as funções álcool, cetona e éter.
c) Forma ligações de hidrogênio.
d) Não possui carbono primário.
e) É mais solúvel em compostos apolares.

14. (ENEM) O armazenamento de certas vitaminas no organismo apresenta grande dependência de sua solubilidade. Por exemplo, vitaminas hidrossolúveis devem ser incluídas na dieta diária, enquanto vitaminas lipossolúveis são armazenadas em quantidades suficientes para evitar doenças causadas pela sua carência. A seguir são apresentadas as estruturas químicas de cinco vitaminas necessárias ao organismo.

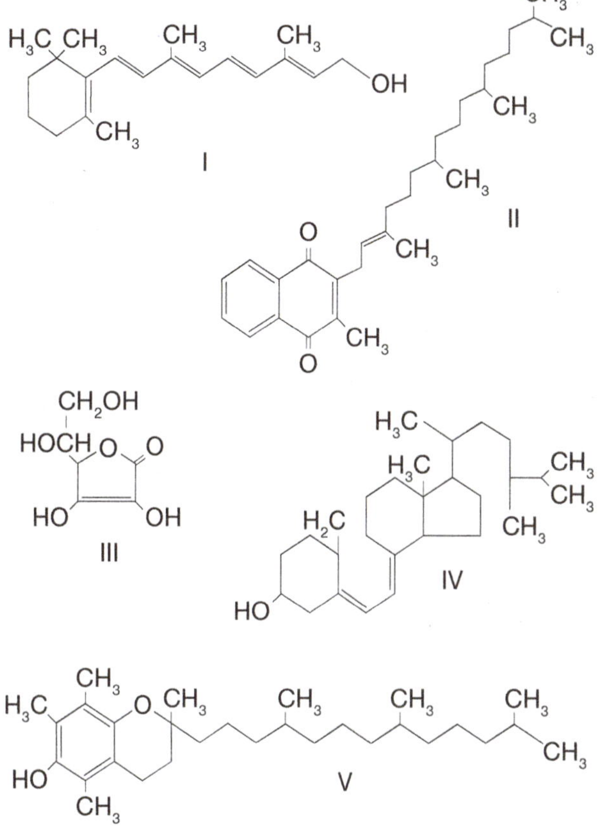
I
II
III
IV
V

Dentre as vitaminas apresentadas na figura, aquela que necessita de maior suplementação diária é

a) I.
b) II.
c) III.
d) IV.
e) V.

15. (FUVEST - SP)

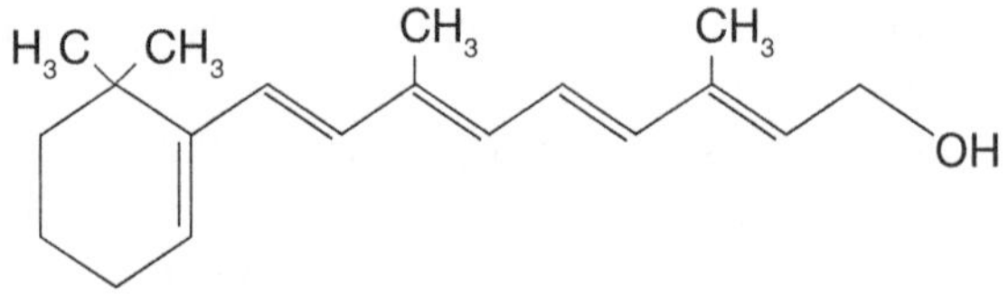

vitamina A (ponto de fusão = 62 °C)

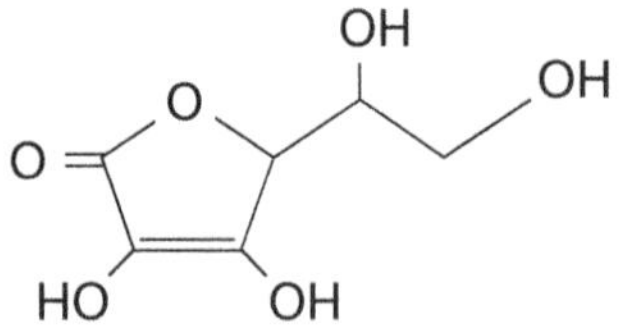

vitamina C (ponto de fusão = 193 °C)

Uma das propriedades que determina a maior ou menor concentração de uma vitamina na urina é a sua solubilidade em água.

a) Qual dessas vitaminas é mais facilmente eliminada na urina? Justifique.

b) Dê uma justificativa para o ponto de fusão da vitamina C ser superior ao da vitamina A.

16. (FUVEST - SP) Alguns alimentos são enriquecidos pela adição de vitaminas, que podem ser solúveis em gordura ou em água. As vitaminas solúveis em gordura possuem uma estrutura molecular com poucos átomos de oxigênio, semelhante à de um hidrocarboneto de longa cadeia, predominando o caráter apolar. Já as vitaminas solúveis em água têm estrutura com alta proporção de átomos eletronegativos, como o oxigênio e o nitrogênio, que promovem forte interação com a água. A seguir estão representadas quatro vitaminas:

I. 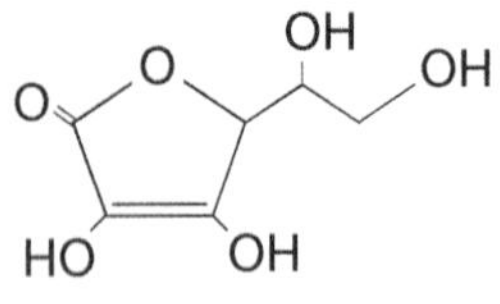

II. 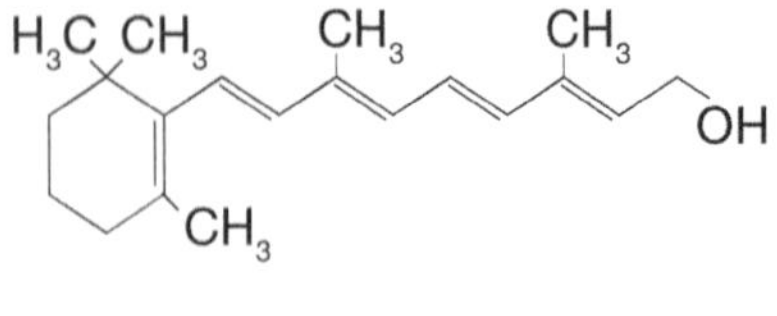

III. 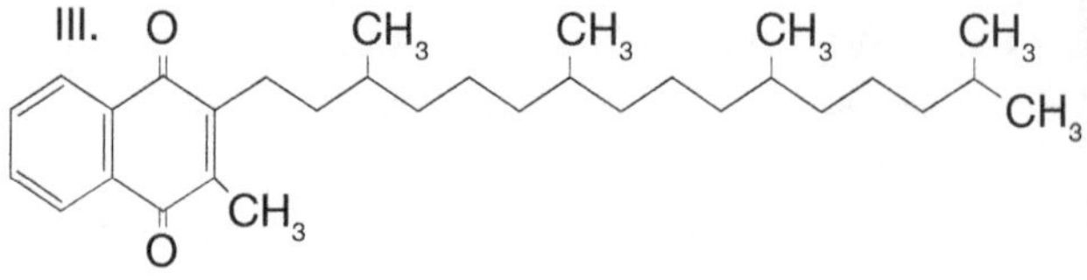

IV. 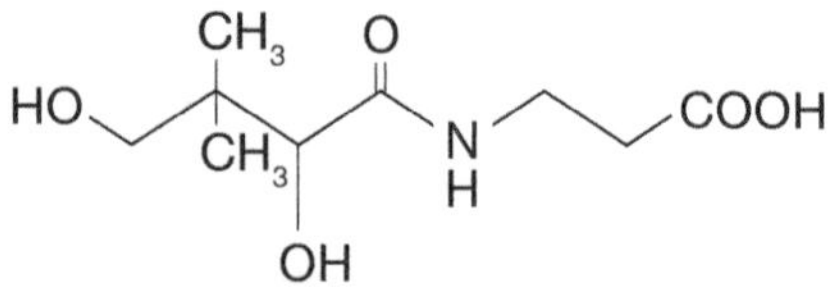

Dentre elas, é adequado adicionar, respectivamente, a sucos de frutas puros e a margarinas, as seguintes:

a) I e IV.
b) II e III.
c) III e IV.
d) III e I.
e) IV e II.

17. (UNIFESP) A "violeta genciana" é empregada, desde 1890, como fármaco para uso tópico, devido a sua ação bactericida, fungicida e secativa. Sua estrutura é representada por:

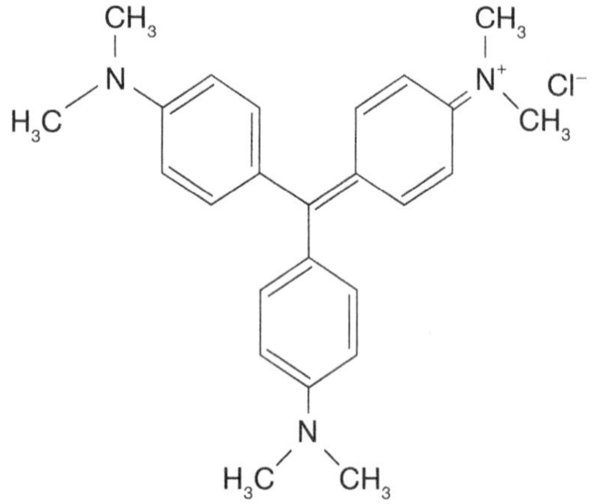

Em relação à violeta genciana, afirma-se:

I. Apresenta grupos funcionais amina e grupos metila.
II. Apresenta carbono quiral.
III. Forma ligação de hidrogênio intermolecular.

É correto apenas o que se afirma em

a) I.
b) I e II.
c) I e III.
d) II e III.
e) III.

Reação de Substituição em Alcanos

Capítulo 7

1. Substituição em alcanos ou parafinas

Como os alcanos têm apenas ligações σ fortes e as ligações C – H e C – C são apolares, os alcanos são substâncias orgânicas pouco reativas e, por isso, foram chamadas **parafinas** (*parum* = pouca; *afinis* = reatividade). A reação de substituição em alcanos ocorre em altas temperaturas ou na presença de luz.

2. Cloração e bromação de alcanos

Os alcanos reagem com cloro (Cl_2) ou bromo (Br_2) para formar cloretos de alquila ou brometos de alquila. Essas **reações de halogenação** ocorrem somente em altas temperaturas ou na presença de luz. Elas são as únicas reações que os alcanos sofrem – com exceção da **combustão**, uma reação com oxigênio que ocorre em altas temperaturas e converte alcanos em dióxido de carbono e água.

$$\underset{\text{alcano}}{R-H} + \underset{Cl_2 \text{ ou } Br_2}{X_2} \longrightarrow \underset{\text{haleto de alquila}}{R-X} + HX$$

Um átomo de hidrogênio é substituído por um átomo de halogênio.

Exemplos:

$$CH_4 + Cl_2 \xrightarrow{\Delta \text{ ou luz}} CH_3Cl + HCl$$

clorometano
cloreto de metila

$$CH_3CH_3 + Br_2 \xrightarrow{\Delta \text{ ou luz}} CH_3CH_2Br + HBr$$

bromoetano
brometo de etila

O metano, com excesso de cloro e com o auxílio de calor ou de luz ultravioleta, poderá sofrer a substituição dos demais hidrogênios, de modo a obtermos, sucessivamente:

$$CH_4 \longrightarrow CH_3Cl \longrightarrow CH_2Cl_2 \longrightarrow CHCl_3 \longrightarrow CCl_4$$

$CHCl_3$: triclorometano ou clorofórmio

CCl_4: tetraclorometano ou tetracloreto de carbono

3. Mecanismo de substituição em alcanos

O mecanismo atualmente aceito para esse tipo de reação é denominado de **radical livre** ou **radicalar**.

Radical livre é uma partícula neutra contendo elétron livre, isto é, não ligado ($Cl\bullet$, $H_3C\bullet$).

Exemplo:

$$\underset{\text{metano}}{CH_4 + Cl_2} \xrightarrow{\text{luz}} \underset{\text{cloreto de metila}}{CH_3Cl} + HCl$$

1ª etapa (iniciação): $Cl \bullet\bullet Cl \xrightarrow[\text{homolítica}]{\text{luz}} 2\,Cl\bullet$ (radical livre)

2ª etapa (propagação): $H_3C \bullet\bullet H + \bullet Cl \longrightarrow H_3C\bullet + H \bullet\bullet Cl$ ($H_3C\bullet$: radical livre)

3ª etapa (propagação): $H_3C\bullet + Cl \bullet\bullet Cl \longrightarrow H_3C \bullet\bullet Cl + Cl\bullet$ ($Cl\bullet$: radical livre)

O novo radical livre $Cl\bullet$, formado na 3ª etapa, volta na 2ª etapa, de modo que a 2ª e a 3ª se repetem milhares de vezes. Não se deve imaginar, porém, que a reação prossiga indefinidamente – aos poucos, os radicais livres das 2ª e 3ª etapas vão sendo transformados por reações do tipo:

4ª etapa (finalização):

$$Cl\bullet + \bullet Cl \longrightarrow Cl \bullet\bullet Cl$$

ou

$$H_3C\bullet + \bullet CH_3 \longrightarrow H_3C \bullet\bullet CH_3$$

Essa finalização não é desejada, mas sempre ocorre e produz, inclusive, produtos não previstos (subprodutos), como é o caso do $H_3C - CH_3$.

4. Substituição em alcanos com 3 ou mais átomos de carbono

Na halogenação de um alcano que tem mais de um tipo de carbono (primário, secundário ou terciário) teremos a formação de mais de um produto halogenado, pois a reatividade de um carbono primário é diferente do secundário e do terciário.

Dois haletos de alquila diferentes são obtidos da monocloração do butano. A substituição de um hidrogênio ligado a um carbono primário produz o 1-clorobutano, enquanto a substituição de um hidrogênio ligado a um dos carbonos secundários forma o 2-clorobutano

$$\underset{\text{butano}}{2\,CH_3CH_2CH_2CH_3} + 2\,Cl_2 \xrightarrow{\text{luz}} \underset{\substack{\text{1-clorobutano}\\ 29\%}}{CH_3CH_2CH_2CH_2Cl} + \underset{\substack{\text{2-clorobutano}\\ 71\%}}{CH_3CH_2\overset{\overset{Cl}{|}}{C}HCH_3} + 2\,HCl$$

Depois de determinar experimentalmente a quantidade de cada produto de cloração, os químicos concluíram que à temperatura ambiente é 5,0 vezes mais fácil a substituição ocorrer no carbono terciário do que em um primário, e é 3,8 vezes mais fácil a substituição ocorrer no carbono secundário do que em um carbono primário. A ordem de reatividade é:

$$\underset{5{,}0}{\text{terciário}} > \underset{3{,}8}{\text{secundário}} > \underset{1{,}0}{\text{primário}}$$

quantidade de cada produto = número de hidrogênios × reatividade do C

$$\text{rendimento} = \frac{\text{quantidade do produto}}{\text{total dos produtos}} \cdot 100$$

1-clorobutano	2-clorobutano	
quantidade $= 6 \cdot 1 = 6$	quantidade $= 4 \cdot 3{,}8 = 15$	total = 21
rendimento $= \frac{6}{21} \cdot 100 = 29\%$	rendimento $= \frac{15}{21} \cdot 100 = 71\%$	

Vejamos outros exemplos:

- $2\,CH_3 - CH_2 - CH_3 + 2Cl_2 \longrightarrow \underset{43\%}{H_3C - CH_2 - \overset{\overset{Cl}{|}}{C}H_2} + \underset{57\%}{H_3C - \overset{\overset{Cl}{|}}{C}H - CH_3} + 2HCl$

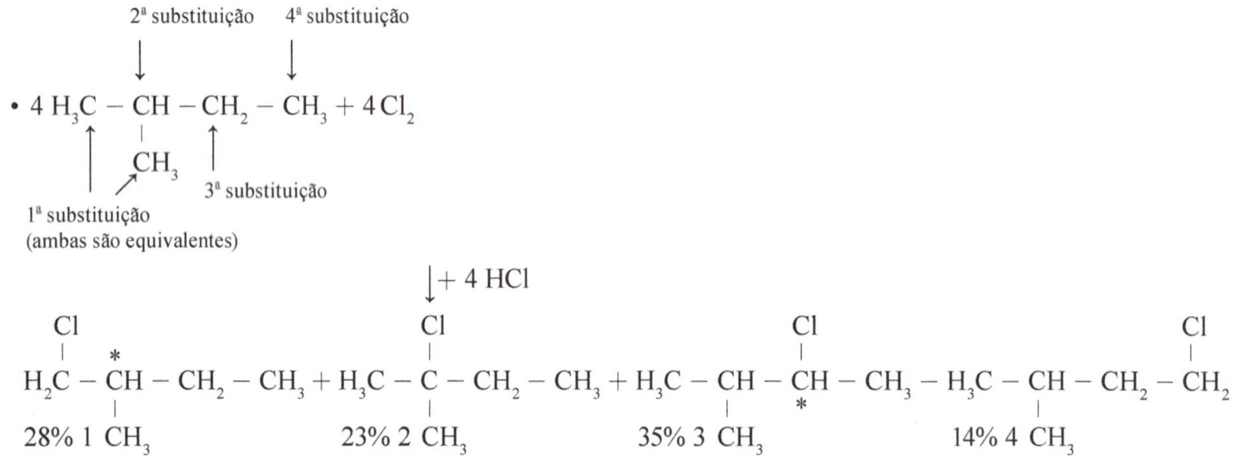

2ª substituição
4ª substituição
• 4 H3C – CH – CH2 – CH3 + 4 Cl2
CH3
3ª substituição
1ª substituição
(ambas são equivalentes)
+ 4 HCl
28% 1
23% 2
35% 3
14% 4

Total de isômeros: 6 (compostos 1 e 3 têm carbonos quirais), portanto, conta dois isômeros: dextrogiro e levogiro.

5. Substituição em cicloalcanos

Os cicloalcanos com 5 C ou mais no ciclo dão reação de substituição, pois esses anéis são estáveis.

Exemplo: 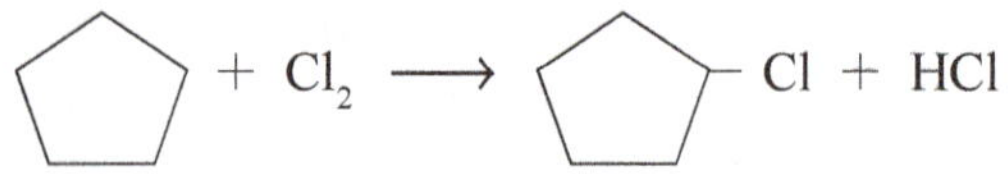

ciclopentano — clorociclopentano

Exercícios Série Prata

Complete as equações.

1. $H_3C - CH_3 + Cl_2 \xrightarrow{\Delta}$

2. $H_3C - CH_3 + Br_2 \xrightarrow{\Delta}$

3. $H_3C - \underset{\substack{|\\ CH_3}}{CH} - CH_3 + Cl_2 \xrightarrow{\Delta}$

4. $H_3C - CH_2 - CH_2 - CH_3 + Cl_2 \xrightarrow{\Delta}$

5. $H_3C - Cl + NaOH \longrightarrow$

6. Calcular a porcentagem do 1-cloropropano e 2-cloropropano proveniente da cloração do propano.

Dado: ordem de reatividade

$$C\ 3^{\text{ário}} > C\ 2^{\text{ário}} > C\ 1^{\text{ário}}$$

$$5{,}0 \qquad 3{,}8 \qquad 1{,}0$$

1- cloropropano

quantidade = número de H × reatividade do C =

2- cloropropano

quantidade = número de H × reatividade do C =

total =

% 1-cloropropano =

% 2-cloropropano =

7. (MACKENZIE – SP) Do butano, gás utilizado para carregar isqueiros, fazem-se as seguintes afirmações:

I. Reage com o cloro por meio da reação de substituição.
II. É isômero de cadeia do metil-propano.
III. Apresenta, no total, treze ligações covalentes simples.

Dessas afirmações:

a) somente I está correta.
b) somente II e III estão corretas.
c) somente I e II estão corretas.
d) somente I e III estão corretas.
e) I, II e III estão corretas.

Exercícios Série Ouro

1. (FUVEST – SP) A reação do propano com cloro gasoso, em presença de luz, produz dois compostos monoclorados.

$$2\ CH_3CH_2CH_3 + 2\ Cl_2 \xrightarrow{\text{luz}} CH_3CH_2CH_2-Cl + CH_3-\underset{\displaystyle H}{\underset{|}{\overset{\displaystyle Cl}{\overset{|}{C}}}}-CH_3 + 2\ HCl$$

Na reação do cloro gasoso com 2,2-dimetilbutano, em presença de luz, o número de compostos monoclorados que podem ser formados e que não possuem, em sua molécula, carbono assimétrico é

a) 1 b) 2 c) 3 d) 4 e) 5

2. (MACKENZIE – SP) A reação de halogenação de alcanos é uma reação radicalar, sendo utilizado aquecimento ou uma luz de frequência adequada para que a reação ocorra. Essa reação comumente produz uma mistura de compostos isoméricos, quando o alcano possui mais de uma possibilidade de substituição dos átomos de hidrogênio. O exemplo abaixo ilustra uma reação de monocloração de um alcano, em presença de luz, formando compostos isoméricos.

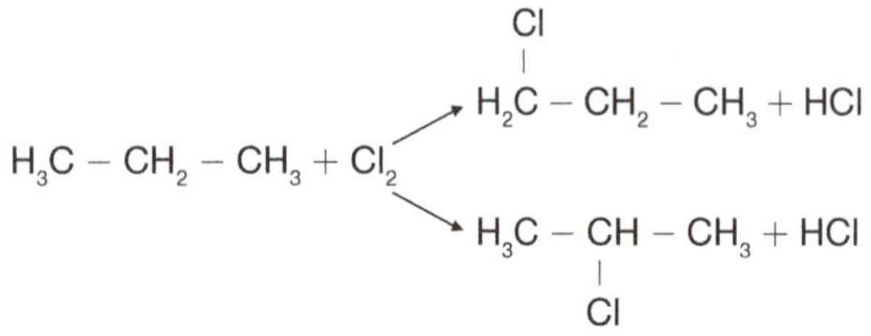

Cl
H₂C – CH₂ – CH₃ + HCl
H₃C – CH₂ – CH₃ + Cl₂
H₃C – CH – CH₃ + HCl
Cl

Assim, ao realizar a monocloração do 3,3-dimetil-hexano, em condições adequadas, é correto afirmar que o número de isômeros planos formados nessa reação é

a) 3 b) 4 c) 5 d) 6 e) 7

3. (FUVEST – SP) Um dos hidrocarbonetos de fórmula molecular C_4H_{10} pode originar apenas três isômeros diclorados de fórmula $C_4H_8Cl_2$. Represente a fórmula estrutural desse hidrocarboneto e as fórmulas estruturais dos derivados diclorados.

4. (ENEM) O benzeno é um hidrocarboneto aromático presente no petróleo, no carvão e em condensados de gás natural. Seus metabólitos são altamente tóxicos e se depositam na medula óssea e nos tecidos gordurosos. O limite de exposição pode causar anemia, câncer (leucemia) e distúrbios do comportamento. Em termos de reatividade química, quando um eletrófilo se liga ao benzeno, ocorre a formação de um intermediário, o carbocátion. Por fim, ocorre a adição ou substituição eletrofílica.

Disponível em: <http://www.sindipetro.org.br>. *Acesso em:* 1º mar. 2012 (adaptado).

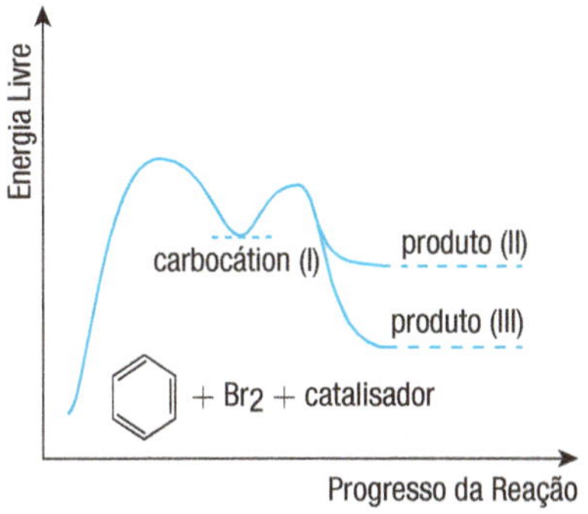

Energia Livre
carbocátion (I)
produto (II)
produto (III)
+ Br2 + catalisador
Progresso da Reação

Disponível em: <http://www.qmc.ufsc.br>. *Acesso em:* 1º mar. 2012 (adaptado).

Com base no texto e no gráfico do progresso da reação apresentada, as estruturas químicas encontradas em I, II e III são, respectivamente:

a) 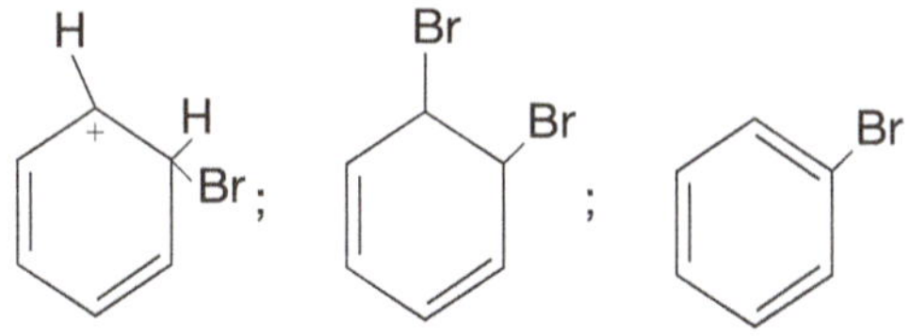

b) 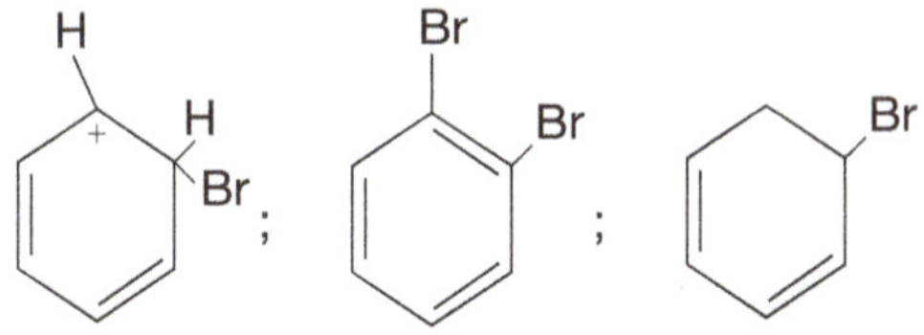

c) 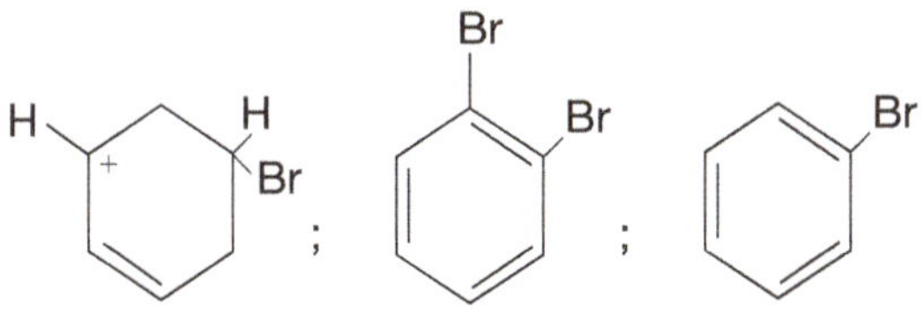

d) 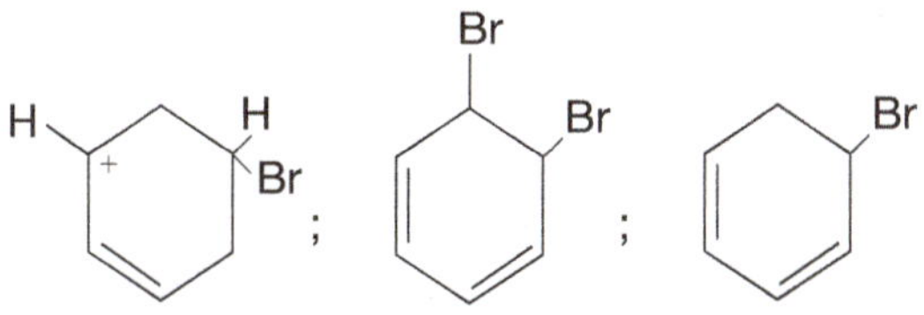

e) 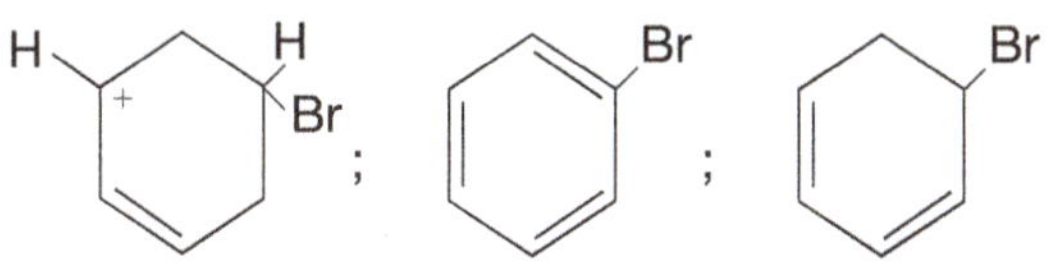

5. (FUVEST-SP) Alcanos reagem com cloro, em condições apropriadas, produzindo alcanos monoclorados, por substituição de átomos de hidrogênio por átomos de cloro, como esquematizado:

$$Cl_2 + CH_3CH_2CH_3 \xrightarrow[25\ °C]{luz} Cl - CH_2CH_2CH_3 + CH_3\underset{\displaystyle Cl}{\underset{|}{C}}HCH_3$$

43% 57%

$$Cl_2 + CH_3 - \underset{CH_3}{\overset{CH_3}{C}} - H \xrightarrow[25\ °C]{luz} Cl - CH_2 - \underset{CH_3}{\overset{CH_3}{C}} - H + CH_3 - \underset{CH_3}{\overset{CH_3}{C}} - Cl$$

64% 36%

Considerando os rendimentos percentuais de cada produto e o número de átomos de hidrogênio de mesmo tipo (primário, secundário ou terciário), presentes nos alcanos acima, pode-se afirmar que, na reação de cloração, efetuada a 25 °C,

- um átomo de hidrogênio terciário é cinco vezes mais reativo do que um átomo de hidrogênio primário.
- um átomo de hidrogênio secundário é 3,8 vezes mais reativo do que um átomo de hidrogênio primário.

Observação: hidrogênios primário, secundário e terciário são os que se ligam, respectivamente, a carbonos primário, secundário e terciário.

A monocloração do 3-metilpentano, a 25 °C, na presença de luz, resulta em quatro produtos, um dos quais é o 3-cloro-3-metilpentano, obtido com 17% de rendimento.

a) Escreva a fórmula estrutural de cada um dos quatro produtos formados.
b) Com base na porcentagem de 3-cloro-3-metilpentano formado, calcule a porcentagem de cada um dos outros três produtos.

Capítulo 8

Reação de Substituição em Aromáticos

1. Substituição em aromáticos

Devido à ressonância do anel benzênico, eles se comportam como compostos saturados; portanto, sua principal reação será a de substituição do átomo de hidrogênio do anel por um outro átomo.

2. Halogenação (Cl_2 ou Br_2)

Um cloro (Cl) ou um bromo (Br) substitui um hidrogênio.

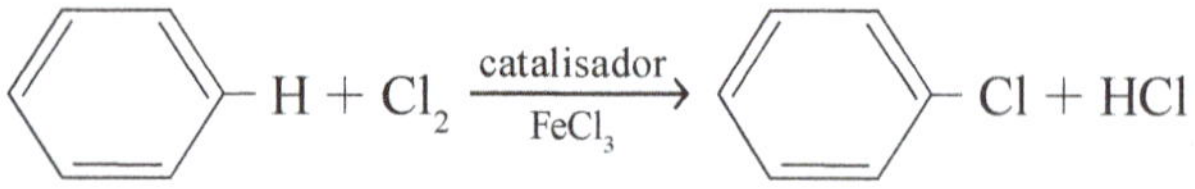

H + Cl2
catalisador
FeCl3
Cl + HCl

benzeno clorobenzeno

3. Nitração (HNO_3 = $HONO_2$)

Um grupo nitro (NO_2) substitui um hidrogênio.

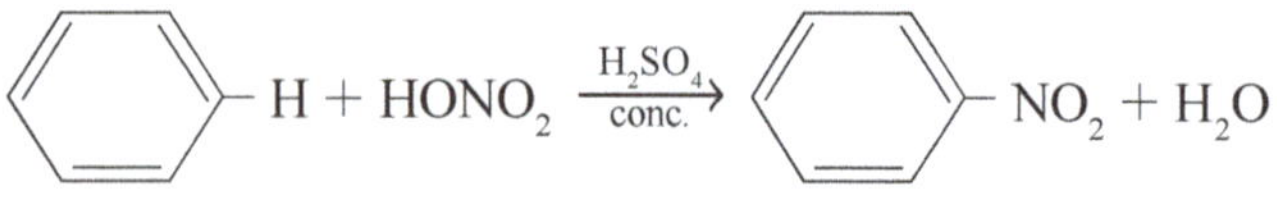

H + HONO2
H2SO4
conc.
NO2 + H2O

benzeno nitrobenzeno

4. Sulfonação (H_2SO_4 = $HOSO_3H$)

Um grupo sulfônico (SO_3H) substitui um hidrogênio.

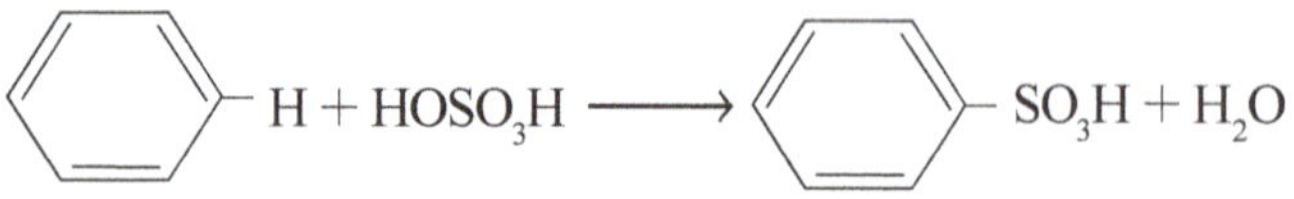

H + HOSO3H
SO3H + H2O

benzeno ácido benzenossulfônico

5. Alquilação de Friedel-Crafts

Um grupo alquila (CH_3, CH_2CH_3) substitui um hidrogênio.

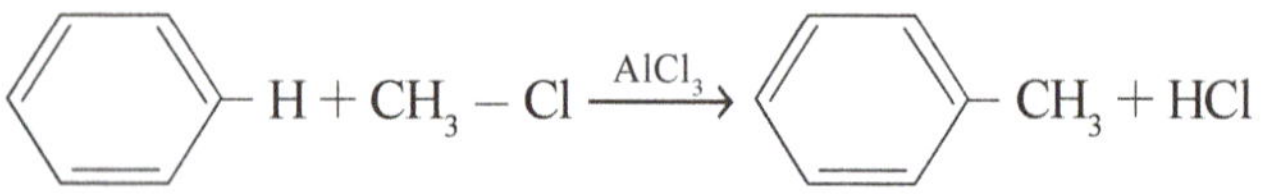

H + CH3 – Cl
AlCl3
CH3 + HCl

6. Acilação de Friedel-Crafts

Um grupo acila $\left(R-C{\overset{O}{\diagup\!\!\diagup}}-\right)$ substitui um hidrogênio.

Grupo acila: proveniente de um ácido carboxílico com retirada do grupo OH.

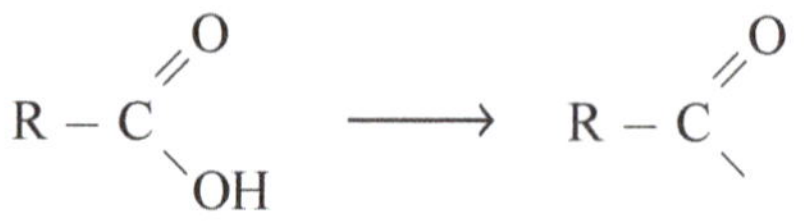

R – C
O
OH
R – C
O

ácido carboxílico grupo acila

Exemplo:

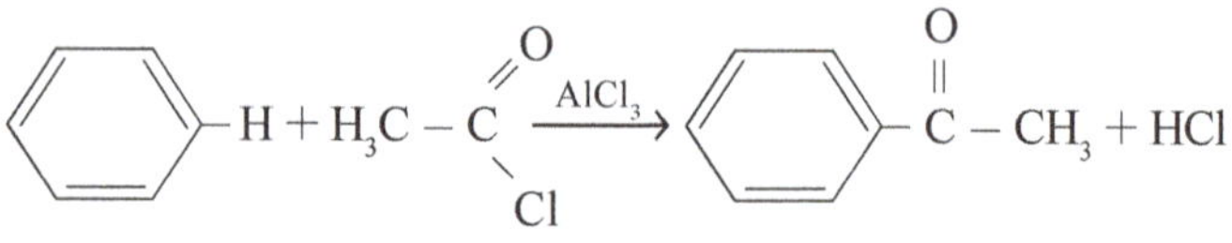

H + H3C – C
O
Cl
AlCl3
C – CH3 + HCl
O

benzeno fenilmetilcetona

7. Mecanismo de substituição em aromáticos

O anel benzênico é um local rico em elétrons (3 duplas), portanto, atrai reagentes eletrófilos (positivos).

Em uma reação de substituição aromática, um eletrófilo (Y^+) é colocado em um anel benzênico e o H^+ é removido do carbono que formou a nova ligação com o eletrófilo.

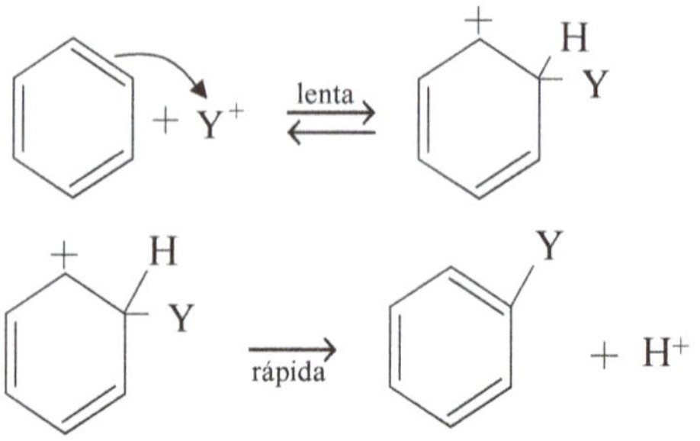

+ Y+
lenta
H
Y
+
rápida
Y
+ H+

8. Dirigência em aromáticos

8.1 Introdução

Quando um benzeno substituído sofre uma reação

duto de reação será um isômero *orto*, um isômero *meta* ou um isômero *para*?

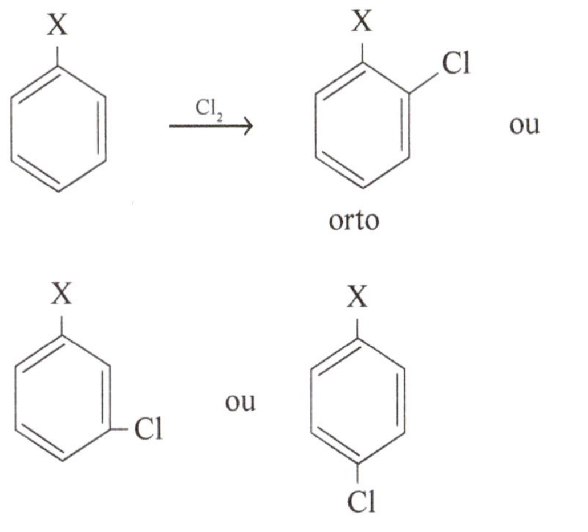

X
Cl_2
Cl
ou
orto
meta
para

O grupo X comanda a entrada do cloro

Há duas possibilidades: o grupo X orientará a entrada tanto nas posições *orto* e *para*, ou orientará a entrada do cloro na posição *meta*.

8.2 Grupos *orto* e *para*-dirigentes

São grupos pequenos e com ligações simples. O reagente entrará no anel benzênico tanto na posição *orto* e *para*.

grupos *orto* e *para*-dirigentes:
– Cl, – Br, – NH_2, – OH, – CH_3

Exemplo:

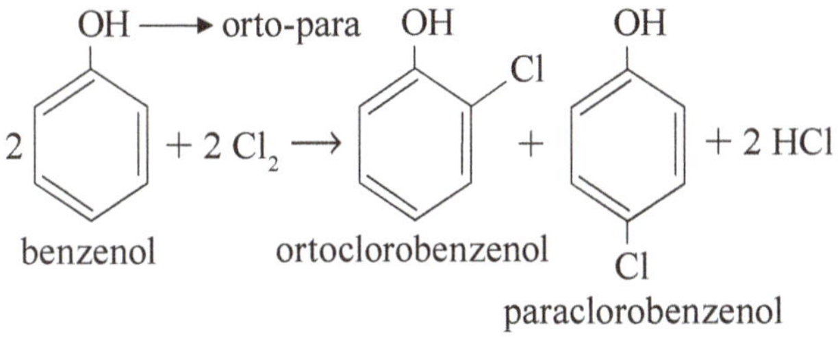

OH → orto-para
2
$+ 2\ Cl_2 \rightarrow$
+
+ 2 HCl
OH
Cl

benzenol — ortoclorobenzenol — paraclorobenzenol

Esses grupos *orto* e *para*-dirigentes tornam a reação mais rápida (exceto halogênios) em relação ao benzeno, por isso, são chamados grupos ativantes.

8.3 Grupos *meta*-dirigentes

São grupos que possuem pelo menos uma ligação dupla ou tripla ou dativa.

grupos *meta*-dirigentes:
– NO_2, – COOH, – SO_3H, – CHO, – CN

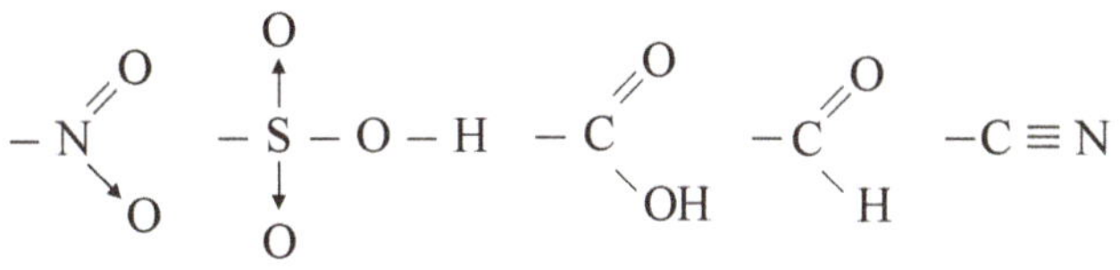

Exemplo:

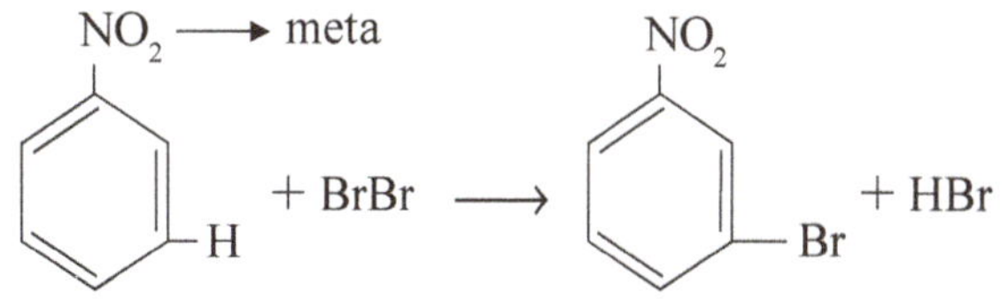

NO_2 → meta
H
+ BrBr ⟶
NO_2
Br
+ HBr

nitrobenzeno — metabromonitrobenzeno

Esses grupos *meta*-dirigentes tornam a reação menos rápida em relação ao benzeno, por isso, são chamados grupos desativantes.

9. Grupos *orto* e *para*-dirigente *versus* grupo *meta*-dirigente

O grupo *orto* e *para*-dirigente prevalecem sobre grupo *meta*-dirigente, nas reações de substituição do anel benzênico.

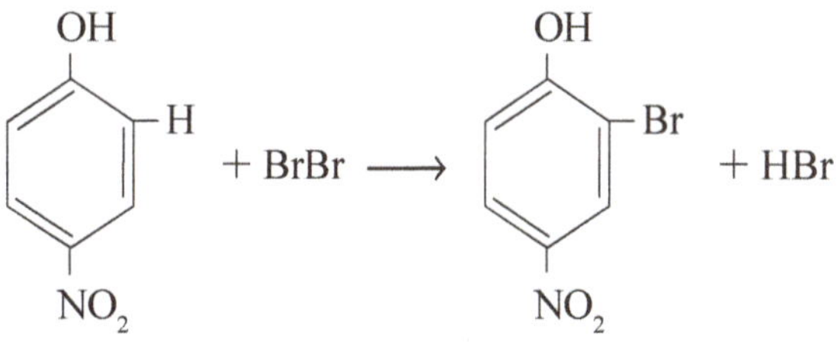

OH
H
NO_2
+ BrBr ⟶
Br
+ HBr

paranitrobenzenol — 2-bromo-4-nitrobenzenol

10. Obtenção do TNT — trinitração do tolueno

TNT: 2,4,6-trinitrotolueno (explosivo)

Ao reagirmos o tolueno com o ácido nítrico, em proporções adequadas (1 : 3) e na presença de H_2SO_4 como catalisador, três grupos (NO_2) entram na molécula do tolueno. O grupo CH_3 é um grupo *orto-para*-dirigente. Ele orienta essas entradas para as posições **orto** (vizinhas do CH_3) e **para** (oposta ao CH_3).

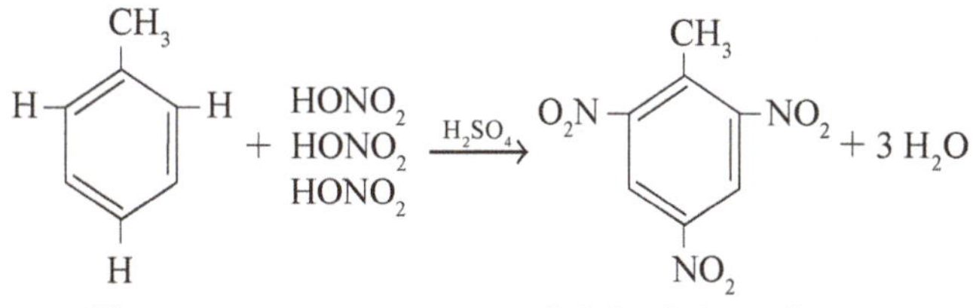

CH_3
H
$HONO_2$
$+ HONO_2$
$HONO_2$
H_2SO_4
O_2N
NO_2
$+ 3\ H_2O$

metilbenzeno — 2,4,6-trinitrotolueno

Exercícios Série Prata

Complete as equações:

1.  + Br_2 ⟶

2.  + $HONO_2$ ⟶
HNO_3

3.  + $HOSO_3H$ ⟶
H_2SO_4

4.  + $ClCH_2CH_3$ ⟶

5.  + $Br - \overset{\overset{\large O}{\|}}{C} - CH_3$ ⟶

6. Complete a equação.
No naftaleno, a reação de substituição pode ocorrer tanto na posição 1 (α) como na 2 (β).

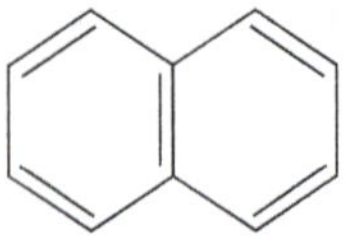 + Cl_2 ⟶

7. Classifique os seguintes grupos em *orto-para* (OP) e *meta*-dirigentes (M).

a) Cl ( )
b) CH_3 ( )
c) NO_2 ( )
d) COOH ( )
e) NH_2 ( )
f) CHO ( )
g) CN ( )
h) OH ( )
i) SO_3H ( )

Complete as equações:

8. 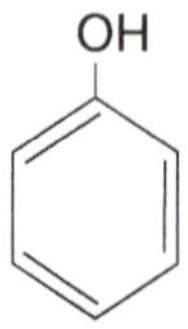 + Cl_2 ⟶

9. 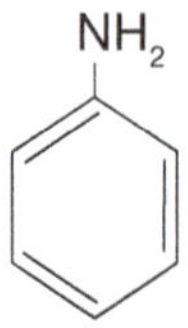 + Cl_2 ⟶

10. 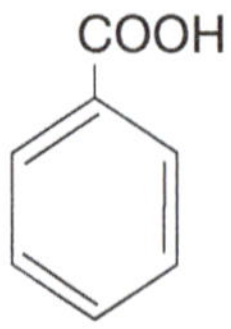 + Cl_2 ⟶

11. 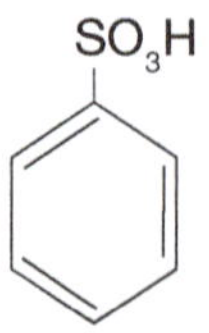 + Cl_2 ⟶

12. 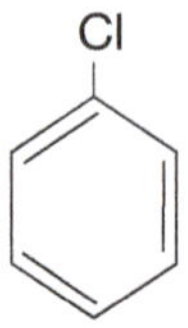 + $HONO_2$ ⟶

13. 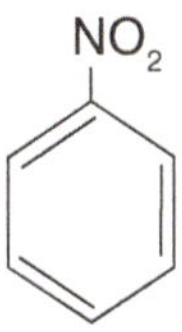 + $HONO_2 \longrightarrow$

14. 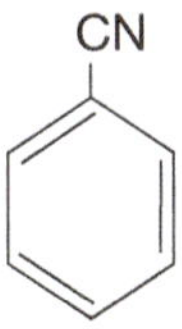 + $HOSO_3H \longrightarrow$

15. 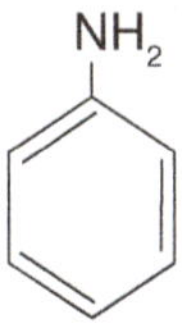 + $HOSO_3H \longrightarrow$

16. Complete a equação.

Na halogenação do tolueno na presença de catalisador e sem necessidade de luz ou aquecimento haverá halogenação no anel benzênico. Regra NNN.

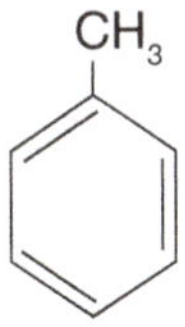 + Cl $\xrightarrow{\text{cat.}}$

17. Complete a equação.

Na halogenação do tolueno na presença de luz ou calor e sem a necessidade de catalisador haverá halogenação na cadeia lateral (CH_3), como ocorre no caso dos alcanos. Regra CCC.

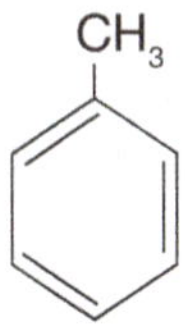 + $Cl_2 \xrightarrow{\text{luz}}$

Exercícios Série Ouro

1. (FUVEST – SP) Fenol (C_6H_5OH) é encontrado na urina de pessoas expostas a ambientes poluídos por benzeno (C_6H_6).

   Na transformação do benzeno em fenol ocorre:

   a) substituição no anel aromático
   b) quebra na cadeia carbônica
   c) rearranjo no anel aromático
   d) formação de cicloalceno
   e) polimerização

2. (FUVEST – SP) Escreva a equação de reação de sulfonação do benzeno, dando o nome do produto orgânico formado.

3. (MACKENZIE – SP) Em relação aos grupos – NO_2 e – Cl, quando ligados ao anel aromático, sabe-se que:

- o grupo cloro é *orto-para*-dirigente
- o grupo nitro é *meta*-dirigente

Assim, no composto 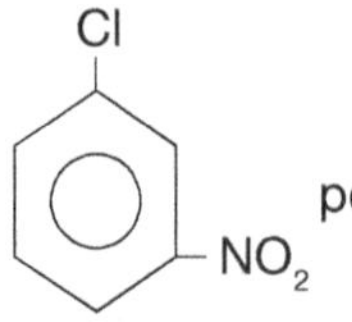 possivelmente ocorreu

Cl
NO2

a) nitração de clorobenzeno
b) redução de 1-cloro-3-aminobenzeno
c) cloração do nitrobenzeno
d) halogenação do ortonitrobenzeno
e) nitração do cloreto de benzina

4. (FUVEST – SP) Na reação do tolueno com o cloro, obteve-se um composto diclorado. Admitindo-se que tenha ocorrido reação de substituição no núcleo aromático, em quais posições deste núcleo se deram as substituições?

5. (FUVEST – SP) Quando se efetua a reação de nitração do bromobenzeno, são produzidos três compostos isoméricos mononitrados:

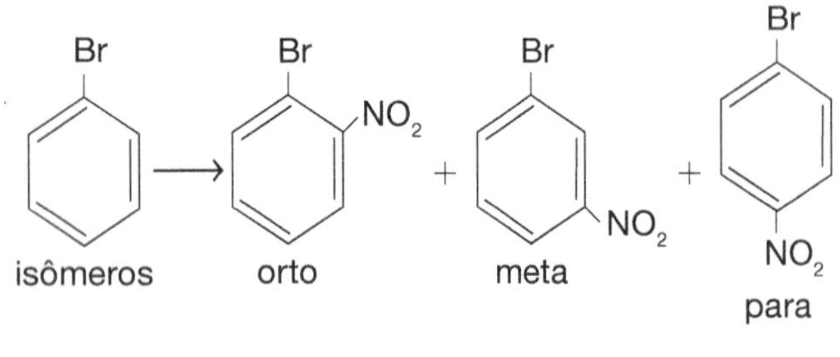
Br
Br
NO2
Br
NO2
Br
NO2
isômeros
orto
meta
para

Efetuando-se a nitração do para-dibromobenzeno, em reação análoga, o número de compostos **mononitrados** sintetizados é igual a

a) 1 b) 2 c) 3 d) 4 e) 5

6. (PUC – SP) Grupos ligados ao anel benzênico interferem na sua reatividade. Alguns grupos tornam as posições orto e para mais reativas para reações de substituição e são chamados *orto* e *para*-dirigentes, enquanto outros grupos tornam a posição meta mais reativa, sendo chamados de *meta*-dirigentes.

- Grupos *orto* e *para*-dirigentes: – Cl, – Br, – NH_2, – OH, – CH_3
- Grupos *meta*-dirigentes: – NO_2, – COOH, – SO_3H

As rotas sintéticas I, II e III foram realizadas com o objetivo de sintetizar as substâncias **X**, **Y** e **Z**, respectivamente.

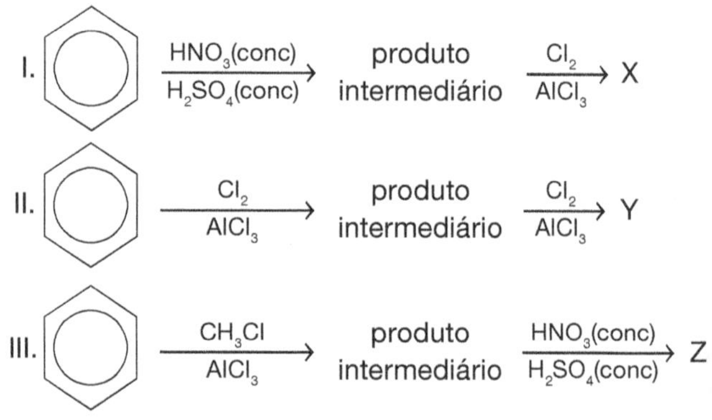
I.
HNO3(conc)
H2SO4(conc)
produto intermediário
Cl2
AlCl3
X
II.
Cl2
AlCl3
produto intermediário
Cl2
AlCl3
Y
III.
CH3Cl
AlCl3
produto intermediário
HNO3(conc)
H2SO4(conc)
Z

Após o isolamento adequado do meio reacional e de produtos secundários, os benzenos dissubstituídos **X**, **Y** e **Z** obtidos são, respectivamente,

a) orto-cloronitrobenzeno, meta-diclorobenzeno e para-nitrotolueno.
b) meta-cloronitrobenzeno, orto-diclorobenzeno e para-nitrotolueno.
c) meta-cloronitrobenzeno, meta-diclorobenzeno e meta-nitrotolueno.
d) para-cloronitrobenzeno, para-diclorobenzeno e orto-nitrotolueno.
e) orto-cloronitrobenzeno, orto-diclorobenzeno e para-cloronitrotolueno.

7. (UFPB) O composto conhecido como trinitrotolueno (TNT), representado abaixo, é um sólido cristalino amarelo, poderoso explosivo utilizado para fins militares e na exploração de jazidas minerais.

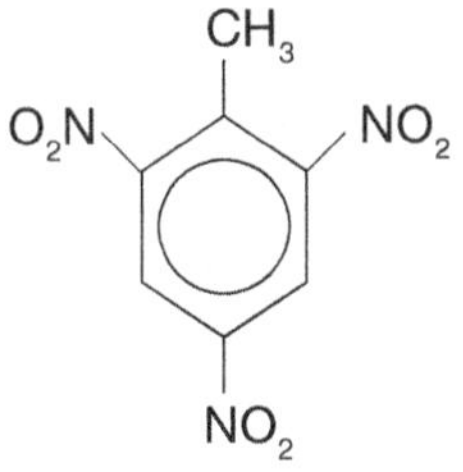

CH3
O2N
NO2
NO2

1-metil-2,4,6-trinitrobenzeno (trinitrotolueno)

Este composto pode ser obtido a partir do benzeno, através de reações de substituição (nitração e alquilação).

a) Qual das duas reações de substituição, nitração ou alquilação, deve ser realizada primeiramente para obtenção do trinitrotolueno? Justifique.

b) Formule as equações das etapas de formação do trinitrotolueno.

8. O cloranfenicol é um antibiótico muito conhecido. Sua fórmula estrutural é dada abaixo:

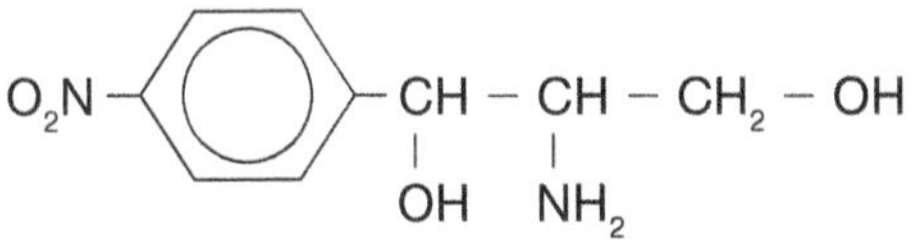

O2N
CH – CH – CH2 – OH
OH NH2

cloranfenicol

a) Quais são as funções químicas presentes nessa substância?

b) Escreva a estrutura do composto que se espera obter na reação de monocloração do anel benzênico dessa substância.

c) Justifique sua resposta ao item anterior.

9. (UNESP) Considere uma molécula com um anel benzênico na qual houve uma reação de substituição, tendo sido adicionado ao anel um grupo R. Em relação a esse grupo, as outras posições do anel são classificadas como orto, meta e para.

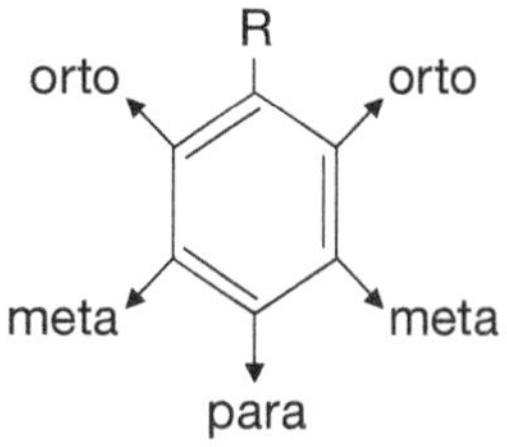

R
orto
orto
meta
meta
para

(I)

a) Para R = NO_2, escreva a equação balanceada da molécula (I) com excesso de Br_2.

b) Para R = CH_3, escreva a equação balanceada da molécula (I) com excesso de Cl_2.

Capítulo 9 — Reação de Adição em Alcenos e Alcinos

1. Reações de adição

Ocorrem quando um reagente se adiciona a uma ligação dupla ou tripla da substância orgânica.

Exemplo:

$$H_2C = CH_2 + Cl_2 \longrightarrow H_2\underset{|}{\overset{Cl}{C}} - \underset{|}{\overset{Cl}{C}}H_2$$

Veja que o cloro se adicionou à molécula do eteno.

Estas reações ocorrem, principalmente, com **alquenos**, **alquinos**, **ciclanos (com 3 C a 4 C)**, **ciclenos**, **aldeídos** e **cetonas**.

Os reagentes mais usados nas reações de adição são: halogênios (Cl_2 ou Br_2), haleto de hidrogênio (HCl ou HBr) e água.

2. Quebra da ligação dupla e da ligação tripla

Nas reações de adição, a ligação dupla é quebrada originando a ligação simples.

No tocante à ligação dupla, é importante frisar que as duas ligações não são equivalentes entre si. De fato, comprova-se experimentalmente que:

- uma das ligações – chamada de ligação σ (sigma) – é mais forte, uma vez que exige 348 kJ/mol para ser quebrada (no caso do eteno).
- a outra ligação – chamada de ligação π (pi) – é mais fraca, pois exige apenas 267 kJ/mol para ser rompida (no caso do eteno). É exatamente essa ligação π que será quebrada nas reações de adição.

$$\rangle C \underset{\sigma}{\overset{\pi}{=}} C \langle$$

Assim, como acontece com as ligações duplas, é importante salientar que, nas ligações triplas, as três ligações não são equivalentes entre si, há **uma ligação σ**, mais forte, e **duas ligações π**, mais fracas; estas serão quebradas nas reações de adição.

$$-C\ \sigma\underset{\pi}{\overset{\pi}{\equiv}} C -$$

Concluímos que:

$$-\underset{|}{\overset{|}{C}} \overset{\sigma}{-} \underset{|}{\overset{|}{C}}- \qquad -\overset{|}{C} \underset{\sigma}{\overset{\pi}{=}} \overset{|}{C}- \qquad -C \underset{\pi}{\overset{\pi}{\equiv}} \sigma C -$$

3. Regra de Markovnikov

Nas reações de adição, quando o reagente for HX (HCl, HBr, HI) e H_2O, devemos utilizar a regra de Markovnikov.

O H adiciona-se ao C da dupla ou tripla mais hidrogenado.

Exemplo:

$$H_3C - \overset{2}{C}H = \overset{1}{C}H_2 + HCl \longrightarrow H_3C - \overset{Cl}{\overset{|}{C}H} - CH_3$$

propeno — mais hidrogenado (C1)

2-cloropropano (haleto orgânico) produto majoritário

Com isso podemos dizer que H se adiciona preferencialmente ao C1, porque C1 está ligado a dois hidrogênios, enquanto C2 está ligado a somente um hidrogênio.

4. Adição em alcenos

4.1 Adição de hidrogênio – hidrogenação catalítica

Na presença de um catalisador metálico como platina, paládio ou níquel, o hidrogênio (H_2) se adiciona à ligação dupla de um alceno para formar um alcano.

$$\text{alceno} + H_2 \xrightarrow{Ni} \text{alcano}$$

$$-\underset{|}{C} = \underset{|}{C} - \; + \; H\ H \longrightarrow -\underset{|}{\overset{H}{\overset{|}{C}}} - \underset{|}{\overset{H}{\overset{|}{C}}} -$$

Exemplos:

$$H_2C = CH_2 + H_2 \xrightarrow{Ni} H_3C - CH_3$$

eteno → etano

$$H_3CCH = CHCH_3 + H_2 \xrightarrow{Ni} H_3CCH_2CH_2CH_3$$

but-2-eno → butano

A adição de hidrogênio é conhecida por hidrogenação. Como as reações anteriores requerem um catalisador, elas são exemplos de **hidrogenação catalítica**.

Explicação teórica como H_2, adiciona no alceno. Mecanismo da reação.

Sem o catalisador, a energia de ativação para a reação seria enorme porque a ligação H – H é muito forte. O catalisador diminui a energia de ativação rompendo a ligação H – H.

As etapas são:

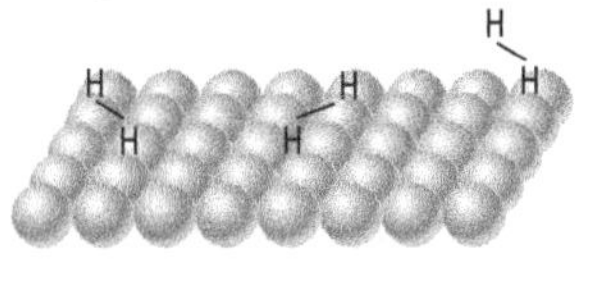

moléculas de H_2 se aderem à superfície do catalisador, ocorrendo a quebra da ligação H – H

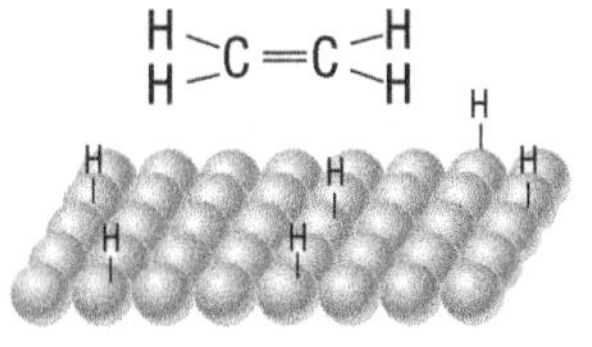

o alceno se aproxima da superfície do catalisador, retirando 2 H (a ligação π é trocada por duas ligações σ C – H)

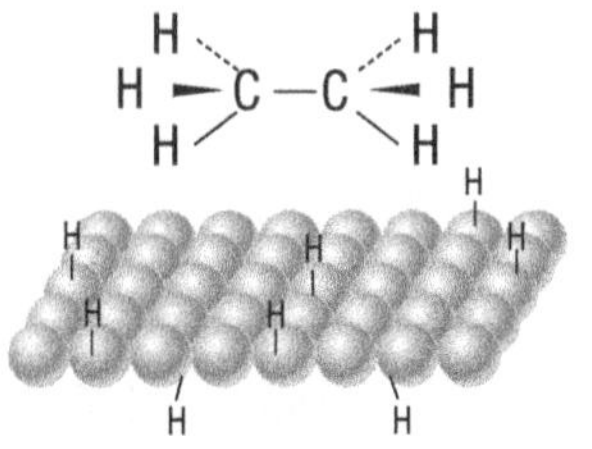

o alcano se desprende da superfície do catalisador

4.2 Adição de halogênios – halogenação

Os halogênios Cl_2 e Br_2 se adicionam a alcenos. As reações de alcenos com Cl_2 e Br_2 são geralmente efetuadas misturando o alceno e o halogênio em um solvente inerte, como o CCl_4, que facilmente dissolve os dois reagentes, mas não participa da reação.

$$\text{alceno} + X_2 \longrightarrow \text{haleto orgânico}$$

$$-\overset{|}{C}=\overset{|}{C}- + X_2 \longrightarrow -\underset{|}{\overset{X}{\overset{|}{C}}}-\underset{|}{\overset{X}{\overset{|}{C}}}- \qquad X = Cl_2 \text{ ou } Br_2$$

Exemplos:

$$\underset{\text{propeno}}{CH_3CH=CH_2} + Cl_2 \xrightarrow[CCl_4]{} \underset{\text{1,2-dicloropropano}}{CH_3\overset{Cl}{\overset{|}{C}H}-\overset{Cl}{\overset{|}{C}H_2}}$$

Teste do bromo

$$\underset{\text{eteno}}{H_2C=CH_2} + \underset{\text{vermelho}}{\mathbf{Br_2}} \longrightarrow \underset{\text{1,2-dibromoetano incolor}}{H_2\overset{Br}{\overset{|}{C}}-\overset{Br}{\overset{|}{C}H_2}}$$

Quando o teste da solução de bromo é positivo, isto é, ocorre descoloração, isso indica a presença de insaturações (duplas ou triplas) na substância que está sendo testada. Os alcanos não reagem com bromo nas condições ambientes.

4.3 Adição de haletos de hidrogênio

Os haletos de hidrogênio (HCl, HBr, HI) se adicionam a alcenos produzindo um haleto orgânico.

Quando os carbonos da dupla têm hidrogênios diferentes devemos usar a regra de Markovnikov.

$$\text{alceno} + HX \longrightarrow \text{haleto orgânico}$$

$$-\overset{|}{C}=\overset{|}{C}- + HX \longrightarrow -\underset{|}{\overset{H}{\overset{|}{C}}}-\underset{|}{\overset{X}{\overset{|}{C}}}-$$

Exemplos:

$$\underset{\text{2-metilpropano}}{CH_3-\underset{CH_3}{\underset{|}{C}}=CH_2} + HCl \longrightarrow \underset{\substack{\text{2-cloro-2-metilpropano}\\ \text{produto majoritário}}}{CH_3-\underset{CH_3}{\underset{|}{\overset{Cl}{\overset{|}{C}}}}-CH_3}$$

$$\underset{\text{pent-1-eno}}{H_2C=CH-CH_2-CH_2-CH_3} + HBr \longrightarrow$$

$$\longrightarrow \underset{\substack{\text{2-bromopentano}\\ \text{produto majoritário}}}{H_3C-\overset{Br}{\overset{|}{C}H}-CH_2-CH_2-CH_3}$$

Explicação teórica como HX adiciona no alceno. Mecanismo da reação.

Na primeira etapa da reação, o par de elétrons da ligação π atrai o H^+ (reagente eletrófilo) do HBr produzindo um carbocátion (carbono positivo com três ligações). Essa etapa é lenta.

Na segunda etapa, o carbocátion reage rapidamente com o íon brometo ($:\ddot{\underset{..}{Br}}:^-$).

$$-\overset{|}{C}=\overset{|}{C}- + H{:}\ddot{\underset{..}{Br}}: \xrightarrow{\text{lenta}}$$

$$\xrightarrow{\text{lenta}} \underset{\text{carbocátion}}{-\underset{|}{\overset{H}{\overset{|}{C}}}-\underset{|}{\overset{+}{C}}-} + :\ddot{\underset{..}{Br}}:^- \xrightarrow{\text{rápida}} -\underset{|}{\overset{H}{\overset{|}{C}}}-\underset{|}{\overset{Br}{\overset{|}{C}}}-$$

4.4 Adição anti-Markovnikov de HBr com peróxido

A adição de HBr ao but-1-eno forma 2-bromobutano. E se você quiser sintetizar o 1-bromobutano? A formação de 1-bromobutano requer uma adição anti-Markovnikov de HBr. Se um peróxido de alquila (ROOR) for adicionado ao meio reacional, o produto da reação será o 1-bromobutano desejado. Assim, a presença de um peróxido causa a adição anti-Markovnikov de HBr.

Exemplos:

$$\underset{\text{but-1-eno}}{CH_3\,CH_2\,CH=CH_2} + HBr \longrightarrow \underset{\text{2-bromobutano}}{CH_3CH_2\overset{\overset{\Large Br}{|}}{C}H-CH_3} \qquad \text{(Markovnikov)}$$

$$CH_3\,CH_2\,CH=CH_2 + HBr \xrightarrow{\text{peróxido}} \underset{\text{1-bromobutano}}{CH_3CH_2CH_2-\overset{\overset{\Large Br}{|}}{C}H_2} \qquad \text{(anti-Markovnikov)}$$

4.4.1 Regra de Kharash

O hidrogênio do HBr na presença de peróxidos deverá ser adicionado ao carbono **menos hidrogenado da dupla-ligação.**

Na presença de peróxido, a reação irá ocorrer por um mecanismo diferente envolvendo radicais livres (semelhante ao mecanismo de substituição dos alcanos).

4.5 Adição de água – hidratação

A adição de água a uma molécula é chamada hidratação, o que torna possível dizer que um alceno será hidratado na presença de água e ácido (catalisador). O produto de reação é um álcool. Quando os carbonos da dupla têm hidrogênios diferentes devemos usar a regra de Markovnikov.

$$\text{alceno} + H_2O \xrightarrow{H^+} \text{álcool}$$

$$-\underset{|}{C}=\underset{|}{C}- + HOH \xrightarrow{H^+} -\underset{|}{\overset{\overset{H}{|}}{C}}-\underset{|}{\overset{\overset{OH}{|}}{C}}-$$

Exemplos:

$$\underset{\text{propeno}}{CH_3\,CH=CH_2} + HOH \xrightarrow{H^+} \underset{\text{propan-2-ol}}{CH_3\overset{\overset{OH}{|}}{C}H-CH_3}$$

$$\underset{\text{eteno}}{H_2C=CH_2} + HOH \xrightarrow{H_2SO_4} \underset{\text{etanol (álcool etílico)}}{H_3C-\overset{\overset{OH}{|}}{C}H_2}$$

Por hidratação do eteno ou etileno, obtido do *cracking* do petróleo, é que muitos países, como o Japão e os EUA, produzem etanol.

5. Adição em alcinos

Assim como os alcenos, os alcinos sofrem reações de adição. Veremos que os mesmos reagentes que se adicionam a alcenos também o fazem a alcinos. Se o reagente estiver em excesso teremos uma segunda adição.

$$-C\equiv C- + XX \longrightarrow -\overset{\overset{X}{|}}{C}=\overset{\overset{X}{|}}{C}- + XX \longrightarrow$$

$$\longrightarrow -\underset{\underset{X}{|}}{\overset{\overset{X}{|}}{C}}-\underset{\underset{X}{|}}{\overset{\overset{X}{|}}{C}}-$$

Exemplos:

proporção em mol de 1 : 1 (um mol de alcino para um mol de H_2).

$$\underset{\text{etino}}{HC\equiv CH} + H_2 \xrightarrow{Ni} \underset{\text{eteno}}{H_2C=CH_2}$$

proporção em mol 1 : 2 (um mol de alcino para dois mol de H_2).

$$\underset{\text{etino}}{HC\equiv CH} + 2\,H_2 \xrightarrow{Ni} \underset{\text{etano}}{H_3C-CH_3}$$

Observação: na adição de água em alcino não acontece a segunda adição. Isso se explica em virtude de o produto da primeira adição ser um enol que, tão logo formado, se transforma em um aldeído ou cetona, dependendo do alcino utilizado.

$$\text{etino} + H_2O \longrightarrow \text{enol} \rightleftarrows \text{aldeído}$$

$$\text{demais alcinos} + H_2O \longrightarrow \text{enol} \rightleftarrows \text{cetona}$$

$$\underset{\substack{\text{etino}\\\text{acetileno}}}{HC\equiv CH} + HOH \xrightarrow{\text{cat.}} \underset{\text{etenol (enol)}}{H\overset{\overset{H}{|}}{C}=\overset{\overset{OH}{|}}{C}H} \rightleftarrows \underset{\substack{\text{etanal}\\\text{tautomeria}}}{H-\underset{\underset{H}{|}}{\overset{\overset{H}{|}}{C}}-C\overset{\nearrow O}{\searrow H}}$$

$$H_3C - C \equiv CH + HOH \xrightarrow{cat.} H_3C - \overset{\overset{OH}{|}}{C} = \overset{\overset{H}{|}}{CH} \rightleftarrows H_3C - \overset{\overset{O}{||}}{C} - CH_3$$

propino — prop-1-en-2-ol (enol) — propanona acetona

Exercícios Série Prata

Complete as equações.

1. propeno + $H_2 \xrightarrow{Ni}$

2. propeno + $Cl_2 \xrightarrow{CCl_4}$

3. propeno + HCl $\longrightarrow$

4. but-1-eno + $H_2 \xrightarrow{Ni}$

5. but-1-eno + HCl $\longrightarrow$

6. but-1-eno + HBr $\longrightarrow$

7. but-1-eno + HBr $\xrightarrow{\text{peróxido}}$

8. propeno + $H_2O \xrightarrow{H^+}$

9. Qual o composto que dá teste do bromo positivo?

a) metano
b) etano
c) eteno

Complete as equações.

10. $HC \equiv C + H_2 \xrightarrow{Ni}$

11. $HC \equiv CH + 2\ H_2 \xrightarrow{Ni}$

12. $HC \equiv CH + HOH \xrightarrow{H^+}$

13. $H_3C - C \equiv CH + HOH \xrightarrow{H^+}$

14. Complete com **acumulado**, **conjugado** e **isolado**.

a) $H_2C = C = CH - CH_3$ dieno ______________ (ligações duplas vizinhas).

b) $H_2C = CH - CH = CH_2$ dieno ______________ (com duplas separadas por apenas uma ligação).

c) $H_2C = CH - CH_2 - CH_2 - CH = CH_2$ dieno ______________ (com duplas separadas por mais de uma ligação).

Complete as equações.

15. $H_2C = CH - CH_2 - CH_2 - CH = CH_2 + Cl_2 \longrightarrow$
hexa-1,5-dieno

16. $H_2C = CH - CH_2 - CH_2 - CH = CH_2 + 2\ Cl_2 \longrightarrow$

Enunciado para responder às questões **17** e **18**.

Se um dieno conjugado, tal como o buta-1,3-dieno, reage com 1 mol de um reagente de modo que a adição possa ocorrer em apenas uma das ligações duplas, dois produtos de adição são formados. Um é o produto de adição 1,2, o qual é o resultado da adição nas posições 1 e 2. O outro é o produto de adição 1,4, resultado da adição nas posições 1 e 4.

17. $CH_2 = CH - CH = CH_2 + Cl_2 \longrightarrow$
buta-1,3-dieno

$\longrightarrow$ produto de adição 1,2   produto de adição 1,4

18. $CH_2 = CH - CH = CH_2 + HBr \longrightarrow$
buta-1,3-dieno

$\longrightarrow$ produto de adição 1,2   produto de adição 1,4

19. (PUC – SP) As reações de adição na ausência de peróxidos ocorrem seguindo a regra de Markovnikov, como mostra o exemplo.

$$H_3C - CH = CH_2 + HBr \longrightarrow H_3C - \underset{\underset{Br}{|}}{CH} - CH_3$$

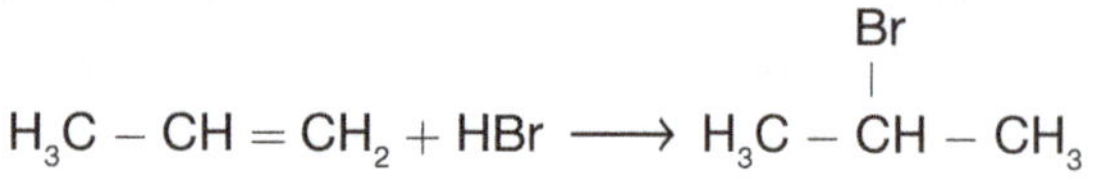

Considere as seguintes reações:

$$H_3C - \underset{\underset{CH_3}{|}}{C} = CH - CH_3 + HCl \longrightarrow X$$

$$H_2C = C - CH_3 + H_2O \xrightarrow{H^+} Y$$

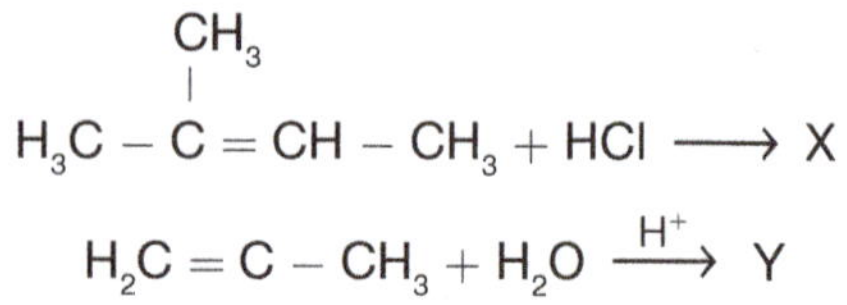

Os produtos principais, **X** e **Y**, são, respectivamente,

a) 3-cloro-2-metilbutano e propan-1-ol.
b) 3-cloro-2-metilbutano e propan-2-ol.
c) 2-cloro-2-metilbutano e propan-1-ol.
d) 2-cloro-2-metilbutano e propan-2-ol.
e) 2-cloro-2-metilbutano e propanal.

Exercícios Série Ouro

1. (FUVEST – SP) Dois hidrocarbonetos insaturados, que são isômeros, foram submetidos, separadamente, à hidrogenação catalítica. Cada um deles reagiu com H_2 na proporção, em mols, de 1 : 1, obtendo-se, em cada caso, um hidrocarboneto de fórmula C_4H_{10}. Os hidrocarbonetos que foram hidrogenados poderiam ser:

a) but-1-ino e but-1-eno.
b) buta-1,3-dieno e ciclobutano.
c) but-2-eno e 2-metilpropeno.
d) but-2-ino e but-1-eno.
e) but-2-eno e 2-metilpropano.

2. (FUVEST – SP)

$$H_2C = C \begin{smallmatrix} H \\ Cl \end{smallmatrix} \quad H_2C = C \begin{smallmatrix} H \\ O - C - CH_3 \\ \parallel \\ O \end{smallmatrix}$$

$$H_2C = C \begin{smallmatrix} H \\ CN \end{smallmatrix}$$

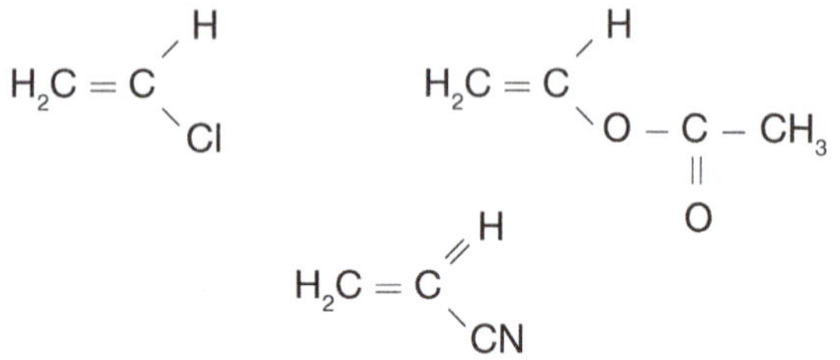

Os compostos representados acima podem ser obtidos por reações de adição de substâncias adequadas ao:

a) metano
b) eteno
c) etino
d) propeno
e) but-2-ino

3. (UNESP) Álcoois podem ser obtidos pela hidratação de alcenos, catalisada por ácido sulfúrico. A reação de adição segue a regra de Markovnikov, que prevê a adição do átomo de hidrogênio da água ao átomo de carbono mais hidrogenado do alceno.

Escreva:

a) a equação química balanceada da reação de hidratação catalisada do but-1-eno.

b) o nome oficial do produto formado na reação indicada no item a.

4. (UNICAMP - SP) A reação que ocorre entre o propino, $HC \equiv C - CH_3$, e o bromo, Br_2, pode produzir dois isômeros cis-trans que contêm uma dupla-ligação e dois átomos de bromo nas respectivas moléculas.

a) Escreva a equação dessa reação química entre propino e bromo.

b) Escreva a fórmula estrutural de cada um dos isômeros cis-trans.

5. (UFRJ) O ácido ascórbico (vitamina C) pode ser obtido de frutas cítricas, do tomate, do morango e de outras fontes naturais e é facilmente oxidado quando exposto ao ar, perdendo as propriedades terapêuticas a ele atribuídas. A estrutura do ácido ascórbico é a seguinte:

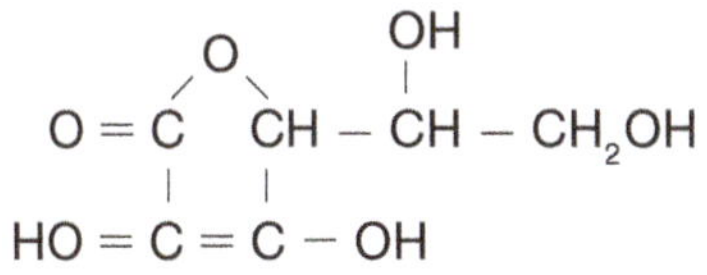

O
OH
O = C
CH – CH – CH2OH
HO = C = C – OH

Explique por que uma solução de bromo em água é descorada quando misturada com uma solução de ácido ascórbico.

6. (FUVEST - SP) 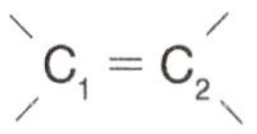

C1 = C2

	Átomos ou grupos de átomos ligados aos carbonos	
	1	2
A	H, H	CH_3, CH_3
B	CH_3, H	CH_3, H
C	Br, Br	H, Br

Os compostos A, B e C são alcenos em que os átomos ou grupos de átomos estão ligados aos carbonos 1 e 2, conforme indicado na tabela acima.

a) A, B e C apresentam isomeria cis-trans? Explique através de fórmulas estruturais.

b) A reação do composto B com HBr leva à formação de isômeros? Justifique.

7. (UNIFESP) Calciferol (vitamina D_2), cuja deficiência na dieta pode causar osteoporose, é uma das vitaminas importantes do grupo D.

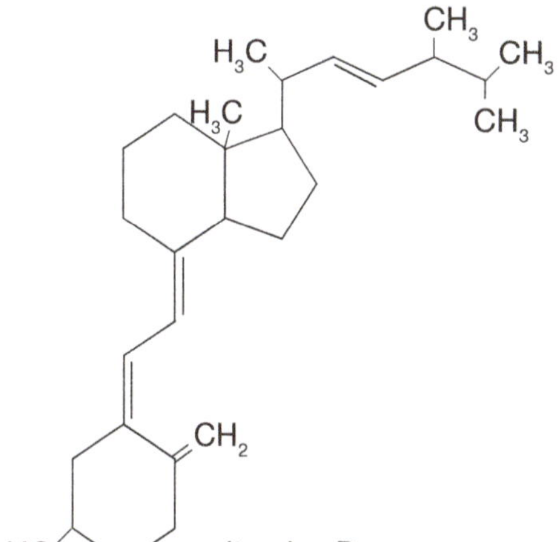

CH3
H3C
CH3
H3C
CH3
CH2
HO

vitamina D_2

A afirmativa correta com relação à vitamina D_2 é

a) deve sofrer reações de adição, pois apresenta duplas-ligações.

b) deve apresentar características básicas, pois possui grupo hidroxila.

c) deve ser solúvel em solventes polares, pois possui cadeia carbônica.

d) não apresenta isômeros ópticos.

e) apresenta caráter aromático, pois apresenta duplas-ligações alternadas.

8. (FUVEST – SP) Uma reação química importante, que deu a seus descobridores (O. Diels e K. Alder) o prêmio Nobel de 1950, consiste na formação de um composto cíclico, a partir de um composto com duplas-ligações alternadas entre átomos de carbono (dieno) e outro com pelo menos uma dupla-ligação, entre átomos de carbono, chamado de dienófilo. Um exemplo dessa transformação é:

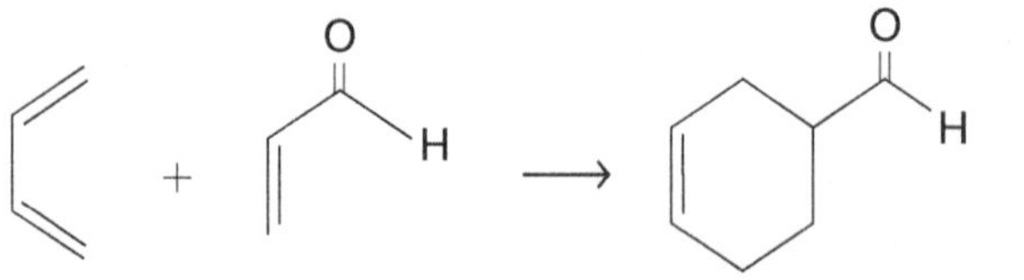
O
H
+
O
H

1,3-butadieno propenal (dienófilo)

Compostos com duplas-ligações entre átomos de carbono podem reagir com HBr, sob condições adequadas, como indicado:

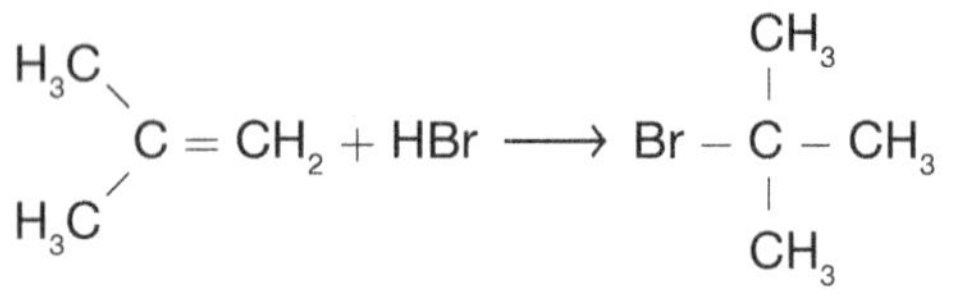
H3C
C = CH2 + HBr
H3C
CH3
Br – C – CH3
CH3

Considere os compostos I e II, presentes no óleo de lavanda:

I

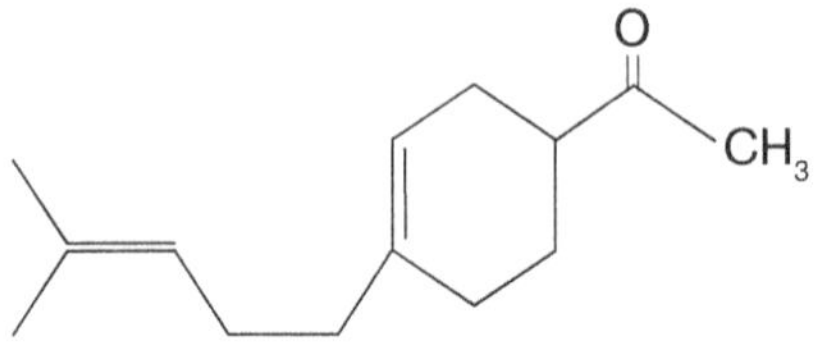
O
CH3

II

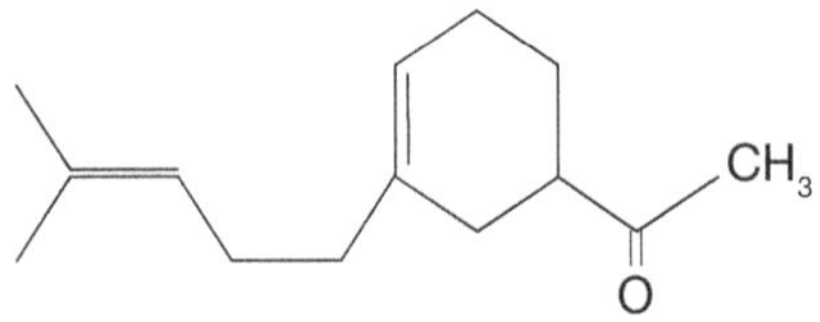
CH3
O

III

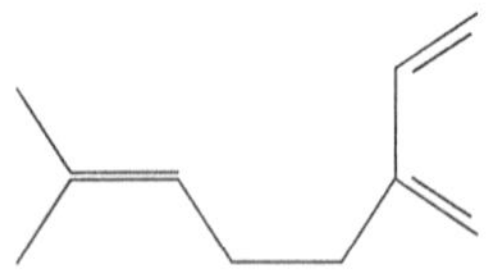

a) O composto III reage com um dienófilo, produzindo os compostos I e II. Mostre a fórmula estrutural desse dienófilo e nela indique, com setas, os átomos de carbono que formaram ligações com os átomos de carbono do dieno, originando o anel.

b) Mostre a fórmula estrutural do composto formado, se 1 mol do composto II reagir com 2 mol de HBr, segundo a equação química:

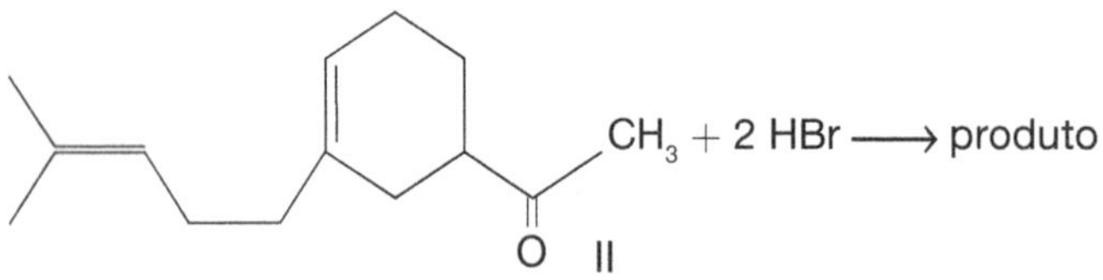
CH3 + 2 HBr ⟶ produto
O

II

c) Copie a fórmula estrutural do composto II e indique nela, com uma seta, o átomo de carbono que, no produto da reação do item b, será assimétrico. Justifique.

9. (FUVEST – SP) A adição de HCl a alcenos ocorre em duas etapas. Na primeira delas, o íon H^+, proveniente do HCl, liga-se ao átomo de carbono da dupla-ligação que está ligado ao menor número de outros átomos de carbono. Essa nova ligação (C – H) é formada à custa de um par eletrônico da dupla-ligação, sendo gerado um íon com carga positiva, chamado carbocátion, que reage imediatamente com o íon cloreto, dando origem ao produto final. A reação do pent-1-eno com HCl, formando o 2-cloropentano, ilustra o que foi descrito.

$$CH_3CH_2CH_2CH=CH_2 + HCl \xrightarrow[\text{1ª etapa}]{}$$

$$\longrightarrow \left[CH_3CH_2CH_2-\overset{+}{C}H-\overset{\overset{H}{|}}{C}H_2\right] \xrightarrow[\text{2ª etapa}]{Cl^-}$$

carbocátion

$$\longrightarrow CH_3CH_2CH_2-\overset{\overset{Cl}{|}}{C}H-CH_3$$

a) Escreva a fórmula estrutural do carbocátion que, reagindo com o íon cloreto, dá origem ao seguinte haleto de alquila:

$$CH_3CH_2-\underset{\underset{CH_3}{|}}{\overset{\overset{Cl}{|}}{C}H}-CH_2CH_2CH_3$$

b) Escreva a fórmula estrutural de três alcenos que não sejam isômeros cis-trans entre si e que, reagindo com HCl, podem dar origem ao haleto de alquila do item anterior.

c) Escreva a fórmula estrutural do alceno do item *b* que **não** apresenta isomeria cis-trans. Justifique.

Reação de Adição em Cíclicos

Capítulo 10

1. Adição em ciclenos

É semelhante à adição em alcenos. Veja os exemplos:

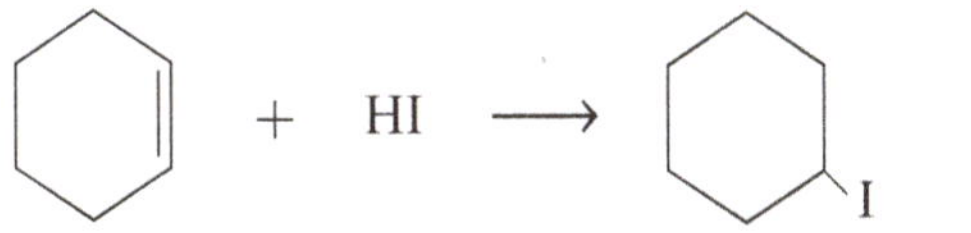

+ HI
I

ciclo-hexeno — iodo-ciclo-hexano

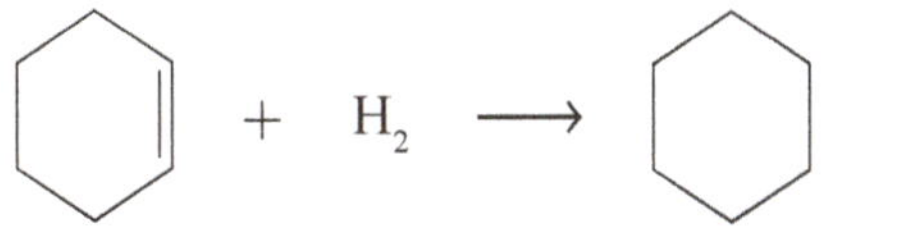

+ H2

ciclo-hexeno — ciclo-hexano

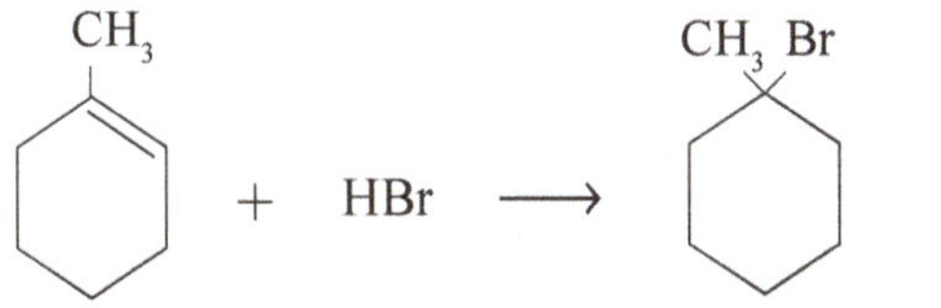

CH3
+ HBr
CH3 Br

1-metilciclo-hexeno — 1-bromo-1-metilciclo-hexano

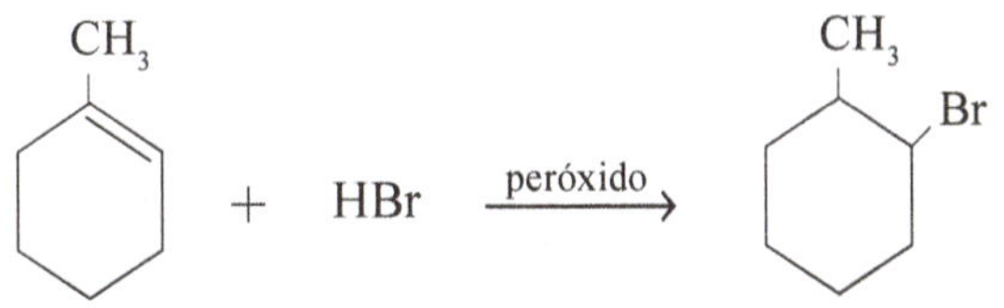

CH3
+ HBr
peróxido
CH3
Br

1-metilciclo-hexeno — 1-bromo-2-metilciclo-hexano

2. Adição em aromáticos

Devido à ressonância do anel benzênico, os aromáticos sofrem reações de adição somente em condições energéticas (pressão, temperatura e catalisador).

Exemplos:

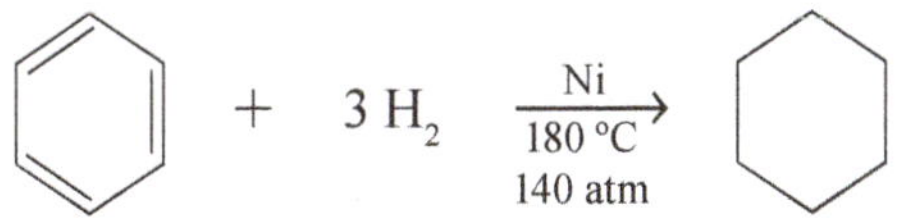

+ 3 H2
Ni
180 °C
140 atm

benzeno (C_6H_6) — ciclo-hexano (C_6H_{12})

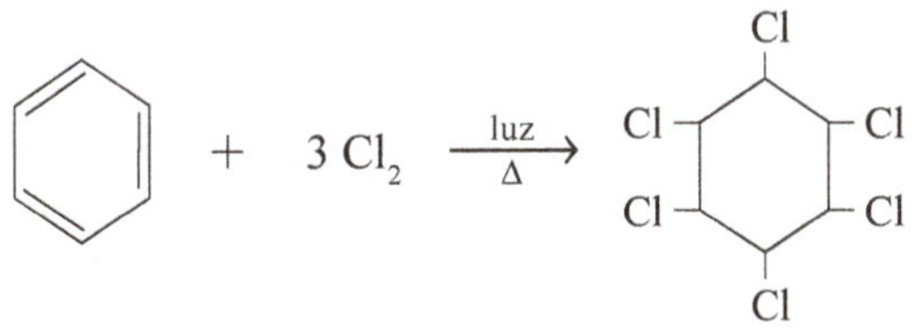

+ 3 Cl2
luz
Δ
Cl
Cl
Cl
Cl
Cl
Cl

benzeno — hexaclorociclo-hexano BHC – inseticida

3. Adição em cicloalcanos com 3 e 4 carbonos no ciclo

3.1 Adição no ciclopropano

Apesar de ser um cicloalcano, o ciclopropano sofre reações de adição como se fosse um alceno.

Exemplos:

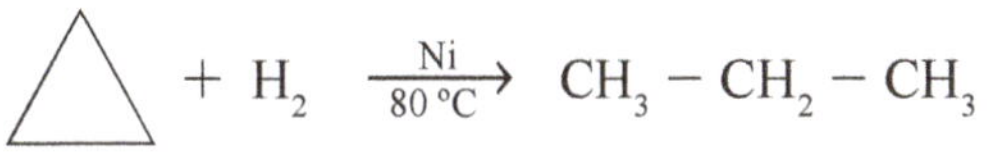

+ H2
Ni
80 °C
CH3 – CH2 – CH3

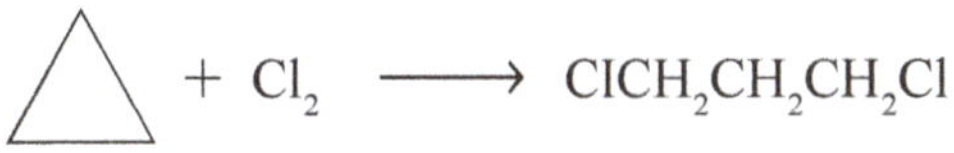

+ Cl2
ClCH2CH2CH2Cl

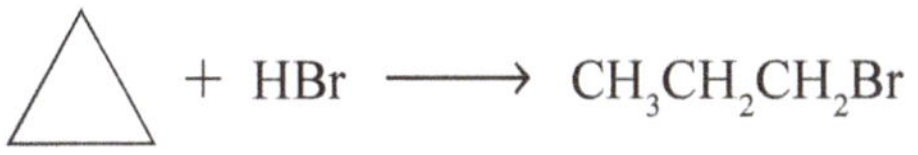

+ HBr
CH3CH2CH2Br

3.2 Adição no ciclobutano

O ciclobutano é menos reativo que o ciclopropano.

Exemplos:

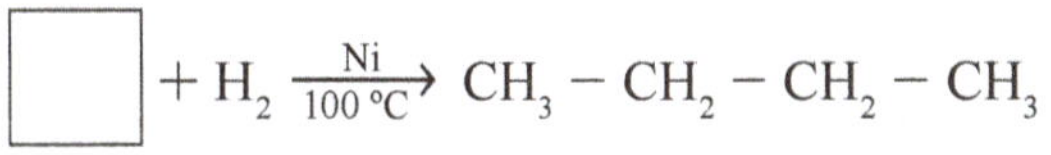

+ H2
Ni
100 °C
CH3 – CH2 – CH2 – CH3

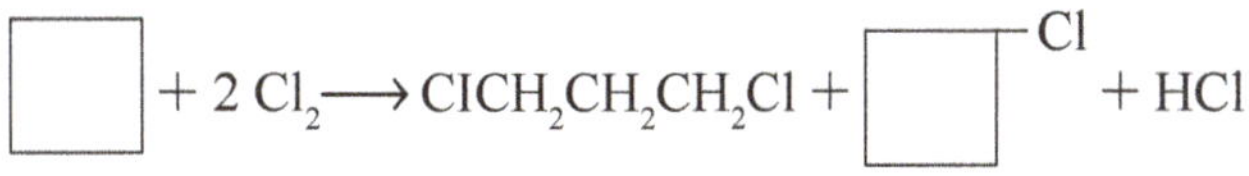

+ 2 Cl2
ClCH2CH2CH2Cl +
Cl
+ HCl

produto da adição — produto da substituição

3.3 Reatividade dos cicloalcanos

Usando H_2 podemos experimentalmente deduzir a ordem de reatividade dos cicloalcanos.

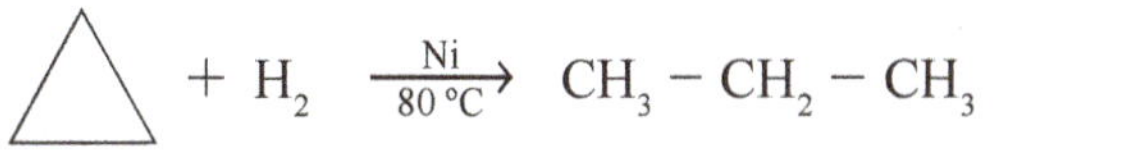

+ H2
Ni
80 °C
CH3 – CH2 – CH3

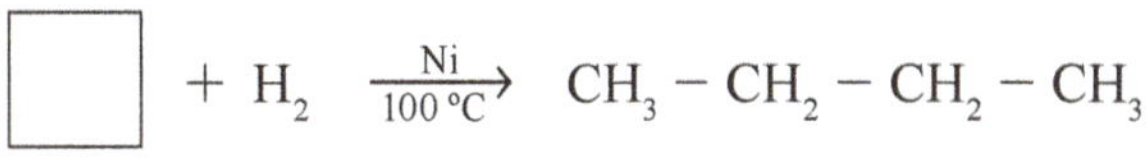

+ H2
Ni
100 °C
CH3 – CH2 – CH2 – CH3

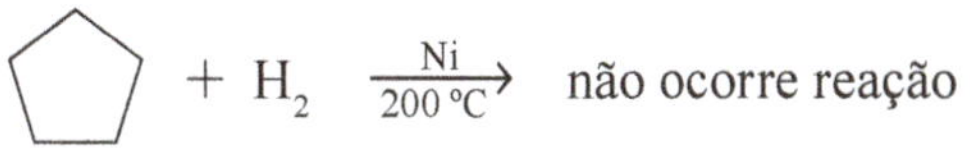

+ H2
Ni
200 °C
não ocorre reação

ciclo-hexano + H_2 $\xrightarrow[300\ °C]{Ni}$ não ocorre reação

ciclo-hexano

reatividade diminui →

3.4 Teoria das tensões de Bayer

Essa teoria explicou por que a reatividade diminui até o ciclopentano.

Um carbono saturado tem um ângulo de 109°28'.

Exemplo: CH_4

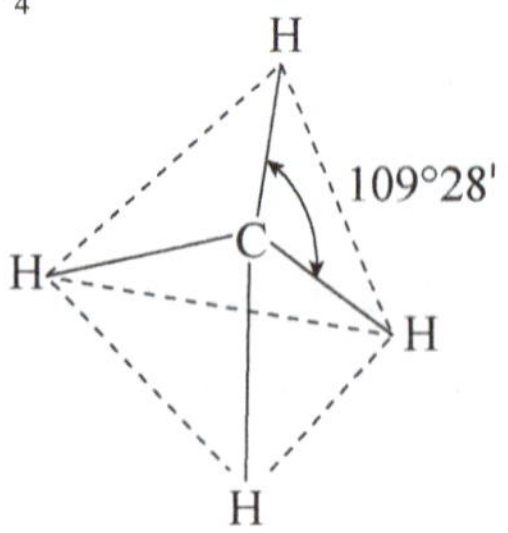
H
109°28'
H
C
H
H

Se tentarmos alterar esse ângulo, estaremos introduzindo uma **tensão** (energia) na molécula. Quando for possível, o carbono tentará voltar ao ângulo inicial.

Bayer conclui que à medida que o ângulo interno de uma molécula se aproxima de 109°28', diminui a reatividade, isto é, aumenta a estabilidade.

60°
90°
108°

ciclopropano | ciclobutano planar | ciclopentano planar

reatividade diminui →
estabilidade aumenta

O ciclo-hexano é mais estável que o ciclopentano se o ciclo-hexano fosse planar, ele possuiria elevada tensão angular, pois o ângulo estaria distante de 109°28'.

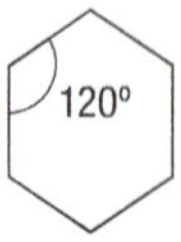
120°

estrutura errada do ciclo-hexano

3.5 Conformações do ciclo-hexano

Conformação é o formato tridimensional de uma molécula em determinado instante que pode modificar-se como resultado da rotação de ligações simples.

No ciclo-hexano, devido às rotações das ligações simples, temos duas conformações: **cadeira** (mais estável) e **bote**.

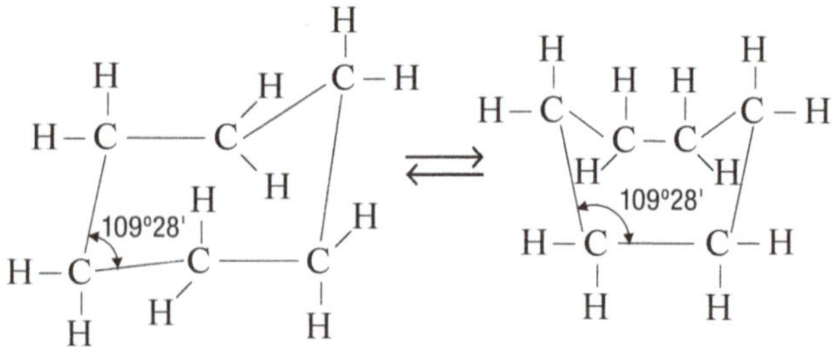
109°28'
109°28'
⇄

cadeira | bote

Essas estruturas não são isoladas na prática, portanto, não são isômeros.

Essas conformações podem ser representadas das seguintes maneiras:

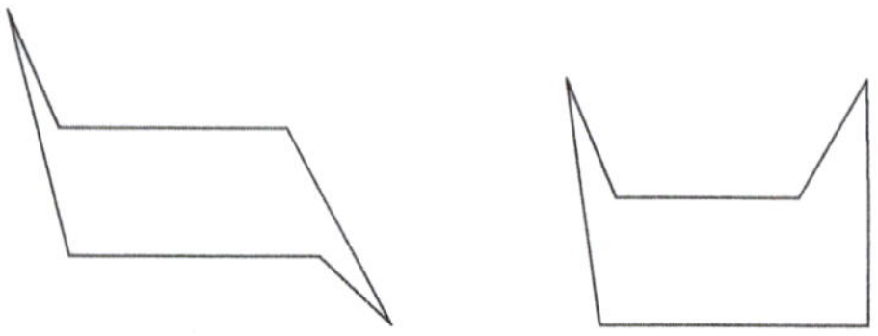

cadeira | bote

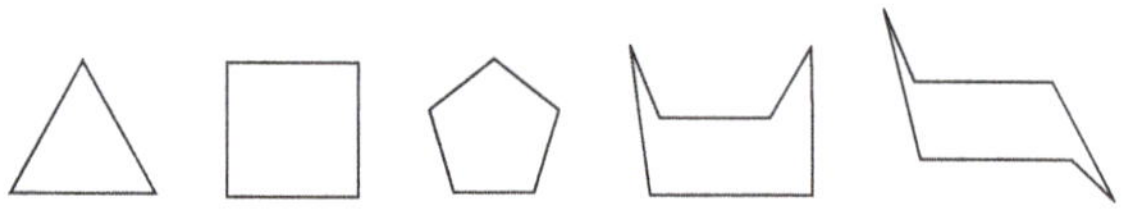

reatividade diminui →
estabilidade aumenta

Exercícios Série Prata

1. (UNIFAL – MG) Após a hidrogenação completa do hidrocarboneto de estrutura.

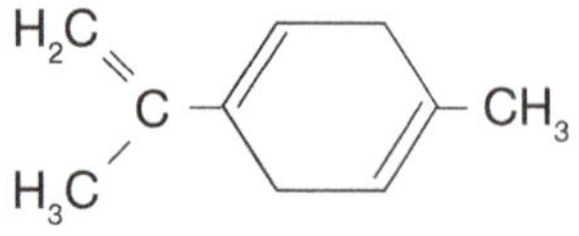
H2C
C
CH3
H3C

O número de mols de átomos de hidrogênio absorvido é:

a) 4
b) 6
c) 2
d) 8
e) 3

2. (UNESP) O que ocorreu com a seringueira, no final do século XIX e início do XX, quando o látex era retirado das árvores nativas sem preocupação com o seu cultivo, ocorre hoje com o pau-rosa, árvore típica da Amazônia, de cuja casca se extrai um óleo rico em linalol, fixador de perfumes cobiçado pela indústria de cosméticos. Diferente da seringueira, que explorada racionalmente pode produzir látex por décadas, a árvore do pau-rosa precisa ser abatida para a extração do óleo da casca. Para se obter 180 litros de essência de pau-rosa, são necessárias de quinze a vinte toneladas dessa madeira, o que equivale à derrubada de cerca de mil árvores. Além do linalol, outras substâncias constituem o óleo essencial de pau-rosa, entre elas:

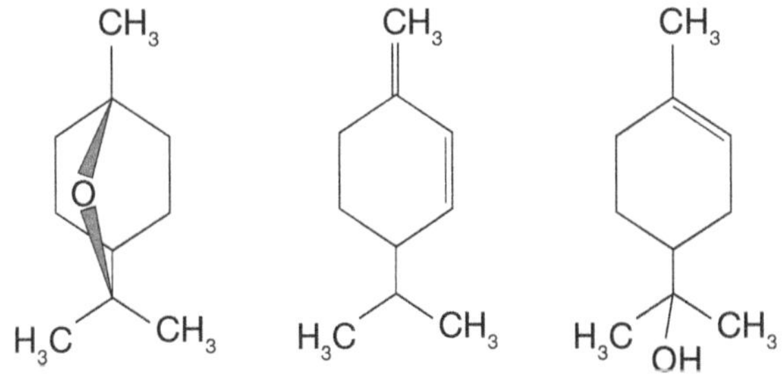
CH3
O
H3C
CH3
CH3
H3C
CH3
CH3
H3C
OH
CH3

1,8-cineol I | linalol II | alfa-terpineol III

Considerando as fórmulas estruturais das substâncias I, II e III, pode-se afirmar que:

a) a substância I é uma cetona.
b) a substância II é um hidrocarboneto aromático.
c) a substância III é um aldeído.
d) o produto da adição de 1 mol de água, em meio ácido, também conhecida como reação de hidratação, à substância III tem a estrutura:

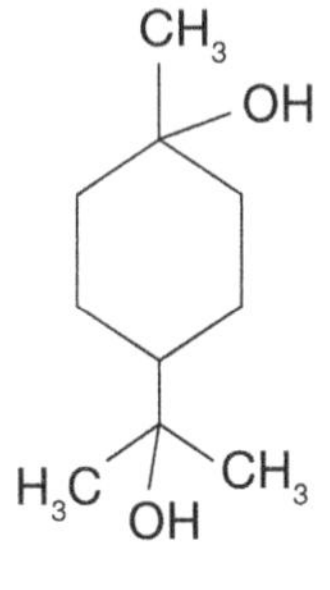
CH3
OH
H3C
OH
CH3

e) a substância II não apresenta reação de adição.

3. (FUVEST - SP) Ciclo-alcanos sofrem reação de bromação conforme mostrado a seguir.

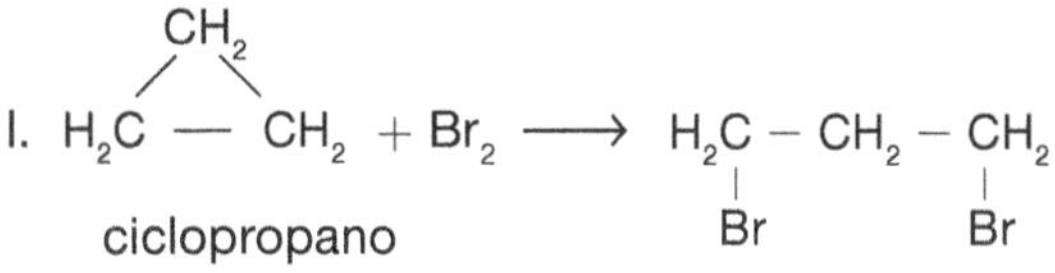
CH2
I. H2C — CH2 + Br2 ⟶ H2C – CH2 – CH2
Br
Br

ciclopropano

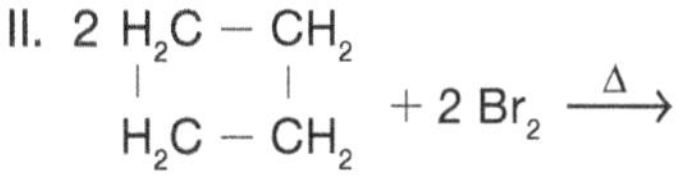
II. 2 H2C – CH2
H2C – CH2
+ 2 Br2
Δ

ciclobutano

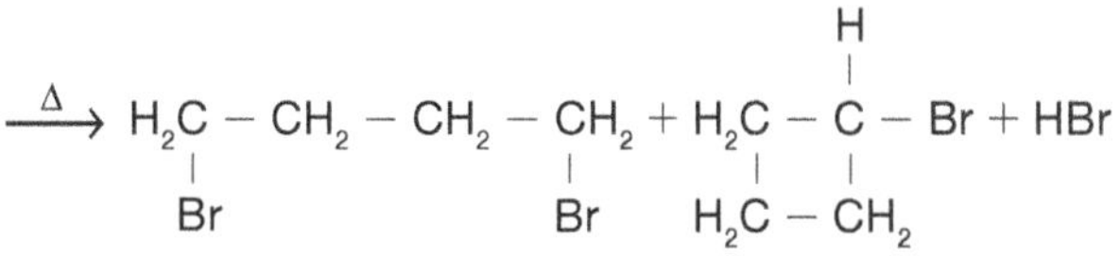
Δ
H2C – CH2 – CH2 – CH2 + H2C – C – Br + HBr
Br
Br
H
H2C – CH2

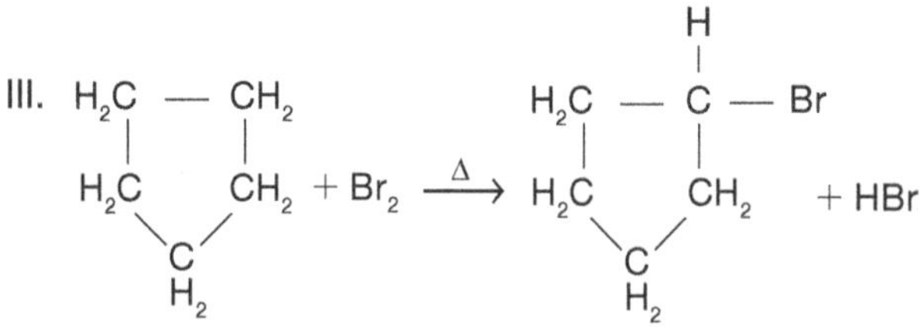
III. H2C — CH2
H2C
CH2 + Br2
Δ
C
H2
H
H2C — C — Br
H2C
CH2
+ HBr
C
H2

ciclopentano

a) Considere os produtos formados em I, II e III, o que se pode afirmar a respeito da estabilidade relativa dos anéis com três, quatro e cinco átomos de carbono? Justifique.
b) Dê o nome de um dos compostos orgânicos formados nessas reações.

4. (FUVEST - SP) Dois hidrocarbonetos isômeros de fórmula C_6H_{12} se comportam de modo diferente frente ao hidrogênio na presença de catalisador. Um deles sofre adição e o outro, não. Proponha uma explicação para essa diferença de comportamento.

5. (UNICAMP – SP) Um mol de hidrocarboneto cíclico insaturado, de fórmula C_6H_{10}, reage com um mol de bromo (Br_2), dando um único produto. Represente, por meio de fórmulas estruturais, o hidrocarboneto e o produto obtido na reação citada.

6. (FUVEST – SP) Estão representados abaixo quatro esteroides:

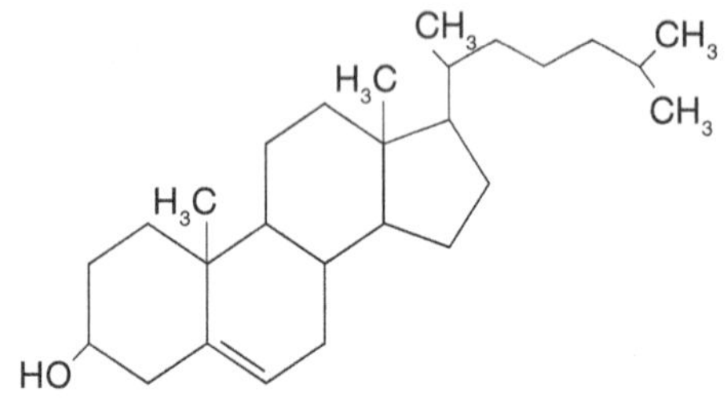

CH3
CH3
CH3
H3C
H3C
HO

colesterol

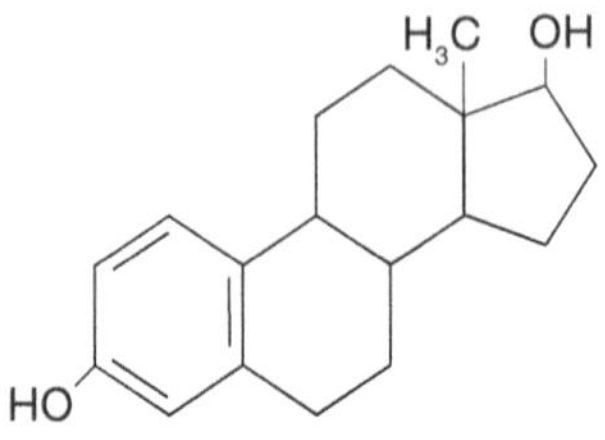

H3C
OH
HO

estradiol

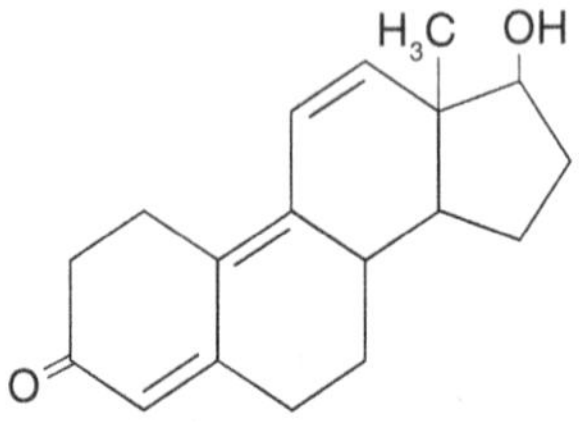

H3C
OH
O

trembolona

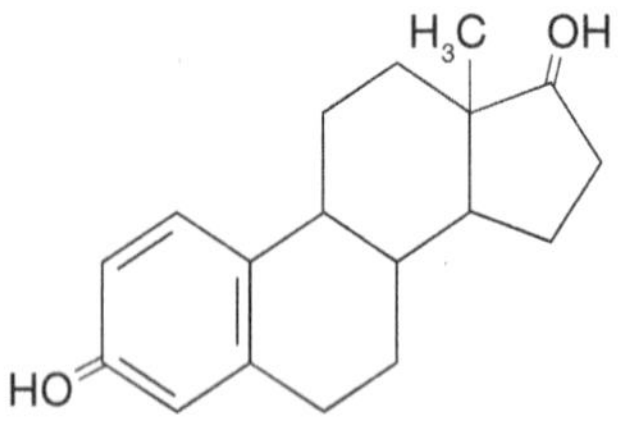

H3C
OH
HO

estrona

a) Quais dentre eles são isômeros? Explique.

b) Considerando que o colesterol é um composto insaturado, que reação poderia ocorrer, em condições apropriadas, se este fosse tratado com bromo (Br_2)?

7. (FUVEST – SP) A adição de HBr a um alceno pode conduzir a produtos diferentes caso, nessa reação, seja empregado o alceno puro ou o alceno misturado a uma pequena quantidade de peróxido

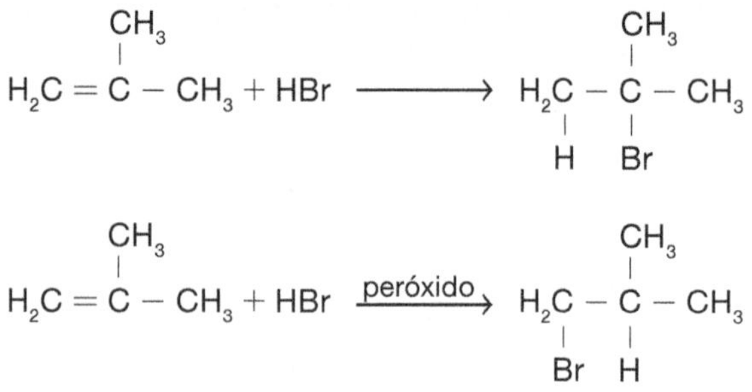

CH3
H2C = C – CH3 + HBr
CH3
H2C – C – CH3
H
Br
CH3
H2C = C – CH3 + HBr
peróxido
CH3
H2C – C – CH3
Br
H

a) O 1-metilciclopenteno reage com HBr de forma análoga. Escreva, empregando fórmulas estruturais, as equações que representam a adição de HBr a esse composto na presença e na ausência de peróxido.

b) Dê as fórmulas estruturais dos metilciclopentenos isoméricos (isômeros de posição).

8. (FUVEST – SP) Hidrocarbonetos que apresentam dupla-ligação podem sofrer reação de adição. Quando a reação é feita com um haleto de hidrogênio, o átomo de halogênio se adiciona ao carbono insaturado que tiver menor número de hidrogênios, conforme observou Markovnikov. Usando esta regra, dê a fórmula e o nome do produto que se forma na adição de:

a) HI a $CH_3CH = CH_2$

b) HCl a 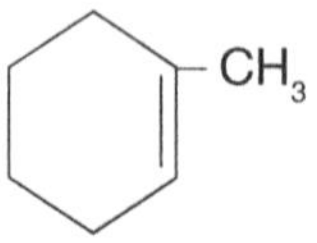

CH3

9. (FUVEST – SP) Uma mesma olefina pode ser transformada em álcoois isoméricos por dois métodos alternativos:

método A: hidratação catalisada por ácido:

OH

método B: hidroboração:

OH

No caso da preparação dos álcoois

I. 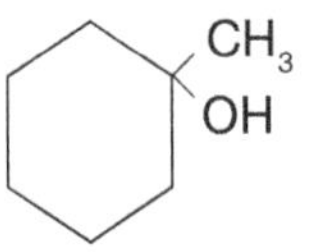
CH$_3$
OH

II. 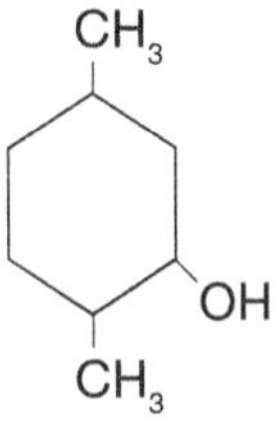
CH$_3$
OH
CH$_3$

e com base nas informações fornecidas (método A e método B), dê a fórmula estrutural da olefina a ser utilizada e o método que permite preparar

a) o álcool I.

b) o álcool II.

Para os itens *a* e *b*, caso haja mais de uma olefina ou mais de um método, cite-os todos.

c) Copie, em seu caderno, as fórmulas estruturais dos álcoois I e II e, quando for o caso, assinale com asteriscos os carbonos assimétricos.

10. (UNIFESP) Analise as fórmulas estruturais dos corticoides A e B e as afirmações seguintes.

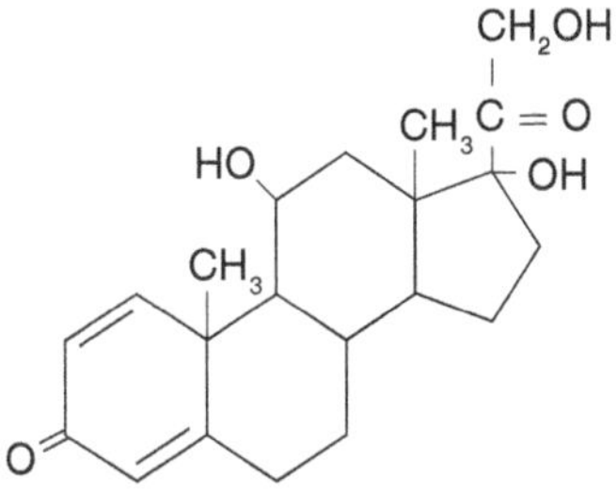
CH$_2$OH
CH$_3$ C = O
HO
OH
CH$_3$
O

cortisona (A)

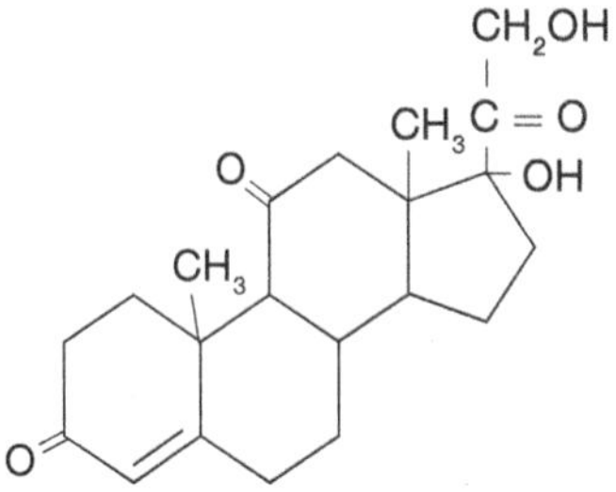
CH$_2$OH
CH$_3$ C = O
O
OH
CH$_3$
O

prednisolona (B)

I. A é isômero de B.

II. Ambos apresentam os mesmos grupos funcionais.

III. Ambos devem reagir com Br_2, pois se sabe que este se adiciona às duplas-ligações.

Dessas afirmações:

a) apenas I é correta.

b) apenas II é correta.

c) apenas I e II são corretas.

d) apenas II e III são corretas.

e) I, II e III são corretas.

Capítulo 11 Reação de Eliminação

1. Reações de eliminação

São aquelas em que ocorre uma diminuição na quantidade de átomos na molécula do reagente orgânico.

Exemplo:

$$H_3C - \underset{\displaystyle Cl}{CH} - \underset{\displaystyle Cl}{CH_2} + Zn \longrightarrow H_3C - CH = CH_2 + ZnCl_2$$

Essas reações ocorrem, principalmente, em **álcoois, ácidos carboxílicos** e **haletos orgânicos**.

2. Desidratação de álcoois

A desidratação consiste na perda de água de um álcool, devido a um aquecimento na presença de um agente desidratante (H_2SO_4 concentrado).

Os álcoois podem sofrer dois tipos de desidratação: **intramolecular** e **intermolecular**.

2.1 Desidratação intramolecular

A água é retirada de uma molécula de álcool.

$$\textbf{álcool} \xrightarrow[\text{desidratante}]{\text{agente}} \textbf{alqueno + água}$$

Exemplo:

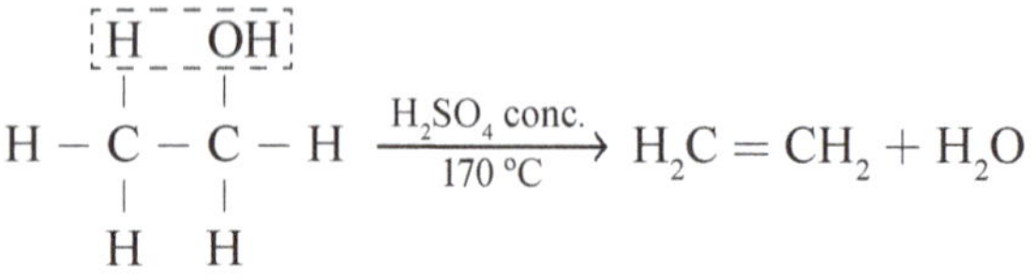

etanol
(álcool etílico)

2.2 Desidratação intermolecular

A água é retirada de 2 moléculas de álcoois.

$$\textbf{2 álcoois} \xrightarrow[\text{desidratante}]{\text{agente}} \textbf{éter + água}$$

Exemplo:

$$H_3C - CH - OH + OH - CH - CH_3 \xrightarrow[140\ °C]{H_2SO_4\ conc.}$$

etanol (álcool etílico)

$$\xrightarrow[140\ °C]{H_2SO_4\ conc.} H_3C - CH - O - CH_2 - CH_3 + H_2O$$

etoxietano (éter dietílico)

3. Desidratação de ácidos carboxílicos

Formam os **anidridos**

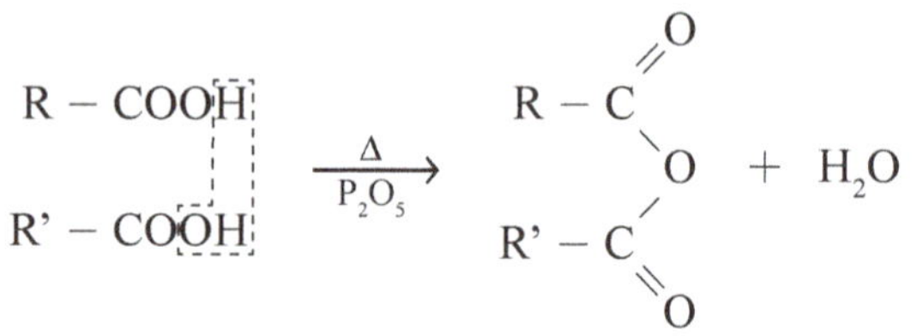

ácido anidrido

P_2O_5 = agente desidratante

Exemplo:

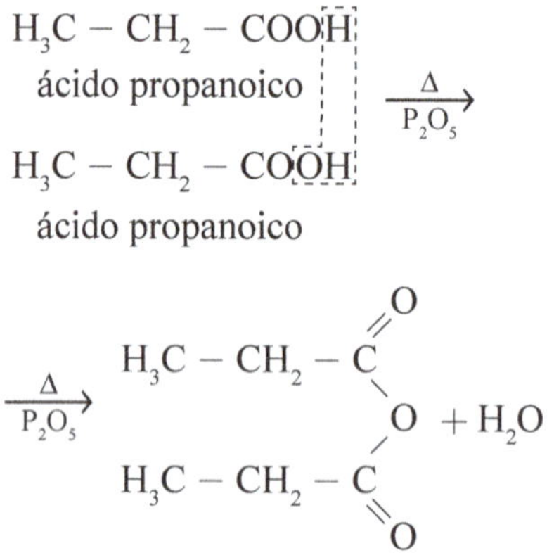

anidrido propanoico

Os ácidos dicarboxílicos ao se desidratarem produzem anidridos cíclicos.

Exemplo:

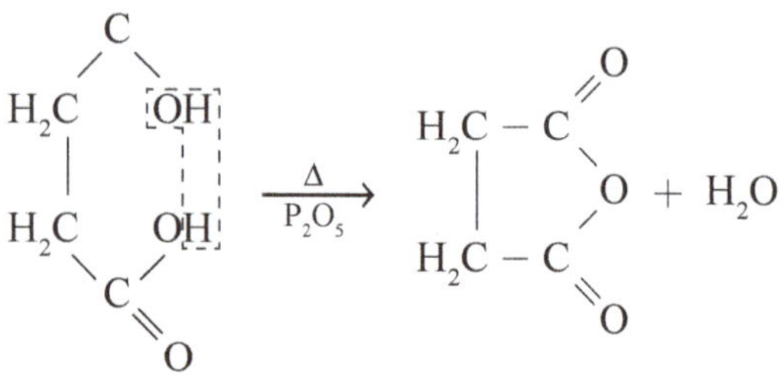

ácido butanodioico

anidrido butanodioico

4. Eliminação em haleto orgânico

Haletos orgânicos em presença de KOH (potassa alcoólica) produzem alcenos (reação de eliminação).

Exemplo:

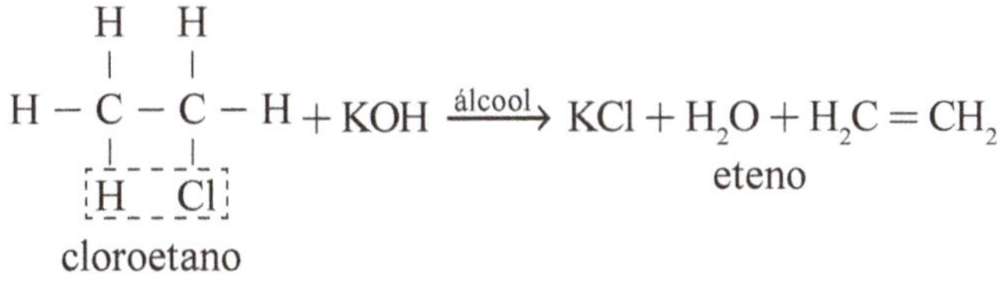

álcool
cloroetano
eteno

Exercícios Série Prata

Complete as equações.

1. $H_3C - CH_2 - \overset{OH}{\overset{|}{CH_2}} \xrightarrow[H_2SO_4]{\Delta}$

2. $H_3C - CH_2 - OH + HO - CH_2 - CH_3 \xrightarrow[H_2SO_4]{\Delta}$

3. Complete com **maior** ou **menor**.

Em 1875, o químico russo Alexander Saytzeff percebeu que, na desidratação intramolecular sofrida por álcoois, se houver a possibilidade de produzir mais de um alceno diferente, há uma preferência da natureza para que ocorra a eliminação do hidrogênio do carbono menos hidrogenado. Essa é a chamada *regra de Saytzeff*.

Exemplo: desidratação intramolecular do butan-2-ol.

$$CH_3 - \overset{OH}{\overset{|}{CH}} - CH_2 - CH_3 \xrightarrow[H_2SO_4]{\Delta} \underset{\text{but-1-eno}}{CH_2 = CH - CH_2 - CH_3} + \underset{\text{but-2-eno}}{CH_3 - CH = CH - CH_3} + H_2O$$

____________ quantidade ____________ quantidade

4. (FUVEST – SP) Considere os seguintes dados:

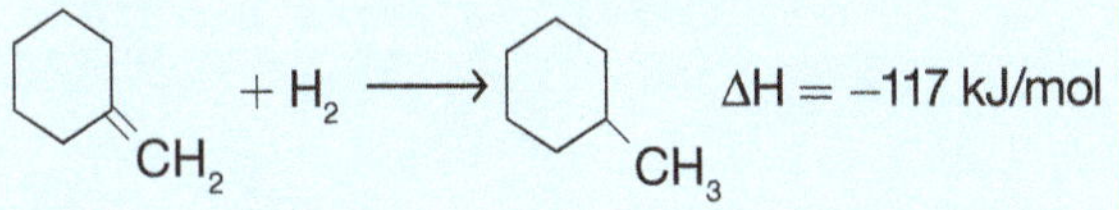

$+ H_2$
$\Delta H = -117$ kJ/mol
CH_2
CH_3

(A)

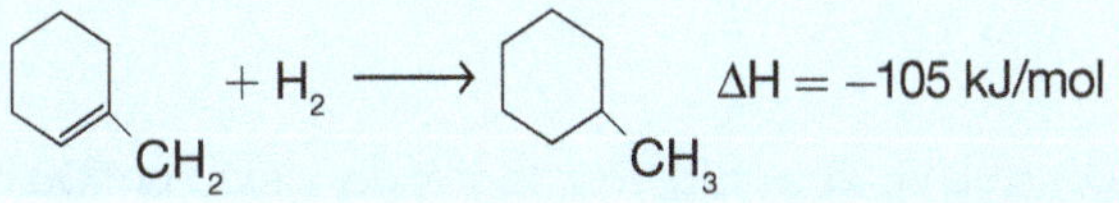

$+ H_2$
$\Delta H = -105$ kJ/mol
CH_2
CH_3

(B)

a) Qual dos alcenos (A ou B) é o mais estável? Justifique. Neste caso, considere válido raciocinar com entalpia.
A desidratação de álcoois, em presença de ácido, pode produzir uma mistura de alcenos, em que predomina o mais estável.

b) A desidratação do álcool 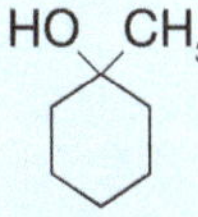 em presença de ácido, produz cerca de 90% de um determinado alceno. Qual deve ser a fórmula estrutural desse alceno? Justifique.

HO
CH_3,

Resolução:

a) O alceno mais estável é o B, cuja fórmula é 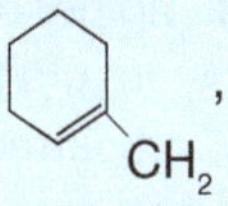, pois libera menos energia

CH_2

($\Delta H = -105$ kJ/mol) que o alceno A ($\Delta H = -117$ kJ/mol). O alceno B possui menor conteúdo energético do que o alceno A.

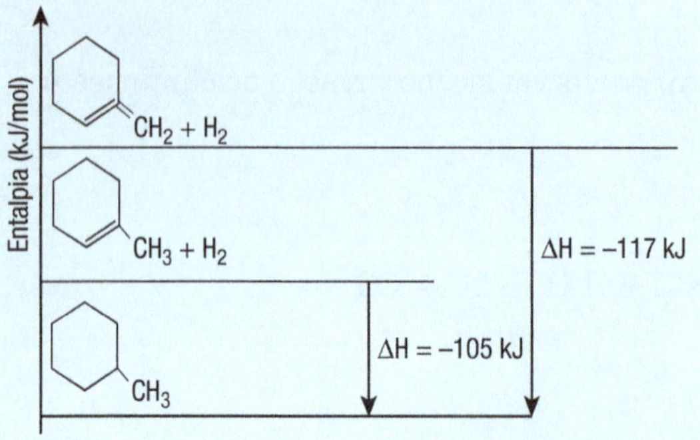
Entalpia (kJ/mol)
$CH_2 + H_2$
$CH_3 + H_2$
CH_3
ΔH = −117 kJ
ΔH = −105 kJ

b) O alceno formado em maior proporção é o mais estável, no caso o composto B. De acordo com a equação química a seguir:

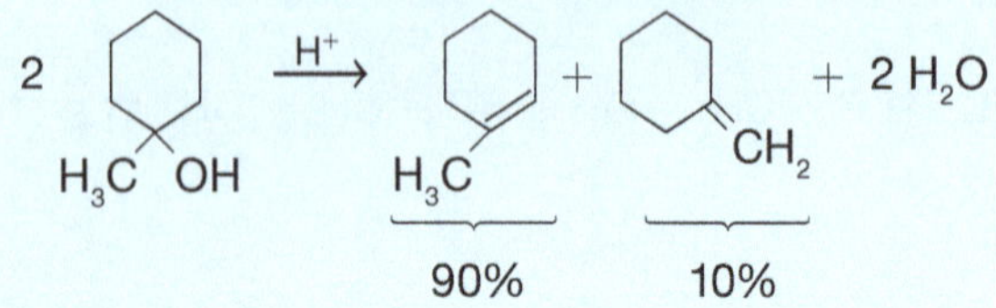
2
H_3C OH
H^+
+
H_3C
CH_2
+ 2 H_2O
90%
10%

5. (UNICAMP – SP) Quando vapores de etanol passam sobre argila aquecida, que atua como catalisador, há produção de um hidrocarboneto insaturado gasoso e vapor-d'água. Esse hidrocarboneto reage com bromo (Br_2) dando um único produto. Escreva as equações:

a) da reação de formação do hidrocarboneto, indicando o nome deste;
b) da reação do hidrocarboneto com o bromo.

6. (FUVEST – SP) Nos anos de 1970, o uso do inseticida DDT, também chamado de 1,1,1-tricloro-2,2--bis (*para*-clorofenil) etano, foi proibido em vários países.
Essa proibição se deveu à toxicidade desse inseticida, que é solúvel no tecido adiposo dos animais. Para monitorar sua presença em um ambiente marinho do litoral canadense, amostras de ovos de gaivotas, recolhidos nos ninhos, foram analisadas. O gráfico abaixo mostra a variação da concentração de DDE (um dos produtos gerados pela degradação do DDT) nos ovos, ao longo dos anos.

ANA OLÍVIA JUSTO/acervo da editora

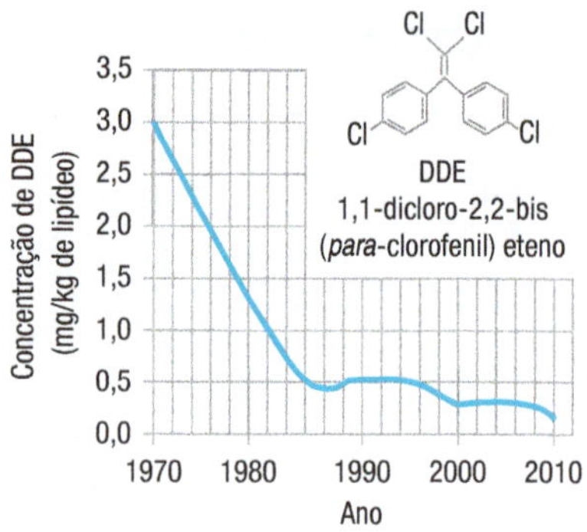
Concentração de DDE (mg/kg de lipídeo)
3,5
3,0
2,5
2,0
1,5
1,0
0,5
0,0
1970
1980
1990
2000
2010
Ano
Cl
Cl
Cl
Cl
DDE
1,1-dicloro-2,2-bis
(*para*-clorofenil) eteno

a) No período de 1970 a 1985, foi observada uma diminuição significativa da concentração de DDE nos ovos das gaivotas. A partir de 1970, quanto tempo levou para que houvesse uma redução de 50% na concentração de DDE?
b) O DDE é formado, a partir do DDT, pela eliminação de HCl. Escreva, usando fórmulas estruturais, a equação química que representa a formação do DDE a partir do DDT.

7. (UNIFESP) O fluxograma mostra a obtenção de fenil-eteno (estireno) a partir de benzeno e eteno.

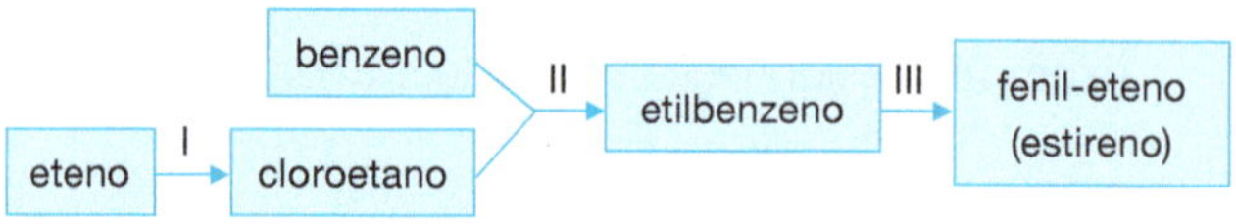
benzeno
eteno
I
cloroetano
II
etilbenzeno
III
fenil-eteno
(estireno)

Nesse fluxograma, as etapas I, II e III representam, respectivamente, reações de

a) substituição, eliminação e adição.
b) halogenação, adição e hidrogenação.
c) eliminação, adição e desidrogenação.
d) adição, eliminação e substituição.
e) adição, substituição e desidrogenação.

8. (FUVEST – SP) Do ponto de vista da "Química Verde", as melhores transformações são aquelas em que não são gerados subprodutos. Mas, se forem gerados, os subprodutos não deverão ser agressivos ao ambiente.
Considere as seguintes transformações, representadas por equações químicas, em que, quando houver subprodutos, eles não estão indicados.

I. 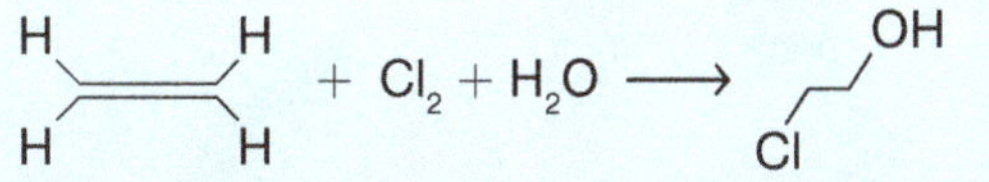

II. 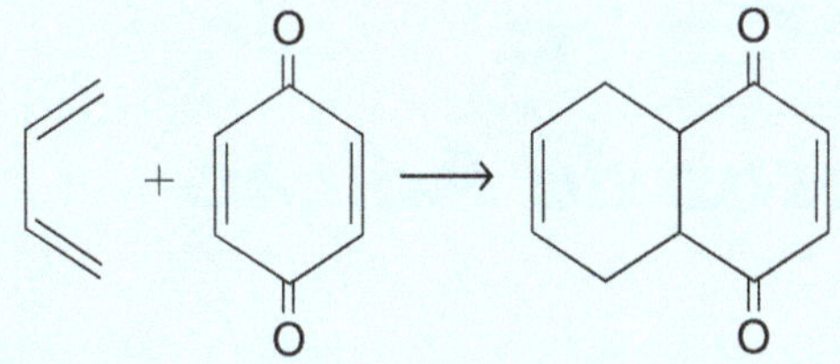

III. 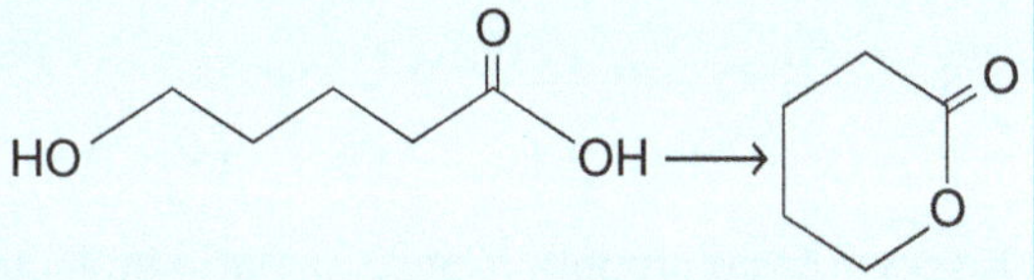

A ordem dessas transformações, da pior para melhor, de acordo com a "Química Verde", é:

a) I, II, III.
b) I, III, II.
c) II, I, III.
d) II, III, I.
e) III, I, II.

Resolução:

I. $C_2H_4 + Cl_2 + H_2O \longrightarrow C_2H_5OCl + HCl$
HCl: subproduto prejudicial ao meio ambiente.

II. $C_4H_6 + C_6H_4O_2 \longrightarrow C_{10}H_{10}O_2$
A reação II forma um único produto adequando-se ao conceito Química Verde.

III. $C_5H_{10}O_3 \longrightarrow C_5H_8O_3 + H_2O$

A sequência das reações é da pior para a melhor: I, III, II.

Resposta: alternativa b.

9. (FUVEST – SP) A "Química Verde", isto é, a química das transformações que ocorrem com o mínimo de impacto ambiental, está baseada em alguns princípios:

1. utilização de matéria-prima renovável,
2. não geração de poluentes,
3. economia atômica, ou seja, processos realizados com a maior porcentagem de átomos dos reagente incorporados ao produto desejado.

Analise os três processos industriais de produção de anidrido maleico, representados pelas seguintes equações químicas:

I. 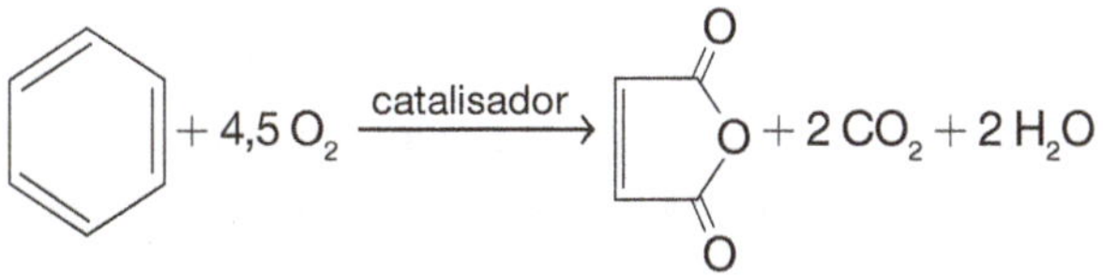

II. 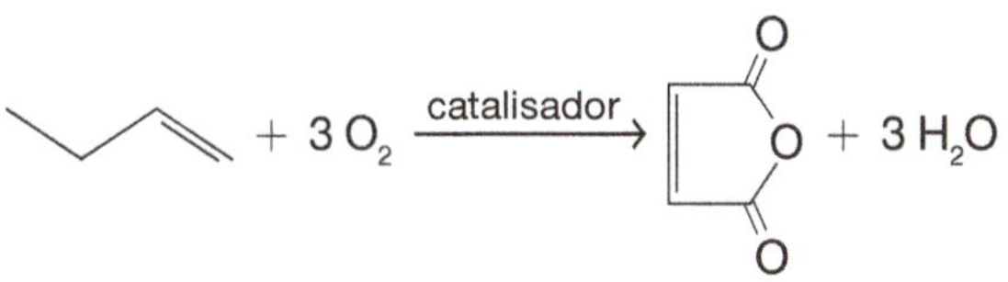

III. 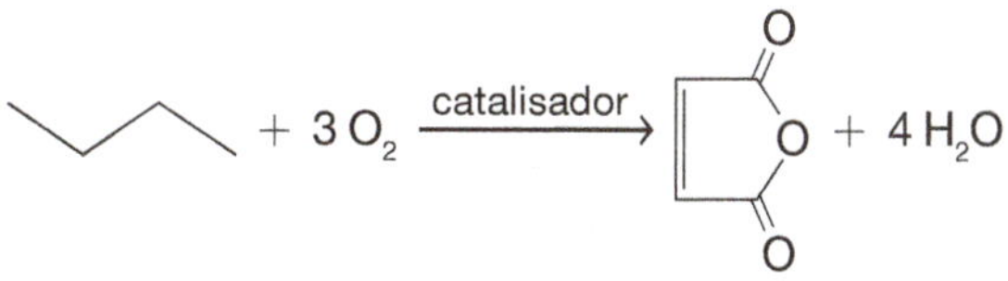

a) Qual deles apresenta maior economia atômica?
b) Qual deles obedece pelo menos a dois princípios dentre os três citados?
c) Escreva a fórmula estrutural do ácido que, por desidratação, pode gerar o anidrido maleico.
d) Escreva a fórmula estrutural do isômero geométrico do ácido do item c.

10. (UNIFESP) Um composto de fórmula molecular C_4H_9Br, que apresenta isomeria óptica, quando submetido a uma reação de eliminação (com KOH alcoólico a quente), forma com produto principal um composto que apresenta isomeria geométrica (cis e trans).

a) Escreva as fórmulas estruturais dos compostos orgânicos envolvidos na reação.
b) Que outros tipos de isomeria pode apresentar o composto de partida C_4H_9Br? Escreva as fórmulas estruturais de dois dos isômeros.

11. (FUVEST – SP) Um químico, pensando sobre quais produtos poderiam ser gerados pela desidratação do ácido 5-hidróxi-pentanoico.

$$\underset{\displaystyle HO}{\underset{|}{H_2C}} - CH_2 - CH_2 - CH_2 - \underset{\displaystyle OH}{\underset{|}{C}} = O$$

imaginou que

a) a desidratação **intermolecular** desse composto poderia gerar um éter ou um éster, ambos de cadeia aberta. Escreva as fórmulas estruturais desses dois compostos.
b) a desidratação **intramolecular** desse composto poderia gerar um éster cíclico ou um ácido com cadeia carbônica insaturada. Escreva as fórmulas estruturais desses dois compostos.

Capítulo 12 — Polímeros de Adição

1. Polímeros

São compostos naturais ou sintéticos de alta massa molecular, isto é, são macromoléculas.

[M]: unidade monomérica (parte que repete)

—[M]—[M]—[M]—[M]— polímero

Exemplos de polímeros naturais:

- celulose $(C_6H_{10}O_5)_n$ n varia de 1.500 a 3.000
- proteínas
- borracha natural: $(C_5H_8)_n$

2. Reação de polimerização

Os químicos começaram a fabricar os **polímeros sintéticos**, que atualmente são extensamente usados na forma de **plásticos** (folhas, chapas, brinquedos, tubos para encanamentos etc.), de **fibras para tecidos** (náilon, poliéster etc.) e de **borrachas sintéticas**.

Reação de polimerização é a reação que forma um polímero, o reagente é chamado de **monômero** e o produto recebe o nome de **polímero**.

Exemplo:

$$n\,CH_2 = CH_2 \xrightarrow[\text{catalisador}]{\text{P. T.}} (-\,CH_2 - CH_2\,-)_n$$

etileno monômero → polietileno polímero

O valor de n vai depender das condições em que é feita a reação.

3. Como começa uma reação de polimerização?

A reação necessita de uma substância chamada de iniciador. Temos 3 tipos de iniciadores:

3.1 Polimerização de radical livre

Os mais utilizados são os peróxidos orgânicos $(R - O - O - R)$ que formam radicais livres devido a uma cisão homolítica

Mecanismo:

Polimerização do etileno

$$R - O - O - R \longrightarrow 2\,R - O\bullet$$

$$R - O\bullet + CH_2 = CH_2 \longrightarrow R - O - CH_2 - \dot{C}H_2 \text{ etc.}$$

Observação: o produto reage com outra molécula de etileno, produzindo um radical maior. Esses radicais produzidos irão reagir com as moléculas de etilenos, produzindo radicais ainda maiores.

3.2 Polimerização usando ácido de Lewis

Ácidos de Lewis: espécie química que **recebe** par eletrônico através de uma ligação dativa.

O ácido de Lewis ataca a molécula do monômero formando o íon carbônio (carbocátion). Esse íon reage com outra molécula do monômero e assim sucessivamente.

$$H^+ + CH_2 = CH_2 \longrightarrow H - CH_2 - \overset{+}{C}H_2$$

$$H_3C - \overset{+}{C}H_2 + CH_2 = CH_2 \longrightarrow H_3C - CH_2 - CH_2 - \overset{+}{C}H_2$$

etc.

3.3 Polimerização utilizando uma base de Lewis

Base de Lewis: espécie química que **fornece** par eletrônico através de uma ligação dativa.

A base de Lewis ataca a molécula do monômero formando o íon carbânio (carboânion). Esse íon reage com outra molécula do monômero e assim sucessivamente.

$$H_3N\!: + CH_2 = CH_2 \rightarrow H_3N - CH_2 - \ddot{C}H_2$$

$$H_3N - CH_2 - \ddot{C}H_2 + CH_2 = CH_2 \longrightarrow$$

$$\longrightarrow H_3N - CH_2 - CH_2 - CH_2 - \ddot{C}H_2$$

A indústria adiciona outras substâncias para melhorar as propriedades do polímero, tais como:

- plastificantes (melhoram sua resistência e flexibilidade).
- estabilizadores (melhoram sua resistência à luz e às oxidações).
- corantes (cores ao polímero).
- retardadores de chama (resistência ao fogo) e assim por diante.

4. Polímeros de adição

São polímeros formados por sucessivas adições de monômeros. Os monômeros apresentam dupla ou tripla ligação entre carbonos. Durante a polimerização, ocorre a ruptura da ligação π e a formação de duas novas ligações simples, como mostra o esquema:

Todos os átomos das moléculas do monômero estão na macromolécula do polímero, portanto, monômero e polímero têm as mesmas fórmulas centesimal e mínima, e a massa molecular do polímero é múltiplo inteiro da massa molecular do monômero.

4.1 Polietileno = PE

Esse polímero é obtido a partir de sucessivas adições do eteno ou etileno.

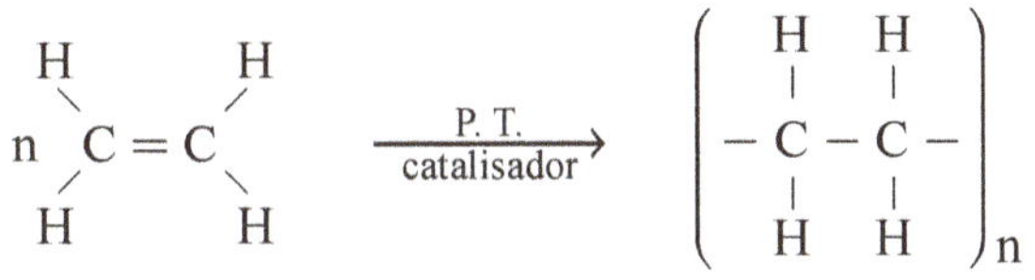

etileno

polietileno = PE
plástico mais usado
(saco de lixo, brinquedos, sacolas etc.)

O polietileno apresenta-se de dois tipos diferentes:

- **polietileno de alta densidade (PEAD):** é formado por cadeias normais que facilitam as interações intermoleculares formando um plástico mais denso e mais rígido do que o polietileno de baixa densidade; por isso é usado na fabricação de copos, canecas, brinquedos etc.

$$-CH_2-CH_2-CH_2-CH_2-CH_2-CH_2-CH_2-$$

- **polietileno de baixa densidade (PEBD):** é formado por cadeias ramificadas que dificultam as interações intermoleculares formando o plástico mais flexível que é usado na produção de sacolas, de filmes para embalagens etc.

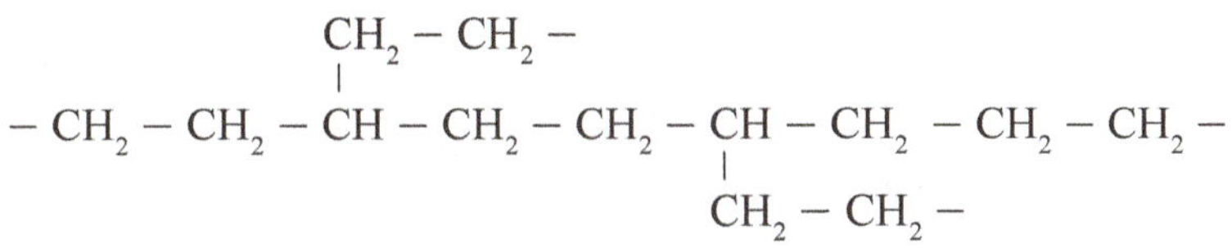

4.2 Polipropileno = PP

Esse polímero é obtido a partir de sucessivas adições do propeno ou propileno.

propileno

polipropileno = PP
para-choques de automóveis, cordas, tapetes etc.

4.3 Policloreto de vinila (PVC)

Esse polímero é obtido a partir de sucessivas adições do cloroeteno ou cloreto de vinila.

cloreto de vinila

policloreto de vinila = = PVC
tubulação, toalhas de mesa, cortinas para banheiro

4.4 Teflon ou politetrafluoroetileno (PTFE)

Esse polímero é obtido a partir de sucessivas adições do tetrafluoroeteno ou tetrafluoroetileno.

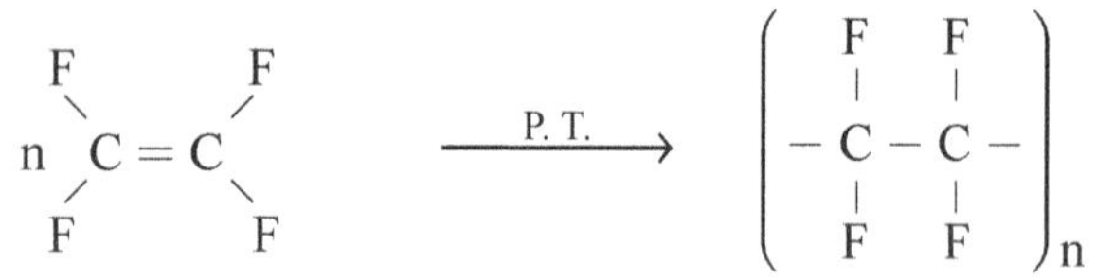

tetrafluoroetileno

teflon = PTFE
fitas de vedação, revestimento de panelas e frigideiras etc.

4.5 Poliestireno (PS)

Esse polímero é obtido a partir de sucessivas adições do vinilbenzeno ou estireno.

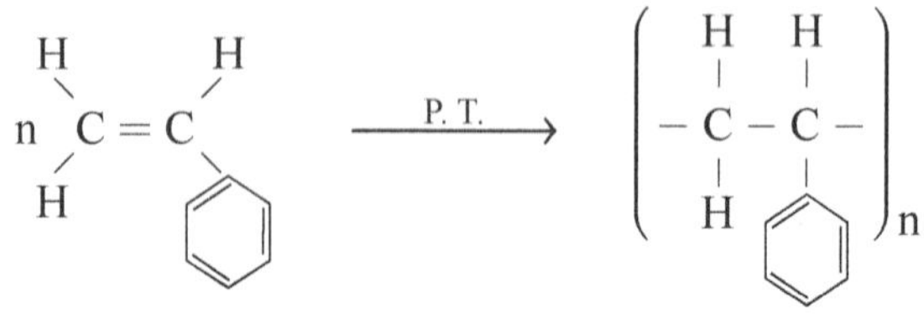

estireno

poliestireno = PS
pratos, copos, xícaras etc.

Se a preparação do PS for feita juntamente com uma substância volátil, por exemplo, o pentano (PE = 36 °C), obtém-se uma espuma fofa devido à expansão do vapor de pentano que deixa muitas bolhas no interior do polímero.

Obtém-se, assim, o **isopor**, um PS muito leve usado como isolante térmico e elétrico.

4.6 Poliacrilonitrila (PAN)

Esse polímero é obtido a partir de sucessivas adições do cianeto de vinila ou acrilonitrila.

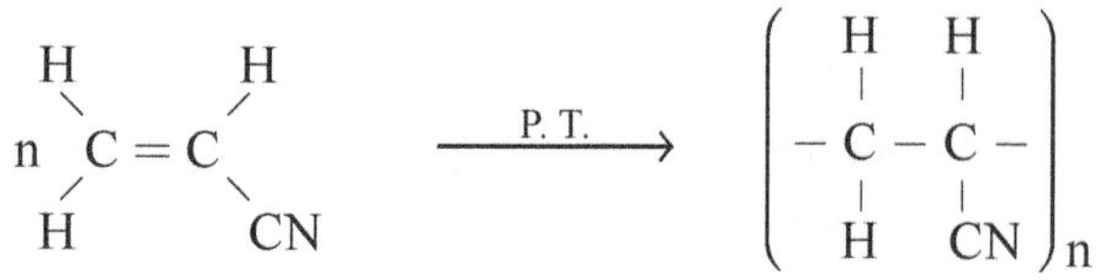

acrilonitrila

poliacrilonitrila = = PAN
fibras (orlon)

4.7 Poliacetileno

Esse polímero é obtido a partir de sucessivas adições do etino ou acetileno.

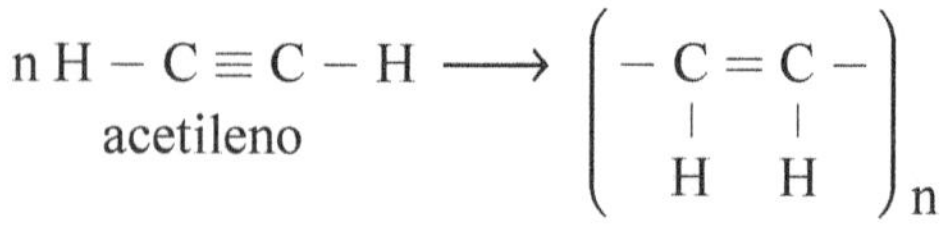

poliacetileno
primeiro polímero condutor de corrente elétrica

A condição para um polímero ser condutor de corrente elétrica é ter duplas-ligações alternadas, para que certas substâncias adicionadas no polímero possam ceder ou retirar elétrons, tornando-o condutor.

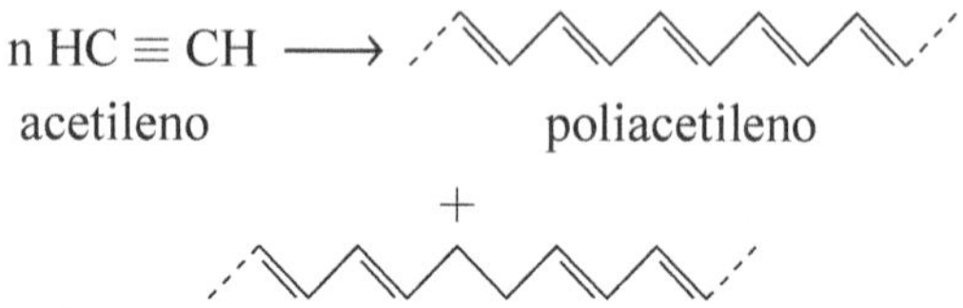

A existência de um (ou mais) ponto positivo (ou negativo), que aparece devido ao agente dopante (iodo, por exemplo), faz com que os elétrons das ligações duplas restantes se desloquem, sob a ação de um campo elétrico, resultando então na condutividade elétrica.

4.8 Borracha natural

A borracha natural é proveniente da seringueira, chamada *Hevea brasiliensios*. Ao fazer o corte na seringueiras, escorre um líquido branco, chamado látex. O isopreno é o componente do látex que vai ser polimerizado, produzindo a borracha natural. O látex, quando endurece por ação do calor, fornece a borracha natural.

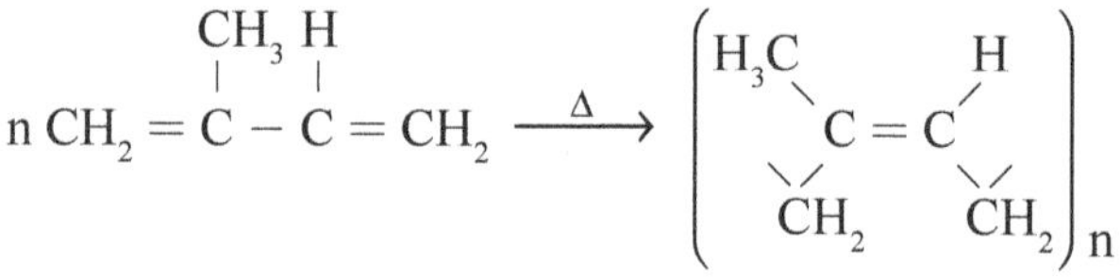

2-metibuta-1,3-dieno
isopreno

poli-isopreno
(borracha natural)
isopreno sempre isômero cis

No entanto, a borracha natural apresenta certas propriedades indesejáveis: é pegajosa no verão e dura e quebradiça no inverno.

5. Vulcanização da borracha

Para melhorar suas qualidades, a borracha é submetida ao processo de vulcanização, que consiste num aquecimento da borracha com 5 a 8% de enxofre. O enxofre quebra as duplas-ligações e liga a molécula do poli-isopreno às suas vizinhas, o que torna o conjunto mais resistente.

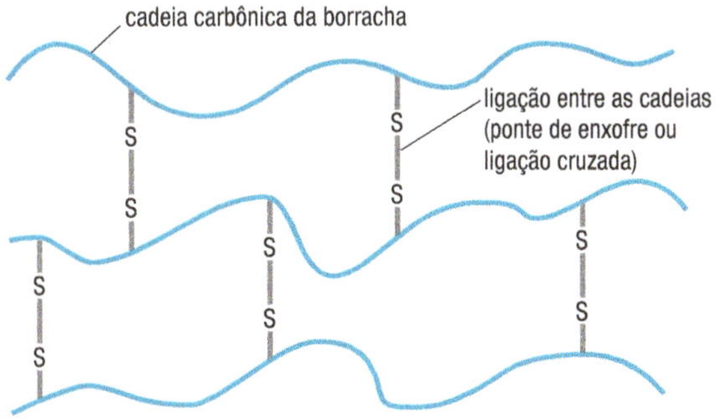

cadeia carbônica da borracha
S
ligação entre as cadeias (ponte de enxofre ou ligação cruzada)

As cadeias de enxofre ajudam a alinhar as cadeias poliméricas e o material não sofre modificação permanente ao ser esticado, mas retorna elasticamente à forma e tamanho iniciais quando se remove a tensão (elastômero).

Uma borracha não vulcanizada é mole e se rompe facilmente quando esticada. Já a borracha vulcanizada torna-se bem mais resistente e volta ao normal quando cessa a força que a estica.

Polímeros que possuem alta elasticidade são conhecidos como elastômeros.

6. Copolímeros de adição

Copolímeros são polímeros formados por mais de um tipo de monômero.

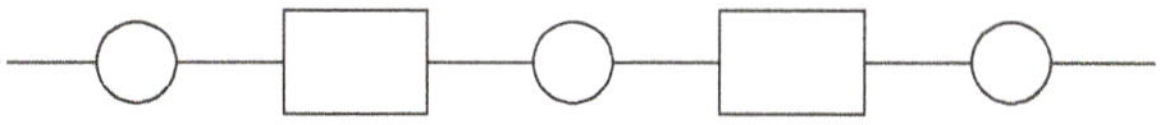

Exemplo:

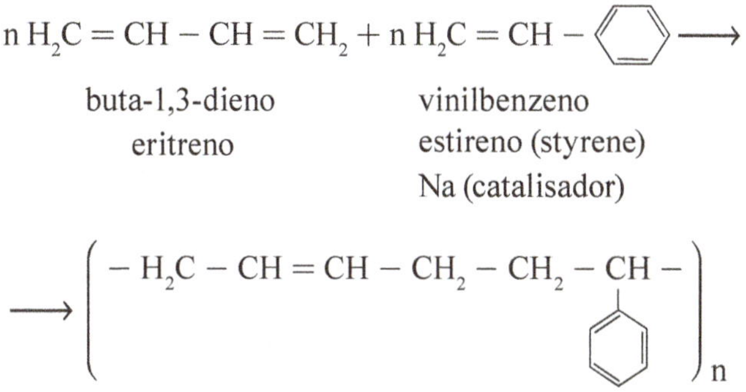

n H₂C = CH – CH = CH₂ + n H₂C = CH –
buta-1,3-dieno
eritreno
vinilbenzeno
estireno (styrene)
Na (catalisador)
– H₂C – CH = CH – CH₂ – CH₂ – CH –
n

BUNA-S (borracha sintética)

As borrachas sintéticas, quando comparadas às naturais, são mais resistentes às variações de temperatura e ao ataque de produtos químicos, sendo utilizadas para a produção de mangueiras, correias e artigos para vedação.

7. Principais polímeros de adição

Fórmula	Nome comum do monômero	Nome do polímero (nome comercial)	Usos
$H_2C=CH_2$	etileno	polietileno (politeno) (PE)	garrafas flexíveis, sacos, películas, brinquedos e objetos moldados, isolamento elétrico
$H_2C=CH-CH_3$	propileno	polipropileno (Vectra, Herculon) (PP)	garrafas, películas, tapetes internos e externos
$H_2C=CH-Cl$	cloreto de vinila	poli(cloreto de vinila) (PVC)	pisos de assoalhos, capas de chuva, tubos hidráulicos
$H_2C=CH-CN$	acrilonitila	poli(acrilonitrila) (Orlon, Acrilan) (PAN)	tapetes, tecidos

Fórmula	Nome comum do monômero	Nome do polímero (nome comercial)	Usos
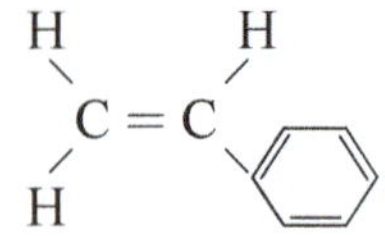	estireno	poliestireno (PS)	resfriadores de alimentos e bebidas, isolamento térmico de edificações
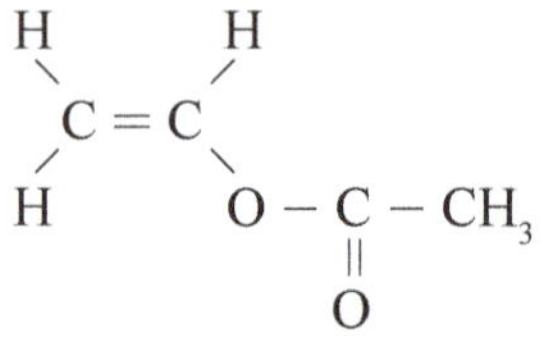	acetato de vinila	poli(acetato de vinila) (PVA)	tintas de látex, adesivos, revestimentos têxteis
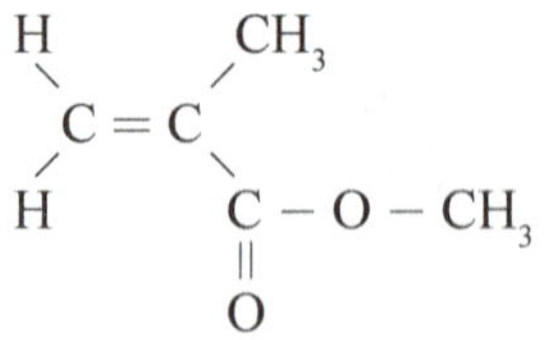	metacrilato de metila ou metilacrilato de metila	poli(metacrilato de metila) (Plexiglas, Lucite)	objetos de alta transparência, tintas látex, lentes de contato
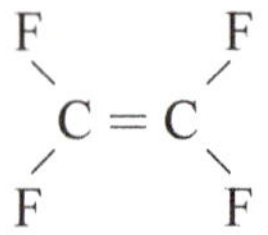	tetrafluoroetileno	politetrafluoroetileno (Teflon) (PTFE)	gaxetas, isolamento, mancais, revestimento de frigideiras

Exercícios Série Prata

1. Complete com **adição** ou **substituição**.

polímero de ______________________________

Dê o nome do monômero e do polímero:

2. 

______________ ______________

3. 

______________ ______________

4. 

______________ ______________

5. 

______________ ______________

6. 

______________ ______________

7. 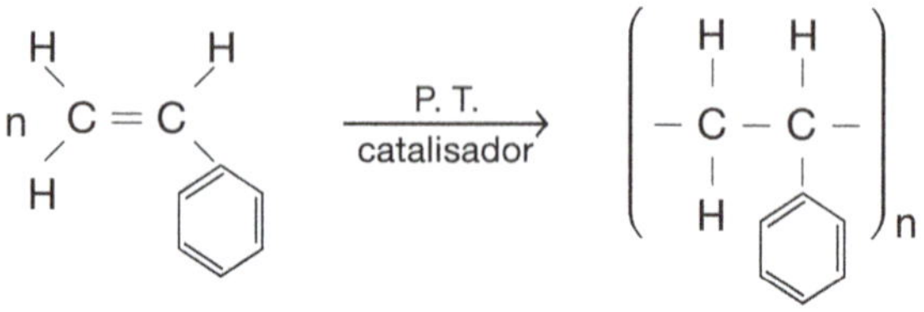

______________ ______________

8. Complete.

O poliestireno expandido origina o ______________

9. (PUC – PR) A borracha natural é um polímero do:

a) eritreno
b) isopreno
c) cloropreno
d) cloreto de vinila
e) acetato de vinila

10. Dê o nome do monômero e do polímero.

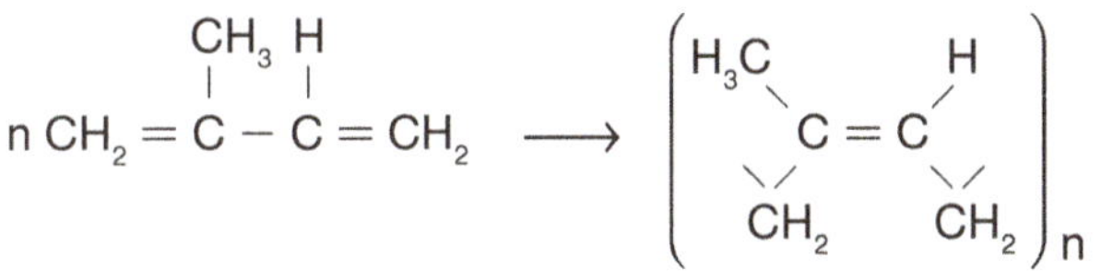

______________ ______________

11. (FUND. CARLOS CHAGAS) A vulcanização da borracha baseia-se na reação do látex natural com quantidades controladas de:

a) chumbo
b) enxofre
c) ozônio
d) magnésio
e) parafina

12. Complete a **equação de polimerização**.

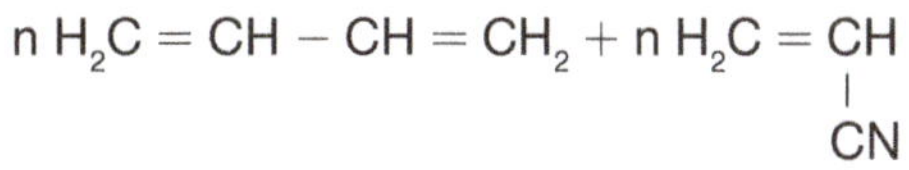

13. Complete com **natural** ou **artificial**.

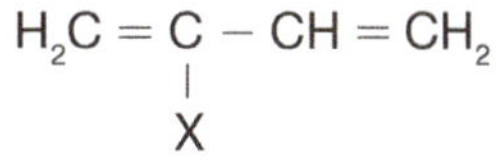

a) X = CH_3 borracha ______________

b) X ≠ CH_3 borracha ______________

Exercícios Série Ouro

1. (FUVEST – SP) Qual das moléculas representadas abaixo tem estrutura adequada à polimerização, formando macromoléculas?

a) 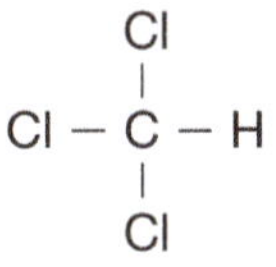

b) 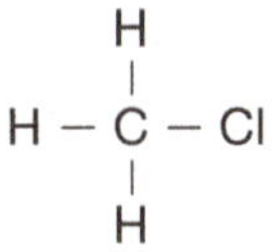

c) 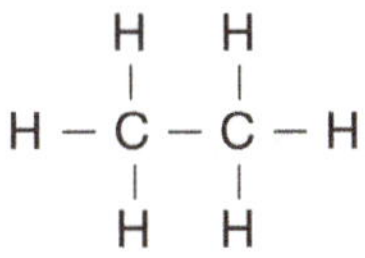

d) 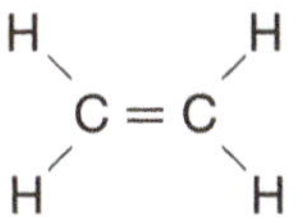

e) 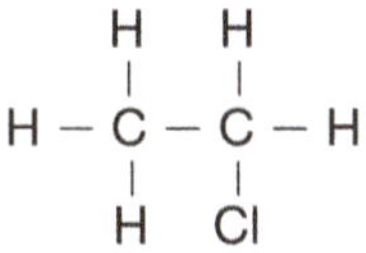

2. (UNESP) Acetileno pode sofrer reações de adição do tipo:

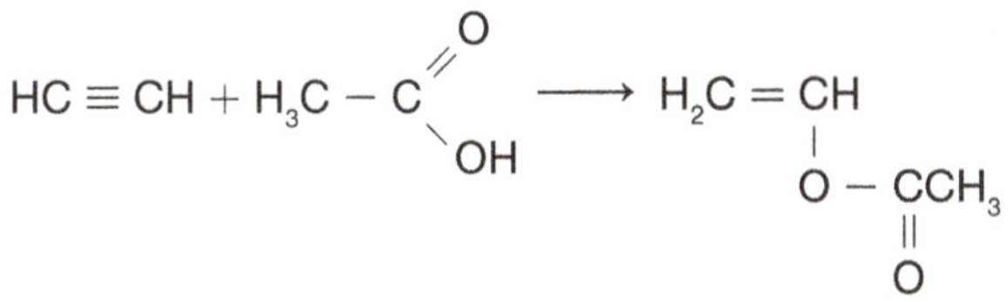

acetato de vinila

A polimerização do acetato de vinila forma o PVA, de fórmula estrutural:

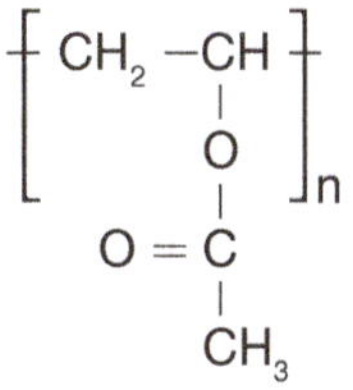

PVA

a) Escreva a fórmula estrutural do produto de adição do HCl ao acetileno.

b) Escreva a fórmula estrutural da unidade básica do polímero formado pelo cloreto de vinila (PVC).

3. (UNICAMP – SP) O estireno é polimerizado formando o poliestireno (um plástico muito utilizado em embalagens e objetos domésticos), de acordo com a equação:

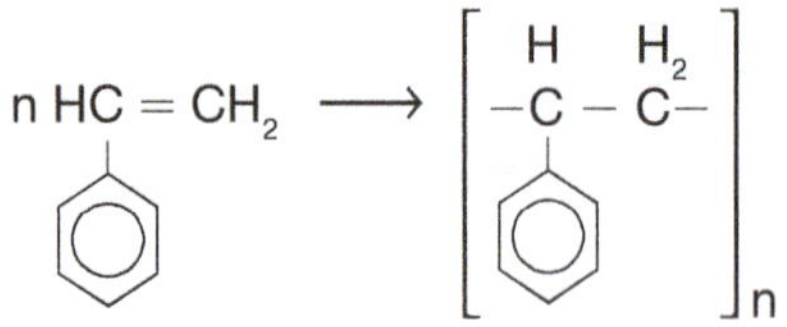

Dos compostos orgânicos abaixo, qual deles poderia se polimerizar numa reação semelhante? Faça a equação correspondente e dê o nome do polímero formado.

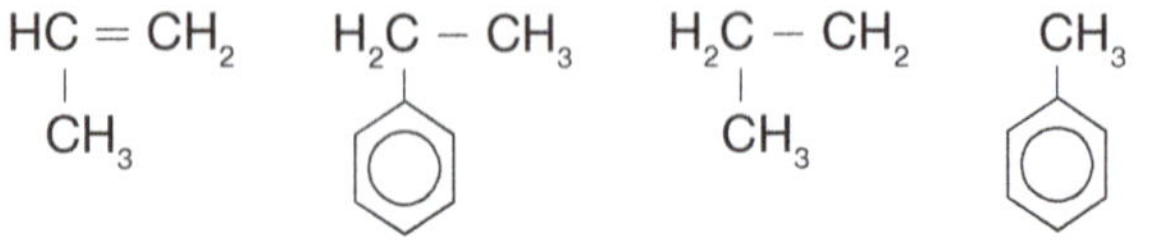

propileno etilbenzeno propano tolueno

4. (FUVEST – SP) Dê as fórmulas estruturais dos polímeros seguintes e de seus respectivos monômeros:

a) polietileno
b) policloreto de vinila
c) poli-isopreno ou borracha natural
d) politetrafluoroetileno (teflon)

5. (FUVEST – SP) O monômero utilizado na preparação do poliestireno é o estireno:

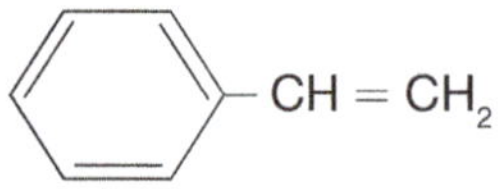

O poliestireno expandido, conhecido como isopor, é fabricado polimerizando-se o monômero misturado com pequena quantidade de um outro líquido. Formam-se pequenas esferas de poliestireno que aprisionam esse outro líquido. O posterior aquecimento das esferas a 90 °C, sob pressão ambiente, provoca o amolecimento do poliestireno e a vaporização total do líquido aprisionado, formando-se, então, uma espuma de poliestireno (isopor).

Considerando que o líquido de expansão não deve ser polimerizável e deve ter ponto de ebulição adequado, dentre as substâncias abaixo,

Substância	Temperatura de ebulição (°C), à pressão ambiente
I. $CH_3(CH_2)_3CH_3$	36
II. $NC-CH=CH_2$	77
III. $H_3C-C_6H_4-CH_3$	138

é correto utilizar, como líquido de expansão, apenas

a) I.
b) II.
c) III.
d) I ou II.
e) I ou III.

6. (UNICAMP – SP) Estou com fome – reclama Chuá. – Vou fritar um ovo.

Ao ver Chuá pegar uma frigideira, Naná diz: – Esta não! Pegue a outra que não precisa usar óleo. Se quiser usar um pouco para dar um gostinho, tudo bem, mas nesta frigideira o ovo não gruda. Essa história começou em 1938, quando um pesquisador de uma grande empresa química estava estudando uso de gases para refrigeração. Ao pegar um cilindro contendo o gás tetrafluoroeteno, verificou que o manômetro dele indicava-o vazio. No entanto, o "peso" do cilindro dizia que o gás continuava lá. Abriu toda a válvula e nada de gás. O sujeito poderia ter dito: "Que droga!", descartando o cilindro. Resolveu, contudo, abrir o cilindro e verificou que continha um pó cuja massa correspondia à do gás que havia sido colocado lá dentro.

a) Como se chama esse tipo de reação que aconteceu com o gás dentro do cilindro? Escreva a equação química que representa essa reação.
b) Cite uma propriedade da substância formada no cilindro que permite o seu uso em frigideiras.
c) Se os átomos de flúor do tetrafluoroeteno fossem substituídos por átomos de hidrogênio e essa nova substância reagisse semelhantemente à considerada no item a, que composto seria formado? Escreva apenas o nome.

7. (UNIFESP) Foram feitas as seguintes afirmações com relação à reação representada por:

$$C_{11}H_{24} \longrightarrow C_8H_{18} + C_3H_6$$

I. É uma reação que pode ser classificada como craqueamento.
II. Na reação forma-se um dos principais constituintes da gasolina.
III. Um dos produtos da reação pode ser utilizado na produção de um plástico.

Quais das afirmações são verdadeiras?

a) I, apenas.
b) I e II, apenas.
c) I e III, apenas.
d) II e III, apenas.
e) I, II e III.

8. (FUVEST – SP) Uma indústria utiliza etileno e benzeno como matérias-primas e sintetiza estireno (fenileteno) como produto, segundo a rota esquematizada abaixo:

I. etileno + HCl $\longrightarrow$ cloroetano
II. cloroetano + benzeno $\xrightarrow{AlCl_3}$ etilbenzeno + + HCl
III. etilbenzeno $\xrightarrow{\text{catalisador}}$ estireno + H_2

a) Escreva as equações químicas que representam duas das transformações acima usando fórmulas estruturais.
b) No fluxograma abaixo, qual a matéria-prima X mais provável da indústria A e qual pode ser o produto Y da indústria C?

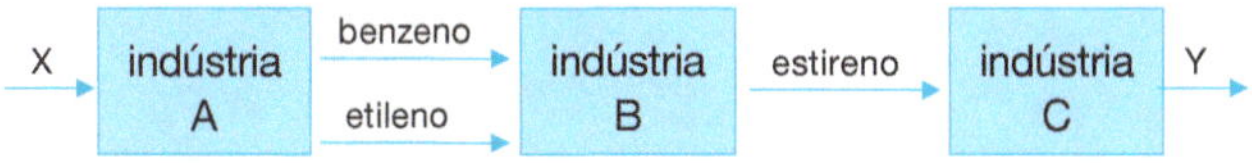
X
indústria A
benzeno
etileno
indústria B
estireno
indústria C
Y

9. (FUVEST – SP) Constituindo fraldas descartáveis, há um polímero capaz de absorver grande quantidade de água por um fenômeno de osmose, em que a membrana semipermeável é o próprio polímero. Dentre as estruturas

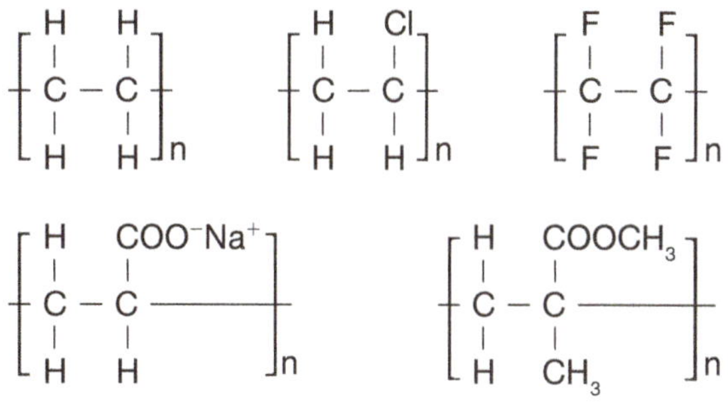

aquela que corresponde ao polímero adequado para essa finalidade é a do

a) polietileno.
b) poliacrilato de sódio.
c) polimetacrilato de metila.
d) policloreto de vinila.
e) polietrafluoroetileno.

10. (MACKENZIE – SP) A borracha natural, que é obtida a partir do látex extraído da seringueira, apresenta baixa elasticidade, tornando-se quebradiça ou mole conforme a temperatura. Entretanto, torna-se mais resistente e elástica quando é aquecida juntamente com compostos de enxofre.

Esse processo é chamado de

a) polimerização.
b) eliminação.
c) vulcanização.
d) oxidação.
e) esterificação.

11. (FUVEST – SP) Para aumentar a vida útil de alimentos que se deterioram em contacto com o oxigênio do ar, foram criadas embalagens compostas de várias camadas de materiais poliméricos, um dos quais é pouco resistente à umidade, mas não permite a passagem de gases. Este material, um copolímero, tem a seguinte fórmula

$$\left(CH_2 - CH_2\right)_m\left(CH_2 - \underset{\underset{\displaystyle OH}{|}}{CH}\right)_n$$

e é produzido por meio de um processo de quatro etapas, esquematizado abaixo.

ANA OLÍVIA JUSTO/acervo da editora

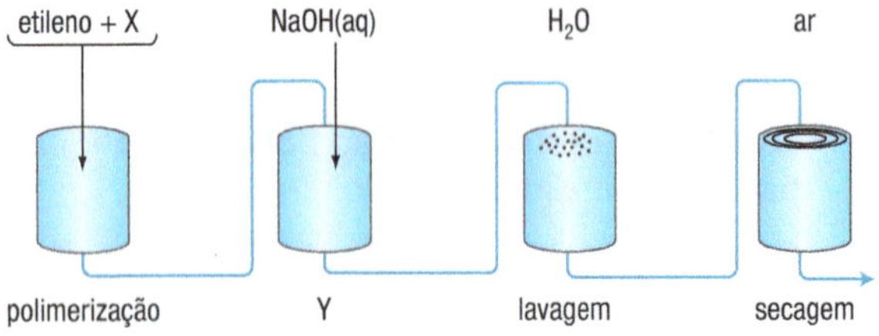
etileno + X
NaOH(aq)
H_2O
ar
polimerização
Y
lavagem
secagem

a) Dentre os compostos vinilbenzeno (estireno), acetato de vinila, propeno, propenoato de metila, qual pode ser o monômero X? Dê sua fórmula estrutural.

grupo vinila	$H_2C = \underset{|}{CH}$

b) Escreva a equação química que representa a transformação que ocorre na etapa Y do processo.

12. (ITA – SP) Indique a opção que contém o polímero que melhor conduz corrente elétrica quando dopado.

a) Polietileno.
b) Polipropileno.
c) Poliestirenol
d) Poliacetileno.
e) Politetrafluoretileno.

13. (UNIFESP) Os cientistas que prepararam o terreno para o desenvolvimento dos polímeros orgânicos condutores foram laureados com o prêmio Nobel de Química do ano 2000. Alguns desses polímeros podem apresentar condutibilidade elétrica comparável à dos metais. O primeiro desses polímeros foi obtido oxidando-se um filme de trans-poliacetileno com vapores de iodo.

a) Desenhe em seu caderno um pedaço de estrutura do trans-poliacetileno. Assinale, com um círculo, no próprio desenho, a unidade de repetição do polímero.

b) É correto afirmar que a oxidação do trans-poliacetileno pelo lado provoca a inserção de elétrons no polímero, tornando-o condutor? Justifique sua resposta.

Polímeros de Condensação

Capítulo 13

1. O que são polímeros de condensação

Esses polímeros são obtidos quando ocorre a reação entre os grupos funcionais dos monômeros com liberação de uma molécula pequena, geralmente água.

Para a polimerização prosseguir, cada monômero tem de possuir dois grupos funcionais, por exemplo, diálcool, diácido, diamina etc.

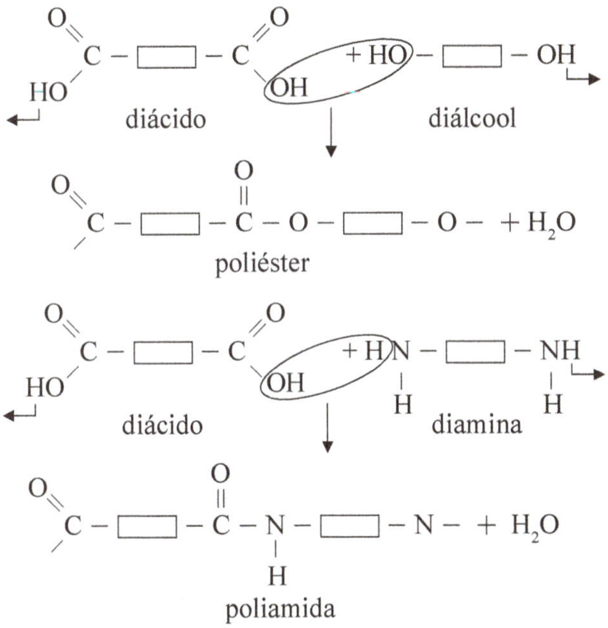

$$\underset{\text{diácido}}{HO-\overset{O}{\overset{\|}{C}}-\square-\overset{O}{\overset{\|}{C}}-OH} + \underset{\text{diálcool}}{HO-\square-OH} \rightarrow$$

$$\underset{\text{poliéster}}{-\overset{O}{\overset{\|}{C}}-\square-\overset{O}{\overset{\|}{C}}-O-\square-O-} + H_2O$$

$$\underset{\text{diácido}}{HO-\overset{O}{\overset{\|}{C}}-\square-\overset{O}{\overset{\|}{C}}-OH} + \underset{\text{diamina}}{H\underset{H}{\overset{|}{N}}-\square-N\underset{H}{\overset{|}{H}}} \rightarrow$$

$$\underset{\text{poliamida}}{-\overset{O}{\overset{\|}{C}}-\square-\overset{O}{\overset{\|}{C}}-\underset{H}{\overset{|}{N}}-\square-N-} + H_2O$$

Os principais polímeros de condensação são poliésteres e poliamidas.

2. Poliésteres

O poliéster mais comum é obtido pela reação entre o ácido tereftálico (diácido) e o etilenoglicol (diálcool)

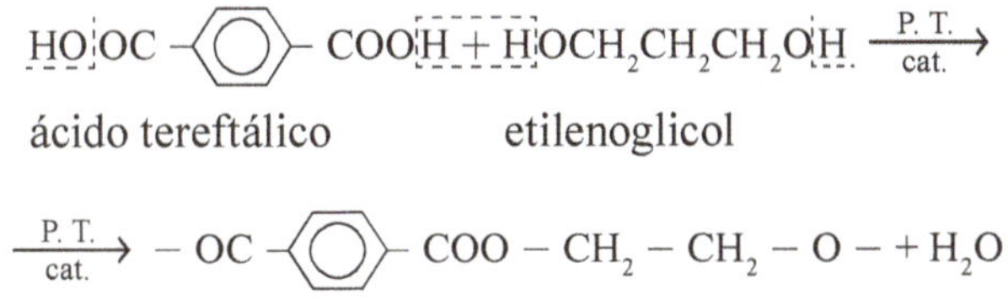

$$\underset{\text{ácido tereftálico}}{HOOC-\bigcirc-COOH} + \underset{\text{etilenoglicol}}{HOCH_2CH_2OH} \xrightarrow[\text{cat.}]{P.T.}$$

$$\xrightarrow[\text{cat.}]{P.T.} -OC-\bigcirc-COO-CH_2-CH_2-O- + H_2O$$

poliéster poli (tereftalato de etileno)
PET, dacron ou terilene

3. Poliamidas

A poliamida mais comum é o náilon-66, que é obtido da reação entre 1,6-diamino-hexano (diamina) e o ácido hexanodioico (diácido).

$$\underset{\text{diamina}}{H-\underset{H}{\overset{|}{N}}-(CH_2)_6-\underset{H}{\overset{|}{N}}-H} + \underset{\text{diácido}}{HOOC-(CH_2)_4-COOH} \xrightarrow[\text{cat.}]{P.T.}$$

$$\xrightarrow[\text{cat.}]{P.T.} -\underset{H}{\overset{|}{N}}-(CH_2)_6-\underset{H}{\overset{|}{N}}-OC-(CH_2)_4-CO- + H_2O$$

náilon-66 (poliamida)

O náilon é usado na confecção de fibras têxteis, engrenagens, linhas de pescar, pulseiras de relógio, paraquedas e escovas de dentes.

O náilon é bastante resistente à tração, porque suas cadeias poliméricas se ligam por pontes de hidrogênio.

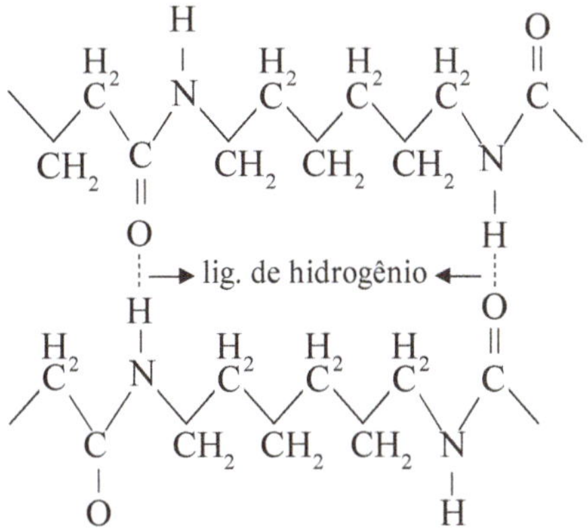

→ lig. de hidrogênio ←

Nota: kevlar é uma poliamida aromática, cuja equação química é mostrada.

$$H-\underset{H}{\overset{|}{N}}-\bigcirc-\underset{H}{\overset{|}{N}}-H + \underset{HO}{\overset{O}{\overset{\|}{C}}}-\bigcirc-\overset{O}{\overset{\|}{C}}-OH \rightarrow$$

$$\rightarrow -\underset{H}{\overset{|}{N}}-\bigcirc-\underset{H}{\overset{|}{N}}-\overset{O}{\overset{\|}{C}}-\bigcirc-\overset{O}{\overset{\|}{C}}- + H_2O$$

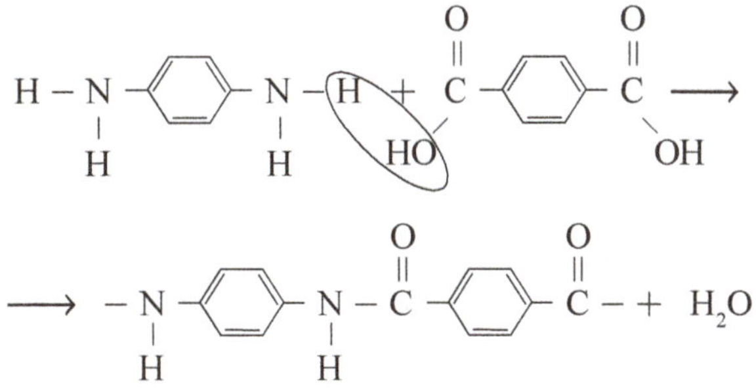

kevlar

Kevlar é um polímero de alta resistência mecânica e térmica, sendo por isso usado em coletes à prova de balas e em vestimentas de bombeiros.

As cadeias poliméricas do Kevlar estão fortemente unidas por ligações de hidrogênio (····) e interações dipolo instantâneo-dipolo induzido.

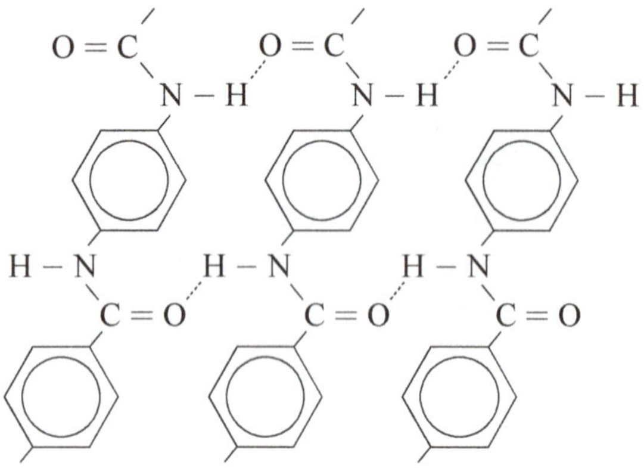

4. Polifenóis

A baquelite é um exemplo dessa classe, pois resulta da condensação de moléculas de benzenol (fenol) e de metanal (formol), segundo a equação:

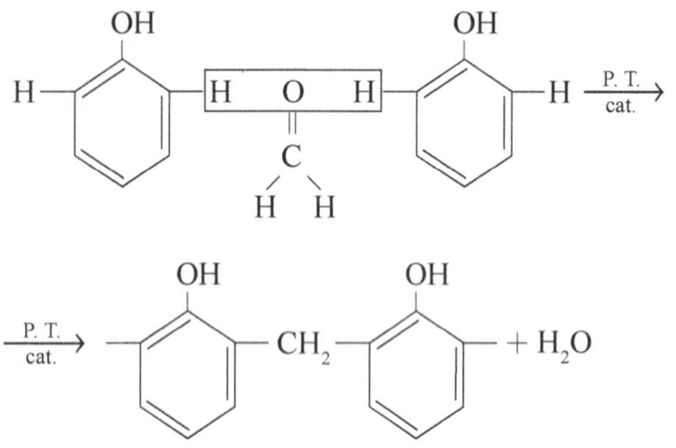

baquelite

A baquelite é usada em materiais elétricos (tomadas e interruptores), cabos de panela, revestimentos de freios e fórmica.

O grupo OH é *orto-para*-dirigente, portanto, a condensação também vai ocorrer na posição *para* originar uma estrutura tridimensional.

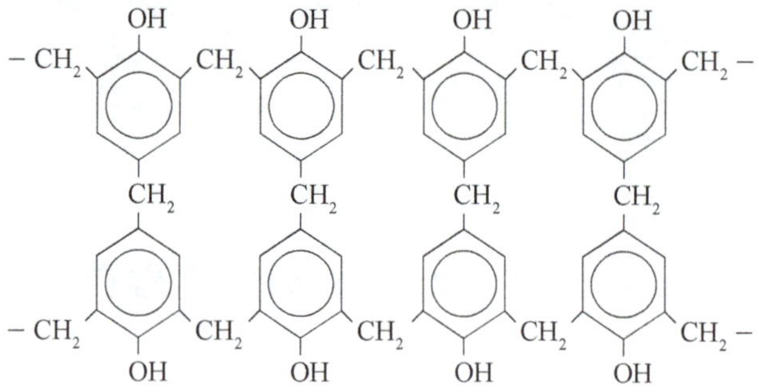

baquelite (fragmento da estrutura dimensional)

5. Polímeros lineares

Nos polímeros lineares, as macromoléculas são formadas de cadeias abertas (normais ou ramificadas) de átomos. Nesse caso, o polímero forma **fios** (macarrão) que se mantêm isolados um dos outros.

As cadeias poliméricas se mantêm isoladas umas das outras, havendo entre elas apenas forças intermoleculares.

Os polímeros lineares são **termoplásticos**, isto é, podem ser amolecidos pelo calor e endurecidos pelo resfriamento, repetidas vezes, sem perder suas propriedades.

Exemplo: polietileno.

6. Polímeros tridimensionais

Os polímeros tridimensionais têm macromoléculas que formam ligações em todas as direções no espaço, isto é, as cadeias com ligações entre si.

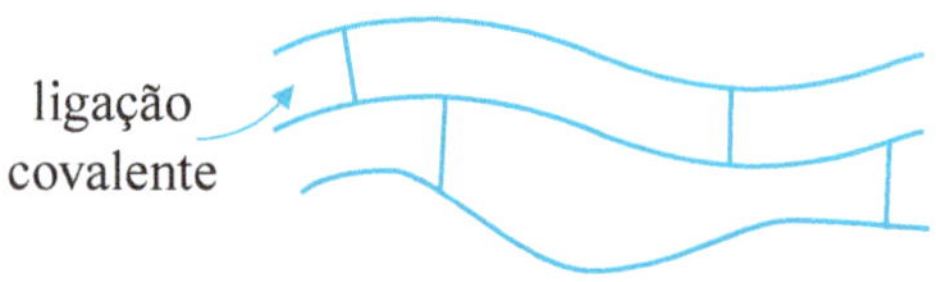
ligação covalente

Existem ligações covalentes entre as cadeias poliméricas.

Exemplo: baquelite.

Polímeros tridimensionais são **termofixos**, isto é, uma vez preparados, eles não podem ser amolecidos pelo calor e remoldados, sob pena de se decomporem.

Exercícios Série Prata

1. (PUC – SP) Polímeros são macromoléculas formadas por repetição de unidades iguais, os monômeros. A grande evolução da manufatura dos polímeros, bem como a diversificação das suas aplicações, caracterizam o século XX como o século do plástico. A seguir estão representados alguns polímeros conhecidos:

I. $-\overset{\overset{O}{\|}}{C}-\underset{\underset{H}{|}}{N}-(CH_2)_6-\underset{\underset{H}{|}}{N}-\left[\overset{\overset{O}{\|}}{C}-(CH_2)_4-\overset{\overset{O}{\|}}{C}-\underset{\underset{H}{|}}{N}-(CH_2)_6-\underset{\underset{H}{|}}{N}-\right]\overset{\overset{O}{\|}}{C}-(CH_2)_4-$ 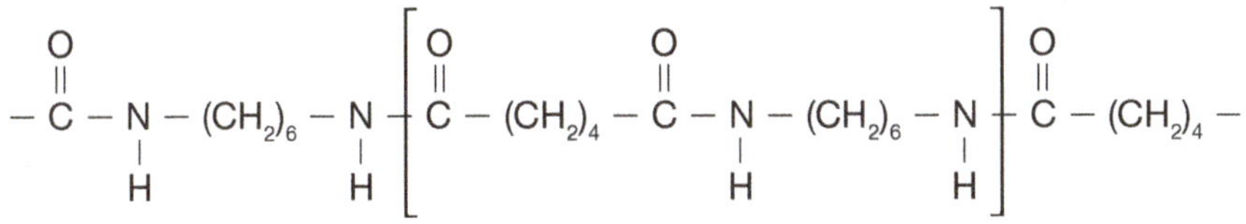

II. $-CF_2-CF_2-[CF_2-CF_2]-CF_2-CF_2-$ 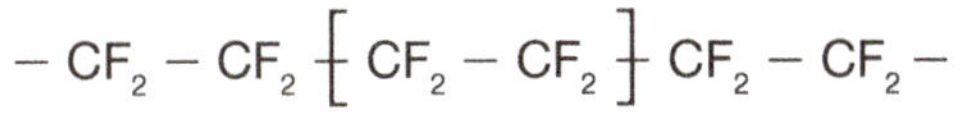

III. $-CH_2-CH_2-[CH_2-CH_2]-CH_2-CH_2-$ 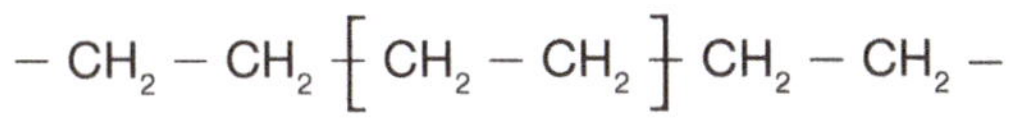

IV. $-CH_2-\underset{\underset{Cl}{|}}{CH}-\left[CH_2-\underset{\underset{Cl}{|}}{CH_2}\right]-CH_2-\underset{\underset{Cl}{|}}{CH}-$ 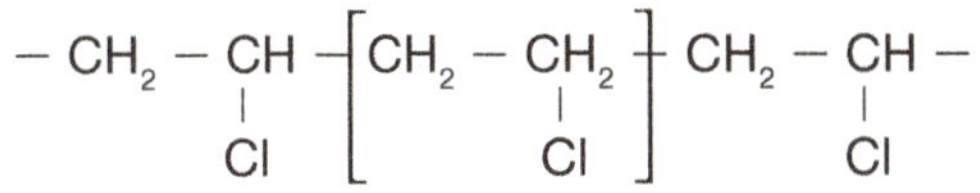

V. $\left[CH_2CH_2-O-\overset{\overset{O}{\|}}{C}-\bigcirc-\overset{\overset{O}{\|}}{C}-O\right]CH_2CH_2-O-\overset{\overset{O}{\|}}{C}-\bigcirc-\overset{\overset{O}{\|}}{C}-O-$ 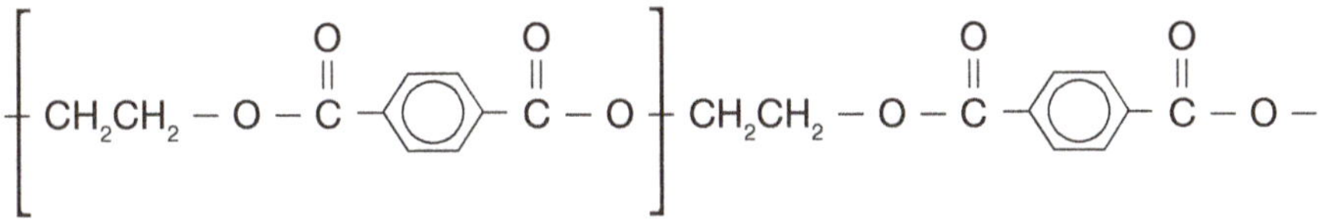

Assinale a alternativa que relaciona as estruturas e seus respectivos nomes.

	I	II	III	IV	V
a)	polietileno	poliéster	policloreto de vinila (PVC)	poliamida (náilon)	politetrafluoretileno (teflon)
b)	poliéster	polietileno	poliamida (náilon)	politetrafluoretileno (teflon)	policloreto de vinila (PVC)
c)	poliamida (náilon)	politetrafluoretileno (teflon)	polietileno	policloreto de vinila (PVC)	poliéster
d)	poliéster	politetrafluoretileno (teflon)	polietileno	policloreto de vinila (PVC)	poliamida (náilon)
e)	poliamida (náilon)	policloreto de vinila (PVC)	poliéster	polietileno	politetrafluoretileno (teflon)

2. (UFPI) Se a humanidade já passou pela "idade da pedra", "idade do bronze" e "idade do ferro", a nossa era poderia ser classificada como "idade do plástico", isto em virtude do uso dos polímeros sintéticos como: PVC, náilon, PVA, lucite etc. Dadas abaixo as estruturas parciais do teflon (1), do terylene (2) e náilon-66 (3), pode-se afirmar que:

1. 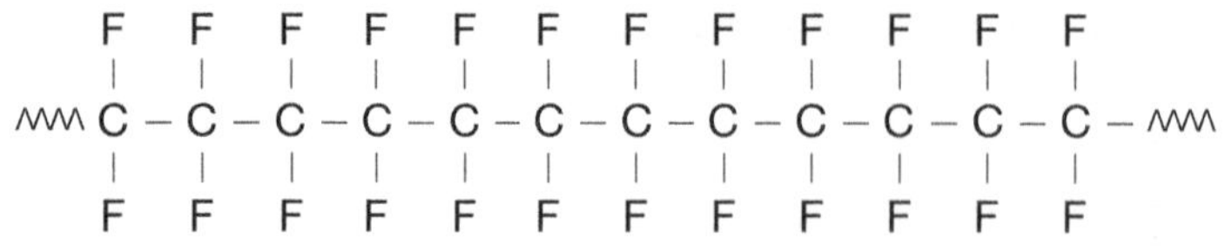 teflon

2. 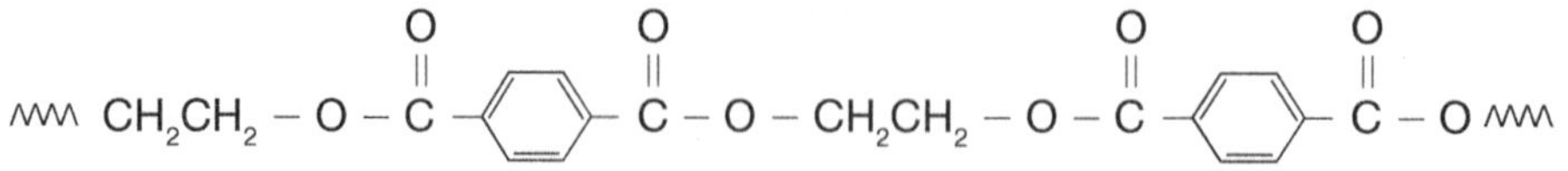 terylene

3. 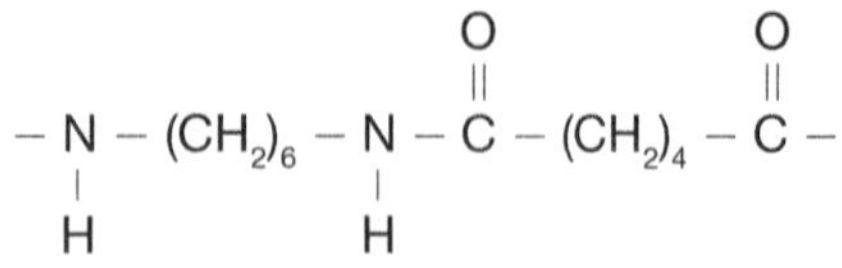 náilon-66

a) o teflon e o náilon-66 são polímeros de condensação, enquanto o terylene é um polímero de adição.
b) o náilon-66 e o terylene são polímeros de condensação, enquanto o teflon é um polímero de adição.
c) o terylene e o teflon são polímeros de condensação, enquanto o náilon-66 é um polímero de adição.
d) o teflon, o terylene e o náilon-66 são polímeros de condensação.
e) o teflon, o terylene e o náilon-66 são polímeros de adição.

3. (UESPI) O náilon-6,6 é um polímero sintético formado pela união entre um ácido carboxílico e uma amina. Qual dos polímeros abaixo representa o náilon-6,6?

a) $(\cdots - CH_2 - CH_2 - CH_2 - \cdots)n$

b) $(\cdots - CH_2 - CH = CH_2 - CH - \cdots)n$

c) 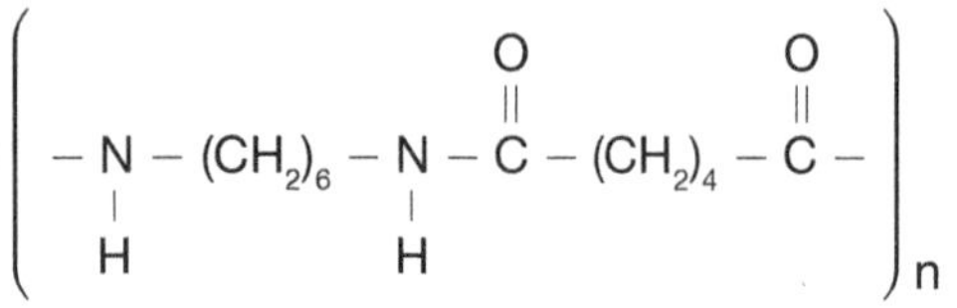

d) 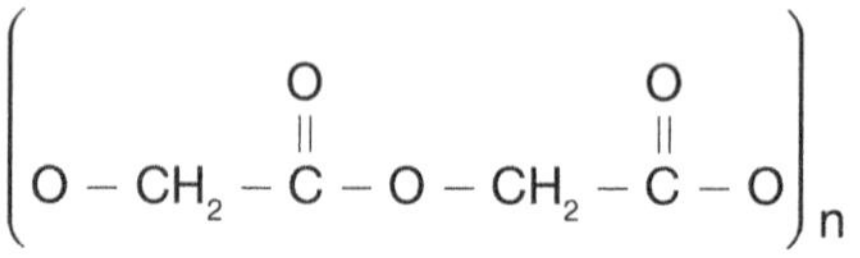

e) 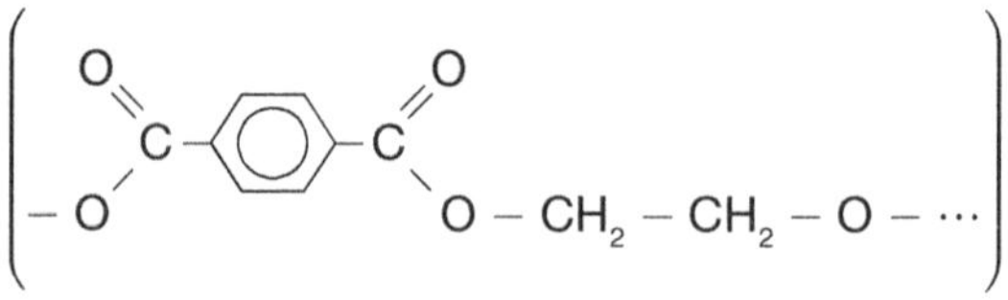

4. (PUC - SP) Os polímeros fazem, cada vez mais, parte do nosso cotidiano, estando presente nos mais diversos materiais. Dentre os polímeros mais comuns podem-se citar

- Teflon: polímero de adição, extremamente inerte, praticamente insolúvel em todos os solventes. Usado em revestimento de panelas e roupas de astronautas.
- Náilon: forma uma fibra muito resistente à tração, devido às ligações de hidrogênio que ocorrem entre suas moléculas. É usado como fibras têxtil.
- Polietileno: polímero formado por reação de adição. Principal componente de sacos e sacolas plásticas. Pode ser reciclado ou usado como combustível.
- PET: é um poliéster. Material das garrafas plásticas de refrigerante, está presente em muitas outras aplicações, como filmes fotográficos.

As fórmulas estruturais desses quatros polímeros estão, não respectivamente, representadas abaixo.

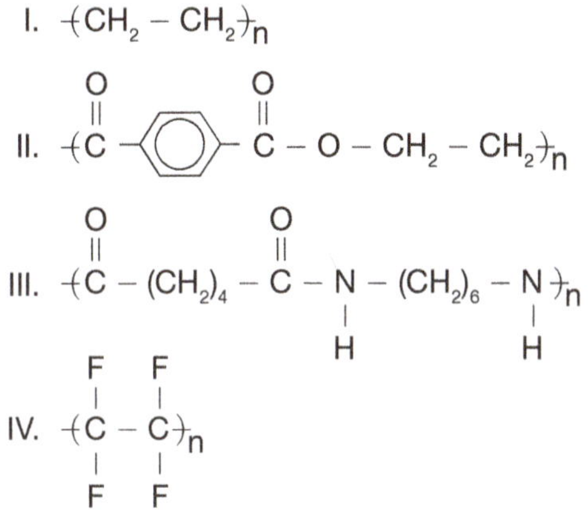

A alternativa que relaciona corretamente os polímeros descritos com as fórmulas estruturais representadas é:

	I	II	III	IV
a)	polietileno	PET	náilon	teflon
b)	teflon	polietileno	PET	náilon
c)	PET	náilon	polietileno	teflon
d)	PET	teflon	náilon	polietileno
e)	polietileno	PET	teflon	náilon

5. (FUVEST - SP) Os poliésteres são polímeros fabricados por condensação de dois monômeros diferentes, em sucessivas reações de esterificação. Dentre os pares de monômeros abaixo,

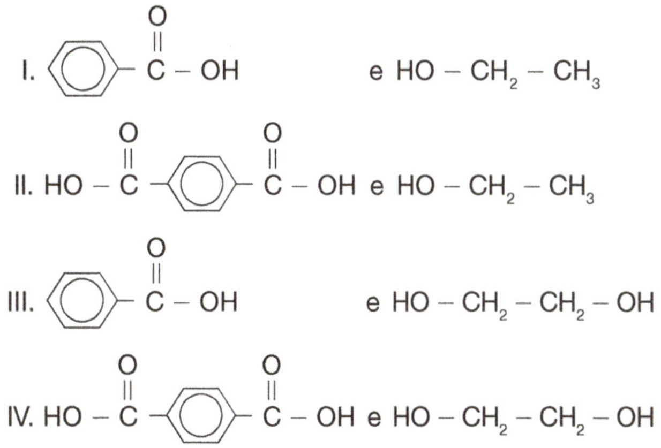

poliésteres podem ser formados

a) por todos os pares.
b) apenas pelos pares II, III e IV.
c) apenas pelos pares II, III.
d) apenas pelos pares I e IV.
e) apenas pelo par IV.

6. (PUC - SP) Um polímero de grande importância, usado em fitas magnéticas para gravação e em balões meteorológicos, é obtido pela reação:

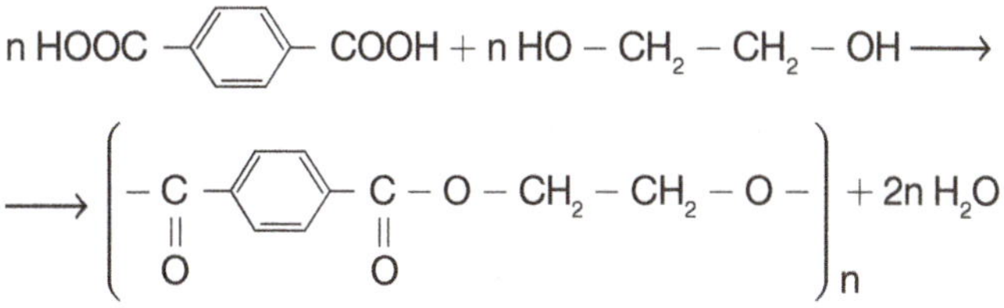

A proposição correta é:

a) Um dos monômeros é o ácido benzoico.
b) Um dos monômeros é um dialdeído.
c) O polímero é obtido por uma reação de polimerização por adição.
d) O polímero é um poliéster.
e) O polímero é um poliéter.

7. (FATEC – SP) A unidade de repetição de um polímero de condensação é assim representada.

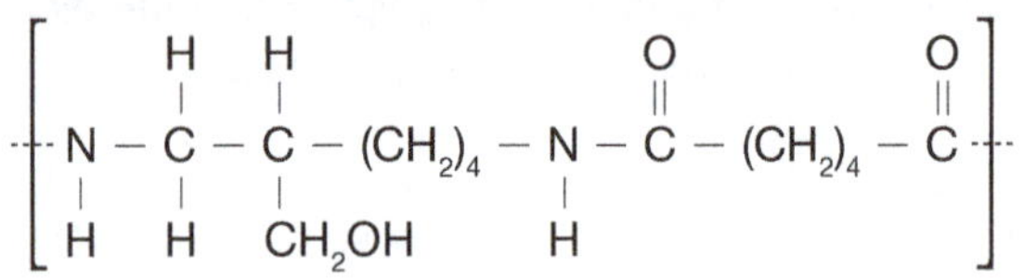

Dentre os monômeros, cujas estruturas são dadas a seguir

I. 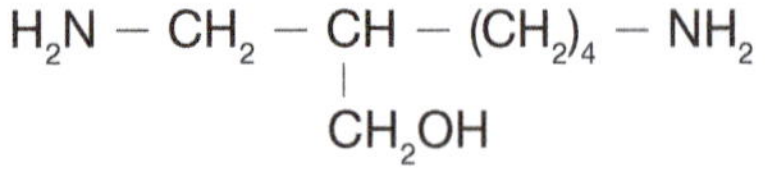

II. 

III. 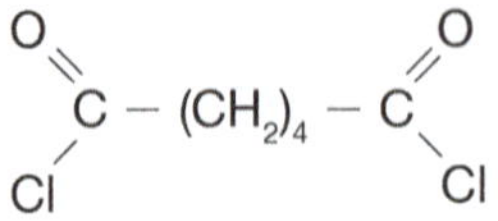

IV. 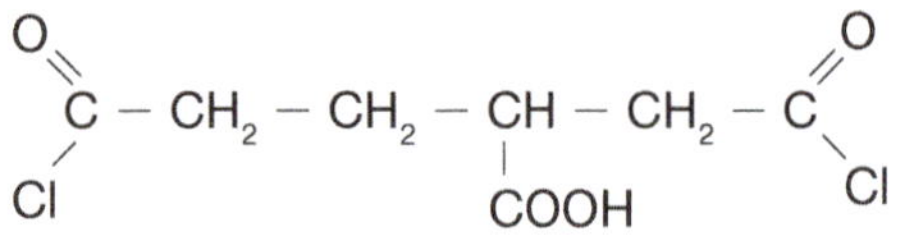

pode-se afirmar que originaram o polímero, os monômeros representados como

a) I e II.
b) I e III.
c) I e IV.
d) II e III.
e) IV.

8. Complete com **termoplásticos** ou **termofixos**.

______________________ : são polímeros de cadeias lineares que, quando aquecidos, amolecem, permitindo a sua moldagem, e quando resfriados, endurecem.

9. Complete com **termoplásticos** ou **termofixos**.

______________________ são polímeros com uma grande cadeia cruzada (tridimensional). Durante o aquecimento, não amolecem e, com aquecimento mais intenso, se decompõem.

Exercícios Série Ouro

1. (UNESP) A reação de condensação de uma amina com um ácido carboxílico produz uma amida e água. A condensação de metil-amina com ácido propanoico produz:

a) 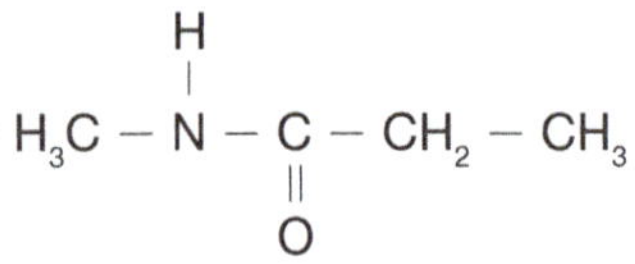

b) 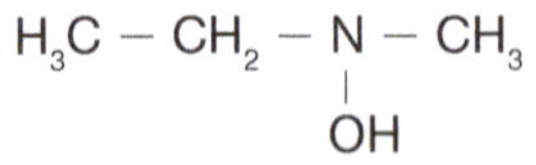

c) 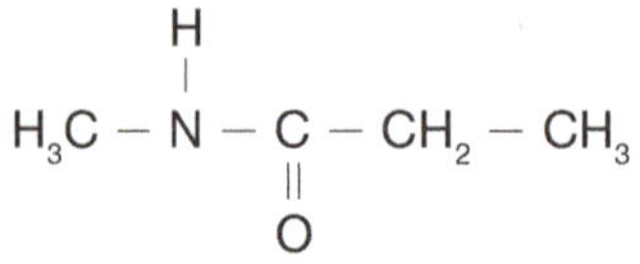

d) 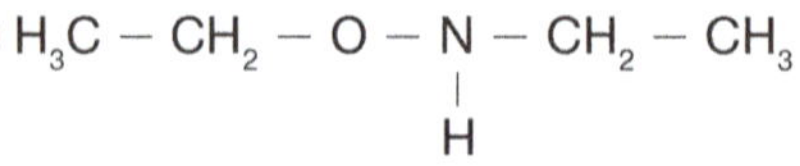

e) 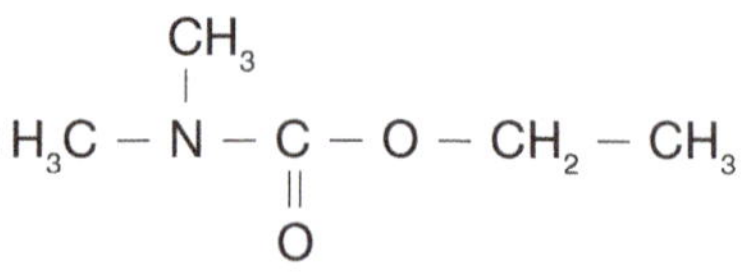

2. (FUVEST – SP) Alguns polímeros biodegradáveis são utilizados em fios de sutura cirúrgica, para regiões internas do corpo, pois não são tóxicos e são reabsorvidos pelo organismo. Um desses materiais é um copolímero de condensação que pode ser representado por

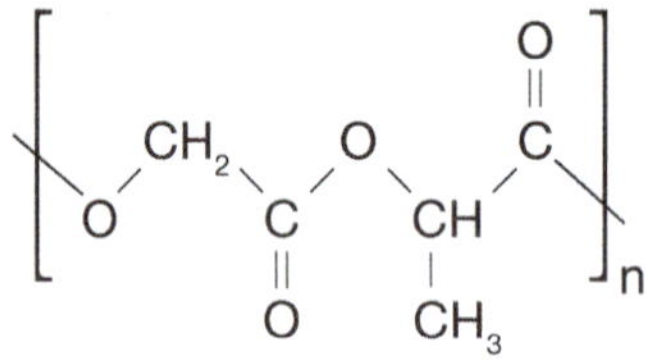

Dentre os seguintes compostos,

I. 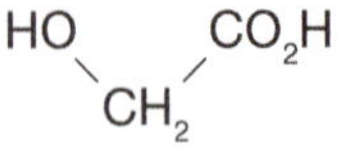

II. 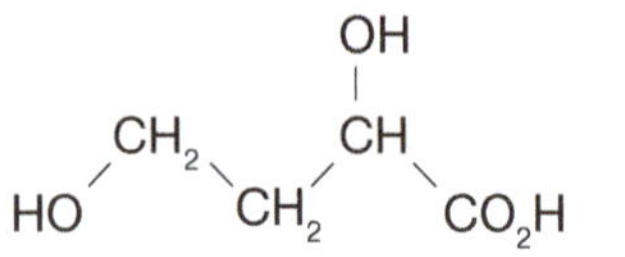

III. 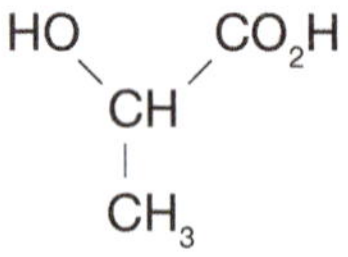

IV. 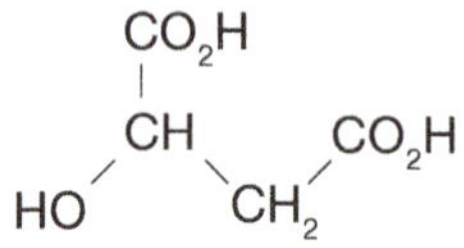

os que dão origem ao copolímero citado são

a) I e III   c) III e IV   e) IV
b) II e III   d) I e II

3. (UNICAMP - SP) Para se ter uma ideia do que significa a presença de polímeros sintéticos na nossa vida, não é preciso muito esforço: imagine o interior de um automóvel sem polímeros, olhe para sua roupa, para seus sapatos, para o armário do banheiro. A demanda por polímeros é tão alta que, em países mais desenvolvidos, o seu consumo chega a 150 kg por ano por habitante.

Em alguns polímeros sintéticos, uma propriedade bastante desejável é a sua resistência à tração. Essa resistência ocorre, principalmente, quando átomos de cadeias poliméricas distintas se atraem. O náilon, que é uma poliamida, e o polietileno, representados a seguir, são exemplos de polímeros.

$$[-NH-(CH_2)_6-NH-CO-(CH_2)_4-CO-]_n$$

náilon

$$[-CH_2-CH_7-]_n$$

polietileno

a) Admitindo-se que as cadeias destes polímeros são lineares, qual dos dois é mais resistente à tração? Justifique.
b) Desenhe os fragmentos de duas cadeias poliméricas do polímero que você escolheu no item a, identificando o principal tipo de interação existente entre elas que implica na alta resistência à tração.

4. (UNESP) Garrafas plásticas descartáveis são fabricadas com o polímero PET (polietilenotereftalato), obtida pela reação entre o ácido tereftálico e o etilenoglicol, de fórmulas estruturais:

ácido tereftálico

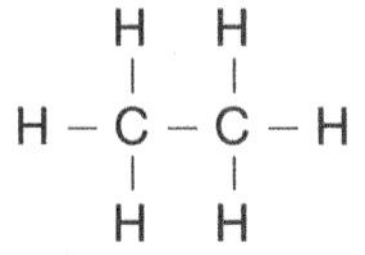

etilenoglicol

a) Equacione a equação de esterificação entre uma molécula de ácido tereftálico e duas moléculas de etilenoglicol.
b) Identifique a função orgânica presente no composto formado.

5. (ENEM) O uso de embalagens plásticas descartáveis vem crescendo em todo o mundo, juntamente com o problema ambiental gerado por seu descarte inapropriado. O politereftalato de etileno (PET), cuja estrutura é mostrada tem sido muito utilizado na indústria de refrigerantes e pode ser reciclado e reutilizado. Uma das opções possíveis envolve a produção de matérias-primas, como o etilenoglicol (1,2-etanodiol), a partir de objetos compostos de PET pós-consumo.

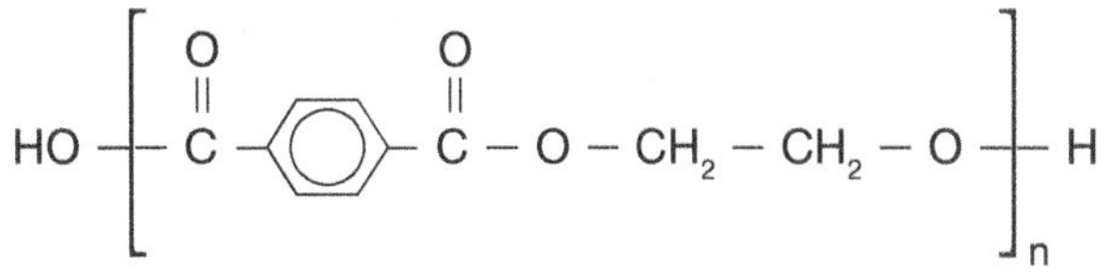

Disponível em: <www.abipet.org.br.>
Acesso em: 27 fev. 2012 (adaptado).

Com base nas informações do texto, uma alternativa para a obtenção de etilenoglicol a partir do PET é a

a) solubilização dos objetos.
b) combustão dos objetos.
c) trituração dos objetos.
d) hidrólise dos objetos.
e) fusão dos objetos.

6. (VUNESP) Estão representados a seguir fragmentos dos polímeros náilon e dexon, ambos usados como fios de suturas cirúrgicas.

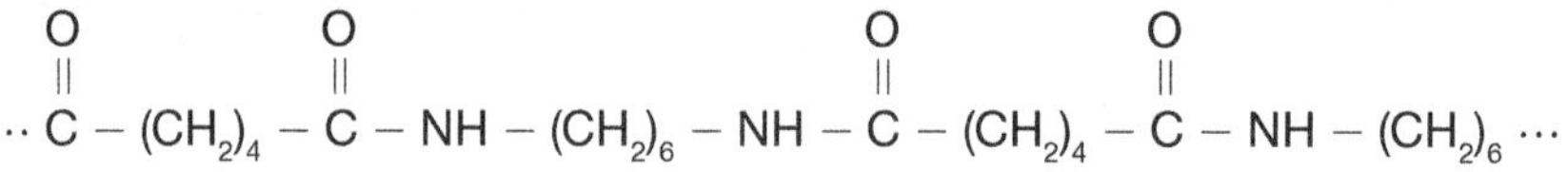

$$\cdots C(=O)-(CH_2)_4-C(=O)-NH-(CH_2)_6-NH-C(=O)-(CH_2)_4-C(=O)-NH-(CH_2)_6\cdots$$
náilon

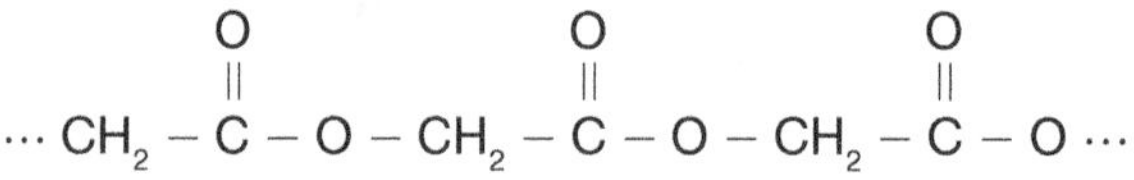

$$\cdots CH_2-C(=O)-O-CH_2-C(=O)-O-CH_2-C(=O)-O\cdots$$
dexon

a) Identifique os grupos funcionais dos dois polímeros.
b) O dexon sofre hidrólise no corpo humano, sendo integralmente absorvido no período de algumas semanas. Nesse processo, a cadeia polimérica é rompida, gerando um único produto, que apresenta duas funções orgânicas. Represente a fórmula estrutural do produto e identifique estas funções.

---

7. (FUVEST – SP) Kevlar é um polímero de alta resistência mecânica e térmica, sendo por isso usado em coletes à prova de balas e em vestimentas de bombeiros.

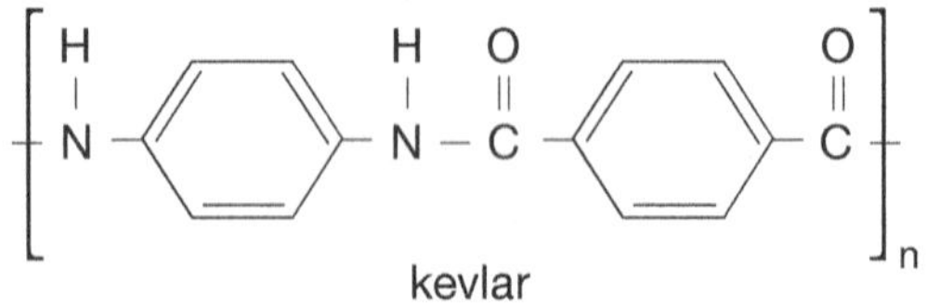

$$\left[-N(H)-C_6H_4-N(H)-C(=O)-C_6H_4-C(=O)- \right]_n$$
kevlar

a) Quais as fórmulas estruturais dos dois monômeros que dão origem ao kevlar por reação de condensação? Escreva-as.
b) Qual o monômero que, contendo dois grupos funcionais diferentes, origina o polímero kevlar com uma estrutura ligeiramente modificada? Represente as fórmulas estruturais desse monômero e do polímero por ele formado.
c) Como é conhecido o polímero sintético, não aromático, correspondente ao kevlar?

8. (FUVEST – SP) Aqueles polímeros, cujas moléculas se ordenam paralelamente umas às outras, são cristalinos, fundindo em uma temperatura definida, sem decomposição. A temperatura de fusão de polímeros depende, dentre outros fatores, de interações moleculares, devidas a forças de dispersão, ligações de hidrogênio etc., geradas por dipolos induzidos ou dipolos permanentes.

A seguir são dadas as estruturas moleculares de alguns polímeros.

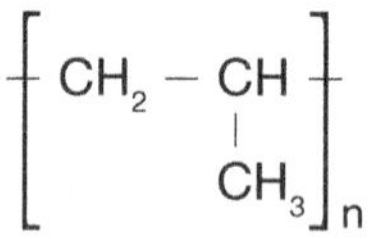

$$\left[-CH_2-CH(CH_3)- \right]_n \qquad \left[-N(H)-CH(CH_3)-CH_2-C(=O)- \right]_n$$
polipropileno   poliácido 3-aminobutanoico

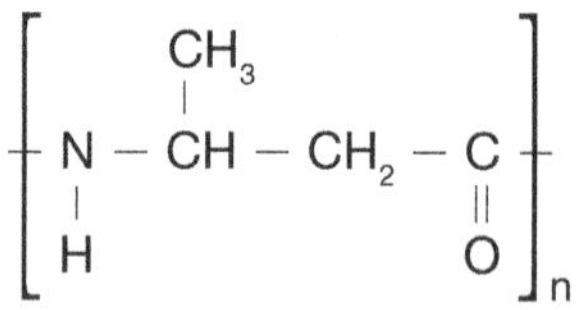

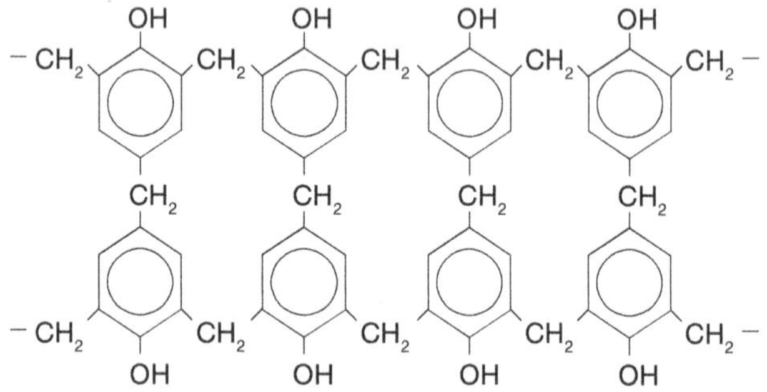

baquelite (fragmento da estrutura dimensional)

Cada um desses polímeros foi submetido, separadamente, a aquecimento progressivo. Um deles fundiu-se a 160 °C, outro a 330 °C e o terceiro não se fundiu, mas se decompôs.

Considerando as interações moleculares, dentre os três polímeros citados,

a) qual deles se fundiu a 160 °C? Justifique.
b) qual deles se fundiu a 330 °C? Justifique.
c) qual deles não se fundiu? Justifique.

9. (UFRJ) Muitas peças de plataformas marítimas para exploração de petróleo são fabricadas com compósitos poliméricos à base de poliésteres insaturados; esses poliésteres são misturados com microesferas ocas de vidro, formando estruturas rígidas, leves e resistentes.

a) A principal matéria-prima utilizada na fabricação das microesferas ocas de vidro é o SiO_2. Dê o nome dessa substância.

b) A figura a seguir representa um poliéster insaturado.

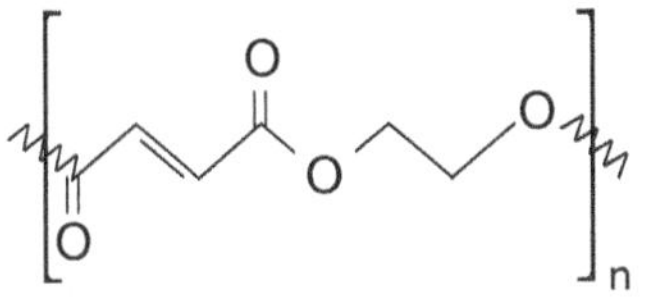

Escreva a estrutura em bastão dos dois monômeros que reagem entre si para formar essa resina poliéster.

10. (UNICAMP - SP) O uso de substâncias poliméricas para a liberação controlada de medicamentos vem sendo investigado, também, em tratamentos oftalmológicos. Os polímeros derivados dos ácidos glicólico e lático têm-se revelado muito promissores para essa finalidade. A estrutura abaixo representa um polímero desse tipo. Se R for um H, trata-se de um polímero derivado do ácido glicólico e, se R for um CH_3, trata-se do ácido lático. Na formação de qualquer um desses polímeros, a partir dos correspondentes ácidos, ocorre a eliminação de água.

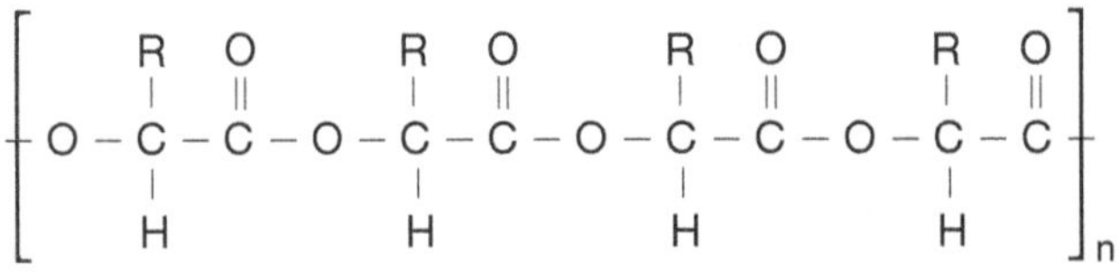

a) Um determinado polímero apresenta, alternadamente, fragmentos dos ácidos lático e glicólico. Desenhe a fórmula estrutural desse polímero, usando como modelo a estrutura acima.

No processo de biodegradação desse tipo de polímero mostrado na figura, inicialmente ocorre a hidrólise. O produto resultante desse processo é decomposto (no ciclo de Krebs), formando os mesmos produtos que seriam resultantes de sua combustão. Considerando que o fragmento polimérico da figura apresentada seja formado, apenas, a partir do ácido lático:

b) Escreva a equação química da hidrólise do polímero.

c) Escreva a equação química da oxidação da substância produzida na reação do item *b*.

11. (FUVEST - SP) Náilon-66 é uma poliamida, obtida através da polimerização por condensação dos monômeros 1,6-diamino-hexano e ácido hexanodioico (ácido adípico), em mistura equimolar.

$H_2N - (CH_2)_6NH_2$	1,6-diamino-hexano
$HOOC - (CH_2)_4 - COOH$	ácido adípico

O ácido adípico pode ser obtido a partir do fenol e o 1,6-diamino-hexano, a partir do ácido adípico, conforme esquema abaixo:

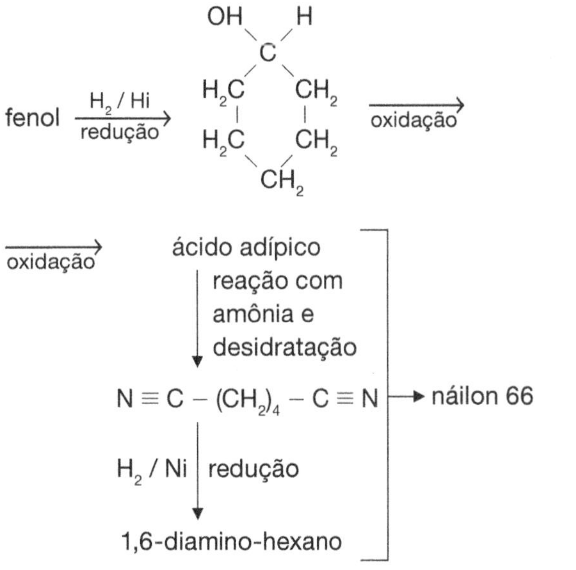
fenol
H2 / Hi
redução
oxidação
oxidação
ácido adípico
reação com amônia e desidratação
N ≡ C – (CH2)4 – C ≡ N
náilon 66
H2 / Ni
redução
1,6-diamino-hexano

a) Reagindo $2 \cdot 10^3$ mol de fenol, quantos mols de H_2 são necessários para produzir $1 \cdot 10^3$ mol de cada um desses monômeros? Justifique. Admita 100% de rendimento em cada etapa.

b) Escreva a equação que representa a condensação de 1,6-diamino-hexano com o ácido adípico.

12. (ITA – SP) Considere as seguintes afirmações:

I. A reação da borracha natural com enxofre é denominada vulcanização.
II. Polímeros termoplásticos amolecem quando são aquecidos.
III. Polímeros termofixos apresentam alto ponto de fusão.
IV. Os homopolímeros polipropileno e polietrafluoretileno são sintetizados por meio de reações de adição.
V. Mesas de madeira, camisetas de algodão e folhas de papel contêm materiais poliméricos.

Das afirmações feitas, estão corretas

a) apenas I, II, IV e V
b) apenas I, II e V
c) apenas III, IV e V
d) apenas IV e V
e) todas

13. (FUVEST – SP) Ésteres podem ser preparados pela reação de ácidos carboxílicos ou cloretos de ácidos com álcoois, conforme exemplificado:

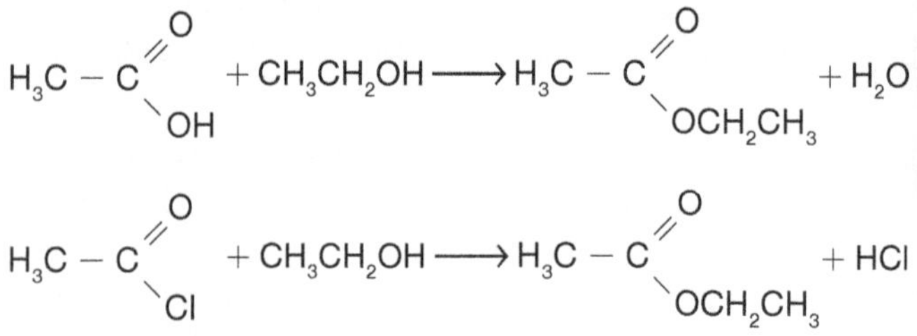

um cloreto de ácido

Recentemente, dois poliésteres biodegradáveis (I e II) foram preparados, utilizando, em cada caso, um dos métodos citados.

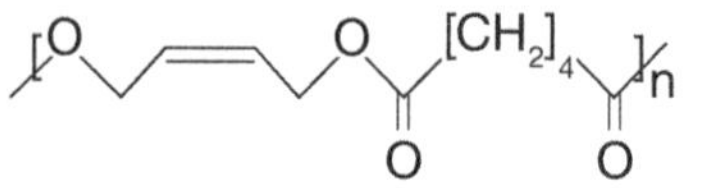
(I)

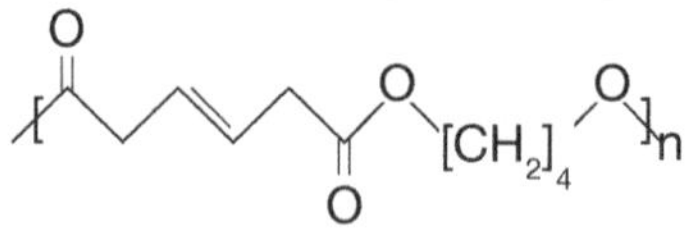
(II)

a) Escreva a fórmula mínima da unidade estrutural que se repete n vezes no polímero I.

Dentre os seguintes compostos,

$HOCH_2CH = CHCH_2OH$ (cis)

$HOCH_2CH_2CH_2CH_2OH$

$ClC(=O)CH_2CH_2CH_2CH_2C(=O)Cl$

$HO_2CCH_2CH = CHCH_2CO_2H$ (trans)

$HO_2CCH_2CH = CHCH_2CO_2H$ (cis)

quais são os reagentes apropriados para a preparação de

b) (I)?　　c. (II)?

Açúcares, Glicídios, Hidratos de Carbono ou Carboidratos

Capítulo 14

1. Conceitos

Açúcares são poliol-aldeído (aldose) ou poliol--cetona (cetose) e substâncias que, por hidrólise, formam tais compostos.

Exemplos de açúcares são a glicose e a frutose.

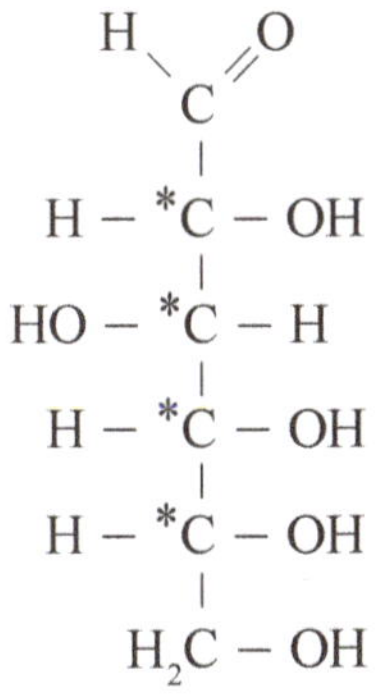

glicose ($C_6H_{12}O_6$)
poliálcool-aldeído

aldose

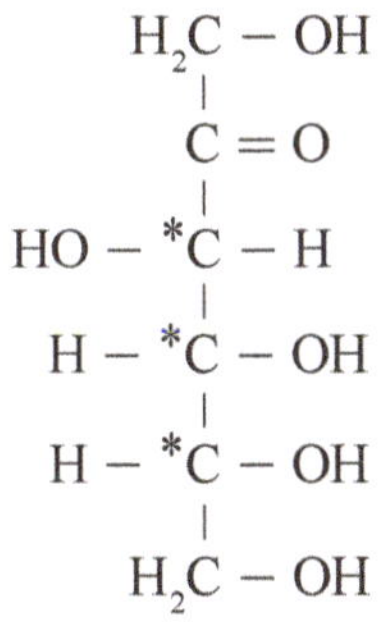

frutose ($C_6H_{12}O_6$)
poliálcool-cetona

cetose

***C**: carbono quiral ou assimétrico

A glicose e a frutose são bastante solúveis em água, pois os grupos OH fazem ligações de hidrogênio com as moléculas de água.

2. Origem: fotossíntese

Os açúcares são formados através da fotossíntese nos vegetais.

$$6\,CO_2 + 6\,H_2O \xrightarrow{\text{energia}} C_6H_{12}O_6 + 6\,O_2$$

glicose ou frutose
ou galactose

Sabe-se que o oxigênio produzido é proveniente da água. Para se obter 6 mol de O_2 seriam necessários 12 mol de H_2O.

$$12\,H_2O \longrightarrow 6\,O_2$$

Uma equação mais completa da fotossíntese é, portanto, a seguinte

$$6\,CO_2 + 12\,H_2O \xrightarrow{\text{luz}} C_6H_{12}O_6 + 6\,H_2O + 6\,O_2$$

A partir da glicose e/ou frutose obteremos outros açúcares, por exemplo:

glicose + frutose = sacarose + H_2O

várias α-glicoses = amido

várias β-glicoses = celulose

Os carboidratos são alimentos (cereais, açúcares e raízes) que fornecem energia ao organismo.

3. Classificação dos açúcares

3.1 Monossacarídeos ou oses

Não sofrem hidrólise, isto é, não reagem com água. **Exemplos:** glicose ou frutose.

Aldose: poliálcool – aldeído. **Exemplo:** glicose

Cetose: poliálcool – cetona. **Exemplo:** frutose

Os monossacarídeos são os carboidratos mais simples, onde o número de átomos de carbono pode variar de três a seis.

Exemplo: glicose ($C_6H_{12}O_6$).

A glicose é a principal ose. A concentração normal de glicose no sangue situa-se entre 60 e 100 mg/100 mL.

A energia liberada na queima da glicose propicia ocorrência de outras reações nas células.

3.1.1 Estruturas da glicose ($C_6H_{12}O_6$)

Na natureza predomina glicose cadeia fechada. A ciclização ocorre devido à migração do H da hidroxila geralmente do carbono 5 para a carbonila.

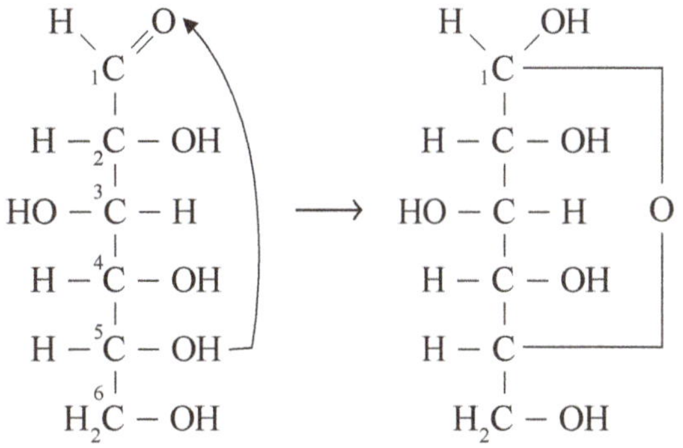

ou

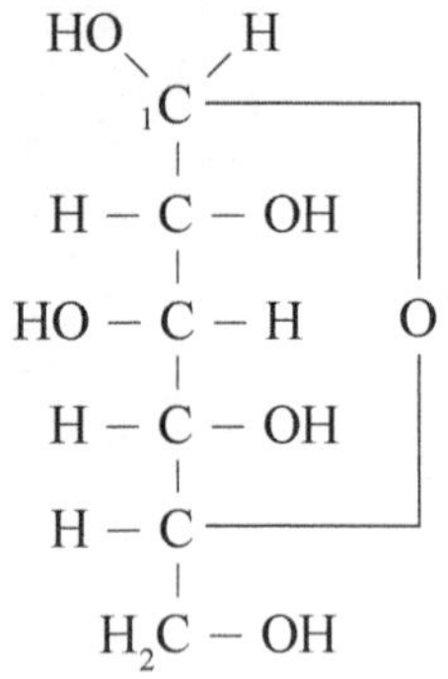

Um fato interessante é que, no instante da ciclização, a oxidrila do carbono 1 pode assumir duas posições, a saber.

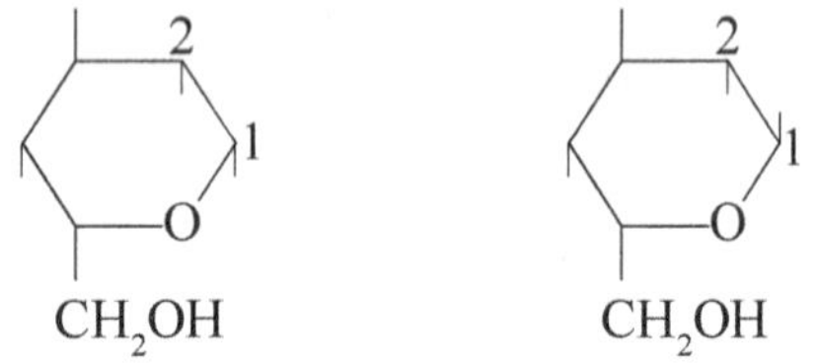

α-glicose	β-glicose
OH(C1) e OH(C2)	OH(C1) e OH(C2)
posição cis	posição trans

Numa solução aquosa de glicose, as três estruturas existem simultaneamente, mantendo-se em equilíbrio dinâmico.

$$\alpha\text{-glicose} \rightleftarrows \text{glicose aberta} \rightleftarrows \beta\text{-glicose}$$

3.1.2 Frutose ou levulose ($C_6H_{12}O_6$)

É a segunda ose mais importante. Apresenta sabor doce mais intenso que a glicose. A frutose é o açúcar do mel.

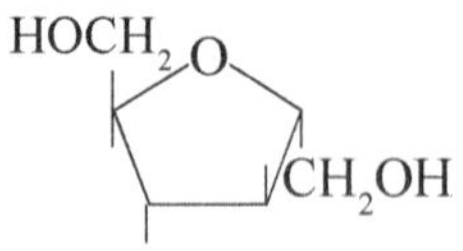

3.2 Dissacarídeos ($C_{12}H_{22}O_{11}$)

Dissolvidos em água produzem duas moléculas de oses. **Exemplos:** sacarose, lactose ou maltose.

$$\underset{\text{sacarose}}{C_{12}H_{22}O_{11}} + H_2O \xrightarrow{H^+} \underset{\text{glicose}}{C_6H_{12}O_6} + \underset{\text{frutose}}{C_6H_{12}O_6}$$

A sacarose pode ser hidrolisada em meio ácido ou na presença da enzima invertase, obtendo-se uma mistura mais doce que a sacarose. Como nessa reação há mudança da atividade óptica da solução de (+) para (–), o processo é chamado *inversão da sacarose* e a mistura de glicose + frutose é denominada açúcar invertido.

Exemplo: sacarose ($C_{12}H_{22}O_{11}$).

Açúcar de cana, açúcar de mesa ou açúcar de beterraba são alguns nomes usados para designar a sacarose. É esse o açúcar comum que adquirimos em supermercados e que usamos em casa.

Estruturalmente, a sacarose resulta da condensação de uma molécula de glicose e uma de frutose (condensação é a união dessas duas moléculas com eliminação de uma molécula de água):

$$\text{glicose} + \text{frutose} \longrightarrow \text{sacarose} + H_2O$$

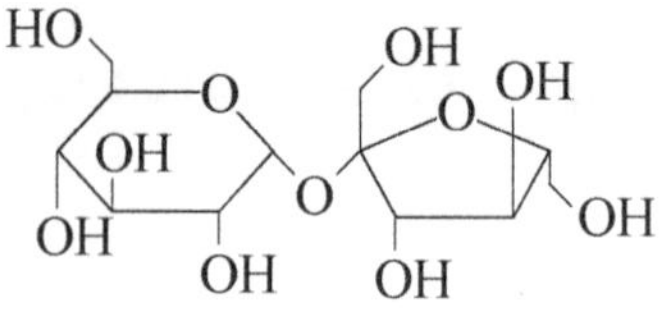

glicose frutose

3.3 Polissacarídeos ($(C_6H_{10}O_5)_n$)

Dissolvidos em água produzem muitas moléculas de oses. **Exemplos:** amido, celulose ou glicogênio.

$$\underset{\text{amido ou celulose}}{(C_6H_{10}O_5)_n} + n\,H_2O \xrightarrow{H^+} \underset{\text{glicose}}{n\,C_6H_{12}O_6}$$

Exemplos: celulose.

A celulose é a substância que envolve a membrana plasmática dos vegetais, sendo o único componente do algodão.

É um polímero de fórmula $(C_6H_{10}O_5)_n$ insolúvel em água, sem sabor, e de massa molar entre 250.000 e 1.000.000 g/mol.

É formada por unidade de β-glicose, produto que pode ser obtido por sua hidrólise ácida

$$(C_6H_{10}O_5)_n + n\ H_2O \xrightarrow{H^+} n\,C_6H_{12}O_6$$

No entanto, as enzimas humanas não conseguem quebrar as ligações necessárias para produzir a glicose. Somente alguns animais herbívoros e cupins (que possuem em seu tubo digestivo a enzima celulase ou micro-organismos possuidores de enzima) conseguem digerir a celulose.

Estruturalmente, a celulose resulta da condensação de várias moléculas de β-glicose.

$$\beta\text{-glicose} \longrightarrow \text{celulose} + H_2O$$

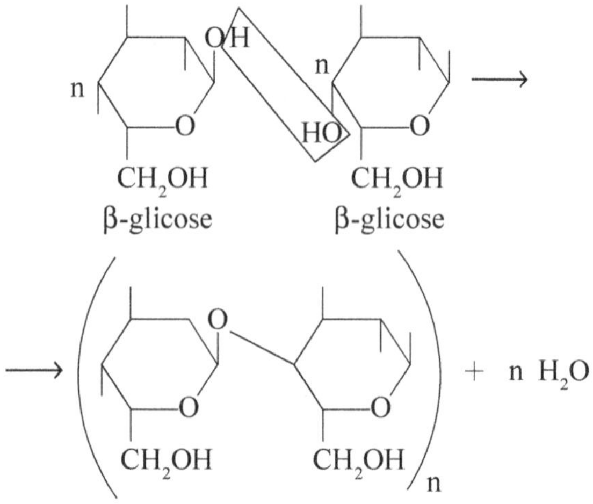
β-glicose
β-glicose

celulose

$$\boxed{n\,C_6H_{12}O_6 \longrightarrow (C_6H_{10}O_5)_n + n\,H_2O}$$

A celulose contém fortes ligações de hidrogênio entre suas cadeias poliméricas, o que faz suas fibras serem bastante resistentes.

Exemplo: amido.

Grânulos de amido podem ser encontrados em sementes (milho, arroz e feijão), caules (batata), raízes (mandioca) ou folhas (alcachofra). Nosso organismo é capaz de digerir o amido, que, depois de hidrolisado no intestino, fornece glicose. As moléculas de glicose passam para a corrente sanguínea e são distribuídas pelo corpo, para serem usadas como fonte de energia.

É um polímero de fórmula $(C_6H_{10}O_5)_n$, de massa molar alta, insolúvel em água fria e parcialmente solúvel em água quente.

Estruturalmente, o amido resulta da condensação de várias moléculas de α-glicose.

$$\alpha\text{-glicose} \longrightarrow \text{amido} + H_2O$$

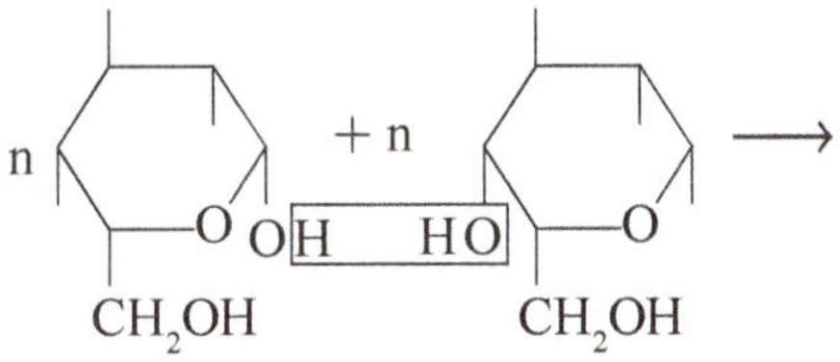

α-glicose α-glicose

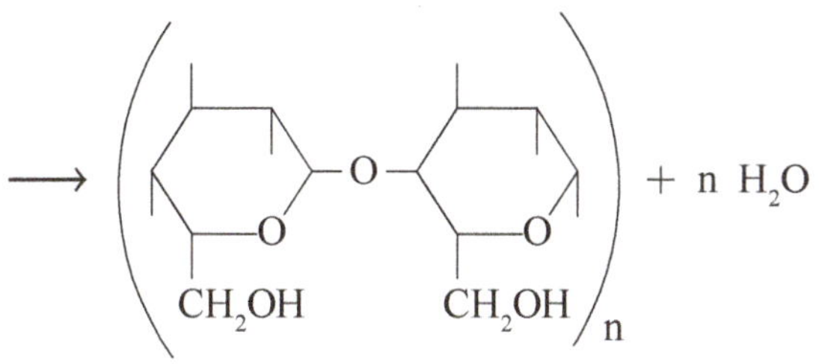

amido

$$n\,C_6H_{12}O_6 \longrightarrow (C_6H_{10}O_5)_n + n\,H_2O$$

4. Obtenção do etanol – Fermentação alcoólica

Fermentação é a reação em que participam compostos orgânicos, catalisada por substâncias (enzimas ou fermentos), elaboradas por micro-organismos.

As substâncias empregadas como matéria-prima na fabricação de álcool etílico, pelo processo de fermentação, são melaço de cana-de-açúcar, suco de beterraba, cereais e madeira.

4.1 Fluxograma das etapas de produção de açúcar e etanol

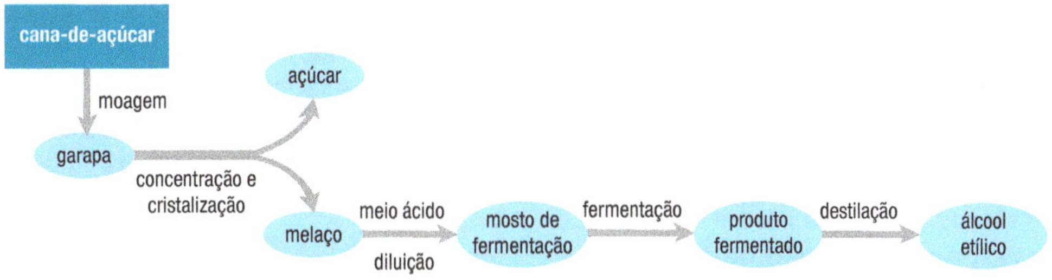
cana-de-açúcar
moagem
garapa
concentração e cristalização
açúcar
melaço
meio ácido
diluição
mosto de fermentação
fermentação
produto fermentado
destilação
álcool etílico

Quando se extrai a sacarose (açúcar comum) do caldo de cana, obtém-se um líquido denominado **melaço**, que contém ainda 30 a 40% de açúcar. Coloca-se o melaço em presença do lêvedo *Saccharomyces cerevisiae*, que catalisa a hidrólise da sacarose devido a enzima invertase.

$$\underset{\text{sacarose}}{C_{12}H_{22}O_{11}} \xrightarrow{\text{invertase}} \underset{\text{glicose}}{C_6H_{12}O_6} + \underset{\text{frutose}}{C_6H_{12}O_6}$$

A hidrólise da sacarose é chamada de *inversão da sacarose*. A sacarose, na presença de ácidos minerais, também sofre hidrólise.

O *Saccharomyces cerevisiae* elabora outra enzima, chamada **zimase**, que catalisa a transformação dos dois isômeros em álcool etílico (fermentação alcoólica).

$$\underset{\text{glicose ou frutose}}{C_6H_{12}O_6} \xrightarrow{\text{zimase}} \underset{\text{etanol (álcool etílico)}}{2\,C_2H_5OH} + 2\,CO_2 \text{ (fervura fria)}$$

Após a fermentação, o álcool é destilado, obtendo-se o álcool comum a 96° GL, que corresponde à mistura de 96% de etanol e 4% de água, em volume.

O álcool comum é utilizado como: **combustível**, **solvente** para tintas, vernizes, perfumes etc. e na obtenção de vários compostos orgânicos (**ácido acético**, **etanal**, **éter** etc.).

Nota: obtenção do álcool anidro

O álcool obtido a partir da destilação não é puro, pois forma com a água uma mistura azeotrópica contendo 96% em volume de álcool e 4% em volume de água, que ferve a uma temperatura constante (PE = 78,1 °C) e inferior ao ponto de ebulição do álcool, e esse álcool é o comercializado.

Para obter o álcool anidro adiciona-se benzeno ao álcool 96% e destila a mistura, saindo então três frações:

1. a fração (PE = 65 °C): mistura azeotrópica contendo benzeno, álcool e água – que elimina toda a água.
2. a fração (PE = 68 °C): mistura azeotrópica contendo benzeno e álcool – quando sai o benzeno restante.
3. a fração (PE = 78,3 °C): álcool anidro

Exercícios Série Prata

1. (FEI – SP) São compostos de função mista poliálcool-aldeído ou poliálcool-cetona:

a) proteínas ou enzimas
b) glicídios ou carboidratos
c) aminas ou amidas
d) proteínas ou glicídios
e) carboidratos ou animais

2. Complete com α ou β.

a) 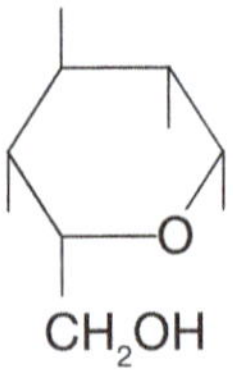

_____ glicose

b) 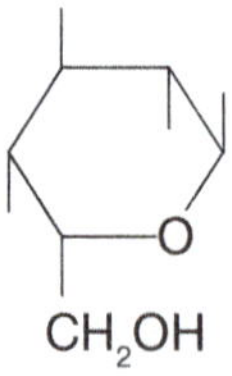

_____ glicose

3. (VUNESP) Os monossacarídeos são os carboidratos mais simples, onde o número de átomos de carbono pode variar de cinco, como nas pentoses, a seis carbonos, como nas hexoses. Os monossacarídeos glicose, frutose, manose e galactose estão representados a seguir.

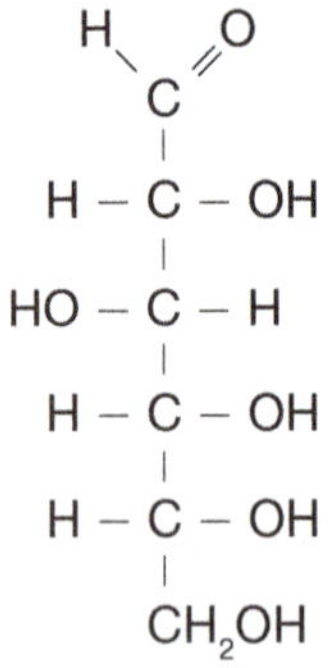

glicose

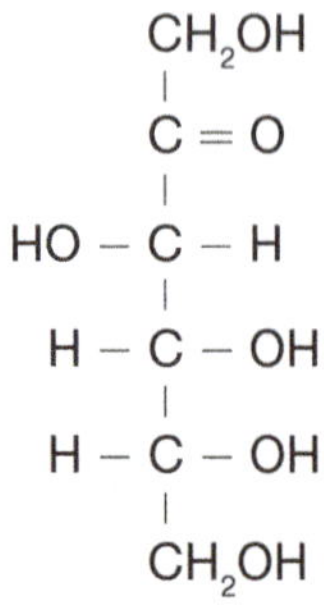

frutose

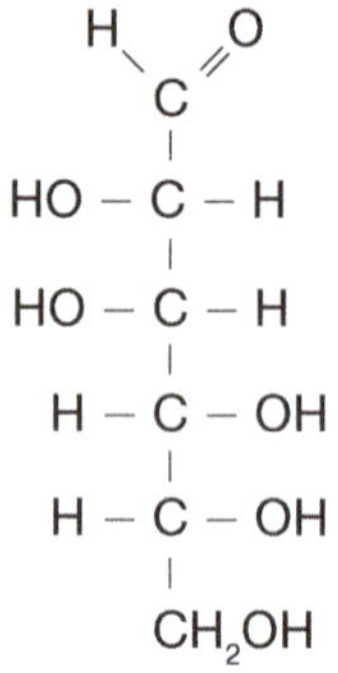

manose

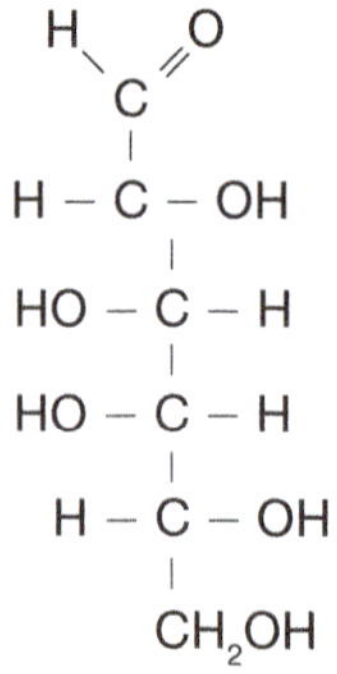

galactose

Os grupos funcionais presentes nessas moléculas são:

a) ácido carboxílico, poliol e aldeído.
b) poliol, aldeído e cetona.
c) poliol, éster e cetona.
d) éster, aldeído e cetona.
e) poliol, ácido carboxílico e cetona.

4. (MACKENZIE – SP) Vários compostos orgânicos podem apresentar mais de um grupo funcional. Dessa forma, são classificados como composto orgânicos de função mista. Os carboidratos e ácidos carboxílicos hidroxilados são exemplos desses compostos orgânicos, como ilustrado a seguir:

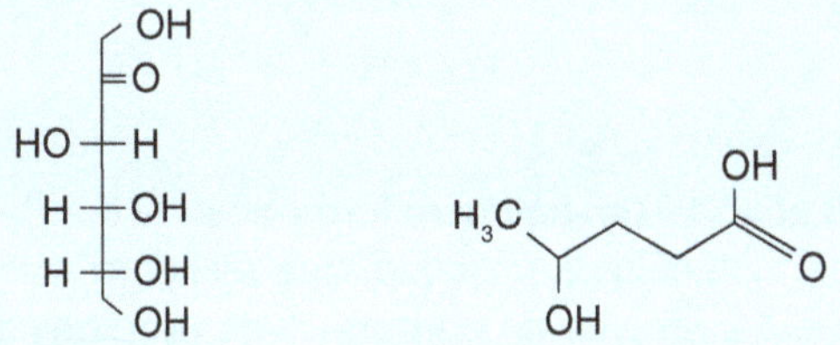

carboidrato   ácido carboxílico hidroxilado

Tais compostos em condições adequadas podem sofrer reações de ciclização intramolecular. Assim, assinale a alternativa que representa, respectivamente, as estruturas dos compostos anteriormente citados, após uma reação de ciclização intramolecular.

a) 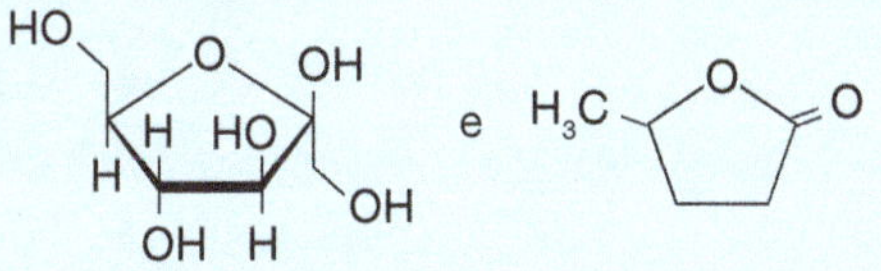

b) 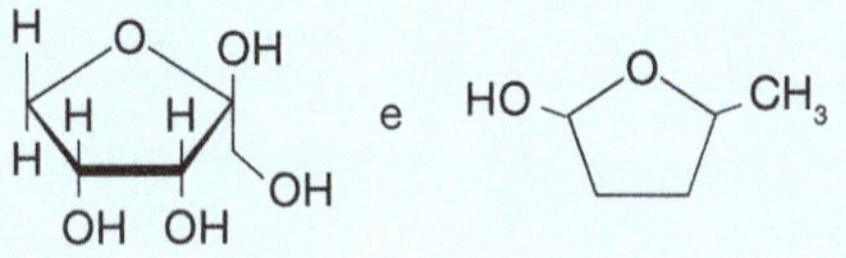

c) 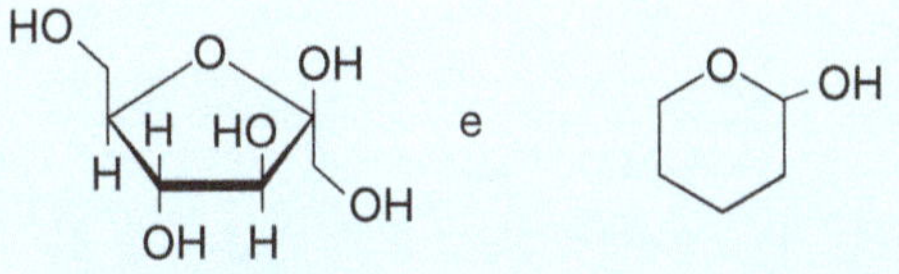

d) 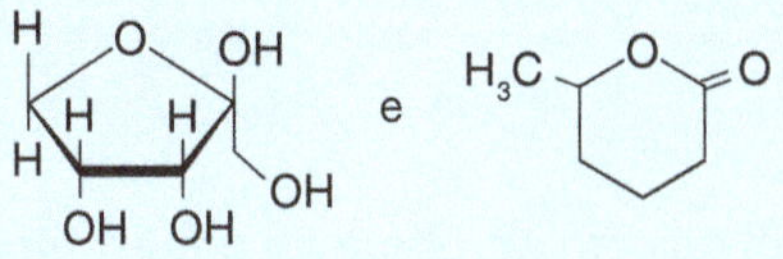

e) 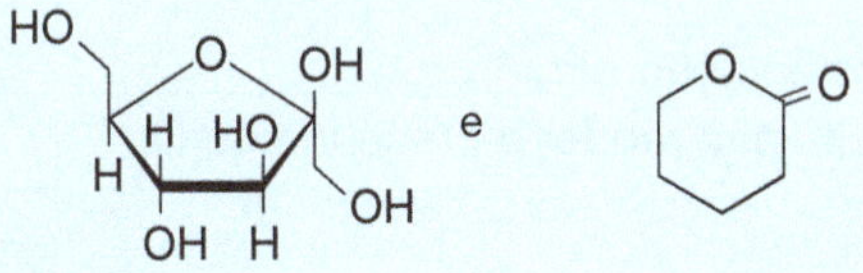

Resolução:

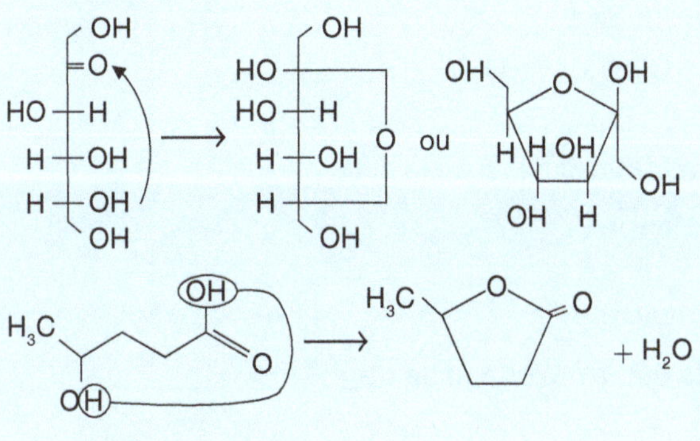

Resposta: alternativa a.

5. (UNESP) A sacarose e a lactose são dois dissacarídeos encontrados na cana-de-açúcar e no leite humano, respectivamente. As estruturas simplificadas, na forma linear, dos monossacarídeos que os formam são fornecidas a seguir.

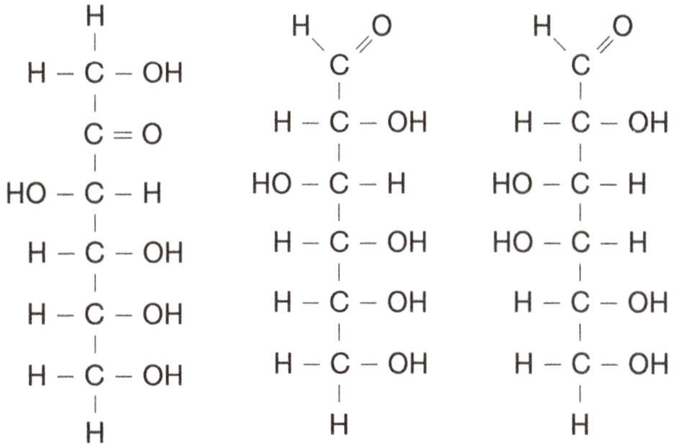

frutose   glicose   galactose

Os tipos de isomerias encontrados entre a molécula de glicose e as dos monossacarídeos frutose e galactose são, quando representadas na forma linear, respectivamente,

a) de posição e de função.
b) ótica e de função.
c) de função e de função.
d) ótica e de posição.
e) de função e ótica.

6. (FUVEST – SP) Aldeídos podem reagir com álcoois, conforme representado:

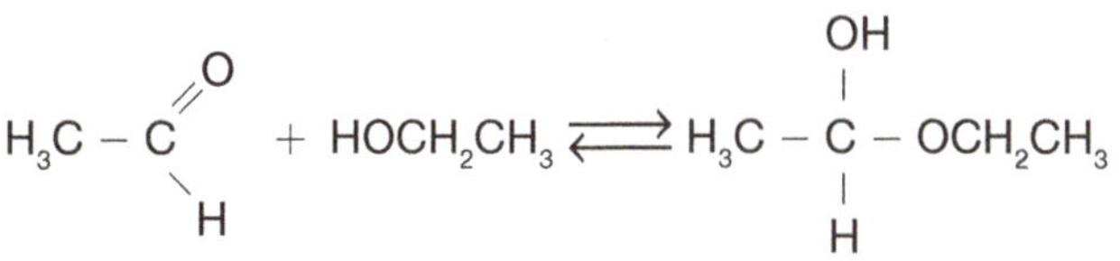

Este tipo de reação ocorre na formação da glicose cíclica, representada por

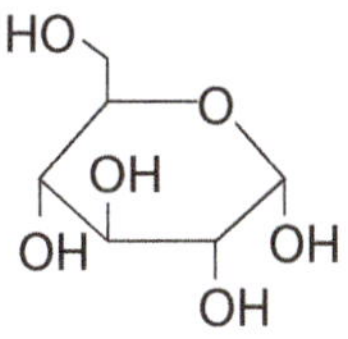

Dentre os seguintes compostos, aquele que, ao reagir como indicado, porém de forma intramolecular, conduz à forma cíclica da glicose é

a) 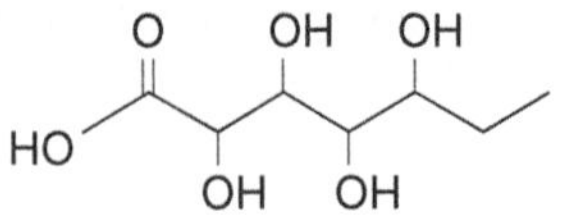

b) 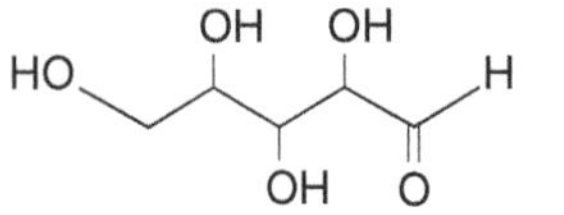

c) 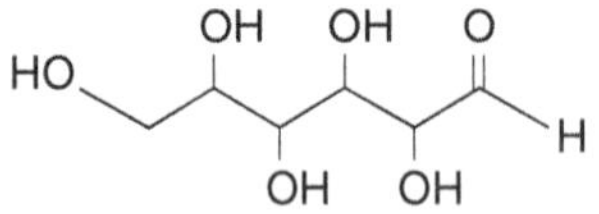

d) 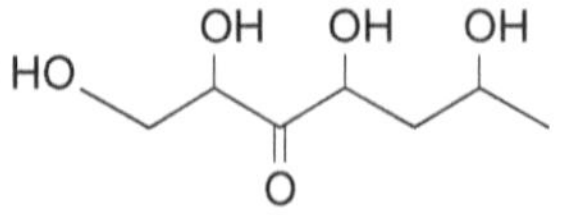

e) 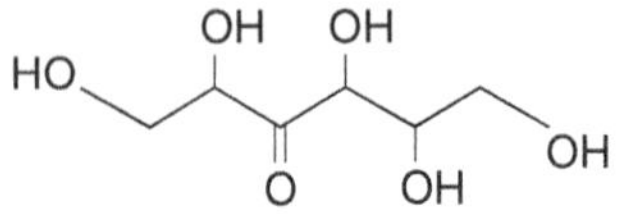

7. (UNICAMP – SP) Uma hexose, essencial para o organismo humano, pode ser obtida do amido, presente no arroz, na batata, no milho, no trigo, na mandioca, ou da sacarose proveniente da cana-de-açúcar. A sua fórmula estrutural pode ser representada como uma cadeia linear de carbonos, apresentando uma função aldeído no primeiro carbono. Os demais carbonos apresentam, todos, uma função álcool, sendo quatro representadas de um mesmo lado da cadeia e uma quinta, ligada ao terceiro carbono, do outro lado. Essa mesma molécula (hexose) também pode ser representada, na forma de um anel de seis membros, com átomos de carbono e um de oxigênio, já que o oxigênio do aldeído acaba se ligando ao quinto carbono.

a) Desenhe a fórmula estrutural linear de hexose de modo que a cadeia carbônica **fique na posição vertical** e a maioria das funções álcool fique no lado direito.
b) A partir das informações do texto, desenhe a estrutura cíclica dessa molécula de hexose.

8. (FUVEST – SP) Considere a estrutura cíclica da glicose, em que os átomos de carbono estão numerados:

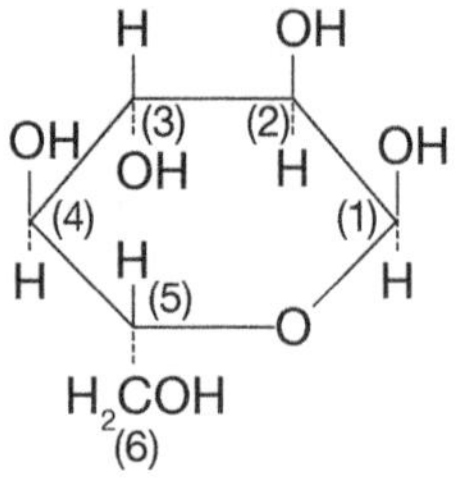

O amido é um polímero formado pela condensação de moléculas de glicose, que se ligam, sucessivamente, através do carbono 1 de uma delas com o carbono 4 de outra (ligação "1-4".)

a) Desenhe uma estrutura que possa representar uma parte do polímero, indicando a ligação "1-4" formada.
b) Cite uma outra macromolécula que seja polímero da glicose.

9. Complete com **aeróbica** ou **anaeróbica**.

A fermentação alcoólica é ____________________, ou seja, não requer a presença de O_2.

Complete as equações químicas.

10. Etapa 1:

$C_{12}H_{22}O_{11} + H_2O \longrightarrow$

11. Etapa 2:

$C_6H_{12}O_6 \longrightarrow$

Complete.

12. Etapa 1 é chamada de ____________________.

13. Etapa 2 é chamada de ____________________.

14. (UNICAMP – SP) O álcool (C_2H_5OH) é produzido nas usinas pela fermentação do melaço de cana-de-açúcar, que é uma solução aquosa de sacarose ($C_{12}H_{22}O_{11}$). Nos tanques de fermentação, observa-se uma intensa fervura aparente ao caldo em fermentação.

a) Explique por que ocorre essa "fervura fria".
b) Escreva a equação da reação química envolvida.

Enunciado comum às questões **15**, **16** e **17**.

Ao fazer pão caseiro deixa-se a massa "descansar" a fim de que o fermento atue.
Alguns cozinheiros e cozinheiras costumam colocar uma pequena bola dessa massa dentro de um copo com água. Após algum tempo a bolinha, que inicialmente está no fundo do copo, sobe e passa a flutuar na água.
Isso indica que a massa está pronta para ir ao forno.

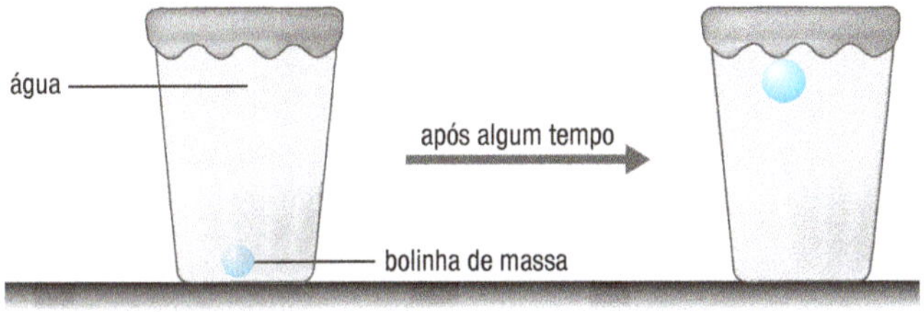
água
após algum tempo
bolinha de massa

15. O que se pode afirmar sobre a densidade inicial da bolinha se comparada à da água?

16. Por que a atuação do fermento faz a bolinha flutuar?

17. Em dias frios a bolinha leva mais tempo para subir. Por quê?

18. (FUVEST – SP) O seguinte fragmento (adaptado) do livro Estação Carandiru, de Drauzio Varella, refere-se à produção clandestina de bebida no presídio:

"O líquido é transferido para uma lata grande com um furo na parte superior, no qual é introduzida uma mangueirinha conectada a uma serpentina de cobre. A lata vai para o fogareiro até levantar fervura. O vapor sobe pela mangueira e passa pela serpentina, que Ezequiel esfria constantemente com uma caneca de água fria. Na saída da serpentina, emborcada numa garrafa, gota a gota, pinga a maria-louca (aguardente). Cinco quilos de milho ou arroz e dez de açúcar permitem a obtenção de nove litros da bebida".

Na produção da maria-louca, o amido do milho ou do arroz é transformado em glicose. A sacarose do açúcar é transformada em glicose e frutose, que dão origem a dióxido de carbono e etanol.

Dentre as equações químicas,

I. $(C_6H_{10}O_5)_n + n\,H_2O \longrightarrow n\,C_6H_{12}O_6$

II. $(-CH_2CH_2O-)_n + n\,H_2O \longrightarrow n\,\underset{\displaystyle OH}{\underset{|}{CH_2}} - \underset{\displaystyle OH}{\underset{|}{CH_2}}$

III. $C_{12}H_{22}O_{11} + H_2O \longrightarrow 2\,C_6H_{12}O_6$

IV. $C_6H_{12}O_6 + H_2 \longrightarrow C_6H_{14}O_6$

V. $C_6H_{12}O_6 \longrightarrow 2\,CH_3CH_2OH + 2\,CO_2$

as que representam as transformações químicas citadas são

a) I, II e III.
b) II, III e IV.
c) I, III e V.
d) II, III e V.
e) III, IV e V.

Dados: $C_6H_{12}O_6$ = glicose ou frutose.

Capítulo 15 Aminoácidos e Proteínas

1. Aminoácidos

1.1 Conceito

São compostos que apresentam as funções amina (– NH_2) e ácido (– COOH). Fórmula geral de α-aminoácidos:

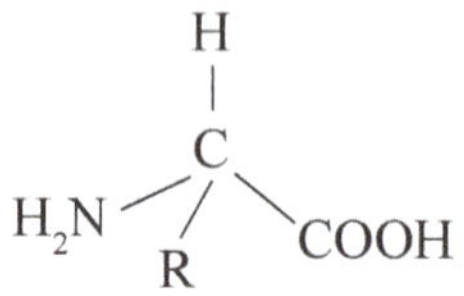

Carbono α é o carbono vizinho ao grupo carboxila. Nos vegetais e animais só encontramos α-aminoácidos. Os aminoácidos diferem somente no substituinte (R) ligado ao carbono α.

Exemplos:

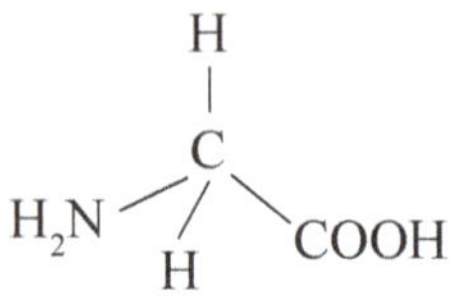

ácido α-aminoacético
(glicina)
Gly

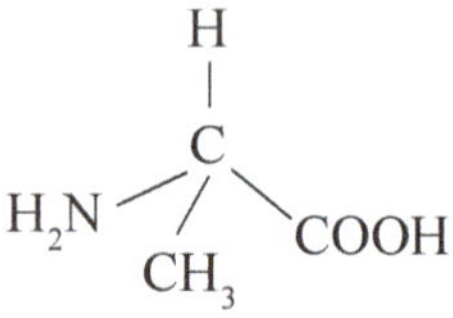

ácido α-aminopropanoico
(alanina)
Ala

Os α-aminoácidos são importantes, porque formam as proteínas, substâncias indispensáveis às células vivas.

1.2 Propriedades ácido-base de aminoácidos – caráter anfótero

Em solução aquosa neutra (pH = 7), os aminoácidos se apresentam na forma de **íon dipolar** chamado **zwitterion** (híbrido), pois ocorre uma transferência de um íon hidrogênio do grupo carboxila para o grupo amino (reação interna ácido-base).

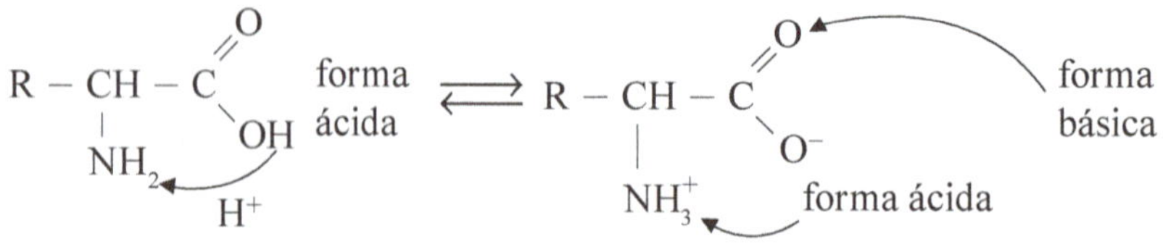
forma
ácida
forma
básica
forma ácida

forma básica　　　　íon dipolar

Em uma solução muito ácida (pH = 0), o íon dipolar comporta-se como base de Brönsted (recebe H^+) e transforma-se em **íon positivo** (predomina forma ácida).

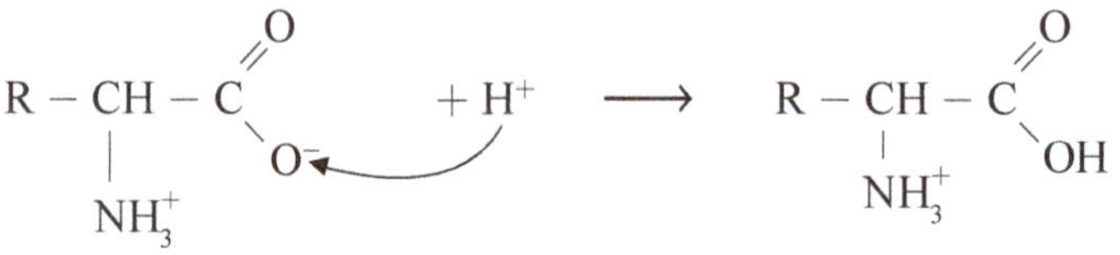

íon positivo – forma ácida

Em uma solução muito básica (pH 11), o íon dipolar comporta-se como ácido de Brönsted (doa H^+) e transforma-se em **íon negativo** (predomina forma básica).

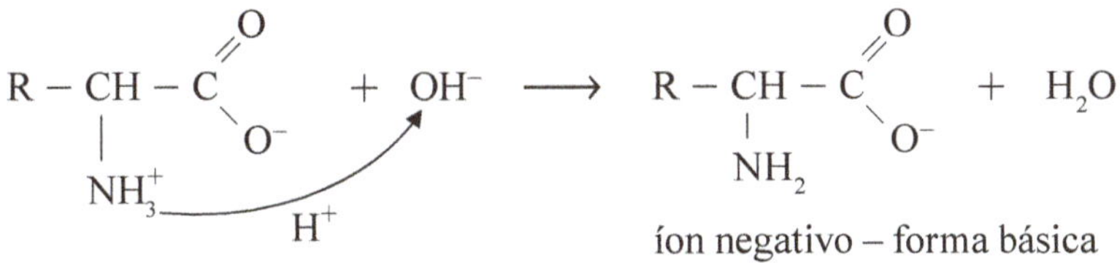
R – CH – C(=O)O⁻ + OH⁻ ⟶ R – CH – C(=O)O⁻ + H₂O
NH₃⁺
H⁺
NH₂
íon negativo – forma básica

Conclusão: variando a acidez ou a basicidade (isto é, o pH) da solução, podemos transformar um aminoácido de íon positivo em negativo, ou vice-versa.

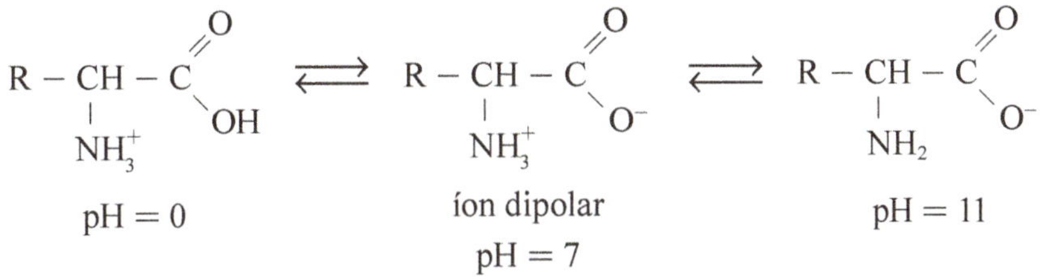
R – CH – C(=O)OH ⇄ R – CH – C(=O)O⁻ ⇄ R – CH – C(=O)O⁻
NH₃⁺
NH₃⁺
NH₂
pH = 0
íon dipolar
pH = 7
pH = 11

Exemplo: alanina

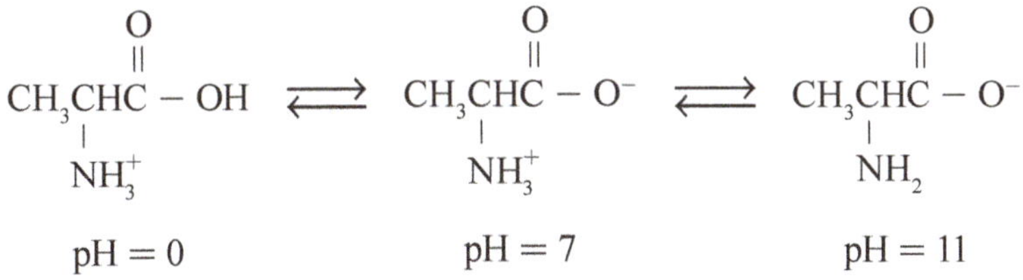
CH₃CHC(=O) – OH ⇄ CH₃CHC(=O) – O⁻ ⇄ CH₃CHC(=O) – O⁻
NH₃⁺
NH₃⁺
NH₂
pH = 0
pH = 7
pH = 11

1.3 Ponto isoelétrico

O ponto isoelétrico (pI) de um aminoácido é o valor de pH em que ele não tem carga líquida. Em outras palavras, é o pH no qual uma quantidade de cargas positivas em um aminoácido se equilibra exatamente com a quantidade de cargas negativas.

pI = pH no qual não há carga líquida.

Exemplo: alanina

pI = 6,02

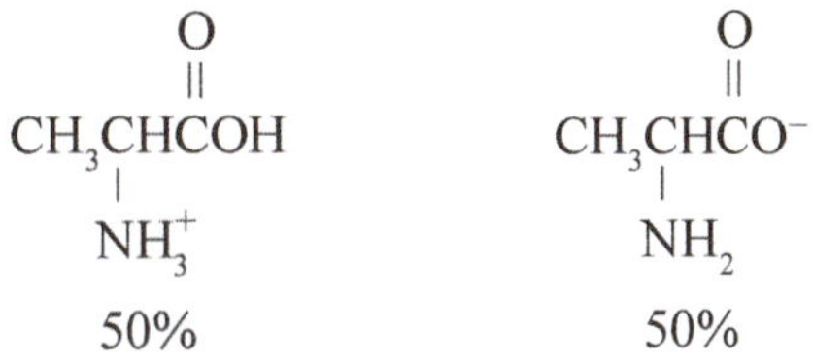
CH₃CHCOH (C=O)
NH₃⁺
50%
CH₃CHCO⁻ (C=O)
NH₂
50%

1.4 Eletroforese de aminoácidos

A eletroforese é uma técnica que separa aminoácidos com base em seus valores de pI. A eletroforese de aminoácidos fundamenta-se na migração do íon positivo ou íon negativo do aminoácido, quando submetido à ação de um campo elétrico.

aminoácido positivo sofre **cataforese**: pI > pH solução

aminoácido negativo sofre **anaforese**: pH solução > pI

Exemplo: alanina pI: 6,02

cataforese em pH solução < 6,02

anaforese em pH solução > 6,02

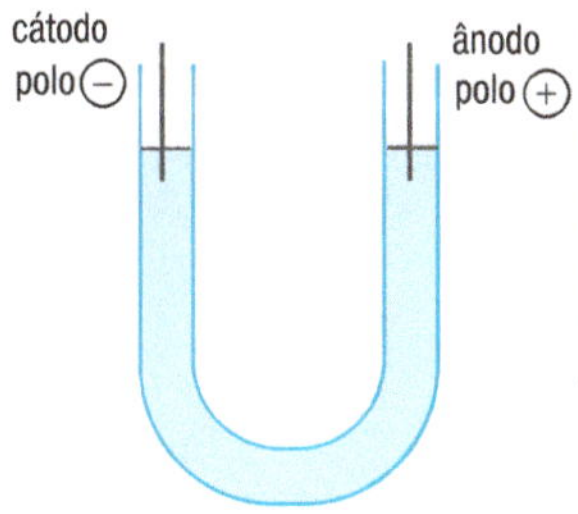
cátodo
polo ⊖
ânodo
polo ⊕

MÔNICA ROBERTA SUGUIYAMA/ acervo da editora

2. Proteínas

2.1 Conceito

Proteínas são polímeros de ocorrência natural formadas por mais de 40 até 4.000 aminoácidos. As proteínas são o principal constituinte da pele, dos músculos, dos tendões, dos nervos, do sangue, das enzimas, anticorpos e muitos hormônios.

2.2 Ligações peptídicas

Proteínas são polímeros de aminoácidos unidos por ligações amida. As ligações amida que unem os aminoácidos são denominadas **ligações peptídicas**.

A ligação peptídica se forma devido à atração eletrostática entre o grupo $-\overset{O}{\overset{\|}{C}}O^-$ de um aminoácido com o grupo $H_3\overset{+}{N}-$ de outro aminoácido com liberação de água.

Exemplo:

$$H_3\overset{+}{N}\underset{\underset{R}{|}}{C}H\overset{\overset{O}{\|}}{C}O^- + H_3\overset{+}{N}\underset{\underset{R'}{|}}{C}H\overset{\overset{O}{\|}}{C}O^- \longrightarrow H_3\overset{+}{N}\underset{\underset{R}{|}}{C}H\overset{\overset{O}{\|}}{C}-\underset{\underset{H}{|}}{N}\underset{\underset{R'}{|}}{C}H\overset{\overset{O}{\|}}{C}O^- + H_2O$$

dipeptídeo

As proteínas resultam da condensação de milhares de moléculas de α-aminoácidos (a massa molecular varia, em geral, entre 10.000 u e 5.000.000 u).

pedaço de proteína — [α A] — [α A] — [α A] — [α A] —   α A = alfa-aminoácidos

↑ ligação peptídica

Peptídeos são polímeros com até 40 aminoácidos.

Ligação peptídica: $-\overset{\overset{O}{\|}}{C}-\underset{|}{N}-$

A insulina é uma proteína que contém 51 aminoácidos.

Legenda: ácido aspártico (Asp), ácido glutâmico (Glu), alanina (Ala), arginina (Arg), asparagina (Asn), cisteína (Cys), fenilalanina (Phe), glicina (Gly), glutamina (Gln), histidina (His), isoleucina (Ile), leucina (Leu), lisina (Lys), metionina (Met), prolina (Pro), serina (Ser), tirosina (Tyr), treonina (Thr), triptofano (Trp), valina (Val).

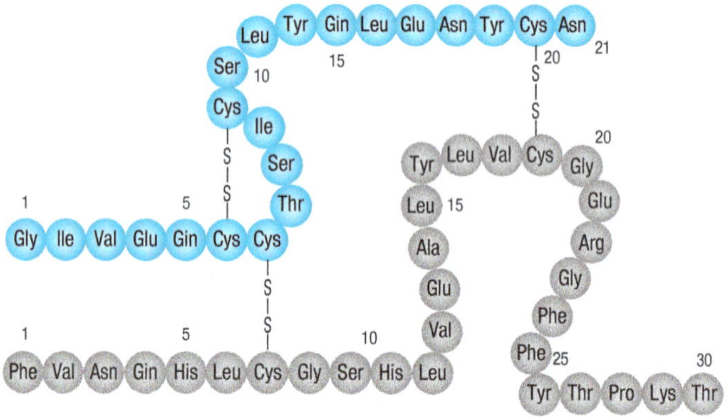
Gly Ile Val Glu Gin Cys Cys Thr Ser Ile Cys Ser Leu Tyr Gin Leu Glu Asn Tyr Cys Asn
1 5 10 15 20 21
S S
Phe Val Asn Gin His Leu Cys Gly Ser His Leu Val Glu Ala Leu Tyr Leu Val Cys Gly Glu Arg Gly Phe Phe Tyr Thr Pro Lys Thr
1 5 10 15 20 25 30

MÔNICA ROBERTA SUGUIYAMA/acervo da editora

2.3 Hidrólise de proteínas

Quando uma proteína é aquecida até a fervura em uma solução aquosa de ácido forte ou base forte, ocorre a hidrólise dessa proteína, ou seja, são quebradas as ligações peptídicas, resultado em aminoácidos livres.

Exemplo:

$$H_3N^+-CH_2-\overset{\overset{O}{\|}}{C} \vdots \underset{\underset{H}{|}}{N}-\underset{\underset{CH_3}{|}}{C}H-\underset{\underset{O}{\|}}{C} \vdots \underset{\underset{H}{|}}{N}-\underset{\underset{\underset{OH}{|}}{CH_2}}{\underset{|}{C}}H-\overset{\overset{O}{\|}}{C} \vdots \underset{\underset{H}{|}}{N}-\underset{\underset{\underset{SH}{|}}{CH_2}}{\underset{|}{C}}H-\overset{\overset{O}{\|}}{C} \vdots \underset{\underset{H}{|}}{N}-CH_2-\overset{\overset{O}{\|}}{C}-O^-$$

quebra   quebra   quebra   quebra

Nessa hidrólise são obtidos quatro aminoácidos diferentes.

2.4 Estrutura das proteínas

Podemos ter quatro estruturas das proteínas:

a) **Estrutura primária:** é a sequência de α-aminoácidos.

b) **Estrutura secundária:** na estrutura secundária temos a formação da ligação de hidrogênio (átomo de H de um grupo amida com o átomo de O da carbonila) que origina uma forma espiral.

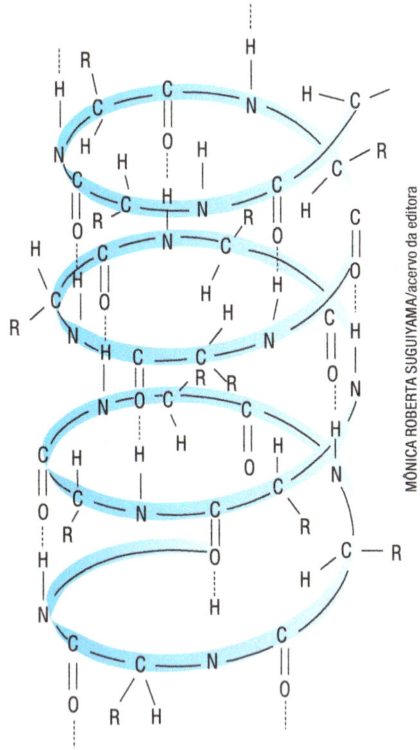

MÔNICA ROBERTA SUGUIYAMA/acervo da editora

MÔNICA ROBERTA SUGUIYAMA/acervo da editora

c) **Estrutura terciária:** na estrutura terciária temos as seguintes ligações: dissulfeto, ligações de hidrogênio, interações iônicas (cargas opostas) e interações hidrofóbicas (London), fazendo a espiral dobrar sobre si mesma.

Observe as interações ocorrendo na estrutura terciária.

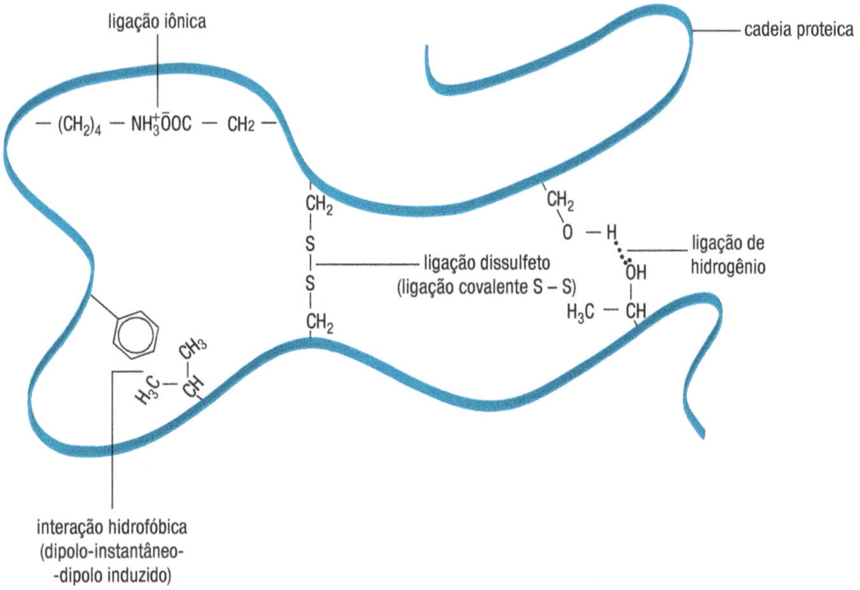
ligação iônica
cadeia proteica
— (CH2)4 — NH3+ -OOC — CH2 —
CH2
S
S
CH2
ligação dissulfeto
(ligação covalente S – S)
CH2
O — H
OH
H3C — CH
ligação de hidrogênio
CH3
H3C — CH
interação hidrofóbica
(dipolo-instantâneo-
-dipolo induzido)

MÔNICA ROBERTA SUGUIYAMA/acervo da editora

d) Estrutura quartenária: ocorre pela união de várias estruturas terciárias que, juntas, formam uma estrutura única com arranjo espacial definido.

MÔNICA ROBERTA SUGUIYAMA/acervo da editora

2.5 Desnaturação de proteínas

A destruição da estrutura terciária de uma proteína é denominada desnaturação. Quando ocorre **desnaturação**, os aminoácidos continuam unidos na mesma sequência.

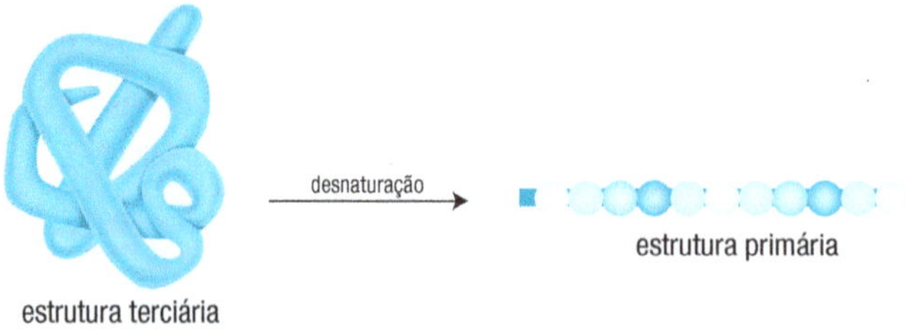
desnaturação
estrutura primária
estrutura terciária

MÔNICA ROBERTA SUGUIYAMA/acervo da editora

Proteínas podem ser desnaturadas por um desses modos:

- Pelo calor ou pela agitação, uma vez que levam ao aumento do movimento molecular, rompendo as forças de atração. Um exemplo bem conhecido é a mudança que ocorre com a clara de ovo quando ela é aquecida ou batida.
- A mudança de pH desnatura proteínas porque modifica as cargas em muitas cadeias laterais. Isso interrompe as interações eletrostáticas e ligações de hidrogênio.
- Solventes orgânicos (por exemplo, álcool) e detergentes desnaturam proteínas ao interromper as interações hidrofóbicas.

Exercícios Série Prata

1. (UFRGS – RS) A fenilalanina pode ser responsável pela fenilcetonúria, doença genética que causa o retardamento mental em algumas crianças que não apresentam a enzima fenilalanina-hidroxilase. A fenilalanina é utilizada em adoçantes dietéticos e refrigerantes do tipo "light". Sua fórmula estrutural é representada abaixo.

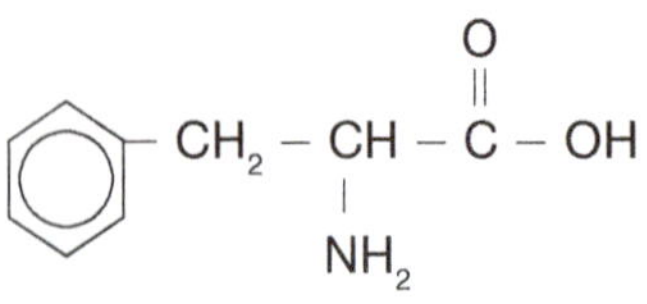
O
CH2 – CH – C – OH
NH2

Pode-se concluir que a fenilalanina é um

a) glicídio.
b) ácido carboxílico.
c) aldeído.
d) lipídio.
e) aminoácido.

2. (FATEC – SP) São chamados "α-aminoácidos" aqueles compostos nos quais existe um grupo funcional amina (– NH_2) ligado ao carbono situado na posição a, conforme o exemplo a seguir:

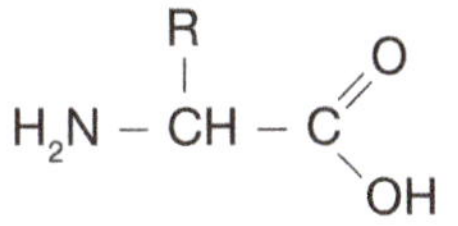
α-aminoácido

Analogamente, o composto chamado de ácido β-cianobutanoico deve ter a fórmula estrutural:

a) 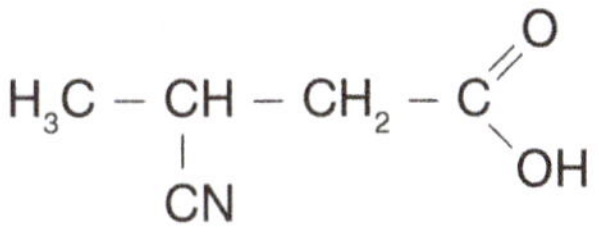

b) 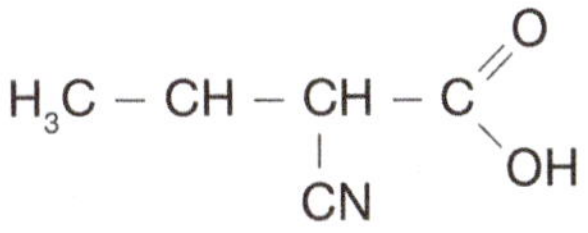

c) 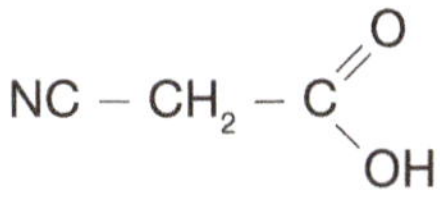

d) 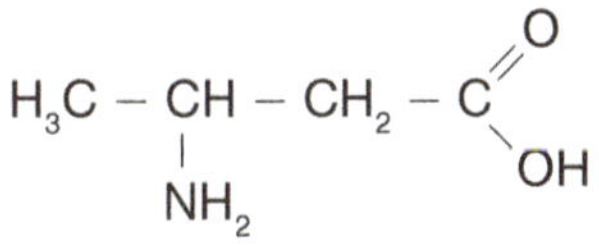

e) 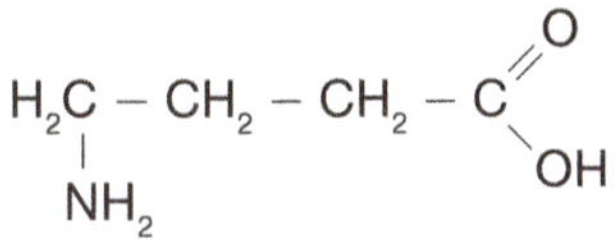

3. Um produto comercializado como "realçador de sabor" consiste essencialmente da substância denominada glutamato de monossódio (fórmula estrutural abaixo).

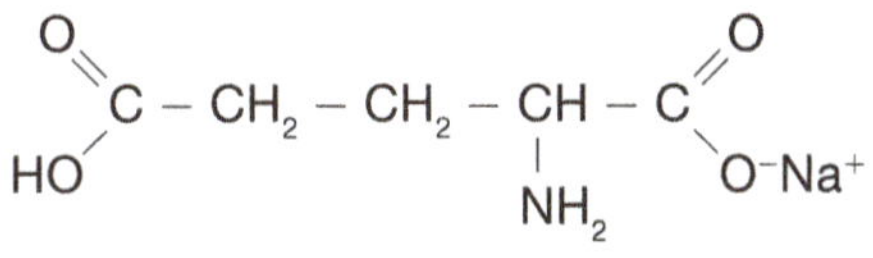

Essa substância, apesar de não ter gosto, tem a propriedade de realçar o sabor dos alimentos. Ela torna a língua mais sensível aos sabores. A respeito dessa substância, responda:

a) Quais as classes funcionais presentes?
b) É correto dizer que ela tem caráter anfótero?

4. (MACKENZIE – SP) Abaixo são fornecidas as fórmulas estruturais dos compostos orgânicos A, B, C e D.

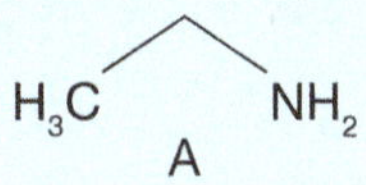
A

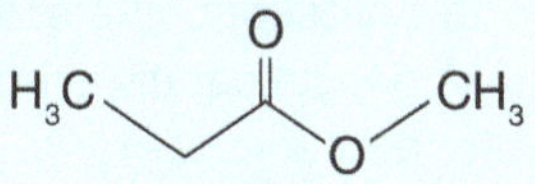
B

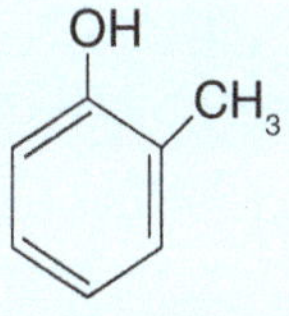
C

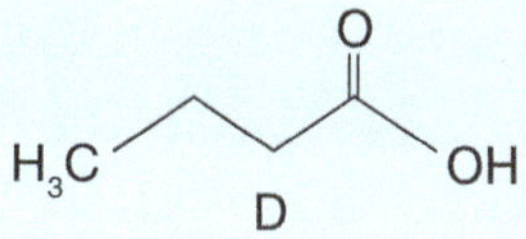
D

De acordo com as fórmulas estruturais acima, são feitas as seguintes afirmações:

I. O composto A possui caráter básico e forma uma amida se reagir com o composto D.
II. O composto B é um éster denominado metanoato de propila.
III. O composto C é um álcool aromático ramificado.
IV. O composto D é um ácido carboxílico que possui dois átomos de carbono primário.

Estão corretas somente

a) I e II.
b) I, II e III.
c) II, III e IV.
d) I e IV.
e) I, III e IV.

Resolução:

I. Correta.
II. Incorreta.
Propanoato de metila.
III. Incorreta.
Fenol (grupo OH ligado diretamente no anel benzênico).
IV. Correta.

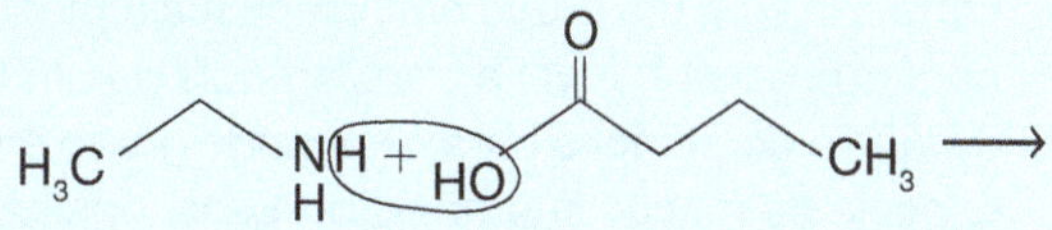

amina
caráter básico

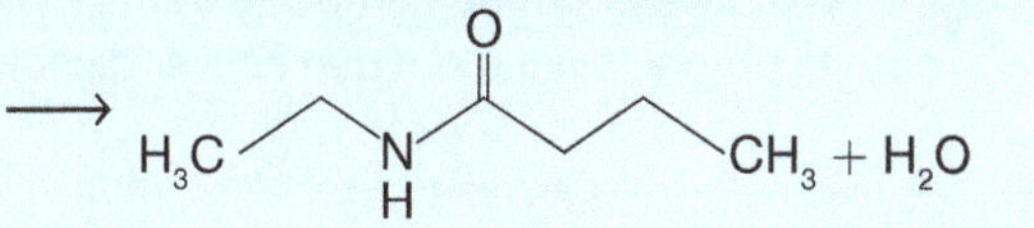

amida

Resposta: alternativa d.

5. (FESP – PE) Um aminoácido possui grupo amina ($-NH_2$), que é básico, e o grupo carboxila ($-COOH$), que é ácido, portanto podemos dizer que um aminoácido:

a) apresenta caráter salino.
b) possui caráter anfotérico.
c) apresenta $pH > 7$.
d) apresenta $pH < 7$.
e) origina sempre íon positivo ou cátion.

6. (UFRJ) Os aminoácidos são moléculas orgânicas constituintes das proteínas. Eles podem ser divididos em dois grandes grupos: os essenciais, que não são sintetizados pelo organismo humano, e os não essenciais.

A seguir são apresentados dois aminoácidos, um de cada grupo:

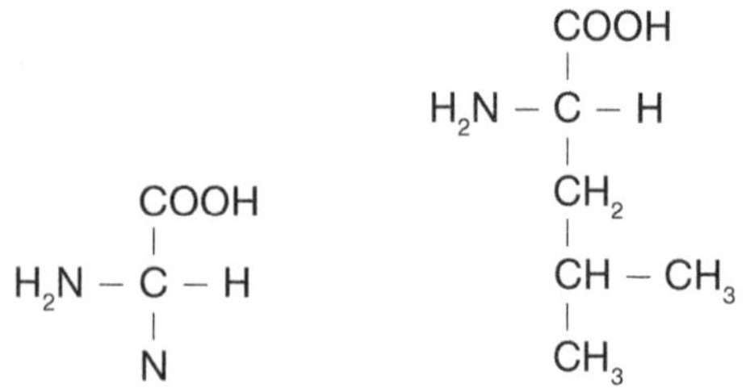

glicina (não essencial)   leucina (essencial)

a) A glicina pode ser denominada, pela nomenclatura oficial, de ácido aminoetanoico.

Por analogia, apresente o nome oficial da leucina.

b) Qual desses dois aminoácidos apresenta isomeria óptica? Justifique sua resposta.

7. Associe $pH = 11$, $pH = 0$ e $pH = 7$ com as estruturas abaixo.

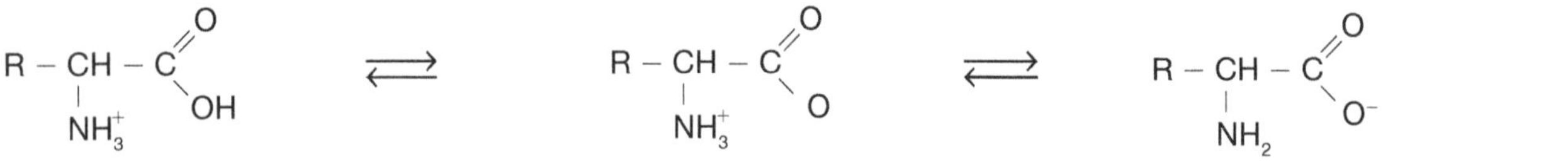

a) ______________ b) ______________ c) ______________

8. (UNIFESP) Glicina, o α-aminoácido mais simples, se apresenta na forma de um sólido cristalino branco, bastante solúvel na água. A presença de um grupo carboxila e de um grupo amino em sua molécula faz com que seja possível a transferência de um íon hidrogênio do primeiro para o segundo grupo em uma espécie de reação interna ácido-base, originalmente um íon dipolar, chamado de "zwitterion".

a) Escreva a fórmula estrutural da glicina e do seu "zwitterion" correspondente.
b) Como o "zwitterion" se comporta frente à diminuição de pH da solução em que estiver dissolvido?

9. (UFRGS – RS) Uma proteína apresenta ligações peptídicas que unem restos de:

a) α-aminoácidos
b) aminas + ácidos
c) açúcares não hidrolisáveis (oses)
d) álcoois + ácidos
e) enzimas

10. (FUVEST – SP) Apresentam ligação peptídica:

a) proteínas
b) aminas
c) lipídios
d) ácidos carboxílicos
e) hidratos de carbono

11. (UNICAMP – SP) Os α-aminoácidos têm um grupo amino e um grupo carboxila ligados a um mesmo átomo de carbono. Um dos vinte α-aminoácidos encontrados em proteínas naturais é a alanina. Essa molécula possui também um átomo hidrogênio e um grupo metila ligados ao carbono α. Na formação de proteínas, que são polímeros de aminoácidos, estes se ligam entre si através de ligações chamadas peptídicas. A ligação peptídica forma-se entre o grupo amino de uma molécula e o grupo carboxila de uma outra molécula de aminoácido, com a eliminação de uma molécula de água.

Com base nessas informações, pede-se:

a) a fórmula estrutural da alanina;
b) a equação química que representa a reação entre duas moléculas de alanina formando uma ligação peptídica.

12. (CESGRANRIO – RJ) São dadas as fórmulas dos seguintes aminoácidos:

$$H_2N-CH_2-C{\overset{O}{\underset{OH}{\diagdown}}} \qquad H_2N-CH(CH_3)-C{\overset{O}{\underset{OH}{\diagdown}}}$$

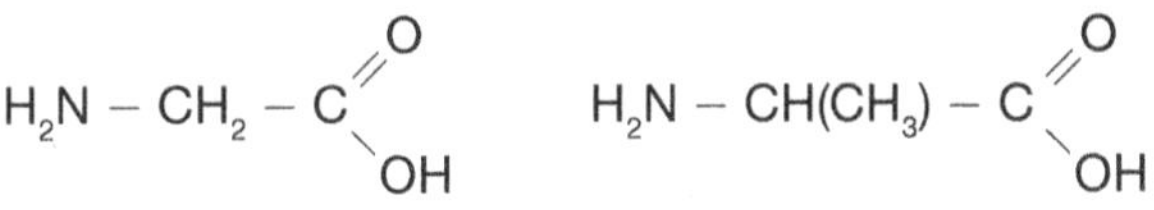

glicina (Gli) \qquad\qquad alanina (Ala)

Dê a fórmula estrutural de um fragmento de proteína Gli-Ala-Gli.

13. (FUVEST – SP) O grupo amino de uma molécula de aminoácido pode reagir com o grupo carboxila de outra molécula de aminoácido (igual ou diferente), formando um dipeptídeo com eliminação de água, como exemplificado para a glicina:

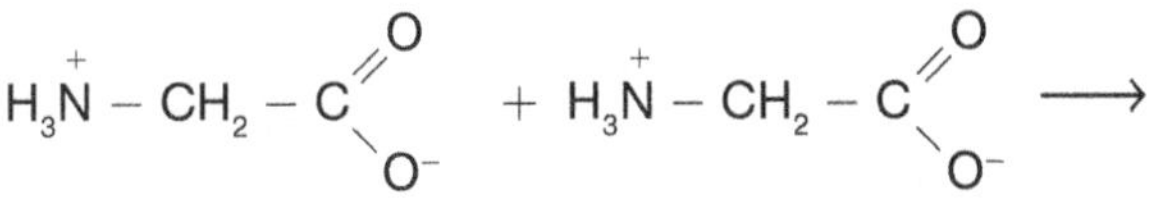

$$H_3\overset{+}{N}-CH_2-C{\overset{O}{\underset{O^-}{\diagdown}}} + H_3\overset{+}{N}-CH_2-C{\overset{O}{\underset{O^-}{\diagdown}}} \longrightarrow$$
glicina \qquad\qquad glicina

$$\longrightarrow H_3\overset{+}{N}-CH_2-\underset{}{\overset{O}{\overset{\|}{C}}}-\underset{}{\overset{H}{\overset{|}{N}}}-CH_2-C{\overset{O}{\underset{O^-}{\diagdown}}} + H_2O$$

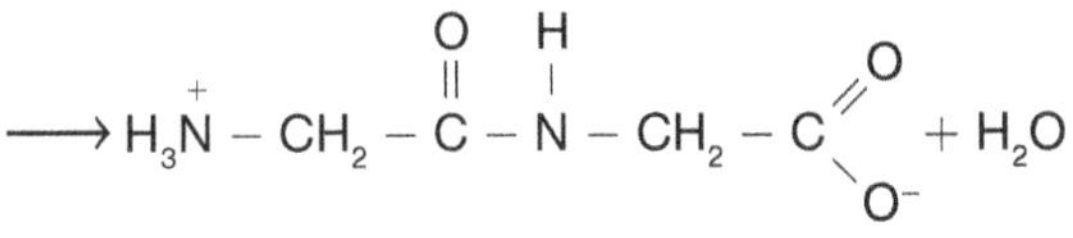

Analogamente, de uma mistura equimolar de glicina e L-alanina, poderão resultar dipeptídeos diferentes entre si, cujo número máximo será

a) 2 \quad b) 3 \quad c) 4 \quad d) 5 \quad e) 6

Dado: $H_3\overset{+}{N}-\underset{CH_3}{\overset{H}{\underset{|}{\overset{|}{C}}}}-C{\overset{O}{\underset{O^-}{\diagdown}}}$ \quad 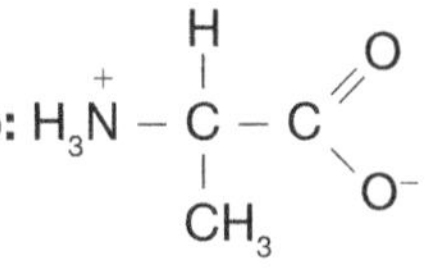 L-alanina (fórmula estrutural plana)

14. (FGV – SP) Um dipeptídeo é formado pela reação entre dois aminoácidos, como representado pela equação geral

$$R-\underset{NH_2}{\overset{H}{\underset{|}{\overset{|}{C}}}}-COOH + R_1-\underset{NH_2}{\overset{H}{\underset{|}{\overset{|}{C}}}}-COOH \longrightarrow$$

$$\longrightarrow R-\underset{NH_2}{\overset{H}{\underset{|}{\overset{|}{C}}}}-\overset{O}{\overset{\|}{C}}-NH-\underset{R_1}{\overset{H}{\underset{|}{\overset{|}{C}}}}-COOH$$

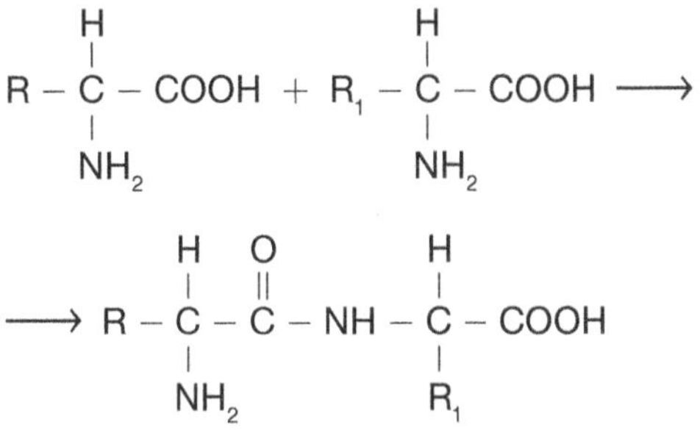

Nessa reação, pode-se afirmar que

a) a nova função orgânica formada na reação é uma cetona.
b) a nova função orgânica formada na reação é uma amida.
c) o dipeptídeo apresenta todos os átomos de carbono assimétricos.
d) o dipeptídeo só apresenta funções orgânicas com propriedades ácidas.
e) podem ser formados dois dipeptídeos diferentes, se R = R_1.

15. (UFPI) Os polímeros de aminoácidos naturais mais importantes para a manutenção e diferenciação das espécies são as proteínas (polipeptídeos). Dada a estrutura do tripeptídeo abaixo, escolha a opção que representa a estrutura correta dos três monômeros componentes.

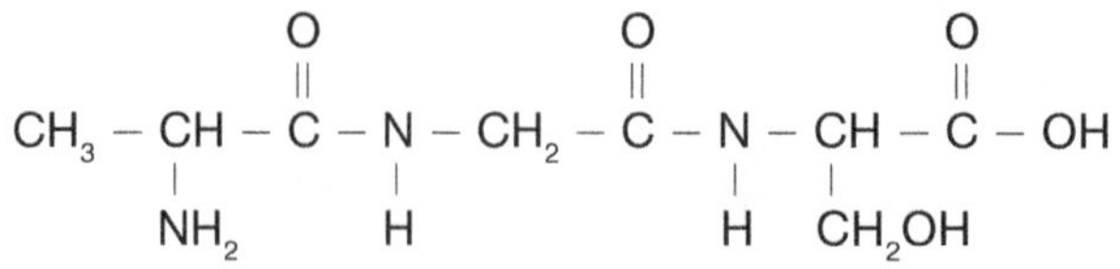

$$CH_3 - CH(NH_2) - C(=O) - N(H) - CH_2 - C(=O) - N(H) - CH(CH_2OH) - C(=O) - OH$$

a) $CH_3 - CH(NH_2) - C(=O) - OH$; $HO - CH_2 - C(=O) - OH$; $H_2N - CH(CH_2OH) - C(=O) - OH$ 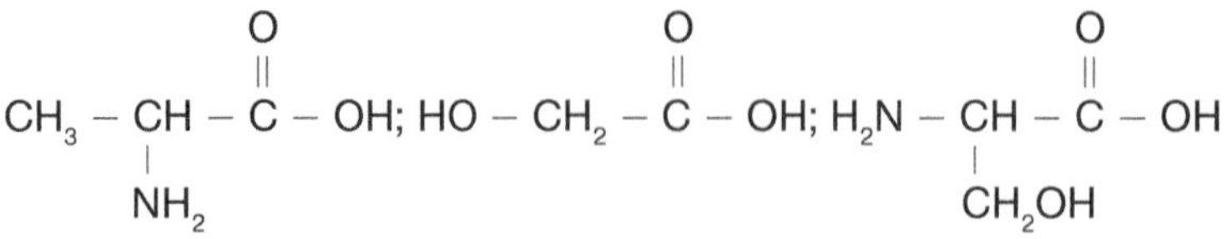

b) $CH_3 - CH(NH_2) - C(=O) - OH$; $H_2N - CH_2 - C(=O) - OH$; $H_2N - CH(CH_2OH) - C(=O) - OH$ 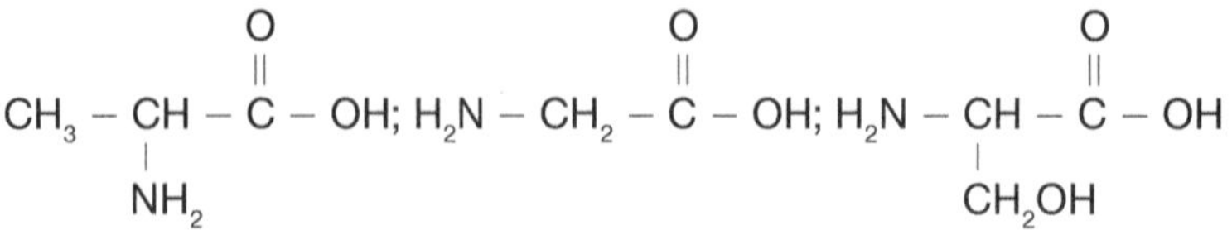

c) $CH_3 - CH(NH_2) - C(=O) - NH_2$; $HO - CH_2 - C(=O) - OH$; $H_2N - CH(CH_2OH) - C(=O) - NH_2$ 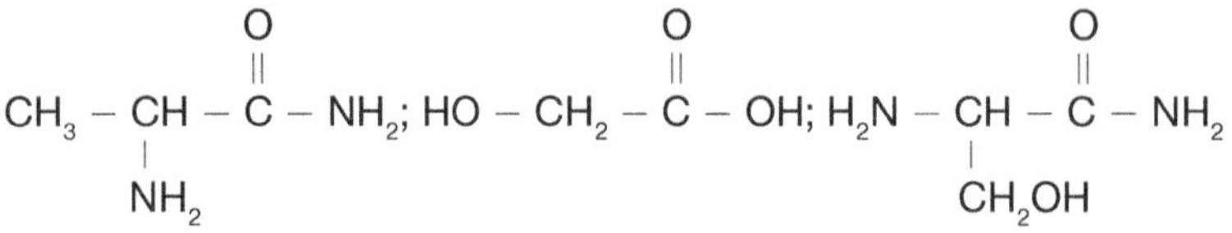

d) $CH_3 - CH(NH_2) - C(=O) - OH$; $H_2N - CH_2 - C(=O) - NH_2$; $H_2N - CH(CH_2OH) - C(=O) - OH$ 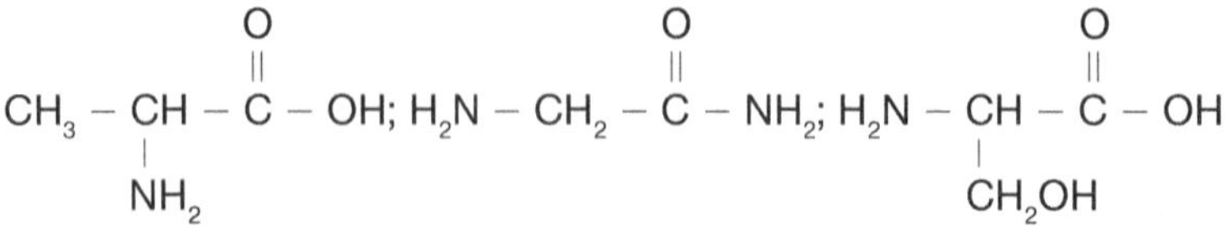

e) $CH_3 - CH(NH_2) - C(=O) - OH$; $HO - CH_2 - C(=O) - NH_2$; $HO - CH(CH_2OH) - C(=O) - OH$ 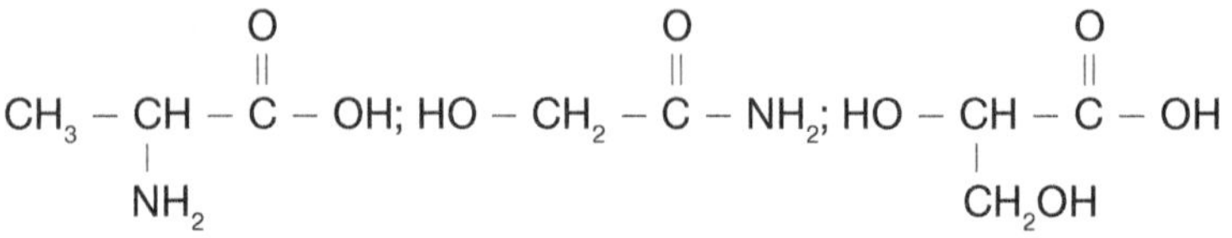

---

16. (FUVEST – SP) Fórmula de alguns constituintes nutricionais:

$A = (C_6H_{10}O_5)_n$

$B = \left[N(H) - C(R_1)(H) - C(=O) - N(H) - C(R_2)(H) - C(=O) \right]_n$ 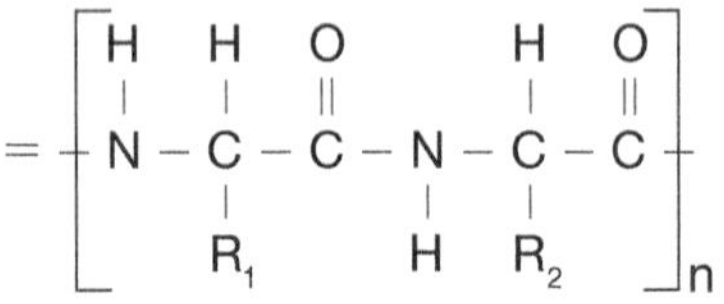

$R_1, R_2 =$ H ou substituintes

$C =$ 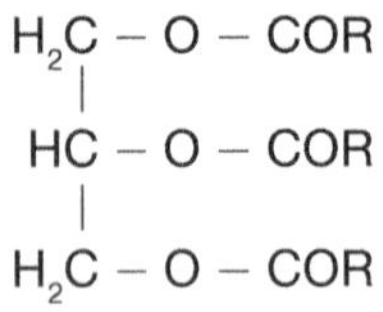
$H_2C - O - COR$
$|$
$HC - O - COR$
$|$
$H_2C - O - COR$

R = grupo alquila de cadeia longa

A, B e C são os constituintes nutricionais principais, respectivamente, dos alimentos:

a) batata, óleo de cozinha e farinha de trigo
b) farinha de trigo, gelatina e manteiga
c) farinha de trigo, batata e manteiga
d) óleo de cozinha, manteiga e gelatina
e) óleo de cozinha, gelatina e batata

17. (UFSCar – SP) Foram feitas as seguintes afirmações sobre a química dos alimentos:

I. As proteínas são polímeros naturais nitrogenados, que no processo da digestão fornecem aminoácidos.

II. O grau de insaturação de um óleo de cozinha pode ser estimado pela reação de descoramento de solução de iodo.

III. O amido é um dímero de frutose e glicose, isômeros de fórmula molecular $C_6H_{12}O_6$.

IV. Um triglicerídeo saturado é mais suscetível à oxidação pelo oxigênio do ar do que um poli--insaturado.

São verdadeiras as afirmações:

a) I e II, apenas.
b) II e III, apenas.
c) III e IV, apenas.
d) I, II e III, apenas.
e) I, II, III e IV.

18. (PUC – RS) A Coluna I apresenta as fórmulas gerais de alguns compostos e a Coluna II, as fontes de ocorrência desses compostos.

Coluna I	Coluna II
1) $R - \underset{\underset{NH_2}{\mid}}{CH} - COOH$	(?) óleo de cozinha
2) $R - COONa$	(?) farinha
3) $H_2C - O - COR$ $\mid$ $HC - O - COR$ $\mid$ $H_2C - O - COR$	(?) clara de ovo
4) $C_x(H_2O)_y$	(?) sabão

A sequência correta dos números da Coluna II, de cima para baixo, é

a) 1-2-3-4
b) 2-1-4-3
c) 3-1-4-2
d) 3-4-1-2
e) 4-3-1-2

19. (FUVEST – SP) Os três compostos abaixo têm uso farmacológico.

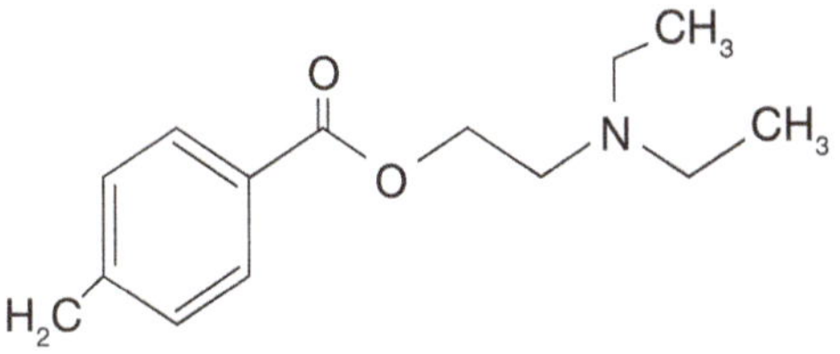

procaína $C_{13}H_{20}N_2O_2$
(massa molar = 236 g/mol)

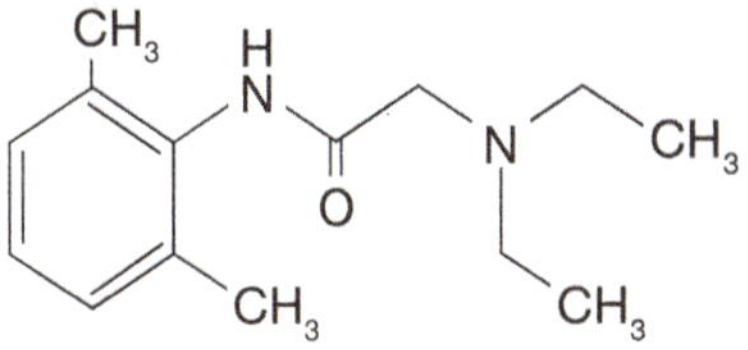

lidocaína $C_{14}H_{22}N_2O$
(massa molar = 234 g/mol)

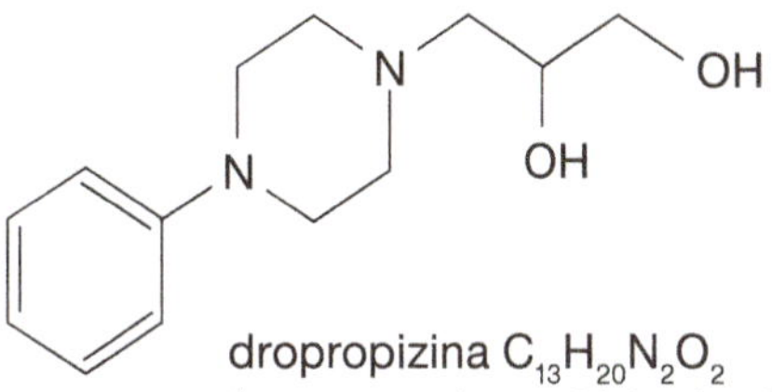

dropropizina $C_{13}H_{20}N_2O_2$
(massa molar = 236 g/mol)

Considere as afirmações:

I. Nas moléculas dos três compostos, há ligações peptídicas.
II. A porcentagem em massa de oxigênio na dropropizina é praticamente o dobro da porcentagem do mesmo elemento na lidocaína.
III. A procaína é um isômero da dropropizina.

Está correto somente o que se afirma em

a) I.
b) II
c) III.
d) I e II.
e) II e III.

20. (FUVEST – SP)

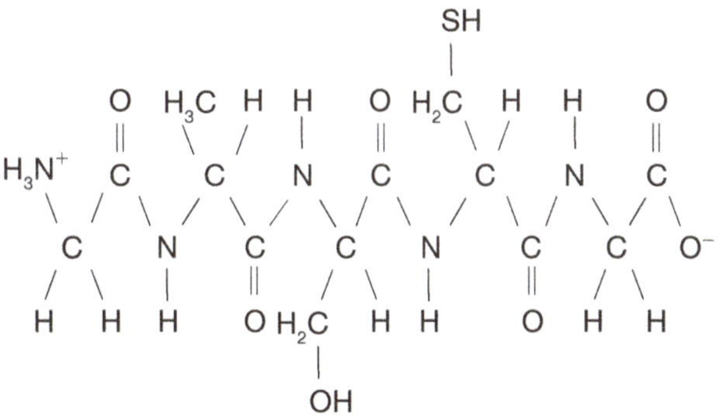

A hidrólise de um peptídio rompe a ligação peptídica, originando aminoácidos. Quantos aminoácidos diferentes se formam na hidrólise total do peptídio representado acima?

a) 2
b) 3
c) 4
d) 5
e) 6

21. (FUVEST – SP) Ao cozinhar alimentos que contêm proteínas, forma-se acrilamida (amida do ácido acrílico), substância suspeita de ser cancerígena.

Estudando vários aminoácidos, presentes nas proteínas, como o α-aminogrupo marcado com nitrogênio-15, verificou-se que apenas um deles originava a acrilamida e que este último composto não possuía nitrogênio-15.

a) Dê a fórmula estrutural da acrilamida.

b) Em função dos experimentos com nitrogênio-15, qual destes aminoácidos, a asparagina ou o ácido glutâmico, seria responsável pela formação da acrilamida? Justifique.

Dados:

ácido acrílico 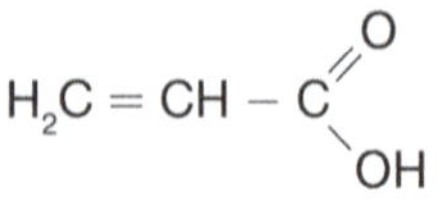

asparagina 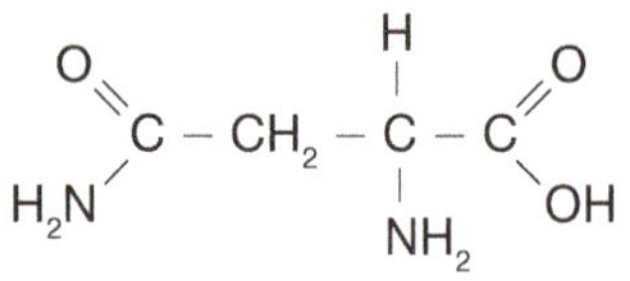

ácido glutâmico 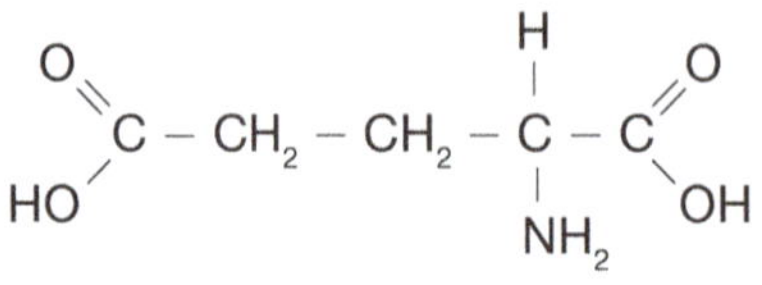

22. (FUVEST – SP) O valor biológico proteico dos alimentos é avaliado comparando-se a porcentagem dos aminoácidos, ditos "essenciais", presentes nas proteínas desses alimentos, com a porcentagem dos mesmos aminoácidos presentes na proteína do ovo, que é tomada como referência. Quando, em um determinado alimento, um desses aminoácidos estiver presente em teor inferior ao do ovo, limitará a quantidade de proteína humana que poderá ser sintetizada. Um outro alimento poderá compensar tal deficiência no referido aminoácido. Esses dois alimentos conterão "proteínas complementares" e, juntos, terão um valor nutritivo superior a cada um em separado.

Na tabela que se segue, estão as porcentagens de alguns aminoácidos "essenciais" em dois alimentos em relação às do ovo (100%).

Alguns aminoácidos essenciais	Arroz	Feijão
lisina	63	102
fenilalanina	110	107
metionina	82	37
leucina	115	101

a) Explique por que a combinação "arroz com feijão" é adequada em termos de "proteínas complementares".

A equação que representa a formação de um peptídio, a partir dos aminoácidos isoleucina e valina, é dada a seguir.

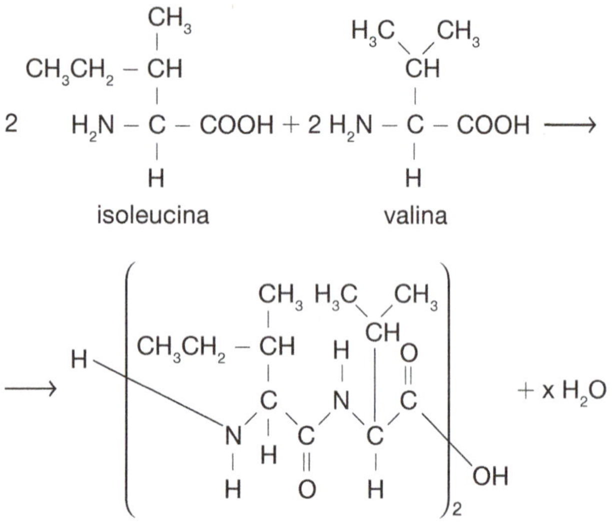
isoleucina
valina
+ x H_2O

b) Mostre, com um círculo, na fórmula estrutural do peptídio, a parte que representa a ligação peptídica.

c) Determine o valor de x na equação química dada.

d) 100 g de proteína de ovo contêm 0,655 g de isoleucina e 0,810 g de valina. Dispondo-se dessas massas de aminoácidos, qual a massa aproximada do peptídio, representado acima, que pode ser obtida, supondo reação total? Mostre os cálculos.

Dados: massas molares (g/mol): valina = 117, isoleucina = 131, água = 18.

23. (FUVEST - SP) As surfactinas são compostos com atividade antiviral. A estrutura de uma surfactina é

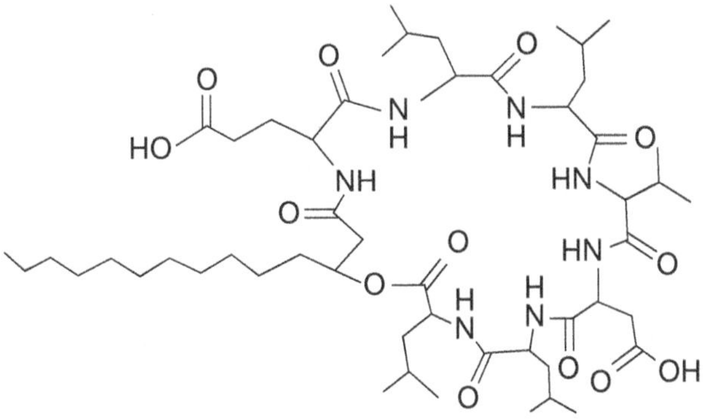

Os seguintes compostos participam da formação dessa substância:

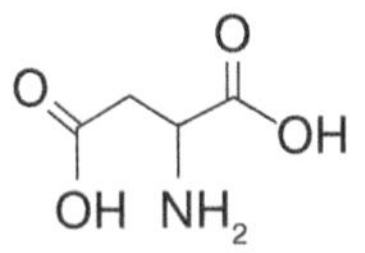

ácido aspártico

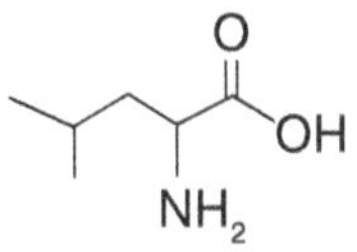

leucina

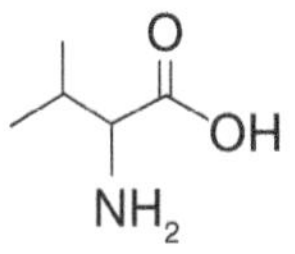

valina

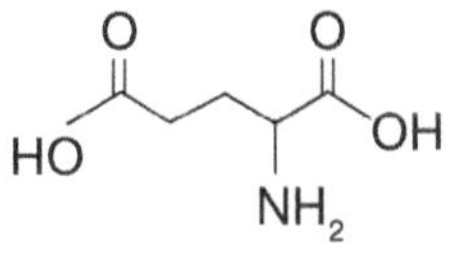

ácido glutâmico

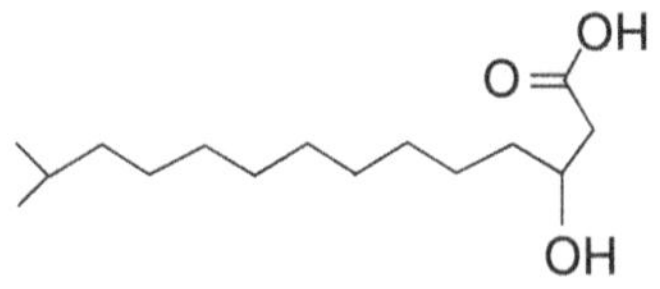

ácido 3-hidróxi-13 metil-tetradecanoico

Na estrutura dessa surfactina, reconhecem-se ligações peptídicas. Na construção dessa estrutura, o ácido aspártico, a leucina e a valina teriam participado na proporção, em mols, respectivamente, de

a) 1 : 2 : 3.
b) 3 : 2 : 1.
c) 2 : 2 : 2.
d) 1 : 4 : 1.
e) 1 : 1 : 4.

24. (UFC - CE) O cabelo humano é composto principalmente de queratina, cuja estrutura proteica varia em função das interações entre os resíduos aminoácidos terminais, conferindo diferentes formas ao cabelo (liso, ondulado etc.). As estruturas relacionadas adiante ilustram algumas dessas interações específicas entre pares de resíduos aminoácidos da queratina.

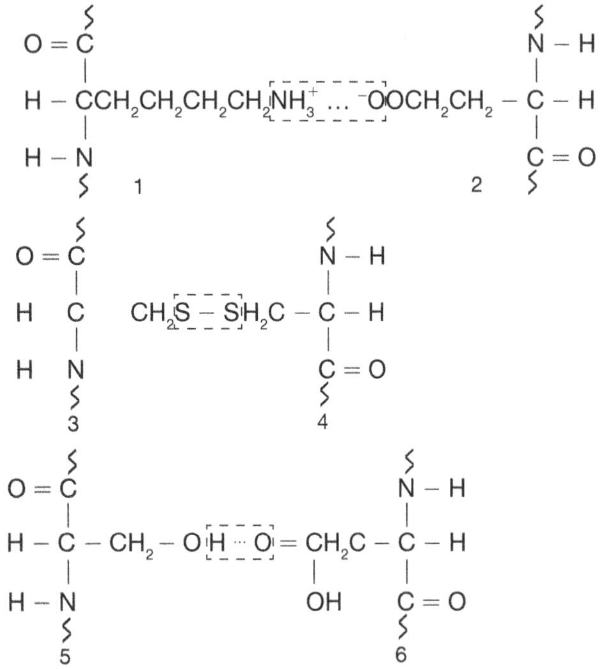

Indique a alternativa que relaciona corretamente as interações específicas entre os resíduos 1-2, 3-4 e 5-6, respectivamente.

a) Ligação iônica, ligação covalente e ligação de hidrogênio.
b) Ligação iônica, interação dipolo-dipolo e ligação covalente.
c) Ligação covalente, interação íon-dipolo e ligação de hidrogênio.
d) Interação dipolo-dipolo induzido, ligação covalente e ligação iônica.
e) Ligação de hidrogênio, interação dipolo induzido-dipolo e ligação covalente.

25. Complete com **hidrólise** ou **desnaturação**.

A destruição da estrutura terciária de uma proteína é denominada ______________________.

Capítulo 16 Oxidação de Hidrocarbonetos

1. Conceito de reação de oxidação

Em Química Orgânica, oxidação significa introdução de átomos de oxigênio na molécula orgânica. As, principais substâncias (agentes oxidantes) que colocam oxigênio são: $\mathbf{O_2}$, $\mathbf{O_3}$, $\mathbf{KMnO_4}$, $\mathbf{K_2Cr_2O_7}$.

Esses oxidantes, na sua decomposição, liberam [O] (oxigênio atômico ou nascente), que vai reagir com a molécula orgânica.

$$2\,KMnO_4 + 3\,H_2SO_4 \longrightarrow$$
$$\longrightarrow K_2SO_4 + MnSO_4 + 3\,H_2O + 5\,[O] \text{ meio ácido}$$

$$2\,KMnO_4 + H_2O \longrightarrow$$
$$\longrightarrow 2\,KOH + 2\,MnO_2 + 3\,[O] \text{ meio levemente básico}$$

Oxigênio atômico é muito reativo, pois o oxigênio está com seis elétrons.

As reações de oxidação na Química Orgânica são escritas de maneira simplificada, a representação [O] indica que o composto orgânico está sofrendo um processo de oxidação.

2. Oxidação de alqueno

Temos três tipos de oxidação para os alquenos: **oxidação branda**, **oxidação enérgica** e **ozonólise**.

2.1 Oxidação branda

Agente oxidante em meio levemente básico, produzindo um diálcool vicinal (entrada de uma hidroxila (OH) em cada carbono da dupla).

Exemplo:

eteno

etano-1,2-diol
etileno glicol
↓
produção de polímeros; anticongelante

2.2 Teste de Bayer

Alqueno e ciclano têm a mesma fórmula geral: C_nH_{2n}.

Adicionando um agente oxidante ($KMnO_4$ / OH^-, violeta), se ocorrer um descoramento, significa que ocorreu a reação.

Alquenos reagem, pois possuem ligação dupla, e ciclanos, não. Assim, a cor violeta do $KMnO_4$ desaparecerá quando a substância for alqueno, mas não quando for ciclano. Esse é o **teste de Bayer**.

$$\text{alqueno} \xrightarrow{[O]} \text{reage}$$
$$\text{ciclano} \xrightarrow{[O]} \text{não reage}$$

Utilizando o conceito de número de oxidação, observamos que os carbonos do alqueno sofreram oxidação.

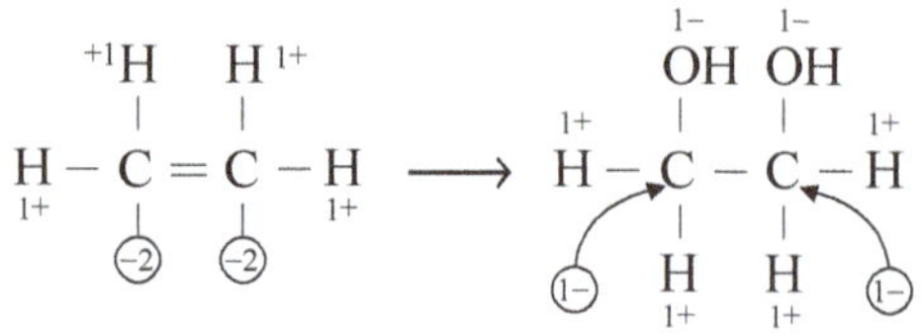

2.3 Oxidação enérgica

Agente oxidante em meio ácido, ocorrendo a quebra da dupla-ligação. Os produtos formados vão depender da estrutura do alqueno.

C da dupla não ramificado produz ácido carboxílico.

C da dupla ramificado produz cetona.

C da dupla na extremidade produz CO_2 e H_2O.

Exemplo:

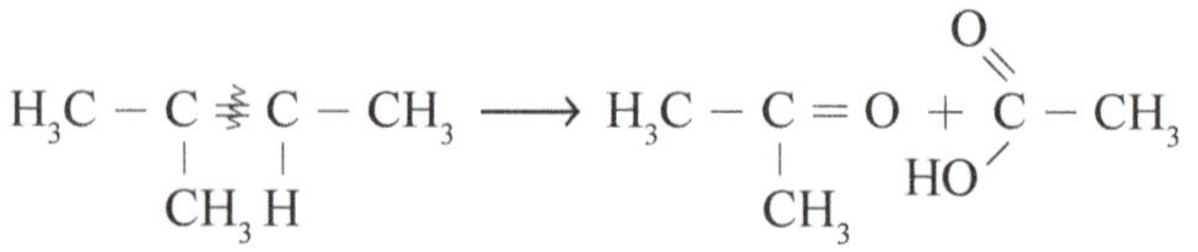

2-metilbut-2-eno

propanona
acetona

ácido etanoico
ácido acético

Utilizando o conceito de número de oxidação, observamos que os carbonos do alqueno sofreram oxidação.

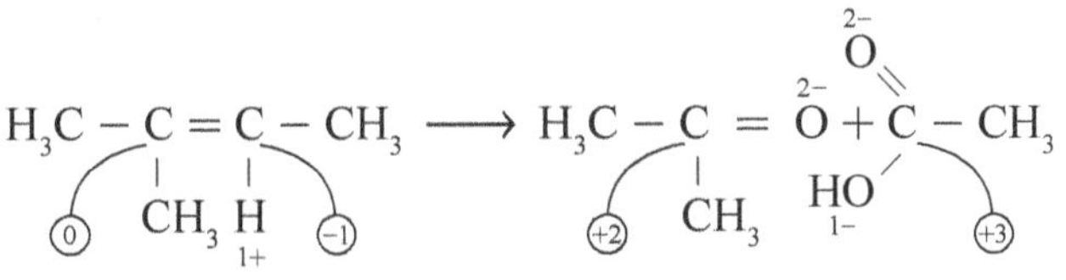

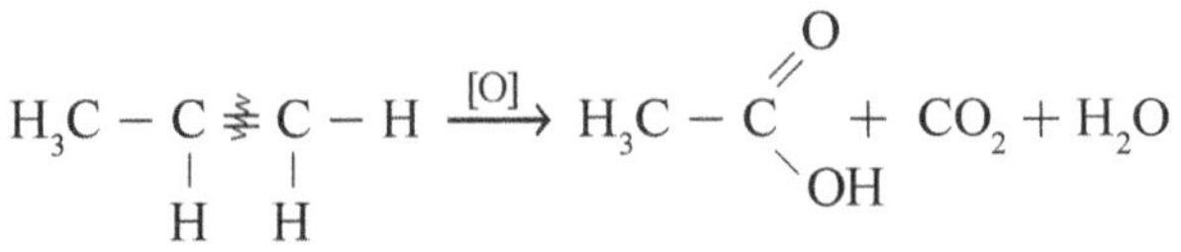

propeno ácido etanoico

2.3.1 Aplicação da oxidação enérgica

Determinação da posição da dupla-ligação na cadeia.

Exemplo:

Por oxidação enérgica de um alceno, notou-se a formação de acetona como único produto carbonado.

Qual é o alceno?

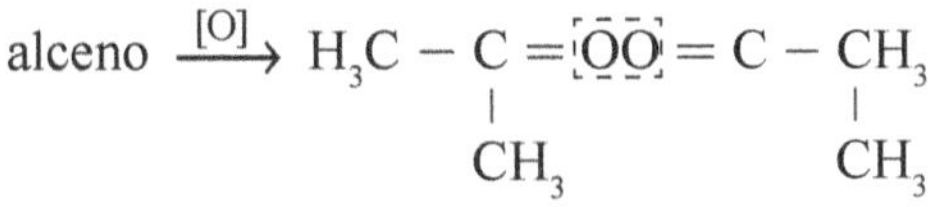

O alceno é, portanto:

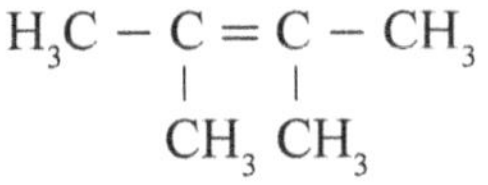

2,3-dimetilbut-2-eno

2.4 Ozonólise

O agente oxidante é o O_3 em meio aquoso e na presença de pó de zinco, ocorrendo a quebra da dupla-ligação. Os produtos formados vão depender da estrutura do alqueno.

C da dupla não ramificado produz aldeído.

C da dupla ramificado produz cetona.

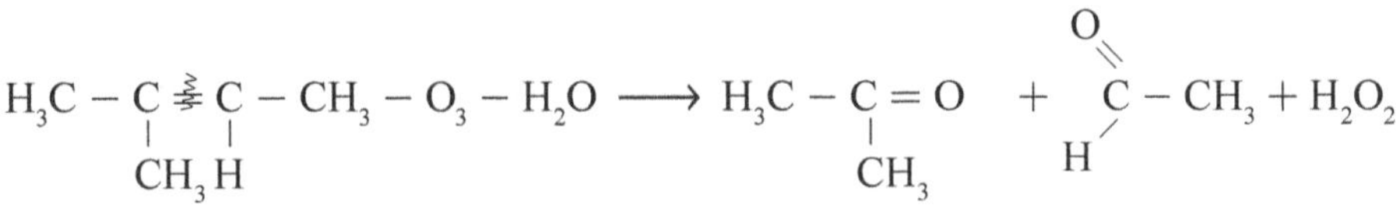

2-metilbut-2-eno propanona etanal

A quebra da dupla-ligação é explicada pela formação de um composto intermediário e instável chamado ozoneto ou ozonídeo.

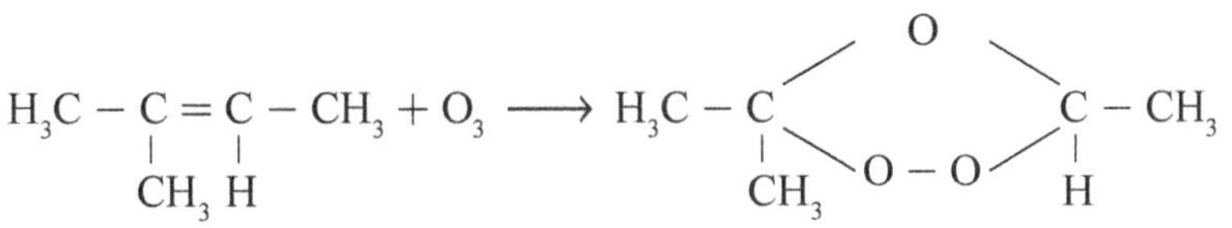

ozoneto

Na decomposição do ozoneto, cada carbono fica com 1 átomo de oxigênio e o terceiro átomo de oxigênio se liga na água formando H_2O_2.

H_2O_2 é destruído pelo pó de zinco para que não reaja com o aldeído, formando ácido carboxílico.

$$Zn + H_2O_2 \longrightarrow ZnO + H_2O$$

2.4.1 Aplicações da ozonólise

1. Método de obtenção de aldeídos e cetonas.
2. Determinação da posição dupla-ligação na cadeia.

Exemplo:

Um alceno forneceu por ozonólise etanal e propanona. Qual é o alceno?

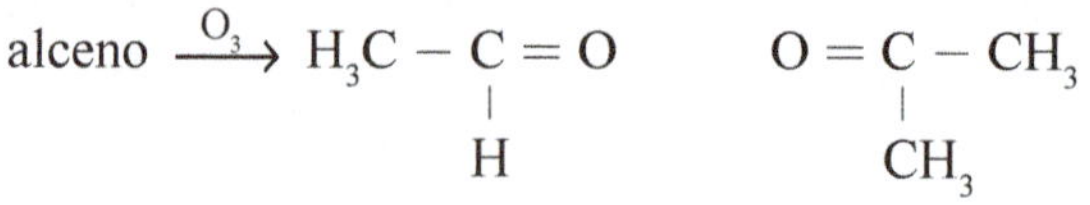

O alceno é, portanto:

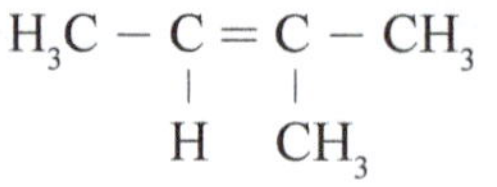

2-metilbut-2-eno

3. Ozonólise de dienos

É uma reação semelhante à que ocorre com os alquenos, ocorrendo a quebra das duas duplas-ligações.

Exemplo:

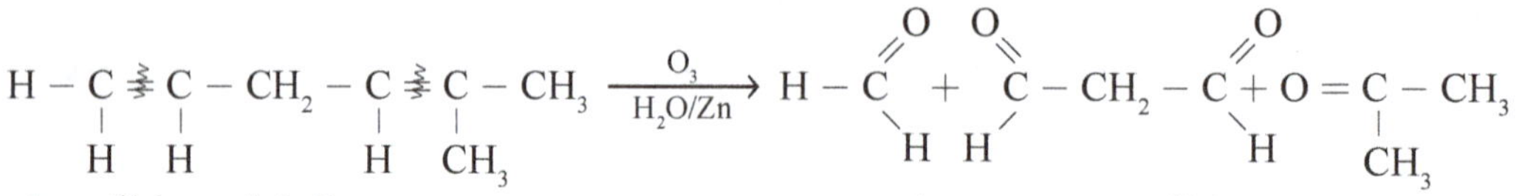

5-metil-hexa-1,4-dieno metanal propanodial propanona

4. Oxidação de ciclano

Oxidante em meio ácido ($KMnO_4/H_2SO_4$) produzindo ácido dicarboxílico, isto é, o ciclo é rompido.

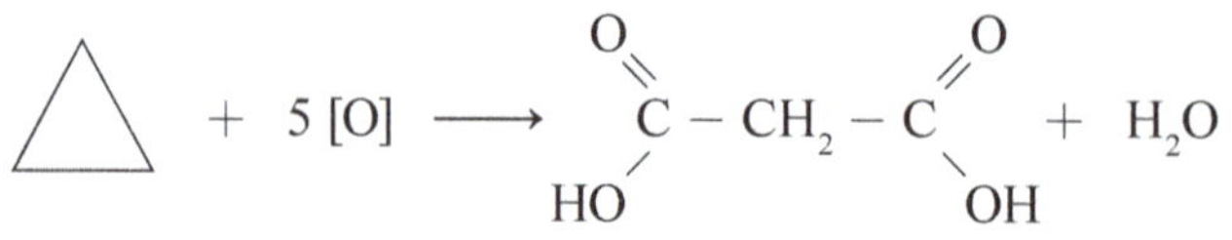

ciclopropano ácido propanodioico

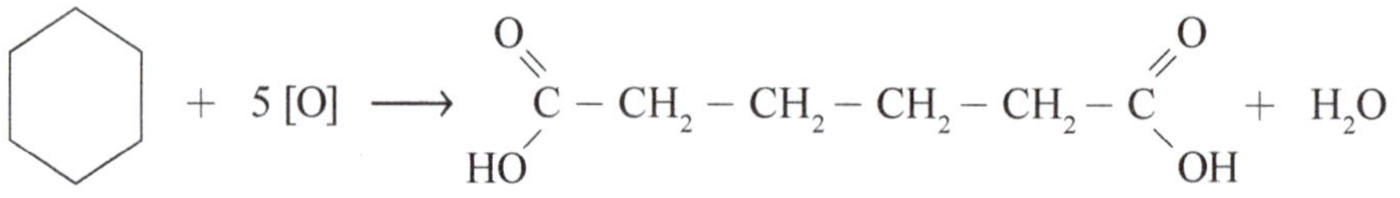

ciclo-hexano ácido hexanodioico
ácido adípico (fabricação do náilon)

5. Oxidação de hidrocarboneto aromático

a) **Oxidação enérgica**

O anel benzênico resiste à ação de oxidantes como $KMnO_4/H^+$ ou $K_2Cr_2O_7/H^+$. Partindo-se de hidrocarboneto aromático com uma ramificação, obtém-se sempre ácido benzoico.

Exemplos:

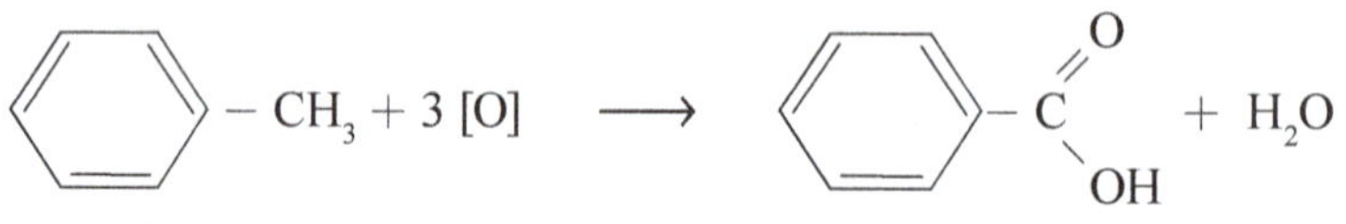

metilbenzeno (tolueno) ácido benzoico

b) **Ozonólise**

Apenas o ozônio consegue quebrar o anel benzênico, dando uma reação de ozonólise semelhante aos alquenos:

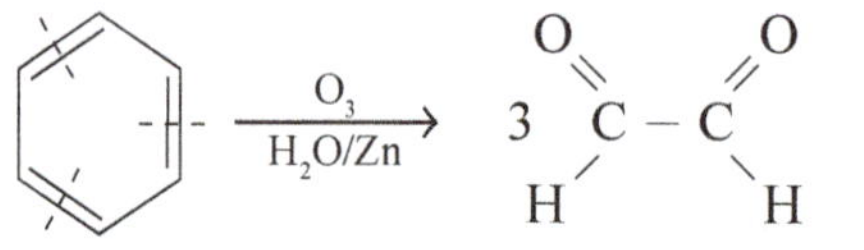

benzeno etanodial

Exercícios Série Prata

1. Complete com **ácido carboxílico** ou **cetona** ou $\mathbf{CO_2}$ e $\mathbf{H_2O}$.

Na oxidação enérgica:

a) C da dupla não ramificado produz ____________

b) C da dupla ramificado produz ____________

c) C da dupla na extremidade produz ____________

Complete as equações químicas:

2. $H_3C-\underset{H}{\underset{|}{C}}=\underset{H}{\underset{|}{C}}-CH_3 \xrightarrow[H^+]{[O]}$

3. $H_3C-\underset{H}{\underset{|}{C}}=\underset{CH_3}{\underset{|}{C}}-CH_2-CH_3 \xrightarrow[H^+]{[O]}$

4. $H_2C=\underset{H}{\underset{|}{C}}-CH_2-CH_3 \xrightarrow[H^+]{[O]}$

5. (FMPA – MG) Os produtos da oxidação enérgica do 2-metilpent-2-eno com permanganato de potássio são:

a) propanona.
b) ácido propanoico.
c) propanona e ácido acético.
d) propanona e ácido propanoico.
e) ácido propanoico.

6. (FMTM – MG) A oxidação de um alceno por $KMnO_4$ em meio ácido fornece uma mistura de propanona e ácido acético. Com base nessa informação, identifique o alceno em questão, escrevendo sua fórmula estrutural e seu nome oficial.

Complete as equações químicas.

7. $H_2C=\underset{H}{\underset{|}{C}}-CH_2-CH_3 + O_3 + H_2O \xrightarrow{Zn}$

8. $H_3C-\underset{H}{\underset{|}{C}}=\underset{CH_3}{\underset{|}{C}}-CH_2-CH_3 + O_3 + H_2O \xrightarrow{Zn}$

9. (MACKENZIE – SP) Na equação a seguir, as funções orgânicas a que pertencem os compostos A e B são

$$H_3C-\underset{CH_3}{\underset{|}{C}}=\underset{H}{\underset{|}{C}}-CH_2-CH_3 + O_3 \xrightarrow[Zn]{H_2O} A + B + H_2O + ZnO$$

a) ácido carboxílico e aldeído.
b) éter e aldeído.
c) cetona e álcool.
d) hidrocarboneto e ácido carboxílico.
e) cetona e aldeído.

10. (UFPF – RS) A ozonólise de um alceno levou à formação de dois compostos: a butanona e o propanal. O alceno de partida deve ter sido o

a) hept-3-eno.
b) 3-metil-hex-3-eno.
c) 2-etil-hept-2-eno.
d) but-2-eno.
e) ciclo-hexeno.

11. (PUC – Campinas – SP) Na reação representada pela equação

$$H_3C-\underset{CH_3}{\underset{|}{C}}=\underset{H}{\underset{|}{C}}-CH_2-CH_3 \xrightarrow{ozonólise} H_3C-\underset{CH_3}{\underset{|}{C}}=O + \underset{H}{\overset{O}{\underset{|}{C}}}-CH_2-CH_3$$

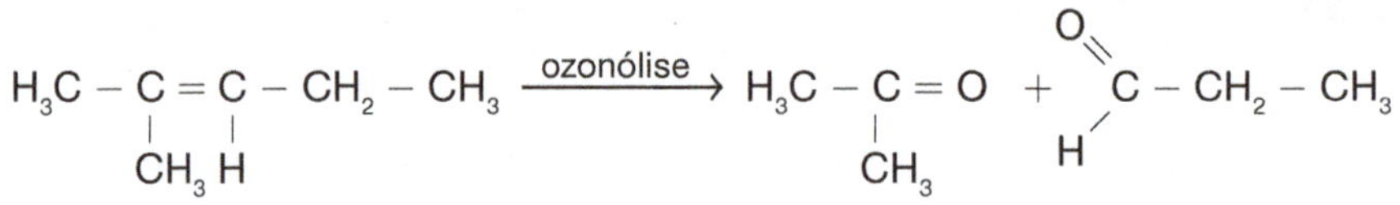

os produtos formados são:
a) compostos homólogos.
b) compostos isólogos.
c) isômeros funcionais.
d) isômeros de compensação.
e) isômeros ópticos.

12. (FEI – SP) Um alceno de fórmula molecular C_5H_{10} ao ser oxidado com solução ácida de permanganato de potássio deu origem a acetona e ácido etanoico em proporção equimolar. O nome do alceno é:
a) pent-1-eno
b) pent-2-eno
c) 2-metilbut-1-eno
d) 2-metilbut-2-eno
e) 2-etilpropeno

13. (MACKENZIE – SP) O alceno que por ozonólise produz etanal e propanona é:
a) 2-metilbut-1-eno
b) 2-metilbut-2-eno
c) pent-1-eno
d) pent-2-eno
e) 3-metilbut-1-eno

14. Complete a equação química.

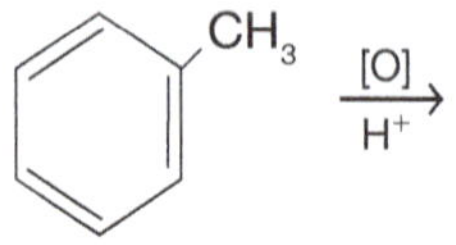

Exercícios Série Ouro

1. (UNIRIO – RJ) O colesterol é o esteroide animal mais abundante, formando cerca de um sexto do peso seco do tecido nervoso e central. O excesso de colesterol que se deposita nos vasos sanguíneos é a causa mais comum de enfartes do miocárdio e da arteriosclerose.

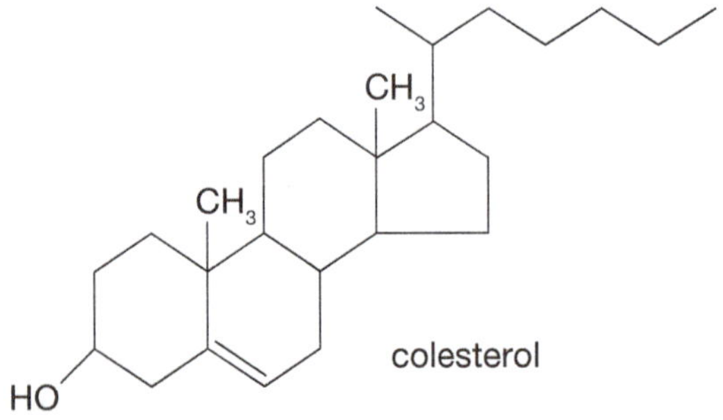

colesterol

Indique a afirmativa **incorreta**, referente a algumas das propriedades químicas do colesterol.
a) Sofre oxidação com solução ácida de $KMnO_4$.
b) Reage com ozônio.
c) Reage com bromo a temperatura ambiente.
d) Reage com Cl_2 em presença de radiação ultravioleta.
e) Não reage com H_2 em presença de catalisador metálico.

2. (PUC – PR) Um hidrocarboneto de fórmula molecular C_4H_8 apresenta as seguintes propriedades químicas:

I. Descora a solução de bromo em tetracloreto de carbono.
II. Absorve 1 mol de hidrogênio por mol de composto, quando submetido a hidrogenação.
III. Quando oxidado energicamente, fornece ácido propiônico e dióxido de carbono.

Esse hidrocarboneto é o:

a) ciclobutano.
b) but-1-eno.
c) but-2-eno.
d) metilpropeno.
e) meticiclopropano.

3. (UFMG) Determine o nome e as fórmulas estruturais das substâncias que completam corretamente as reações indicadas a seguir:

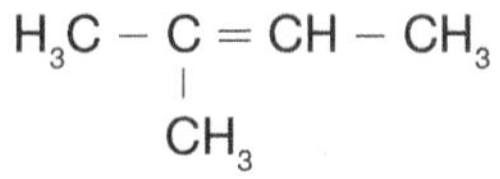
H3C – C = CH – CH3
CH3

a) $\xrightarrow{\text{oxidação branda}}$

b) $\xrightarrow[\text{hidrólise}]{\text{ozonólise}}$

c) $\xrightarrow{\text{oxidação enérgica}}$

d) $\xrightarrow{\text{combustão completa}}$

4. (FUVEST – SP) Na ozonólise do alqueno de menor massa molecular que apresenta isomeria cis-trans, qual é o único produto orgânico formado?

5. (PUC – SP) A ozonólise é uma reação de oxidação de alcenos, em que o agente oxidante é o gás ozônio. Essa reação ocorre na presença de água e zinco metálico, como indica o exemplo:

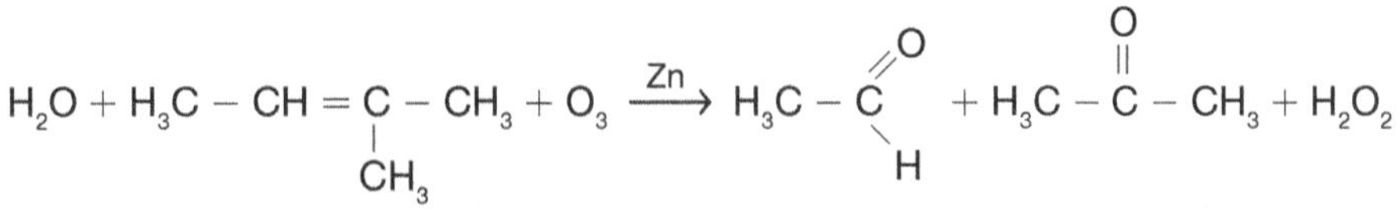
H2O + H3C – CH = C – CH3 + O3
CH3
Zn
H3C – C
O
H
+ H3C – C – CH3 + H2O2
O

Considere a ozonólise, em presença de zinco e água, do dieno representado a seguir:

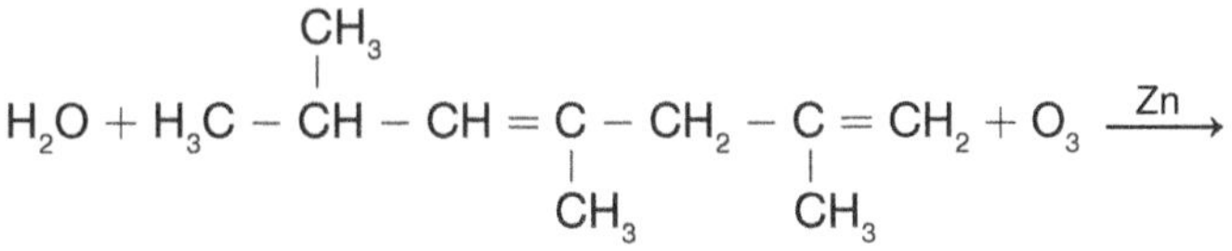
CH3
H2O + H3C – CH – CH = C – CH2 – C = CH2 + O3
Zn
CH3
CH3

Assinale a alternativa que apresenta os compostos orgânicos formados durante essa reação:

a) metilpropanal, metanal, propanona e etanal
b) metilpropanona, metano e pentano-2,4-diona
c) metilpropanol, metanol e ácido 2,4-pentanodioico
d) metilpropanal, ácido metanoico e pentano-2,4-diol
e) metilpropanal, metanal e pentano-2,4-diona

6. (FUVEST – SP) A reação de um alceno com ozônio, seguida da reação do produto formado com água, produz aldeídos ou cetonas ou misturas desses compostos. Porém, na presença de excesso de peróxido de hidrogênio, os aldeídos são oxidados a ácidos carboxílicos ou a CO_2, dependendo da posição da dupla-ligação na molécula do alceno.

$$CH_3CH = CH_2 \longrightarrow CH_3COOH + CO_2$$

$$CH_3CH = CHCH_3 \longrightarrow 2\ CH_3COOH$$

Determinado hidrocarboneto insaturado foi submetido ao tratamento acima descrito, formando-se os produtos abaixo, na proporção, em mols, de 1 para 1 para 1:

$HOOCCH_2CH_2CH_2COOH$; CO_2; ácido propanoico.

a) Escreva a fórmula estrutural do hidrocarboneto insaturado que originou os três produtos acima.

b) Dentre os isômeros de cadeia aberta de fórmula molecular C_4H_8, mostre os que não podem ser distinguidos, um do outro, pelo tratamento acima descrito. Justifique.

7. (UNICAMP – SP) Um mol de um hidrocarboneto cíclico de fórmula C_6H_{10} reage com um mol de bromo, Br_2, produzindo um mol de um composto com dois átomos bromo em sua molécula. Esse mesmo hidrocarboneto, C_6H_{10}, em determinadas condições, pode ser oxidado a ácido adípico, $HOOC - (CH_2)_4 - COOH$.

a) Qual a fórmula estrutural do hidrocarboneto C_6H_{10}?

b) Escreva a equação química da reação desse hidrocarboneto com bromo.

8. (FUVEST – SP) Em solvente apropriado, hidrocarbonetos com ligação dupla reagem com Br_2, produzindo compostos bromados; tratados com ozônio (O_3) e, em seguida, com peróxido de hidrogênio (H_2O_2), produzem compostos oxidados. As equações químicas abaixo exemplificam essas transformações.

$$CH_3CH(CH_3)CH = CH_2 + Br_3 \longrightarrow CH_3CH(CH_3)CHBrCH_2Br$$

(marrom) (incolor)

$$CH_3CH_2CH_2C(CH_3) = CHCH_3 \xrightarrow[2)\ H_2O_2]{1)\ O_3}$$

$$\xrightarrow[2)\ H_2O_2]{1)\ O_3} CH_3CH_2CH_2C(=O)CH_3 + CH_3COOH$$

Três frascos, rotulados X, Y e Z, contêm, cada um, apenas um dos compostos isoméricos abaixo, não necessariamente na ordem em que estão apresentados:

I. 

III. 

II. 

- Seis amostras de mesma massa, duas de cada frasco, foram usadas nas seguintes experiências:
  A três amostras, adicionou-se, gradativamente, solução de Br_2, até perdurar tênue coloração marrom.
  Os volumes, em mL, da solução de bromo adicionada foram: 42,0; 42,0 e 21,0, respectivamente, para as amostras dos frascos X, Y e Z.
- As três amostras restantes foram tratadas com O_3 e, em seguida, com H_2O_2. Sentiu-se cheiro de vinagre apenas na amostra do frasco X.

O conteúdo de cada frasco é

	Frasco X	Frasco Y	Frasco Z
a)	I	II	III
b)	I	III	II
c)	II	I	III
d)	III	I	II
e)	III	II	I

Oxirredução de Compostos Oxigenados

Capítulo 17

1. Oxidação de álcoois

O oxigênio atômico [O] liberado pelo agente oxidante vai se ligar no carbono ao qual a hidroxila (OH) está ligada.

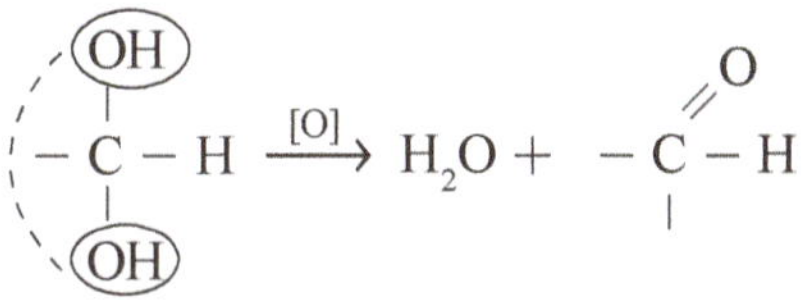

Álcoois primários, secundários e terciários, quando tratados com agentes oxidantes, comportam-se de maneiras diferentes.

1.1 Oxidação de álcool primário

a) **Álcool primário:** OH ligado a carbono primário.

$$\text{álcool primário} \xrightarrow{[O]} \text{aldeído} \xrightarrow{[O]} \text{ácido carboxílico}$$

Exemplo:

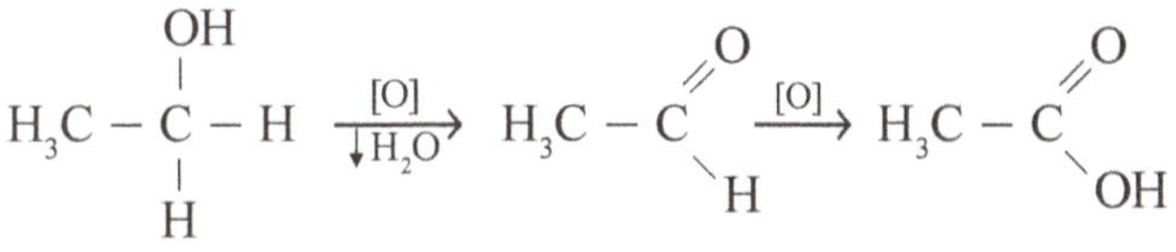

etanol — etanal — ácido etanoico / ácido acético

Usando número oxidação percebemos que o carbono sofreu oxidação.

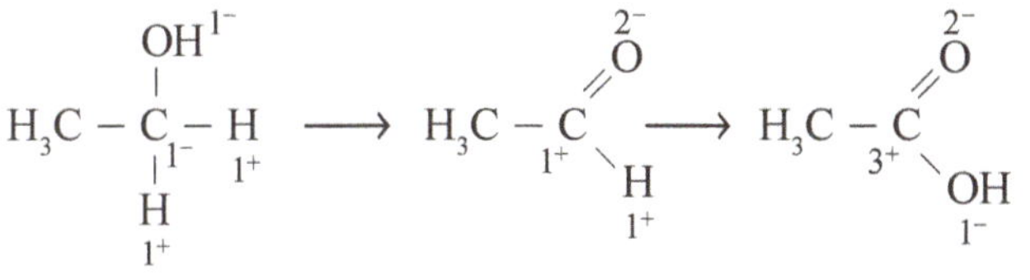

Alguns autores consideram a oxidação do álcool primário para aldeído como uma **oxidação branda** e a oxidação de álcool a ácido carboxílico como **oxidação enérgica**.

b) **Bafômetro**

Para avaliar o nível de embriaguez dos motoristas, a polícia utiliza um aparelho – o bafômetro – que mede a concentração de etanol no ar expirado pelo motorista.

O teste é realizado com um tubo selado que contém o agente oxidante ($Na_2Cr_2O_7$) impregnado em um material inerte (sílica-gel). A extremidade do tubo é perfurada e acoplada a um bocal; a outra extremidade é conectada a um balão semelhante a um saco. O indivíduo testado deve soprar no bocal até que o balão fique cheio de ar.

A intensidade da cor verde indica o teor alcoólico.

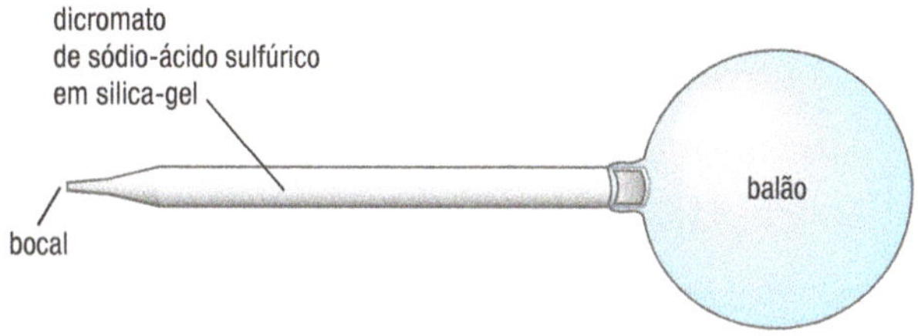
dicromato
de sódio-ácido sulfúrico
em silica-gel
balão
bocal

$$\underset{\text{alaranjado}}{K_2Cr_2O_7} + 3\ \underset{\text{etanol}}{CH_3CH_2OH} + 4\ H_2SO_4 \longrightarrow$$

$$\longrightarrow 3\ \underset{\text{etanal}}{CH_3CHO} + K_2SO_4 + \underset{\text{verde}}{Cr_2(SO_4)_3} + 7\ H_2O$$

$$\underset{\text{etanal}}{CH_3CHO} \xrightarrow{[O]} \underset{\text{ácido etanoico}}{CH_3COOH}$$

c) **Fermentação acética – Vinho virando vinagre**

Fermentação é a reação entre compostos orgânicos catalisada por substâncias (enzimas ou fermentos) elaboradas por microrganismos.

O etanol (do vinho) é transformado em ácido acético (vinagre) na presença de O_2 (oxidante) e enzima (catalisador proveniente do microrganismo *Mycoderma aceti*).

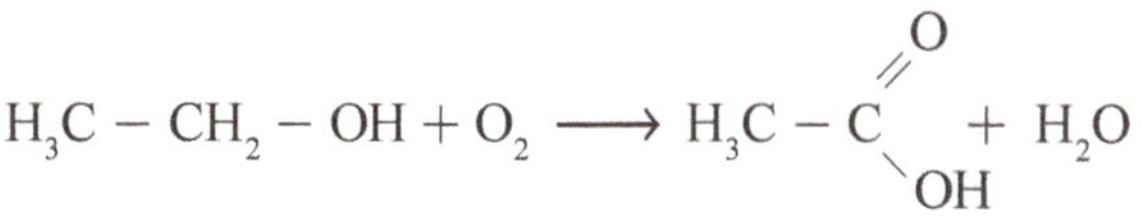

etanol (vinho) — ácido acético (vinagre)

Para retardar a oxidação do vinho, uma garrafa de vinho deve ser guardada em ambiente pouco iluminado, com temperatura ao redor de 16 °C e na posição horizontal ou ligeiramente inclinada.

1.2 Oxidação de álcool secundário

- **Álcool secundário:** OH ligado a carbono secundário.

$$\text{álcool secundário} \xrightarrow{[O]} \text{cetona}$$

Exemplo:

$$H_3C - \underset{\underset{H}{|}}{\overset{\overset{OH}{|}}{C}} - CH_3 \xrightarrow[\downarrow H_2O]{[O]} H_3C - \overset{\overset{O}{\|}}{C} - CH_3$$

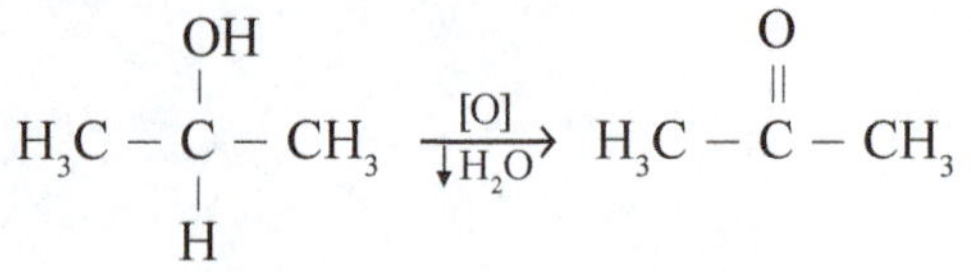

propan-2-ol   propanona
              acetona

Usando número de oxidação percebemos que o carbono sofreu oxidação.

$$H_3C - \underset{\underset{1^+}{\overset{|}{H}}}{\overset{\overset{1^-OH}{|}}{C}} - CH_3 \xrightarrow{[O]} H_3C - \overset{\overset{O\ 2^-}{\|}}{C} - CH_3$$

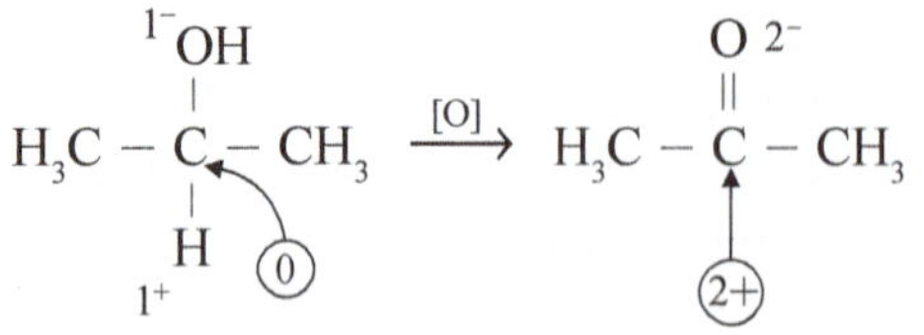

Observação:

- **Álcool terciário:** OH ligado a carbono terciário.

álcool terciário $\xrightarrow{[O]}$ não reage

$$H_3C - \underset{\underset{CH_3}{|}}{\overset{\overset{OH}{|}}{C}} - CH_3 \xrightarrow{[O]} \text{não reage}$$

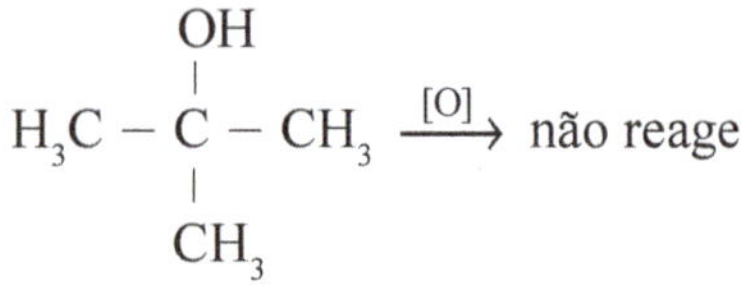

2-metilpropan-2-ol

A reação não ocorre, pois o carbono da hidroxila não possui átomo de hidrogênio ligado diretamente.

2. Agentes oxidantes usados para diferenciar aldeídos de cetonas

Os aldeídos se oxidam, o que não ocorre com as cetonas. Por esse motivo, a reação de oxidação é utilizada para diferenciar os dois compostos.

aldeído $\xrightarrow{[O]}$ ácido carboxílico (teste positivo)

cetona $\xrightarrow{[O]}$ não ocorre reação (teste negativo)

Em laboratório, para diferenciar aldeídos de cetonas por meio de reações de oxidação, usam-se alguns agentes oxidantes.

2.1 Reativo de Tollens

Solução amoniacal de nitrato de prata.

$$R - \overset{\overset{+1\ O}{\|}}{\underset{H}{C}} + 2\,Ag^+ + 2\,NH_3 + H_2O \longrightarrow R - \overset{\overset{+3\ O}{\|}}{\underset{OH}{C}} + 2\,NH_4^+ + 2\,Ag^0$$

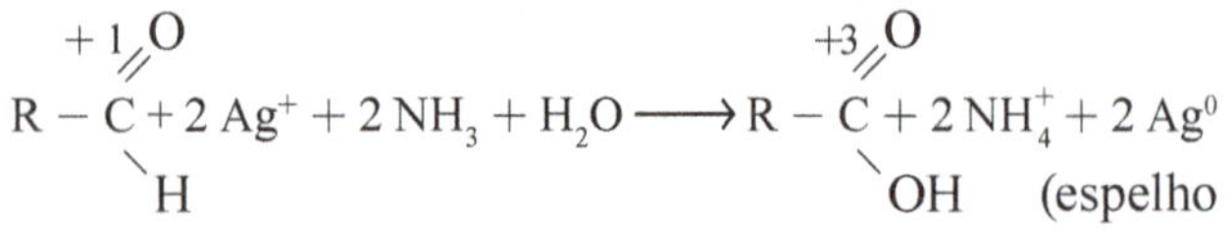

(espelho de prata)

O aldeído é oxidado a ácido carboxílico, enquanto os íons Ag^+ são reduzidos a Ag (prata metálica). Ao realizar a reação em um tubo de ensaio, observa-se a formação de um **espelho de prata**, que corresponde à deposição da prata metálica (Ag) nas paredes do tubo.

A reação com o reativo de Tollens pode ser representada por semirreações.

$$R - \overset{\overset{O}{\|}}{\underset{H}{C}} + H_2O \longrightarrow R - \overset{\overset{O}{\|}}{\underset{OH}{C}} + 2\,H^+ + 2e^-$$

$$2\,Ag^+ + 2e^- \longrightarrow 2\,Ag^0$$
$$2\,NH_3 + 2\,H^+ \longrightarrow 2\,NH_4^+$$

$$R - \overset{\overset{O}{\|}}{\underset{H}{C}} + 2\,Ag^+ + 2\,NH_3 + H_2O \longrightarrow R - \overset{\overset{O}{\|}}{\underset{OH}{C}} + 2\,Ag^0 + 2\,NH_4^+$$

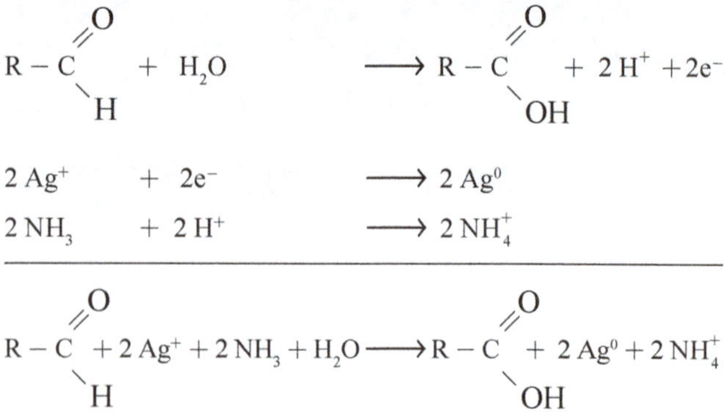

cetona $\xrightarrow{\text{Tollens}}$ teste negativo

2.2 Reativo de Fehling

Solução aquosa de sulfato de cobre em meio básico e tartarato duplo de sódio e potássio.

$$R - \overset{\overset{O}{\|}}{\underset{H}{C}} + 2\,Cu^{2+} + 4\,OH^- \longrightarrow Cu_2O + R - \overset{\overset{O}{\|}}{\underset{OH}{C}} + 2\,H_2O$$

(solução azul)   ppt avermelhado
                 (vermelho-tijolo)

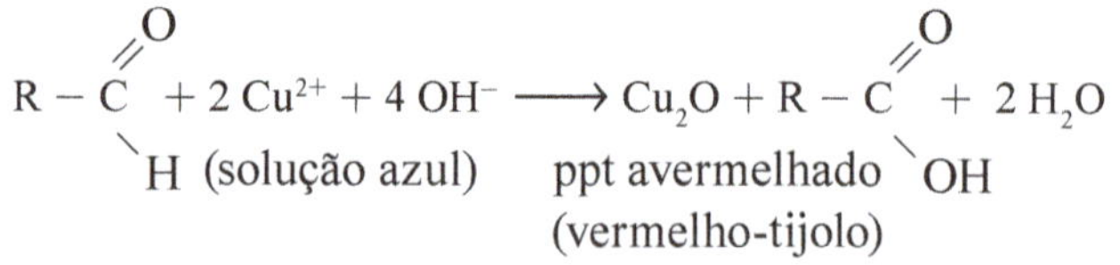

O aldeído é oxidado a ácido carboxílico, enquanto os íons Cu^{2+} são reduzidos formando Cu_2O, que é sólido vermelho-tijolo. A reação com o reativo de Fehling pode ser representada por semirreações.

$$R - \overset{\overset{O}{\|}}{\underset{H}{C}} + H_2O \longrightarrow R - \overset{\overset{O}{\|}}{\underset{OH}{C}} + 2\,H^+ + 2e^-$$

$$2\,Cu^{2+} + 2e^- \longrightarrow 2\,Cu^+$$
$$2\,Cu^+ + 2\,OH^- \longrightarrow 2\,CuOH$$
$$2\,CuOH \xrightarrow{\Delta} Cu_2O + H_2O$$
$$2\,H^+ + 2\,OH^- \longrightarrow 2\,H_2O$$

$$R - \overset{\overset{O}{\|}}{\underset{H}{C}} + 2\,Cu^{2+} + 4\,OH^- \longrightarrow R - \overset{\overset{O}{\|}}{\underset{OH}{C}} + Cu_2O + 2\,H_2O$$

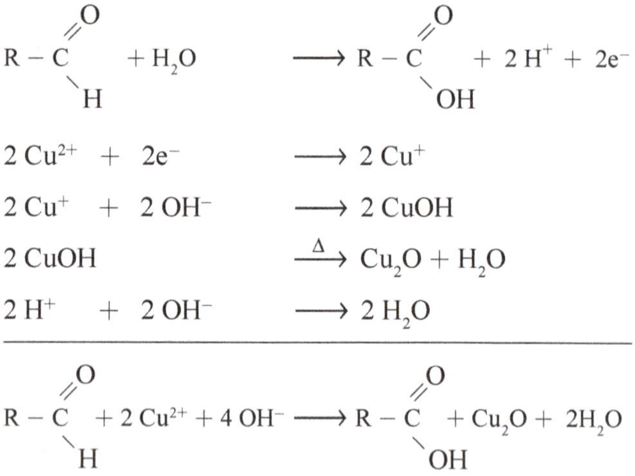

cetona $\xrightarrow{\text{Fehling}}$ teste negativo

3. Redução de aldeído a cetona

A redução é feita com gás hidrogênio (H_2) e catalisador ou hidrogênio nascente ou atômico proveniente de reação de um metal reativo com ácido.

$$Zn + 2\,HCl \longrightarrow ZnCl_2 + 2\,[H]$$

hidrogênio nascente ou atômico

Os átomos do hidrogênio se ligam no grupo $- \overset{\overset{O}{\|}}{C} -$ 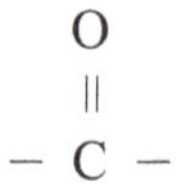

• aldeído $\xrightarrow{[O]}$ álcool primário

Exemplo:

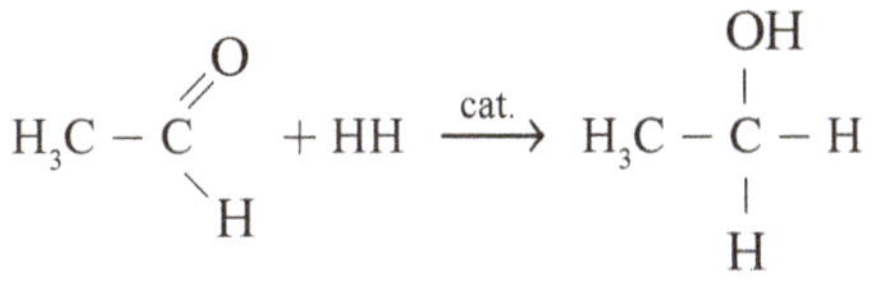

etanal etanol

• cetona $\xrightarrow{[O]}$ álcool secundário

Exemplo:

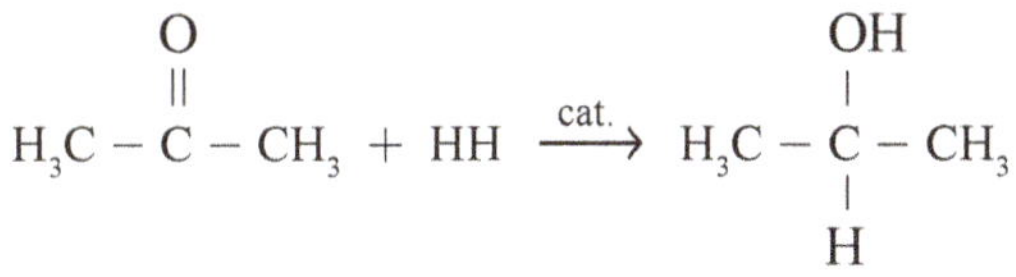

propanona acetona propan-2-ol

Usando o conceito de número de oxidação percebemos que o carbono sofreu redução.

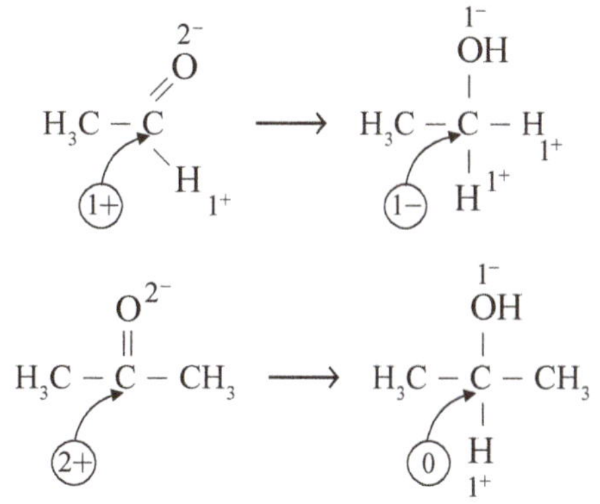

Exercícios Série Prata

Complete.

1. álcool primário $\xrightarrow{[O]}$ $\xrightarrow{[O]}$

2. álcool secundário $\xrightarrow{[O]}$

Complete as equações químicas.

3. $H_3C-CH_2-OH \xrightarrow{[O]}$ $\xrightarrow{[O]}$

4. (UNAMA – PA) Sobre o 2-metilpropan-2-ol é correto afirmar que:

a) não sofre redução.
b) não sofre desidratação.
c) não sofre oxidação.
d) sua redução produz o ácido 2-metil-propanoico.
e) sua oxidação produz 2-metil-propanol.

5. (MACKENZIE – SP) Com finalidade de preservar a qualidade, as garrafas de vinho devem ser estocadas na posição horizontal. Desse modo, a rolha umedece e incha, impedindo a entrada de ______________ que causa ______________ no vinho, formando ______________.

Os termos que preenchem corretamente as lacunas são:

a) ar; decomposição; etanol.
b) gás oxigênio (do ar); oxidação; ácido acético.
c) gás nitrogênio (do ar); redução; etano.
d) vapor-d'água; oxidação; etanol.
e) gás oxigênio (do ar); redução; ácido acético.

6. (MACKENZIE – SP) O formol é uma solução aquosa contendo 40% de metanal ou aldeído fórmico, que pode ser obtido pela reação abaixo equacionada:

$$2\ H_3C-OH + x\ O_2 \xrightarrow[Pt]{\Delta} 2\ HCHO - 2\ H_2O$$

Relativamente a essa reação, é incorreto afirmar que

a) o reagente orgânico é o metanol.
b) o reagente orgânico sofre oxidação.
c) o gás oxigênio sofre redução.
d) o metanal tem fórmula estrutural 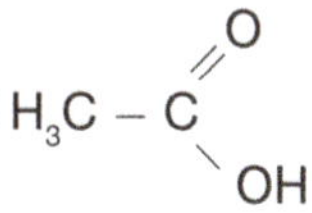
e) o coeficiente x que torna a equação corretamente balanceada é igual a 1.

7. (UFPE) Quando uma garrafa de vinho é deixada aberta, o conteúdo vai se transformando em vinagre por uma oxidação bacteriana aeróbica representada por:

$$CH_3CH_2OH \longrightarrow CH_3CHO \longrightarrow CH_3COOH$$

O produto intermediário da transformação do álcool do vinho no ácido acético do vinagre é:

a) um éster
b) uma cetona
c) um éter
d) um aldeído
e) um fenol

8. (UFV – MG) O reagente de Tollens oxida aldeídos a ácidos carboxílicos, e quando isso é feito em um frasco limpo fica depositado em suas paredes um "espelho de prata". Considere a seguinte situação:

composto desconhecido + reagente de Tollens → espelho de prata + ácido 2-metil-propanoico

A fórmula estrutural do composto desconhecido é:

a) $CH_3 - CH_2 - CHO$

b) $CH_3 - CH - CHO$ 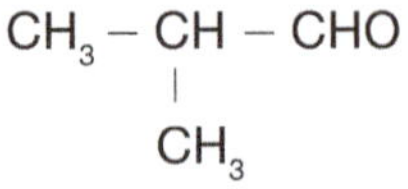
       $\quad\quad\quad |$
       $\quad\quad\quad CH_3$

c) $CH_3 - CH - CH_2 - CHO$ 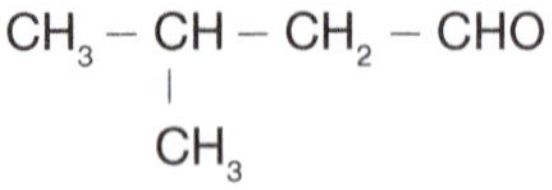
       $\quad\quad\quad |$
       $\quad\quad\quad CH_3$

d) $CH_3 - \underset{\underset{CH_3}{|}}{\overset{\overset{CH_3}{|}}{C}} - CHO$ 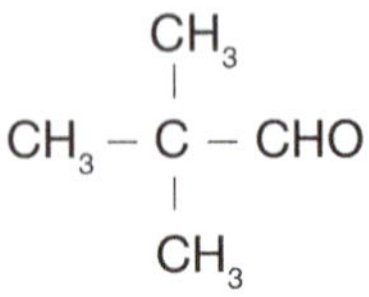

e) $CH_3 - CH_2 - CH_2$

Complete as equações químicas.

9. $H_3C - CH_2 - C\underset{H}{\overset{\parallel O}{\diagup}} \xrightarrow{H_2}$ 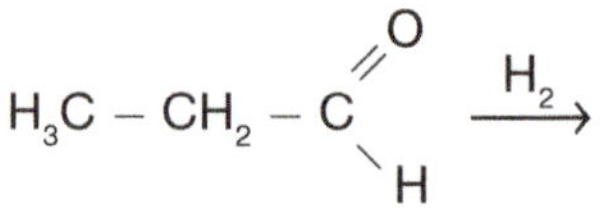

10. $H_3C - CH_2 - \overset{\overset{O}{\parallel}}{C} - CH_3 \xrightarrow{H_2}$ 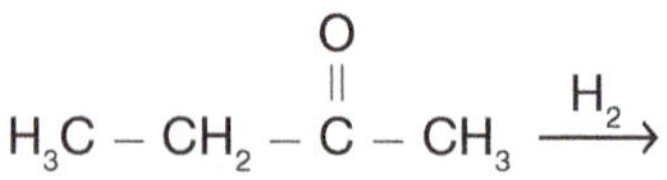

11. $H_3C - \underset{\underset{O}{\parallel}}{C} - C\underset{Cl}{\overset{\parallel O}{\diagup}} \xrightarrow{H_2}$ 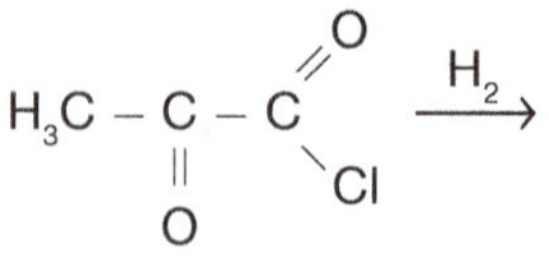

12. (UNESP) Sabendo-se que os aldeídos são reduzidos a álcoois primários e as cetonas a álcoois secundários, escreva as fórmulas estruturais dos compostos utilizados na preparação de butan-1-ol e butan-2-ol por processos de redução.

Exercícios Série Ouro

1. (PUC) Em dois balões distintos, as substâncias A e B foram colocadas em contato com dicromato de potássio ($K_2Cr_2O_7$) em meio ácido, à temperatura ambiente. Nessas condições, o dicromato é um oxidante brando. No balão contendo a substância A foi observada a formação do ácido propiônico (ácido propanoico), enquanto no balão que continha a substância B formou-se acetona (propanona).

As substâncias A e B são, respectivamente,

a) ácido acético e etanal.
b) propanal e propan-2-ol.
c) butano e metil-propano.
d) propanal e propan-1-ol.
e) propano e propanal.

2. (PUC – SP) Acetato de etila pode ser obtido em condições adequadas a partir do eteno, segundo as reações equacionadas a seguir:

$H_2C = CH_2 + H_2O \xrightarrow{[H^+]} X$

$X \xrightarrow[oxidação]{[O]} Y + H_2O$

$X + Y \longrightarrow H_3C - \underset{O - CH_2CH_3}{\overset{\overset{O}{\parallel}}{C}} + H_2O$

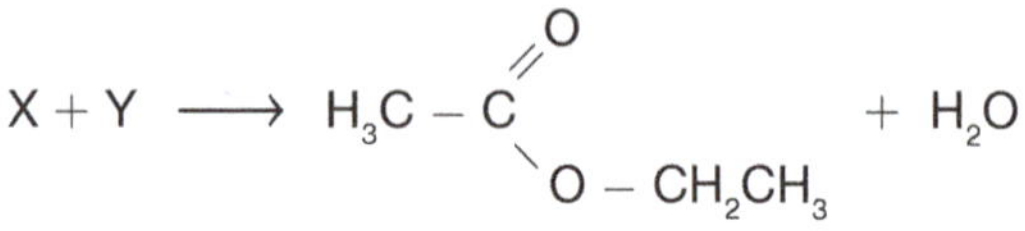

X e Y são, respectivamente,

a) propanona e etanol.
b) etanol e acetaldeído.
c) acetaldeído e ácido acético.
d) etano e etanol.
e) etanol e ácido acético.

3. (FUVEST – SP) O ácido adípico, empregado na fabricação do náilon, pode ser preparado por um processo químico, cujas duas últimas etapas estão representadas a seguir:

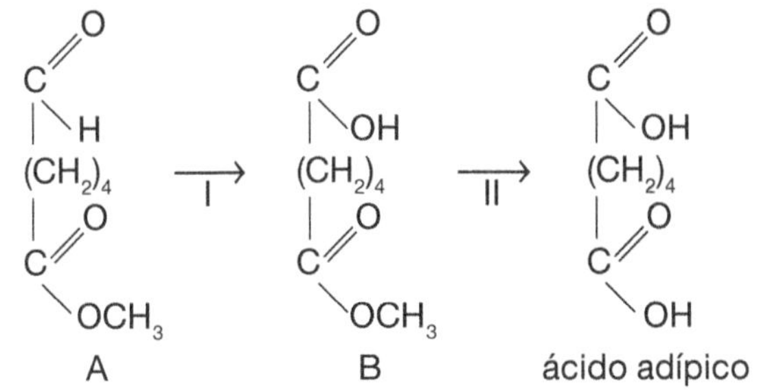

Nas etapas I e II ocorrem, respectivamente,

a) oxidação de A e hidrólise de B.
b) redução de A e hidrólise de B.
c) oxidação de A e redução de B.
d) hidrólise de A e oxidação de B.
e) redução de A e oxidação de B.

4. (FUVEST – SP) O ministério da Agricultura estabeleceu um novo padrão de qualidade e identidade da cachaça brasileira, definindo limites para determinadas substâncias formadas na sua fabricação. Algumas dessas substâncias são ésteres, aldeídos e ácidos carboxílicos voláteis, conforme o caderno "Agricultura" de 08 de junho de 2005, do jornal *O Estado de S. Paulo*. Nesse processo de fabricação, pode ter ocorrido a formação de:

I. ácido carboxílico pela oxidação de aldeído.
II. éster pela reação de álcool com ácido carboxílico.
III. aldeído pela oxidação de álcool.

É correto o que se afirma em.

a) I, apenas.
b) II, apenas.
c) I e II, apenas.
d) II e III, apenas.
e) I, II e III.

5. (FGV) Na identificação de duas substâncias orgânicas no laboratório de química, um grupo de alunos realizou dois experimentos:

Teste 1 – Retirou uma amostra de 4 mL da substância X e transferiu para um tubo de ensaio. Na sequência, adicionou gotas de solução de ácido sulfúrico e 4 mL de solução violeta de permanganato de potássio. Agitou e observou.

Teste 2 – Repetiu o teste anterior, utilizando amostra da substância Y.

Resultados obtidos:

Teste 1 – O tubo aqueceu durante a reação e a cor violeta da solução desapareceu.

Teste 2 – Não houve alteração, a reação não ocorreu.

Para que o grupo de alunos pudesse concluir o teste de identificação, o professor deu as seguintes informações:

• As substâncias testadas podem ser:
I. 2-metil-propan-2ol
II. butan-1-ol
III. propan-2-ol

• 370 mg da substância X, quando sofre combustão completa, produzem 880 mg de gás carbônico.

O grupo de alunos conclui, corretamente, que a reação ocorrida no teste 1 era:

a) exotérmica e que X e Y eram as substâncias II e I, respectivamente.
b) exotérmica e que X e Y eram as substâncias III e I, respectivamente.
c) endotérmica e que X e Y eram as substâncias II e I, respectivamente.
d) endotérmica e que X e Y eram as substâncias III e I, respectivamente.
e) endotérmica e que X e Y eram as substâncias II e III, respectivamente.

Dados: C = 12, H = 1, O = 16.

6. (UFRJ) Um determinado produto, utilizado em limpeza de peças, foi enviado para análise, a fim de determinarem-se os componentes de sua fórmula.

Descobriu-se, após um cuidadoso fracionamento, que o produto era composto por três substâncias diferentes, codificadas como A, B e C. Cada uma destas substâncias foi analisadas e os resultados podem ser vistos na tabela a seguir:

Substâncias	Fórmula molecular	Ponto de ebulição	Oxidação
A	C_3H_8O	7,9 °C	não reage
B	C_3H_8O	82,3 °C	produz cetona
C	C_3H_8O	97,8 °C	produz aldeído

a) Com base nos resultados da tabela, dê o nome e escreva a fórmula estrutural do produto da oxidação de B.

b) Escreva as fórmulas estruturais de A e de C e explique por que o ponto de ebulição de A é menor do que o ponto de ebulição de C.

7. (PUC – SP) A pessoa alcoolizada não está apta a dirigir ou operar máquinas industriais, podendo causar graves acidentes.

É possível determinar a concentração de etanol no sangue a partir da quantidade dessa substância presente no ar expirado. Os aparelhos desenvolvidos com essa finalidade são conhecidos como bafômetro.

O bafômetro mais simples é descartável e é baseado na reação entre o etanol e o dicromato de potássio ($K_2Cr_2O_7$) em meio ácido, representada pela equação a seguir:

$Cr_2O_7^{2-}(aq) + 8\ H^+(aq) + 3\ CH_3CH_2OH(g) \longrightarrow$
laranja — etanol (álcool etílico)

$\longrightarrow 2\ Cr^{3+}(aq) + 3\ CH_3CHO(g) + 7\ H_2O(l)$
verde — etanal (acetaldeído)

Sobre o funcionamento desse bafômetro foram feitas algumas considerações:

I. Quanto maior a intensidade da cor verde, maior a concentração de álcool no sangue da pessoa testada.

II. A oxidação de um mol de etanol a acetaldeído envolve 2 mol de elétrons.

III. O ânion dicromato age como agente oxidante no processo.

Está correto o que se afirma apenas em

a) I e II
b) I e III
c) II e III
d) I
e) I, II e III

8. (UNICAMP – SP) É voz corrente que, na Terra, tudo nasce, cresce e morre, dando a impressão de um processo limitado a um início e a um fim. No entanto, a vida é permanente transformação. Após a morte de organismos vivos, a composição microbiológica é manifestação de ampla atividade vital. As plantas, por exemplo, contêm lignina, que é um complexo polimérico altamente hidroxilado e metoxilado, multirramificado. Após a morte vegetal, ela se transforma pela ação microbiológica.

A substância I, cuja fórmula estrutural é mostrada no esquema a seguir, pode ser considerada como um dos fragmentos de lignina. Esse fragmento pode ser metabolizado por certos microorganismos, que o transformam na substância II.

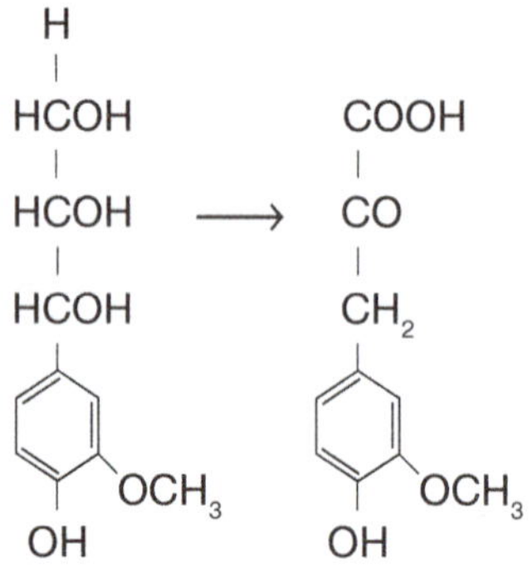
H
HCOH
HCOH
HCOH
OCH3
OH
COOH
CO
CH2
OCH3
OH

I — II

a) Reproduza a fórmula estrutural da substância I e identifique e dê os nomes de três grupos funcionais nela presentes.

b) Considerando as transformações que ocorrem de I para II, identifique um processo de oxidação e um de redução se houver.

9. (VUNESP) Três frascos, identificados com os números I, II e III, possuem conteúdos diferentes. Cada um deles pode conter uma das seguintes substâncias: ácido acético, acetaldeído ou etanol.

Sabe-se que, em condições adequadas:

1. a substância do frasco I reage com a substância do frasco II para formar um éster;
2. a substância do frasco II fornece uma solução ácida quando dissolvida em água;
3. a substância do frasco I forma a substância do frasco III por oxidação branda em meio ácido.

a) Identifique as substâncias contidas nos frascos I, II e III. Justifique sua resposta.

b) Escreva a equação química balanceada e o nome do éster formado quando as substâncias dos frascos I e II reagem.

10. (UNIFESP) Na tabela, são apresentadas algumas propriedades do butan-1-ol e de certo álcool X. Os produto da oxidação destes álcoois não pertencem à mesma classe de compostos orgânicos.

Propriedades	butan-1-ol	X
temperatura de ebulição (°C)	118	99
massa molar (g/mol)	74	74
produto da oxidação completa com $KMnO_4$ em meio ácido (H_2SO_4)	ácido butanoico	Z

a) Forneça o tipo de isomeria que ocorre entre butan-1-ol e o composto X. Dê a fórmula estrutural do composto Z.

b) Escreva a equação balanceada da reação de oxidação do butan-1-ol, sabendo-se que são produzidos ainda K_2SO_4, $MnSO_4$ e H_2O.

11. (FUVEST – SP) Para distinguir o 1-butanol do 2-butanol foram propostos dois procedimentos:

I. Desidratação por aquecimento de cada um desses compostos com ácido sulfúrico concentrado separadamente. Adição de algumas gotas de solução de bromo em tetracloreto de carbono (solução vermelha) aos produtos isolados e verificação da ocorrência ou não de descoramento.

II. Oxidação parcial de cada um desses compostos com dicromato de potássio separadamente. Adição de reagente de Tollens aos produtos isolados e verificação da ocorrência ou não de reação (positiva para aldeído e negativa para cetona).

Mostre a utilidade ou não de cada um desses procedimentos para distinguir esses dois álcoois, indicando os produtos formados na desidratação e na oxidação.

12. (UNESP) Em um experimento feito por estudantes universitários de Química, álcool etílico foi aquecido na aparelhagem esquematizada a seguir, a fim de que seus vapores passassem por cobre a alta temperatura. Nessa condições, o metal atua com catalisador na desidrogenação do álcool.

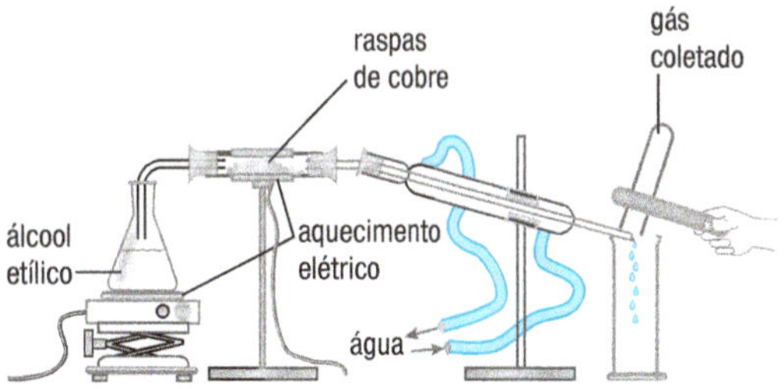
raspas de cobre
gás coletado
álcool etílico
aquecimento elétrico
água

a) O gás coletado no tubo de ensaio é formado por moléculas diatômicas, é menos denso que o ar e altamente inflamável. Que gás é esse?

b) Quais são a fórmula estrutural e o nome, segundo a IUPAC, da substância líquida recolhida na proveta?

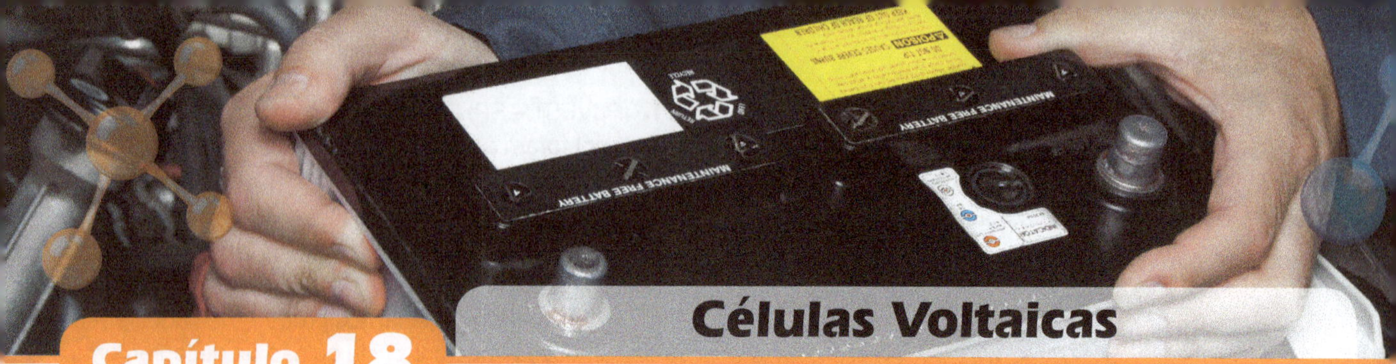

Capítulo 18 Células Voltaicas

1. Conceito de célula voltaica

É uma reação de oxidorredução espontânea que produz corrente elétrica. Exemplo:

$$\overset{0}{Zn} + \overset{2+}{Cu}SO_4 \longrightarrow \overset{2+}{Zn}SO_4 + \overset{0}{Cu}$$

$2e^-$ (de Zn para Cu^{2+}); oxidação: Zn → $ZnSO_4$; redução: $CuSO_4$ → Cu

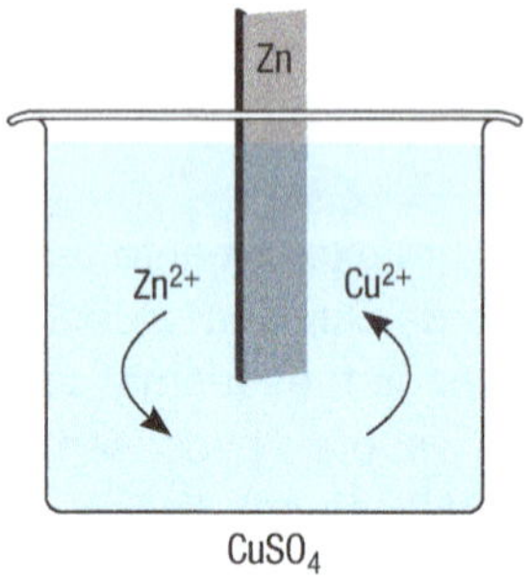
Zn
Zn2+
Cu2+
CuSO4

Esta reação não pode ser considerada uma célula, pois temos uma transferência de elétrons sem produzir corrente elétrica. Pilha é o nome popular de uma célula voltaica

2. Montagem de uma célula voltaica

Para produzir corrente elétrica, o agente redutor (Zn) deve estar separado do agente oxidante (Cu^{2+}). Na prática esta separação é feita através da meia-célula. A meia-célula é do tipo metal-íon metálico, que consiste em um metal (eletrodo) em contato com seus íons presentes na solução.

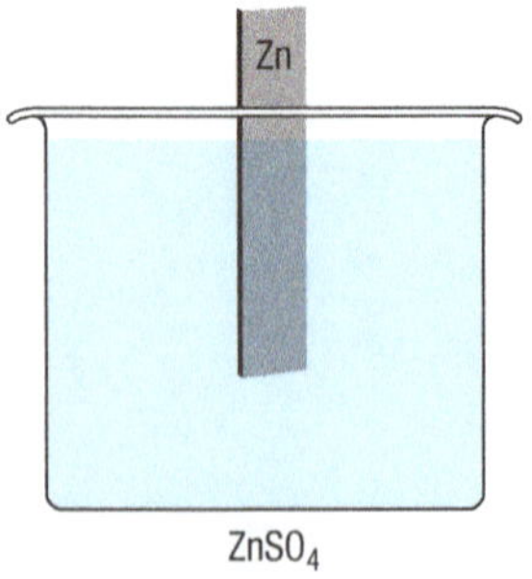
Zn
ZnSO4

Meia-célula do zinco: lâmina de zinco (eletrodo) mergulhada em uma solução aquosa de cátion zinco.

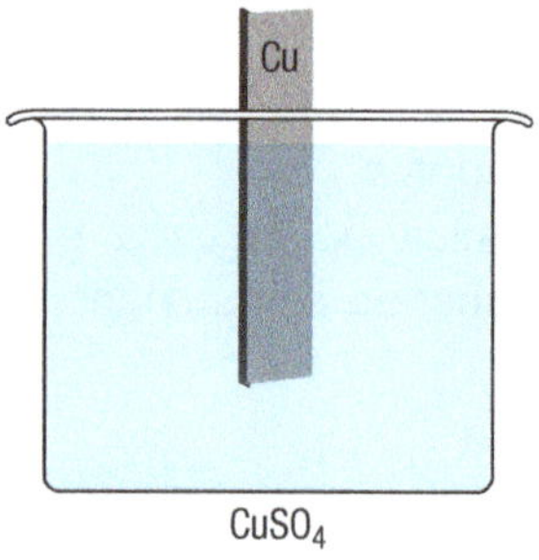
Cu
CuSO4

Meia-célula de cobre: lâmina de cobre (eletrodo) mergulhada em uma solução aquosa de cátion cobre.

A célula voltaica estará pronta quando unirmos as duas células através de um fio elétrico, ponte salina ou parede porosa.

A pilha formada entre o eletrodo de zinco e o de cobre é chamada de pilha de Daniell.

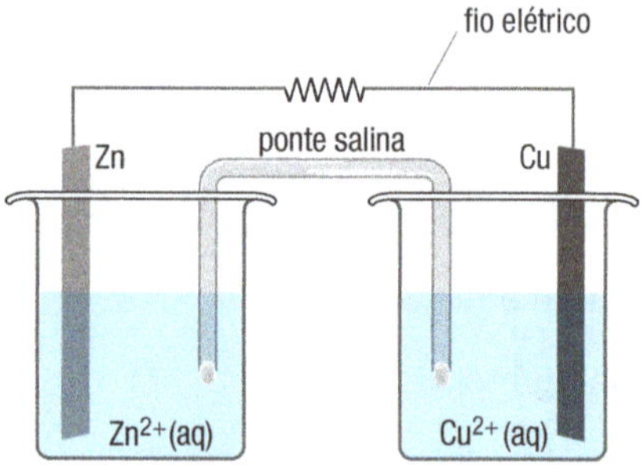
fio elétrico
ponte salina
Zn
Cu
Zn2+(aq)
Cu2+(aq)

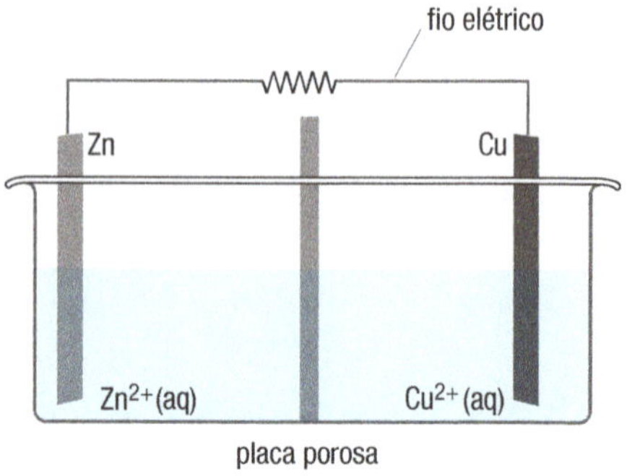
fio elétrico
Zn
Cu
Zn2+(aq)
Cu2+(aq)
placa porosa

Ponte salina é um tubo recurvado em U contendo uma solução saturada de um sal (KCl, KNO_3, K_2SO_4), tendo nas duas extremidades um pouco de algodão para evitar o escoamento da solução. Esta montagem vai gerar corrente elétrica.

3. Fila de reatividade dos metais e geração de corrente elétrica em uma pilha

Lembrando:

alcalinos > alcalinos-terrosos > Al > Mn > Zn > Cr > Fe > Ni > Sn > Pb > (H) > Bi > Cu > Hg > Pt > Au
1 2

reatividade diminui ⟶

Essa fila mostra que o poder de oxidação (doar elétrons) dos metais vai diminuindo à medida que a reatividade diminui.

Verifica-se experimentalmente que, em uma pilha, o metal mais reativo sofre oxidação e o cátion do metal menos reativo sofre redução.

Pilha de Daniell: Zn sofre oxidação
Cu^{2+} sofre redução

$$Zn + Cu^{2+} \longrightarrow Zn^{2+} + Cu$$

Concluímos que o fluxo de elétrons na pilha de Daniell vai do eletrodo de zinco (mais reativo) para o eletrodo de cobre (menos reativo).

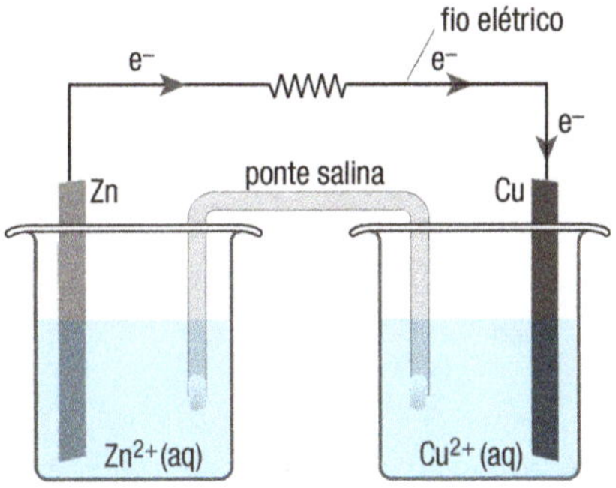
fio elétrico
e⁻
e⁻
e⁻
Zn
ponte salina
Cu
Zn2+(aq)
Cu2+(aq)

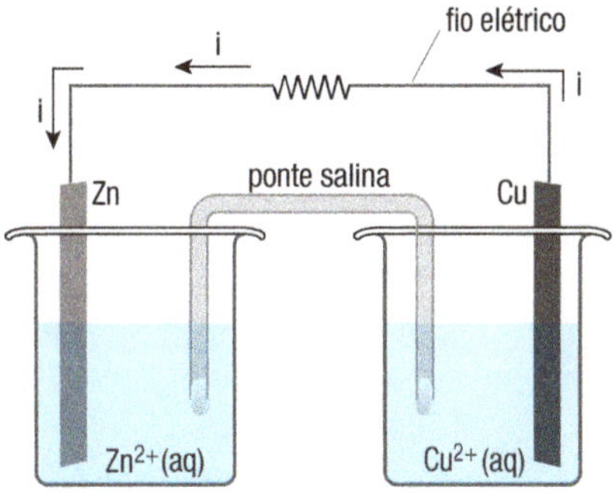
fio elétrico
i
i
i
Zn
ponte salina
Cu
Zn2+(aq)
Cu2+(aq)

$$\text{eletrodo mais reativo} \xrightarrow{e^-} \text{eletrodo menos reativo}$$

O sentido da corrente elétrica (i) é o contrário do fluxo de elétrons.

4. Equação global da pilha

É a soma das duas semirreações que ocorrem na pilha.

No eletrodo de zinco temos uma oxidação

$$\underset{\text{lâmina}}{Zn} \longrightarrow \underset{\text{solução}}{Zn^{2+}} + \underset{\text{para o fio}}{2e^-}$$

A lâmina de zinco sofreu corrosão. A solução ficou mais concentrada: $[Zn^{2+}]$ aumenta.

No eletrodo de cobre temos uma redução

$$\underset{\text{solução}}{Cu^{2+}} + \underset{\text{lâmina}}{2e^-} \longrightarrow \underset{\text{deposição na lâmina}}{Cu}$$

A lâmina de cobre aumenta de massa. A solução ficou mais diluída: [Cu^{2+}] diminui.

Portanto, temos:

$$Zn \longrightarrow Zn^{2+} + 2e^-$$
$$Cu^{2+} + 2e^- \longrightarrow Cu$$
$$Zn + Cu^{2+} \longrightarrow Zn^{2+} + Cu$$

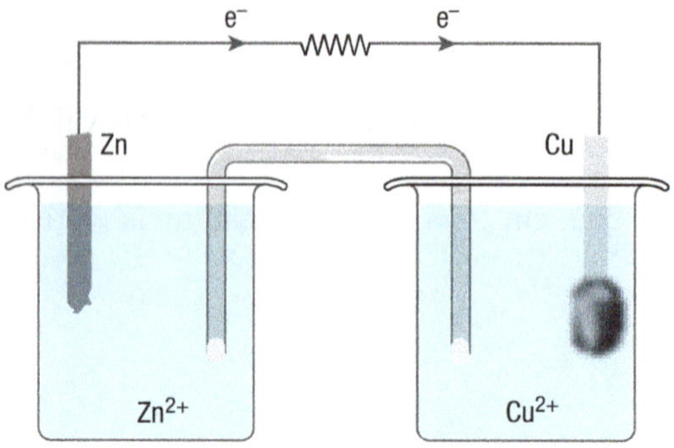

e⁻
e⁻
Zn
Cu
Zn²⁺
Cu²⁺

5. Função da ponte salina

Sem a ponte salina não haverá passagem da corrente elétrica, pois o excesso de cátions Zn^{2+} atrai os elétrons da lâmina de Zn, impedindo a sua saída para o fio.

No frasco do $CuSO_4$, o excesso de íons SO_4^{2-} iria repelir os elétrons do fio vindo da lâmina de Zn.

A função da ponte salina é manter o equilíbrio de carga nas duas soluções (mantê-las eletricamente neutras).

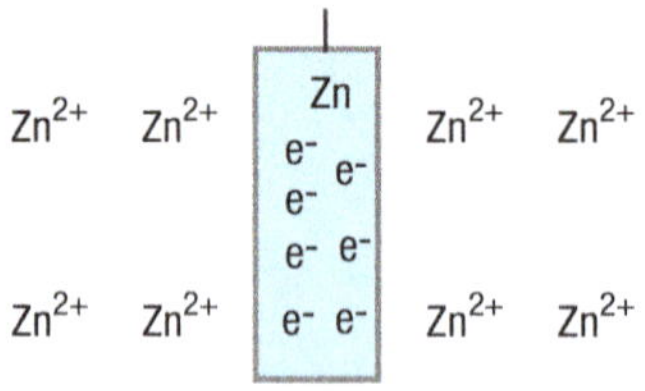

Zn
Zn²⁺ Zn²⁺ Zn²⁺ Zn²⁺
e⁻ e⁻ e⁻ e⁻ e⁻ e⁻ e⁻
Zn²⁺ Zn²⁺ Zn²⁺ Zn²⁺

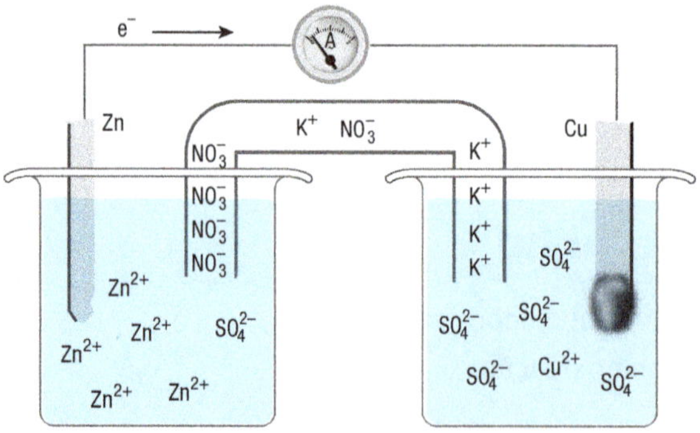

e⁻
A
Zn
Cu
K⁺ NO₃⁻
NO₃⁻
K⁺
Zn²⁺
SO₄²⁻
Cu²⁺

Os cátions Zn^{2+} formados são neutralizados pelos íons NO_3^- vindos da ponte salina. Os íons SO_4^{2-} em excesso são neutralizados pelos íons K^+ vindos da ponte salina.

Conclusão: na ponte salina temos a formação de uma corrente iônica. Os íons K^+ se dirigem ao eletrodo de Cu e os íons NO_3^- se dirigem ao eletrodo de Zn.

6. Convenções na célula voltaica

Para todas as células, valem as convenções a seguir.

- **Polo negativo:** eletrodo que perde elétrons (eletrodo do metal mais reativo);
- **Polo positivo:** eletrodo que recebe elétrons (eletrodo do metal menos reativo);
- **Ânodo:** local da pilha em que ocorre oxidação.
- **Cátodo:** local da pilha em que ocorre redução.

Pilha de Daniell
- Polo negativo: Zn (ânodo)
- Polo positivo: Cu (cátodo)

Observação:

Notação IUPAC

$Zn(s) \mid Zn^{2+}(aq) \parallel Cu^{2+}(aq) \mid Cu(s)$

oxidação | redução

ânodo | cátodo

↓

ponte salina

Observação:

Usando a parede porosa (PP)

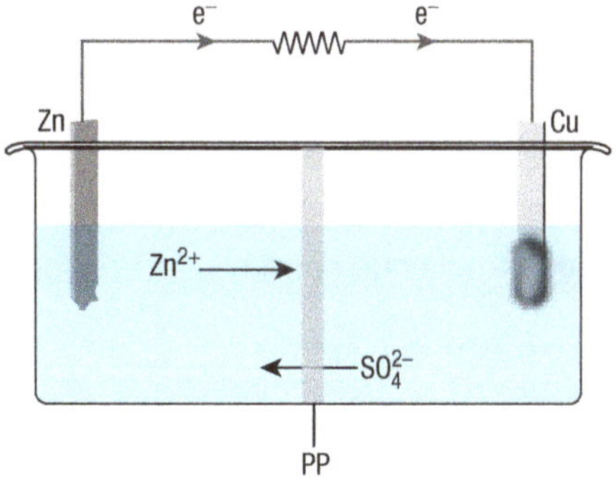

e⁻
e⁻
Zn
Cu
Zn^{2+}
SO_4^{2-}
PP

Os cátions Zn^{2+} atravessam a parede porosa indo para o cátodo. Os ânions SO_4^{2-} atravessam a parede porosa indo para o ânodo. Essa passagem de íons (corrente iônica) pela parede porosa mantém as soluções eletricamente neutras.

Leitura Complementar

Volta, a pilha voltaica (elétrica) e a primeira experiência eletroquímica

Em 20 de março de 1800, o físico italiano Alessandro Giuseppe Volta (1745-1827) enviou, de sua cidade natal uma carta para o naturalista inglês Sir Joseph Banks (1746-1820), presidente da *Royal Society of London*, na qual descrevia suas experiências sobre a invenção da *pilha voltaica* (conforme a denominou), conhecida também como *coluna de Volta* e, posteriormente, pilha (bateria) elétrica. Nessas experiências, idealizou uma série de recipientes contendo salmoura, nos quais mergulhou placas de zinco (Zn) e de prata (Ag) e, ao ligá-las por intermédio de arcos metálicos, conseguiu produzir uma corrente elétrica contínua. No entanto, a primeira experiência eletroquímica usando esse dispositivo foi a realizada pelos ingleses, o químico William Nicholson (1753-1815) e o fisiologista Anthony Carlisle (1768-1840). Vejamos como.

Quando Sir Banks recebeu a carta de Volta, falou de seu conteúdo para seu amigo Carlisle e para Nicholson, que editava o *Nicholson's Journal of Natural Philosophy, Chemistry and the Arts*, fundado por ele próprio. Logo no dia 30 de abril de 1800, Nicholson e Carlisle construíram uma pilha elétrica, provavelmente usando as ideias de Volta e, usando a corrente elétrica gerada por esse novo equipamento elétrico, fizeram-na atravessar um recipiente contendo água (H_2O); em consequência, observaram o desprendimento de gases de hidrogênio (H_2) e de oxigênio (O_2). Estava, assim, realizada a primeira experiência eletroquímica. Registra-se que o trabalho de Volta foi publicado nas *Philosophical Transactions da Royal Society*, p. 403 (1800) e o de Nicholson e Carlisle, no *Nicholson's Journal of Natural Philosophy, Chemistry and the Arts* 4, p. 179 (1800) e na *Philosophical Magazine* 7, p. 337. [Ver excertos desses trabalhos em: William Francis Magie, A Source Book in Physics (McGraw-Hill Book Company, Inc. (1935).] É oportuno notar que, em 1801, Volta demonstrou em Paris, para o general francês Napoleão Bonaparte (1769-1821), Imperador da França, o funcionamento de sua pilha elétrica, que inventara em 1800. Em vista disso, Napoleão o fez Conde e Senador do Reino da Lombardia.

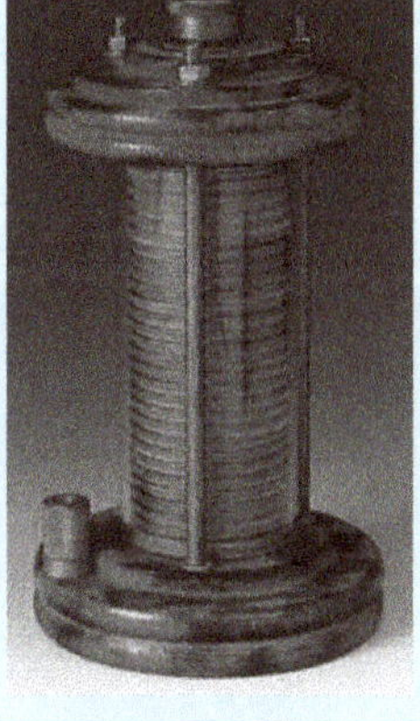

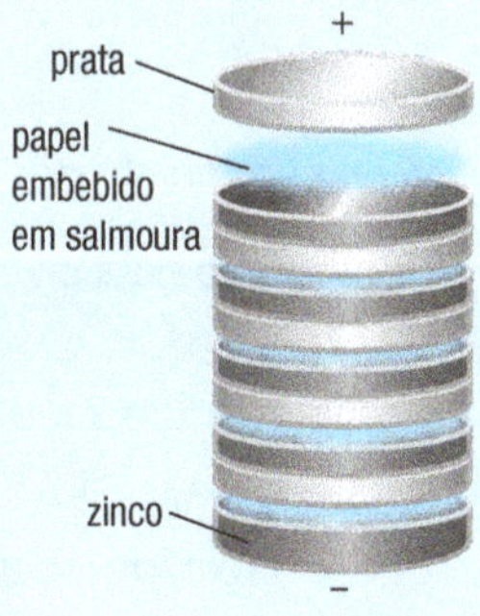

+
prata
papel embebido em salmoura
zinco
–

Exercícios Série Prata

1. Complete com **oxidação**, **redução**, **redutor** e **oxidante**.

$$Zn + Cu^{2+} \longrightarrow Zn^{2+} + Cu$$

a) Zn: substância que sofreu _______________

b) Cu^{2+}: espécie que sofreu _______________

c) Zn: agente _______________

d) Cu^{2+}: agente _______________

2. Complete com **oxidação** e **redução**.

alc, alcT, Al, Mn, Zn, Cr, Fe, Ni, Sn, Pb, (H), Bi, Cu, Hg, Pt, Au

reatividade diminui →

Em uma reação de oxidorredução, o metal mais reativo sofre _______________ (Zn) e o cátion do metal menos reativo sofre _______________ (Cu^{2+}).

3. Complete com **Zn** e **Cu**.

Semicélula é um conjunto formado por uma lâmina metálica (eletrodo) mergulhada em uma solução aquosa contendo cátion do metal

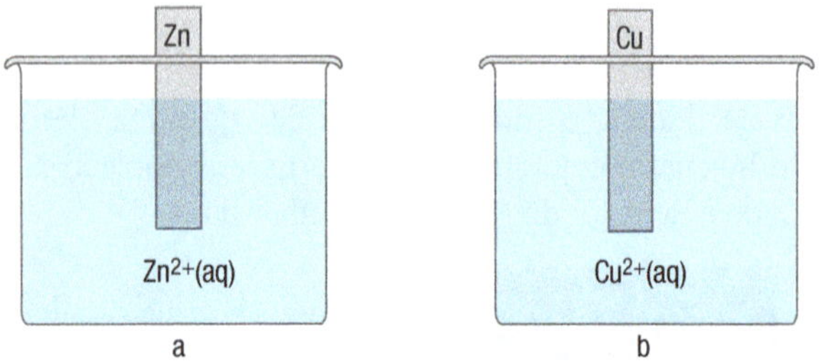

Zn
Zn^{2+}(aq)
a
Cu
Cu^{2+}(aq)
b

a) semicélula do _______________

b) semicélula do _______________

4. Complete com **Zn** e **Cu**.

Inserindo na pilha um amperímetro confirma-se que o fluxo de elétrons vai do eletrodo do metal mais reativo _______________ para o eletrodo do metal menos reativo _______________ .

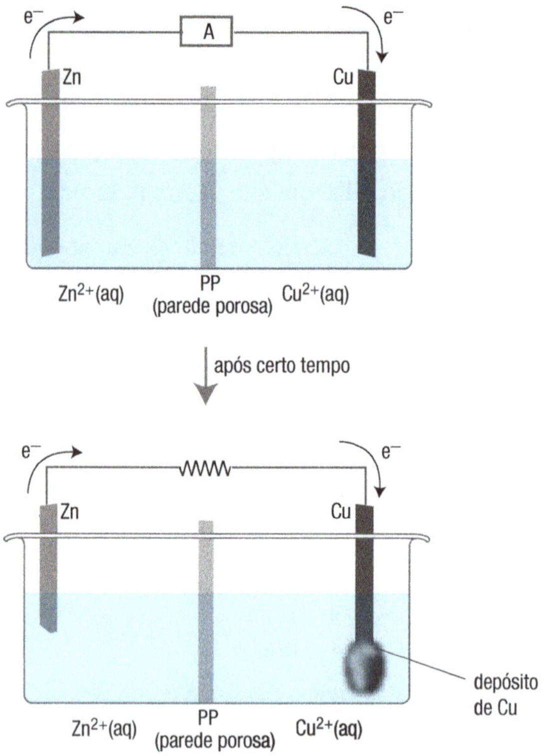

e^-
A
e^-
Zn
Cu
Zn^{2+}(aq)
PP
(parede porosa)
Cu^{2+}(aq)
após certo tempo
e^-
e^-
Zn
Cu
depósito
de Cu
Zn^{2+}(aq)
PP
(parede porosa)
Cu^{2+}(aq)

5. Complete com **diminui** ou **aumenta**.

a) semicélula do metal mais reativo: Zn

a massa da lâmina: _______________

a concentração de Zn^{2+}(aq) _______________

semicélula de Zn:

Zn	⟶	Zn^{2+}	+	$2e^-$
lâmina		solução		fio

b) semicélula do metal menos reativo: Cu

a massa da lâmina: _______________

a concentração de Cu^{2+}(aq): _______________

semicélula de Cu^{2+}:

Cu^{2+}(aq)	+	$2e^-$	⟶	Cu(s)
solução		lâmina		depósito

c) escreva a equação global

6. Complete com **ânodo** e **cátodo**, **recebe** ou **emite**.

a) O eletrodo no qual ocorre processo de **oxidação** é denominado _______________ (Zn).

b) O eletrodo no qual ocorre processo de **redução** é denominado _______________ (Cu).

c) O polo positivo é o eletrodo que______________ ______________ elétrons do fio metálico (Cu).

d) O polo negativo é o eletrodo que ______________ ______________ elétrons para o fio metálico (Zn).

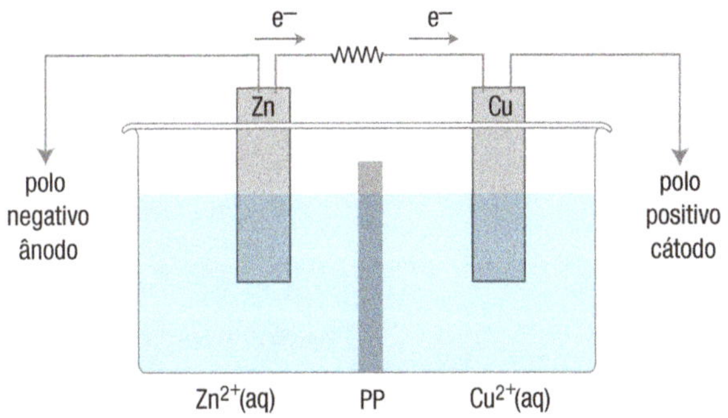

e⁻
e⁻
Zn
Cu
polo
negativo
ânodo
polo
positivo
cátodo
Zn2+(aq)
PP
Cu2+(aq)

7. Complete com a notação IUPAC.

$$\underset{\text{oxidação}}{A \mid A^{x+}} \quad \| \quad \underset{\text{redução}}{B^{x+} \mid B}$$

Pilha de Daniell ______________________________.

8. Complete com **elétrons** ou **íons**, **ânions** ou **cátions**.

a) A finalidade da ponte salina é manter as duas semicélulas elétricamente neutras através da migração de ______________________________ (corrente iônica).

b) No ânodo, devido à oxidação, temos um excesso de cargas positivas que são imediatamente neutralizadas pelos ______________ provenientes da ponte salina.

c) No cátodo, devido à redução, temos um excesso de cargas negativas que são imediatamente neutralizadas pelos______________________ provenientes da ponte salina.

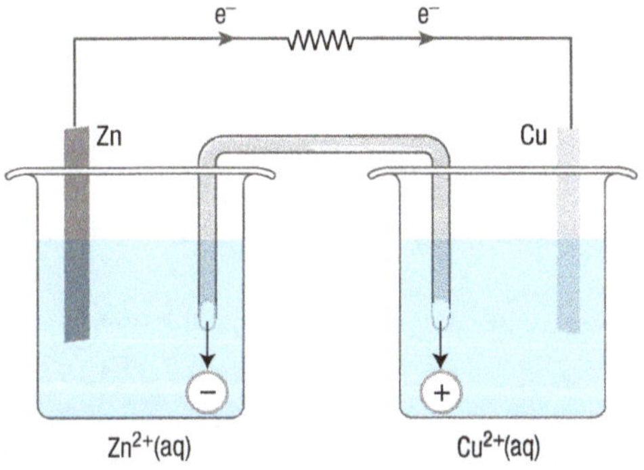

e⁻
e⁻
Zn
Cu
−
+
Zn2+(aq)
Cu2+(aq)

9. Complete com **iônica** e **eletrônica**.

a) O fluxo de elétrons no fio condutor origina a corrente ______________________________.

b) O fluxo de íons no interior da pilha origina a corrente ______________________________.

Utilizando o esquema da pilha a seguir, responda às questões **10** a **19**.

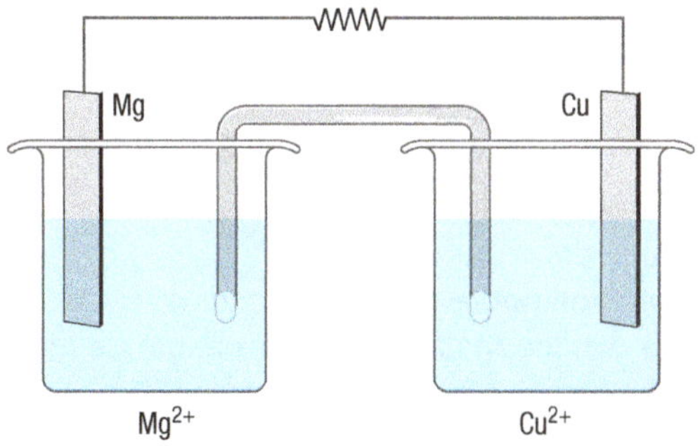

Mg
Cu
Mg2+
Cu2+

10. Qual metal se oxida?

11. Qual íon se reduz?

12. Qual eletrodo é ânodo?

13. Qual eletrodo é cátodo?

14. Indique o sentido dos elétrons.

15. Indique os polos ⊕ e ⊖.

16. Qual lâmina sofre corrosão?

17. Em qual lâmina ocorre deposição?

18. Escreva as semiequações de oxidação e redução.

19. Escreva a equação global da pilha.

Utilizando a notação IUPAC da pilha a seguir, responda às questões **20** a **29**.

$$Co \mid Co^{2+} \parallel Au^{3+} \mid Au$$

20. Qual metal se oxida?

21. Qual íon se reduz?

22. Qual eletrodo é ânodo?

23. Qual eletrodo é cátodo?

24. Indique o sentido dos elétrons.

25. Indique os polos ⊕ e ⊖.

26. Qual lâmina sofre corrosão?

27. Em qual lâmina ocorre deposição?

28. Escreva as semiequações de oxidação e redução.

29. Escreva a equação global da pilha.

Exercícios Série Ouro

1. (VUNESP) A equação seguinte indica as reações que ocorrem em uma pilha:

$$Zn(s) + Cu^{2+}(aq) \longrightarrow Zn^{2+}(aq) + Cu(s)$$

Podemos afirmar que:

a) o zinco metálico é cátodo.
b) o íon cobre sofre oxidação.
c) o zinco metálico sofre aumento de massa.
d) o cobre é o agente redutor.
e) os elétrons passam dos átomos de zinco metálico aos íons de cobre.

Resolução:

$$\overset{2e^-}{\curvearrowright}$$

$$\underset{0}{Zn(s)} + \underset{+2}{Cu^{2+}(aq)} \longrightarrow \underset{+2}{Zn^{2+}(aq)} + \underset{0}{Cu(s)}$$

redução (cátodo)

oxidação (ânodo)

Zn oxida: é o agente redutor.

Cu^{2+} reduz: é o agente oxidante.

Resposta: alternativa e.

2. (UNESP) Em 1836, o químico John Frederic Daniell desenvolveu uma pilha, utilizando os metais cobre e zinco, para a produção de corrente elétrica. As semirreações envolvidas são dadas por:

oxidação: Zn (metal) $\longrightarrow Zn^{2+}$ (aquoso) + $2e^-$

redução: Cu^{2+}(aquoso) + $2e^- \longrightarrow$ Cu (metal)

A pilha de Daniell pode ser representada por:

a) $Cu(s) \mid Cu^{2+}(aq) \parallel Zn^{2+}(aq) \mid Zn(s)$
b) $Cu(s) \mid Zn^{2+}(aq) \parallel Cu^{2+}(aq) \mid Zn(s)$
c) $Zn(s) \mid Zn^{2+}(aq) \parallel Cu^{2+}(aq) \mid Cu(s)$
d) $Zn(s) \mid Cu^{2+}(aq) \parallel Zn^{2+}(aq) \mid Cu(s)$
e) $Zn(s) \mid Zn^{2+}(aq) \parallel Cu(aq) \mid Cu^{2+}(s)$

3. (ACAFE – SC) Considere a pilha de Daniell, em que os eletrodos são de cobre e zinco. O zinco é mais eletropositivo que o cobre, logo, é o zinco que doa elétrons para o cobre. Em relação às considerações acima, é **correto** afirmar que, após certo tempo:

a) a solução de sulfato de zinco fica mais diluída.
b) a massa de cobre diminui.
c) a massa de zinco aumenta.
d) a solução de sulfato de cobre fica mais concentrada.
e) a massa de cobre aumenta.

4. (CEETEP – SP) No sistema ilustrado na figura a seguir, ocorre a interação de zinco metálico com solução de sulfato de cobre havendo passagem de elétrons do zinco para os íons Cu^{2+} por meio de fio metálico.

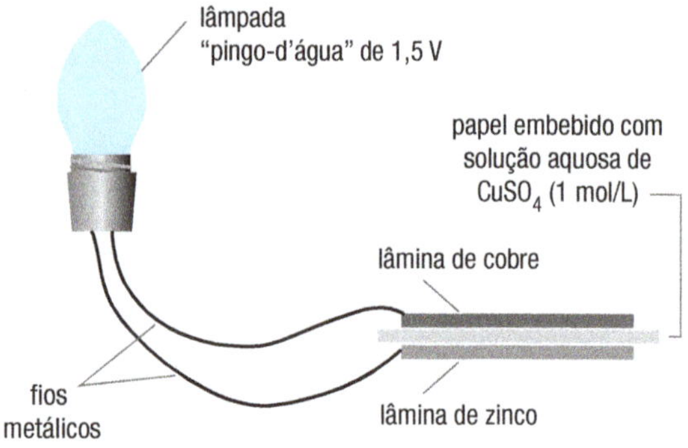
lâmpada
"pingo-d'água" de 1,5 V
papel embebido com
solução aquosa de
$CuSO_4$ (1 mol/L)
lâmina de cobre
fios
metálicos
lâmina de zinco

Assim, enquanto a pilha está funcionando, é correto afirmar que:

a) a lâmina de zinco vai se tornando mais espessa.
b) a lâmina de cobre vai se desgastando.
c) a reação catódica (polo positivo) é representada por:
$$Cu(s) \longrightarrow Cu^{2+}(aq) + 2e$$
d) a reação catódica (polo negativo) é representada por:
$$Zn^{2+}(aq) + 2e \longrightarrow Zn(s)$$
e) a reação da pilha é representada por:
$$Zn(s) + Cu^{2+}(aq) \longrightarrow Zn^{2+}(aq) + Cu(s)$$

5. (UFMG) Na figura, está representada a montagem de uma pilha eletroquímica, que contém duas lâminas metálicas – uma de zinco e uma de cobre – mergulhadas em soluções de seus respectivos sulfatos. A montagem inclui um longo chumaço de algodão, embebido numa solução saturada de cloreto de potássio, mergulhado nos dois béqueres. As lâminas estão unidas por fios de cobre que se conectam a um medidor de corrente elétrica.

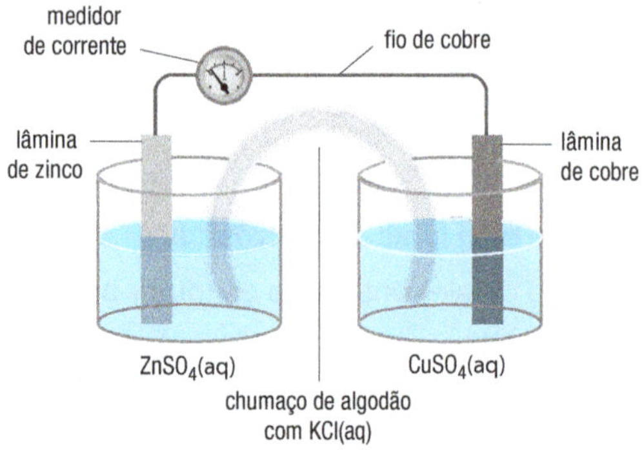
medidor
de corrente
fio de cobre
lâmina
de zinco
lâmina
de cobre
$ZnSO_4$(aq)
$CuSO_4$(aq)
chumaço de algodão
com KCl(aq)

Quando a pilha está em funcionamento, o medidor indica a passagem de uma corrente e pode-se observar que

- a lâmina de zinco metálico sofre desgaste;
- a cor da solução de sulfato de cobre (II) se torna mais clara;
- um depósito de cobre metálico se forma sobre a lâmina de cobre.

Considerando-se essas informações, é correto afirmar que, quando a pilha está em funcionamento,

a) nos fios, elétrons se movem da direita para a esquerda; e, no algodão, cátions K^+ se movem da direita para a esquerda e ânions Cl^-, da esquerda para a direita.
b) nos fios, elétrons se movem da direita para a esquerda; e, no algodão, elétrons se movem da esquerda par a direita.
c) nos fios, elétrons se movem da esquerda para a direita; e, no, algodão, cátions K^+ se movem da esquerda para a direita e ânions Cl^-, da direita para a esquerda.
d) nos fios, elétrons se movem da esquerda para a direita; e, no algodão, elétrons se movem da direita para a esquerda.

6. (PUC – RJ) Uma cela galvânica consiste de um dispositivo no qual ocorre a geração espontânea de corrente elétrica a partir de uma reação de oxirredução. Considere a pilha formada por duas meias-pilhas constituídas de alumínio em solução aquosa de seus íons e chumbo em solução aquosa de seus íons:

$$Al \longrightarrow Al^{3+} + 3e^-$$
$$Pb^{2+} + 2e^- \longrightarrow Pb$$

Sobre essa pilha, é correto afirmar que:

a) a equação global desta pilha é
$$2\ Al^{3+}(aq) + 3\ Pb(s) \longrightarrow 2\ Al(s) + 3\ Pb^{2+}(aq)$$
b) o metal alumínio atua como agente oxidante.
c) a espécie $Pb^{2+}(aq)$ atua como agente redutor.
d) o eletrodo de chumbo corresponde ao cátodo.
e) na semirreação de redução balanceada, a espécie $Pb^{2+}(aq)$ recebe um elétron.

7. (MACKENZIE – SP) Relativamente à pilha a seguir, começando a funcionar, fazem-se as afirmações:

I. A reação global da pilha é dada pela equação:
$$Cu + 2\ Ag^+ \longrightarrow Cu^{2+} + 2\ Ag$$
II. O eletrodo de prata é polo positivo.
III. No ânodo, ocorre a oxidação do cobre.
IV. A concentração de íons de Ag^+ na solução irá diminuir.
V. A massa da barra de cobre irá diminuir.

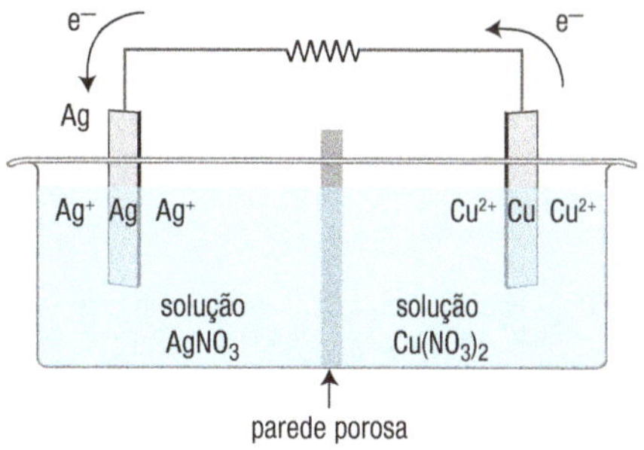

e⁻
e⁻
Ag
Ag⁺ Ag Ag⁺
Cu²⁺ Cu Cu²⁺
solução AgNO₃
solução Cu(NO₃)₂
parede porosa

São corretas:

a) III, IV e V somente.
b) I, III e V somente.
c) II e IV somente.
d) I, IV e V somente.
e) I, II, III, IV e V.

8. (UNIFESP) Ferro metálico reage espontaneamente com íons Pb^{2+}, em solução aquosa.

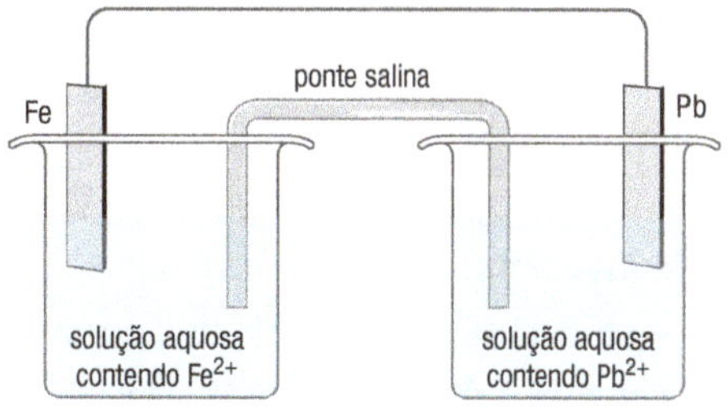

ponte salina
Fe
Pb
solução aquosa contendo Fe²⁺
solução aquosa contendo Pb²⁺

Esta reação pode ser representada por:
$$Fe + Pb^{2+} \longrightarrow Fe^{2+} + Pb$$
Na pilha, representada pela figura, em que ocorre aquela reação global,

a) cátions devem migrar para o eletrodo de ferro.
b) ocorre deposição de chumbo metálico sobre o eletrodo de ferro.
c) ocorre a diminuição da massa de eletrodo de ferro.
d) os elétrons migram da ponte salina de ferro para o chumbo.
e) o eletrodo de chumbo atua como ânodo.

9. (FUVEST - SP) Deixando funcionar a pilha esquematizada na figura, a barra de zinco vai se desgastando e a de chumbo fica mais espessa, em consequência da deposição de átomos neutros de Pb.

No início do experimento, as duas barras apresentavam as mesmas dimensões. Represente, através de equações, o desgaste da barra de zinco e o espessamento da barra de chumbo e indique o sentido do fluxo de elétrons no fio metálico.

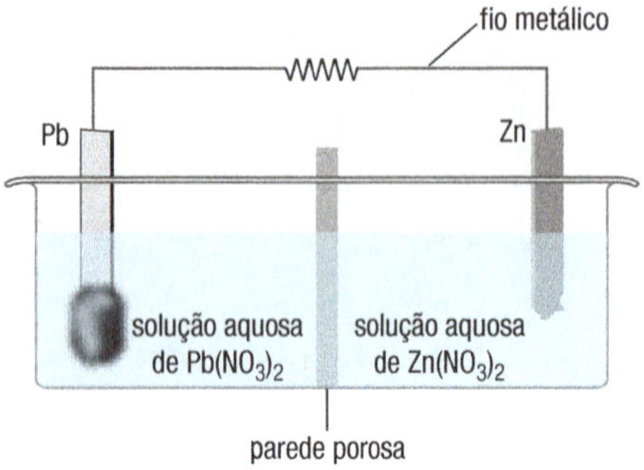
fio metálico
Pb
Zn
solução aquosa de $Pb(NO_3)_2$
solução aquosa de $Zn(NO_3)_2$
parede porosa

10. (UFBA)

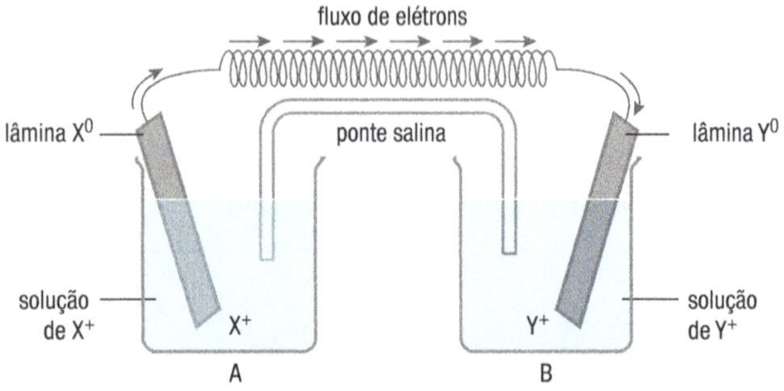
fluxo de elétrons
lâmina X^0
ponte salina
lâmina Y^0
solução de X^+
X^+
Y^+
solução de Y^+
A
B

Com base no processo eletroquímico representado na figura acima, pode-se afirmar:

(01) A massa da lâmina X diminui com o tempo.

(02) Nesse processo ocorre perda e ganho de elétrons.

(04) O ânodo da pilha é: X^0/X^+.

(08) A reação global da pilha é

$$X^0(s) + Y^+(aq) \longrightarrow X^+(aq) + Y^0(s)$$

(16) X^0 é oxidante.

(32) Durante o processo eletroquímico, a concentração das soluções, em A e em B, permanece inalterada.

(64) A função da ponte é permitir a migração de íons de uma solução para outra.

Dê como resposta a soma dos números associados às afirmações corretas.

11. (VUNESP) A reação entre o crômio metálico e íons ferro (II) em água, produzindo íons crômio (III) e ferro metálico, pode ser utilizada para se montar uma pilha eletroquímica.

a) Escreva as semirreações que ocorrem na pilha, indicando a semirreação de oxidação e a semirreação de redução.

b) Escreva a equação química global correspondente à pilha em funcionamento.

12. (FUVEST - SP) Considere três metais A, B e C, dos quais apenas A reage com ácido clorídrico diluído, liberando hidrogênio. Varetas de A, B e C foram espetadas em uma laranja, cujo suco é uma solução aquosa de pH = 4.

A e B foram ligados externamente por um resistor (formação de pilha 1). Após alguns instantes, removeu-se o resistor, que foi então utilizado para ligar A e C (formação da pilha 2). Nesse experimento, o polo positivo e o metal corroído na pilha 1 e o polo positivo e o metal corroído na pilha 2 são, respectivamente,

	Pilha 1		**Pilha 2**	
	Polo positivo	**Metal corroído**	**Polo positivo**	**Metal corroído**
a)	B	A	A	C
b)	B	A	C	A
c)	B	B	C	C
d)	A	A	C	A
e)	A	B	A	C

13. (UFRJ) As manchas escuras que se formam sobre objetos de prata são, geralmente, películas de sulfeto de prata (Ag_2S) formadas na reação da prata com compostos que contêm enxofre e que são encontrados em certos alimentos e no ar. Para limpar a prata coloca-se o objeto escurecido para ferver em uma panela de alumínio com água e detergente. O detergente retira a gordura da mancha e do alumínio da panela, facilitando a reação do alumínio da panela com o sulfeto de prata, regenerando a prata, com o seu brilho característico.

a) Escreva a equação da reação de "limpeza" da prata referida no texto.

b) Com base no processo de "limpeza" da prata descrito podemos construir uma pilha de alumínio e prata, de acordo com o esquema a seguir:

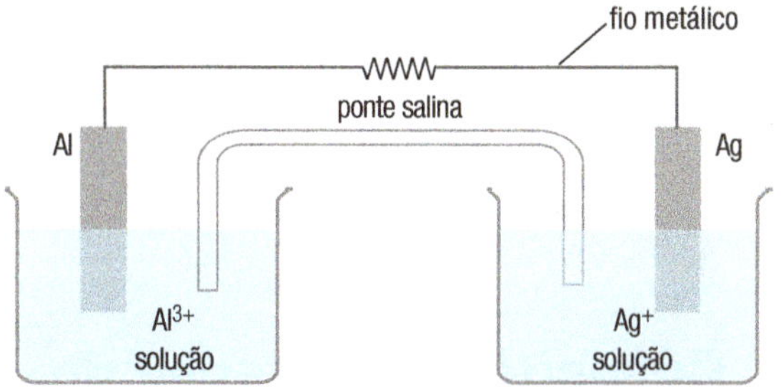
fio metálico
ponte salina
Al
Ag
Al^{3+}
solução
Ag^+
solução

Escreva a semirreação que ocorre no cátodo.

Capítulo 19 Potencial de Eletrodo e suas Aplicações

1. Conceito de potencial de eletrodo (E)

Para medir ddp (diferença de potencial) ou voltagem ou fem (força eletromotriz) da pilha devemos usar um voltímetro entre os dois eletrodos.

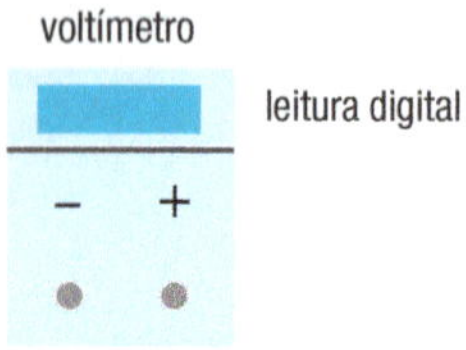
voltímetro
leitura digital
–
+

Para medir a ddp inicial da pilha deve haver pouca passagem de corrente elétrica, portanto, a resistência interna do voltímetro deve ser elevada.

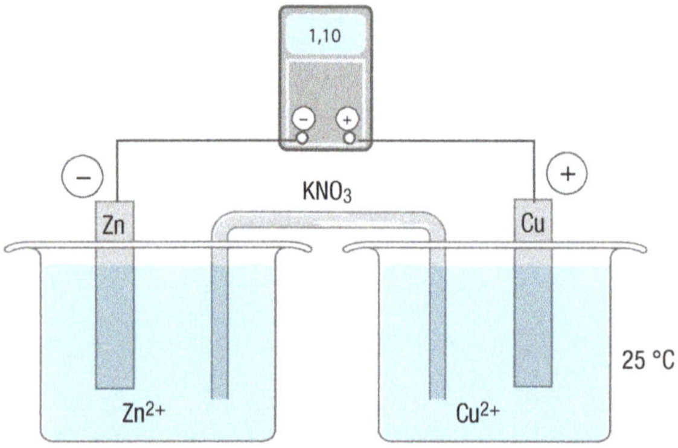
1,10
–
+
KNO3
Zn
Cu
25 °C
Zn2+
Cu2+

O valor 1,10 V demonstra que cada semicélula tem um potencial elétrico chamado potencial de eletrodo (E), isto é, a diferença desses potenciais resultou 1,10 V.

Concluímos que

- a diferença de potencial elétrico é de 1,10 V;
- o potencial do eletrodo de cobre (polo positivo) é maior que o do eletrodo de zinco (polo negativo).

A diferença de potencial elétrico entre os eletrodos de uma pilha, medida com voltímetro numa situação em que a pilha esteja fornecendo pouca corrente elétrica para um circuito, é representada por ΔE.

Se essa diferença de potencial for medida nas condições-padrão, isto é, concentração dos íons igual a 1 mol/L e temperatura de 25 °C, ela é denominada diferença de potencial-padrão e é representada por ΔE^0.

2. Medida do potencial de eletrodo-padrão (E^0)

A escolha de um eletrodo como referencial (o eletrodo-padrão de hidrogênio) permite calcular o potencial de eletrodo de uma semicélula.

O valor de E^0 para o eletrodo-padrão de hidrogênio foi convencionado como sendo 0 V (zero volt), quer ele atue como ânodo, quer como cátodo.

O eletrodo-padrão de hidrogênio (EPH):

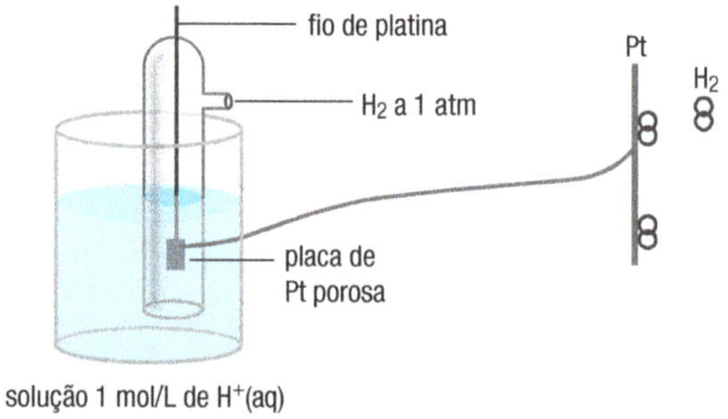
fio de platina
H2 a 1 atm
placa de
Pt porosa
solução 1 mol/L de H+(aq)
Pt
H2

Evidências mostraram aos cientistas que a platina negra tem a propriedade de adsorver o gás hidrogênio, ou seja, de reter em sua superfície as moléculas desse gás.

Como a quantidade de elétrons (nuvens de elétrons) é grande na platina, o hidrogênio irá emparelhar os seus elétrons mais facilmente com a platina do que o próprio hidrogênio; como consequência, enfraquece a ligação covalente entre os átomos de hidrogênio.

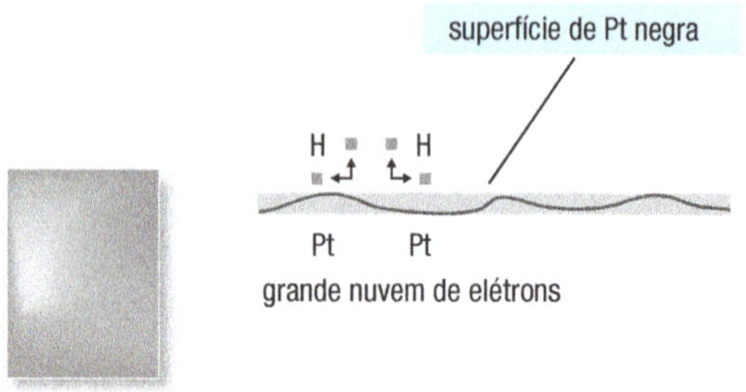
superfície de Pt negra
H
H
Pt
Pt
grande nuvem de elétrons

cátodo: $2\,H^+ + 2e^- \longrightarrow H_2$ $\qquad E^0 = 0\ V$

3. Cálculo da ddp ou voltagem inicial de uma pilha

Podemos utilizar as seguintes equações:

$$\Delta E^0 = E^0_{oxidante} - E^0_{redutor}$$

(equação geral que vale para qualquer reação de oxidorredução)

$$\Delta E^0 = E^0_{maior} - E^0_{menor}$$

(somente nas pilhas)

4. Determinação do potencial de eletrodo do zinco (E^0_{Zn})

O E^0_{Zn} será igual à ddp formada entre o eletrodo de Zn e do H_2. Observe o esquema da pilha:

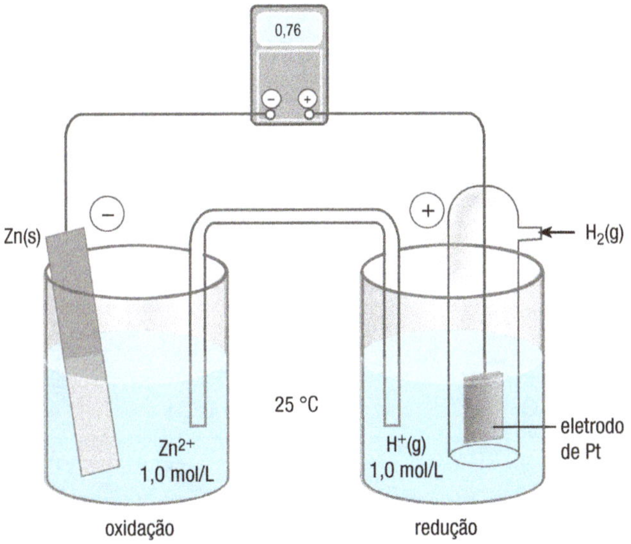
0,76
Zn(s)
H2(g)
25 °C
Zn2+
1,0 mol/L
H+(g)
1,0 mol/L
eletrodo
de Pt
oxidação
redução

Observe que o potencial de eletrodo de hidrogênio é maior do que o do zinco, pois o primeiro é o polo positivo.

$$\Delta E^0 = \underset{H_2}{E^0_{maior}} - \underset{Zn}{E^0_{menor}}$$

$$0,76 \text{ V} = 0 - E^0_{Zn}$$

$$E^0_{Zn} = -0,76 \text{ V}$$

5. Determinação do potencial de eletrodo do cobre (E^0_{Cu})

O E^0_{Cu} será igual à ddp da pilha entre o eletrodo do cobre e hidrogênio.

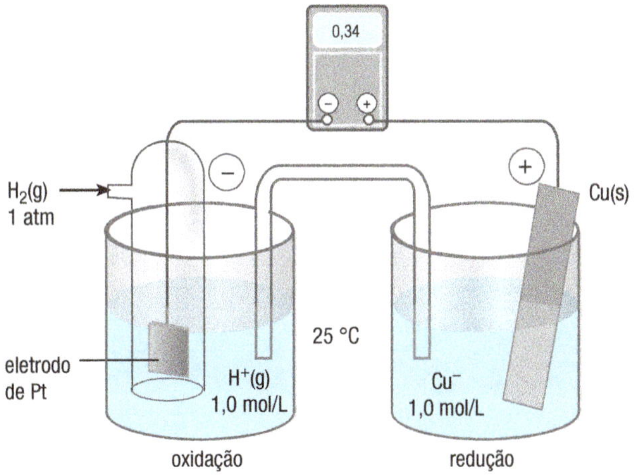
0,34
H2(g)
1 atm
Cu(s)
25 °C
eletrodo
de Pt
H+(g)
1,0 mol/L
Cu−
1,0 mol/L
oxidação
redução

Observe que o potencial de eletrodo do cobre é maior do que o do hidrogênio, pois o primeiro é o polo positivo.

$$\Delta E^0 = \underset{Cu}{E^0_{maior}} - \underset{H_2}{E^0_{menor}}$$

$$0,34 \text{ V} = E^0_{Cu} - 0$$

$$E^0_{Cu} = 0,34 \text{ V}$$

O potencial padrão de eletrodo pode ser calculado teoricamente utilizando uma grandeza chamada de energia livre, principalmente para metais que reagem com a água.

6. Tabela de potencial-padrão de eletrodo

Verifica-se experimentalmente que quanto maior o E^0 maior a tendência da semicélula sofrer redução. Por isso essa grandeza também é chamada de **potencial-padrão de redução** e simbolizada por E^0_{red}.

Na pilha de Daniell

manter $Cu^{2+} + 2e^- \rightleftharpoons Cu$

$E^0 = +0,34$ V (maior E^0, sofre redução)

inverter $Zn^{2+} + 2e^- \rightleftharpoons Zn$

$E^0 = -0,76$ V (menor E^0, sofre oxidação)

concluímos que:

$$Cu^{2+} + 2e^- \longrightarrow Cu \qquad +0,34 \text{ V}$$

$$Zn \longrightarrow Zn^{2+} + 2e^- \qquad +0,76 \text{ V}$$

$$Zn + Cu^{2+} \longrightarrow Zn^{2+} + Cu + 1,10 \text{ V}$$

Observação: antigamente também se usava o potencial de oxidação (E^0_{oxi})

$$Zn \longrightarrow Zn^{2+} + 2e^- \qquad E^0 = +0,76 \text{ V}$$

Contudo, a IUPAC recomenda escrever a semiequação de redução junto com o valor do potencial.

O potencial-padrão de redução é medido a 25 °C, concentração 1 mol/L para as espécies dissolvidas e pressão de 1 atm para os gases.

Aumento do poder oxidante (↓)

Aumento do poder redutor (↑)

Reação de Redução		E^0_{red} (V)
$Li^+(aq) + e^-$	$\longrightarrow Li(s)$	−3,05
$K^+(aq) + e^-$	$\longrightarrow K(s)$	−2,93
$Ba^{2+}(aq) + 2e^-$	$\longrightarrow Ba(s)$	−2,90
$Sr^{2+}(aq) + 2e^-$	$\longrightarrow Sr(s)$	−2,89
$Ca^{2+}(aq) + 2e^-$	$\longrightarrow Ca(s)$	−2,87
$Na^+(aq) + e^-$	$\longrightarrow Na(s)$	−2,71
$Mg^{2+}(aq) + 2e^-$	$\longrightarrow Mg(s)$	−2,37
$Be^{2+}(aq) + 2e^-$	$\longrightarrow Be(s)$	−1,85
$Al^{3+}(aq) + 3e^-$	$\longrightarrow Al(s)$	−1,66
$Mn^{2+}(aq) + 2e^-$	$\longrightarrow Mn(s)$	−1,18
$2\ H_2O + 2e^-$	$\longrightarrow H_2(g) + 2\ OH^-(aq)$	−0,83
$Zn^{2+}(aq) + 2e^-$	$\longrightarrow Zn(s)$	−0,76
$Cr^{3+}(aq) + 3e^-$	$\longrightarrow Cr(s)$	−0,74
$Fe^{2+}(aq) + 2e^-$	$\longrightarrow Fe(s)$	−0,44
$Cd^{2+}(aq) + 2e^-$	$\longrightarrow Cd(s)$	−0,40
$PbSO_4(s) + 2e^-$	$\longrightarrow Pb(s) + SO_4^{2-}(aq)$	−0,31
$Co^{2+}(aq) + 2e^-$	$\longrightarrow Co(s)$	−0,28
$Ni^{2+}(aq) + 2e^-$	$\longrightarrow Ni(s)$	−0,25
$Sn^{2+}(aq) + 2e^-$	$\longrightarrow Sn(s)$	−0,14
$Pb^{2+}(aq) + 2e^-$	$\longrightarrow Pb(s)$	−0,13
$2\ H^+(aq) + 2e^-$	$\longrightarrow H_2(g)$	0,00
$Sn^{4+}(aq) + 2e^-$	$\longrightarrow Sn^{2+}(aq)$	+0,13
$Cu^{2+}(aq) + e^-$	$\longrightarrow Cu^+(aq)$	+0,15
$SO_4^{2-}(aq) + 4\ H^+(aq) + 2e^-$	$\longrightarrow SO_2(g) + 2\ H_2O$	+0,20
$AgCl(s) + e^-$	$\longrightarrow Ag(s) + Cl^-(aq)$	+0,22
$Cu^{2+}(aq) + 2e^-$	$\longrightarrow Cu(s)$	+0,34
$O_2(g) + 2\ H_2O + 4e^-$	$\longrightarrow 4\ OH^-(aq)$	+0,40
$I_2(s) + 2e^-$	$\longrightarrow 2\ I^-(aq)$	+0,53

Aumento do poder oxidante (↓) | Aumento do poder redutor (↑)

Reação de Redução		E^0_{red} (V)
$MnO_4^-(aq) + 2\,H_2O + 3e^-$	$\longrightarrow MnO_2(s) + 4\,OH^-(aq)$	+0,59
$O_2(g) + 2\,H^+(aq) + 2e^-$	$\longrightarrow H_2O_2(aq)$	+0,68
$Fe^{3+}(aq) + e^-$	$\longrightarrow Fe^{2+}(aq)$	+0,77
$Ag^+(aq) + e^-$	$\longrightarrow Ag(s)$	+0,80
$Hg_2^{2+}(aq) + 2e^-$	$\longrightarrow 2\,Hg(l)$	+0,85
$2\,Hg^{2+}(aq) + 2e^-$	$\longrightarrow Hg_2^{2+}(aq)$	+0,92
$NO_3^-(aq) + 4\,H^+(aq) + 3e^-$	$\longrightarrow NO(g) + 2\,H_2O$	+0,96
$Br_2(l) + 2e^-$	$\longrightarrow 2\,Br^-(aq)$	+1,07
$O_2(g) + 4\,H^+(aq) + 4e^-$	$\longrightarrow 2\,H_2O$	+1,23
$MnO_2(s) + 4\,H^+(aq) + 2e^-$	$\longrightarrow Mn^{2+}(aq) + 2\,H_2O$	+1,23
$Cr_2O_7^{2-}(aq) + 14\,H^+(aq) + 6e^-$	$\longrightarrow 2\,Cr^{3+}(aq) + 7\,H_2O$	+1,33
$Cl_2(g) + 2e^-$	$\longrightarrow 2\,Cl^-(aq)$	+1,36
$Au^{3+}(aq) + 3e^-$	$\longrightarrow Au(s)$	+1,50
$MnO_4^-(aq) + 8\,H^+(aq) + 5e^-$	$\longrightarrow Mn^{2+}(aq) + 4\,H_2O$	+1,51
$Ce^{4+}(aq) + e^-$	$\longrightarrow Ce^{3+}(aq)$	+1,61
$PbO_2(s) + 4\,H^+(aq) + SO_4^{2-}(aq) + 2e^-$	$\longrightarrow PbSO_4(s) + 2\,H_2O$	+1,70
$H_2O_2(aq) + 2\,H^+(aq) + 2e^-$	$\longrightarrow 2\,H_2O$	+1,77
$CO^{3+}(aq) + e^-$	$\longrightarrow Co^{2+}(aq)$	+1,82
$O_3(g) + 2\,H^+(aq) + 2e^-$	$\longrightarrow O_2(g) + H_2O(l)$	+2,07
$F_2(g) + 2e^-$	$\longrightarrow 2\,F^-(aq)$	+2,87

Baseado em: KOTZ, J.; TREICHEL Jr., P. M. **Química Geral e Reações Químicas**. v. 2.

7. Fatores que alteram a ddp de uma pilha

A ddp de um pilha (ΔE^0) depende da **concentração dos íons, da temperatura e da pressão dos gases envolvidos.**

Por esse motivo utilizamos as condições-padrão, fixando a concentração dos íons (1 mol/L), a temperatura (25 °C) e a pressão (1 atm).

Observação: a energia elétrica depende da quantidade dos reagentes; portanto, quanto maior a quantidade dos reagentes, maior a energia elétrica.

1,5 V
menor
energia
elétrica
pilha 1
1,5 V
maior
energia
elétrica
pilha 2

8. Influência da concentração no potencial de redução

O potencial de redução depende da concentração do íon presente na solução, devido ao deslocamento de equilíbrio que ocorre na semirreação

$$\text{íon} + \text{elétron} \rightleftarrows \text{espécie química}$$

Se a concentração do íon aumentar, o equilíbrio será deslocado para a direita, favorecendo a redução; portanto, o potencial de redução vai aumentar.

Se a concentração do íon diminuir, o equilíbrio será deslocado para a esquerda, favorecendo a oxidação; portanto, o potencial de redução vai diminuir.

Considere a equação global da pilha de Daniell

$$\underset{}{Zn(s)} + \underset{\text{diminui}}{Cu^{2+}(aq)} \longrightarrow \underset{\text{aumenta}}{Zn^{2+}(aq)} + Cu(s)$$

A concentração do cátion Zn^{2+} (produto) aumenta; portanto, o seu potencial de redução aumenta

início $[Zn^{2+}] = 1$ mol/L andamento $[Zn^{2+}] > 1$ mol/L

$Zn^{2+}(aq) + 2e^- \longrightarrow Zn(s)$ $E^0_{red} = -0{,}76$ V (início)

$Zn^{2+}(aq) + 2e^- \longrightarrow Zn(s)$ $E_{red} > -0{,}76$ V (andamento)

A concentração do cátion Cu^{2+} (reagente) diminui; portanto, o seu potencial de redução diminui.

início $[Cu^{2+}] = 1$ mol/L andamento $[Cu^{2+}] < 1$ mol/L

$Cu^{2+}(aq) + 2e^- \longrightarrow Cu(s)$ $E^0_{red} = +0{,}34$ V (início)

$Cu^{2+}(aq) + 2e^- \longrightarrow Cu(s)$ $E_{red} < +0{,}34$ V (andamento)

Como consequência das alterações nos potenciais de redução, a ddp da pilha (ΔE) vai diminuir.

$$\Delta E^0 = E^0_{Cu^{2+}/Cu} - E^0_{Zn^{2+}/Zn} = +1{,}10 \text{ V (início)}$$
$$\Delta E = E_{Cu^{2+}/Cu} - E_{Zn^{2+}/Zn} < +1{,}10 \text{ V (andamento)}$$

Haverá, portanto, um momento em que os valores dos potenciais de redução do Cu^{2+} e Zn^{2+} ficam iguais.

Nessas condições, a pilha estará descarregada ($\Delta E = 0$), isto é, a pilha não gera mais corrente elétrica, portanto, atingiu o equilíbrio químico.

Usando a constante de equilíbrio, podemos saber a relação entre as concentrações dos cátions Zn^{2+} e Cu^{2+}, que torna os potenciais de redução desses cátions iguais

$$Zn(s) + Cu^{2+}(aq) \rightleftarrows Zn^{2+}(aq) + Cu(s) \quad Kc = 10^{37}$$

$$Kc = \frac{[Zn^{2+}]}{[Cu^{2+}]} \therefore \frac{[Zn^{2+}]}{[Cu^{2+}]} = 10^{37}$$

Quando $[Zn^{2+}] = 10^{37}\,[Cu^{2+}]$, teremos

$$\left|\frac{E_{Cu^{2+}}}{Cu}\right| = \left|\frac{E_{Zn^{2+}}}{Zn}\right|$$

e a pilha para de funcionar.

9. Espontaneidade de reações de oxidorredução

Uma reação de oxidorredução será espontânea quando $\Delta E^0 > 0$, ou seja, a espécie que sofre redução tem **maior** $\mathbf{E^0_{red}}$ que a espécie que sofre oxidação.

Exemplo:

$Fe + Cu^{2+} \longrightarrow Fe^{2+} + Cu$ espontânea $\Delta E^0 > 0$

oxidação: $-0{,}44$ V

redução: $+0{,}34$ V

$$\Delta E^0 = E^0_{oxidante} - E^0_{redutor}$$
$$\Delta E^0 = +0{,}34 \text{ V} - (-0{,}44 \text{ V})$$
$$\Delta E^0 = +0{,}78 \text{ V}$$

Uma reação de oxidorredução não será espontânea (precisa energia para ocorrer) quando $\Delta E^0 < 0$, ou seja, a espécie que sofre redução tem **menor** $\mathbf{E^0_{red}}$ que a espécie que sofre oxidação.

$Cu + Fe^{2+} \longrightarrow Cu^{2+} + Fe$ não espontânea $\Delta E^0 < 0$

oxidação: $+0{,}34$ V

redução: $-0{,}44$ V

$$\Delta E^0 = E^0_{oxidante} - E^0_{redutor}$$
$$\Delta E^0 = -0{,}44 \text{ V} - (-0{,}34 \text{ V})$$
$$\Delta E^0 = -0{,}78 \text{ V}$$

10. Pilha de concentração

As semicélulas são iguais, porém as concentrações dos íons em cada semicélula são diferentes. A semicélula que tem maior concentração do íon sofrerá redução (maior E_{red}) e a semicélula que tem menor concentração do íon sofrerá oxidação (menor E_{red}).

A pilha de concentração para de funcionar ($\Delta E = 0$) quando as concentrações dos íons das semicélulas se tornarem iguais. Observe o esquema:

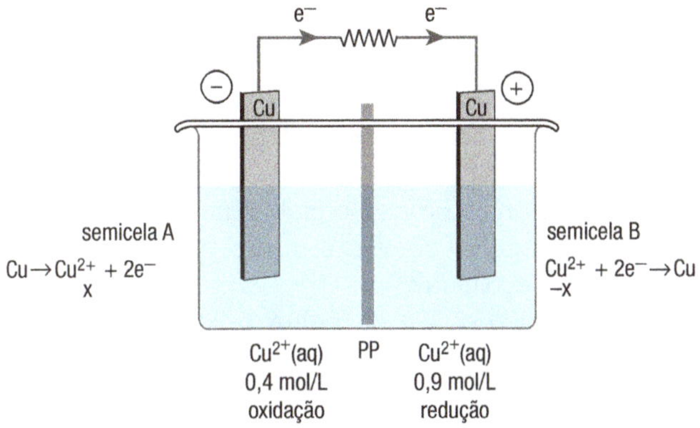

e⁻
e⁻
Cu
Cu
semicela A
Cu→Cu2+ + 2e−
x
semicela B
Cu2+ + 2e−→Cu
−x
Cu2+(aq)
0,4 mol/L
oxidação
PP
Cu2+(aq)
0,9 mol/L
redução

$\Delta E = 0$: $0{,}4 + x = 0{,}9 - x \quad \therefore \quad x = 0{,}25$

$[Cu^{2+}]_A = 0{,}65$ mol/L $\qquad [Cu^{2+}]_B = 0{,}65$ mol/L

11. Equação de Nernst

A fórmula $\Delta E^0 = E^0_{maior} - E^0_{menor}$ é usada para calcular a voltagem antes do uso da pilha. Exemplo:

Pilha de Daniell: $\Delta E^0 = 1{,}10$ V.

Quando a pilha começa a funcionar, a voltagem começa a diminuir e seu cálculo é feito através da equação de Nernst.

$$\Delta E = \Delta E^0 - \frac{0{,}059}{n} \log Q$$

ΔE é a voltagem após um certo tempo de funcionamento

ΔE⁰ é a voltagem inicial

n é a quantidade de mols de elétrons transferidos

Q é o quociente reacional

Pilha de Daniell

$$Zn(s) + Cu^{2+}(aq) \xrightarrow{2e^-} Zn^{2+}(aq) + Cu(s)$$

$$\Delta E = 1{,}10 - \frac{0{,}059}{2} \cdot \log \frac{[Zn^{2+}]}{[Cu^{2+}]}$$

Exemplo:

$[Zn^{2+}] = 1{,}5$ mol/L, $[Cu^{2+}] = 0{,}5$ mol/L

$$\Delta E = 1{,}10 - \frac{0{,}059}{2} \log \frac{1{,}5}{0{,}5}$$

$\Delta E = 1{,}08$ V

Isso mostra que, de fato, a voltagem da pillha diminui progressivamente com o passar do tempo até a reação atingir o equilíbrio, ou seja, a pilha ser descarregada ($\Delta E = 0$).

Exercícios Série Prata

1. Complete.

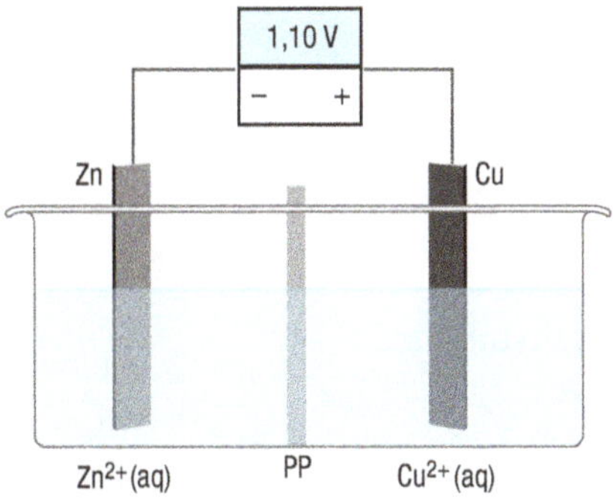

1,10 V
−
+
Zn
Cu
Zn2+(aq)
PP
Cu2+(aq)

a) A ddp da pilha vale ____________________.

b) O polo negativo _______________.

c) O polo positivo _______________.

d) O potencial de eletrodo de cobre é _______________ que o do eletrodo de zinco, pois é o polo positivo da pilha.

2. Complete com **oxidação** ou **redução**.

a) A IUPAC recomenda escrever a equação da semirreação no sentido da ______________ nas tabelas dos potenciais-padrão do eletrodo.

Equação da semirreação E^0

$Zn^{2+} + 2e^- \rightleftarrows Zn$ $\quad -0{,}76\ V$

$Cu^{2+} + 2e^- \rightleftarrows Cu$ $\quad +0{,}34\ V$

$Ag^+ + e^- \rightleftarrows Ag$ $\quad +0{,}80\ V$

b) O cátion Ag^+ tem maior facilidade em sofrer

______________________ .

c) O símbolo $\rightleftarrows$ indica que uma semirreação, em princípio, pode ocorrer no sentido da

______________ ou no da ______________ ,

dependendo da outra semicélula presente.

d) Unindo as duas semicélulas de Zn e Cu teremos:
menor E^0, sofre ______________________ ,
inverter a semiequação da tabela:

$$Zn \longrightarrow Zn^{2+} + 2e^- + 0{,}76\ V$$

maior E^0, sofre ______________ , manter a semiequação da tabela:

$$Cu^{2+} + 2e^- \longrightarrow Cu + 0{,}34\ V$$

equação global: $Zn + Cu^{2+} \longrightarrow Zn^{2+} + Cu + 1{,}10\ V$

3. Calcule a ddp da pilha : $Al \mid Al^{3+} \parallel Fe^{2+} \mid Fe$.

Dados: $Al^{3+} + 3e^- \longrightarrow Al\ -1{,}66\ V$

$Fe^{2+} + 2e^- \longrightarrow Fe\ -0{,}44\ V$

4. (UEPB) Na montagem de uma pilha foram utilizados um eletrodo de níquel e outro de prata.

a) Escreva a equação global da pilha.

b) Calcule a sua diferença de potencial.

Dados: $Ni^{2+} + 2e^- \rightleftarrows Ni$ $\quad E^0 = -0{,}25\ V$

$Ag^+ + e^- \rightleftarrows Ag$ $\quad E^0 = +0{,}80\ V$

5. (PUC – SP) Para realizar um experimento, será necessário montar uma pilha que forneça uma diferença de potencial igual a 2 V.

a) escolha o par de eletrodos para fornecer exatamente essa ddp.

b) equacione o processo global da pilha.

c) qual o polo negativo e qual o polo positivo da pilha escolhida?

Dados: $Mg^{2+} + 2e^- \rightleftarrows Mg\ -2{,}38\ V$

$Al^{3+} + 3e^- \rightleftarrows Al\ -1{,}66\ V$

$Zn^{2+} + 2e^- \rightleftarrows Zn\ -0{,}76\ V$

$2\ H^+ + 2e^- \rightleftarrows H_2 + 0{,}0\ V$

$Cu^{2+} + 2e^- \rightleftarrows Cu + 0{,}34\ V$

6. (CEETEPS – SP) Dois metais diferentes são colocados, cada qual numa solução aquosa de um de seus sais, e conectados a um voltímetro, conforme ilustrado a seguir.

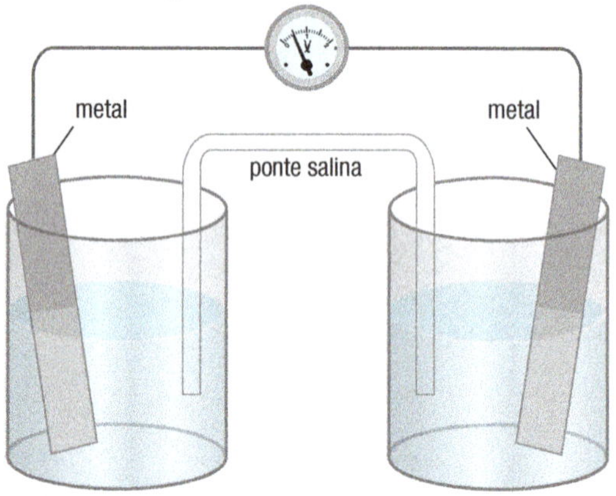

metal
ponte salina
metal

O voltímetro registra a diferença de potencial no sistema.

Considere os seguintes metais e os respectivos potenciais de redução:

Metal	Semirreação	E^0 (V) (redução)
prata	$Ag^+ + e^- \longrightarrow Ag$	+0,8
cobre	$Cu^{2+} + 2e^- \longrightarrow Cu$	+0,3
chumbo	$Pb^{2+} + 2e^- \longrightarrow Pb$	−0,1
zinco	$Zn^{2+} + 2e^- \longrightarrow Zn$	−0,8

A maior diferença de potencial no sistema será registrada quando os metais utilizados forem:

a) prata e cobre.
b) prata e zinco.
c) cobre e zinco.
d) cobre e chumbo.
e) chumbo e zinco.

7. Dados os potenciais-padrão:

$F_2 + 2e^- \rightleftarrows 2\,F^-$ +2,87 V

$Ag^+ + e^- \rightleftarrows Ag$ +0,80 V

$Li^+ + e^- \rightleftarrows Li$ −3,05 V

Indique:

a) melhor agente oxidante.
b) melhor agente redutor.

8. São conhecidos os seguintes potenciais-padrão de redução:

$Zn^{2+} + 2e^- \rightleftarrows Zn$ $E^0 = -0{,}76$ V

$Cu^{2+} + 2e^- \rightleftarrows Cu$ $E^0 = +0{,}34$ V

$Fe^{2+} + 2e^- \rightleftarrows Fe$ $E^0 = -0{,}44$ V

$Ag^+ + e^- \rightleftarrows Ag$ $E^0 = +0{,}80$ V

Considere as seguintes equações:

I. $Fe + Cu^{2+} \longrightarrow Fe^{2+} + Cu$
II. $Cu + Zn^{2+} \longrightarrow Cu^{2+} + Zn$
III. $2\,Ag + Cu^{2+} \longrightarrow 2\,Ag^+ + Cu$
IV. $Zn + 2\,Ag^+ \longrightarrow Zn^{2+} + 2\,Ag$

Indique quais são espontâneas.

9. (FUVEST – SP) I e II são equações de reações que ocorrem em água, espontaneamente, no sentido indicado, em condições padrão.

I. $Fe + Pb^{2+} \longrightarrow Fe^{2+} + Pb$
II. $Zn + Fe^{2+} \longrightarrow Zn^{2+} + Fe$

Analisando tais reações, isoladamente ou em conjunto, pode-se afirmar que, em condições padrão,

a) elétrons são transferidos do Pb^{2+} para o Fe.
b) reação espontânea deve ocorrer entre Pb e Zn^{2+}.
c) Zn^{2+} deve ser melhor oxidante do que Fe^{2+}.
d) Zn deve reduzir espontaneamente Pb^{2+} a Pb.
e) Zn^{2+} deve ser melhor oxidante do que Pb^{2+}.

10. Se adicionarmos uma solução aquosa de ácido clorídrico a duas panelas, uma de cobre e outra de alumínio, elas serão corroídas pelo ácido?

Dados: $Al^{3+} + 3e^- \rightleftarrows Al$ $E^0 = -1{,}66$ V

$2\,H^+ + 2e^- \rightleftarrows H_2$ E^0 = zero

$Cu^{2+} + 2e^- \rightleftarrows Cu$ $E^0 = +0{,}34$ V

11. Dadas as seguintes equações químicas:

$Al + 3\,Ag^+ \longrightarrow 3\,Ag + Al^{3+}$

$Cu + 2\,Ag^+ \longrightarrow 2\,Ag + Cu^{2+}$

$2\,Al + 3\,Cu^{2+} \longrightarrow 3\,Cu + Al^{3+}$

Baseado nas informações acima, coloque em ordem crescente de poder oxidante os íons Ag^+, Al^{3+}, e Cu^{2+}.

12. Explique se é possível estocar uma solução de sulfato ferroso em um recipiente à base de cobre.

Dados: $Fe^{2+} + 2e^- \longrightarrow Fe$ −0,44 V

$Cu^{2+} + 2e^- \longrightarrow Cu$ +0,34 V

13. (MACKENZIE – SP) A ilustração abaixo representa um experimento em que foi colocada uma barra metálica de zinco mergulhada em uma solução aquosa de sulfato de cobre (II).

De acordo com os valores dos E^0 de redução abaixo, pode-se afirmar que

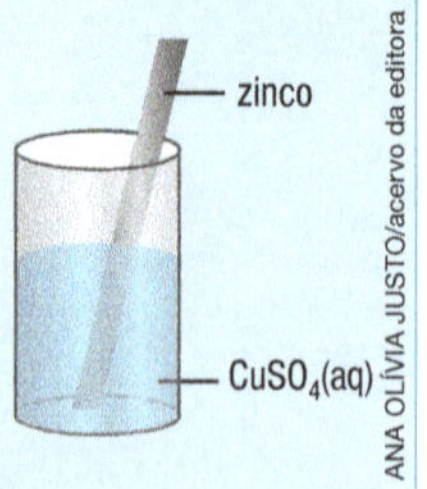
zinco
$CuSO_4(aq)$
ANA OLÍVIA JUSTO/acervo da editora

$Zn^{2+}(aq)/Zn(s)$ $E^0 = -0{,}76$ V

$Cu^{2+}(aq)/Cu(s)$ $E^0 = +0{,}34$ V

a) o zinco sofre redução.
b) o processo não é espontâneo.
c) ocorre a formação de íons $Zn^{2+}(aq)$.
d) elétrons são transferidos do $Cu^{2+}(aq)$ para o $Zn(s)$.
e) o $Zn(s)$ é um excelente agente oxidante.

Resolução:

$$Zn(s) + CuSO_4(aq) \longrightarrow ?$$

$Zn(s) \longrightarrow Zn^{2+}(aq) + 2e^-$ $\quad +0{,}76$ V

$Cu^{2+}(aq) + 2e^- \longrightarrow Cu(s)$ $\quad +0{,}34$ V

$Zn(s) + Cu^{2+}(aq) \longrightarrow Zn^{2+}(aq) + Cu(s)$ $\quad +1{,}10$ V

$\Delta E^0 > 0$ ∴ processo espontâneo

Resposta: alternativa c.

14. (UFRJ) Os quatro frascos apresentados a seguir contêm soluções salinas de **mesma concentração em mol/L**, a 25 °C. Em cada frasco, encontra-se uma placa metálica mergulhada na solução.

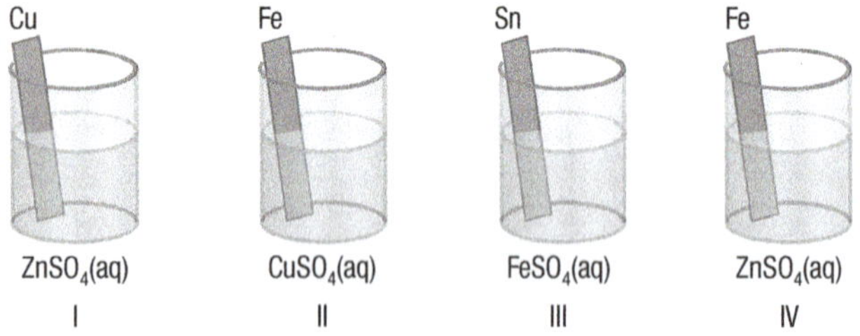
Cu
Fe
Sn
Fe
$ZnSO_4(aq)$
I
$CuSO_4(aq)$
II
$FeSO_4(aq)$
III
$ZnSO_4(aq)$
IV

	E^0_{red} (V)
$Zn^{2+} + 2e^- \longrightarrow Zn$	$-0{,}76$
$Fe^{2+} + 2e^- \longrightarrow Fe$	$-0{,}44$
$Sn^{2+} + 2e^- \longrightarrow Sn$	$-0{,}14$
$Cu^{2+} + 2e^- \longrightarrow Cu$	$+0{,}34$

a) Identifique o frasco em que ocorre reação química espontânea e escreva a respectiva equação.
b) Sabendo que o frasco III contém 304 gramas de $FeSO_4$ em 2 litros de solução, determine a concentração, em g/L, da solução de $ZnSO_4$ no frasco I.

Dados: massas molares em g/mol: $FeSO_4 = 152$, $ZnSO_4 = 161$.

15. (FUVEST – SP) Dada a tabela de reatividade.

	Cu	Mg	Pb
$CuSO_4$	–	reage	reage
$MgCl_2$	não reage	–	não reage
$Pb(NO_3)_2$	não reage	reage	–

Disponha os cátions citados em ordem crescente dos potenciais de redução. Explique.

16. (UnB – DF) Alguns trocadores de calor utilizam tubos de alumínio por meio dos quais passa a água utilizada para a refrigeração. Em algumas indústrias, essa água pode conter sais de cobre. Sabendo que o potencial-padrão de redução para o alumínio (Al^{3+} para Al^0) é de $-1{,}66$ V e, para o cobre (Cu^{2+} para Cu^0), é de $+0{,}34$ V, julgue os itens a seguir.

a) A água contendo sais de cobre acarretará a corrosão da tubulação de alumínio do trocador de calor.
b) Na pilha eletroquímica formada, o cobre é o agente redutor.
c) Se a tubulação do trocador fosse feita de cobre, e a água de refrigeração contivesse sais de alumínio, não haveria formação de pilha eletroquímica entre essas espécies metálicas.
d) O valor, em módulo, do potencial-padrão para a pilha eletroquímica formada é igual a 1,32 V.

17. (PUC – MG) Considere os metais com seus respectivos potenciais-padrão de redução:

$Al^{3+} + 3e^- \longrightarrow Al$ (E = −1,66 V)

$Zn^{2+} + 2e^- \longrightarrow Zn$ (E = −0,76 V)

$Fe^{2+} + 2e^- \longrightarrow Fe$ (E = −0,44 V)

$Cu^{2+} + 2e^- \longrightarrow Cu$ (E = +0,34 V)

$Hg^{2+} + 2e^- \longrightarrow Hg$ (E = +0,85 V)

Analise as seguintes afirmativas:

I. O melhor agente redutor é o Hg.
II. O Al cede elétrons mais facilmente que o Zn.
III. A reação $Cu^{2+} + Hg \longrightarrow Cu^0 + Hg^{2+}$ não é espontânea.
IV. O íon Al^{3+} recebe elétrons mais facilmente do que o íon Cu^{2+}.
V. Pode-se estocar, por longo prazo, uma solução de sulfato ferroso num recipiente à base de cobre.

A opção que contém somente afirmativas corretas é:
a) I, II e IV.
b) II, III e IV.
c) III, IV e V.
d) II, III e V.
e) I, II e III.

18. (FUVEST – SP) Uma liga metálica, ao ser mergulhada em ácido clorídrico, pode permanecer inalterada, sofrer dissolução parcial ou dissolução total. Qual das situações dadas será observada com a liga de cobre e zinco (latão)? Justifique utilizando as informações da tabela a seguir:

Semirreação	E^0 (volts)
$Cl_2 + 2e^- \longrightarrow 2\ Cl^-$	+1,36
$Cu^{2+} + 2e^- \longrightarrow Cu$	+0,34
$2\ H^+ + 2e^- \longrightarrow H_2$	0,00
$Zn^{2+} + 2e^- \longrightarrow Zn$	−0,76

19. (PUC – RS) Responder à questão considerando as propriedades dos metais Mg, Ag, Cu e Zn.

I. Somente Mg e Zn reagem com HCl 1,0 mol/L formando $H_2(g)$.
II. Quando o Mg é adicionado a solução dos íons dos outros metais, há formação de Zn, Cu e Ag metálicos.
III. O metal Cu reduz o íon Ag^+ para dar o metal Ag^0 e os íons Cu^{2+}.

Com base nessas informações, é correto afirmar que:
a) o metal Zn é maior agente redutor que os metais Mg, Cu e Ag.
b) o íon Ag^+ é maior agente oxidante que os íons Mg^{2+}, Zn^{2+} e Cu^{2+}.
c) os metais têm a mesma capacidade redutora.
d) os metais Cu e Ag apresentam uma capacidade redutora maior que os metais Zn e Mg.
e) os metais que reagem com HCl são poderosos agentes oxidantes.

20. Complete com **maior** ou **menor**.

Seja a semiequação

$$Zn^{2+} + 2e^- \rightleftarrows Zn$$

Um aumento da $[Zn^{2+}]$ desloca o equilíbrio para a direita, favorecendo a redução.

Maior concentração ________________ potencial de redução.

Exercícios Série Ouro

1. (UNIFESP) A figura apresenta uma célula voltaica utilizada para medida de potencial de redução a 25 °C. O eletrodo-padrão de hidrogênio tem potencial de redução igual a zero. A concentração das soluções de íons H^+ e Zn^{2+} é de 1,00 mol/L.

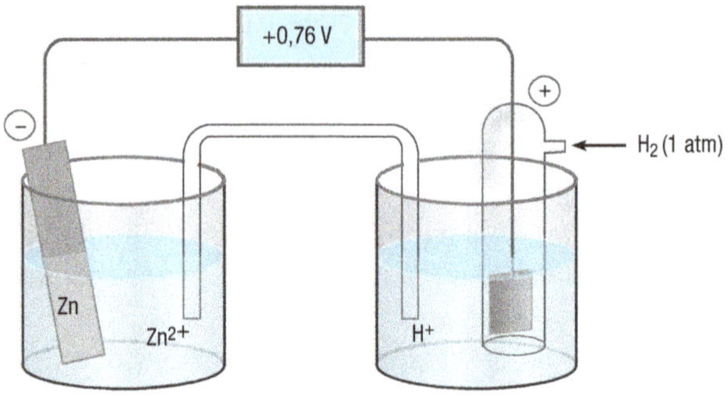

+0,76 V
−
+
H2 (1 atm)
Zn
Zn2+
H+

Utilizando, separadamente, placas de níquel e de cobre e suas soluções Ni^{2+} e Cu^{2+}, verificou-se que Ni e Cu apresentavam potenciais-padrão de redução respectivamentes iguais a −0,25 V e +0,34 V.

a) Escreva as equações de redução, oxidação e global e determine o valor do potencial-padrão de redução do Zn.

b) Para a pilha de Ni e Cu, calcule a ddp (diferença de potencial) e indique o eletrodo positivo.

2. (UECE) A respeito do eletrodo padrão de hidrogênio é correto dizer-se que:

a) São as seguintes condições de padronização estabelecidas por convenção para o mesmo:

Temperatura	**Concentração H^+**	**Pressão**
25 °C	0,1 mol/L	1 atm H_2

b) Em uma pilha que tenha um dos polos constituído por um eletrodo padrão de hidrogênio e o outro formado por uma lâmina de zinco metálico na qual ocorra a semirreação:

$$Zn^0(s) \longrightarrow Zn^{2+}(aq) + 2e^-$$

o zinco funcionará como polo negativo.

c) O potencial do eletrodo-padrão, E^0, é o ponto inicial de uma escala de valores absolutos.

d) A seguinte semirreação $Cu^{2+}(aq) + 2e^- \longrightarrow Cu^0(s)$ implica que a semirreação complementar que deve ocorrer no eletrodo padrão de hidrogênio deva ser:

$$2\,H^+(aq) + 2e^- \longrightarrow H_2(g)$$

3. (UEL – PR) Potenciais-padrão de redução:

$H^+, \frac{1}{2} H_2$.................... E = 0

Cu^{2+}, Cu.................... E = +0,34 volt

Fe^{2+}, Fe.................... E = −0,44 volt

Se em vez do par $H^+, \frac{1}{2} H_2$, escolhido como tendo potencial-padrão de redução igual a zero, fosse escolhido o par Fe^{2+}, Fe como padrão, fixando-se a este o valor zero, nessa nova escala, os potenciais-padrão de redução dos pares Cu^{2+}, Cu e $H^+, \frac{1}{2}, H_2$, seriam, respectivamente, em volt:

a) +0,10 e +0,34
b) −0,10 e −0,34
c) −0,78 e −0,44
d) −0,78 e +0,44
e) +0,78 e +0,44

4. (MACKENZIE – SP) Dados os potenciais de redução das semirreações, I e II,

I. $Cu^{2+} + 2e^- \longrightarrow Cu^0$ $E^0 = +0,34$ V
II. $Al^{3+} + 3e^- \longrightarrow Al^0$ $E^0 = -1,66$ V

O valor da ddp da pilha $Al/Al^{3+}//Cu/Cu^{2+}$ é:

a) +4,30 V.
b) −2,00 V.
c) +1,32 V.
d) +2,00 V.
e) −1,32 V.

5. (ITA - SP) Considere os dois eletrodos (I e II) seguintes e seus respectivos potenciais na escala do eletrodo de hidrogênio (E^0) e nas condições-padrão:

I. $F_2(aq) + 2e^-(CM) \rightleftarrows 2\ F^-(g)$ $\quad E_I^0 = 2{,}87\ V$

II. $MnO_4^-(aq) + 8\ H^+(aq) + 5e^-(CM) \rightleftarrows$
$\rightleftarrows Mn^{2+}(aq) + 4\ H_2O(l)$ $\quad E_{II}^0 = 1{,}51\ V$

A força eletromotriz de um elemento galvânico construído com os dois eletrodos acima é de:

a) −1,81 V.
b) −1,13 V.
c) 0,68 V.
d) 1,36 V.
e) 4,38 V.

6. Num laboratório foi montada a pilha representada por:

$Pt(s)\ |\ Fe^{2+}(aq)\ |\ Fe^{3+}(aq)\ ||\ Ag^+(aq)\ |\ Ag(s)$

O eletrodo de platina é inerte (não participa de reação em que Fe^{2+} se transforma em Fe^{3+}). O ΔE^0 medido foi de 0,03 V. Com base nesse valor e sabendo que $E^0(Ag^+/Ag^0) = +0{,}80\ V$, determine o valor de $E^0(Fe^{3+}/Fe^{2+})$.

7. (UNIFESP) A figura representa uma pilha formada com os metais Cd e Ag, mergulhados nas soluções de $Cd(NO_3)_2(aq)$ e $AgNO_3(aq)$, respectivamente. A ponte salina contém solução de $KNO_3(aq)$.

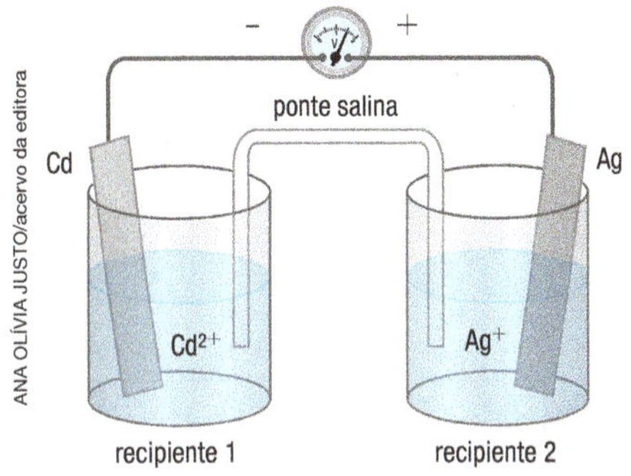

−
+
ponte salina
Cd
Ag
Cd2+
Ag+
recipiente 1
recipiente 2
ANA OLÍVIA JUSTO/acervo da editora

a) Sabendo que a diferença de potencial da pilha, nas condições padrão, é igual a +1,20 V e que o potencial padrão de redução do cádmio é igual a −0,40 V, calcule o potencial padrão de redução da prata. Apresente seus cálculos.

b) Para qual recipiente ocorre migração dos íons K^+ e NO_3^- da ponte salina? Justifique sua resposta.

8. (PUC) **Dados**: Potenciais de redução

$Pt^{2+}(aq) + 2e^- \longrightarrow Pt(s)$ $\quad E^0 = +1{,}20\ V$

$Cu^{2+}(aq) + 2e^- \longrightarrow Cu(s)$ $\quad E^0 = +0{,}34\ V$

$Zn^{2+}(aq) + 2e^- \longrightarrow Zn(s)$ $\quad E^0 = -0{,}76\ V$

Uma pilha é um dispositivo que se baseia em uma reação de oxidorredução espontânea cujas semirreações de redução e oxidação ocorrem em semicélulas independentes. Para o funcionamento adequado da montagem é necessário que seja permitido fluxo de elétrons entre os eletrodos e fluxo de íons entre as soluções envolvidas, mantendo-se o circuito elétrico fechado. Além disso, é fundamental evitar o contato direto das espécies redutora e oxidante.

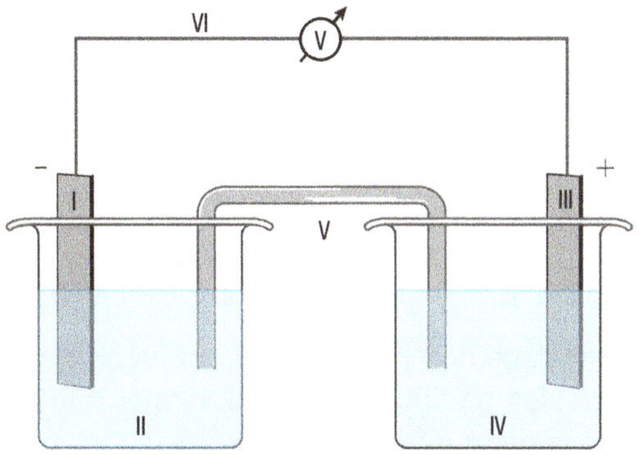

VI
V
−
+
I
III
V
II
IV
ANA OLÍVIA JUSTO/acervo da editora

Considere o esquema acima.

Considere que as soluções aquosas empregadas são todas de concentração 1,0 mol/L nas espécies indicadas. Haverá passagem de corrente elétrica na aparelhagem com ddp medida pelo voltímetro de 1,10 V, somente se cada componente do esquema corresponder a:

	I	II	III	IV	V	VI
a)	Zn(s)	$Zn^{2+}(aq)$	Cu(s)	$Cu^{2+}(aq)$	$KNO_3(aq)$	fio de cobre
b)	Zn(s)	$Cu^{2+}(aq)$	Cu(s)	$Zn^{2+}(aq)$	$KNO_3(aq)$	fio de prata
c)	Cu(s)	$Cu^{2+}(aq)$	Zn(s)	$Zn^{2+}(aq)$	$C_2H_5OH(aq)$	fio de cobre
d)	Cu(s)	$Zn^{2+}(aq)$	Zn(s)	$Cu^{2+}(aq)$	$C_2H_5OH(aq)$	fio de prata
e)	Pt(s)	$Zn^{2+}(aq)$	Pt(s)	$Cu^{2+}(aq)$	$KNO_3(aq)$	fio de cobre

9. (CEFET – PR) Ao se preparar para uma demonstração do funcionamento de uma pilha durante uma feira de ciências, o jovem Giles Quecido esqueceu de levar até o local de montagem do experimento alguns itens. Resolveu então montar com alguns itens que havia no local. Acontece que o experimento não funcionou. Um esquema de como ele montou seu experimento está representado na figura a seguir.

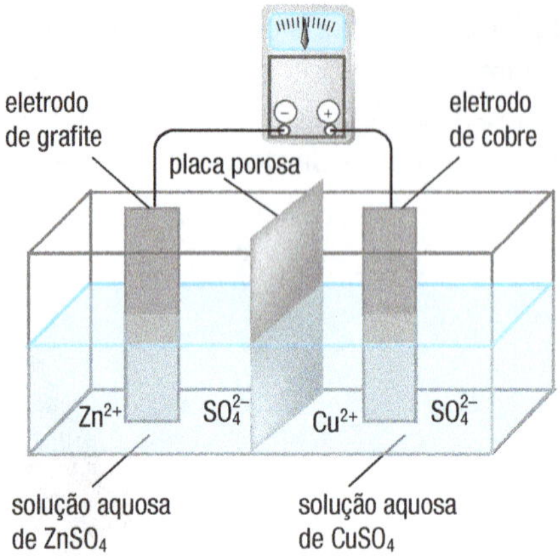
eletrodo de grafite
placa porosa
eletrodo de cobre
Zn2+
SO42-
Cu2+
SO42-
solução aquosa de ZnSO4
solução aquosa de CuSO4

Com base nos potenciais de redução-padrão das espécies na figura, pode-se afirmar que o experimento não funcionou porque:

E^0_{red} (Cu^{2+}/Cu) = +0,34 V; E^0_{red} (Zn^{2+}/Zn) = −0,76 V

a) ele inverteu as soluções aquosas: onde está o $CuSO_4$ deveria estar o $ZnSO_4$.

b) ele inverteu os eletrodos: onde está o grafite deveria estar o cobre.

c) onde está a placa porosa deveria haver uma ponte salina com solução saturada de KCl.

d) ele deveria colocar o eletrodo de cobre mergulhado na solução de $ZnSO_4$.

e) ele esqueceu de colocar o eletrodo de zinco mergulhado na solução $ZnSO_4$.

10. (UFRJ – adaptada) Um experimento utilizado no estudo de eletroquímica consiste em empilhar uma placa de cobre e uma placa de zinco e duas placas de feltro, uma embebida em solução-padrão de sulfato de cobre e outra em solução de sulfato de zinco. Esse experimento tem o objetivo de produzir energia para acender uma lâmpada de baixa voltagem:

Potenciais-padrão de redução

Cu^{2+}/Cu^0 E = +0,34 V

Zn^{2+}/Zn^0 E = −0,76 V

Esquema de montagem de pilha

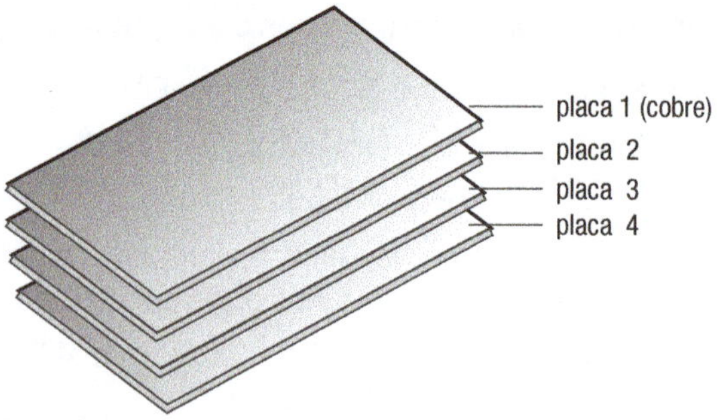
placa 1 (cobre)
placa 2
placa 3
placa 4

Com base no esquema apresentado, responda aos seguintes itens:

I. Identifique a sequência de montagem da pilha, identificando as placas 2, 3 e 4.

II. Escreva a equação da semirreação correspondente ao eletrodo formado pela placa onde ocorre depósito metálico.

III. Identifique a placa onde será conectada a extremidade do fio correspondente ao polo positivo da pilha.

IV. Identifique a placa de feltro contendo a solução onde ocorre aumento da concentração de íons positivos.

11. (FAMERP – SP) A figura representa o esquema de uma pilha formada com placas de níquel e zinco mergulhadas em soluções contendo seus respectivos íons.

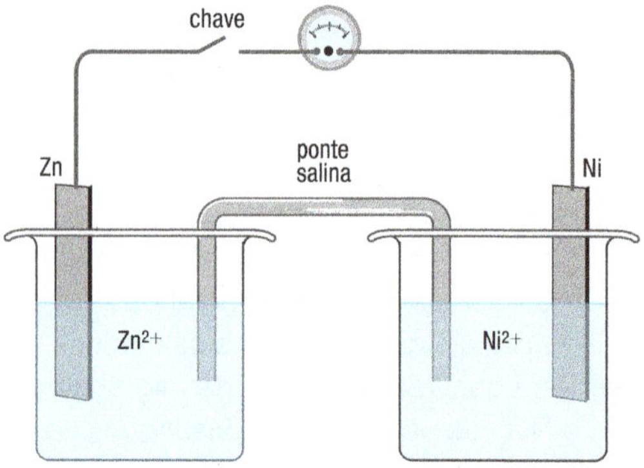
chave
Zn
ponte salina
Ni
Zn2+
Ni2+

Dados: potenciais-padrão de redução

$Zn^{2+}(aq) + 2e^- \longrightarrow Zn(s)$ $E^0 = -0,76$ V

$Ni^{2+}(aq) + 2e^- \longrightarrow Ni(s)$ $E^0 = -0,23$ V

O cátodo e a diferença de potencial da pilha são, respectivamente,

a) a placa de níquel e +0,53 V.

b) a placa de níquel e −0,53 V.

c) a plca de zinco e −0,53 V.

d) a placa de zinco e +0,53 V.

e) a placa de níquel e −0,99 V.

12. (UNESP) Pode-se montar um circuito elétrico com um limão, uma fita de magnésio, um pedaço de fio de cobre e um relógio digital, como mostrado na figura.

Cu
Mg
limão
14:00

O suco ácido do limão faz o contato entre a fita de magnésio e o fio de cobre, e a corrente elétrica produzida é capaz de acionar o relógio.

Dados: $Mg^{2+} + 2e^- \longrightarrow Mg(s)$ $E^0 = -2,36$ V

$2 H^+ + 2e^- \longrightarrow H_2(g)$ $E^0 = 0,00$ V

$Cu^{2+} + 2e^- \longrightarrow Cu(s)$ $E^0 = 0,34$ V

Com respeito a esse circuito, pode-se afirmar que:

a) se o fio de cobre for substituído por um eletrodo condutor de grafite, o relógio não funcionará.

b) no eletrodo de magnésio ocorre a semirreação:

$$Mg(s) \longrightarrow Mg^{2+} + 2e^-$$

c) no eletrodo de cobre ocorre a semirreação:

$$Cu^{2+} + 2e^- \longrightarrow Cu(s)$$

d) o fluxo de elétrons pelo circuito é proveniente do eletrodo de cobre.

e) a reação global que ocorre na pilha é:

$$Cu^{2+} + Mg(s) \longrightarrow Cu(s) + Mg^{2+}$$

13. (CEFET – PR) Uma pilha voltaica é constituída por duas semipilhas ou celas sendo que em cada semipilha há um eletrodo e cada eletrodo possui o seu potencial de redução que depende da temperatura e da concentração dos íons presentes. Em virtude destas variáveis definiu-se um potencial-padrão de redução que é o potencial medido pela semipilha quando esta se encontra numa temperatura de 25 °C e concentração de 1,0 mol/L comparada a uma semipilha de hidrogênio. A semipilha de hidrogênio é composta de um eletrodo metálico de platina mergulhado numa solução de concentração iônica 1,0 mol/L de íons H^+ na qual borbulha-se hidrogênio gasoso. Esta semipilha de hidrogênio é denominada de eletrodo-padrão de hidrogênio e por definição atribui-se o potencial de redução igual a zero.

Durante um experimento, um pesquisador necessitava saber o potencial de redução de uma amostra de metal puro que ele não sabia qual era. O pesquisador possuía apenas um fio de prata e solução de nitrato de prata (1,0 mol/L), além de saber que é extremamente oneroso fabricar um eletrodo-padrão de hidrogênio. As únicas informações que ele tinha à disposição eram que o potencial de redução entre o metal desconhecido e a prata era de 3,2 V (tendo a prata como cátodo), facilmente verificável experimentalmente. Com base nas informações contidas no texto e na tabela a seguir pode-se afirmar que o elemento desconhecido é:

Reação	Potencial de redução (V)
$Al^{3+} + 3e^- \rightleftarrows Al$	−1,66
$Mg^{2+} + 2e^- \rightleftarrows Mg$	−2,4
$Mn^{2+} + 2e^- \rightleftarrows Mn$	−1,2
$Cu^{2+} + 2e^- \rightleftarrows Cu$	+0,34
$Co^{3+} + 3e^- \rightleftarrows Co$	+1,82
$Ag^+ + e^- \rightleftarrows Ag$	+0,80

a) Mn. b) Cu. c) Al. d) Co. e) Mg.

14. (UFMG) Num laboratório, foram feitos testes para avaliar a reatividade de três metais - cobre, Cu, magnésio, Mg, e zinco, Zn. Para tanto, cada um desses metais foi mergulhado em três soluções diferentes - uma de nitrato de cobre, $Cu(NO_3)_2$, uma de nitrato de magnésio, $Mg(NO_3)_2$, e uma de nitrato de zinco, $Zn(NO_3)_2$.

Neste quadro, estão resumidas as observações feitas ao longo dos testes:

Metais / Soluções	Cu	Mg	Zn
$Cu(NO_3)_2$	não reage	reage	reage
$Mg(NO_3)_2$	não reage	não reage	não reage
$Zn(NO_3)_2$	não reage	reage	não reage

Considerando-se essas informações, é correto afirmar que a disposição dos três metais testados, segundo a ordem crescente de reatividade de cada um deles, é:

a) Cu / Mg / Zn.
b) Cu / Zn / Mg.
c) Mg / Zn / Cu.
d) Zn / Cu / Mg.
e) Zn / Mg / Cu.

Resolução:

$Cu + Mg^{2+} \longrightarrow$ não reage
$Cu + Zn^{2+} \longrightarrow$ não reage } Cu é menos reativo do que Mg ou Zn.

$Mg + Zn^{2+} \longrightarrow$ reage } Mg é mais reativo do que Zn

Portanto, a ordem crescente de reatividade é: Cu / Zn / Mg.

Resposta: alternativa b.

15. (FUVEST - SP) Três metais foram acrescentados a solução aquosa de nitratos metálicos, de mesma concentração, conforme indicado na tabela. O cruzamento de uma linha com uma coluna representa um experimento. Um retângulo em branco indica que o experimento não foi realizado; o sinal (–) indica que não ocorreu reação e o sinal (+) indica que houve dissolução do metal acrescentado e precipitação do metal que estava na forma de nitrato.

	Cd	Co	Pb
$Cd(NO_3)_2$		–	–
$Co(NO_3)_2$	+		–
$Pb(NO_3)_2$	+	+	

Cada um dos metais citados, mergulhado na solução aquosa de concentração 0,1 mol/L de seu nitrato, é um eletrodo, representado por Me | Me^{2+}, onde Me indica o metal e Me^{2+}, o cátion de seu nitrato.

A associação de dois desses eletrodos constitui uma pilha. A pilha com **maior** diferença de potencial elétrico e polaridade correta de seus eletrodos, determinada com um voltímetro, é representada por:

a) $\ominus$ Cd | Cd^{2+} || Pb^{2+} | Pb $\oplus$
b) $\ominus$ Pb | Pb^{2+} || Cd^{2+} | Cd $\oplus$
c) $\ominus$ Cd | Cd^{2+} || Co^{2+} | Co $\oplus$
d) $\ominus$ Co | Co^{2+} || Pb^{2+} | Pb $\oplus$
e) $\ominus$ Pb | Pb^{2+} || Co^{2+} | Co $\oplus$

Obs.: || significa ponte salina; $\oplus$ significa polo positivo; $\ominus$ significa polo negativo.

16. (UNESP) Em um laboratório didático, um aluno montou pilhas elétricas usando placas metálicas de zinco e cobre, separadas com pedaços de papel-toalha, como mostra a figura.

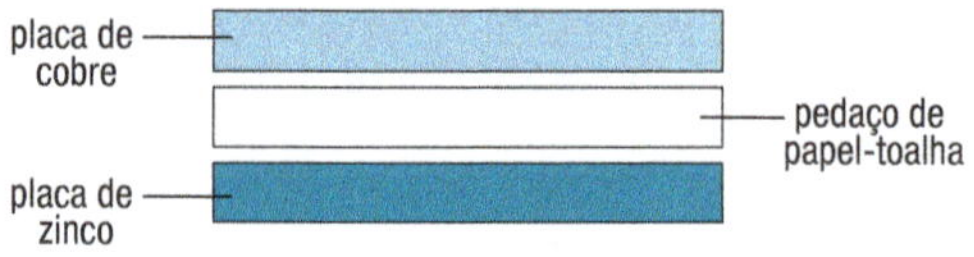
placa de cobre
pedaço de papel-toalha
placa de zinco

Utilizando três pilhas ligadas em série, o aluno montou o circuito elétrico esquematizado, a fim de produzir corrente elétrica a partir de reações químicas e acender uma lâmpada.

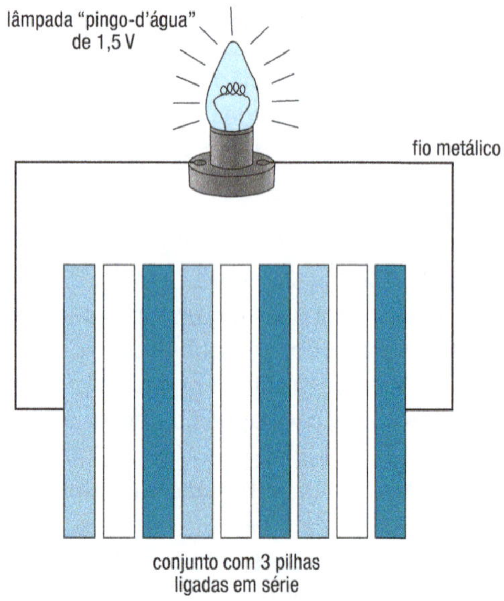
lâmpada "pingo-d'água" de 1,5 V
fio metálico
conjunto com 3 pilhas ligadas em série

Com o conjunto e os contatos devidamente fixados, o aluno adicionou uma solução de sulfato de cobre ($CuSO_4$) aos pedaços de papel-toalha de modo a umedecê-los e, instantaneamente, houve o acendimento da lâmpada.

A tabela apresenta os valores de potencial-padrão para algumas semirreações.

Equação de semirreação	**E⁰(V) (1 mol · L^{-1}, 100 kPa e 25 °C)**
$2\ H^+(aq) + 2e^- \rightleftarrows H_2(g)$	0,00
$Zn^{2+}(aq) + 2e^- \rightleftarrows Zn(s)$	−0,76
$Cu^{2+}(aq) + 2e^- \rightleftarrows Cu(s)$	+0,34

Considerando os dados da tabela e que o experimento tenha sido realizado nas condições ambientes, escreva a equação global da reação responsável pelo acendimento da lâmpada e calcule a diferença de potencial (ddp) teórica da bateria montada pelo estudante.

17. (UNESP) Em maio de 1800, Alessandro Volta anunciou a invenção da pilha elétrica, a primeira fonte contínua de eletricidade. O seu uso influenciou fortemente o desenvolvimento da Química nas décadas seguintes. A pilha de Volta era composta de discos de zinco e de prata sobrepostos e intercalados com material poroso embebido em solução salina, como mostrado a seguir:

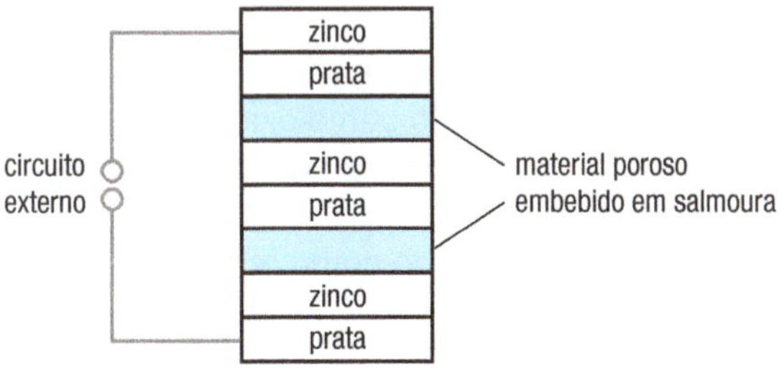
zinco
prata
zinco
prata
zinco
prata
circuito externo
material poroso embebido em salmoura

Com o funcionamento da pilha, observa-se que os discos de zinco sofrem corrosão.

A respeito da pilha de Volta, são feitas as seguintes afirmações:

I. Nos discos de zinco ocorre a semirreação:

$$Zn(s) \longrightarrow Zn^{2+} + 2e^-$$

II. Os discos de prata são fontes de elétrons para o circuito externo.

III. O aumento do diâmetro dos discos empregados na montagem não influencia na tensão fornecida pela pilha.

Das três afirmações apresentadas,

a) apenas I é verdadeira.
b) apenas II é verdadeira.
c) apenas I e II são verdadeiras.
d) apenas I e III são verdadeiras.
e) apenas II e III são verdadeiras.

18. (FUVEST – SP) Na década de 1780, o médico italiano Luigi Galvani realizou algumas observações, utilizando rãs recentemente dissecadas. Em um dos experimentos, Galvani tocou dois pontos da musculatura de uma rã com dois arcos de metais diferentes, que estavam em contato entre si, observando uma contração dos músculos, conforme mostra a figura.

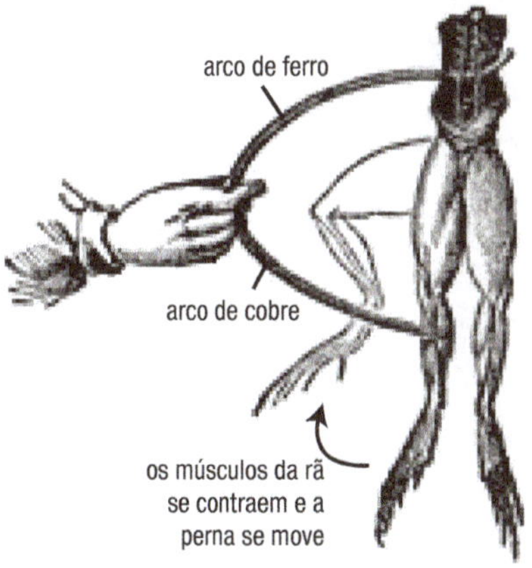
arco de ferro
arco de cobre
os músculos da rã se contraem e a perna se move

Interpretando essa observação com os conhecimentos atuais, pode-se dizer que as pernas da rã continham soluções diluídas de sais. Pode-se, também, fazer uma analogia entre o fenômeno observado e o funcionamento de uma pilha.

Considerando essas informações, foram feitas as seguintes afirmações:

I. Devido à diferença de potencial entre os dois metais, que estão em contato entre si e em contato com a solução salina da perna da rã, surge uma corrente elétrica.

II. Nos metais, a corrente elétrica consiste em um fluxo de elétrons.

III. Nos músculos da rã, há um fluxo de íons associado ao movimento de contração.

Está correto o que se afirma em:

a) I, apenas.
b) III, apenas.
c) I e II, apenas.
d) II e III, apenas.
e) I, II e III.

19. (UNIFESP) Quatro metais M_1, M_2, M_3 e M_4 apresentam as seguintes propriedades:

I. Somente M_1 e M_3 reagem com ácido clorídrico 1,0 mol/L liberando $H_2(g)$.

II. Quando M_3 é colocado nas soluções dos íons dos outros metais, há formação de M_1, M_2 e M_4 metálicos.

III. O metal M_4 reduz M_2^{n+}, para dar o metal M_2 e íons M_4^{n+}.

Com base nessas informações, pode-se afirmar que a ordem crescente dos metais, em relação à sua capacidade redutora, é:

a) M_1, M_2, M_3 e M_4
b) M_2, M_4, M_1 e M_3
c) M_2, M_1, M_4 e M_3
d) M_3, M_1, M_4 e M_2
e) M_4, M_2, M_1 e M_3

20. (UNIFESP) Usando-se uma tabela de potenciais-padrão de redução, foram feitas, corretamente, as seguintes previsões:

I. O bromo pode ser obtido de uma solução que tenha íons brometo (por exemplo, água do mar), fazendo-se a sua oxidação com cloro.

II. A reação $Cu^{2+} + 2\ Br^- \longrightarrow Cu^0 + Br_2$ não é espontânea e, por isso, a obtenção de Br_2 a partir de uma solução aquosa de $CuBr_2$ só pode ser feita por eletrólise desta solução.

Se E_1^0, E_2^0 e E_3^0 forem, respectivamente, os potenciais-padrão dos pares Cl_2/Cl^-, Br_2/Br^- e Cu^{2+}/Cu, para que essas previsões sejam válidas deve existir a seguinte relação:

a) $E_1^0 < E_2^0 < E_3^0$
b) $E_1^0 < E_2^0 > E_3^0$
c) $E_1^0 > E_2^0 > E_3^0$
d) $E_1^0 > E_2^0 < E_3^0$
e) $E_1^0 > E_2^0 = E_3^0$

Resolução:

I. $Cl_2 + 2\ Br^- \longrightarrow 2\ Cl^- + Br_2$

redução

O potencial de redução do par Cl_2/Cl^- (E_1^0) é maior que do par Br_2/Br^- (E_2^0), pois o cloro sofre redução em contato com o íon Br^- (reação espontânea).

$$E_1^0 > E_2^0$$

II. $Cu^{2+} + 2\ Br^- \longrightarrow Cu^0 + Br_2$ (reação não espontânea)

A reação inversa é espontânea.

$Cu^0 + Br_2 \longrightarrow Cu^{2+} + 2\ Br^-$

redução

O potencial de redução do par Br_2/Br^- (E_2^0) é maior que do par Cu^{2+}/Cu (E_3^0), pois o bromo sofre redução em contato com o metal Cu.

$$E_2^0 > E_3^0$$

Conclusão: $E_1^0 > E_2^0 > E_3^0$

21. (UCS – RS) Um agricultor, querendo apresentar a dissolução do sulfato de cobre dentro de um tanque de polietileno com água, utilizou, para agitá-la, uma enxada nova de ferro, limpa e sem pintura. Após algum tempo, retirou a enxada da solução e percebeu que ela mudara de cor, ficando avermelhada. A partir disso, conclui-se que houve uma reação química sobre a enxada. Esse processo tem sua explicação no fato de:

a) o íon cobre da solução ter reduzido o ferro da enxada;
b) o ferro da enxada ser mais nobre do que o cobre;
c) o íon ferro ter agido como oxidante;
d) o íon cobre da solução ter oxidado o ferro da enxada;
e) o íon cobre ter agido como redutor.

22. (MACKENZIE – SP) Uma mistura de alumínio e prata, finamente divididos, foi colocada num béquer contendo ácido clorídrico. Observou-se liberação de gás. Consultando a tabela de potenciais-padrão de redução, pode-se afirmar que:

Semiequações	E⁰(V)
$Ag^{1+} + e^- \longrightarrow Ag$	+0,80
$Al^{3+} + 3e^- \longrightarrow Al$	−1,66
$2\ H^{1+} + 2e^- \longrightarrow H_2$	0,00
$Cl_2 + 2e^- \longrightarrow 2\ Cl^-$	+1,36

a) dos metais, somente a prata reagiu.
b) foi liberado gás cloro.
c) uma mistura de gases hidrogênio e cloro foi liberada.
d) os dois metais reagiram com o ácido.
e) dos metais, somente o alumínio reagiu.

23. (UFC – CE) O ácido láctico é produzido no organismo humano através de um processo de transferência de elétrons, termodinamicamente espontâneo, envolvendo o ácido pirúvico ($CH_3COCOOH$).

A equação, simplificada, representativa deste processo é:

I. $CH_3COCOOH + H^+ + \mathbf{A} \longrightarrow CH_3CHOHCOOH + \mathbf{B}$
ácido pirúvico — ácido láctico

Dados os potenciais-padrão de redução das seguintes semirreações:

II. $CH_3COCOOH + 2\ H^+ + 2e^- \longrightarrow CH_3CHOHCOOH$
ácido pirúvico — ácido láctico
$E^0 = -190\ mV$

III. $NAD^+ + H^+ + 2e^- \longrightarrow NADH$ $E^0 = -320\ mV$
(NAD = Nicotina Adenosina Difosfato)

Com base nessas informações, pede-se:

a) identificar as espécies **A** e **B**, na equação de reação I. Justifique.
b) calcular o potencial-padrão da reação I.
c) identificar os agentes oxidante e redutor, na reação I.

24. (ITA – SP) Considere a seguinte sequência ordenada de pares de oxidorredução:

$$Zn(c) \rightleftarrows 2e^- + Zn^{2+}(aq)$$
$$Fe(c) \rightleftarrows 2e^- + Fe^{2+}(aq)$$
$$H_2(g) \rightleftarrows 2e^- + 2\ H^+(aq)$$
$$Cu(c) \rightleftarrows 2e^- + Cu^{2+}(aq)$$
$$2\ Fe^{2+}(aq) \rightleftarrows 2e^- + 2\ Fe^{3+}(aq)$$
$$NO_2(g) + H_2O(l) \rightleftarrows e^- + NO_3^-(aq) + 2\ H^+(aq)$$

Em relação a esta sequência, são feitas as afirmações seguintes, supondo sempre reagentes no seu estado-padrão:

I. O íon ferroso é oxidante frente ao zinco metálico, mas não o é frente ao cobre metálico.
II. Cobre metálico pode ser dissolvido por uma solução de sal férrico.
III. Cobre metálico pode ser atacado por uma solução de ácido nítrico.
IV. Zinco metálico é menos nobre do que ferro metálico.
V. Colocando ferro metálico em excesso dentro de uma solução de sal férrico, acabaremos tendo uma solução de sal ferroso.

Em relação a essas afirmações, podemos dizer que:

a) Todas são certas.
b) Todas são erradas.
c) Só as de números pares são certas.
d) Apenas IV é errada.
e) Apenas II e III são erradas.

25. (UFRJ) São fornecidos os seguintes potenciais de redução, determinados a 25 °C.

$Mg^{2+}(aq) + 2e^- \rightleftarrows Mg(s)$ $E^0 = -2,4\ V$
$Cu^{2+}(aq) + 2e^- \rightleftarrows Cu(s)$ $E^0 = +0,34\ V$

a) Em solução aquosa, é possível obter magnésio metálico por reação de redução de sal do seu cátion com cobre metálico? Justifique a resposta.
b) Escreva a equação da reação química que ocorre em uma pilha que funcione em condições-padrão a 25 °C, baseada nas duas semirreações apresentadas.

26. Considere três frascos existentes em um laboratório de química contendo soluções de íons Cu^{2+}, Zn^{2+}, Pb^{2+}:

sol. de Cu2+
sol. de Zn2+
sol. de Pb2+

As equações abaixo representam as reações químicas possíveis desses íons com os metais chumbo (Pb) e zinco (Zn).

$$Cu^{2+}(aq) + Pb(s) \rightleftharpoons Cu(s) + Pb^{2+}(aq)$$

$$Cu^{2+}(aq) + Zn(s) \rightleftharpoons Cu(s) + Zn^{2+}(aq)$$

$$Pb^{2+}(aq) + Zn(s) \rightleftharpoons Pb(s) + Zn^{2+}(aq)$$

De acordo com a descrição acima, responda qual é a afirmativa incorreta:

a) A solução de Pb^{2+} pode ser armazenada em um recipiente de Cu.
b) A solução de Zn^{2+} pode ser armazenada em um recipiente de Cu.
c) A solução de Zn^{2+} pode ser armazenada em um recipiente de Pb.
d) A solução de Pb^{2+} pode ser armazenada em um recipiente de Zn.
e) A solução de Zn^{2+} pode ser armazenada em um recipiente de Zn.

27. (FATEC – SP) A ilustração refere-se a um experimento em que lâminas metálicas são imersas em soluções de solutos iônicos.

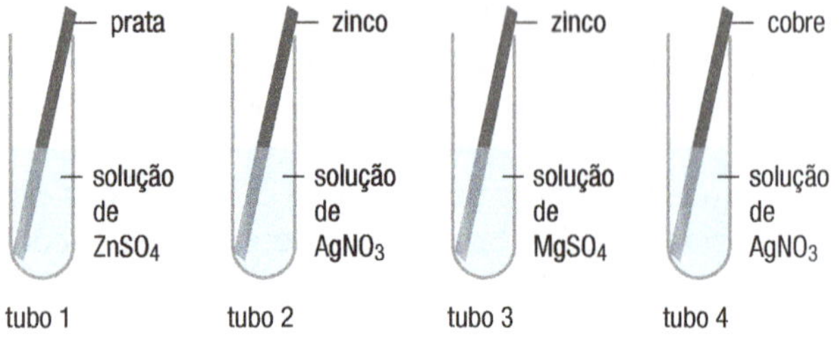
prata
solução de ZnSO4
tubo 1
zinco
solução de AgNO3
tubo 2
zinco
solução de MgSO4
tubo 3
cobre
solução de AgNO3
tubo 4

Analisando-se os valores dos E^0 de redução:

$E^0_{Cu^{2+}/Cu} = +0,34\ V$ $E^0_{Ag^{+}/Ag} = +0,80\ V$
$E^0_{Zn^{2+}/Zn} = -0,76\ V$ $E^0_{Mg^{2+}/Mg} = -2,37\ V$

pode-se concluir que não serão observados sinais de transformação química

a) no tubo 1.
b) nos tubos 2 e 3.
c) no tubo 2.
d) nos tubos 1 e 3.
e) no tubo 4.

28. (FGV) Fontes alternativas de energia têm sido foco de interesse global como a solução viável para crescentes problemas do uso de combustíveis fósseis. Um exemplo é a célula a combustível microbiológica que emprega como combustível a urina. Em seu interior, compostos contidos na urina, como ureia e resíduos de proteínas, são transformados por microrganismos que constituem um biofilme no ânodo de uma célula eletroquímica que produz corrente elétrica.

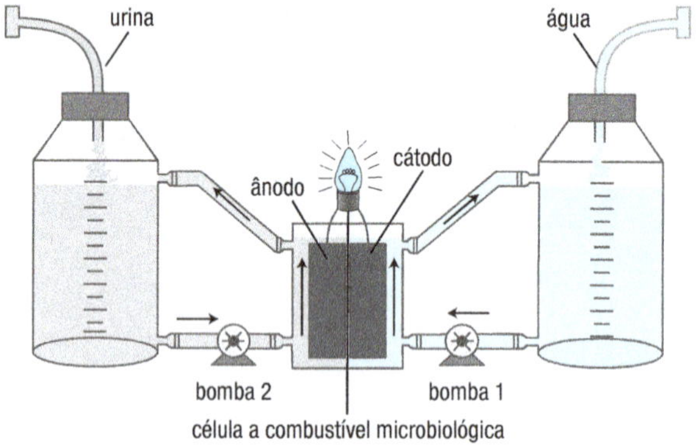
urina
água
ânodo
cátodo
bomba 2
bomba 1
célula a combustível microbiológica

(http://www.rsc.org/chemistryworld/News/2011/October/31101103.asp. Adaptado.)

Sobre essa célula eletroquímica, é correto afirmar que, quando ela entra em operação com a geração de energia elétrica, o biofilme promove a

a) oxidação, os elétrons transitam do ânodo para o cátodo e o cátodo é o polo positivo da célula.
b) oxidação, os elétrons transitam do cátodo para o ânodo, e o cátodo é o polo positivo da célula.
c) oxidação, os elétrons transitam do ânodo para o cátodo, e o cátodo é o polo negativo da célula.
d) redução, os elétrons transitam do ânodo para o cátodo, e o cátodo é o polo positivo da célula.
e) redução, os elétrons transitam do cátodo para o ânodo, e o cátodo é o polo negativo da célula.

29. (CEFET – PR) Pequenos pregos galvanizados têm o poder de descolorir uma solução de iodo/iodeto, mas se adicionarmos uma solução de água sanitária à mistura, a cor da solução de iodo/iodeto reaparece.

1ª observação:

$Zn^{2+}(aq) + 2e^- \longrightarrow Zn(s)$ $E = -0{,}76\ V$
$I_2(aq) + 2e^- \longrightarrow 2\ I^-$ $E = +0{,}54\ V$

2ª observação:

$I_2 + 2e^- \longrightarrow 2\ I^-(aq)$ $E = +0{,}54\ V$

$ClO^-(aq) + H_2O(l) + 2e^- \longrightarrow Cl^-(aq) + 2\ OH^-(aq)$
$E = +0{,}84\ V$

Julgue as afirmativas:

I. Na observação 1 o agente redutor é o iodo.
II. Na observação 1 a cor do iodo desaparece devido à redução do iodo a iodeto.
III. Na observação 2 o íon hipoclorito sofre redução e o iodeto, oxidação.
IV. Na observação 2 os elétrons migram do iodeto para o hipoclorito.

Somente estão corretas:

a) I, II e III.
b) II, III e IV.
c) I, III e IV.
d) I e II.
e) I e III.

30. (UFSCar – SP) Deseja-se armazenar uma solução de $NiCl_2$, cuja concentração é de 1 mol/L a 25 °C, e para isso dispõe-se de recipiente de:

I. cobre;
II. lata comum (revestimento de estanho);
III. ferro galvanizado (revestimento de zinco);
IV. ferro.

Dados os potenciais-padrão de redução:

$Zn^{2+}(aq) + 2e^- \rightleftarrows Zn(s)$ $-0{,}76\ V$
$Fe^{2+}(aq) + 2e^- \rightleftarrows Fe(s)$ $-0{,}44\ V$
$Ni^{2+}(aq) + 2e^- \rightleftarrows Ni(s)$ $-0{,}25\ V$
$Sn^{2+}(aq) + 2e^- \rightleftarrows Sn(s)$ $-0{,}14\ V$
$Cu^{2+}(aq) + 2e^- \rightleftarrows Cu(s)$ $+0{,}34\ V$

a solução de $NiCl_2$ poderá ser armazenada, sem que haja redução dos íons Ni^{2+} da solução, nos recipientes:

a) I e II, apenas.
b) I, II e IV, apenas.
c) III e IV, apenas.
d) I, III e IV, apenas.
e) I, II, III e IV.

31. (FUVEST – SP) Quer se guardar, a 25 °C, uma solução aquosa 1 mol/L de $SnCl_2$. Dispõe-se de recipiente de:

I. ferro;
II. ferro galvanizado (ferro revestido de Zn);
III. lata comum (ferro revestido de Sn);
IV. cobre.

Potenciais-padrão de redução (volt):

$Zn^{2+} + 2e^- \longrightarrow Zn$ $-0{,}76$
$Fe^{2+} + 2e^- \longrightarrow Fe$ $-0{,}44$
$Sn^{2+} + 2e^- \longrightarrow Sn$ $-0{,}14$
$Cu^{2+} + 2e^- \longrightarrow Cu$ $+0{,}34$

Examinando-se a tabela dos potenciais-padrão de redução apresentada, conclui-se que essa solução de $SnCl_2$ pode ser guardada sem reagir com o material do recipiente apenas em:

a) IV. b) I e II. c) III e IV. d) I, II e III. e) I, II e IV.

32. (FATEC – SP) Considere a seguinte tabela, que fornece potenciais-padrão de redução.

Semirreação	E⁰ (V)
$Mg^{2+}(aq) + 2e^- \longrightarrow Mg(s)$	–2,37
$Cr^{3+}(aq) + 3e^- \longrightarrow Cr(s)$	–0,74
$2\ H^+(aq) + 2e^- \longrightarrow H_2(g)$	0,00
$Ag^+(aq) + e^- \longrightarrow Ag(s)$	0,80

Com base nesses dados, considere as seguintes transformações:

I. $H_2(g) + 2\ Ag^+(aq) \longrightarrow 2\ Ag(s) + 2\ H^+(aq)$
II. $2\ Cr(s) + 3\ Mg^{2+}(aq) \longrightarrow 3\ Mg(s) + 2\ Cr^{3+}(aq)$
III. $Mg(s) + 2\ H^+(aq) \longrightarrow Mg^{2+}(aq) + H_2(g)$
IV. $3\ Ag(s) + Cr^{3+}(aq) \longrightarrow 3\ Ag^+(aq) + Cr(s)$

As únicas transformações espontâneas nas condições-padrão são:

a) I e II. b) I e III. c) II e III. d) II e IV. e) III e IV.

33. (UFCE) A aplicação de "ondas pemanentes" nos cabelos femininos (cabelos cacheados) ocorre por uma reação de oxidação da cisteína (R-SH) à cistina (R-S-SR). Do modo contrário, para remover as ondas permanentes dos cabelos, é necessário promover-se uma reação de redução de cistina à cisteína.

$$R\text{-}S\text{-}S\text{-}R + 2e^- \xrightarrow{2\,H^+} 2\,R\text{-}SH \quad E^0 = -340\text{ mV}$$

Dados os potenciais de redução das seguintes espécies químicas:

$HSCH_2COONH_4$	$E^0 = -560$ mV
H_2O_2	$E^0 = 1.780$ mV
$KMnO_4$	$E^0 = 1.520$ mV
$Cu(OH)_2$	$E^0 = -360$ mV

Assinale a alternativa que relaciona, respectivamente, os compostos adequados à aplicação de ondas permanentes e à remoção, considerando-se somente o ponto de vista termodinâmico.

a) $Cu(OH)_2$ e $KMnO_4$.
b) $HSCH_2COONH_4$ e $KMnO_4$.
c) H_2O_2 e $HSCH_2COONH_4$.
d) H_2O_2 e $KMnO_4$.
e) HSH_2COONH_4 e $Cu(OH)_2$.

34. (UNICSAL) As pilhas ou células eletroquímicas presentes no nosso cotidiano são utilizadas em brinquedos, equipamentos eletrônicos, relógios etc. São dispositivos que transformam energia química em energia elétrica por meio de reações de oxirredução espontâneas. O esquema representa uma célula eletroquímica.

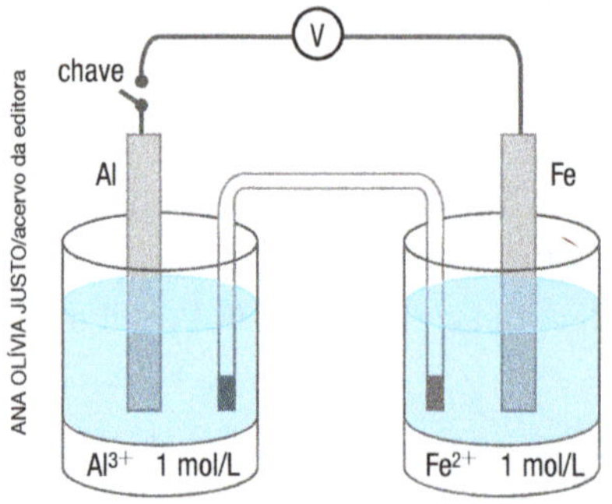
chave
V
Al
Fe
Al^{3+} 1 mol/L
Fe^{2+} 1 mol/L
ANA OLÍVIA JUSTO/acervo da editora

$Al^{+3} + 3e^- \longrightarrow Al \quad E^0 = -1{,}66$ V
$Fe^{2+} + 2e^- \longrightarrow Fe \quad E^0 = -0{,}44$ V

Sobre essa célula, constata-se que

a) o eletrodo de ferro é o ânodo.
b) ao fechar a chave do circuito, o fluxo de elétrons migrará do eletrodo de alumínio para o eletrodo de ferro.
c) a massa do eletrodo de ferro diminui.
d) ao agitar uma solução de $Fe(NO_3)_2$ com uma colher de alumínio, nada acontecerá com a colher.
e) o eletrodo de alumínio é o cátodo.

35. (PUC – SP) **Dado:** Todas as soluções aquosas citadas apresentam concentração 1 mol · L^{-1} do respectivo cátion metálico.

A figura a seguir apresenta esquema da pilha de Daniell:

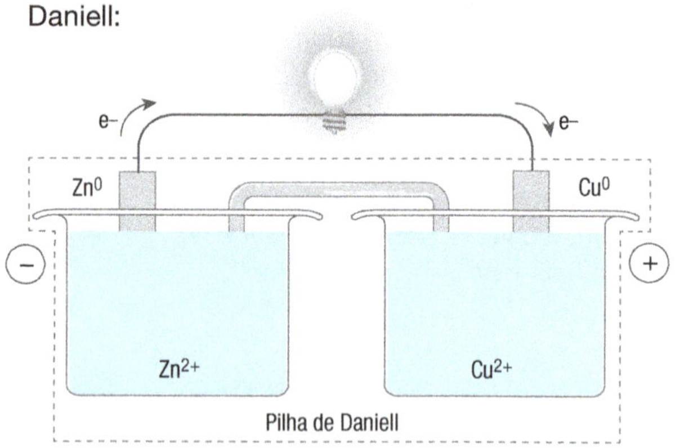
e-
e-
Zn^0
Cu^0
−
+
Zn^{2+}
Cu^{2+}
Pilha de Daniell

http://quimicasemsegredos.com/eletroquimica pilhas.php

Nessa representação o par Zn/Zn^{2+} é o ânodo da pilha, enquanto que o par Cu^{2+}/Cu é o cátodo. A reação global é representada por:

$$Zn(s) + Cu^{2+}(aq) \longrightarrow Zn^{2+}(aq) + Cu(s) \quad \Delta E = 1{,}10\text{ V}$$

Ao substituirmos a célula contendo o par Zn/Zn^{2+} por Al/Al^{3+}, teremos a equação

$$2\,Al(s) + 3\,Cu^{2+}(aq) \longrightarrow 2\,Al^{3+}(aq) + 3\,Cu(s) \quad \Delta E = 2{,}00\text{ V}$$

Uma pilha utilizando as células Al/Al^{3+} e Zn/Zn^{2+} é melhor descrita por

	ânodo	cátodo	ΔE(V)
a)	Zn/Zn^{2+}	Al^{3+}/Al	3,10
b)	Zn/Zn^{2+}	Al^{3+}/Al	0,90
c)	Al/Al^{3+}	Zn^{2+}/Zn	3,10
d)	Al/Al^{3+}	Zn^{2+}/Zn	1,55
e)	Al/Al^{3+}	Zn^{2+}/Zn	0,90

36. (PUC – SP) **Dados:** Tabela de potenciais padrão de redução (E^0_{red})

$Zn^{2+}(aq) + 2e^- \rightleftarrows Zn(s)$	−0,76
$Fe^{2+}(aq) + 2e^- \rightleftarrows Fe(s)$	−0,44
$Cd^{2+}(aq) + 2e^- \rightleftarrows Cd(s)$	−0,40
$Co^{2+}(aq) + 2e^- \rightleftarrows Co(s)$	−0,28
$Sn^{2+}(aq) + 2e^- \rightleftarrows Sn(s)$	−0,14
$Pb^{2+}(aq) + 2e^- \rightleftarrows Pb(s)$	−0,13
$2\,H^+(aq) + 2e^- \rightleftarrows H_2(s)$	0,00
$Cu^{2+}(aq) + 2e^- \rightleftarrows Cu(s)$	+0,34
$Ag^+(aq) + 2e^- \rightleftarrows Ag(s)$	+0,80

Foram realizadas as seguintes observações experimentais a respeito da reatividade dos metais:

- O metal crômio (Cr) reage com solução aquosa contendo ferro (II), formando cátions crômio (III) em solução e ferro metálico.
- Ferro metálico (Fe) reage com solução contendo cátions níquel (II), formando níquel metálico (Ni) e cátions ferro (II).
- O metal cobre (Cu) não reage com solução contendo íons níquel (II).

Analisando a tabela de potenciais padrão de redução e os dados experimentais fornecidos, conclui-se que os melhores valores para os potenciais padrão de redução dos pares Cr^{3+}/Cr e Ni^{2+}/Ni são

a) $E^0_{red}(Cr^{3+}/Cr) = +0,60$ V; $E^0_{red}(Ni^{2+}/Ni) = +0,20$ V.

b) $E^0_{red}(Cr^{3+}/Cr) = -0,30$ V; $E^0_{red}(Ni^{2+}/Ni) = -0,25$ V.

c) $E^0_{red}(Cr^{3+}/Cr) = -0,74$ V; $E^0_{red}(Ni^{2+}/Ni) = -0,50$ V.

d) $E^0_{red}(Cr^{3+}/Cr) = -0,30$ V; $E^0_{red}(Ni^{2+}/Ni) = +0,50$ V.

e) $E^0_{red}(Cr^{3+}/Cr) = -0,74$ V; $E^0_{red}(Ni^{2+}/Ni) = -0,25$ V.

37. (UNIFESP) As vitaminas C e E, cujas formas estruturais são apresentadas a seguir, são consideradas antioxidantes, pois impedem que outras substâncias sofram destruição oxidativa, oxidando-se em seu lugar. Por isso, são muito utilizadas na preservação de alimentos.

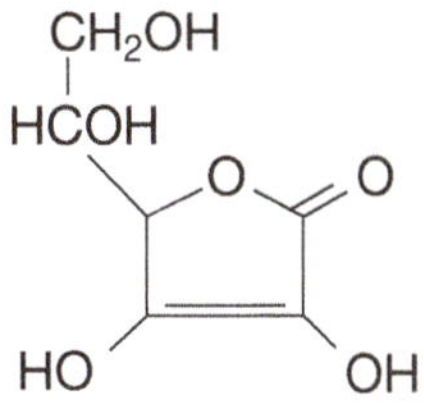
CH2OH
HCOH
O
O
HO
OH

vitamina C

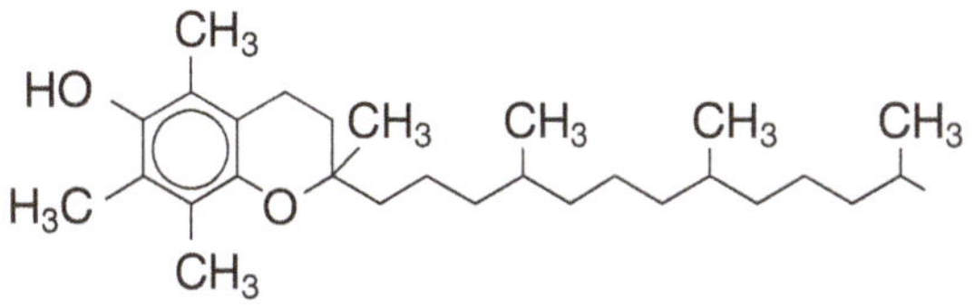
CH3
HO
CH3
CH3
CH3
CH3
H3C
O
CH3

vitamina E

A vitamina E impede que as moléculas de lipídios sofram oxidação dentro das membranas da célula, oxidando-se em seu lugar. A sua forma oxidada, por sua vez, é reduzida na superfície da membrana por outros agentes redutores, como a vitamina C, a qual apresenta, portanto, a capacidade de regenerar a vitamina E.

a) Explique, considerando as fórmulas estruturais, por que a vitamina E é um antioxidante adequado na preservação de óleos e gorduras (por exemplo, a margarina), mas não o é para sucos concentrados de frutas.

b) Com base no texto, responda e justifique:
Qual das duas semirreações seguintes, I ou II, deve apresentar maior potencial de redução?

I. Vit. C (oxidada) + $ne^- \rightleftarrows$ Vit. C
II. Vit. E (oxidada) + $ne^- \rightleftarrows$ Vit. E

Qual vitamina, C ou E, é melhor antioxidante (redutor)?

38. (UEMG) Pilhas são dispositivos que produzem corrente elétrica, explorando as diferentes capacidades das espécies de perderem ou de ganharem elétrons. A figura abaixo mostra a montagem de uma dessas pilhas:

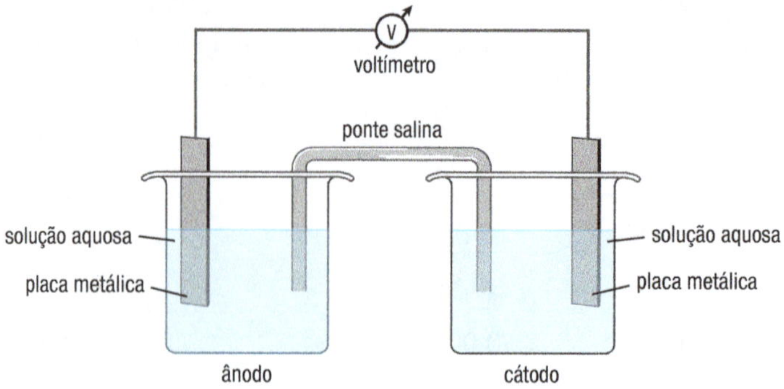

V
voltímetro
ponte salina
solução aquosa
placa metálica
solução aquosa
placa metálica
ânodo
cátodo

A seguir, estão representadas algumas semirreações e seus respectivos potenciais de redução, a 25 °C:

$Al^{3+}(aq) + 3e^- \longrightarrow Al(s)$ $E^0 = -1{,}66\ V$

$Ni^{2+}(aq) + 2e^- \longrightarrow Ni(s)$ $E^0 = -0{,}25\ V$

$Mg^{+2}(aq) + 2e^- \longrightarrow Mg(s)$ $E^0 = -2{,}37\ V$

$Fe^{+2}(aq) + 2e^- \longrightarrow Fe(s)$ $E^0 = -0{,}44\ V$

A pilha de maior diferença de potencial (ddp) pode ser constituída no ânodo e no cátodo, respectivamente, pelos eletrodos de

a) alumínio e magnésio.

b) magnésio e níquel.

c) alumínio e ferro.

d) ferro e níquel.

Exercícios Série Platina

1. (UNICAMP – SP) A festa já estava para teminar, mas nenhum dos convidados sabia o motivo dela... Sobre o balcão, Dina pousou nove copos, com diferentes soluções e nelas colocou pequenos pedaços dos metais cobre, prata e ferro, todos recentemente polidos, como mostra o desenho na situação inicial:

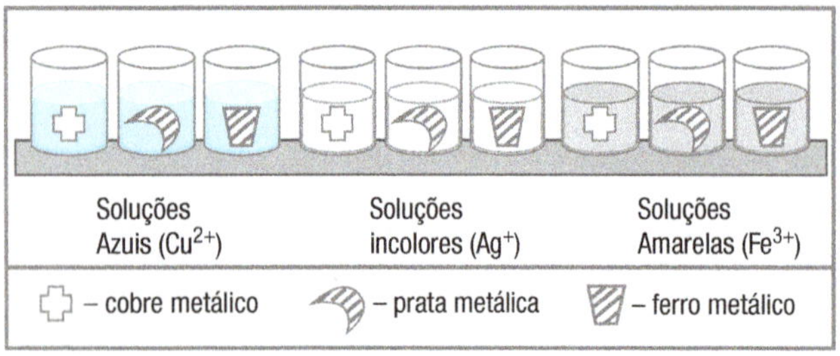

Soluções Azuis (Cu^{2+})
Soluções incolores (Ag^+)
Soluções Amarelas (Fe^{3+})
– cobre metálico
– prata metálica
– ferro metálico

"Para que a festa seja completa e vocês tenham mais uma pista do motivo da comemoração, respondam às perguntas", bradava Dina, eufórica, aos interessados:

a) "Em todos os casos onde há reação, um metal se deposita sobre o outro enquanto parte desse último vai para a solução. Numa das combinações, a cor do depósito não ficou muito diferente da cor do metal antes de ocorrer a deposição. Qual é o símbolo químico do metal que se depositou nesse caso? Justifique usando seus conhecimentos de química e os dados da tabela fornecidas".

b) "A solução que mais vezes reagiu tornou-se azulada, numa das combinações. Que solução foi essa? Qual a equação química da reação que aí ocorreu?"

Dados:

Par	Potencial padrão de redução/volts
Cu^{2+}/Cu^0	+0,34
Fe^3/Fe^0	−0,04
Ag^+/Ag^0	+0,80

2. (FUVEST - SP - adaptada) Dadas as semirreações:

$$Ni^{2+} + 2e^- \longrightarrow Ni$$

$$Cu^{2+} + 2e^- \longrightarrow Cu$$

a) Monte a pilha formada pelos eletrodos de níquel (polo negativo) e de cobre (polo positivo), indicando o fluxo de elétrons pelo fio, ânodo e o cátodo.

b) Escreva a equação química global da pilha.

c) O que acontece com as concentrações de Ni^{2+} e Cu^{2+} durante o funcionamento da pilha? Explique.

d) Explique a função da ponte salina.

e) Os dados da tabela a seguir sugerem que o princípio de Le Chatelier se aplica à reação química que acontece nessa pilha. Explique por que.

Experimento	$[Ni^{2+}]$/mol · L^{-1}	$[Cu^{2+}]$/mol · L^{-1}	Diferença de Potencial Elétrico (E)/V
A	0,1	1,0	0,62
B	1,0	1,0	0,59
C	1,0	0,1	0,56

Resolução:

a)

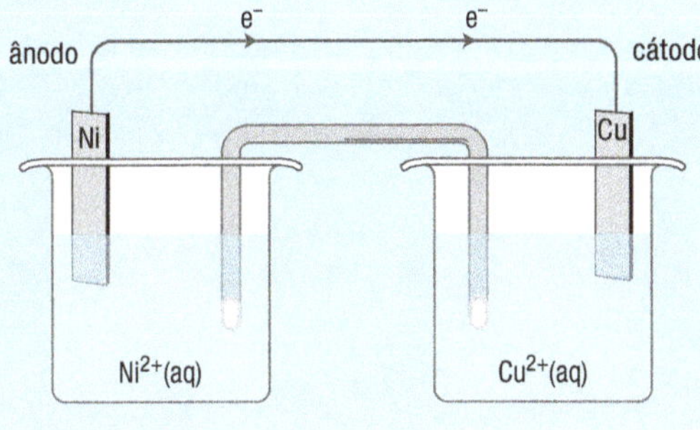

e⁻
e⁻
ânodo
cátodo
Ni
Cu
Ni2+(aq)
Cu2+(aq)

b) $Ni + Cu^{2+} \longrightarrow Ni^{2+} + Cu$

c) $[Cu^{2+}]$ diminui $[Ni^{2+}]$ aumenta

d) Manter a neutralidade das soluções.

e) B $\longrightarrow$ A Deslocamento para a direita, $[Ni^{2+}]$ diminui. (ΔE aumenta)

e) B $\longrightarrow$ C Deslocamento para esquerda, $[Cu^{2+}]$ diminui. (ΔE diminui)

3. (ENEM) A calda bordalesa é uma alternativa empregada no combate a doenças que afetam folhas de plantas. Sua produção consiste na mistura de uma solução aquosa de sulfato de cobre (II), $CuSO_4$, com óxido de cálcio, CaO, e sua aplicação só deve ser realizada se estiver levemente básica. A avaliação rudimentar da basicidade dessa solução é realizada pela adição de três gotas sobre uma faca de ferro limpa. Após três minutos, caso surja uma mancha avermelhada no local da aplicação, afirma-se que a calda bordalesa ainda não está com a basicidade necessária. O quadro apresenta os valores de potenciais-padrão de redução (E^0) para algumas semirreações de redução.

Semirreação de redução	E^0 (V)
$Ca^{2+} + 2e^- \longrightarrow Ca$	−2,87
$Fe^{3+} + 3e^- \longrightarrow Fe$	−0,04
$Cu^{2+} + 2e^- \longrightarrow Cu$	+0,34
$Cu^+ + e^- \longrightarrow Cu$	+0,52
$Fe^{3+} + e^- \longrightarrow Fe^{2+}$	+0,77

MOTTA, L. S. **Calda bordalesa:** utilidades e preparo. Dourados: Embrapa, 2008 (adaptado).

A equação química que representa a reação de formação da mancha avermelhada é:

a) $Ca^{2+}(aq) + 2\,Cu^+(aq) \longrightarrow Ca(s) + 2\,Cu^{2+}(aq)$

b) $Ca^{2+}(aq) + 2\,Fe^{2+}(aq) \longrightarrow Ca(s) + 2\,Fe^{3+}(aq)$

c) $Cu^{2+}(aq) + 2\,Fe^{2+}(aq) \longrightarrow Cu(s) + 2\,Fe^{3+}(aq)$

d) $3\,Ca^{2+}(aq) + 2\,Fe(s) \longrightarrow 3\,Ca(s) + 2\,Fe^{3+}(aq)$

e) $3\,Cu^{2+}(aq) + 2\,Fe(s) \longrightarrow 3\,Cu(s) + 2\,Fe^{3+}(aq)$

4. (UNESP) Uma das vantagens da utilização de reagentes oxidantes na purificação da água, comparando com outros tipos de tratamento, é que os produtos da oxidação química de compostos orgânicos são apenas o dióxido de carbono e a água. Na tabela a seguir são listados alguns agentes oxidantes com seus potenciais-padrão de redução.

Agente oxidante	Potencial-padrão de redução (em meio ácido) – E⁰ (V)
Cl_2	1,36
H_2O_2	1,78
OCl^-	1,63
MnO_4^-	1,51
O_3	2,07

Considerando apenas os parâmetros termodinâmicos apresentados,

a) forneça o nome do agente que é menos eficiente para a oxidação de material orgânico (justifique sua resposta).

b) escreva a equação que representa a semirreação de redução desse agente.

5. (PUC – RJ) Conhecendo-se as semirreações da pilha seca (pilha de Leclanché) e seus respectivos potenciais de redução:

$Zn^{2+}(aq) + 2e^- \longrightarrow Zn(s)$ $E^0 = -0,76$ V

$2\ NH_4^+(aq) + 2\ MnO_2(s) + 2e^- \longrightarrow$

$\longrightarrow Mn_2O_3(s) + H_2O(l) + 2\ NH_3(aq)$ $E^0 = +0,74$ V

Faça o que se pede:

a) Escreva a equação da semirreação que ocorre no ânodo da pilha.

b) Escreva a equação da reação global da pilha seca e calcule a sua diferença de potencial (ΔE^0).

c) Considerando a estequiometria da reação global da pilha, cacule a quantidade máxima, em grama, de Mn_2O_3 que pode ser obtida a partir de 0,04 mol de MnO_2.

Dados: Mn = 55, O = 16.

6. Dispondo de duas placas de zinco, duas de estanho, duas de prata e soluções correspondentes, um pesquisador construiu três pilhas diferentes que foram empregadas na montagem de uma bateria.

Utilizando os potenciais de redução apresentados:

$Zn^{2+} + 2e^- \longrightarrow Zn$ $E^0 = -0,76$ V

$Sn^{2+} + 2e^- \longrightarrow Sn$ $E^0 = -0,14$ V

$Ag^+ + e^- \longrightarrow Ag$ $E^0 = +0,80$ V

Determine:

a) a ddp das pilhas formadas pelos pares: Zn e Sn, Zn e Ag, Sn e Ag;

b) a ddp da bateria construída com essas 3 pilhas conectadas em série.

7. (FUVEST – SP) Com base nas seguintes equações de semirreações e dados os respectivos potenciais-padrão de redução,

Semirreações	E⁰ (volt)
$H_2O(l) + e^- \rightleftharpoons 1/2\ H_2(g) + OH^-(aq)$	−0,83
$Al(OH)_4^-(aq) + 3e^- \rightleftharpoons Al(s) + 4\ OH^-(aq)$	−2,33
$Cu(OH)_2(s) + 2e^- \rightleftharpoons Cu(s) + 2\ OH^-(aq)$	−0,22

Responda:

a) Objetos de alumínio e objetos de cobre podem ser lavados com solução aquosa alcalina sem que ocorra a corrosão do metal? Justifique, formulando as equações químicas adequadas.

b) Qual dos metais, cobre ou alumínio, é melhor redutor em meio alcalino? Explique.

Corrosão e Pilhas Comerciais

Capítulo 20

1. Conceito de corrosão

A corrosão é uma **oxidação natural** que ocorre na superfície de um metal em contato com o ar. Esse fenômeno provoca alteração na superfície metálica.

corrosão
↓
ar
______________________ metal: M

$M \longrightarrow M^{x+} + e^-$

A maioria dos metais se oxida na presença de ar, e tal processo pode ser explicado pelo fato dos cátions metálicos possuírem menor potencial de redução que o oxigênio.

$$\frac{1}{2}O_2 + H_2O + 2e^- \longrightarrow 2\,OH^- \qquad E^0 = 0{,}40\ V$$

$$M^{x+} + e^- \longrightarrow M \qquad E^0 < +0{,}40\ V$$

(exceto Au, Pt)

Com exceção do Au e Pt, todos os metais que encontramos em nosso cotidiano sofrem corrosão com maior ou menor intensidade.

2. Corrosão do cobre

O cobre e algumas de suas ligas em contato com ar úmido e CO_2 são recobertos por uma camada esverdeada chamada de azinhavre. A equação química do processo é:

$$2\,Cu + O_2 + H_2O + CO_2 \longrightarrow \underbrace{Cu(OH)_2 + CuCO_3}_{\text{azinhavre}}$$

Essa camada esverdeada pode ser removida usando uma solução diluída de um ácido fraco por exemplo, vinagre.

3. Corrosão do alumínio

A corrosão do alumínio não é muito intensa devido à formação de uma película protetora (espessura da ordem de 10^{-5} mm) de Al_2O_3. Esta película previne a penetração de, por exemplo, água e íons de hidrogênio, que podem levar à corrosão do alumínio

$$4\,Al + 3\,O_2 \longrightarrow \underset{\text{película protetora}}{2\,Al_2O_3}$$

Os íons cloreto provenientes, por exemplo, da maresia (ambiente marinho) dificultam a formação da película Al_2O_3, pois os íons Al^{3+} são atraídos pelos íons Cl^- formando $AlCl_3$. Nesses locais ocorre a oxidação do alumínio, o que acelera o seu processo de corrosão.

4. Corrosão da prata

As manchas escuras que se formam sobre objetos de prata são, geralmente, películas de sulfeto de prata (Ag_2S) formadas na reação da prata com H_2S e que são encontrados em certos alimentos (ovo, cebola) e o ar. A equação química do processo é:

$$Ag + H_2S + \frac{1}{2}O_2 \longrightarrow Ag_2S + H_2O$$

cebola, ovo, ar — mancha escura

Para limpar a prata, coloca-se o objeto escurecido para ferver em uma panela de alumínio com água e detergente. O detergente retira a gordura da mancha e da panela, facilitando a reação do alumínio da panela com Ag_2S, regenerando a prata, com seu brilho característico. As semiequações envolvidas são:

$$Al \longrightarrow Al^{3+} + 3e^- \qquad (\times 2)$$

$$Ag_2S + 2e^- \longrightarrow 2\,Ag + S^{2-} \qquad (\times 3)$$

A equação global

$$2\,Al + 3\,Ag_2S \longrightarrow 6\,Ag + Al_2S_3$$

5. Corrosão do ferro

O ferro sofre corrosão na presença de O_2 e H_2O. O sólido formado é chamado de ferrugem. Vamos exemplificar com uma esponja de lã de aço (Fe + C).

Experimento	Condições	Oxidação da esponja
1	esponja seca, em contato com ar seco	não
2	esponja seca, em contato com o ar úmido	sim
3	esponja mergulhada em água	sim

Conclusão: a formação de ferrugem necessita tanto de O_2 como de H_2O.

Equação geral: $2\,Fe + \frac{3}{2}O_2 + x\,H_2O \longrightarrow Fe_2O_3.x\,H_2O$

5.1 Mecanismo da corrosão

Vamos considerar um pedaço de ferro em contato com O_2 e uma gota de água. No pedaço de ferro teremos uma região onde vai ocorrer a oxidação e outra região onde vai ocorrer a redução.

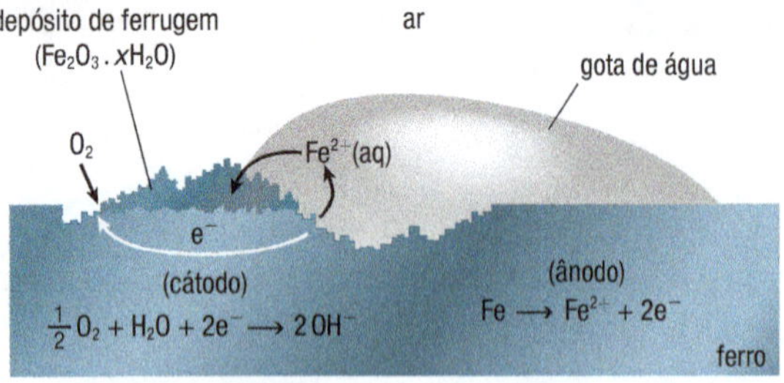
depósito de ferrugem
($Fe_2O_3 . xH_2O$)
ar
gota de água
O_2
$Fe^{2+}(aq)$
e^-
(cátodo)
$\frac{1}{2}O_2 + H_2O + 2e^- \longrightarrow 2OH^-$
(ânodo)
$Fe \longrightarrow Fe^{2+} + 2e^-$
ferro

Corrosão do ferro em contato com a água.

- Uma região da superfície do metal (dentro da gota) serve de ânodo, onde ocorre a oxidação representada por:

$$Fe(s) \longrightarrow \underset{\text{gota}}{Fe^{2+}(aq)} + \underset{\text{metal}}{2e^-}$$

Esse processo resulta na formação de pequenos buracos na superfície do ferro.

- Uma outra região (provavelmente contendo outros metais), que serve de cátodo, onde os elétrons cedidos pelo ferro reduzem o O_2 atmosférico, representada por:

$$\frac{1}{2}O_2(g) + 2e^- + H_2O(l) \longrightarrow 2\,OH^-(aq)$$

Essa semirreação ocorre na periferia da gota, pois a concentração de O_2 é maior.

- Os íons Fe^{2+} que estão dissolvidos na gota se encontram com os íons OH^- produzindo $Fe(OH)_2(s)$:

$$Fe^{2+}(aq) + 2\,OH^-(aq) \longrightarrow Fe(OH)_2(s)$$

Concluímos que:

$$\text{ânodo: } Fe(s) \longrightarrow Fe^{2+}(aq) + 2e^-$$

$$\text{cátodo: } \frac{1}{2}O_2 + 2e^- + H_2O(l) \longrightarrow 2\,OH^-(aq)$$

$$Fe(s) + \frac{1}{2}O_2 + H_2O(l) \longrightarrow Fe(OH)_2(s)$$

Uma parte de $Fe(OH)_2$ é oxidada a $Fe(OH)_3$.

$$2\,Fe(OH)_2(s) + \frac{1}{2}O_2(g) + H_2O(l) \longrightarrow 2\,Fe(OH)_3(s)$$

A ferrugem é uma mistura de $Fe(OH)_2$ e $Fe(OH)_3$ que é formada na superfície do ferro. A ferrugem é um sólido poroso que não fica grudado na superfície do ferro, deixando o ferro novamente sujeito a oxidação.

Quando a quantidade de água é desprezível podemos representar a oxidação do $Fe(OH)_2$ da seguinte maneira:

$$2\,Fe(OH)_2(s) + \frac{1}{2}O_2(g) \longrightarrow \underset{\text{preto}}{Fe_2O_3.H_2O(s)} + H_2O(l)$$

5.2 Fatores que aceleram a ferrugem

- A presença, no ar, de CO_2, SO_2, SO_3 e outras substâncias ácidas acelera a corrosão, pois deslocam a reação catódica para a direita. A corrosão é também acelerada por várias bactérias que tornam mais ácido o meio.

$$\text{cátodo: } \frac{1}{2}O_2 + 2e^- + H_2O \longrightarrow 2\,OH^-$$

Em meio ácido, a redução do O_2 será mais intensa.

- Nas regiões litorâneas, a gota de água contém sais dissolvidos (principalmente NaCl) que aceleram a formação da ferrugem.

Como o processo de corrosão corresponde a uma pilha, o NaCl dissolvido atua como uma solução de ponte salina, isto é, os cátions Na^+ se dirigem ao cátodo e os ânions Cl^- se dirigem ao ânodo, constituindo a corrente iônica.

5.3 Diferença entre corrosão do ferro e alumínio

A corrosão do alumínio forma Al_2O_3, que é uma película fina que fica aderida à superfície do metal evitando a oxidação do alumínio.

$4\,Al + 3\,O_2 \longrightarrow 2\,Al_2O_3$ (composto iônico) película aderente (pó fino que preenche os poros do metal)

A corrosão do ferro forma a ferrugem que não fica na superfície do metal, ou seja, a ferrugem (mistura de $Fe(OH)_2$, $Fe(OH)_3$) não preenche os poros do ferro.

5.4 Como evitar a ferrugem?

5.4.1 Camada de tinta

Em portões e grades de ferro é usual lixar o metal (para eliminar a ferrugem formada) e aplicar, em seguida, uma ou mais demãos de tinta à base de zarcão (Pb_3O_4) que impede o ferro de ficar exposto ao ar e à água.

5.4.2 Ferro galvanizado

Chapas de aço podem ser protegidas por uma película de zinco, dando origem às chamadas chapas galvanizadas. Essa película é obtida mergulhando-se a chapa de aço em zinco derretido.

5.4.3 Lata comum

A lata comum, por exemplo, lata de conserva, é protegida por uma película de estanho (folha de Flandres) que impede o ferro de ficar exposto ao ar e à água.

Se a lata é riscada ou amassada a parte do revestimento de estanho se perde, o ferro exposto ao ar se oxida, sofrendo corrosão rapidamente.

Observando os potenciais-padrão:

$$Fe^{2+} + 2e^- \longrightarrow Fe \qquad E^0 = -0{,}44\ V$$

$$Sn^{2+} + 2e^- \longrightarrow Sn \qquad E^0 = -0{,}14\ V$$

A oxidação do ferro é mais intensa que a do estanho, portanto, haverá corrosão do ferro.

5.4.4 Metal de sacrifício

Para retardar a corrosão do ferro ou do aço em canalizações de água, oleodutos, cascos de navios, tanques subterrâneos de combustíveis, etc. é costume ligar, a essas estruturas, blocos de outro metal mais reativo do que o ferro, como o magnésio, o zinco etc. Esses metais tem um poder de oxidação maior do que o do ferro, portanto, dificultam a corrosão do ferro.

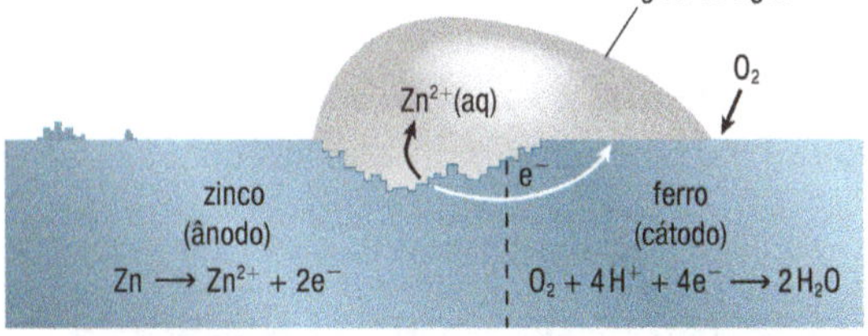

gota de água
O_2
$Zn^{2+}(aq)$
e^-
zinco
(ânodo)
$Zn \longrightarrow Zn^{2+} + 2e^-$
ferro
(cátodo)
$O_2 + 4H^+ + 4e^- \longrightarrow 2H_2O$

Proteção catódica do ferro em contato com o zinco.

$$Zn \longrightarrow Zn^{2+} + 2e^- \text{ mais intensa}$$

$$Fe \longrightarrow Fe^{2+} + 2e^- \text{ menos intensa}$$

O ferro funciona como cátodo no qual O_2 do ar é reduzido:

$$\frac{1}{2} O_2 + 2\,H^+ + 2e^- \longrightarrow H_2O$$

6. Pilha seca comum ou pilha de Leclanché ou pilha ácida

Inventada pelo francês George Leclanché por volta de 1865, ficou conhecida como "pilha seca" porque o meio eletrolítico nela presente não é simplesmente uma solução, mas uma pasta úmida contendo íons dissolvidos. Um corte da pilha é montado a seguir.

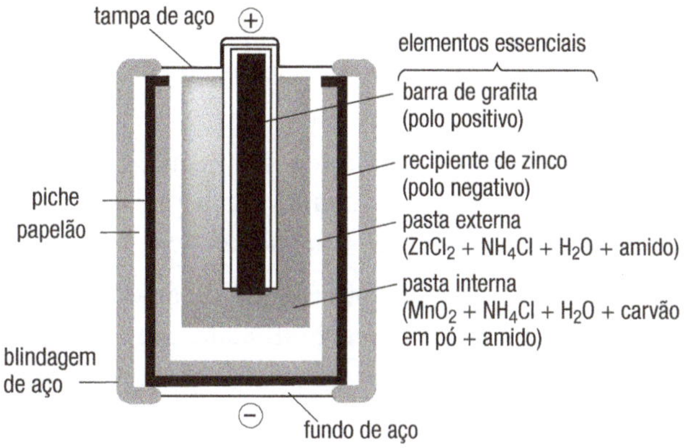

tampa de aço
+
elementos essenciais
barra de grafita
(polo positivo)
recipiente de zinco
(polo negativo)
piche
papelão
pasta externa
($ZnCl_2 + NH_4Cl + H_2O$ + amido)
pasta interna
($MnO_2 + NH_4Cl + H_2O$ + carvão em pó + amido)
blindagem de aço
−
fundo de aço

O recipiente de zinco é o local onde ocorre oxidação (ânodo). No meio da pilha temos uma barra de grafita que vai receber os elétrons provenientes da oxidação do zinco.

A pasta interna contém MnO_2 (sofre redução na barra de grafita, NH_4Cl (cátion NH_4^+ participa na semirreação de redução), H_2O (aumenta a mobilidade dos íons), carvão em pó (aumenta a condutividade elétrica) e amido (aglutinante).

A pasta externa contém $ZnCl_2$ (para retirar NH_3 formado ao redor da barra de grafita), NH_4Cl (repõe NH_4Cl na pasta interna), H_2O (aumenta a mobilidade dos íons) e amido (aglutinante).

As semirreações que ocorrem na pilha seca são, provavelmente:

Oxidação

$$Zn \longrightarrow Zn^{2+} + 2e^-$$

Redução

$$2\,MnO_2 \longrightarrow Mn_2O_3$$

$$2\,MnO_2 \longrightarrow Mn_2O_3 + H_2O$$

$$2\,MnO_2 + 2e^- \longrightarrow Mn_2O_3 + H_2O$$

$$2\,MnO_2 + 2\,NH_4^+ + 2e^- \longrightarrow Mn_2O_3 + H_2O + 2\,NH_3$$

$$Zn \longrightarrow Zn^{2+} + 2e^-$$

$$2\,MnO_2 + 2\,NH_4^+ + 2e^- \longrightarrow Mn_2O_3 + H_2O + 2\,NH_3$$

$$\overline{Zn + 2\,MnO_2 + 2\,NH_4^+ \longrightarrow Zn^{2+} + Mn_2O_3 + H_2O + 2\,NH_3}$$

A pilha cessará o seu funcionamento, quando o MnO_2 for totalmente consumido.

Após longo período de uso da pilha seca, o NH_3 formado ao redor da barra de grafita age como uma camada de isolante, o que acarreta uma drástica redução da voltagem. A função do $ZnCl_2$ é retirar o NH_3.

$$Zn^{2+} + 6\,NH_3 \longrightarrow \underset{\text{hexaminzinco}}{[\,Zn(NH_3)_6\,]^{2+}}$$

A presença de NH_4Cl e $ZnCl_2$ tornam a pasta ácida devido a hidrólise do NH_4^+ e do Zn^{2+}. Se a pasta ácida corroer o recipiente de Zn haverá vazamento, podendo danificar o aparelho em que a pilha está sendo usada, portanto, mesmo não estando totalmente descarregadas, as pilhas secas devem ser removidas dos aparelhos quando estes não forem usados durante períodos prolongados.

A vantagem das pilhas secas é que, por serem relativamente baratas, são muito usadas em lanternas, aparelhos de som portáteis, brinquedos etc.

A desvantagem das pilhas secas é a amônia gasosa formada ao redor da barra de grafita que age como uma camada isolante, o que acarreta uma drástica redução da voltagem.

7. Pilha alcalina

A pilha alcalina é um aprimoramento da pilha de Leclanché, onde a pasta de NH_4Cl e $ZnCl_2$ é substituída por KOH.

O ânodo também é feito de zinco metálico, que se oxida a íons zinco. O cátodo envolve a redução do MnO_2.

Oxidação — **Redução**

$Zn \longrightarrow Zn^{2+} + 2e^-$ — $2\,MnO_2 \longrightarrow Mn_2O_3$

$2\,MnO_2 \longrightarrow Mn_2O_3 + H_2O$

$2\,MnO_2 + 2\,H^+ \longrightarrow Mn_2O_3 + H_2O$

$2\,MnO_2 + 2\,H^+ + 2e^- \longrightarrow$
$\longrightarrow Mn_2O_3 + H_2O$

$2\,MnO_2 + 2\,H^+ + 2\,OH^- + 2e^- \longrightarrow$
$\longrightarrow Mn_2O_3 + H_2O + 2\,OH^-$

$2\,MnO_2 + H_2O + 2e^- \longrightarrow$
$\longrightarrow Mn_2O_3 + 2\,OH^-$

oxidação: $Zn \longrightarrow Zn^{2+} + 2e^-$

redução: $2\,MnO_2 + H_2O + 2e^- \longrightarrow Mn_2O_3 + 2\,OH^-$

equação global: $Zn + 2\,MnO_2 + H_2O \longrightarrow$
$\longrightarrow Zn^{2+} + Mn_2O_3 + 2\,OH^-$

As principais vantagens da pilha alcalina em relação à pilha seca são:

- não se forma a camada isolante de amônia ao redor da barra de grafita. Assim, sua voltagem não cai tão violentamente.
- a vida média é 5 a 8 vezes maior que a da pilha seca porque o zinco não fica muito tempo exposto ao meio ácido da pasta, causado pelos íons NH_4^+ (do NH_4Cl).

A desvantagem em relação à pilha seca é que a pilha alcalina é mais cara.

8. Bateria de chumbo ou bateria de carro ou acumulador

8.1 Aplicação – constituição

O nome bateria indica um conjunto de pilhas ligadas em série. A bateria chumbo/ácido é utilizada na geração de energia elétrica para automóveis.

A bateria de automóvel é uma associação de três ou seis pilhas. Veremos que cada pilha tem aproximadamente 2 V de potencial.

Assim, a bateria terá voltagem de 6 V ou 12 V. A seguir mostramos o esquema da bateria.

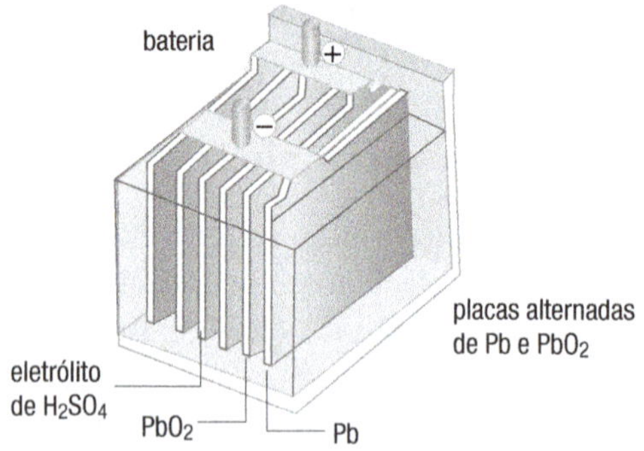
bateria
+
−
placas alternadas de Pb e PbO2
eletrólito de H2SO4
PbO2
Pb

É uma **pilha** constituída por **ânodo de Pb** e um **cátodo de PbO_2**, ambos **mergulhados** em solução aquosa de H_2SO_4.

A **concentração** do ácido corresponde a aproximadamente **30% em massa**, equivalente a uma densidade de **1,28 g/cm³**.

8.2 Operação da bateria: descarga

Quando a bateria de automóvel está funcionando dizemos que ela está sofrendo uma descarga e as semirreações são:

ânodo (−): $Pb + SO_4^{2-} \longrightarrow PbSO_4 + 2e^-$ $E^0 = 0{,}35\ V$

cátodo (+): $PbO_2 + 4\,H^+ + SO_4^{2-} + 2e^- \longrightarrow$
$\longrightarrow PbSO_4 + 2\,H_2O$ $E^0 = 1{,}69\ V$

equação global: $Pb + PbO_2 + 4\,H^+ + 2\,SO_4^{2-} \xrightarrow{\text{descarga}}$
$\xrightarrow{\text{descarga}} 2\,PbSO_4 + 2\,H_2O$
$\Delta E^0 = 2{,}04\ V$

Observe que em ambos os eletrodos temos a formação de $PbSO_4$. Podemos representar a equação global:

$$Pb + PbO_2 + 2\,H_2SO_4 \xrightarrow{\text{descarga}} 2\,PbSO_4 + 2\,H_2O.$$

8.3 Variação da densidade na descarga

Observa-se que o H_2SO_4 é consumido durante a descarga da bateria e, por isso, a densidade da solução da bateria diminui.

Para se verificar se a bateria ainda tem carga suficiente, mede-se a densidade da solução utilizando um densímetro. Quando a densidade está abaixo de 1,20 g/cm³, a bateria está sem carga suficiente.

8.4 Recarga da bateria de um automóvel

Em um automóvel a energia necessária para recarregar a bateria é fornecida por um alternador.

O alternador transforma a energia cinética do motor em uma corrente alternada, que é convertida em corrente contínua por um retificador.

Esta corrente deve ter tensão maior que 12 V para que a bateria possa ser recarregada e para que a parte elétrica seja também alimentada.

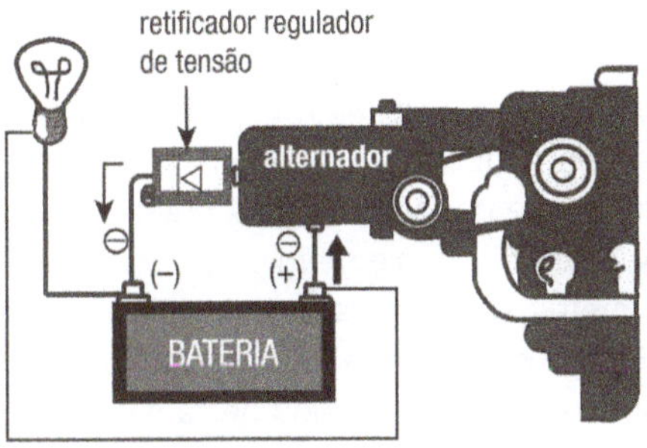
retificador regulador de tensão
alternador
(–)
(+)
BATERIA

A recarga é possível porque $PbSO_4$ formado durante a descarga adere aos eletrodos. À medida que a fonte externa força os elétrons de um eletrodo para o outro, o $PbSO_4$ é convertido em Pb em um eletrodo e PbO_2 no outro. O esquema da recarga:

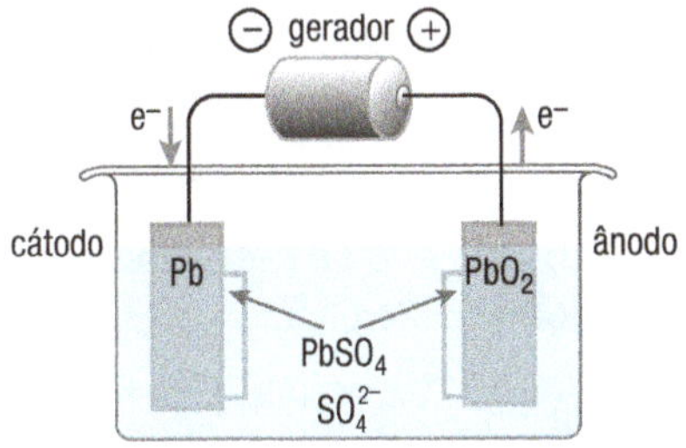
⊖ gerador ⊕
e⁻
e⁻
cátodo
ânodo
Pb
PbO2
PbSO4
SO4 2–

A equação global será inversa da descarga.

$$2\,PbSO_4 + 2\,H_2O \xrightarrow{\text{carga}} Pb + PbO_2 + 2\,H_2SO_4$$

9. Células a combustível

A célula a combustível produz corrente elétrica através de uma reação de combustão.

Exemplos:

$$H_2 + \frac{1}{2}O_2 \longrightarrow H_2O$$

$$CH_4 + 2\,O_2 \longrightarrow CO_2 + 2\,H_2O$$

$$CH_3OH + \frac{3}{2}O_2 \longrightarrow CO_2 + 2\,H_2O$$

Numa célula a combustível, os agentes redutor e oxidante são fornecidos continuamente. A grande vantagem da célula a combustível é seu funcionamento contínuo.

A figura a seguir mostra o esquema de funcionamento de uma célula a combustível, usando o gás hidrogênio e o gás oxigênio em meio alcalino.

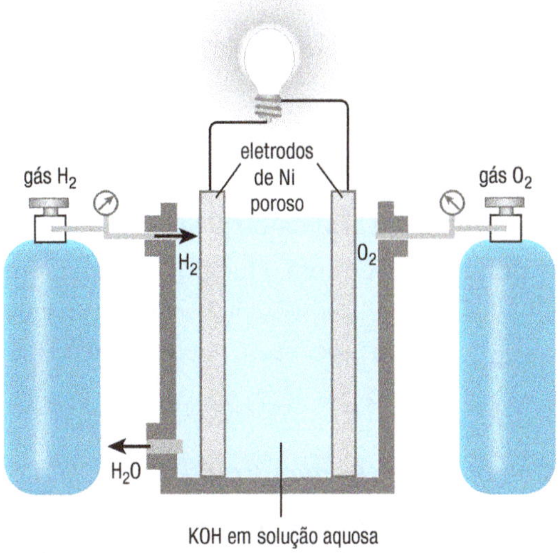
gás H2
eletrodos de Ni poroso
gás O2
H2
O2
H2O
KOH em solução aquosa

O funcionamento da célula (pilha) ocorre quando o hidrogênio (cilindro da esquerda) é forçado a passar pelo eletrodo de níquel poroso (catalisador), onde reage com o íon $OH^{1-}(aq)$ fornecido pelo hidróxido de potássio, formando água de acordo com a reação:

$$H_2(g) + 2\,OH^{1-}(aq) \longrightarrow 2\,H_2O(l) + 2e^-$$

O eletrodo de Ni poroso catalisa a redução do O_2 fornecido pelo cilindro da direita, de acordo com a semirreação:

$$\frac{1}{2}O_2(g) + 1\,H_2O(l) + 2e^- \longrightarrow 2\,OH^{1-}(aq)$$

Dessa forma a reação global da pilha é a reação do hidrogênio com o oxigênio para formar água.

ânodo: $H_2 + 2\,OH^- \longrightarrow 2\,H_2O + 2e^- \quad E^0 = +0{,}83\ V$

cátodo: $\frac{1}{2}O_2 + H_2O + 2e^- \longrightarrow 2\,OH^- \quad E^0 = +0{,}40\ V$

equação global: $H_2 + \frac{1}{2}O_2 \longrightarrow H_2O \quad \Delta E^0 = 1{,}23\ V$

Outros redutores pedem ser usados no lugar do H_2, como o metanol e o etanol.

Outra vantagem das células a combustível é o maior rendimento na conversão em energia elétrica.

Observação: as semirreações que ocorrem nos eletrodos em meio ácido em uma célula a combustível são dadas pelas equações:

ânodo: $H_2 \longrightarrow 2\,H^+ + 2e^-$

cátodo: $\frac{1}{2}O_2 + 2\,H^+ + 2e^- \longrightarrow H_2O$

global: $H_2 + \frac{1}{2}O_2 \longrightarrow H_2O$

Exercícios Série Prata

1. Complete com **oxidação** ou **redução**.

O metal cobre em contato com o ar (O_2, H_2O e CO_2) sofre ______________ formando uma película esverdeada chamada de azinhavre ou malaquita.

$$2\,Cu + O_2 + H_2O + CO_2 \longrightarrow \underbrace{Cu(OH)_2 + CuCO_3}_{\text{azinhavre}}$$

2. Complete com **branca** ou **preta**.

A prata escurece com o tempo, devido à formação de uma película superficial de Ag_2S, que é de cor ________; esse processo é causado pelo H_2S do ar.

$$2\,Ag + H_2S + \frac{1}{2}\,O_2 \longrightarrow Ag_2S + H_2O$$

3. Complete com **oxidar** ou **reduzir**.

Verifica-se que O_2 e H_2O juntos podem __________ o Fe a Fe^{2+}, formando uma película chamada de ferrugem que não fica aderida na superfície, propiciando a continuação da oxidação.

4. Complete com **espontâneo** ou **não espontâneo**.

A ferrugem se forma, de modo ______________, na reação entre ferro, oxigênio e água.

5. Complete com **anódica** e **catódica**.

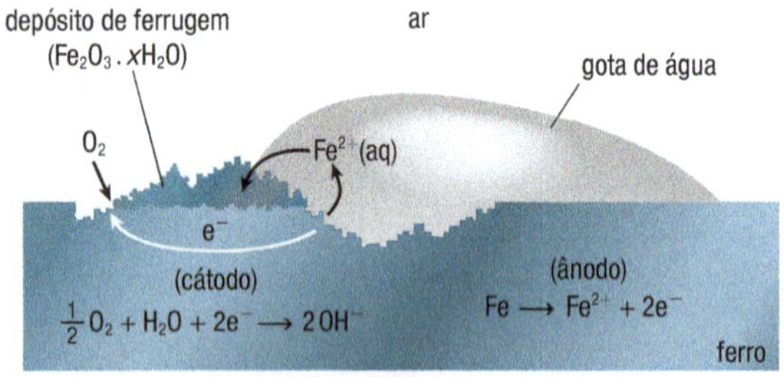
depósito de ferrugem
($Fe_2O_3 . xH_2O$)
ar
gota de água
O_2
Fe^{2+}(aq)
e^-
(cátodo)
$\frac{1}{2}O_2 + H_2O + 2e^- \longrightarrow 2\,OH^-$
(ânodo)
$Fe \longrightarrow Fe^{2+} + 2e^-$
ferro

Corrosão do ferro em contato com a água.

No pedaço de ferro temos uma região __________ onde ocorre a oxidação do Fe a Fe^{2+}. Os elétrons produzidos migram pelo metal para outra região chamada de ____________________, onde O_2 é reduzido. A região catódica geralmente contém impurezas que facilitam a transferência de elétrons. Os íons Fe^{2+} formados se dissolvem na gota.

6. Complete as equações do processo de corrosão do ferro.

a) oxidação do Fe ______________________

b) redução do O_2 ______________________

c) formação de $Fe(OH)_2$ ______________________

d) equação global ______________________

e) oxidação do $Fe(OH)_2$ ______________________

A ferrugem é uma mistura contendo $Fe(OH)_2$ e $Fe(OH)_3$. Alguns autores formulam a ferrugem assim: $Fe_2O_3.x\,H_2O$. A ferrugem não fica aderida na superfície, proporcionando a continuação da oxidação do ferro.

7. Complete com **elétrons** ou **íons**.

A presença de ______________ dissolvidos na gota de água facilita o fluxo de Fe^{2+}, acelerando a formação de ferrugem. Isto explica porque em regiões litorâneas a ferrugem se forma mais rapidamente.

8. (FUVEST – SP) Mergulhando-se um prego de ferro, limpo, em água, observa-se, com o passar do tempo, um processo de corrosão superficial.

a) Formule alguma das equações químicas representativas das transformações ocorridas na superfície do ferro.

b) Com base nos valores dos potenciais de redução relacionados a seguir, deduza quais, dentre os metais citados, os que, mantidos em contato com o prego (sem recobri-lo totalmente), seriam capazes de preservá-lo contra a corrosão.

$E^0_{Ag^+/Ag} = +0{,}80\ V$ $\quad E^0_{Mg^{2+}/Mg} = -2{,}37\ V$

$E^0_{Fe^{2+}/Fe^0} = -0{,}44\ V$ $\quad E^0_{Cu^{2+}/Cu} = +0{,}34\ V$

$E^0_{Zn^+/Zn} = -0{,}76\ V$

Resolução:

a) Na região anódica ocorre a oxidação do ferro:

$$Fe(s) \longrightarrow Fe^{2+}(aq) + 2e^-$$

Já na região catódica, o O_2 (proveniente do ar) dissolvido na água sofre redução:

$$1/2\ O_2(g) + H_2O(l) + 2e^- \longrightarrow 2\ OH^-(aq)$$

Quando o Fe^{2+} e o OH^- se encontram, ocorre precipitação do $Fe(OH)_2$:

$$Fe^{2+}(aq) + 2\ OH^-(aq) \longrightarrow Fe(OH)_2(s)$$

b) Para atuar como metal de sacrifício, é necessário que o metal seja mais reativo que o ferro; isto é equivalente ao cátion apresentar menor E^0 que o cátion Fe^{2+}. Das opções disponíveis, apenas o **magnésio (Mg)** e o **zinco (Zn)** podem ser utilizados.

9. (FUVEST – SP) Para investigar o fenômeno de oxidação de ferro, fez-se o seguinte experimento: no fundo de cada um de dois tubos de ensaio, foi colocada uma amostra de fios de ferro, formando uma espécie de novelo. As duas amostras de ferro tinham a mesma massa. O primeiro tubo foi invertido e mergulhado, até certa altura, em um recipiente contendo água. Com o passar do tempo, observou-se que a água subiu dentro do tubo, atingindo seu nível máximo após vários dias.

Nessa situação, mediu-se a diferença (x) entre os níveis de água no tubo e no recipiente. Além disso, observou-se a corrosão parcial dos fios de ferro. O segundo tubo foi mergulhado em um recipiente contendo óleo em lugar de água. Nesse caso, observou-se que não houve corrosão visível do ferro e o nível do óleo, dentro e fora do tubo, permaneceu o mesmo.

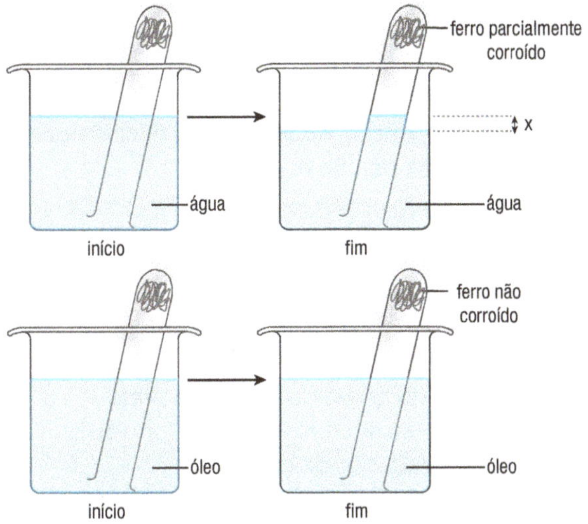

ferro parcialmente corroído
x
água
água
início
fim
ferro não corroído
óleo
óleo
início
fim

Sobre tal experimento, considere as seguintes afirmações:

I. Com base na variação (x) de altura da coluna de água dentro do primeiro tubo de ensaio, é possível estimar a porcentagem de oxigênio no ar.

II. Se o experimento for repetido com massa maior de fios de ferro, a diferença entre o nível da água no primeiro tubo e no recipiente será maior que x.

III. O segundo tubo foi mergulhado no recipiente com óleo a fim de avaliar a influência da água no processo de corrosão.

Está correto o que se afirma em:

a) I e II, apenas.
b) I e III, apenas.
c) II, apenas.
d) III, apenas.
e) I, II e III.

10. (ENEM) O boato de que os lacres das latas de alumínio teriam um alto valor comercial levou muitas pessoas a juntarem esse material na expectativa de ganhar dinheiro com sua venda. As empresas fabricantes de alumínio esclarecem que isso não passa de uma "lenda urbana", pois ao retirar o anel da lata, dificulta-se a reciclagem do alumínio. Como a liga do qual é feito o anel contém alto teor de magnésio, se ele não estiver junto com a lata, fica mais fácil ocorrer a oxidação do alumínio no forno. A tabela apresenta as semirreações e os valores de potencial padrão de redução de alguns metais:

Semirreação	Potencial padrão de redução (V)
$Li^+ + e^- \longrightarrow Li$	−3,05
$K^+ + e^- \longrightarrow K$	−2,93
$Mg^{2+} + 2e^- \longrightarrow Mg$	−2,36
$Al^{3+} + 3e^- \longrightarrow Al$	−1,66
$Zn^{2+} + 2e^- \longrightarrow Zn$	−0,76
$Cu^{2+} + 2e^- \longrightarrow Cu$	+0,34

Disponível em: <http://www.sucatas.com>. *Acesso em*: 28 fev. 2012 (adaptado).

Com base no texto e na tabela, que metais poderiam entrar na composição do anel das latas com a mesma função do magnésio, ou seja, proteger o alumínio da oxidação nos fornos e não deixar diminuir o rendimento da sua reciclagem?

a) Somente o lítio, pois ele possui o menor potencial de redução.
b) Somente o cobre, pois ele possui o maior potencial de redução.
c) Somente o potássio, pois ele possui potencial de redução mais próximo do magnésio.
d) Somente o cobre e o zinco, pois eles sofrem oxidação mais facilmente que o alumínio.
e) Somente o lítio e o potássio, pois seus potenciais de redução são menores do que o do alumínio.

11. (FATEC – SP) Os motores de combustão são frequentemente e responsabilizados por problemas ambientais, como a potencialização do efeito estufa e da chuva ácida, o que tem levado pesquisadores a buscar outras tecnologias.

Uma dessas possibilidades são as células de combustíveis de hidrogênio que, além de maior rendimento, não poluem.

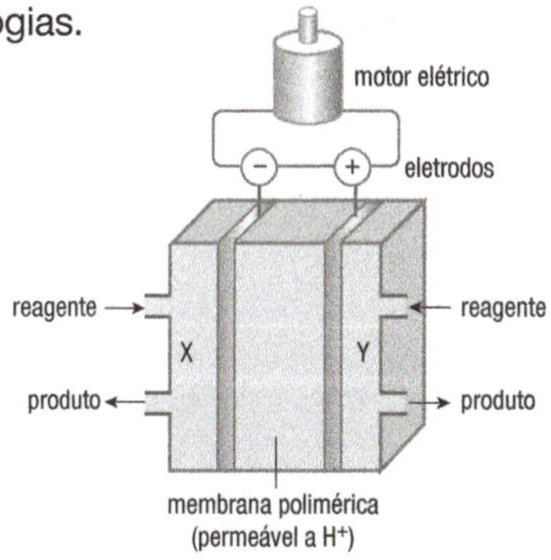

motor elétrico
eletrodos
reagente
reagente
X
Y
produto
produto
membrana polimérica (permeável a H+)

Observe o esquema:

Semirreações do processo:

• ânodo: $H_2 \longrightarrow 2\,H^+ + 2e^-$
• cátodo: $O_2 + 4\,H^+ + 4e^- \longrightarrow 2\,H_2O$

Sobre a célula de hidrogênio esquematizada, é correto afirmar que:

a) ocorre eletrólise durante o processo.
b) ocorre consumo de energia no processo.
c) o ânodo é o polo positivo da célula combustível.
d) a proporção entre os gases reagentes é $2\ H_2 : 1\ O_2$.
e) o reagente que deve ser adicionado em X é o oxigênio.

Exercícios Série Ouro

1. (FUVEST – SP) A cúpula central da Basílica de Aparecida do Norte receberá novas chapas de cobre que serão envelhecidas artificialmente, pois, expostas ao ar, só adquiriram a cor verde das chapas atuais após 25 anos. Um dos compostos que conferem cor verde às chapas de cobre, no envelhecimento natural, é a malaquita $CuCO_3 \cdot Cu(OH)_2$. Dentre os constituintes de ar atmosférico, são necessários e suficientes para a formação da malaquita:

a) nitrogênio e oxigênio.
b) nitrogênio, dióxido de carbono e água.
c) dióxido de carbono e oxigênio.
d) dióxido de carbono, oxigênio e água.
e) nitrogênio, oxigênio e água.

2. (FUVEST – SP) Panelas de alumínio são muito utilizadas no cozimento de alimentos. Os potenciais de redução (E^0) indicam ser possível a reação desse metal com água. A não ocorrência dessa reação é atribuída à presença de uma camada aderente e protetora de óxido de alumínio formada na reação do metal com o oxigênio do ar.

a) Escreva a equação balanceada que representa a formação da camada protetora.
b) Com os dados de E^0, explique como foi feita a previsão de que o alumínio pode reagir com água.

Dados:

$Al^{3+} + 3e^- \rightleftarrows Al \qquad E^0 = -1{,}66\ V$

$2\ H_2O + 2e^- \rightleftarrows H_2 + 2\ OH^- \qquad E^0 = -0{,}83\ V$

3. (MACKENZIE – SP) Um método caseiro para limpar joias de prata, escurecidas devido ao contato com H_2S presente no ar, consiste em colocá-las em solução aquosa diluída de bicarbonato de sódio, embrulhadas em folha de alumínio.

Sabendo que a equação simplificada que representa essa reação é:

$$2\ Al(s) + 3\ Ag_2S(s) + 6\ H_2O(l) \longrightarrow$$
$$\longrightarrow 2\ Al(OH)_3(s) + 6\ Ag(s) + 3\ H_2S(g)$$

pode-se concluir que:

a) a prata é um redutor mais forte que o alumínio.
b) o cátion alumínio deve ter potencial de redução maior do que o do cátion da prata.
c) o alumínio é um redutor mais forte do que a prata.
d) íons prata são oxidados.
e) o alumínio é um oxidante mais forte do que a prata.

4. (ITA – SP) Uma camada escura é formada sobre objetos de prata expostos a uma atmosfera poluída contendo compostos de enxofre. Esta camada pode ser removida quimicamente envolvendo os objetos em questão com uma folha de alumínio. A equação química que melhor representa a reação que ocorre neste caso é:

a) $3\ Ag_2S(s) + 2\ Al(s) \longrightarrow 6\ Ag(s) + Al_2S_3(s)$
b) $3\ Ag_2O(s) + 2\ Al\ (s) \longrightarrow 6\ Ag(s) + Al_2O_3(s)$
c) $3\ AgH(s) + Al(s) \longrightarrow 3\ Ag(s) + AlH_3(s)$
d) $3\ Ag_2SO_4(s) + 2\ Al(s) \longrightarrow 6\ Ag(s) + Al_2S_3(s) + 6\ O_2(g)$
e) $3\ Ag_2SO_3(s) + 2\ Al(s) \longrightarrow 6\ Ag(s) + Al_2S_3(s) + \frac{9}{2}O_2(g)$

5. (FUVEST – SP) O cientista e escritor Oliver Sacks, em seu livro *Tio Tungstênio*, nos conta a seguinte passagem de sua infância: "Ler sobre [Humphry] Davy e seus experimentos estimulou-me a fazer diversos outros experimentos eletroquímicos. Devolvi o brilho às colheres de prata de minha mãe colocando-as em um prato de alumínio com uma solução morna de bicarbonato de sódio ($NaHCO_3$)."

Pode-se compreender o experimento descrito, sabendo-se que:

- objetos de prata, quando expostos ao ar, enegrecem devido à formação de Ag_2O e Ag_2S (compostos iônicos).
- as espécies químicas Na^+, Al^{3+} e Ag^+ têm, nessa ordem, tendência crescente de receber elétrons.

Assim sendo, a reação de oxidorredução, responsável pela devolução do brilho à colheres, pode ser representada por:

a) $3\ Ag^+ + Al^0 \longrightarrow 3\ Ag^0 + Al^{3+}$
b) $Al^{3+} + 3\ Ag^0 \longrightarrow Al^0 + 3\ Ag^+$
c) $Ag^0 + Na^+ \longrightarrow Ag^+ + Na^0$
d) $Al^0 + 3\ Na^+ \longrightarrow Al^{3+} + 3\ Na^0$
e) $3\ Na^0 + Al^{3+} \longrightarrow 3\ Na^+ + Al^0$

6. (MACKENZIE – SP) Para retardar a corrosão de um encanamento de ferro, pode-se ligá-lo a um outro metal, chamado de metal de sacrifício, que tem a finalidade de se oxidar antes do ferro. Conhecendo o potencial padrão de redução, pode-se dizer que o melhor metal para atuar como metal de sacrifício é:

			E^0_{red}
$Ag^+ + e^-$	$\rightleftarrows$	Ag^0	+0,80 V
$Cu^{2+} + 2e^-$	$\rightleftarrows$	Cu^0	+0,34 V
$Fe^{2+} + 2e^-$	$\rightleftarrows$	Fe^0	−0,44 V
$Hg^{2+} + 2e^-$	$\rightleftarrows$	Hg^0	+0,85 V
$Au^{3+} + 3e^-$	$\rightleftarrows$	Au^0	+1,50 V
$Mg^{2+} + 2e^-$	$\rightleftarrows$	Mg^0	−2,37 V

a) Cu b) Hg c) Au d) Ag e) Mg

7. (PUC – MG) Considere os metais com seus respectivos potenciais-padrão de redução:

$Mg^{+2} + 2e^-$	$\longrightarrow$	Mg	($E^0 = -2,37$ V)
$Al^{+3} + 3e^-$	$\longrightarrow$	Al	($E^0 = -1,66$ V)
$Zn^{+2} + 2e^-$	$\longrightarrow$	Zn	($E^0 = -0,76$ V)
$Pb^{+2} + 2e^-$	$\longrightarrow$	Pb	($E^0 = -0,13$ V)
$Cu^{+2} + 2e^-$	$\longrightarrow$	Cu	($E^0 = +0,34$ V)
$Ag^+ + e^-$	$\longrightarrow$	Ag	($E^0 = +0,80$ V)

Para proteção de certas peças metálicas, podem-se colocar pedaços de outro metal usado, como metal de sacrifício. Se a peça em questão for de alumínio, o metal de sacrifício pode ser:

a) Ag b) Zn c) Pb d) Cu e) Mg

8. (CEETEPS – SP) Uma fita de um determinado metal (que pode ser cobre, chumbo, zinco ou alumínio) foi enrolada em torno de um prego de ferro, e ambos mergulhados numa solução de água salgada.

Observou-se, após algum tempo, que o prego de ferro foi bastante corroído.

Dados os potenciais-padrão de redução:

$Cu^{2+}(aq) + 2e^- \longrightarrow Cu(s)$	$E^0 = +0,34$ V
$Pb^{2+}(aq) + 2e^- \longrightarrow Pb(s)$	$E^0 = -0,13$ V
$Fe^{2+}(aq) + 2e^- \longrightarrow Fe(s)$	$E^0 = -0,44$ V
$Zn^{2+}(aq) + 2e^- \longrightarrow Zn(s)$	$E^0 = -0,76$ V
$Al^{3+}(aq) + 3e^- \longrightarrow Al(s)$	$E^0 = -1,66$ V

Conclui-se que o metal da fita deve ser:

a) Cu ou Pb
b) Al ou Pb
c) Al ou Cu
d) Zn ou Al
e) Zn ou Pb

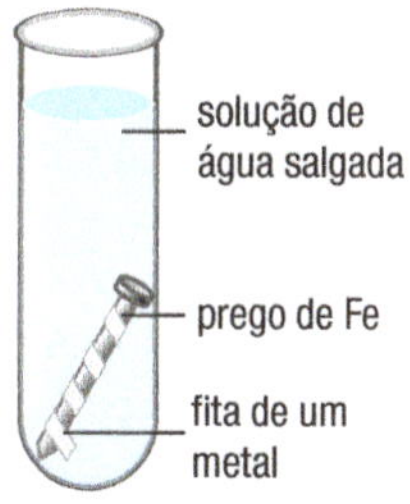
solução de
água salgada
prego de Fe
fita de um
metal

9. (UFRGS – RS) O ferro galvanizado apresenta-se revestido por uma camada de zinco. Se um objeto desse material for riscado, o ferro ficará exposto às condições do meio ambiente e poderá formar o hidróxido ferroso.

Nesse caso o zinco, por ser mais reativo, regenera o ferro, conforme a reação representada abaixo.

$$Fe(OH)_2 + Zn \longrightarrow Zn(OH)_2 + Fe$$

sobre essa reação, pode-se afirmar que:

a) o ferro sofre oxidação, pois perderá elétrons.
b) o zinco sofre oxidação, pois perderá elétrons.
c) o ferro sofre redução, pois perderá elétrons.
d) o zinco sofre redução, pois ganhará elétrons.
e) o ferro sofre oxidação, pois ganhará elétrons.

10. (UFMG) Para diminuir a velocidade da corrosão das placas de aço (uma liga de ferro) do casco de navios, grossas placas de zinco são rebitadas no lado externo do casco, abaixo da superfície da água. Essa técnica é conhecida como proteção catódica.

Supondo que o aço possa ser representado por Fe(s), considere as seguintes forças eletromotrizes de redução:

$Zn^{2+}(aq) + 2e^- \longrightarrow Zn(s)$ $\quad E^0 = -0,76\ V$

$Fe^{2+}(aq) + 2e^- \longrightarrow Fe(s)$ $\quad E^0 = -0,44\ V$

$Cu^{2+}(aq) + 2e^- \longrightarrow Cu(s)$ $\quad E^0 = +0,34\ V$

$\frac{1}{2}O_2 + 2\ H^+ + 2e^- \longrightarrow H_2O(l)$ $\quad E^0 = +1,23\ V$

a) Justifique a utilização do zinco para proteção de cascos de navios, usando equações e cálculos eletroquímicos.

b) Justifique a **não utilização** de placas de cobre no lugar das placas de zinco.

11. (FATEC – SP) A facilidade com que partículas recebem elétrons é expressa pela grandeza denominada potencial de eletrodo. Considere os potenciais-padrão de redução.

Semirreações	E^0_{red}
$Mg^{2+}(aq) + 2e^- \longrightarrow Mg(s)$	−2,37 V
$Zn^{2+}(aq) + 2e^- \longrightarrow Zn(s)$	−0,76 V
$Fe^{2+}(aq) + 2e^- \longrightarrow Fe(s)$	−0,44 V
$Sn^{2+}(aq) + 2e^- \longrightarrow Sn(s)$	−0,14 V
$Cu^{2+}(aq) + 2e^- \longrightarrow Cu(s)$	+0,36 V
$\frac{1}{2}O_2(g) + H_2O(l) + 2e^- \longrightarrow 2\ OH^-(aq)$	+0,41 V

Pregos de ferros limpos e polidos foram submetidos às seguintes condições:

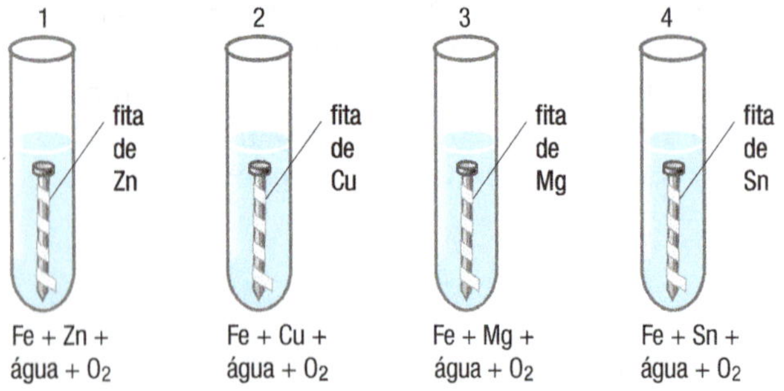
1
2
3
4
fita de Zn
fita de Cu
fita de Mg
fita de Sn
Fe + Zn + água + O2
Fe + Cu + água + O2
Fe + Mg + água + O2
Fe + Sn + água + O2

Analise as afirmações.

I. A tensão elétrica da pilha formada por cobre e oxigênio em meio aquoso é maior que a tensão elétrica da pilha formada por ferro e oxigênio em meio aquoso.

II. A corrosão do ferro é mais intensa quando o ferro está em contato com o cobre e estanho.

III. Metais como o zinco e o magnésio, em contato com ferro, podem retardar ou mesmo impedir a formação de ferrugem.

Está(ão) correta(s):

a) somente as afirmações I e II.
b) somente as afirmações I e III.
c) somente a afirmação II.
d) as afirmações I, II e III.
e) somente as afirmações II e III.

12. (MACKENZIE – SP)

$Sn^{2+} + 2e^- \rightleftarrows Sn(s)$ $\quad E^0 = -0,136\ V$

$Fe^{3+} + 3e^- \rightleftarrows Fe(s)$ $\quad E^0 = -0,036\ V$

Alimentos em conserva, acondicionados em latas feitas de uma liga de ferro-carbono, são protegidos por uma camada de estanho, não devem ser consumidos se as latas estiverem amassadas, pois, nesse caso, forma-se uma pilha na embalagem, contaminando os alimentos. Considerando os potenciais-padrão de redução, a 25 °C, dados acima, fazem-se as afirmações:

I. a força eletromotriz-padrão da pilha ferro/estanho é de 0,1 V.

II. $3\ Sn(s) + 2\ Fe^{3+} \rightleftarrows 2\ Fe(s) + 3\ Sn^{2+}$ representa a reação gobal da pilha.

III. a contaminação dos alimentos deve-se à espécie química produzida na oxidação do Sn(s).

Dessas afirmações,

a) somente I está correta.
b) somente I e II estão corretas.
c) I, II e III estão corretas.
d) somente II está correta.
e) somente II e III estão corretas.

13. (UFBA)

Semirreação	Potencial-padrão de redução a 25 °C, E^0
$3e^- + Al^{3+} \rightleftharpoons Al^0$	−1,66
$2e^- + Sn^{2+} \rightleftharpoons Sn^0$	−0,14
$3e^- + Fe^{3+} \rightleftharpoons Fe^0$	−0,04
$e^- + Ag^+ \rightleftharpoons Ag^0$	+0,80
$2e^- + Hg^{2+} \rightleftharpoons Hg^0$	+0,85
$3e^- + Au^{3+} \rightleftharpoons Au^0$	+1,50

A tabela acima apresenta o potencial-padrão de redução de alguns metais e suas semirreações.

Com base nesses dados, pode-se afirmar:

(01) Desses metais, o que apresenta maior tendência a perder elétrons é o ouro.

(02) A diferença de potencial da pilha
$Al^0 | Al^{3+} || Au^{3+} | Au^0$ é 3,16 V

(04) O alumínio pode ser utilizado para inibir a oxidação do ferro.

(08) A concentração de $Hg^{2+}(aq)$ diminui, quando uma solução de $Hg(NO_3)_2$ é armazenada em um recipiente de prata.

(16) Embalagens de alimento feitas com lâminas de ferro revestidas com estanho, quando rompidas ou amassadas, contaminam internamente os alimentos devido à formação de Sn^{2+}.

(32) A reação
$3\ HgCl_2(aq) + 2\ Al(s) \longrightarrow 2\ AlCl_3(aq) + 3\ Hg(l)$
não ocorre espontaneamente.

(64) Na pilha $Sn^0 | Sn^{2+} || Ag^+ | Ag^0$, a prata é o redutor.

Dê como resposta a soma dos números associados às afirmações corretas.

14. (ITA – SP) A tabela abaixo (corrosão do ferro em água aerada) mostra as observações feitas, sob as mesmas condições de pressão e temperatura, com pregos de ferro, limpos e polidos e submetidos a diferentes meios.

	Corrosão do ferro em água aerada	
	Sistema inicial	**Observações durante os experimentos**
1.	Prego limpo e polido imerso em água aerada	Com o passar do tempo surgem sinais de aparecimento de ferrugem ao longo do prego (formação de um filme fino de uma substância sólida com coloração marrom--alaranjada).
2.	Prego limpo e polido envolvido com graxa imerso em água aerada	Não há alteração perceptível com o passar do tempo.
3.	Prego limpo e polido envolvido por uma tira de magnésio e imerso em água aerada	Com o passar do tempo observa a precipitação de grande quantidade de uma substância branca, mas a superfície do prego continua aparentemente intacta.
4.	Prego limpo e polido envolvido por uma tira de estanho e imerso em água aerada.	Com o passar do tempo surgem sinais de aparecimento de ferrugem ao longo do prego.

a) Escreva as equações químicas balanceadas para a(s) reação(ões) nos experimentos 1, 3 e 4, respectivamente.

b) Com base nas observações feitas, sugira duas maneiras diferentes de evitar a formação de ferrugem sobre o prego.

c) Ordene os metais empregados nos experimentos descritos na tabela acima segundo o seu poder redutor.

Mostre como você raciocinou para chegar à ordenação proposta.

15. (ENEM) Músculos artificiais são dispositivos feitos com plásticos inteligentes que respondem a uma corrente elétrica com movimento mecânico. A oxidação e redução de um polímero condutor criam cargas positivas e/ou negativas no material, que são compensadas com a inserção ou expulsão de cátions ou ânions. Por exemplo, na figura os filmes escuros são de polipirrol e o filme branco é de um eletrólito polimérico contendo um sal inorgânico.

Quando o polipirrol sofre oxidação, há a inserção de ânions para compensar a carga positiva no polímero e o filme se expande. Na outra face do dispositivo o filme de polipirrol sofre redução, expulsando ânions, e o filme se contrai. Pela montagem, em sanduíche, o sistema todo se movimenta de forma harmônica, conforme mostrado na figura.

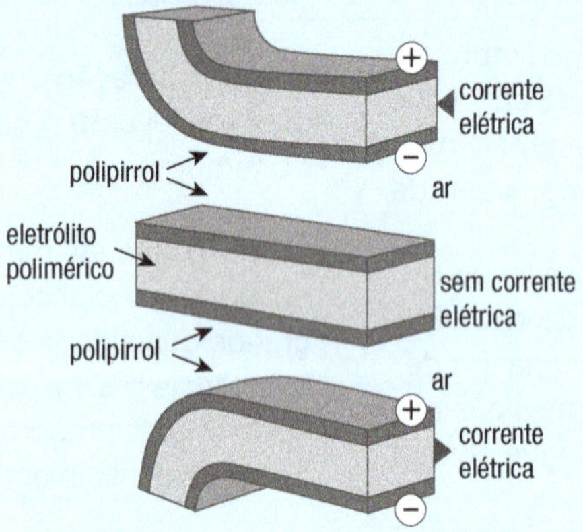

corrente elétrica
polipirrol
ar
eletrólito polimérico
sem corrente elétrica
polipirrol
ar
corrente elétrica

DE PAOLI, MA. A. **Cadernos Temáticos de Química Nova na Escola.** São Paulo, maio 2001 (adaptado).

A camada central do eletrólito polimérico é importante porque:

a) absorve a irradiação de partículas carregadas, emitidas pelo aquecimento elétrico dos filmes de polipirrol.
b) permite a difusão dos íons promovida pela aplicação de diferença de potencial, fechando o circuito elétrico.
c) mantém um gradiente térmico no material para promover a dilatação/contração térmica de cada filme de polipirrol.
d) permite a condução de elétrons livres, promovida pela aplicação de diferença de potencial, gerando corrente elétrica.
e) promove a polarização das moléculas poliméricas, o que resulta no movimento gerado pela aplicação de diferença de potencial.

Resolução:
Podemos representar a oxidação do polipirrol da seguinte maneira.

polipirrol $\longrightarrow$ polipirrol$^+$ + e^-

polipirrol$^+$ + $\begin{pmatrix}\text{ânion proveniente}\\ \text{do sal inorgânico}\end{pmatrix}$ $\longrightarrow$ polipirrol-ânion

Podemos representar a redução do composto polipirrol-ânion da seguinte maneira:

polipirrol-ânion + e^- $\longrightarrow$ polipirrol + ânion

Resposta: alternativa b.

16. (UFSCar – SP) A pilha seca, representada na figura, é uma célula galvânica com os reagentes selados dentro de um invólucro. Essa pilha apresenta um recipiente cilíndrico de zinco, com um bastão de carbono no eixo central. O eletrólito é uma mistura pastosa e úmida de cloreto de amônio, óxido de manganês (IV) e carvão finamente pulverizado.

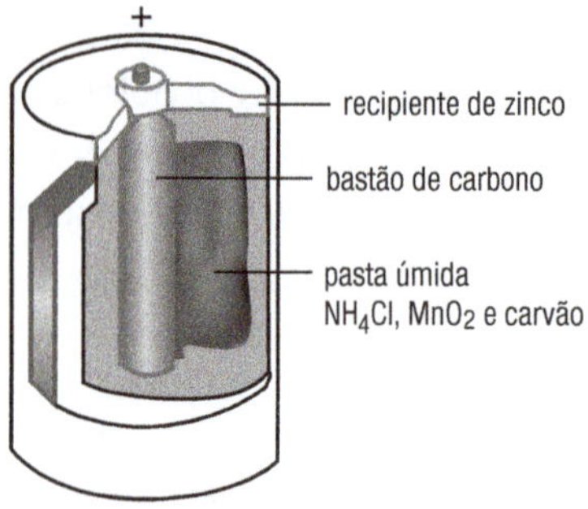

+
recipiente de zinco
bastão de carbono
pasta úmida
NH4Cl, MnO2 e carvão

As equações das reações envolvidas na pilha são:

$$2\,MnO_2(s) + 2\,NH^+_4(aq) + 2e^- \longrightarrow$$
$$\longrightarrow Mn_2O_3(s) + 2\,NH_3(aq) + H_2O(l)$$
$$Zn(s) \longrightarrow Zn^{2+}(aq) + 2e^-$$

Considere as seguintes afirmações sobre a pilha seca:

I. O recipiente de zinco é o ânodo.
II. Produz energia através de um processo espontâneo.
III. O NH_4^+ sofre redução.
IV. Os elétrons migram do ânodo para cátodo através do eletrólito.

Está correto apenas o que se afirma em:

a) I, II e III. b) II, III e IV. c) I e II. d) I e IV. e) II e III.

17. (UFMG) A principal diferença entre as pilhas comuns e as alcalinas consiste na substituição, nestas últimas, do cloreto de amônio pelo hidróxido de potássio. Assim sendo, as semirreações que ocorrem podem ser representadas.

- nos casos das pilhas comuns, por:

cátodo: $2\,MnO_2(s) + 2\,NH_4^+(aq) + 2e^- \longrightarrow$
$\longrightarrow Mn_2O_3(s) + 2\,NH_3(aq) + H_2O(l)$

ânodo: $Zn(s) \longrightarrow Zn^{2+}\,(aq) + 2e^-$

- no caso das pilhas alcalinas, por:

cátodo: $2\,MnO_2(s) + H_2O(l) + 2e^- \longrightarrow$
$\longrightarrow Mn_2O_3(s) + 2\,OH^-(aq)$

ânodo: $Zn(s) + 2\,OH^-(aq) \longrightarrow Zn(OH)_2(s) + 2e^-$

Considerando-se essas informações, é INCORRETO afirmar que,

a) em ambas as pilhas, a espécie que perde elétrons é a mesma.
b) em ambas as pilhas, o Zn(s) é o agente redutor.
c) na pilha alcalina, a reação de oxirredução se dá em meio básico.
d) na pilha comum, o íon $NH_4^+(aq)$ é a espécie que recebe elétrons.

18. (PUC – MG) As pilhas de mercúrio são muito utilizadas em relógios, câmaras fotográficas, calculadoras e aparelhos de audição. As reações que ocorrem durante o funcionamento da pilha são:

$$Zn + 2\,OH^- \longrightarrow ZnO + H_2O + 2e^-$$
$$HgO + H_2O + 2e^- \longrightarrow Hg + 2\,OH^-$$

Sobre essa pilha, identifique a afirmativa INCORRETA:

a) O HgO funciona como o ânodo da pilha.
b) O zinco metálico é o agente redutor.
c) A reação se realiza em meio alcalino.
d) O zinco sofre um aumento de seu número de oxidação.
e) O oxigênio não varia seu número de oxidação.

19. (VUNESP) Pilhas recarregáveis, também denominadas células secundárias, substituem, com vantagens para o meio ambiente, as pilhas comuns descartáveis. Um exemplo comercial são as pilhas de níquel-cádmio (nicad), nas quais, para a produção de energia elétrica, ocorrem os seguintes processos:

I. O cádmio metálico, imerso em uma pasta básica contendo íons $OH^-(aq)$, reage produzindo hidróxido de cádmio (II), um composto insolúvel.
II. O hidróxido de níquel (III) reage produzindo hidróxido de níquel (II), ambos insolúveis e imersos numa pasta básica contendo íons $OH^-(aq)$.

a) Escreva a semirreação que ocorre no ânodo de uma pilha Nicad.
b) Uma TV portátil funciona adequadamente quando as pilhas instaladas fornecem uma diferença de potencial entre 12,0 e 14,0 V. Sabendo-se que $E^0(Cd^{2+}, Cd) = -0{,}81$ V e $E^0(Ni^{3+}, Ni^{2+}) = +0{,}49$ V, nas condições de operação descritas, calcule a diferença de potencial em uma pilha de níquel-cádmio e a quantidade de pilhas, associadas em série, necessárias para que a TV funcione adequadamente.

20. (UEPA) A bateria de Níquel-Cádmio, a qual é muito utilizada nos equipamentos eletrônicos atuais, possui as seguintes semirreações:

$$Cd(OH)_2(s) + 2e^- \longrightarrow Cd(s) + 2\,OH^-(aq) \qquad E^0 = -0{,}81\ V$$
$$Ni(OH)_3(s) + e^- \longrightarrow Ni(OH)_2(s) + OH^-(aq) \qquad E^0 = ?$$

Sabendo-se que a força eletromotriz (FEM) da reação global é igual a +1,30 V, é correto afirmar que o valor do potencial padrão (E^0) da semicélula de níquel é:

a) +0,81 V
b) –2,60 V
c) +1,30 V
d) –0,49 V
e) +0,49 V

21. (PUC) **Dados:**

$$Cd^{2+}(aq) + 2e^- \rightleftarrows Cd(s) \qquad E^0 = -0{,}40\ V$$
$$Cd(OH)_2(s) + 2e^- \rightleftarrows Cd(s) + 2\,OH^-(aq) \qquad E^0 = -0{,}81\ V$$
$$Ni^{2+}(aq) + 2e^- \rightleftarrows Ni(s) \qquad E^0 = -0{,}23\ V$$
$$Ni(OH)_3(s) + e^- \rightleftarrows Ni(OH)_2(s) + OH^-(aq) \qquad E^0 = +0{,}49\ V$$

As baterias de níquel-cádmio ("ni-cad") são leves e recarregáveis, sendo utilizadas em muitos aparelhos portáteis como telefones e câmaras de vídeo. Essas baterias têm como características o fato de os produtos formados durante a descarga serem insolúveis e ficarem aderidos nos eletrodos, permitindo a recarga quando ligada a uma fonte externa de energia elétrica. Com base no texto e nas semirreações de redução fornecidas, a equação que melhor representa o processo de **descarga** de uma bateria de níquel-cádmio é:

a) $Cd(s) + 2\,Ni(OH)_3(s) \longrightarrow Cd(OH)_2(s) + 2\,Ni(OH)_2(s)$

b) $Cd(s) + Ni(s) \longrightarrow Cd^{2+}(aq) + Ni^{2+}(aq)$

c) $Cd(OH)_2(s) + 2\,Ni(OH)_2(s) \longrightarrow Cd(s) + 2\,Ni(OH)_3(s)$

d) $Cd^{2+}(aq) + Ni^{2+}(aq) \longrightarrow Cd(s) + Ni(s)$

e) $Cd(s) + Ni(s) + 2\,OH^-(aq) \longrightarrow Cd(OH)_2(s) + Ni^{2+}(aq)$

22. (UNIFESP) Um substituto mais leve, porém mais caro, da bateria de chumbo é a bateria de prata-zinco. Nesta, a reação global que ocorre, em meio alcalino, durante a descarga é

$$Ag_2O(s) + Zn(s) + H_2O(l) \longrightarrow Zn(OH)_2(s) + 2\,Ag(s)$$

O eletrólito é uma solução de KOH a 40% e o eletrodo de prata/óxido de prata está separado do zinco/hidróxido de zinco por uma folha de plástico permeável ao íon hidróxido. A melhor representação para a semirreação que ocorre no ânodo é:

a) $Ag_2O + H_2O + 2e^- \longrightarrow 2\,Ag + 2\,OH^-$

b) $Ag_2O + 2\,OH^- + 2e^- \longrightarrow 2\,Ag + O_2 + H_2O$

c) $2\,Ag + 2\,OH^- \longrightarrow Ag_2O + H_2O + 2e^-$

d) $Zn + 2\,H_2O \longrightarrow Zn(OH)_2 + 2\,H^+ + 2e^-$

e) $Zn + 2\,OH^- \longrightarrow Zn(OH)_2 + 2e^-$

23. (UNIFESP) A bateria primária de lítio-iodo surgiu em 1967, nos Estados Unidos, revolucionando a história do marca-passo cardíaco. Ela pesa menos que 20 g e apresenta longa duração, cerca de cinco a oito anos, evitando que o paciente tenha que se submeter a frequentes cirurgias para trocar o marca-passo. O esquema dessa bateria é representado na figura.

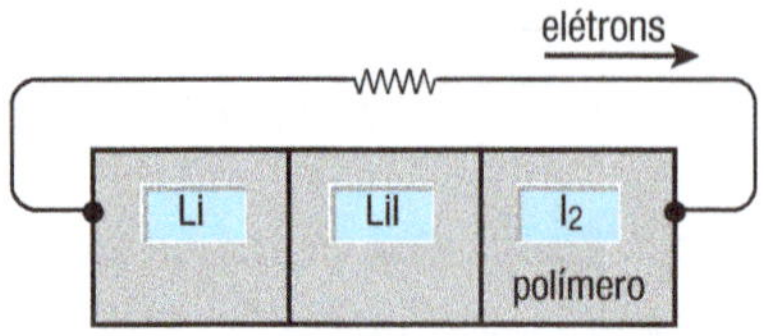

elétrons
Li
LiI
I2
polímero

Para esta pilha, são dadas as semirreações de redução:

$Li + e^- \longrightarrow Li$ $\quad E^0 = -3{,}05\ V$

$I_2 + 2e^- \longrightarrow 2I^-$ $\quad E^0 = +0{,}54\ V$

São feitas as seguintes afirmações sobre esta pilha:

I. No ânodo ocorre a redução do íon Li^+.
II. A ddp da pilha é +2,51 V.
III. O cátodo é o polímero/iodo.
IV. O agente oxidante é o I_2.

São corretas as afirmações contidas apenas em:

a) I, II, III.
b) I, II, IV.
c) I e III.
d) II e III.
e) III e IV.

24. (UFRJ) Nas baterias de chumbo, usadas nos automóveis, os eletrodos são placas de chumbo (Pb e PbO_2) imersas em solução de ácido sulfúrico concentrado, com densidade da ordem de 1,280 g/cm³.

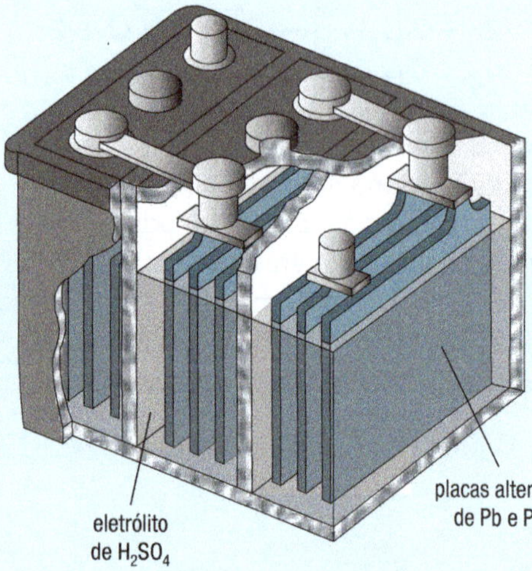

ANA OLÍVIA JUSTO/acervo da editora
eletrólito de H_2SO_4
placas alternadas de Pb e PbO_2

As reações que ocorrem durante a descarga da bateria são as seguintes:

I. $Pb(s) + SO_4^{2-} \longrightarrow PbSO_4(s) + 2e^-$

II. $PbO_2(s) + 4\,H^+ + SO_4^{2-} + 2e^- \longrightarrow PbSO_4(s) + 2\,H_2O(l)$

a) Qual das duas reações ocorre no polo negativo (ânodo) da bateria? Justifique sua resposta.

b) Explique o que acontece com a densidade da solução da bateria durante sua descarga.

Resolução:

a) No ânodo temos uma oxidação. Portanto, ocorre a reação representada pela equação I.

b) Durante a descarga, há consumo de H_2SO_4, o que provoca a redução da densidade da solução da bateria.

25. (UDESC) As baterias classificadas como células secundárias são aquelas em que a reação química é reversível, possibilitando a recarga da bateria. Até pouco tempo atrás, a célula secundária mais comum era a bateria de chumbo/ácido, que ainda é empregada em carros e outros veículos. As semirreações padrões que ocorrem nesta bateria são descritas abaixo:

I. $PbSO_4(s) + 2e^- \longrightarrow Pb(s) + SO_4^{2-}(aq)$ $-0,36$ V

II. $PbO_2(s) + 4\,H^+(aq) + SO_4^{2-}(aq) + 2e^- \longrightarrow$
$\longrightarrow PbSO_4(s) + 2\,H_2O(l)$ $+1,69$ V

Considerando a reação de célula espontânea, asssinale a alternativa que apresenta a direção da semirreação I e seu eletrodo; a direção da semirreação II e seu eletrodo; e o potencial-padrão da bateria, respectivamente,

a) direção direta no ânodo; direção inversa no cátodo; +1,33 V.
b) direção inversa no ânodo; direção direta no cátodo; +2,05 V.
c) direção inversa no cátodo; direção direta no ânodo; +2,05 V.
d) direção direta no ânodo; direção inversa no cátodo; +2,05 V.
e) direção inversa no ânodo; direção direta no cátodo; +1,33 V.

26. (UFBA) A bateria chumbo/ácido utilizada na geração de energia elétrica para automóveis pode ser recarregada pelo próprio dínamo do veículo.

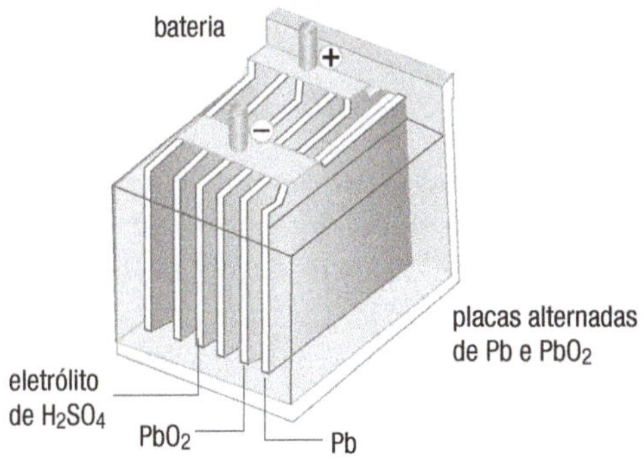
bateria
+
−
placas alternadas de Pb e PbO2
eletrólito de H2SO4
PbO2
Pb

Semirreação	Potencial padrão de redução E°(V)
$PbO_2(s) + SO_4^{2-}(aq) + 4\,H^+(aq) + 2e^- \rightleftharpoons PbSO_4(s) + 2\,H_2O(l)$	+1,69
$PbSO_4 + 2e^- \rightleftharpoons Pb(s) + SO_4^{2-}(aq)$	−0,36

Associando-se as informações da tabela e da figura, é correto afirmar:

(01) O eletrodo de óxido de chumbo é o ânodo da bateria.
(02) A diferença de potencial de 6 pilhas associadas em série é 12,30 V.
(04) Uma semirreação que ocorre na bateria é:
$Pb(s) + SO_4^{2-}(aq) \longrightarrow PbSO_4(s) + 2e^-$
(08) No processo de recarga, a placa de chumbo é o ânodo da bateria.
(16) Quando ocorre a descarga da bateria, a densidade da solução diminui, devido ao consumo de íons sulfato e à formação de água.
(32) Durante o processo de descarga da bateria, são envolvidos 4 elétrons.

Responda com a soma dos números dos itens corretos.

27. (UNESP) As bateriais dos automóveis são cheias com solução aquosa de ácido sulfúrico. Sabendo-se que essa solução contém 38% de ácido sulfúrico em massa e densidade igual a 1,29 g/cm³, pergunta-se:

a) Qual é a concentração do ácido sulfúrico em mol por litro [massa molar do H_2SO_4 = 98 g/mol]?
b) Uma bateria é formada pela ligação em série de 6 pilhas eletroquímicas internas, onde ocorrem as semirreações representadas a seguir:

polo negativo (−): $Pb + SO_4^{2-} \longrightarrow PbSO_4 + 2e^-$ E = +0,34 V

polo positivo (+): $PbSO_4 + 2\,H_2O \longrightarrow$
$\longrightarrow PbO_2 + SO_4^{2-} + 4\,H^+ + 2e^-$ E = −1,66 V

Qual a diferença de potencial (voltagem) dessa bateria?

28. (UNESP) O hidrogênio molecular obtido na reforma a vapor do etanol pode ser usado como fonte de energia limpa em uma célula de combustível, esquematizada a seguir.

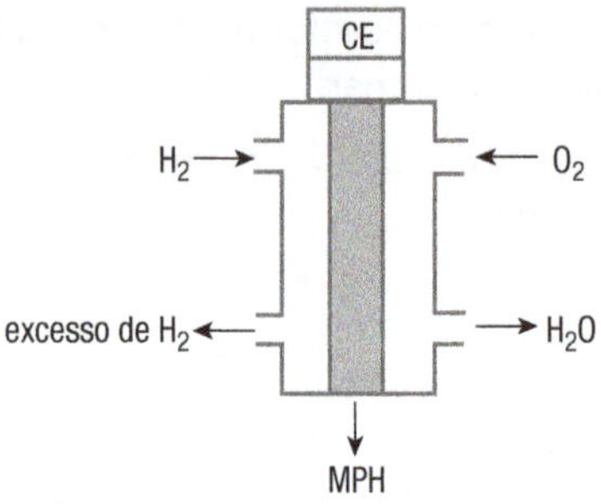
CE
H_2
O_2
excesso de H_2
H_2O
MPH

MPH: membrana permeável a H^+
CE: circuito elétrico externo

Neste tipo de dispositivo, ocorre a reação de hidrogênio com oxigênio do ar, formando água como único produto. Escreva a semirreação que acontece no compartimento onde ocorre a oxidação (ânodo) da célula de combustível. Qual o sentido da corrente de elétrons pelo circuito elétrico externo?

29. (UNICAMP – SP) Há quem afirme que as grandes questões da humanidade simplesmente restringem-se às necessidades e à disponibilidade de energia. Temos de concordar que o aumento da demanda de energia é uma das principais preocupações atuais. O uso de motores de combustão possibilitou grandes mudanças, porém seus dias estão contados. Os problemas ambientais pelos quais estes motores podem ser responsabilizados, além de seu baixo rendimento, têm levado à busca de outras tecnologias.

Uma alternativa promissora para os motores de combustão são as celas de combustível que permitem, entre outras coisas, rendimentos de até 50% e operação em silêncio. Uma das mais promissoras celas de combustível é o hidrogênio, mostrada no esquema abaixo:

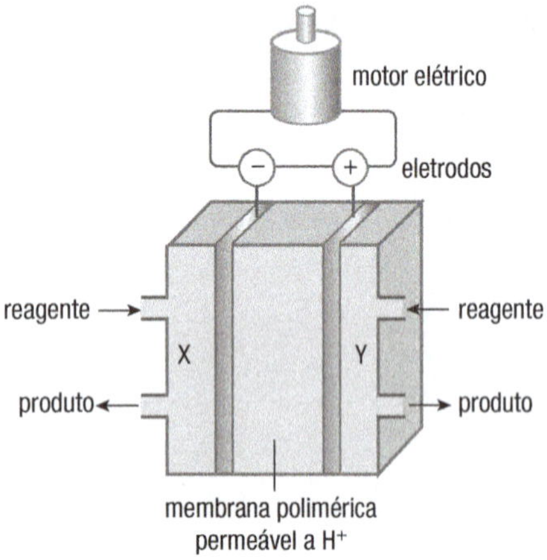
motor elétrico
eletrodos
reagente
reagente
X
Y
produto
produto
membrana polimérica
permeável a H^+

Nessa cela, um dos compartimentos é alimentado por hidrogênio gasoso e o outro, por oxigênio gasoso. As semirreações que ocorrem nos eletrodos são dadas pelas equações:

ânodo: $H_2(g) = 2\,H^+ + 2e^-$
cátodo: $O_2(g) + 4\,H^+ + 4e^- = 2\,H_2O$

a) Por que se pode afirmar, do ponto de vista químico, que esta cela de combustível é "não poluente"?
b) Qual dos gases deve alimentar o compartimento X? Justifique.
c) Que proporção de massa entre os gases você usaria para alimentar a cela de combustível? Justifique.
Dado: H = 1, O = 16.

30. (UNESP) Observe o esquema de uma célula de combustível de hidrazina monoidratada/oxigênio do ar em funcionamento, conectada a um circuito elétrico externo. No compartimento representado no lado esquerdo do esquema, é introduzido apenas o reagente $N_2H_4.H_2O$, obtendo-se os produtos $N_2(g)$ e $H_2O(l)$ em sua saída. No compartimento representado no lado direito do esquema, são introduzidos os reagentes $O_2(g)$ e $H_2O(l)$, sendo $H_2O(l)$ consumido apenas parcialmente na semirreação, e seu excesso liberado inalterado na saída do compartimento.

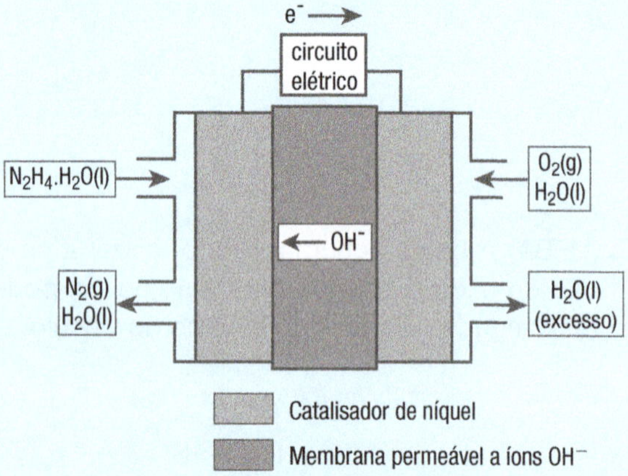
e^-
circuito elétrico
$N_2H_4.H_2O(l)$
$O_2(g)$ $H_2O(l)$
OH^-
$N_2(g)$ $H_2O(l)$
$H_2O(l)$ (excesso)
Catalisador de níquel
Membrana permeável a íons OH^-

Escreva a equação química balanceada que representa a reação global que ocorre durante o funcionamento dessa célula de combustível e indique os estados de oxidação, nos reagentes e nos produtos, do elemento que é oxidado nesse processo.

Resolução:

O balanceamento das semirreações pode ser realizado pelo método do íon-elétron (apresentado no capítulo 1):

Oxidação

$N_2H_4{\cdot}H_2O(l) \longrightarrow N_2(g) + H_2O(l)$
$N_2H_4{\cdot}H_2O(l) \longrightarrow N_2(g) + H_2O(l) + 4\,H^+(aq)$
$N_2H_4{\cdot}H_2O(l) \longrightarrow N_2(g) + H_2O(l) + 4\,H^+(aq) + 4e^-$

Redução

$O_2(g) \longrightarrow 2\ H_2O(l)$

$O_2(g) + 4\ H^+(aq) \longrightarrow 2\ H_2O(l)$

$O_2(g) + 4\ H^+(aq) + 4e^- \longrightarrow 2\ H_2O(l)$

Somando-se as duas semirreações obtemos a equação da reação global pedida:

$$N_2H_4{\cdot}H_2O(l) + O_2(g) \longrightarrow N_2(g) + 3\ H_2O(l)$$

Apesar do meio ser básico, não há necessidade de neutralizar o H^+ (somando OH^-), pois este foi cancelado na soma.

O N é oxidade de −2 a 0:

$$\underset{-2}{N_2H_4{\cdot}H_2O(l)} \longrightarrow \underset{0}{N_2(g)}$$

31. (UEL – PR) Como uma alternativa menos poluidora, também, em substituição ao petróleo estão sendo desenvolvidas células a combustível de hidrogênio. Nessas células, a energia química se transforma em energia elétrica, sendo a água o principal produto. A imagem a seguir mostra um esquema de uma célula a combustível de hidrogênio, com as respectivas reações.

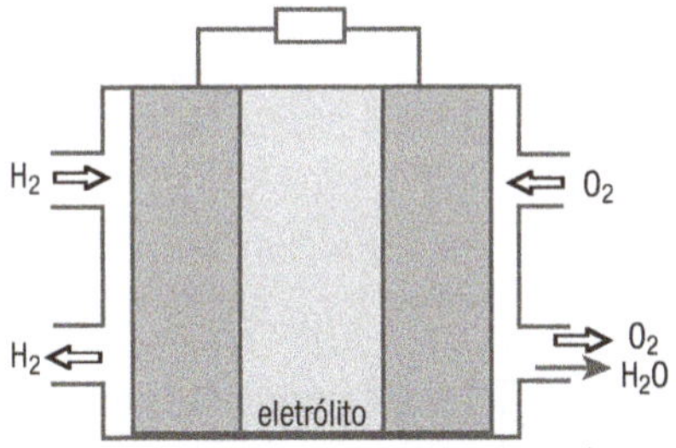
H2
O2
H2
O2
H2O
eletrólito
Esquema de uma célula a combustível hidrogênio/oxigênio

Semirreações:

$2\ H^+ + 2e^- \rightleftarrows H_2(g)$ $\quad E^0 = 0{,}00\ V$

$O_2(g) + 4\ H^+ + 4e^- \rightleftarrows 2\ H_2O(l)$ $\quad E^0 = +1{,}23\ V$

Reação global

$$H_2(g) + \frac{1}{2}\ O_2(g) \rightleftarrows H_2O(g)$$

$\Delta H^0 = -246{,}6$ kJ/mol de H_2O

Com base na imagem, nas equações e nos conhecimentos sobre o tema, considere as afirmativas a seguir.

I. No eletrólito, o fluxo dos íons H^+ é do eletrodo alimentado com o gás hidrogênio para o eletrodo alimentado com o gás oxigênio.

II. Na célula o combustível de hidrogênio, a energia química é produzida por duas substâncias simples.

III. Durante operação da célula, são consumidos 2 mol de $O_2(g)$ para formação de 108 g de água.

IV. A quantidade de calor liberado na formação de 1 mol de água, no estado líquido, é maior que 246,6 kJ.

Estão corretas apenas as afirmativas:

a) I e II.
b) II e III.
c) III e IV.
d) I, II e IV.
e) I, III e IV.

Dado: massa molecular H_2O = 18 g/mol.

(FGV) O texto a seguir refere-se às questões de números **32** e **33**.

Ao longo da história, as fontes não renováveis têm sido responsáveis pela maior parte do abastecimento mundial de energia. Como solução para a demanda energética, o hidrogênio representa a primeira fonte de energia universal, pois apesar de não existir na natureza na forma elementar, ele é o elemento mais abundante do universo e pode ser obtido de diversas matérias-primas, que são convertidas usando energia de fontes que vão desde a luz solar, força dos ventos, queda-d'água ou mesmo energia nuclear.

O gás metano, CH_4, oriundo do gás natural ou de biogás, pode ser transformado em hidrogênio por um processo chamado reforma com vapor-d'água, que consiste na reação do gás metano com o vapor-d'água, na presença de um catalisador, produzindo os gases H_2 e CO_2.

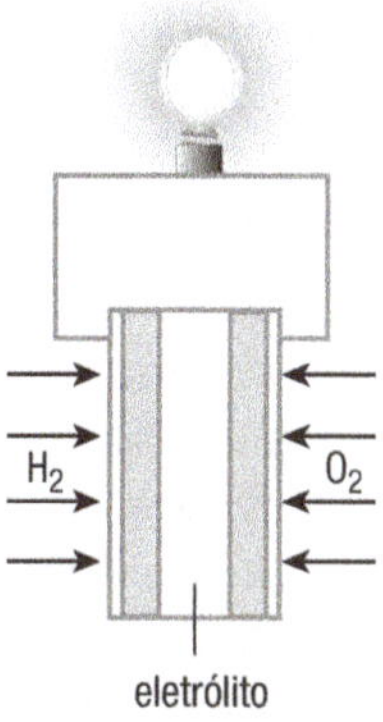
H2
O2
eletrólito

O hidrogênio pode ser armazenado ou transportado para ser convertido em energia, a partir da reação com o oxigênio do ar, em dispositivos chamados células a combustível que geram, além de energia elétrica, água e calor. A figura representa um tipo de célula a combustível. As células a combustível já existem e são empregadas para fins móveis em automóveis e ônibus, para fins estacionários, como geradores elétricos para residências, e também para fins portáteis, como baterias para telefones celulares.

$2\ H^+(aq) + 2e^- \rightleftarrows H_2(g)$ $\quad E^0 = +0{,}0\ V$

$\frac{1}{2}\ O_2(g) + 2\ H^+(aq) + 2e^- \rightleftarrows H_2O(l)$ $\quad E^0 = +1{,}23\ V$

32. Para a produção de 100 m^3 de H_2 pela reforma do metano a 8,2 atm e 127 °C, a quantidade em mols de metano empregado é igual a:

a) $6{,}25 \times 10^3$
b) $6{,}25 \times 10^2$
c) $2{,}50 \times 10^4$
d) $2{,}50 \times 10^3$
e) $1{,}00 \times 10^5$

Dado: $R = 0{,}082 \dfrac{atm \cdot L}{mol \cdot K}$.

33. Sobre o funcionamento da célula a combustível, são feitas as seguintes afirmações:

I. Forma-se água no ânodo.
II. O gás oxigênio é o agente redutor.
III. Os elétrons transitam do ânodo para o cátodo.
IV. O hidrogênio é introduzido no polo negativo.

É correto o que se afirma apenas em:

a) I e IV. b) II e III. c) III e IV. d) I, II e IV. e) I, III e IV.

34. (UNIFESP) Numa célula de combustível, ao invés de combustão química usual, a reação ocorre eletroquimicamente, o que permite a conversão, com maior eficiência, da energia química, armazenada no combustível, diretamente para energia elétrica. Uma célula de combustível promissora é a que emprega metanol e oxigênio do ar como reagentes, cujo diagrama esquemático é fornecido a seguir:

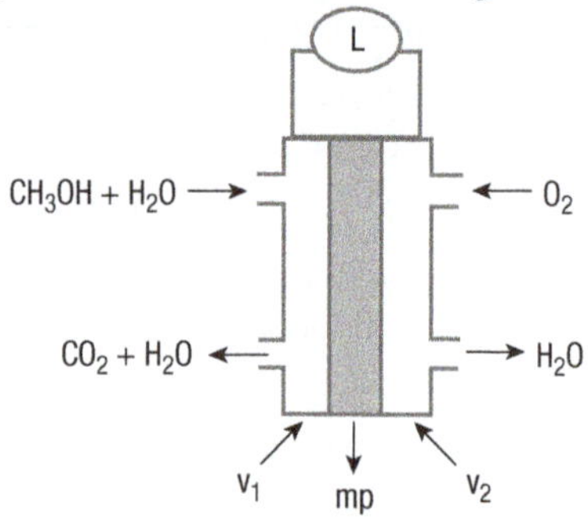

L
CH3OH + H2O
O2
CO2 + H2O
H2O
V1
mp
V2

onde

mp = membrana de eletrólito polimérico, permeável a íons.

v_1 e v_2 = recipientes de grafite, contendo catalisador.

L = lâmpada ligada em circuito externo.

A reação global que ocorre no sistema é:

$$2\,CH_3OH + 3\,O_2 \longrightarrow 2\,CO_2 + 4\,H_2O$$

a) Sabendo que, além dos reagentes e produtos da reação global, estão envolvidos íons H^+ no processo, escreva as semirreações que ocorrem em v_1 e v_2.

b) Identifique a natureza e o sentido do deslocamento dos condutores de cargas elétricas no interior da célula combustível, e no circuito elétrico externo que alimenta L.

Exercícios Série Platina

1. (ENEM) As baterias de Ni-Cd muito utilizadas no nosso cotidiano não devem ser descartadas em lixos comuns uma vez que uma considerável quantidade de cádmio é volatilizada e emitida para o meio ambiente quando as baterias gastas são incineradas como componente do lixo. Com o objetivo de evitar a emissão de cádmio para a atmosfera durante a combustão é indicado que seja feita a reciclagem dos materiais dessas baterias.

Uma maneira de separar o cádmio dos demais compostos presentes na bateria é realizar o processo de lixiviação ácida. Nela, tanto os metais (Cd, Ni e eventualmente Co) como os hidróxidos de íons metálicos $Cd(OH)_2(s)$, $Ni(OH)_2(s)$, $Co(OH)_2(s)$ presentes na bateria, reagem com uma mistura ácida e são solubilizados. Em função da baixa seletividade (todos os íons metálicos são solubilizados), após a digestão ácida, é realizada uma etapa de extração dos metais com solventes orgânicos de acordo com a reação:

$$M^{2+}(aq) + 2\,HR(org) \rightleftharpoons MR_2(org) + 2\,H^+(aq)$$

onde

$M^{2+} = Cd^{2+}$, Ni^{2+} ou Co^{2+}

$HR = C_{16}H_{34} - PO_2H$: identificado no gráfico por **X**

$HR = C_{12}H_{12} - PO_2H$: identificado no gráfico por **Y**

O gráfico mostra o resultado da extração utilizando os solventes orgânicos **X** e **Y** em diferentes pH

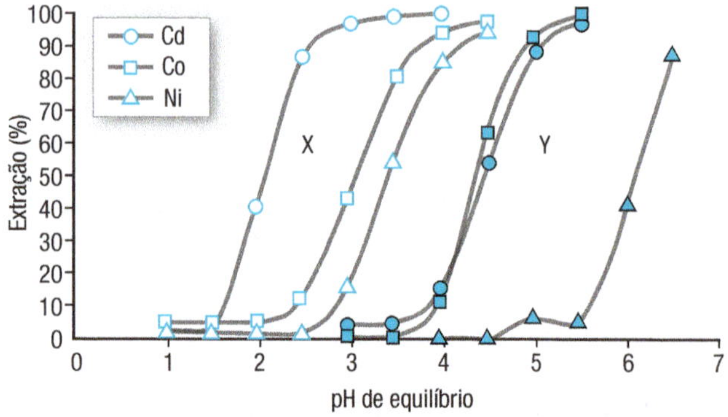

Cd
Co
Ni
Extração (%)
100
90
80
70
60
50
40
30
20
10
0
X
Y
0
1
2
3
4
5
6
7
pH de equilíbrio

Figura 1 - Extração de níquel, cádmio e cobalto em função do pH da solução utilizando solventes orgânicos X e Y.

Disponível em: <http://www.scielo.br>. *Acesso em*: 28 abr. 2010.

A reação descrita no texto mostra o processo de extração dos metais por meio da reação com moléculas orgânicas X e Y. Considerando-se as estruturas de X e Y e o processo de separação descrito, pode-se afirmar que

a) as moléculas X e Y atuam como extratores catiônicos uma vez que a parte polar da molécula troca o íon H^+ pelo cátion do metal.
b) as moléculas X e Y atuam como extratores aniônicos uma vez que a parte apolar da molécula troca o íon H^+ pelo cátion do metal.
c) as moléculas X e Y atuam como extratores catiônicos uma vez que a parte apolar da molécula troca o íon PO_2^{2-} pelo cátion do metal.
d) as moléculas X e Y atuam como extratores aniônicos uma vez que a parte polar da molécula troca o íon PO_2^{2-} pelo cátion do metal.
e) as moléculas X e Y fazem ligações com os íons metálicos resultando em compostos com caráter apolar o que justifica a eficácia da extração.

2. (ENEM) O crescimento da produção de energia elétrica ao longo do tempo tem influenciado decisivamente o progresso da humanidade, mas também tem criado uma séria preocupação: o prejuízo ao meio ambiente. Nos próximos anos, uma nova tecnologia de geração de energia elétrica deverá ganhar espaço: as células a combustível hidrogênio/oxigênio.

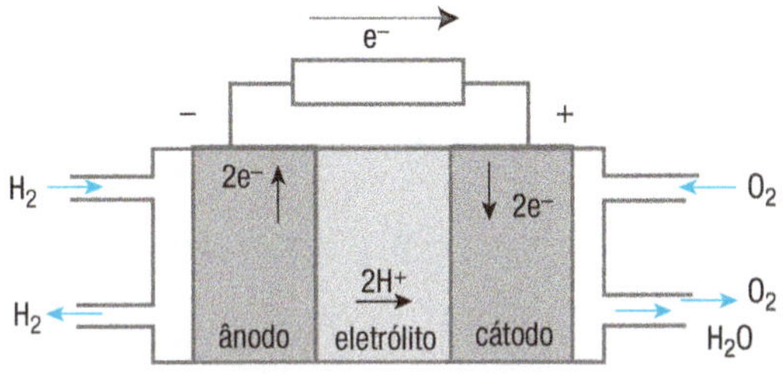

e⁻
–
+
H2
H2
2e⁻
2e⁻
2H⁺
ânodo
eletrólito
cátodo
O2
O2
H2O

VILLULLAS, H. M.; TICIANELLI, E. A.; GONZÁLEZ, E. R. **Química Nova na Escola**. n. 15, maio 2002.

Com base no texto e na figura, a produção de energia elétrica por meio da célula a combustível hidrogênio/oxigênio diferencia-se dos processos convencionais porque

a) transforma energia química em energia elétrica sem causar danos ao meio ambiente, porque o principal subproduto formado é a água.
b) converte a energia química contida nas moléculas dos componentes em energia térmica, sem que ocorra a produção de gases poluentes nocivos ao meio ambiente.
c) transforma energia química em energia elétrica, porém, emite gases poluentes da mesma forma que a produção de energia a partir dos combustíveis fósseis.
d) converte energia elétrica proveniente dos combustíveis fósseis em energia química, retendo os gases poluentes produzidos no processo sem alterar a qualidade do meio ambiente.
e) converte a energia potencial acumulada nas moléculas de água contida no sistema em energia química, sem que ocorra a produção de gases poluentes nocivos ao meio ambiente.

3. (UFRJ) Em um laboratório de controle de qualidade de uma indústria, peças de ferro idênticas foram separadas em dois grupos e submetidas a processos de galvanização distintos: um grupo de peças foi recoberto com cobre e o outro grupo com níquel, de forma que a espessura da camada metálica de deposição fosse exatamente igual em todas as peças. Terminada a galvanização, notou-se que algumas peças tinham apresentado defeitos idênticos.

Em seguida, amostras de peças com defeitos (B e D) e sem defeitos (A e C), dos dois grupos, foram colocadas numa solução aquosa de ácido clorídrico, como mostra a figura a seguir.

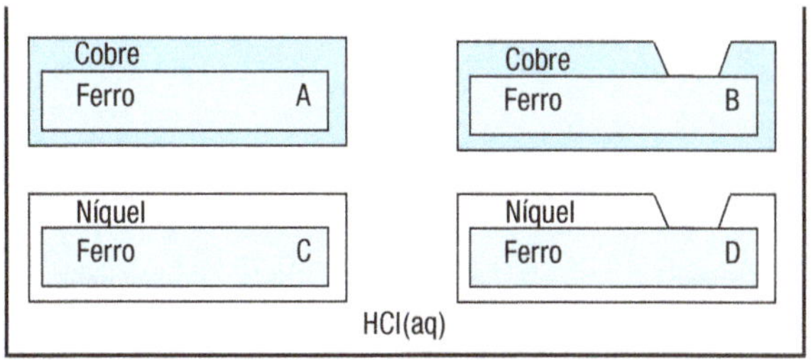

Cobre
Ferro
A
Cobre
Ferro
B
Níquel
Ferro
C
Níquel
Ferro
D
HCl(aq)

Com base nos potenciais-padrão de redução a seguir, ordene as peças A, B, C e D em ordem decrescente em termos da durabilidade da peça de ferro. Justifique sua resposta.

$Fe^{2+}(aq) + 2e^- \longrightarrow Fe(s)$ ΔE red = −0,41 Volt

$Ni^{2+}(aq) + 2e^- \longrightarrow Ni(s)$ ΔE red = −0,24 Volt

$2\ H^+(aq) + 2e^- \longrightarrow H_2(g)$ ΔE red = 0,00 Volt

$Cu^{2+}(aq) + 2e^- \longrightarrow Cu(s)$ ΔE red = +0,34 Volt

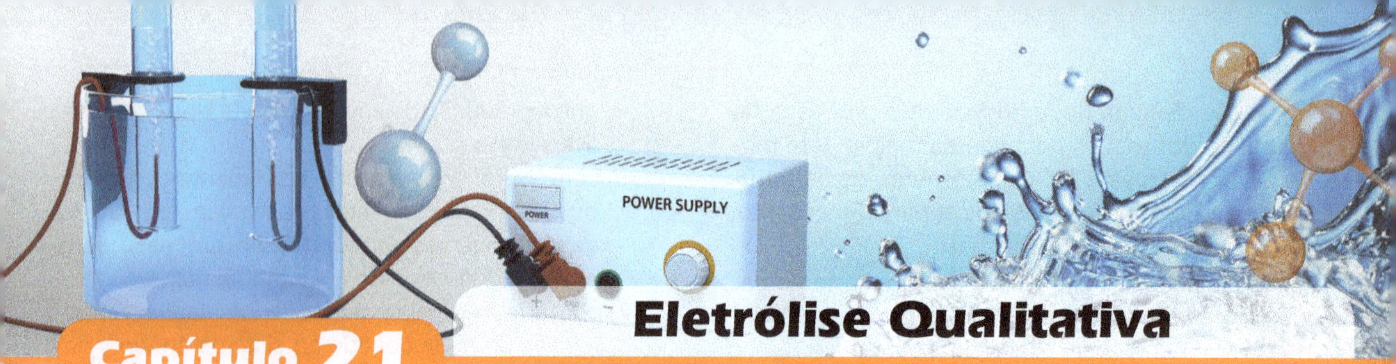
POWER SUPPLY

Capítulo 21 Eletrólise Qualitativa

1. Conceito de eletrólise

Eletrólise é uma reação de oxidorredução, provocada pela passagem da corrente elétrica proveniente de um gerador, por exemplo, uma pilha. Observe o esquema:

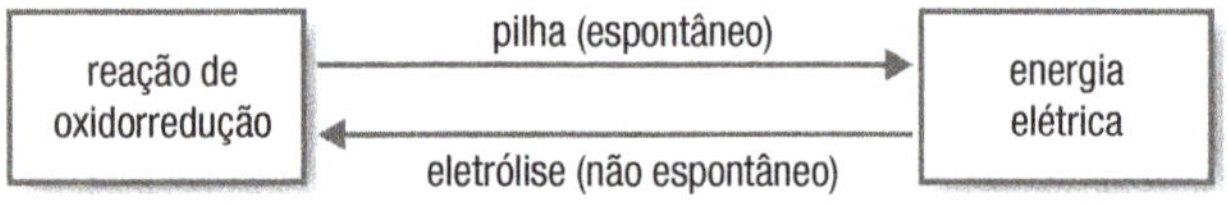
reação de oxidorredução
pilha (espontâneo)
energia elétrica
eletrólise (não espontâneo)

Pilha e eletrólise envolvem fenômenos inversos.

Pilha: $\Delta E^0 > 0$; Eletrólise: $\Delta E^0 < 0$

2. Mecanismo da eletrólise

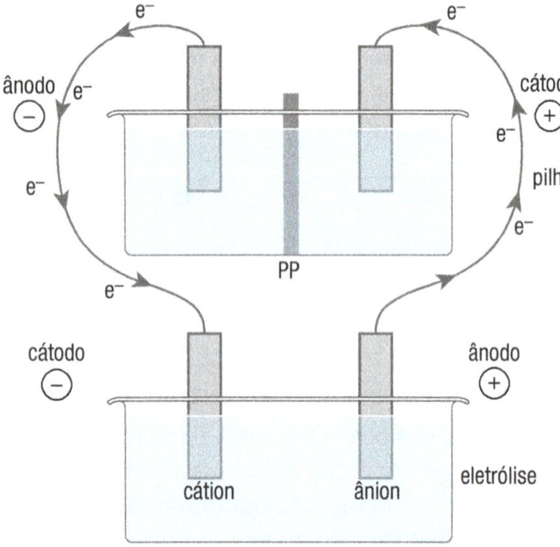
e⁻
e⁻
ânodo
⊖
e⁻
cátodo
⊕
e⁻
pilha
e⁻
e⁻
e⁻
PP
cátodo
⊖
ânodo
⊕
cátion
ânion
eletrólise

O recipiente em que é feita a eletrólise é chamado de célula de eletrólise ou célula ou cuba eletrolítica. Os eletrodos usados na cuba podem ser grafita ou platina; eles não participam da eletrólise e, portanto, são chamados de eletrodos inertes. O material da cuba deve conter íons livres.

O ânodo da pilha (polo negativo) envia elétrons para o cátodo da cuba (polo negativo) que vão atrair cátions da cuba, ocorrendo uma redução. Os cátions recebem elétrons do cátodo.

O cátodo da pilha (polo positivo) retira elétrons do ânodo da cuba (polo positivo) que vão atrair os ânions da cuba, ocorrendo uma oxidação para repor elétrons que vão para a pilha.

	Cátodo	Ânodo
Pilha	⊕	⊖
Eletrólise	⊖	⊕

3. Semirreação catódica

O cátion migra para o cátodo (polo negativo), onde recebe elétron, sofrendo redução. Em geral, o produto fica neutro, portanto, dizemos que ocorreu uma descarga.

$$\underset{\text{cuba}}{C^{x+}} + \underset{\text{eletrodo}}{xe^-} \longrightarrow \underset{\text{produto}}{C}$$

Exemplos:

$Na^{1+} + e^- \longrightarrow Na$

$Cu^{2+} + 2e^- \longrightarrow Cu$

$Al^{3+} + 3e^- \longrightarrow Al$

$2\ H^+ + 2e^- \longrightarrow H_2$ (meio ácido)

$Fe^{3+} + e^- \longrightarrow Fe^{2+}$

4. Semirreação anódica

O ânion migra para o ânodo (polo positivo), onde perde elétrons, sofrendo oxidação. Em geral, o produto fica neutro, portanto, dizemos que ocorreu uma descarga.

$$\underset{\text{cuba}}{A^{y-}} \longrightarrow \underset{\text{eletrodo}}{ye^-} + \underset{\text{produto}}{A}$$

Exemplos:

$2\ F^{1-} \longrightarrow 2e^- + F_2$

$2\ Cl^{1-} \longrightarrow 2e^- + Cl_2$

$2\ I^{1-} \longrightarrow 2e^- + I_2$

$S^{2-} \longrightarrow 2e^- + S$

$2\ OH^- \longrightarrow 2e^- + \frac{1}{2} O_2 + H_2O$ (meio básico)

Observe que a oxidação do OH^- é o inverso da redução do O_2 que ocorria na corrosão dos metais.

5. Esquema da cuba eletrolítica

Um gerador (pilha ou bateria) pode ser simbolizado usando um traço maior indicando o polo positivo e um traço menor indicando o polo negativo.

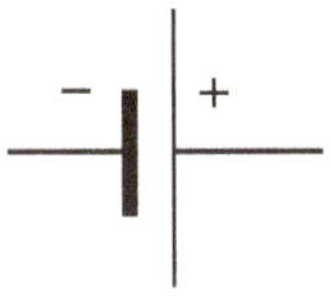

–
+

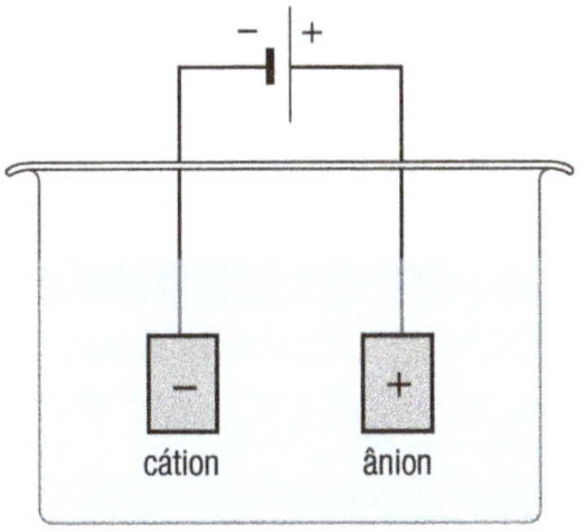

–
+
–
+
cátion
ânion

Condições para a ocorrência de uma eletrólise:

a) cuba eletrolítica deve possuir íons livres para a ocorrência da oxidação e redução.

b) a voltagem do gerador deve ser um pouco superior à voltagem dos componentes da cuba.

6. Eletrólise ígnea

6.1 Conceito

A substância é aquecida para obter uma fusão total, isto é, teremos cátions e ânions livres. Como esse processo usou calor temos uma **eletrólise ígnea**.

Exemplo:

$$NaCl(s) \xrightarrow[\Delta]{800\ °C} Na^+(l) + Cl^-(l)$$

6.2 Eletrólise ígnea do NaCl

fusão: $NaCl(s) \xrightarrow{\Delta} Na^+(l) + Cl^-(l)$

cátodo: $Na^+(l) + e^- \longrightarrow Na(l)$

ânodo: $Cl^-(l) \longrightarrow e^- + \frac{1}{2} Cl_2(g)$

global: $NaCl(s) \xrightarrow{i} Na\ (l) + \frac{1}{2} Cl_2(g)$

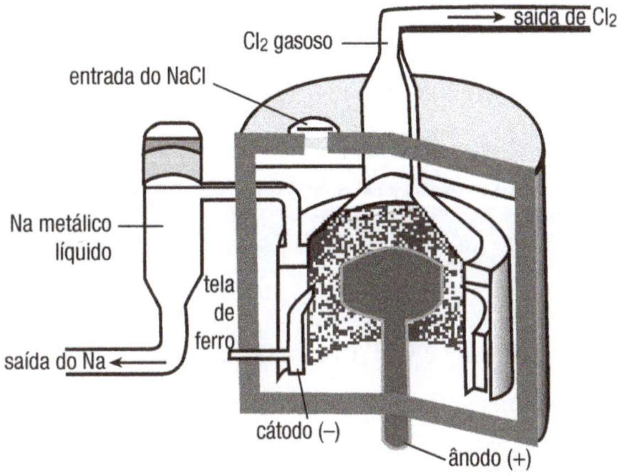

saída de Cl2
Cl2 gasoso
entrada do NaCl
Na metálico líquido
tela de ferro
saída do Na
cátodo (–)
ânodo (+)

Através da eletrólise ígnea do NaCl foi obtido o metal sódio, pois este não é encontrado na natureza.

6.3 Eletrólise ígnea do $MgCl_2$

O cátion Mg^{2+} é encontrado dissolvido na água do mar. Para obter o metal Mg temos a sequência abaixo.

- Formação de $Mg(OH)_2$ pela adição de uma base forte na água do mar.

$$Mg^{2+} + 2\ OH^- \longrightarrow Mg(OH)_2$$

- Formação de $MgCl_2$ através da reação entre $Mg(OH)_2$ e HCl.

$$Mg(OH)_2 + 2\ HCl \longrightarrow MgCl_2 + 2\ H_2O$$

- Eletrólise ignea do $MgCl_2$.

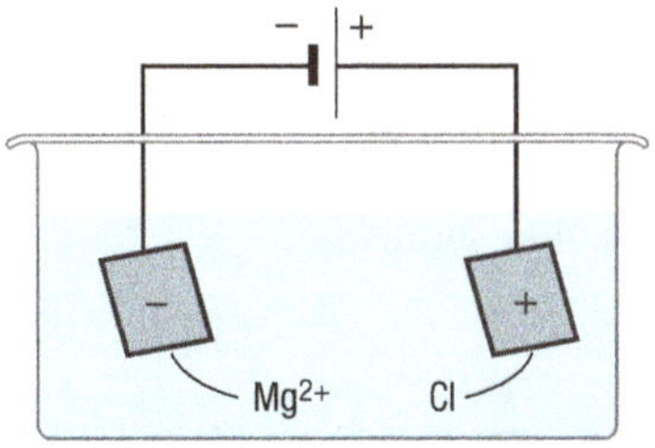

–
+
–
+
Mg2+
Cl

fusão: $MgCl_2(s) \xrightarrow{\Delta} Mg^{2+}(l) + 2\ Cl^-(l)$

cátodo: $Mg^{2+}(l) + 2e^- \longrightarrow Mg(l)$

ânodo: $2\ Cl^- \longrightarrow 2e^- + Cl_2(g)$

global: $MgCl_2(s) \xrightarrow{i} Mg(l) + Cl_2(g)$

6.4 Eletrólise ígnea do Al_2O_3

Industrialmente, alumínio é obtido a partir da bauxita. Esta é primeiro purificada, obtendo-se o óxido de alumínio, Al_2O_3, que é, em seguida, misturado com um fundente (criolita: Na_3AlF_6) e submetido a uma eletrólise ígnea, obtendo-se, então, o metal alumínio. O consumo de energia elétrica é muito grande. A função da criolita é diminuir o ponto de fusão, pois o Al_2O_3 funde a 2.050 °C. O cátodo é feito de aço (Fe + C) e o ânodo de grafita.

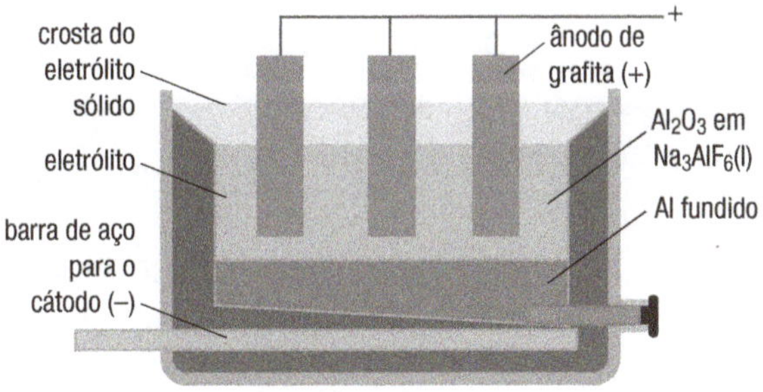

crosta do eletrólito sólido
eletrólito
barra de aço para o cátodo (–)
ânodo de grafita (+)
+
Al2O3 em Na3AlF6(l)
Al fundido

fusão: $Al_2O_3(s) \xrightarrow{\Delta} 2\,Al^{3+}(l) + 3\,O^{2-}(l)$

cátodo: $Al^{3+}(l) + 3e^- \longrightarrow Al(l)$

ânodo: $O^{2-}(l) \longrightarrow 2e^- + \frac{1}{2}O_2(g)$

global: $Al_2O_3(s) \xrightarrow{i} 2\,Al(l) + \frac{3}{2}O_2(g)$

O ânodo de grafita combina com o gás oxigênio, formando CO_2.

$$C + O_2 \longrightarrow CO_2$$

Desta maneira, depois de certo tempo, novos ânodos deverão ser colocados na cuba.

7. Eletrólise aquosa com eletrodos inertes

7.1 Conceito

A substância é dissolvida em água para obter cátions e ânions livres. Como esse processo usou água temos uma **eletrólise aquosa**.

Exemplo:

$$NaCl(s) \xrightarrow{H_2O} Na^+(aq) + Cl^-(aq)$$

7.2 Facilidade de descarga em eletrólise aquosa no cátodo

A água, como é uma molécula polar, pode sofrer redução no cátodo em vez do cátion da substância que foi dissolvida na água.

A redução da molécula da água é semelhante à redução do cátion H^+ em meio ácido. Observe os esquemas:

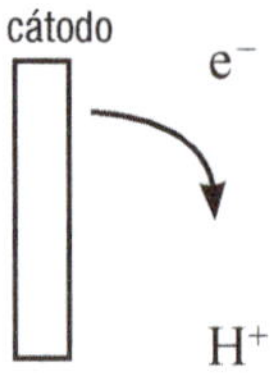
cátodo
e⁻
H⁺

$H^+ + e^- \longrightarrow \frac{1}{2}H_2$

ou

$2\,H^+ + 2e^- \longrightarrow H_2$

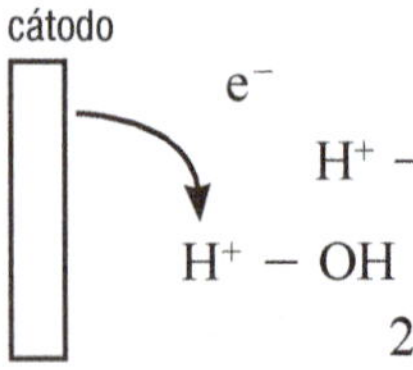
cátodo
e⁻
H⁺ – OH

$H^+ - OH + e^- \longrightarrow \frac{1}{2}H_2 + OH^- \quad -0{,}83\ V$

ou

$2\,H_2O + 2e^- \longrightarrow H_2 + 2\,OH^- \quad -0{,}83\ V$

Se o cátion tiver maior potencial de redução que −0,83 V sofrerá redução em lugar da água; se o cátion tiver menor potencial de redução que −0,83 V é a água que sofrerá a redução. A ordem de descarga é a seguinte:

> grupo 1: Li^+, Na^+, K^+...
> grupo 2: Mg^{2+}, Ca^{2+}, Ba^{2+}...
> Al^{3+}
> esses íons não sofrem redução em água
> $E^0 < -0{,}83$ V
>
> $\boxed{H_2O}$*
>
> demais cátions e H^+ (meio ácido)
> Zn^{2+}, Fe^{2+}, Cu^{2+}, Ni^{2+}, Ag^+
> esses íons sofrem redução em água
> $E^0 > -0{,}83$ V

* Alguns autores usam H^+ em vez de H_2O.

7.3 Facilidade de descarga em eletrólise aquosa no ânodo

A água, como é uma molécula polar, pode sofrer oxidação no ânodo em vez do ânion da substância que foi dissolvida na água.

O oxigênio da água (polo negativo) perde dois elétrons para o ânodo formando gás oxigênio e cátion H^+. Observe o esquema:

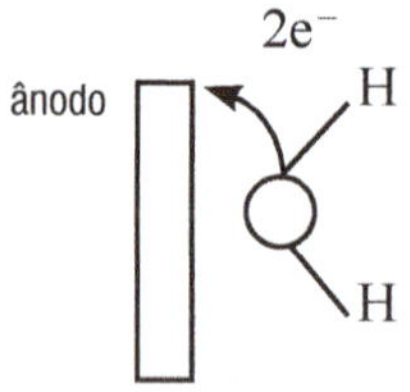
2e⁻
ânodo
H
H

$$H_2\overset{2-}{O} \longrightarrow 2e^- + \frac{1}{2}O_2 + 2\,H^+ \quad -1{,}23\ V$$

Verifica-se que ânions não oxigenados (Cl^-, Br^-, I^-) oxidam no lugar da água. No caso de ânions oxigenados (NO_3^-, SO_4^{2-}, PO_4^{3-}) e F^-, é a água que oxida. A ordem de descarga é:

> F^-
> ânions oxigenados:
> (NO_3^-, SO_4^{2-}, PO_4^{3-})
> esses íons não sofrem oxidação em água.
>
> $\boxed{H_2O}$*
>
> ânions não oxigenados:
> (Cl^-, Br^-, I^-) e OH^-(meio básico)
> esses íons sofrem oxidação em água.

* Alguns autores usam OH^- em vez de H_2O.

7.4 Eletrólise aquosa do NaCl

A eletrólise de uma solução concentrada de NaCl (salmoura) produz no cátodo H_2, no ânodo Cl_2 e na cuba solução aquosa de NaOH. Observe o esquema abaixo:

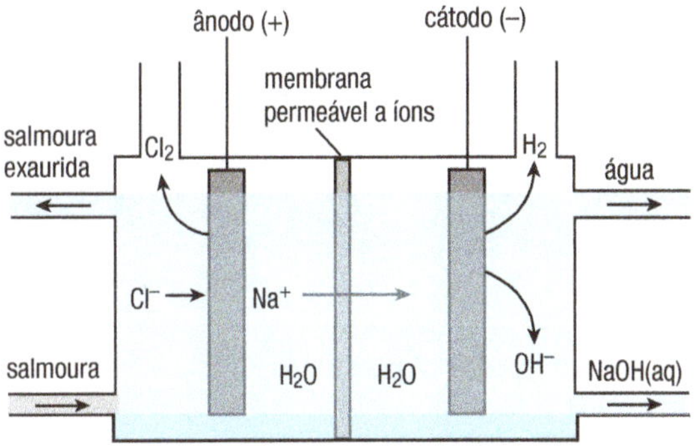

ânodo (+)
cátodo (–)
membrana
permeável a íons
salmoura
exaurida
Cl_2
H_2
água
Cl^-
Na^+
salmoura
H_2O
H_2O
OH^-
NaOH(aq)

dissociação do NaCl:

$$NaCl \xrightarrow{H_2O} Na^+ + Cl^-$$

cátodo (Na^+ ou H_2O):

$$2\,H_2O + 2e^- \longrightarrow H_2 + 2\,OH^-$$

ânodo: (Cl^- ou H_2O):

$$2\,Cl^- \longrightarrow 2e^- + Cl_2$$

equação global:

$$2\,NaCl + 2\,H_2O \longrightarrow H_2 + Cl_2 + 2\,Na^+ + 2\,OH^-$$

Colocando algumas gotas de fenolftaleína ao redor do cátodo verifica-se que a solução fica vermelha devido à formação do íon OH^-.

A eletrólise da salmoura também é utilizada para obter HCl e solução aquosa de hipoclorito de sódio (água de lavadeira).

$H_2 + Cl_2 \longrightarrow 2\,HCl$ (cloreto de hidrogênio)

$HCl \xrightarrow{H_2O} H^+ + Cl^-$ (ácido clorídrico)

$Cl_2 + 2\,NaOH \longrightarrow NaCl + NaClO + H_2O$

8. Eletrólise aquosa usando no ânodo um eletrodo ativo

8.1 Conceito

Eletrodo ativo é todo eletrodo que sofre oxidação no ânodo numa cela eletrolítica, em vez da água ou do ânion dissolvido.

Exemplos:

eletrodo de cobre no ânodo: $Cu \longrightarrow Cu^{2+} + 2e^-$

eletrodo de prata no ânodo: $Ag \longrightarrow Ag^+ + e^-$

eletrodo de níquel no ânodo: $Ni \longrightarrow Ni^{2+} + 2e^-$

Esse fenômeno não ocorre para Pt, Au e grafita (eletrodos inertes).

No cátodo a redução ocorre com a água ou com o cátion dissolvido.

8.2 Eletrólise de H_2SO_4 em solução aquosa diluída, com eletrodos de cobre

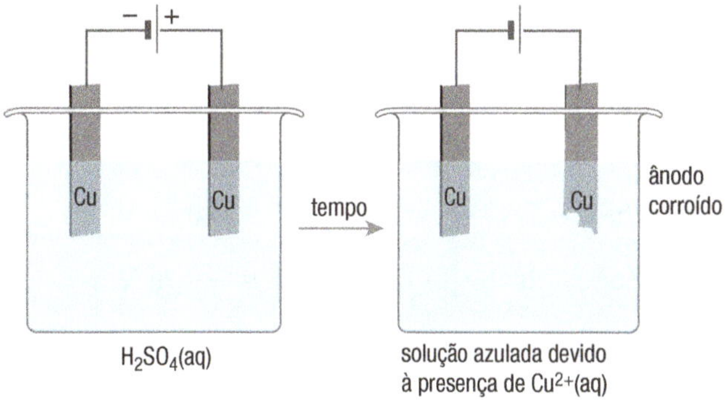

– | +
Cu
Cu
tempo
Cu
Cu
ânodo
corroído
H_2SO_4(aq)
solução azulada devido
à presença de Cu^{2+}(aq)

dissociação do H_2SO_4:

$$H_2SO_4 \longrightarrow 2\,H^+ + SO_4^{2-}$$

cátodo (H^+ ou H_2O):

$$2\,H^+ + 2e^- \longrightarrow H_2$$

ânodo de Cu:

$$Cu \longrightarrow Cu^{2+} + 2e^-$$

equação global:

$$H_2SO_4 + Cu \longrightarrow H_2 + Cu^{2+} + SO_4^{2-}$$

8.3 Refino eletrolítico do cobre

Esse processo é usado para purificar o cobre, obtendo cobre com pureza da ordem de 99,9% que é usado na fabricação de fios elétricos (as impurezas diminuem exageradamente a condutividade elétrica do cobre). Usa-se como ânodo um bloco de cobre impuro e como cátodo um fio de cobre puro. Observe os esquemas.

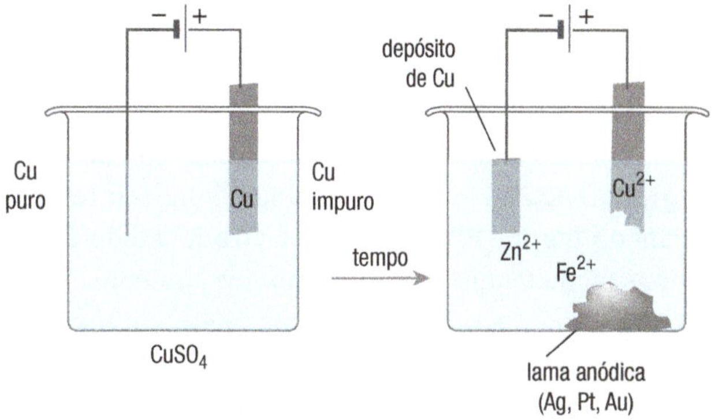

– | +
Cu
puro
Cu
Cu
impuro
tempo
$CuSO_4$
– | +
depósito
de Cu
Cu^{2+}
Zn^{2+}
Fe^{2+}
lama anódica
(Ag, Pt, Au)

Temos as seguintes reações ocorrendo:

ânodo: $Cu \longrightarrow Cu^{2+} + 2e^-$

cátodo: $Cu^{2+} + 2e^- \longrightarrow Cu$

global: ?

Na reação global, não aparecem substâncias novas. O que acontece é que o Cu do ânodo passa para a solução sob forma de Cu^{2+} e este deposita-se no cátodo sob forma de Cu. Os íons SO_4^{2-} e a água não tomam parte na eletrólise. No final dela, há apenas o transporte do Cu^{2+} do ânodo para o cátodo. Durante a eletrólise, há corrosão do ânodo e deposição no cátodo.

Impurezas mais reativas que o cobre se oxidam no ânodo, mas não conseguem se reduzir no cátodo (menor E^0_{red}), permanecendo em solução. É o caso de Fe, Zn, Mn...

$$Cu^{2+} + 2e^- \longrightarrow Cu \qquad E^0 = +0,34\ V$$

$$Zn^{2+} + 2e^- \longrightarrow Zn \qquad E^0 = -0,76\ V$$

$$Fe^{2+} + 2e^- \longrightarrow Fe \qquad E^0 = -0,44\ V$$

Impurezas menos reativas que o cobre não se oxidam no ânodo e se depositam embaixo do ânodo formando a "lama anódica". É o caso de Au, Ag, Pt.

Ao final, a lama anódica é removida da cuba e vendida, a fim de pagar o custo da eletricidade exigida pela eletrólise; portanto, o custo da purificação do cobre é quase nenhum.

9. Galvanoplastia ou eletrodeposição

9.1 Conceito

A galvanoplastia é uma técnica utilizada para revestir peças com um determinado metal por meio da eletrólise. A finalidade da galvanoplastia é evitar a corrosão da peça, aumentando a sua durabilidade, ou para efeito decorativo. Esse processo é utilizado na prateação, niquelação e cromação de peças.

O objeto que vai receber o revestimento metálico é ligado ao polo negativo do gerador e se torna cátodo. No caso do objeto ser de plástico, que não é um bom condutor, um tratamento superficial o tornará condutor (pó de grafita). O ânodo pode ser do metal que vai revestir ou ânodo inerte (Pt). A solução eletrolítica contém os cátions do metal que se quer como revestimento.

9.2 Prateação

A figura a seguir ilustra a aparelhagem usada na prateação de um objeto.

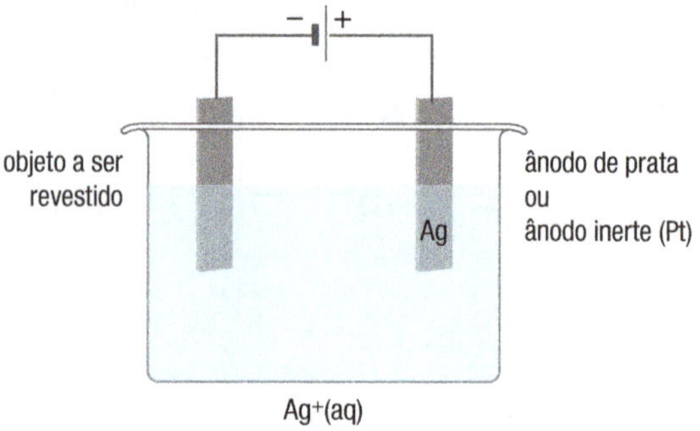

−
+
objeto a ser revestido
ânodo de prata
ou
ânodo inerte (Pt)
Ag
Ag+(aq)

Temos as seguintes reações.

cátodo: $Ag^+ + e^- \longrightarrow Ag$ (reveste o objeto)

ânodo de Ag: $Ag \longrightarrow Ag^+ + e^-$ (corrosão)

No caso de se usar ânodo inerte (Pt) em vez de ânodo de Ag, a concentração de Ag^+ na solução precisa ser maior, porque não há formação de Ag^+ no ânodo.

9.3 Niquelação

A figura a seguir ilustra a aparelhagem usada na niquelação de um objeto.

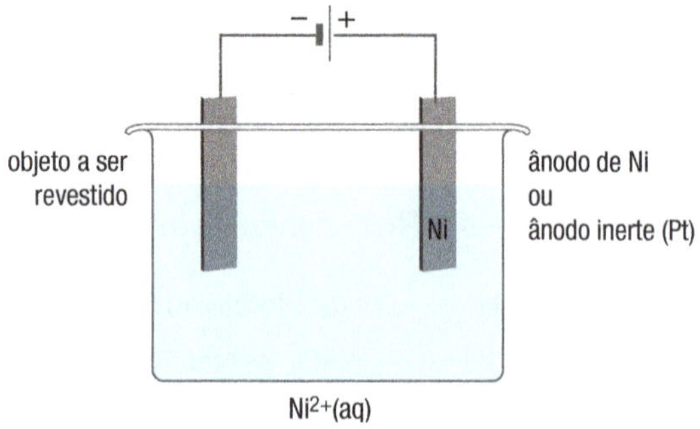

−
+
objeto a ser revestido
ânodo de Ni
ou
ânodo inerte (Pt)
Ni
Ni2+(aq)

Temos as seguintes reações:

cátodo: $Ni^{2+} + 2e^- \longrightarrow Ni$ (reveste o objeto)

ânodo de Ni: $Ni \longrightarrow Ni^{2+} + 2e^-$ (corrosão)

Exercícios Série Prata

1. Complete as semirreações catódicas.

a) $Na^+ +$

b) $Zn^{2+} +$

c) $Al^{3+} +$

d) $H^+ +$

2. Complete as semirreações anódicas.

a) $F^- \longrightarrow$

b) $Cl^- \longrightarrow$

c) $Br^- \longrightarrow$

d) $I^- \longrightarrow$

e) $S^{2-} \longrightarrow$

f) $OH^- \longrightarrow$

3. Complete.
Eletrólise ígnea do NaCl

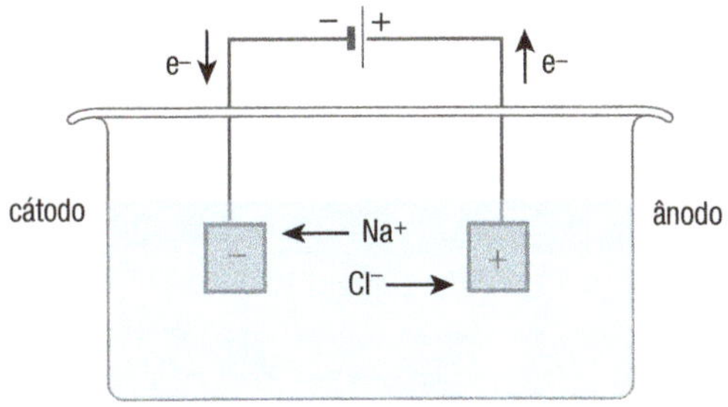

e-
e-
cátodo
ânodo
Na^+
Cl^-

NaCl fundido

a) dissociação do NaCl $\xrightarrow{\Delta}$ ______

b) cátodo: Na^+ ______

c) ânodo: Cl^- ______

d) equação global: ______

principal finalidade: obtenção do metal sódio

4. Complete.
Eletrólise ígnea do $MgCl_2$

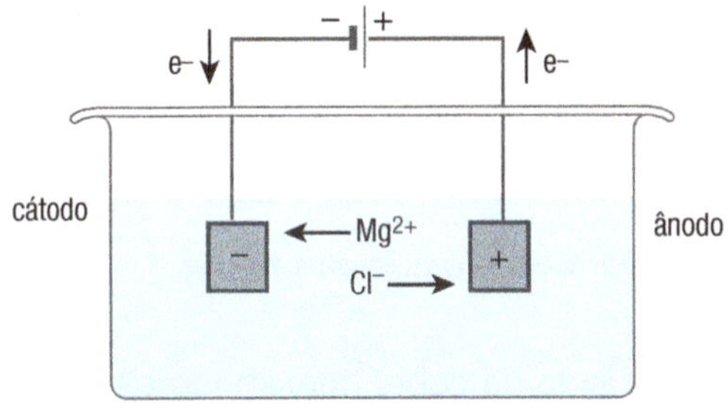

e-
e-
cátodo
ânodo
Mg^{2+}
Cl^-

$MgCl_2$ fundido

a) dissociação do $MgCl_2$ $\xrightarrow{\Delta}$ ______

b) cátodo: Mg^{2+} ______

c) ânodo: Cl^- ______

d) equação global: ______

principal finalidade: obtenção do metal magnésio

5. Complete.
Eletrólise ígnea de Al_2O_3

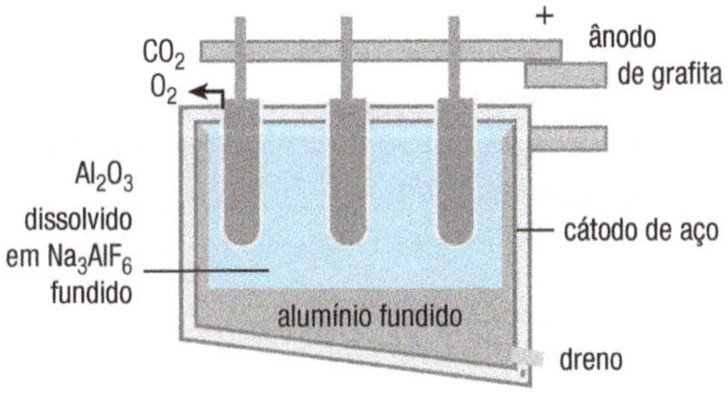

CO_2
O_2
+
ânodo de grafita
Al_2O_3 dissolvido em Na_3AlF_6 fundido
cátodo de aço
alumínio fundido
dreno

a) dissociação do Al_2O_3 $\xrightarrow{\Delta}$ ______

b) cátodo ______

c) ânodo ______

d) equação global ______

Notas:
A função da criolita é abaixar o ponto de fusão, pois o Al_2O_3 funde a 2.050 °C. O consumo de energia elétrica é muito grande.
O ânodo de grafita combina com o gás oxigênio, formando dióxido de carbono (CO_2).
Desta maneira, depois de certo tempo, novos ânodos deverão ser colocados na célula.

6. Marque com **X** a espécie que sofre descarga no cátodo.

a) Ag^+ ______ H_2O ______

b) Al^{3+} ______ H_2O ______

c) Na^+ ______ H_2O ______

d) H^+ ______ H_2O ______

e) Cu^{2+} ______ H_2O ______

7. Marque com **X** a espécie que sofre descarga no ânodo.

a) Cl^- ______ H_2O ______

b) NO_3^- ______ H_2O ______

c) SO_4^{2-} ______ H_2O ______

d) F^- ______ H_2O ______

e) OH^- ______ H_2O ______

8. Complete.
Eletrólise de solução aquosa de NaCl, com eletrodos inertes.

ânodo
+
parede porosa
cátodo
–
Cl_2
H_2
solução diluída da NaCl(aq)
NaOH(aq)
Na^+
OH^-
solução saturada da NaCl(aq)
Cl^-
H_2O
H_2O
H_2O(aq)

a) dissociação do NaCl $\longrightarrow$ ______

b) cátodo (Na^+ ou H_2O) ______

c) ânodo (Cl^- ou H_2O) ______

d) equação global ______

9. Complete.
Eletrólise em solução aquosa do $NiCl_2$.

a) dissociação do $NiCl_2$ $\longrightarrow$ ______

b) cátodo (Ni^{2+} ou H_2O) ______

c) ânodo (Cl^- ou H_2O) ______

d) equação global ______

10. Complete.

Eletrólise em solução do KI.

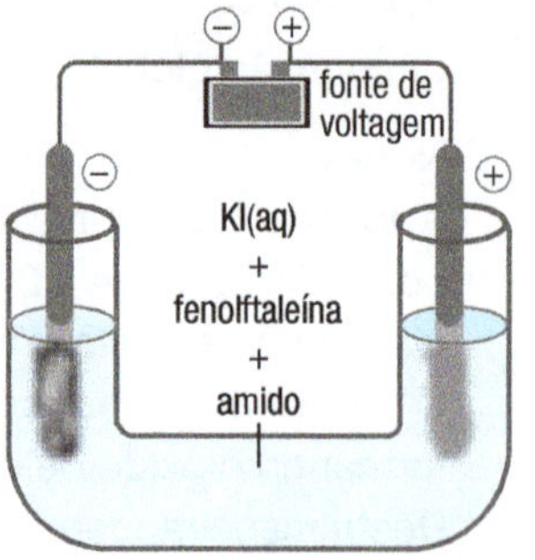

fonte de voltagem
KI(aq)
+
fenolftaleína
+
amido

Junto ao polo negativo (cátodo) haverá excesso de OH^-, o que é evidenciado pela coloração vermelha da fenolftaleína. Junto ao polo positivo (ânodo) o aparecimento de uma coloração azul escura evidencia a formação de iodo, I_2.

a) dissociação do KI $\longrightarrow$ ______________________

b) cátodo (K^+ ou H_2O) ______________________

c) ânodo (I^- ou H_2O) ______________________

d) equação global: ______________________

11. Complete.

Eletrólise em solução aquosa do Na_2SO_4

a) dissociação do Na_2SO_4 $\longrightarrow$ ______________________

b) cátodo (Na^+ ou H_2O) ______________________

c) ânodo (SO_4^{2-} ou H_2O) ______________________

d) equação global ______________________

12. Complete.

Eletrólise em solução aquosa de $NiSO_4$ com ânodo de níquel (niquelação).

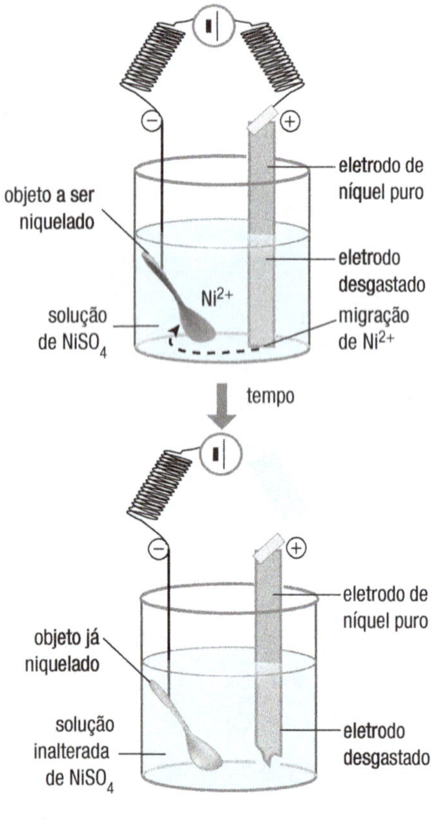

objeto a ser niquelado
eletrodo de níquel puro
eletrodo desgastado
solução de $NiSO_4$
Ni^{2+}
migração de Ni^{2+}
tempo
objeto já niquelado
eletrodo de níquel puro
solução inalterada de $NiSO_4$
eletrodo desgastado

a) dissociação do $NiSO_4$ ______________________

b) cátodo (Ni^{2+} ou H_2O) ______________________

c) ânodo (Ni ou H_2O) ______________________

d) equação global ______________________

13. Purificação do cobre com impurezas mais reativas que o cobre (Zn, Fe).

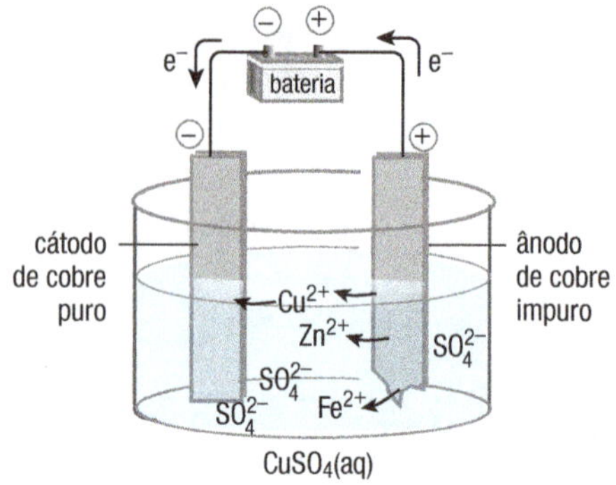

e^-
bateria
e^-
cátodo de cobre puro
ânodo de cobre impuro
Cu^{2+}
Zn^{2+}
SO_4^{2-}
SO_4^{2-}
SO_4^{2-}
Fe^{2+}
$CuSO_4(aq)$

Complete.

a) cátodo: Cu ______________________

b) ânodo: Cu ______________________

c) No ânodo ocorreu a ______________________ do cobre, ferro e do zinco, porém, somente ocorre a ______________________ do Cu^{2+} no cátodo, pois tem maior potencial de redução.

d) semirreação catódica ______________________

14. Purificação de cobre com impurezas menos reativas que o cobre (Ag, Au, Pt).

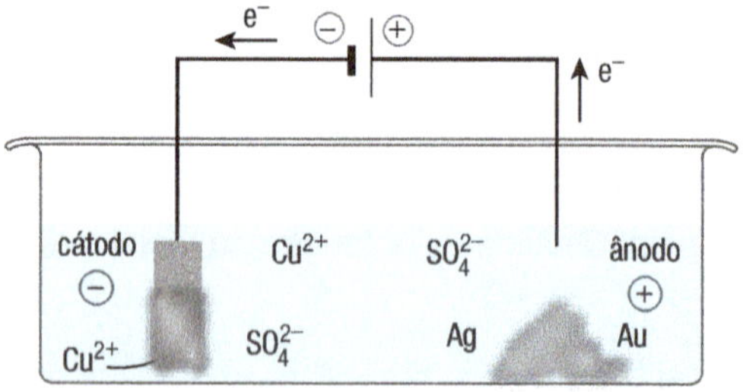

e^-
e^-
cátodo
Cu^{2+}
SO_4^{2-}
ânodo
Cu^{2+}
SO_4^{2-}
Ag
Au

a) No ânodo ocorre só a ______________________ do cobre, que passa a Cu^{2+}, enquanto nem a prata nem ouro sofrem ______________________, por apresentarem elevado potencial de redução.

b) semirreação catódica ______________________

c) Os metais ______________________ são depositados abaixo do ânodo, formando a lama anódica.

Exercícios Série Ouro

1. (UFRJ) Os esquemas **I** e **II** ilustram transformações químicas:

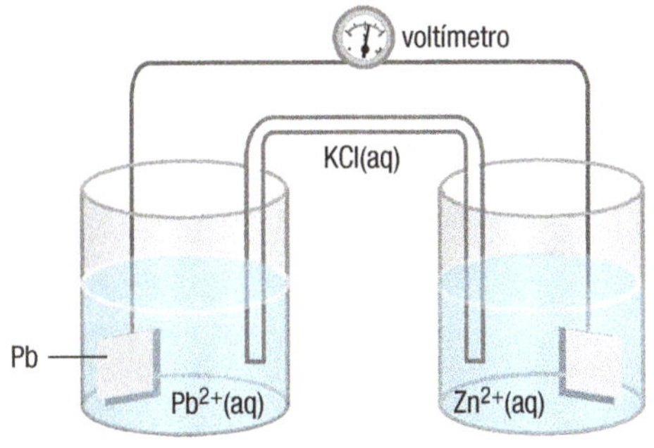
voltímetro
KCl(aq)
Pb
Pb^{2+}(aq)
Zn^{2+}(aq)

Esquema I

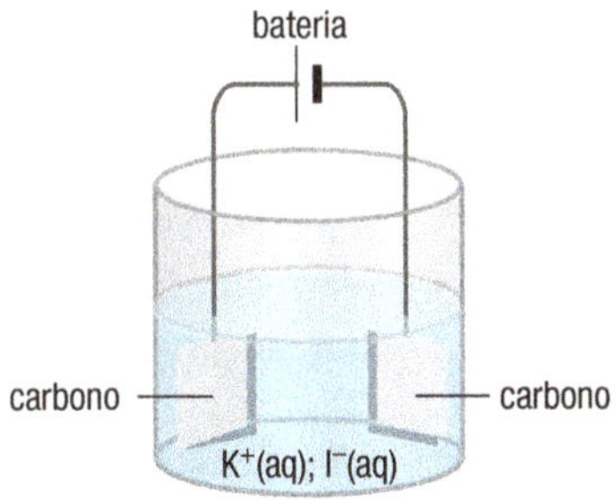
bateria
carbono
carbono
K^+(aq); I^-(aq)

Esquema II

Observando-se os esquemas, pode-se assegurar que:

a) no esquema I, ocorre uma reação não espontânea de oxirredução.

b) no esquema I, a energia elétrica é convertida em energia química.

c) no esquema II, os eletrodos de carbono servem para manter o equilíbrio iônico.

d) no esquema II, a energia elétrica é convertida em energia química.

e) no esquema II, ocorre uma reação espontânea de oxidação.

2. (PUC – SP) Para obter potássio e cloro a partir de KCl sólido, deve-se fazer uma eletrólise com eletrodos inertes.

Assinale a alternativa incorreta.

a) Para que a eletricidade ocorra, é preciso fundir a amostra de KCl.

b) O ânion Cl^- será oxidado no ânodo.

c) O cátion K^+ será reduzido no cátodo.

d) O potássio obtido será recolhido em recipiente contendo água, para evitar o seu contato com o ar.

e) Se os eletrodos fossem de cobre, o cloro formado reagiria com eles.

3. (VUNESP) O magnésio está presente na água do mar em quantidade apreciável. O íon Mg^{2+} é precipitado da água do mar como hidróxido, que convertido a cloreto por tratamento com ácido clorídrico. Após a evaporação da água, o cloreto de magnésio é fundido e submetido à eletrólise.

a) Escreva as equações de todas as reações.

b) Quais os produtos da eletrólise e seus estados físicos?

4. (UEL – PR) Na obtenção de prata por eletrólise de solução aquosa de nitrato de prata, o metal se forma no:

a) cátodo, por redução de íons Ag^+.

b) cátodo, por oxidação de íons Ag^+.

c) cátodo, por redução de átomos Ag.

d) ânodo, por redução de íons Ag^+.

e) ânodo, por oxidação de átomos Ag.

5. (MACKENZIE – SP) O fluoreto de sódio é um sal inorgânico derivado do fluoreto de hidrogênio, usado na prevenção de cáries, na fabricação de defensivos agrícolas e pastas de dentes. Nessa última aplicação, esse sal inibe a desmineralização dos dentes, prevenindo, por isso, as cáries. Em condições e cuidados adequados para tal, foram realizadas as eletrólises ígnea e aquosa dessa substância, resultando em uma série de informações, as quais constam da tabela a seguir:

	Eletrólise ígnea	Eletrólise aquosa
Descarga no ânodo	íon F^-	íon OH^-
Substância produzida no ânodo	gás flúor	vapor de água
Descarga no cátodo	íon Na^+	íon H^+
Substância produzida no cátodo	sódio metálico	gás hidrogênio

De acordo com seus conhecimento eletroquímicos, pode-se afirmar que, na tabela preenchida com informações dos processos eletrolíticos,

a) não há informações incorretas.
b) todas as informações estão incorretas.
c) há apenas uma informação incorreta.
d) há duas informações incorretas.
e) há três informações incorretas.

Resolução:

Eletrólise ígnea:

$$NaF(l) \longrightarrow Na^+(l) + F^-(l)$$

ânodo: $2\,F^-(l) \longrightarrow F_2(g) + 2e^-$

cátodo: $Na^+(l) + e^- \longrightarrow Na(l)$

Eletrólise aquosa:

$$NaF(aq) \longrightarrow Na^+(aq) + F^-(aq)$$

ânodo: $2\,OH^-(aq) \longrightarrow H_2O(l) + \frac{1}{2}\,O_2(g) + 2e^-$

OH^- proveniente da dissociação da água

erro: há produção de $O_2(g)$ em vez do vapor-d'água.

cátodo: $2\,H^+(aq) + 2e^- \longrightarrow H_2(g)$

H^+ proveniente da dissociação da água

Resposta: alternativa c.

6. (UFRGS – RS) Um estudante apresentou um experimento sobre eletrólise na feira de ciências de sua escola. O esquema do experimento foi representado pelo estudante em um cartaz como o reproduzido abaixo.

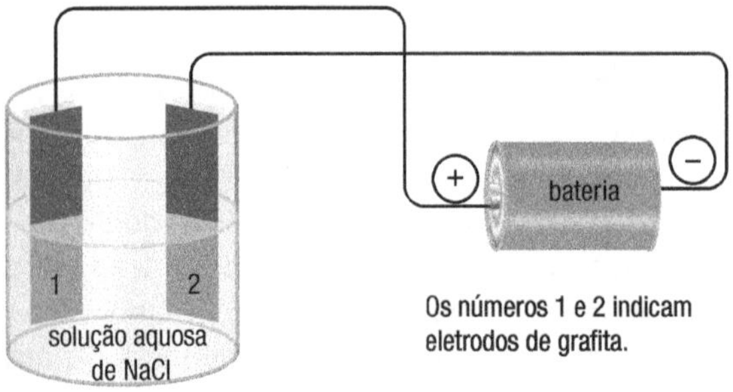

bateria
1
2
solução aquosa de NaCl

Os números 1 e 2 indicam eletrodos de grafita.

Em outro cartaz, o aluno listou três observações que realizou e que estão transcritas abaixo.

I. Houve liberação de gás cloro no eletrodo 1.
II. Formou-se uma coloração rosada na solução próxima ao eletrodo 2, quando se adicionaram gotas de solução de fenolftaleína.
III. Ocorreu uma reação de redução do cloro no eletrodo 1.

Quais observações são corretas?

a) Apenas I.
b) Apenas II.
c) Apenas III.
d) Apenas I e II.
e) I, II e III.

7. (FUVEST – SP) Uma solução aquosa de iodeto de potássio (KI) foi eletrolisada, usando-se a aparelhagem esquematizada na figura. Após algum tempo de eletrólise, adicionam-se algumas gotas de solução de fenolftaleína na região do eletrodo A e algumas gotas de solução de amido na região do eletrodo B. Verificou-se o aparecimento da cor rosa na região de A e da cor azul (formação de iodo) na região de B.

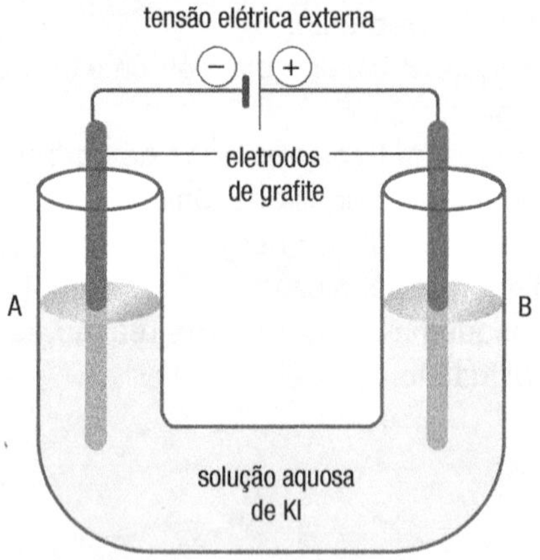

tensão elétrica externa
eletrodos de grafite
A
B
solução aquosa de KI

Nessa eletrólise:

I. no polo negativo, ocorre redução da água com formação de OH^- e de H_2.
II. no polo positivo, o iodeto ganha elétrons e forma iodo.
III. a grafita atua como condutora de elétrons.

Dessas afirmações, apenas:

a) I é correta.
b) II é correta.
c) III é correta.
d) I e III são corretas.
e) II e III são corretas.

Resolução:

I. Correta: polo negativo (cátodo): ocorre redução da água.

$$2\ H_2O(l) + 2e^- \longrightarrow H_2(g) + 2\ OH^-(aq)$$

II. Incorreta: polo positivo (ânodo): I^- perde elétrons

$$2\ I^-(aq) \longrightarrow I_2(s) + 2e^-$$

III. Correta: a grafita atua como condutora de elétrons (eletrodo).

Resposta: alternativa d.

8. (UNIFESP – adaptada) A uma solução aquosa contendo KI suficiente para tornar o meio condutor foram adicionadas algumas gotas do indicador fenolftaleína. A solução resultante foi eletrolisada com eletrodos inertes, no dispositivo esquematizado a seguir.

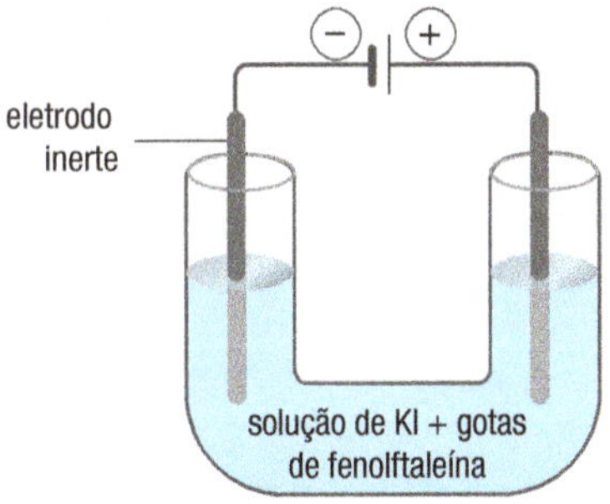

eletrodo inerte
solução de KI + gotas de fenolftaleína

São fornecidos os potenciais-padrão de redução das espécies químicas presentes na solução, que podem sofrer oxidorredução no processo.

$$K^+(aq) + e^- \longrightarrow K(s)$$

$$2\ H_2O(l) + 2e^- \longrightarrow H_2(g) + 2\ OH^-(aq)$$

$$I_2(s) + 2e^- \longrightarrow 2\ I^-(aq)$$

$$O_2(g) + 4\ H^+(aq) + 4e^- \longrightarrow H_2O(l)$$

Com base nesses dados, pode-se prever que, durante a eletrólise da solução, haverá desprendimento de gás:

a) em ambos os eletrodos, e aparecimento de cor vermelha apenas ao redor do eletrodo positivo.

b) em ambos os eletrodos, e aparecimento de cor vermelha também ao redor dos dois eletrodos.

c) somente do eletrodo positivo, e deposição de potássio metálico ao redor do eletrodo negativo.

d) somente do eletrodo positivo, e aparecimento de cor vermelha apenas ao redor do mesmo eletrodo.

e) somente do eletrodo negativo, e aparecimento de cor vermelha apenas ao redor do mesmo eletrodo.

9. (PUC) O indicador fenolftaleína é incolor em pH < 8 e rosa em pH acima de 8.

– amido é utilizado como indicador da presença de iodo em solução, adquirindo uma intensa coloração azul devido ao complexo iodo-amido formado.

Um experimento consiste em passar corrente elétrica contínua em uma solução aquosa de iodeto de potássio (KI). O sistema está esquematizado a seguir.

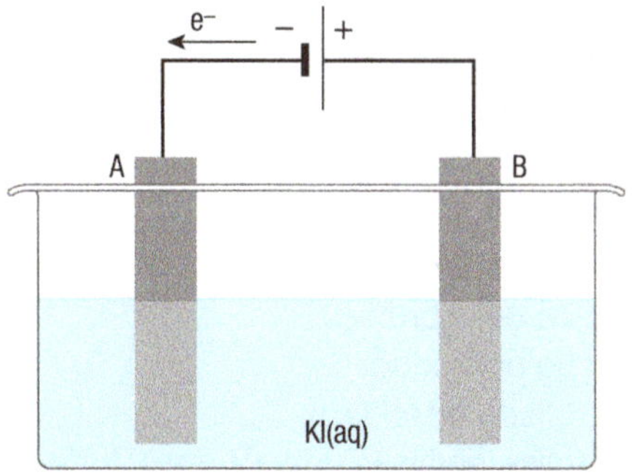

e⁻
–
+
A
B
KI(aq)

Para auxiliar a identificação dos produtos, são adicionados, próximo aos eletrodos, solução alcoólica de fenolftaleína e dispersão aquosa de amido. Sobre o experimento é incorreto afirmar que:

a) haverá formação de gás no eletrodo B.

b) a solução ficará rosa próximo ao eletrodo A.

c) no eletrodo B ocorrerá o processo de oxidação.

d) o eletrodo A é o cátodo do sistema eletrolítico.

e) a solução ficará azul próximo ao eletrodo B.

10. (FUVEST – SP) Água contendo Na_2SO_4 apenas para tornar o meio condutor e o indicador fenolftaleína é eletrolisada com eletrodos inertes. Nesse processo, observa-se desprendimento de gás:

a) de ambos os eletrodos e aparecimento de cor vermelha somente ao redor do eletrodo negativo.

b) de ambos os eletrodos e aparecimento de cor vermelha somente ao redor do eletrodo positivo.

c) somente do eletrodo negativo e aparecimento de cor vermelha ao redor do eletrodo positivo.

d) somente do eletrodo positivo e aparecimento de cor vermelha ao redor do eletrodo negativo.

e) de ambos os eletrodos e aparecimento de cor vermelha ao redor de ambos os eletrodos.

11. (PUC – SP) Dados:

	E (volt)
$F_2 + 2e^- \rightleftarrows 2\,F^-$	+2,87
$Cl_2 + 2e^- \rightleftarrows 2\,Cl^-$	+1,36
$Br_2 + 2e^- \rightleftarrows 2\,Br^-$	+1,09
$I_2 + 2e^- \rightleftarrows 2\,I^-$	+0,54

Facilidade de descarga na eletrólise: $H_2O > F^-$

Com base nos dados acima, pode-se afirmar que o único processo possível de obtenção do F_2, a partir do NaF, é a:

a) reação com cloro.
b) reação com bromo.
c) reação com iodo.
d) eletrólise de NaF(aq).
e) eletrólise de NaF(l).

12. (UFSC – SC) A eletrólise da água levemente acidulada para aumentar a condutividade elétrica é realizada na aparelhagem esquematizada na figura:

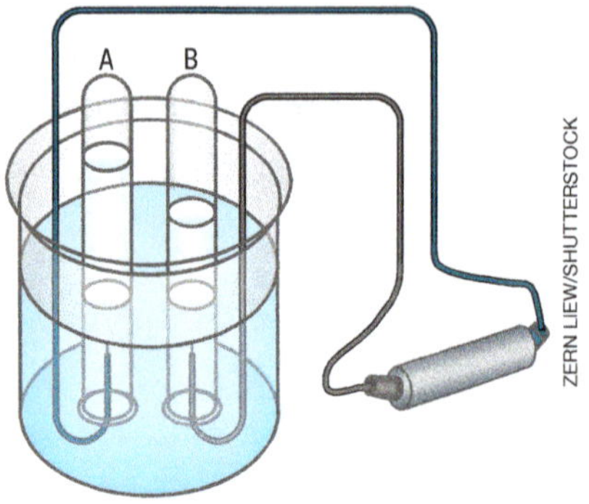
A
B
ZERN LIEW/SHUTTERSTOCK

Dados: massas molares em g/mol: H: 1; O: 16.
Assinale a proposição correta:

a) O eletrodo colocado no tubo A está conectado ao polo positivo da pilha.
b) No tubo B é recolhido gás oxigênio.
c) A massa do gás recolhido no tubo B é maior que a massa do gás recolhido no tubo A.
d) No cátodo (eletrodo ligado ao polo negativo da pilha) ocorre a oxidação da água de acordo com a semiequação:

$$H_2O \rightleftarrows 2e^- + 1/2\,O_2 + 2\,H^+$$

e) A massa do gás recolhido no tubo A é igual à massa do gás recolhido no tubo B.

13. (UNICAMP – SP) Observe o esquema a seguir, representativo da eletrólise da água:

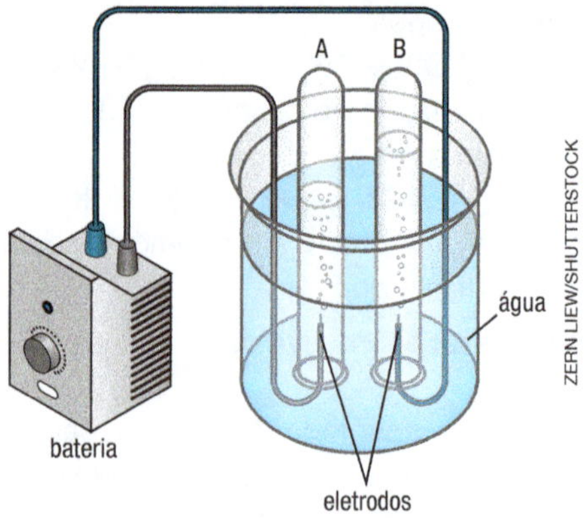
A
B
água
bateria
eletrodos
ZERN LIEW/SHUTTERSTOCK

As semirreações que ocorrem nos eletrodos são:

$$2\,H_2O(l) + 2e^- \longrightarrow 2\,OH^-(aq) + H_2(g)$$
$$2\,H_2O(l) \longrightarrow 4\,H^+(aq) + O_2(g) + 4e^-$$

A partir dessas informações:

a) identifique os gases A e B.
b) indique se, após um certo tempo de eletrólise, o meio estará ácido, básico ou neutro. Por quê?

14. (VUNESP – SP) Utilizando-se eletrodo de platina, quais são os produtos e seus respectivos estados físicos (a temperatura ambiente) resultantes da eletrólise de:

I. cloreto de sódio fundido?
II. solução aquosa de ácido sulfúrico diluído?

Escreva as semirreações que ocorrem, especificando os eletrodos.

15. (UNESP) Enquanto a transformação química na pilha é espontânea, a da eletrólise é provocada por uma corrente elétrica. Na pilha a transformação química produz energia elétrica, enquanto que na eletrólise uma reação consome energia elétrica. Durante a eletrólise de uma solução aquosa de cloreto de sódio (NaCl), ocorre a dissociação iônica do sal e da água. Sabendo-se que:

$2\,H^+(aq) + 2$ elétrons $\longrightarrow H_2(g)$ E^0 (redução) = 0,00 V

$Cl_2(g) + 2$ elétrons $\longrightarrow 2\,Cl^-(aq)$ E^0 (redução) = +1,36 V

Escreva para essa eletrólise:

a) a equação de dissociação do sal, as semirreações de redução e de oxidação e a reação global;

b) os produtos obtidos no cátodo e no ânodo.

16. (FUVEST – SP) Industrialmente, HCl gasoso é produzido em um maçarico, no qual entram, nas condições-ambiente, hidrogênio e cloro gasosos, observando-se uma chama de vários metros de altura, proveniente da reação entre esses gases.

a) Escreva a equação química que representa essa transformação, utilizando estruturas de Lewis tanto para os reagentes quanto para o produto.

b) Como se obtém ácido clorídrico a partir do produto da reação de hidrogênio com cloro? Escreva a equação química dessa transformação.

c) Hidrogênio e cloro podem ser produzidos pela eletrólise de uma solução concentrada de cloreto de sódio (salmoura). Dê as equações que representam a formação de cada um desses gases.

d) Que outra substância é produzida, simultaneamente ao cloro e ao hidrogênio, no processo citado no item anterior?

Número atômico (Z)
hidrogênio...........1
cloro....................17

17. (UFSCar – SP) A figura representa a eletrólise de uma solução aquosa de cloreto de níquel (II) $NiCl_2$.

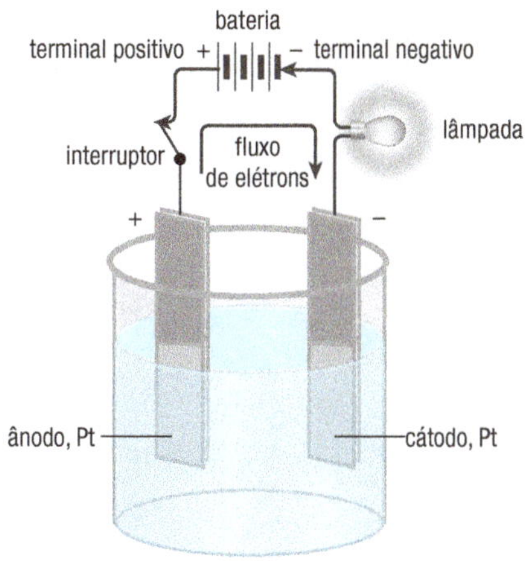
bateria
terminal positivo +
– terminal negativo
lâmpada
interruptor
fluxo de elétrons
+
–
ânodo, Pt
cátodo, Pt

São dados as semirreações da redução e seus respectivos potenciais:

$Cl_2(g) + 2e^- \longrightarrow 2\ Cl^-(aq)$ $\quad E^0 = +1,36\ V$

$Ni^{2+}(aq) + 2e^- \longrightarrow Ni(s)$ $\quad E^0 = -0,24\ V$

a) Indique as substâncias formadas no ânodo e no cátodo. Justifique.

b) Qual deve ser o mínimo potencial aplicado pela bateria para que ocorra a eletrólise? Justifique.

18. (UNICAMP – SP) A produção mundial de gás cloro é de 60 milhões de toneladas por ano. Um processo eletroquímico moderno e menos agressivo ao meio ambiente, em que, se utiliza uma membrana semipermeável, evita que toneladas de mercúrio, utilizado no processo eletroquímico convencional, sejam dispensadas anualmente na natureza. Esse processo moderno está parcialmente esquematizado na figura abaixo.

a) Se a produção anual de gás cloro fosse obtida apenas pelo processo esquematizado na figura abaixo, qual seria a produção de gás hidrogênio em milhões de toneladas?

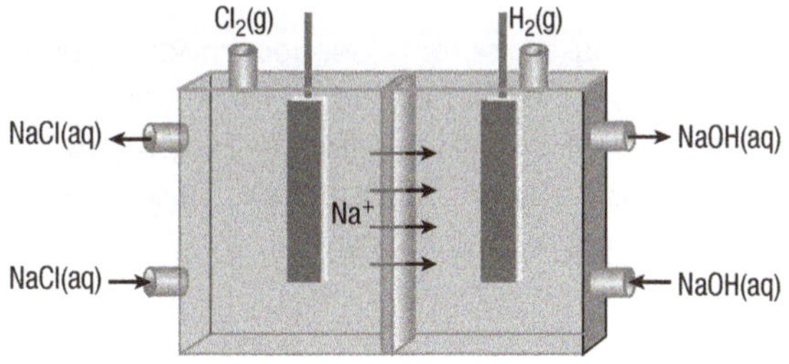
Cl2(g)
H2(g)
NaCl(aq)
NaCl(aq)
Na+
NaOH(aq)
NaOH(aq)

b) Na figura, falta representar uma fonte de corrente elétrica e a formação de íons OH^-. Complete o desenho com essas informações, não se esquecendo de anotar os sinais da fonte e de indicar se ela é uma fonte de corrente alternada ou de corrente contínua.

Dado: massas molares em g/mol: $H_2 = 2$, $Cl = 71$.

19. (FUVEST – SP) Em uma aula de laboratório de Química, a professora propôs a realização da eletrólise da água.

Após a montagem de uma aparelhagem como a da figura abaixo, e antes de iniciar a eletrólise, a professora perguntou a seus alunos qual dos dois gases, gerados no processo, eles esperavam recolher em maior volume. Um dos alunos respondeu: "O gás oxigênio deve ocupar maior volume, pois seus átomos têm oito prótons e oito elétrons (além dos nêutrons) e, portanto, são maiores que os átomos de hidrogênio, que, em sua imensa maioria, têm apenas um próton e um elétron".

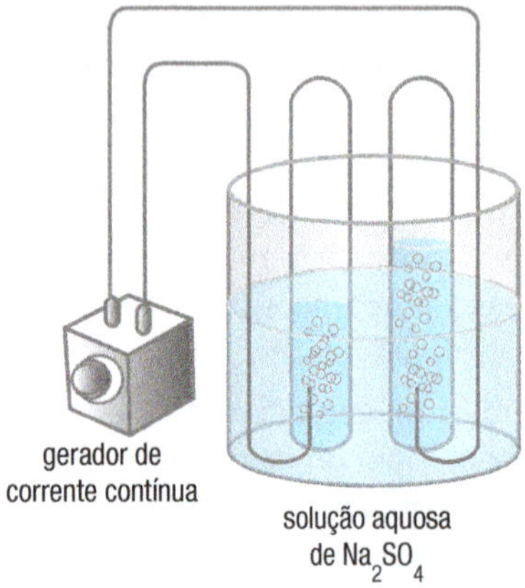
gerador de corrente contínua
solução aquosa de Na_2SO_4

Observou-se, porém que, decorridos alguns minutos, o volume de hidrogênio recolhido era o dobro do volume de oxigênio (e essa proporção se manteve no decorrer da eletrólise), de acordo com a seguinte equação química:

$$2\,H_2O(l) \longrightarrow 2\,H_2(g) + O_2(g)$$
$$\qquad\qquad 2\text{ vols.} \quad 1\text{ vol.}$$

a) Considerando que a observação experimental não corresponde à expectativa do aluno, explique por que a resposta dada por ele está incorreta.

Posteriormente, o aluno perguntou à professora se a eletrólise da água ocorreria caso a solução aquosa de Na_2SO_4 fosse substituída por outra. Em vez de responder diretamente, a professora sugeriu que o estudante repetisse o experimento, porém substituindo a solução aquosa de Na_2SO_4 por uma solução aquosa de sacarose ($C_{12}H_{22}O_{11}$).

b) O que o aluno observaria ao realizar o novo experimento sugerido pela professora? Explique.

(UNESP) **Instrução:** Leia o texto para responder às questões de números **20** e **21**.

O silício metalúrgico, purificado até atingir 99,99% de pureza, é conhecido como silício eletrônico. Quando cortado em fatias finas, recobertas com cobre por um processo eletrolítico e montadas de maneira interconectada, o silício eletrônico transforma-se em microchips.

A figura reproduz uma das últimas etapas da preparação de um microchip.

As fatias de silício são colocadas numa solução de sulfato de cobre. Nesse processo, íons de cobre deslocam-se para a superfície da fatia (cátodo), aumentando a sua condutividade elétrica.

http://umumble.com.Adaptado.

20. O processo de recobrimento das fatias de silício é conhecido como

a) eletrocoagulação.
b) eletrólise ígnea.
c) eletrodeformação.
d) galvanoplastia.
e) anodização

Resolução:
O processo de recobrimento das fatias de silício pelo metal cobre é conhecido como galvanoplastia. A galvanoplastia consiste em determinado material no cátodo (polo negativo) ser recoberto por um metal.

Resposta: alternativa d.

21. A semirreação na superfície da fatia de silício, cátodo, é representada por:

a) $Cu^{2+} + 2\,H_2O \longrightarrow O(g) + 4\,H^+ + Cu(s)$
b) $2\,Cu^+ + H_2O \longrightarrow 2\,Cu(s) + H_2O + 2e^-$
c) $2\,SO_4^{2-} \longrightarrow S_2O_8^{2-} + 2e^-$
d) $Si(s) + 4e^- \longrightarrow Si^{4+}(s)$
e) $Cu^{2+} + 2e^- \longrightarrow Cu(s)$

22. (UFRGS – RS) A galvanoplastia é uma técnica utilizada para revestir peças com um determinado metal por meio da eletrólise. Para cromar um chaveiro de ferro, foram realizados os procedimentos a seguir.

I. Colocou-se o chaveiro de ferro como cátodo (eletrodo negativo).
II. Colocou-se um pedaço de cromo metálico como ânodo (eletrodo positivo).
III. Utilizou-se uma solução aquosa que continha sais de ferro.

Quais estão corretos?

a) Apenas I.
b) Apenas II.
c) Apenas III.
d) Apenas I e II.
e) I, II e III.

Resolução:
I. Correta: no cátodo, ocorre redução do Cr^{3+} e recobrimento do chaveiro: $Cr^{3+} + 3e^- \longrightarrow Cr$
II. Correta: no ânodo, a oxidação da peça de cromo metálico repõe os íons Cr^{3+} depositados sobre o chaveiro: $Cr \longrightarrow Cr^{3+} + 3e^-$
III. Incorreta: deve-se utilizar uma solução aquosa com sais de cromo.

Resposta: alternativa d.

23. (UFV – MG) O processo de galvanização consiste no revestimento metálico de peças condutoras que são colocadas como eletrodos negativos em um circuito de eletrólise (observe o esquema abaixo).

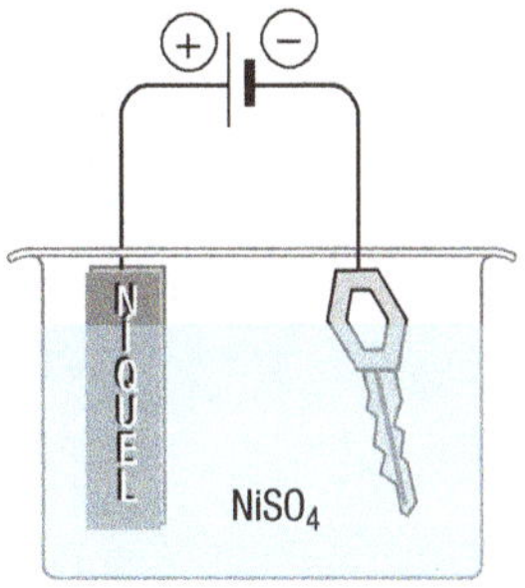

+
−
NÍQUEL
$NiSO_4$

Considere as seguintes afirmativas:

I. Na chave, ocorre a reação $Ni^{2+} + 2e^- \longrightarrow Ni^0$.
II. No polo positivo, ocorre oxidação do níquel.
III. No polo positivo, ocorre a reação
$$Ni^0 \longrightarrow Ni^{2+} + 2e^-$$
IV. O eletrodo positivo sofre corrosão durante a eletrólise.
V. A chave é corroída durante o processo.

A alternativa que contém apenas as afirmativas corretas é:

a) I, II, III, IV e V.
b) I, II, III e IV.
c) I, II e III.
d) II e III.
e) I, II, III e V.

24. (FUVEST – SP) Para pratear eletroquimicamente um objeto de cobre e controlar a massa de prata depositada no objeto, foi montada a aparelhagem esquematizada na figura abaixo.

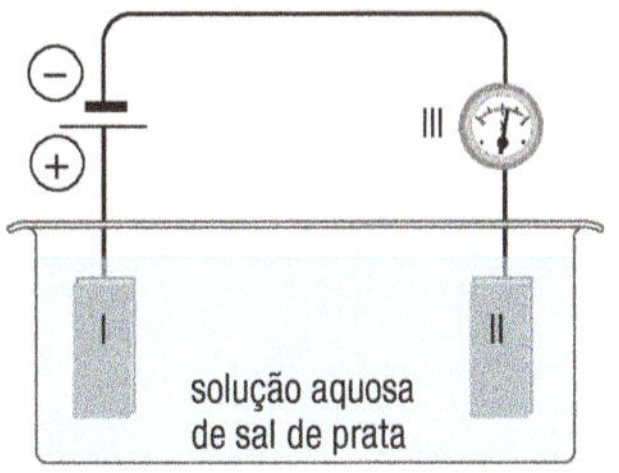

−
+
III
I
II
solução aquosa
de sal de prata

Nessa figura, I, II e III são, respectivamente:

a) o objeto de cobre, uma chapa de platina e um amperímetro.
b) uma chapa de prata, o objeto de cobre e um voltímetro.
c) o objeto de cobre, uma chapa de prata e um voltímetro.
d) o objeto de cobre, uma chapa de prata e um amperímetro.
e) uma chapa de prata, o objeto de cobre e um amperímetro.

25. (FUVEST - SP) Com a finalidade de niquelar uma peça de latão, foi montado um circuito, utilizando-se fonte de corrente contínua, como representado na figura.

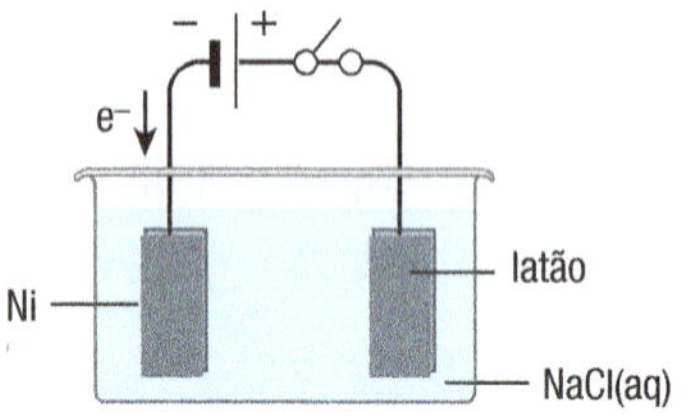

–
+
e⁻
Ni
latão
NaCl(aq)

No entanto, devido a erros experimentais, ao fechar o circuito, não ocorreu a niquelação da peça. Para que essa ocorresse, foram sugeridas as alterações:

I. Inverter a polaridade da fonte de corrente contínua.
II. Substituir a solução aquosa de NaCl por solução aquosa de $NiSO_4$.
III. Substituir a fonte de corrente contínua por uma fonte de corrente alternada de alta frequência.

O êxito do experimento requereria apenas:

a) a alteração I.
b) a alteração II.
c) a alteração III.
d) as alterações I e II.
e) as alterações II e III.

26. (FUVEST - SP) As etapas finais de obtenção do cobre a partir da calcosita, Cu_2S, são, sequencialmente:

I. ustulação (aquecimento ao ar).
II. refinação eletrolítica (esquema abaixo).

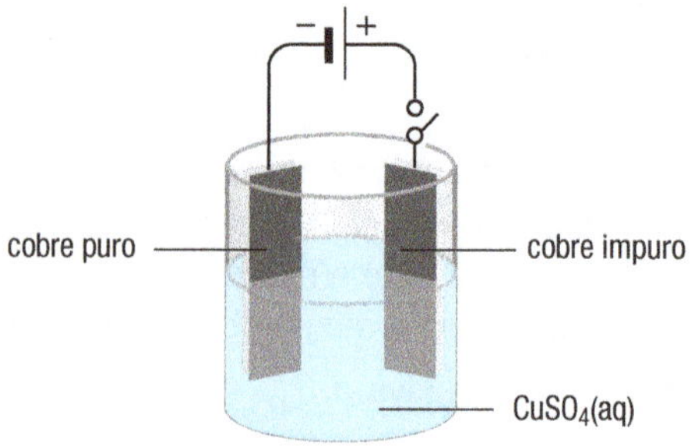

–
+
cobre puro
cobre impuro
CuSO4(aq)

a) Escreva a equação da ustulação da calcosita.
b) Descreva o processo da refinação eletrolítica, mostrando o que ocorre em cada um dos polos ao se fechar o circuito.
c) Reproduza no caderno o esquema dado e indique nele o sentido do movimento dos elétrons no circuito e o sentido do movimento dos íons na solução, durante o processo de eletrólise.

Exercícios Série Platina

1. Considerando os potenciais de semicela:

$Zn^{2+}(aq) + 2e^- \longrightarrow Zn(s) \qquad E^0 = -0,76\ V$

$Cu^{2+}(aq) + 2e^- \longrightarrow Cu(s) \qquad E^0 = +0,34\ V$

Foram construídas três células eletroquímicas. O voltímetro indica a ddp num certo instante.

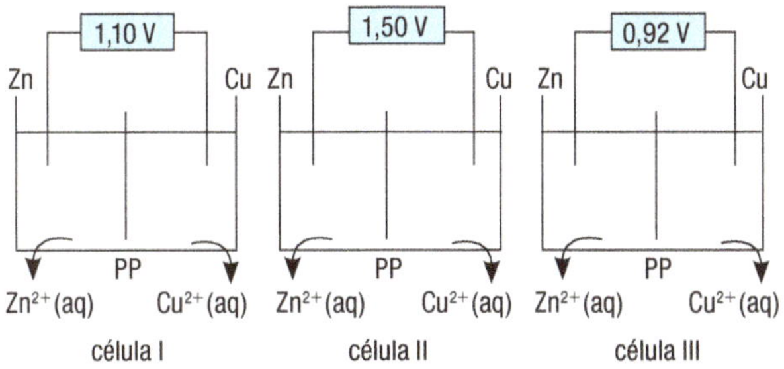

1,10 V
Zn
Cu
PP
Zn²⁺(aq)
Cu²⁺(aq)
célula I
1,50 V
Zn
Cu
PP
Zn²⁺(aq)
Cu²⁺(aq)
célula II
0,92 V
Zn
Cu
PP
Zn²⁺(aq)
Cu²⁺(aq)
célula III

a) Em qual das células eletroquímicas não haverá passagem de corrente elétrica? Justifique.
b) Equacione a semirreação catódica na célula II.
c) Equacione a semirreação anódica na célula III.
d) Qual é o sentido dos cátions da célula III?

2. A figura representa a eletrólise de uma solução aquosa de cloreto de cobre (II).

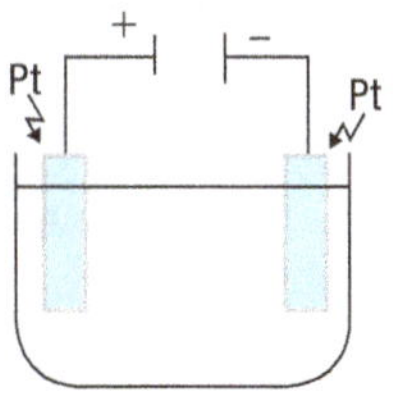

+
−
Pt
Pt

São dadas as semirreações de redução e seus respectivos potenciais

$Cl_2(g) + 2e^- \longrightarrow 2\ Cl^-(aq) \qquad E^0 = +1,36\ V$

$Cu^{2+}(aq) + 2e^- \longrightarrow Cu(s) \qquad E^0 = -0,34\ V$

a) Indique as substâncias formadas no ânodo e no cátodo. Justifique.
b) Qual deve ser o mínimo potencial aplicado pela bateria para que ocorra a eletrólise? Justifique.
c) Indique na figura fornecida: o sentido do fluxo de elétrons, o cátodo e o ânodo.

3. A figura representa uma célula de eletrólise de soluções aquosas com eletrodo inerte. Também são fornecidos potenciais-padrão de redução de algumas espécies.

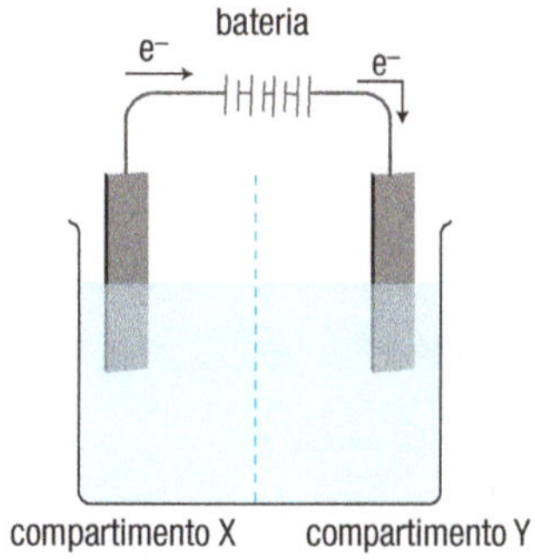

bateria
e⁻
e⁻
compartimento X
compartimento Y

	E^0 (V)
$K^+ + e^- \longrightarrow K$	−2,93
$2\ H_2O + 2e^- \longrightarrow H_2 + 2\ OH^-$	−0,83
$I_2 + 2e^- \longrightarrow 2\ I^-$	+0,54
$O_2 + 4\ H^+ + 4e^- \longrightarrow H_2O$	+1,23

Uma solução aquosa de KI contendo gotas de fenolftaleína foi eletrolisada nessa célula. Com base nos dados apresentados pede-se:

a) As reações ocorridas nos compartimentos X e Y.
b) A equação da reação global.
c) Indique em que compartimento verificamos desprendimento de gás e mudança de cor.

Capítulo 22 Eletrólise Quantitativa

1. Estequiometria na eletrólise e nas pilhas

A quantidade produzida no eletrodo de uma eletrólise ou pilha é proveniente da semirreação catódica ou semirreação anódica, isto é, da estequiometria da semirreação.

Exemplos:

$$\underset{}{Ag^+} + \underset{1\ mol}{e^-} \longrightarrow \underset{1\ mol}{Ag}$$

$$\underset{}{Cu^{2+}} + \underset{2\ mol}{2e^-} \longrightarrow \underset{1\ mol}{Cu}$$

2. Relação entre a quantidade em mols de elétrons e a carga elétrica

Em 1910, o cientista Robert Millikan conseguiu determinar o valor do módulo da carga do elétron, $1{,}6 \cdot 10^{-19}$ C.

Utilizando esse valor e a constante de Avogadro, podemos calcular o módulo da carga de 1 mol de elétrons:

Número de elétrons		Carga elétrica
1	______	$1{,}6 \cdot 10^{-19}$ C
$6{,}02 \cdot 10^{23}$/mol	______	F

F = 96.500 C/mol

O módulo da carga elétrica de um mol de elétrons é conhecido como constante de Faraday e simbolizado por F.

Exemplos:

Ag^+	+	e^-	$\longrightarrow$	Ag
		96.500 C		1 mol
		1 F		1 mol

Cu^{2+}	+	$2e^-$	$\longrightarrow$	Cu
		$2 \cdot 96.500$ C		1 mol
		2 F		1 mol

Conclusão:

1 F:
- 96.500 C/mol
- $6 \cdot 10^{23}$ elétrons
- 1 mol de elétrons

Lembrando um conceito importante da Física:

A carga elétrica (Q), em coulombs, que passa por um circuito pode ser calculada multiplicando-se a corrente elétrica (i), em ampères, pelo intervalo de tempo (Δt), em segundos:

$$Q = i\,\Delta t$$

2.1 Exemplos numéricos

1. Numa cela eletrolítica contendo solução aquosa de nitrato de prata flui uma corrente elétrica de 5 A durante 9.650 s.

Calcule a massa de prata metálica depositada.

Dados: massa molar de Ag = 108 g/mol,
1 F = 96.500 C/mol.

Resolução

i = 5 A, Δt = 9.650 s, $Q = i\,\Delta t$

$Q = 5 \cdot 9.650 \therefore Q = 48.250$ C

$Ag^+ + e^- \longrightarrow Ag$

96.500 C ______ 108 g

48.250 C ______ x $\therefore x = 54$ g

2. Qual é a quantidade de eletricidade obtida em uma pilha de Daniell pela oxidação de 32,5 g de zinco?

Dados: massa molar do Zn = 65 g/mol,
1 F = 96.500 C/mol.

Resolução

$Zn \longrightarrow Zn^{2+} + 2e^-$

65 g ______ $2 \cdot 96.500$ C

32,5 g ______ x $\therefore x = 96.500$ C

3. Calcule a massa de sódio produzida na eletrólise ígnea de NaCl, após a passagem de 5 F.

Dado: massa molar da Na = 23 g/mol.

Resolução

$Na^+ + e^- \longrightarrow Na$

1 F ______ 23 g

5 F ______ x $\quad \therefore x = 115$ g

4. Qual o volume de gás cloro, medido nas CNTP, na eletrólise ígnea de NaCl, após 1 min 40 s, com intensidade igual a 9,65 A?

Dados: volume molar dos gases na CNTP = = 22,4 L/mol, 1 F = 96.500 C/mol.

Resolução

$i = 9{,}65$ A, $\Delta t = 1$ min 40 s = 100 s, $Q = i\,\Delta t$

$Q = 9{,}65 \cdot 100 \therefore Q = 9.650$ C

$2\,Cl^- \longrightarrow 2e^- + Cl_2$

$2 \cdot 96.500$ C ______________ 22,4 L

9.650 C ________ x $\quad \therefore x = 1{,}12$ L

5. Passando-se $2{,}4 \cdot 10^{20}$ elétrons através da célula eletrolítica contendo sal de cobre (II), calcule a massa de cobre depositada.

Dados: massa molar do Cu = 64 g/mol, constante de Avogadro = $6 \cdot 10^{23}$/mol.

Resolução

$Cu^{2+} + 2e^- \longrightarrow Cu$

$2 \cdot 6 \cdot 10^{23}\,e^-$ _______ 64 g

$2{,}4 \cdot 10^{20}\,e^-$ _______ x $\quad \therefore 12{,}8 \cdot 10^{-3}$ g

3. Eletrólises em série

São duas ou mais cubas ligadas a um único gerador. A figura a seguir mostra duas eletrólises em série.

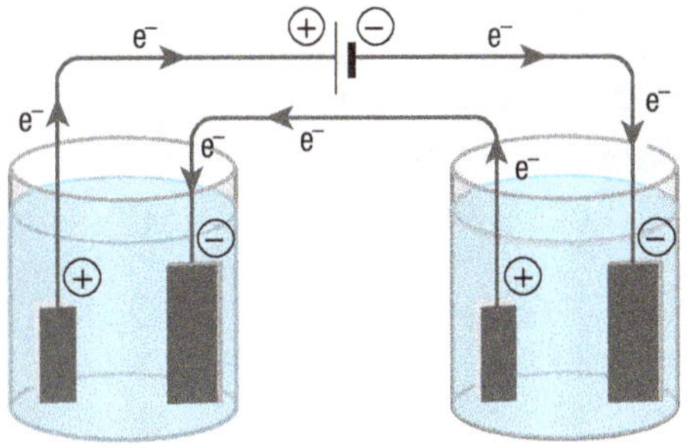

e⁻
e⁻
e⁻
e⁻
e⁻
e⁻
e⁻

Nas eletrólises em série, em cada eletrodo passará a mesma quantidade total de elétrons ou de carga elétrica.

No caso de eletrólises **iguais**, ligadas em série, basta fazer os cálculos para um eletrodo e multiplicar pelo número de eletrólises do sistema.

3.1 Exemplos numéricos

1. A figura mostra duas eletrólises em série.

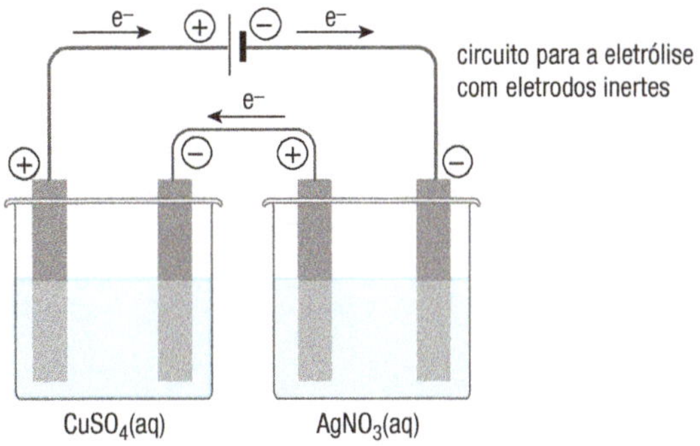

e⁻
e⁻
e⁻
circuito para a eletrólise
com eletrodos inertes
CuSO₄(aq)
AgNO₃(aq)

Determine a massa de prata que será depositada simultaneamente com 127 g de cobre.

Dados: massas molares em g/mol: Cu = 63,5, Ag = 108.

Resolução

$Cu^{2+} + 2e^- \longrightarrow Cu$	$Ag^+ + e^- \longrightarrow Ag$
2 mol ______ 63,5 g	1 mol ______ 108 g
x ______ 127 g	4 mol ______ y
x = 4 mol	y = 432 g

2. Uma indústria produz gás cloro em 10 tanques ligados em série. Determine o volume total do gás, medido nas CNTP, que será produzido após a passagem de 1 F.

Dado: volume molar dos gases nas CNTP = = 22,4 L/mol.

Resolução

$2\,Cl^- \longrightarrow 2e^- + Cl_2$

2 F ________ 22,4 L

1 F ________ x $\quad \therefore \quad x = 11{,}2$ L

$V_{total} = 11{,}2\ L \cdot 10 = 112$ L

Exercícios Série Prata

1. Calcule a massa de prata quando temos 0,2 F de carga envolvida em uma eletrólise aquosa de $AgNO_3$ · Ag = 108.

$$Ag^+ + e^- \longrightarrow Ag$$

2. Calcule o volume de O_2 liberado nas CNTP quando temos 0,01 F de carga envolvida em uma eletrólise aquosa de $AgNO_3$.

Dado: volume molar nas CNTP = 22,4 L/mol.

$$H_2O \longrightarrow 2e^- + \frac{1}{2}O_2 + 2\,H^+$$

3. Se considerarmos que uma quantidade de carga igual a 9.650 C é responsável pela deposição do cobre quando é feita uma eletrólise de $CuSO_4$(aq), qual será a massa de cobre depositada?

Dados: 1 F = 96.500 C/mol, Cu = 64 g/mol.

$$Cu^{2+} + 2e^- \longrightarrow Cu$$

4. Qual a quantidade em mols de elétrons que deve passar por um circuito eletrolítico a fim de depositar meio mol de prata metálica na eletrólise de $AgNO_3$(aq)?

$$Ag^+ + e^- \longrightarrow Ag$$

5. (UFS – SE) Numa célula eletrolítica contendo solução aquosa de $AgNO_3$ flui uma corrente elétrica de 5 A durante 9.650 s. Nessa experiência, quantos gramas de prata metálica são obtidos?

Dados: 1 F = 96.500 C/mol, Ag = 108, $Q = i\,\Delta t$.

$$Ag^+ + e^- \longrightarrow Ag$$

6. Numa pilha, uma lata de zinco funciona como um dos eletrodos. Que massa de Zn é oxidada a Zn^{2+} durante a descarga desse tipo de pilha, por um período de 60 minutos, envolvendo uma corrente de $5{,}36 \cdot 10^{-1}$ A?

Dados: 1 F = 96.500 C/mol, Zn = 65, $Q = i\,\Delta t$.

$$Zn \longrightarrow Zn^{2+} + 2e^-$$

7. Calcular o tempo necessário para que uma corrente de 19,3 A libere 4,32 g de prata no cátodo.

Dados: 1 F = 96.500 C/mol, Ag = 108, $Q = i\,\Delta t$.

$$Ag^+ + e^- \longrightarrow Ag$$

8. (UFSC) A massa atômica de um elemento é 119 u. O número de oxidação desse elemento é +4. Qual a massa depositada desse elemento, quando se fornecem na eletrólise 965 C?

Dado: 1 F = 96.500 C/mol.

$$X^{4+} + 4e^- \longrightarrow X$$

9. (CESGRANRIO – RJ) Para a deposição eletrolítica de 11,2 gramas de um metal cuja massa atômica é 112 u, foram necessários 19.300 C. Calcule o número de oxidação do metal.

Dado: 1 F = 96.500 C/mol.

$$M^{x+} + xe^- \longrightarrow M$$

10. (CESGRANRIO – RJ) Em uma cuba eletrolítica, utilizou-se uma corrente de 4 A para depositar toda a prata existente em 400 mL de uma solução 0,1 mol/L de $AgNO_3$. Calcule o tempo para realizar essa operação.

Dado: 1 F = 96.500 C/mol, $M = \frac{n}{V}$, $Q = i\,\Delta t$.

$$Ag^+ + e^- \longrightarrow Ag$$

11. Na eletrólise de uma solução aquosa de Na_2SO_4 foram coletados 240 mL de gás no ânodo, durante 193 s. Qual o valor da corrente elétrica que atravessou esse circuito durante o processo?

Dados: 1 F = 96.500 C, volume molar = 24 L, $Q = i\,\Delta t$.

ânodo (SO_4^{2-} ou H_2O) $H_2O \longrightarrow$

12. (UERJ) Eletrolisando-se durante 5 minutos a solução de $CuSO_4$ com uma corrente elétrica de 1,93 A, verificou-se que a massa de cobre metálico depositado no cátodo foi de 0,18 g. Calcule o rendimento do processo.

Dados: 1 F = 96.500 C/mol, Cu = 63,5, $Q = i\,\Delta t$.

$$Cu^{2+} + 2e^- \longrightarrow Cu$$

13. (VUNESP) 0,5 g de cobre comercial foi dissolvido em ácido nítrico, e a solução resultante foi eletrolisada até deposição total do cobre, com uma corrente de 4 A em 5 min. Qual a pureza desse cobre comercial?

Dados: 1 F = 96.500 C/mol, Cu = 63,5, $Q = i\,\Delta t$.

$$Cu^{2+} + 2e^- \longrightarrow Cu$$

14. (FEI – SP) Calcule o volume de hidrogênio liberado a 27 °C e 700 mmHg pela passagem de uma corrente de 1,6 A durante 5 min por uma cela contendo hidróxido de sódio.

Dados: 1 F = 96.500 C, $R = 62{,}3\ \frac{mmHg \cdot L}{mol \cdot K}$

$Q = i\,\Delta t$, $PV = nRT$.

cátodo (Na^+ ou H_2O) H_2O

15. O gráfico a seguir mostra a variação de corrente elétrica (i) com o tempo, ocorrida em uma eletrólise de uma solução aquosa de cloreto de cobre (II) durante três horas.

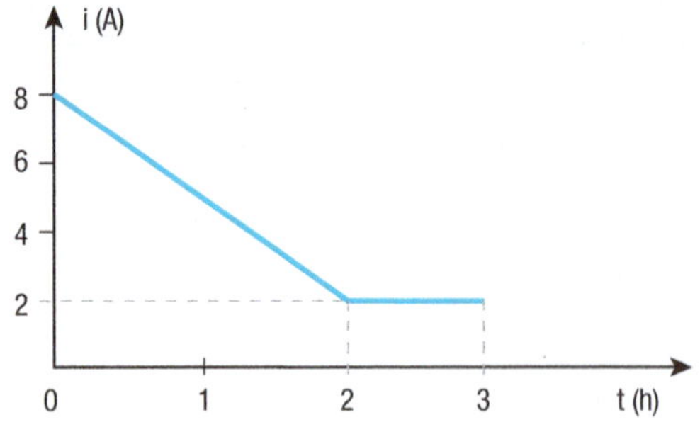

i (A)
8
6
4
2
0
1
2
3
t (h)

A quantidade de carga elétrica, em coulomb, que circula pelos eletrodos durante 3 horas é:

a) 50.400 b) 43.200 c) 21.600 d) 7.200

16. Complete com **série** ou **paralelo**.

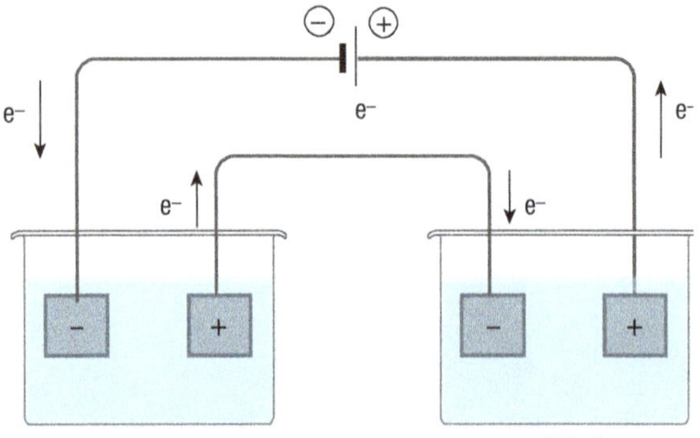

e–
e–
e–
e–
e–
célula 1
célula 2

O esquema representa cuba em ______________

17. (FEI – SP) Duas cubas eletrolíticas dotadas de eletrodos inertes em série contêm respectivamente solução aquosa de $AgNO_3$ e solução aquosa de KI. Certa quantidade de eletricidade acarreta a deposição de 108 g de prata na primeira cuba. Em relação às quantidades e à natureza das substâncias liberadas, respectivamente, no cátodo e no ânodo da segunda, pode-se dizer:

a) 11,2 L (CNTP) H_2 e 5,6 L (CNTP) O_2

b) 11,2 L (CNTP) H_2 e 127 g de I_2

c) 5,6 L (CNTP) H_2 e 63,5 g de I_2

d) 5,6 L (CNTP) e 127 g de I_2

e) 11,2 L (CNTP) H_2 e 63,5 g de I_2

Dados: volume molar CNTP = 22,4 L/mol, massas molares em g/mol: Ag = 108, I = 127.

18. (FUVEST – SP) Qual a massa de cobre depositada na eletrólise de uma solução de $CuSO_4$, sabendo-se que numa cela contendo $AgNO_3$ e ligada em série com a cela de $CuSO_4$, há um depósito de 1,08 g de Ag?

a) 0,32 g c) 0,96 g e) 6,4 g
b) 0,64 g d) 3,2 g

Dados: Ag = 108, Cu = 64.

19. (UEL – PR) Considere duas soluções aquosas, uma de nitrato de prata ($AgNO_3$) e outra de um sal de um metal X, cuja carga catiônica é desconhecida. Quando a mesma quantidade de eletricidade passa através das duas soluções, 1,08 g de prata e 0,657 g de X são depositados. Com base nessas informações, é correto afirmar que a carga iônica de X é:

a) −1 b) +1 c) +2 d) +3 e) +4

Dados: Ag = 108 g/mol, X = 197 g/mol.

Exercícios Série Ouro

1. (VUNESP) Considere soluções aquosas de íons Ag^+, Pb^{2+}, Cu^{2+}, Fe^{3+} e Al^{3+}, de igual concentração em mol/L, colocadas em recipientes isolados. Em condições ideais, aplica-se a mesma quantidade de eletricidade a cada sistema isolado.

Quando todos os íons Cu^{2+} em solução forem reduzidos a cobre metálico, o que é evidenciado pelo desaparecimento da cor azul característica, pode-se concluir que a mesma quantidade de eletricidade reduzirá:

a) todos os íons Pb^{2+}.
b) todos os íons Al^{3+} e Fe^{3+}.
c) um terço dos íons Fe^{3+} e Al^{3+}.
d) metade dos íons Ag^+.
e) metade dos íons Al^{3+} e Fe^{3+}.

2. (PUC – SP) O alumínio é um metal leve e muito resistente, tendo diversas aplicações industriais. Esse metal passou a ser explorado economicamente a partir de 1886, com a implementação do processo Héroult-Hall. O alumínio é encontrado geralmente na bauxita, minério que apresenta alto teor de alumina (Al_2O_3).

O processo Héroult-Hall consiste na redução do alumínio presente na alumina (Al_2O_3) para alumínio metálico, por meio de eletrólise. A semirredução é representada por

$$Al^{3+} + 3e^- \longrightarrow Al$$

Se uma cela eletrolítica opera durante uma hora, passando carga equivalente a 3.600 F, a massa de alumínio metálico produzida é:

a) 32,4 kg c) 27,0 kg e) 3,60 kg
b) 97,2 kg d) 96,5 kg

Dado: massa molar do Al = 27 g/mol.

3. (CESGRANRIO – RJ) A reação que ocorre no ânodo da bateria do automóvel é representada pela equação:

$$Pb(s) + HSO_4^-(s) \longrightarrow PbSO_4(s) + H^+ + 2e^-$$

Ou seja:

$$Pb \longrightarrow Pb^{2+} + 2e^-$$

Verifica-se que 0,207 g de chumbo no ânodo é convertido em $PbSO_4$, quando a bateria é ligada por 1 s. A corrente fornecida pela bateria é de:

a) 48,3 A c) 193.000 A e) 96.500 A
b) 193 A d) 96,5 A

Dados: massa molar do Pb = 207 g/mol, 1 F = = 96.500 C/mol.

4. (UERJ) Em uma célula eletrolítica, com eletrodos inertes, uma corrente de 1,00 A passa por uma solução aquosa de cloreto de ferro, produzindo Fe(s) e Cl_2(g).

Admita que 2,80 g de ferro são depositados no cátodo, quando a célula funciona por 160 min 50 s.

Determine a fórmula do cloreto de ferro utilizado na preparação da solução originalmente eletrolisada e escreva a equação eletroquímica que representa a descarga ocorrida no ânodo.

Dados: massa molar do Fe = 56 g/mol, constante de Faraday = 96.500 C/mol.

5. (PUC – SP) Na eletrólise aquosa com eletrodos inertes, de uma base de metal alcalino, obtêm-se 8,00 g de O_2(g) no ânodo.

Qual é o volume de H_2(g), medido nas CNTP, liberado no cátodo?

a) 22,4 L c) 11,2 L e) 7,50 L
b) 5,6 L d) 33,6 L

Dados: H = 1,00 g/mol; O = 16,00 g/mol; volume molar = 22,4 L.

6. (PUC – RS) Foi mergulhado 1,12 g de esponja de ferro (bombril) em 500 mL de uma solução 0,1 mol/L de $CuSO_4$. Pode-se afirmar que:

a) praticamente todos os íons Cu^{2+} foram consumidos, sobrando ainda ferro.

b) nada pode ser observado, pois o íon Cu^{2+} não oxida o ferro.

c) todo o ferro foi oxidado a íons férricos e todos os íons Cu^{2+} foram reduzidos a Cu^0.

d) o ferro atua como agente oxidante no processo.

e) todo o ferro foi consumido, sobrando íons Cu^{2+} em solução.

Dados: massa molar de Fe = 56 g/mol.

$$Fe + Cu^{2+} \longrightarrow Fe^{2+} + Cu$$

7. (MACKENZIE – SP) Uma indústria que obtém o alumínio por eletrólise ígnea do óxido de alumínio utiliza 150 cubas por onde circula uma corrente de 965 A em cada uma. Após 30 dias, funcionando ininterruptamente, a massa de alumínio obtida é de aproximadamente:

a) 35,0 toneladas.
b) 1,2 tonelada.
c) 14,0 toneladas.
d) 6,0 toneladas.
e) 25,0 toneladas.

Dados: massa molar do Al = 27 g/ mol, 1 F = = 96.500 C/mol.

Resolução:

$\Delta t = 30 \text{ dias} = 30 \cdot 24 \text{ h} = 30 \cdot 24 \cdot 3.600 \text{ s}$

$\Delta t = 2.592.000 \text{ s}$

$Q = i\,\Delta t = 965 \cdot 2.592.000 \text{ C}$

$$Al^{3+} + 3e^- \longrightarrow Al$$

3 mol — 1 mol

$3 \cdot 96.500 \text{ C}$ —— 27 g

$965 \cdot 2.592.000 \text{ C}$ —— m

$m = 233.280 \text{ g} \cong 233 \text{ kg}$

Como temos 150 cubas,

$m_{TOTAL} = 150 \cdot 233 \text{ kg} = 34.950 \text{ kg} \cong 35,0 \text{ t}$

Resposta: alternativa a.

8. (FUVEST – SP) O alumínio é produzido pela eletrólise de Al_2O_3 fundido. Uma usina opera com 300 cubas eletrolíticas e corrente de $1,1 \cdot 10^5$ ampères em cada uma delas. A massa de alumínio, em toneladas, produzida em um ano é de aproximadamente:

a) $1,0 \cdot 10^5$
b) $2,0 \cdot 10^5$
c) $3,0 \cdot 10^5$
d) $1,0 \cdot 10^8$
e) $2,0 \cdot 10^8$

Dados: 1 ano = $3,2 \cdot 10^7$ segundos; massa molar do Al = 27 g/mol; carga elétrica necessária para neutralizar um mol de íons monovalentes = = $9,6 \cdot 10^4$ coulombs/mol.

9. (UERJ) Considere a célula eletrolítica abaixo.

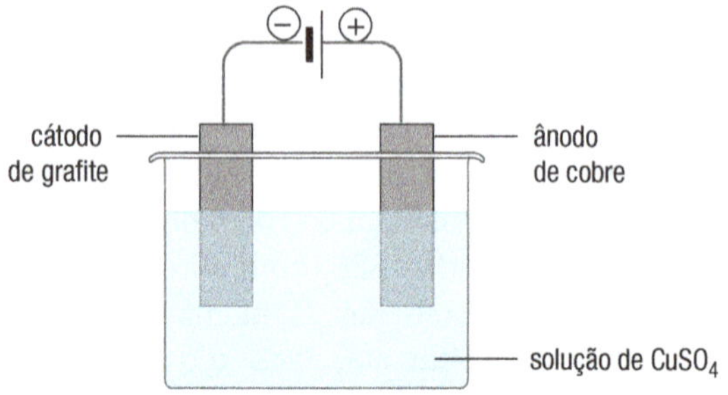

cátodo de grafite
ânodo de cobre
solução de CuSO4

Eletrolizando-se, durante 5 minutos, a solução de $CuSO_4$ com uma corrente elétrica de 1,93 A, verificou-se que a massa de cobre metálico depositada no cátodo foi de 0,18 g. Em função dos valores apresentados acima, o rendimento do processo foi igual a:

a) 93,7%
b) 96,3%
c) 97,2%
d) 98,5%

Dados: massa molar do Cu = 64 g/mol, 1 F = = 96.500 C/mol.

10. (FMJ – SP) Na obtenção de cobre com alta pureza utiliza-se o refino eletrolítico. Nesse processo faz-se a eletrólise, empregando-se como ânodo o cobre metalúrgico com 98% de pureza, uma solução aquosa de sulfato de cobre (II) e cátodo, onde ocorre o depósito de cobre purificado. Sobre o refino eletrolítico do cobre é correto afirmar que

a) a oxidação do cobre ocorre no cátodo.
b) a redução ocorre no ânodo.
c) a reação que ocorre no ânodo é $Cu^0 \longrightarrow Cu^{2+} + 2e^-$.
d) os elétrons fluem do cátodo para o ânodo.
e) o cátodo possui carga positiva.

11. (UNITAU – SP) Na cromagem de uma peça, segundo processo eletrolítico, temos as seguintes condições:

I. Eletrólito: solução aquosa contendo um sal de cromo, cujo número de oxidação é +6.
II. Corrente empregada na eletrólise: 20 A.
III. Quantidade de cromo depositado: 20% da quantidade prevista pela estequiometria.
IV. Densidade do cromo: 6,7 g/cm³.
V. Superfície da peça: 100 cm².

A espessura da camada de cromo depositado na peça, após 40 minutos de eletrólise, vale aproximadamente

a) $1,28 \cdot 10^{-3}$ cm
b) $2,32 \cdot 10^{-3}$ cm
c) $3,42 \cdot 10^{-3}$ cm
d) $4,82 \cdot 10^{-3}$ cm
e) $6,40 \cdot 10^{-3}$ cm

Dados: massa molar do cromo = 52 g/mol. Considere a constante de Faraday = 96.000 C/mol.

Resolução:

$Q = i\,\Delta t \therefore Q = 20 \cdot 2.400 \therefore Q = 48.000$ C

$Cr^{6+} + 6e^- \longrightarrow Cr$

$6 \cdot 96.500$ C ———— $0,2 \cdot 52$ g (20%)

48.000 C ———— $x \therefore x = 0,862$ g

$$d = \frac{m}{V}$$

$$6,7 = \frac{0,862}{V} \Rightarrow V = 0,128\ cm^3$$

$V = S$ e $0,128 = 100 \cdot e$

$e = 1,28 \cdot 10^{-3}$ cm

Resposta: alternativa a.

12. (MACKENZIE – SP) Pode-se niquelar (revestir com uma fina camada de níquel) uma peça de um determinado metal. Para esse fim, devemos submeter um sal de níquel (II), normalmente o cloreto, a um processo denominado eletrólise em meio aquoso. Com o passar do tempo, ocorre a deposição de níquel sobre a peça metálica a ser revestida, gastando-se certa quantidade de energia. Para que seja possível o depósito de 5,87 g de níquel sobre determinada peça metálica, o valor da corrente elétrica utilizada, para um processo de duração de 1.000 s, é de

a) 9,65 A.
b) 10,36 A.
c) 15,32 A.
d) 19,30 A.
e) 28,95 A.

Dados: Constante de Faraday = 96.500 C e massa molar em (g/mol) Ni = 58,7 m.

13. (FATEC – SP) A reação que ocorre no cátodo de uma pilha seca (pilha de lanterna) é:

$$2\ MnO_2(s) + 2\ NH_4^+(aq) + 2e^- \longrightarrow 2\ MnO(OH)(s) + 2\ NH_3(aq)$$

Se um cátodo contiver 4,35 g de MnO_2 e a pilha fornecer uma corrente de 2 mA, durante quanto tempo ela funcionará até que se esgotem seus reagentes?

Dados: massa molar do MnO_2 = 87 g/mol; 1 F = 96.500 C; 1 A = 10^{-3} mA.

14. (UERJ – adaptada) As novas moedas de centavos, que circulam no mercado, apresentam uma tonalidade avermelhada obtida por eletrodeposição de cobre a partir de uma solução de sulfato de cobre (II). Para recobrir um certo número de moedas foi efetuada a eletrólise, com uma corrente elétrica de 5 ampères, em 1 L de solução 0,10 mol $\cdot$ L^{-1} em $CuSO_4$, totalmente dissociado.

a) Formule a equação química que representa a dissociação do sulfato de cobre (II) e calcule a concentração do íons sulfato, em mol $\cdot$ L^{-1}, na solução inicial.
b) Determine o tempo necessário para deposição de todo o cobre existente na solução, considerando 1 F = 96.500 C.

15. (UNESP) Após o Neolítico, a história da humanidade caracterizou-se pelo uso de determinados metais e suas ligas. Assim, à idade do cobre (e do bronze) sucedeu-se a idade do ferro (e do aço), sendo que mais recentemente iniciou-se o uso intensivo do alumínio.

Esta sequência histórica se deve aos diferentes processos de obtenção dos metais correspondentes, que envolvem condições de redução sucessivamente mais drásticas.

a) Usando os símbolos químicos, escreva a sequência destes metais, partindo do menos nobre para o mais nobre, justificando-a com base nas informações acima.

b) Para a produção do alumínio (grupo 13 da classificação periódica), utiliza-se o processo de redução eletrolítica ($Al^{3+} + 3e^- \longrightarrow Al$). Qual a massa de alumínio produzida após 300 segundos usando-se uma corrente de 9,65 $C \cdot s^{-1}$?

Dados: massa molar do Al = 27 $g \cdot mol^{-1}$; constante de Faraday F = 96.500 $C \cdot mol^{-1}$.

16. (UNESP) O alumínio metálico é produzido pela eletrólise do composto Al_2O_3, fundido, consumindo uma quantidade muito grande de energia. A reação química que ocorre pode ser representada pela equação:

$$4\,Al^{3+} + 6\,O^{2-} + 3\,C \longrightarrow 4\,Al + 3\,CO_2$$

Em um dia de trabalho, uma pessoa coletou 8,1 kg de alumínio nas ruas de uma cidade, encaminhado-os para reciclagem.

a) Calcule a quantidade de alumínio coletada, expressa em mols de átomos.

b) Quanto tempo é necessário para produzir uma quantidade de alumínio equivalente a 2 latinhas de refrigerante, a partir do Al_2O_3, sabendo-se que a célula eletrolítica opera com uma corrente de 1 A?

Dados: 1 mol de elétrons = 96.500 C; 1 C = 1 A · 1 s; massa molar do alumínio = 27 g/mol; 2 latinhas de refrigerante = 27 g.

17. (UNICAMP – SP) Em um determinado processo eletrolítico, uma pilha mostrou-se capaz de fornecer $5{,}0 \cdot 10^{-3}$ mols de elétrons, esgotando-se depois.

a) Quantas pilhas seriam necessárias para se depositar 0,05 mols de cobre metálico, a partir de uma solução de Cu^{2+}, mantendo-se as mesmas condições do processo eletrolítico?

b) Quantos gramas de cobre seriam depositados, nesse caso? (Cu = 63,5)

18. (UFMG) Considere a eletrólise de 200 mL de solução 0,10 mol/L de sulfato de cobre (II) numa cuba com eletrodos de platina, por uma corrente de 0,20 A.

(Faraday = 96.500 C/mol e^-)

1) Escreva a equação da semirreação catódica.
2) Escreva a equação da semirreação anódica.
3) Calcule o tempo necessário para reduzir à metade a concentração dos íons Cu^{2+}.

19. (CESGRANRIO – RJ) Em uma cuba eletrolítica, utilizou-se uma corrente de 3 A para depositar toda prata existente em 400 mL de uma solução 0,1 mol/L de $AgNO_3$(1 F = 96.500 C; massas atômicas: Ag = 108; N = 14; O = 16). Com base nesses dados, podemos afirmar que o tempo necessário para realizar a operação foi próximo de:

a) 21 min
b) 10 min
c) 5 min
d) 3 min
e) 2 min

20. (UNICAMP - SP) Câmeras fotográficas, celulares e computadores, todos veículos de comunicação, têm algo em comum: pilhas (baterias). Uma boa pilha deve ser econômica, estável, segura e leve. A pilha perfeita ainda não existe. Simplificadamente, pode-se considerar que uma pilha seja constituída por dois eletrodos, sendo um deles o ânodo, formado por um metal facilmente oxidável, como ilustrado pela equação envolvendo o par íon/metal;

$$M = M^{n+} + n\,e^-$$

A capacidade eletroquímica de um eletrodo é definida como a quantidade teórica de carga elétrica produzida por grama de material consumido. A tabela a seguir mostra o potencial-padrão de redução de cinco metais que poderiam ser utilizados, como ânodos, em pilhas:

Par íon/metal	Potencial-padrão de redução/volts
Ag^+/Ag	+0,80
Ni^{2+}/Ni	−0,23
Cd^{2+}/Cd	−0,40
Cr^{3+}/Cr	−0,73
Zn^{2+}/Zn	−0,76

a) Considere para todas as possíveis pilhas que: o cátodo seja sempre o mesmo, a carga total seja fixada num mesmo valor e que a prioridade seja dada para o peso da pilha. Qual seria o metal escolhido como ânodo? Justifique.

b) Considerando-se um mesmo cátodo, qual seria o metal escolhido como ânodo, se o potencial da pilha deve ser o mais elevado possível? Justifique.

Dados: massas molares em g/mol: Ag = 108, Ni = 58, Cd = 112, Cr = 52, Zn = 65.

21. (UNICAMP - SP) Como o vigia estava sob forte suspeita, nossos heróis resolveram fazer um teste para verificar se ele se encontrava alcoolizado. Para isso usaram um bafômetro e encontraram resultado negativo. Os bafômetros são instrumentos que indicam a quantidade de etanol presente no sangue de um indivíduo, pela análise do ar expelido pelos pulmões. Acima de 35 microgramas ($7{,}6 \cdot 10^{-7}$ mol) de etanol por 100 mL de ar dos pulmões, o indivíduo é considerado embriagado. Os modelos mais recentes de bafômetro fazem uso da reação de oxidação do etanol sobre um eletrodo de platina. A semirreação de oxidação corresponde à reação do etanol com água, dando ácido acético e liberando prótons. A outra semirreação é a redução do oxigênio, produzindo água.

a) Escreva as equações químicas que representa essas duas semirreações.

b) Admitindo 35 microgramas de etanol, qual a corrente i (em ampères) medida no instrumento, se considerarmos que o tempo de medida (de reação) foi de 29 segundos?

Dados: carga do elétron = $1{,}6 \cdot 10^{-19}$ coulombs; constante de Avogadro = $6 \cdot 10^{23}$ mol^{-1}; $Q = i\,\Delta t$ (tempo em segundos e Q = carga em coulombs), massa molar do C_2H_6O = 46 g/mol.

22. (FGV) Soluções aquosas de $NiSO_4$, $CuSO_4$ e $Fe_2(SO_4)_3$, todas de concentração 1 mol/L, foram eletrolisadas no circuito esquematizado, empregando eletrodos inertes.

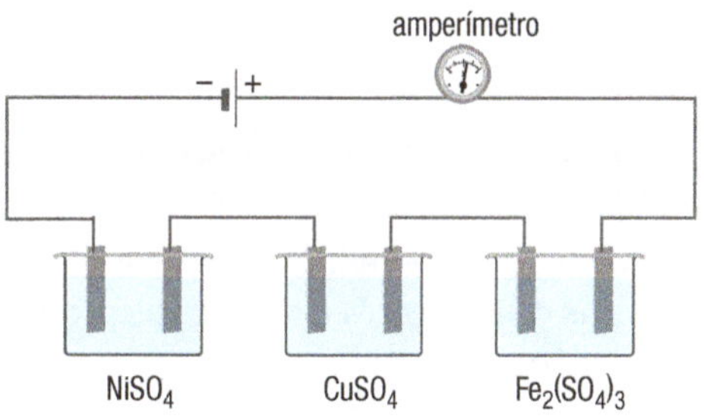
amperímetro
− +
$NiSO_4$
$CuSO_4$
$Fe_2(SO_4)_3$

Após um período de funcionamento do circuito, observou-se a deposição de 29,35 g de níquel metálico a partir da solução de $NiSO_4$. São dadas as massas molares, expressas em g/mol: Cu = 63,50; Fe = 55,80; Ni = 58,70.

Supondo 100% de rendimento no processo, as quantidades de cobre e de ferro, em gramas, depositadas a partir de suas respectivas soluções são, respectivamente,

a) 21,17 e 18,60.
b) 21,17 e 29,35.
c) 31,75 e 18,60.
d) 31,75 e 27,90.
e) 63,50 e 88,80.

23. (UFRN) Já quase na hora da procissão, Padre Inácio pediu a Zé das Joias que dourasse a coroa da imagem da padroeira com meio grama de ouro. Pouco depois, ainda chegou Dona Nenzinha, também apressada, querendo cromar uma medalha da santa, para usá-la no mesmo evento religioso. Diante de tanta urgência, o ourives resolveu fazer, ao mesmo tempo, ambos os serviços encomendados. Então, ligou, em série, duas celas eletroquímicas que continham a coroa e a medalha, mergulhadas nas respectivas soluções de cloreto de ouro (III) ($AuCl_3$) e cloreto de cromo (III) ($CrCl_3$), como se vê na figura a seguir.

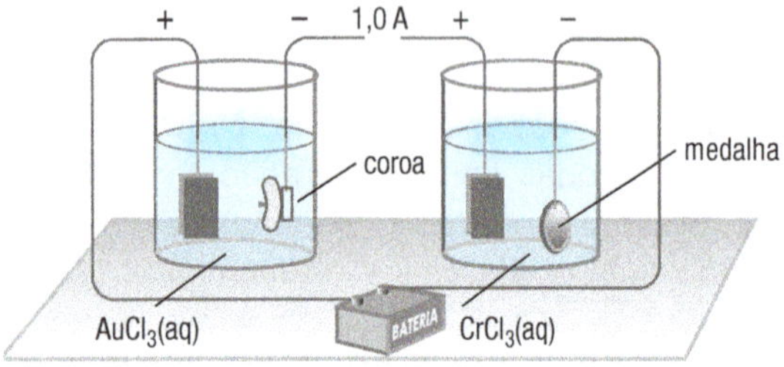
+
–
1,0 A
+
–
coroa
medalha
$AuCl_3$(aq)
BATERIA
$CrCl_3$(aq)

Sabendo que durante a operação de galvanoplastia circulou no equipamento uma corrente de 1,0 A, responda as solicitações abaixo:

I. Escreva as semirreações de redução dos cátions as quais ocorrem durante os processos de douração e cromação.
II. Calcule quantos minutos serão gastos para dourar a coroa com meio grama de ouro.

Dados: massa molar do ouro = 197 g/mol, 1 F = = 96.500 C/mol.

24. (CEFET – PR) A galvanoplastia ou eletrodeposição metálica é uma técnica de revestimento de superfície para fins estéticos ou fins de proteção que consiste na eletrólise de uma solução contendo o íon metálico que deseja ser depositado. Nesta solução são adicionadas substâncias que ajudam o processo a ocorrer com mais eficiência, tais como agentes sequestrantes, abrilhantadores, complexantes etc. Normalmente, para cada banho são utilizados, além da peça em que se deseja formar o depósito, eletrodos do metal que se está depositando. Por exemplo, na niquelação, a peça que se deseja niquelar será conectada num dos eletrodos sendo o outro eletrodo formado por uma barra de níquel de elevada pureza. Com base nestas informações analise as proposições a seguir e depois assinale a alternativa correta.

I. A reação catódica é a dissolução da barra de níquel representada pela equação

$$Ni \longrightarrow Ni^{2+} + 2e^-$$

II. A reação catódica é a deposição do níquel na superfície da peça correspondente pela equação

$$Ni^{2+} + 2e^- \longrightarrow Ni$$

III. Na barra de níquel ocorrerá a redução dos átomos de níquel e consequentemente ela será consumida.
IV. A concentração de íons níquel na solução eletrolítica permanecerá constante durante a eletrólise.
V. Será formado um depósito de níquel de aproximadamente 0,6 g ao se eletrolisar esta solução por 16 min fazendo passar uma corrente de 2 A.

São corretas apenas as alternativas:

a) I, II e IV.
b) I, III e V.
c) I, II e III.
d) II, III e IV.
e) II, IV e V.

Dados: M (Ni) = 58,71 g/mol, F = 96.500 C/mol.

25. (FUVEST – SP) A determinação do elétron pode ser feita por método eletroquímico, utilizando a aparelhagem representada na figura abaixo.

Duas placas de zinco são mergulhadas em uma solução aquosa de sulfato de zinco ($ZnSO_4$). Uma das placas é conectada ao polo positivo de uma bateria. A corrente que flui pelo circuito é medida por um amperímetro inserido entre a outra placa de Zn e o polo negativo da bateria.

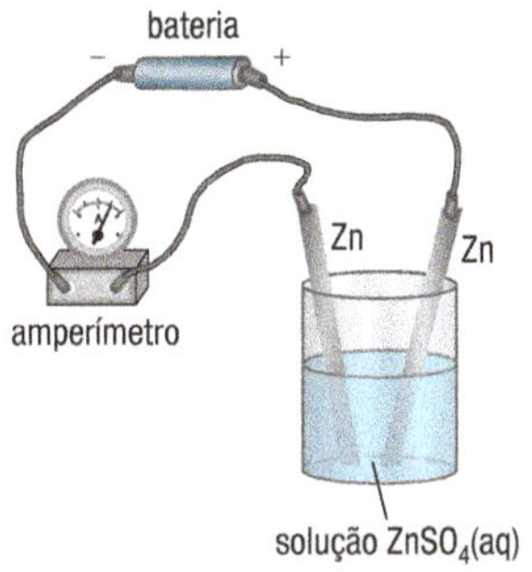
bateria
–
+
Zn
Zn
amperímetro
solução ZnSO4(aq)

ANA OLÍVIA JUSTO/acervo da editora

A massa das placas é medida antes e depois da passagem de corrente elétrica por determinado tempo. Em um experimento, utilizando essa aparelhagem, observou-se que a massa da placa, conectada ao polo positivo da bateria, diminuiu de 0,0327 g. Este foi, também, o aumento de massa da placa conectada ao polo negativo.

a) Descreva o que aconteceu na placa em que houve perda de massa e também o que aconteceu na placa em que houve ganho de massa.
b) Calcule a quantidade de matéria de elétrons (em mol) envolvida na variação de massa que ocorreu em uma das placas do experimento descrito.
c) Nesse experimento, fluiu pelo circuito uma corrente de 0,050 A durante 1.920 s. Utilizando esses resultados experimentais, calcule a carga de um elétron.

Dados: massa molar do Zn = 65,4 g mol^{-1}, constante de Avogadro = $6{,}0 \cdot 10^{23}$ mol^{-1}.

26. (UFU – MG) Do ponto de vista econômico e de sua sustentabilidade do meio ambiente, a reciclagem de materiais é muito importante, pois diminui a quantidade de lixo e a contaminação de águas, solos e ar e minimiza gastos com a produção de materiais e com a utilização de recursos naturais. Entre os materiais que podem ser reciclados, podemos citar o alumínio (Al).

O Al é normalmente obtido por eletrólise de óxido de alumínio (Al_2O_3) dissolvida em criolita (Na_3AlF_6), fundida a 1.000 °C, empregando eletrodos de grafite (C), envolvendo a seguinte reação global:

$$2\ Al_2O_3(l) \xrightarrow{\text{eletrólise}} 4\ Al(s) + 3\ O_2(g)$$

a) Assumindo-se que 9,72 toneladas de Al são recicladas por mês a partir de sucatas, qual a quantidade (em toneladas) de minério bauxita que deixará de ser extraída, se esse minério contém 40% de Al_2O_3?
b) Considerando a utilização de Al reciclado na obtenção de $AlCl_3$, um composto largamente utilizado na indústria química, calcule a quantidade produzida desse composto se forem empregados 270 g de Al reciclado e 639 g de gás cloro (Cl_2).

Dados: massas molares em g/mol: Al = 27, Cl = = 35,5, O = 16.

27. (PUC – SP) A célula combustível é um exemplo interessante de dispositivo para a obtenção de energia elétrica para veículos automotores, com uma eficiência superior aos motores de combustão interna. Uma célula combustível que vem sendo desenvolvida utiliza o metanol como combustível. A reação ocorre na presença de água em meio ácido, contando com eletrodos de platina.

Para esse dispositivo, no eletrodo A ocorre a seguinte reação:

$$CH_3OH(l) + H_2O \longrightarrow CO_2 + 6\,H^+(aq) + 6e^- \qquad E^0 = 0{,}02\ V$$

Enquanto que no eletrodo B ocorre o processo:

$$O_2(g) + 4\,H^+(aq) + 4e^- \longrightarrow 2\,H_2O(l) \qquad E^0 = 1{,}23\ V$$

Para esse dispositivo, os polos dos eletrodos A e B, a ddp da pilha no estado padrão e a carga elétrica que percorre o circuito no consumo de 32 g de metanol são, respectivamente,

a) negativo, positivo, $\Delta E^0 = 1{,}21$ V, Q = 579.000 C.
b) negativo, positivo, $\Delta E^0 = 1{,}21$ V, Q = 386.000 C.
c) negativo, positivo, $\Delta E^0 = 1{,}25$ V, Q = 96.500 C.
d) positivo, negativo, $\Delta E^0 = 1{,}25$ V, Q = 579.000 C.
e) positivo, negativo, $\Delta E^0 = 1{,}87$ V, Q = 96.500 C.

Dados: constante de Faraday (F) = 96.500 C, massa molar do CH_3OH = 32 g/mol.

Exercícios Série Platina

1. (ENEM) A eletrólise é muito empregada na indústria com o objetivo de reaproveitar parte dos metais sucateados. O cobre, por exemplo, é um dos metais com maior rendimento no processo de eletrólise, com uma recuperação de aproximadamente 99,9%. Por ser um metal de alto valor comercial e de múltiplas aplicações, sua recuperação torna-se viável economicamente.

Suponha que, em um processo de recuperação de cobre puro, tenha-se eletrolisado uma solução de sulfato de cobre (II) ($CuSO_4$) durante 3 h, empregando-se uma corrente elétrica de intensidade igual a 10 A. A massa de cobre puro recuperada é de aproximadamente

a) 0,02 g b) 0,04 g c) 2,40 g d) 35,5 g e) 71,0 g

Dados: constante de Faraday F = 96.500 C/mol; massa molar em g/mol: Cu = 63,5.

2. (UNICAMP – SP – adaptada) Na reciclagem de embalagens de alumínio, usam-se apenas 5% da energia despendida na sua fabricação a partir do minério de bauxita. No entanto, não se deve esquecer a enorme quantidade de energia envolvida nessa fabricação ($3{,}6 \cdot 10^6$ joules por latinha), além do fato de que a bauxita contém (em média) 55% de óxido de alumínio (alumina) e 45% de resíduos sólidos.

a) Escreva a semirreação catódica que ocorre na eletrólise ígnea do Al_2O_3.
b) Considerando que em 2010 o Brasil produziu $32 \cdot 10^6$ toneladas de alumínio metálico a partir da bauxita, calcule quantas toneladas de resíduos sólidos foram geradas nesse período por essa atividade.
   Dica: determine primeiro a massa de Al em 106 g de bauxita.
   Dados: massas molares em g/mol: Al_2O_3 = 102; Al = 27.
c) Calcule o número de banhos que poderiam ser tomados com a necessária para produzir apenas uma latinha de alumínio, estimando em 10 minutos o tempo de duração do banho, em um chuveiro cuja potência é de 3.000 W.
   Dado: $W = J \cdot s^{-1}$.

3. (UNICAMP – SP) A Revista n.° 126 veiculou uma notícia sobre uma máquina de lavar que deixa as roupas limpas sem a necessidade de usar produtos alvejantes e elimina praticamente todas as bactérias dos tecidos. O segredo do equipamento? A injeção de íons prata durante a operação de lavagem. A corrente elétrica passa por duas chapas de prata, do tamanho de uma goma de mascar, gerando íons prata, que são lançados na água durante os ciclos de limpeza.

a) No seu site, o fabricante informa que a máquina de lavar fornece 100 quadrilhões ($100 \cdot 10^{15}$) de íons prata a cada lavagem. Considerando que a máquina seja utilizada 3 vezes por semana, quantos gramas de prata são lançados no ambiente em um ano (52 semanas)?

b) Considere que a liberação de íons Ag^+ em função do tempo se dá de acordo com o gráfico a seguir. Calcule a corrente em ampéres (C/s) em que a máquina está operando na liberação dos íons. Mostre seu raciocínio.

Dados: $F = 96.500\ C\ mol^{-1}$, constante de Avogadro = $= 6{,}02 \cdot 10^{23}\ mol^{-1}$.

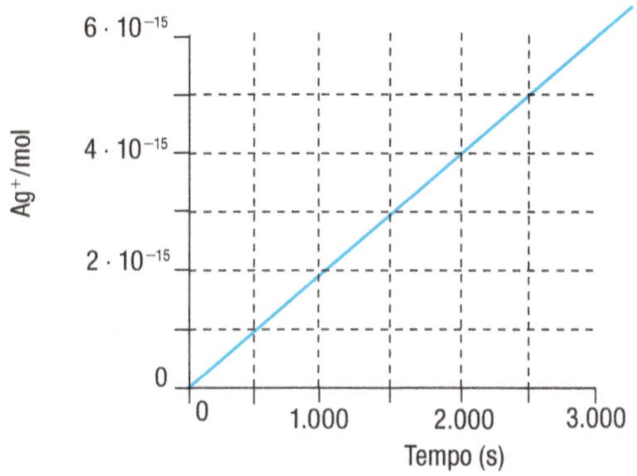

Ag+/mol
6 · 10−15
4 · 10−15
2 · 10−15
0
0
1.000
2.000
3.000
Tempo (s)

4. (UNESP) O valor da constante de Avogadro é determinado experimentalmente, sendo que os melhores valores resultam da medição de difração de raios X de distâncias reticulares em metais e em sais. O valor obtido mais recentemente e recomendado é $6{,}02214 \times 10^{23}\ mol^{-1}$.

Um modo alternativo de se determinar a constante de Avogadro é utilizar experimentos de eletrólise. Essa determinação se baseia no princípio enunciado por Michael Faraday (1791-1867), segundo o qual a quantidade de produto formado (ou reagente consumido) pela eletrólise é diretamente proporcional à carga que flui pela célula eletrolítica.

Observe o esquema que representa uma célula eletrolítica composta de dois eletrodos de zinco metálico imersos em uma solução $0{,}10\ mol \cdot L^{-1}$ de sulfato de zinco ($ZnSO_4$). Os eletrodos de zinco estão conectados a um circuito alimentado por uma fonte de energia, com corrente contínua (CC), em série com um amperímetro (amp) e com um resistor (R) com resistência ôhmica variável.

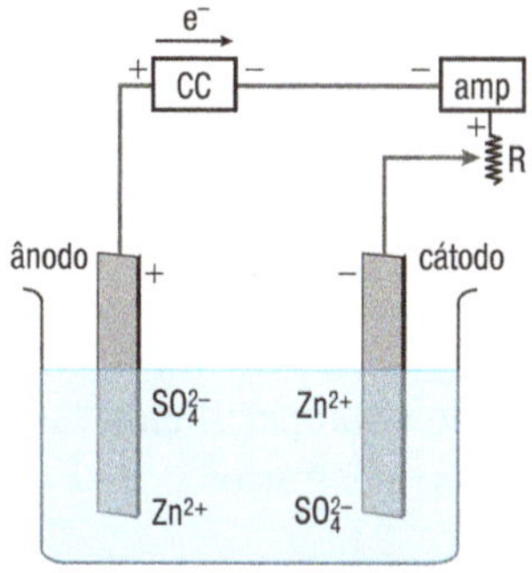

e−
+
CC
−
−
amp
+
R
ânodo
+
−
cátodo
SO42−
Zn2+
Zn2+
SO42−

Após a realização da eletrólise aquosa, o eletrodo de zinco que atuou como cátodo no experimento foi levado para secagem em uma estufa e, posteriormente, pesado em uma balança analítica. Os resultados dos parâmetros medidos estão apresentados na tabela.

Parâmetro	Medida
carga	168 C
massa do eletrodo de Zn inicial (antes da realização da eletrólise)	2,5000 g
massa do eletrodo de Zn final (após a realização da eletrólise)	2,5550 g

Escreva a equação química balanceada da semirreação que ocorre no cátodo e calcule, utilizando os dados experimentais contidos na tabela, o valor da constante de Avogadro obtida.

Dados: massa molar, em $g \cdot mol^{-1}$: Zn = 65,4; carga do elétron, em $C \cdot elétron^{-1}$: $1{,}6 \times 10^{-19}$.

Complemento 1 — Ligação Sigma e Ligação Pi

1. Recordando a ligação covalente

A ligação covalente ocorre entre elementos que têm alta afinidade eletrônica, isto é, ocorre um compartilhamento de par de elétrons fornecidos por cada átomo, formando uma partícula denominada de molécula.

Os 2 átomos compartilham esses dois elétrons, que devem ter *spins* contrários.

Exemplo: molécula de H_2

H• + •H ⟶ H••H ou H⇅H
molécula

Com base em orbitais atômicos, o par eletrônico forma-se pela interpenetração (união) de um orbital semicheio de cada átomo de hidrogênio, com elétrons de *spins* contrários.

H•	•H		H• •H
$1s^1$	$1s^1$		
[↑]	[↓]	⟶	[↑↓]
orbitais atômicos			orbital molecular

Assim como o **orbital atômico** é a região de máxima probabilidade de se encontrar o elétron no átomo, o **orbital molecular** é a região de máxima probabilidade de se encontrar o par eletrônico da ligação covalente.

2. Ligação sigma (σ)

A interpenetração dos dois orbitais atômicos é frontal, isto é, ocorre no meio eixo. Os orbitais moleculares assim formados são chamados sigma e dão origem à ligação covalente sigma.

Exemplos:

a. Molécula do H_2: σ_{s+s} ou σ_{s-s}

A ligação covalente H – H forma-se pela interpenetração de dois orbitais atômicos esféricos semicheios ($1s^1$), um de cada átomo de H, com elétrons de *spins* contrários. Da interpenetração dos orbitais atômicos semicheios resulta um novo orbital, agora chamado orbital molecular sigma do tipo s + s (σ_{s+s} σ_{s-s}).

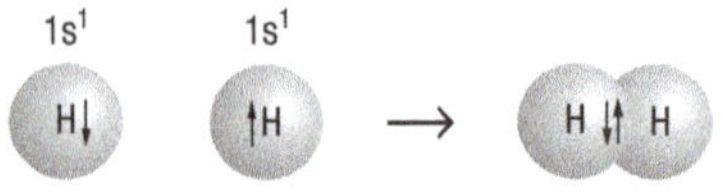

1s1
1s1
H
H
H H
orbitais atômicos
orbital molecular

ANA OLÍVIA JUSTO/ acervo da editora

Essa representação, que indica a interpenetração parcial dos orbitais, é a maneira mais simples de mostrar graficamente a ligação.

Na verdade, os orbitais atômicos deformam-se, dando origem ao orbital molecular sigma do tipo s–s.

+
+

orbital molecular σ_{s-s}

b. Molécula do HF: σ_{s+p} ou σ_{s-p}

Essa ligação ocorre entre um átomo de hidrogênio com um orbital s semicheio e um átomo de flúor com um orbital p semicheio com *spins* contrários.

1 H	9 F
$1s^1$	$1s^2$ $2s^2$ $2p^5$
[↓]	[↑↓][↑↓][↑]

$1s^1$ [↓] + $2p^1x$ [↑] ⟶ [↑↓] σ_{s-p}

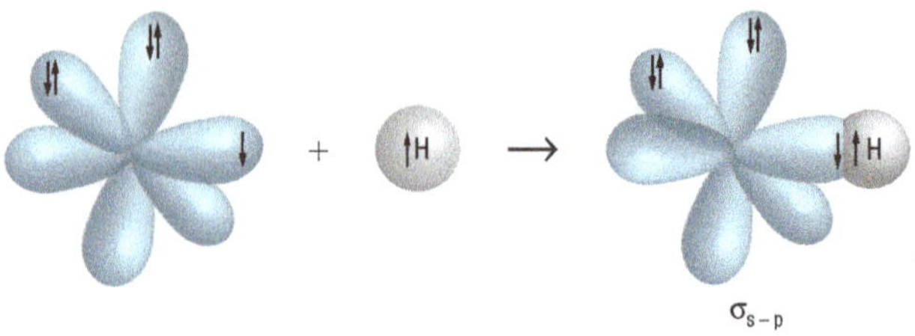

H
H
σs-p

ANA OLÍVIA JUSTO/acervo da editora

c. Molécula do F_2: σ_{s+s} ou σ_{s-s}

Essa ligação ocorre entre um átomo de flúor com um orbital p semicheio e outro átomo de flúor com um orbital p semicheio com spins contrários.

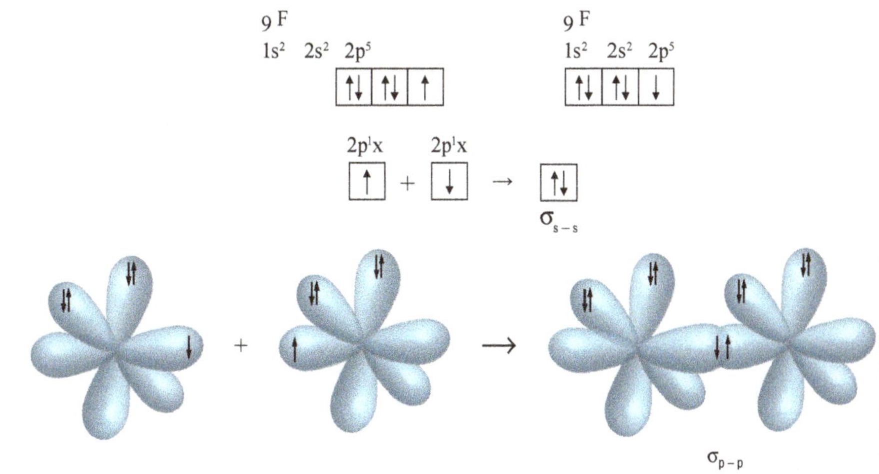

9 F
1s² 2s² 2p⁵
9 F
1s² 2s² 2p⁵
2p¹x
2p¹x
σs – s
σp – p

ANA OLÍVIA JUSTO/acervo da editora

3. Ligação pi (π)

Nas moléculas que apresentam duplas ou triplas ligações entre dois átomos, além da ligação σ, há outro tipo de ligação proveniente da interpenetração paralela de dois orbitais π semicheios. Essa ligação é chamada ligação pi e o orbital molecular formado é chamado de orbital pi.

ANA OLÍVIA JUSTO/acervo da editora

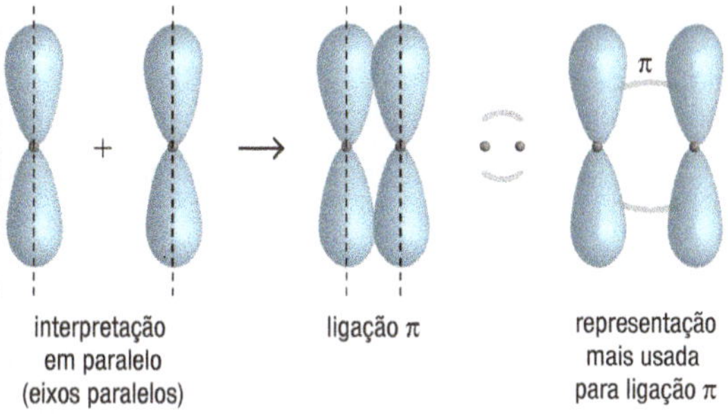

π
interpretação em paralelo (eixos paralelos)
ligação π
representação mais usada para ligação π

Nota-se que depois da interpenetração o orbital π se divide em duas partes: uma em cima e outra embaixo dos núcleos.

Como a ligação π é formada por orbitais p contidos em eixos paralelos, a interpenetração é menos intensa, o que acarretará uma ligação mais fraca que a ligação σ.

Exemplo: O_2 $\quad O \overset{\sigma}{\underset{\pi}{=}} O$

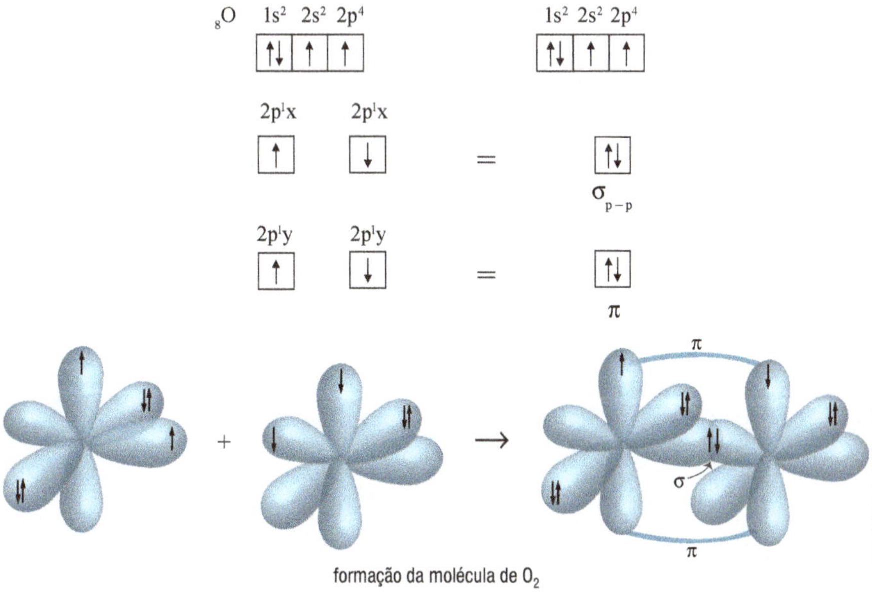

8O 1s² 2s² 2p⁴
1s² 2s² 2p⁴
2p¹x
2p¹x
σp – p
2p¹y
2p¹y
π
π
σ
π

ANA OLÍVIA JUSTO/acervo da editora

formação da molécula de O_2

$$O \overset{\sigma}{\underset{\pi}{=}} O$$

Importante:

a) Ligação simples: é sempre uma ligação σ: H – H, H – F, F – F

b) Ligação dupla: uma ligação é σ e a outra é π: $O \overset{\sigma}{\underset{\pi}{=}} O$

c) Ligação tripla: uma ligação é σ e duas π: $N \overset{\sigma}{\underset{\pi}{\equiv}} N$ (σ, π)

A ligação pi diminui a distância internuclear:

$-\overset{|}{\underset{|}{C}}-\overset{|}{\underset{|}{C}}-$ 154 pm $-\overset{|}{C}=\overset{|}{C}-$ 134 pm

$-C \equiv C-$ 120 pm

Exercícios Série Prata

1. Complete com **frontal** ou **paralela**.

a) **Ligação sigma:** interpenetração dos dois orbitais atômicos é ____________________.

b) **Ligação pi:** interpenetração dos dois orbitais p é ____________________.

2. Complete com **orbital(is) s** ou **orbital(ais) p**.

a) H usa ____________________.

b) F, Cl, Br, I, N, O, S usam ____________________.

3. Complete com σ_{s-s} ou σ_{s-p} ou σ_{p-p}.

a) H — H ____________________.

b) H — F ____________________.

c) F — F ____________________.

4. Complete com σ ou π.

a) A — B ____________________.

b) B = B ____________________.

c) A ≡ B ____________________.

5. Um dos mais conhecidos analgésicos é o ácido acetilsalicílico (AAS). Sua fórmula estrutural pode ser representada por:

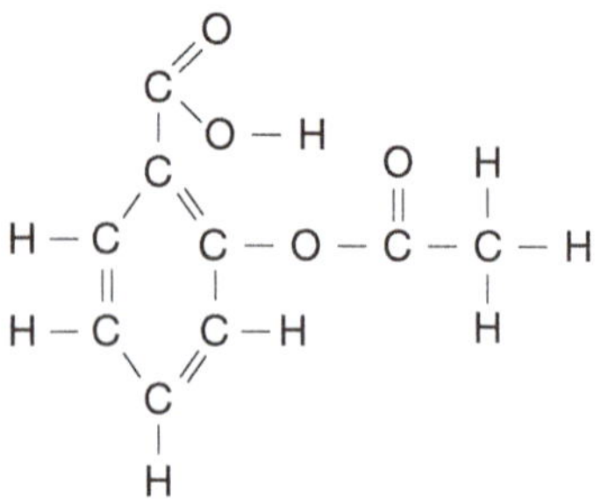

Indique o número de ligação σ e π presente em uma molécula de AAS.

6. Observe o composto $H_2C = \underset{H}{\underset{|}{C}} - C \equiv CH$

Complete com números:

a) ________________ σ

b) ________________ π

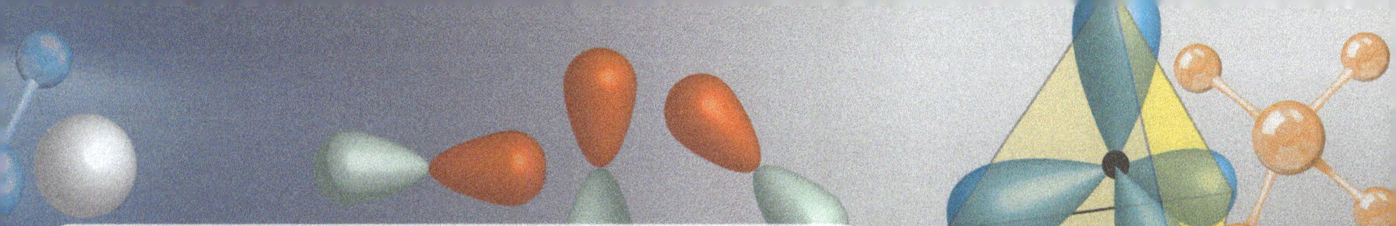

Hibridização de Orbitais Atômicos

Complemento 2

1. Conceito

Para certos elementos químicos, carbono, boro e berílio, a teoria da interpenetração de orbitais não explicava o número de ligações covalentes.

Exemplo:

$_6C$ $1s^2$ [↑↓] $2s^2$ [↑↓] $2p^2$ [↑ | ↑ |]

Esta estrutura diz que o carbono é **bivalente**. A experiência demonstra que o átomo carbono é tetravalente e que as quatro valências são equivalentes.

```
    H
    |
H – C – H
    |
    H
```

Para explicar essas anomalias, Linus Pauling propôs a teoria da hibridização de orbitais. Ele propôs que no instante da ligação os orbitais atômicos, s, p, e/ou d de um determinado átomo pudessem se unir para criar um novo conjunto de orbitais, denominados orbitais híbridos.

Observações:

- o número de orbitais atômicos usados é sempre igual ao número de orbitais híbridos produzidos.
- o preenchimento de elétrons nos orbitais híbridos obedece as regras de Pauli e Hund.
- a energia e a forma dos orbitais híbridos são intermediárias dos orbitais atômicos usados.
- a hibridização de orbitais ocorre na camada de valência.

2. Hibrização sp^3

É a união de **um** orbital atômico s com **três** orbitais atômicos p formando **quatro** orbitais híbridos chamados de $\mathbf{sp^3}$. Esse tipo de hibridização ocorre em moléculas em que o átomo central tem quatro pares de elétrons totalmente ligados ou não.

Exemplos:

a) CH_4 H••C••H (com H acima e H abaixo) — ângulo experimental: 109°28' geometria molecular: tetraédrica

Átomo de $_6C$ — $1s^2$ [↑↓] $2s^2$ $2p^2$ [↑ | ↑ |]

união de 4 orbitais com 4 elétrons

Átomo de C no CH_4 [↑ | ↑ | ↑ | ↑]

quatro orbitais híbridos sp^3

Os quatro orbitais sp^3 têm a mesma forma e energia e o ângulo entre eles é 109°28', o ângulo do tetraedro.

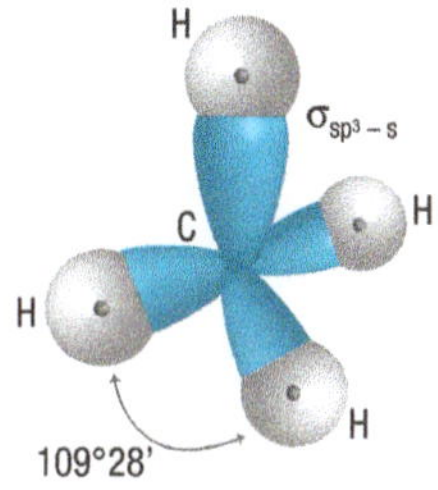

H
σ_{sp^3-s}
C
H
H
H
109°28'

metano

ANA OLÍVIA JUSTO/acervo da editora

Cada ligação C – H no CH_4 é formada pela interpenetração de um orbital híbrido sp^3 do carbono com o orbital 1s do hidrogênio formando a ligação σ_{sp^3-s}.

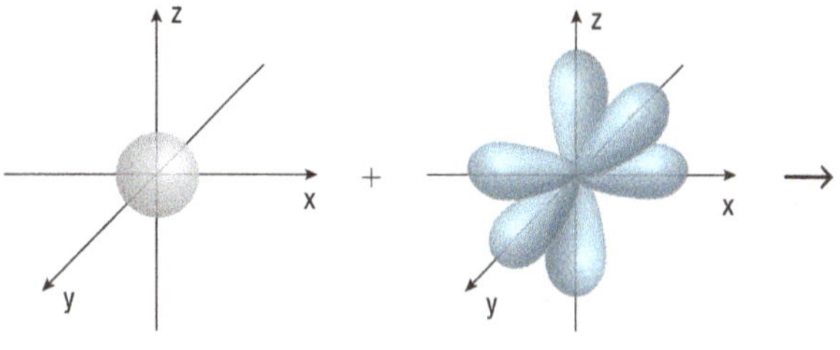

z
x
y
+
z
x
y
→
orbital s
orbitais p

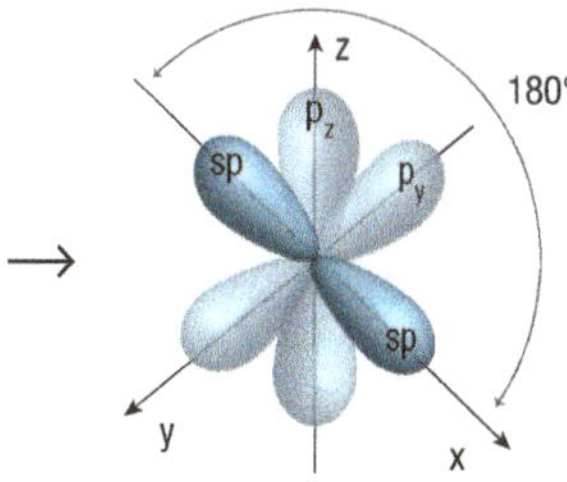

→
z
180°
p_z
sp
p_y
sp
y
x

orbitais sp

ANA OLÍVIA JUSTO/acervo da editora

b) NH_3 H – N̈ – H (com H abaixo do N) — ângulo experimental 107° geometria molecular: piramidal

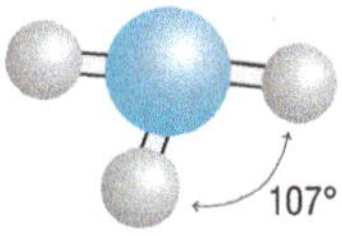

107°

geometria da molécula pirâmide triangular

ANA OLÍVIA JUSTO/ acervo da editora

A estrutura de Lewis para a amônia mostra que existem quatro pares de elétrons na camada de valência do nitrogênio: três pares de ligação e um par isolado. A teoria da RPECV prevê uma geometria dos pares de elétrons tetraédrica e a geometria da molécula piramidal.

Como o ângulo experimental do NH_3 é próximo do ângulo 109°28', admite-se que o átomo de N tenha uma hibridização sp^3. O par de elétrons isolado é distribuído num orbital híbrido e cada um dos outros três orbitais híbridos está ocupado por um único elétron. A interpenetração de cada um dos orbitais híbridos sp^3 com um orbital 1s do hidrogênio, e o emparelhamento dos elétrons, cria a ligação N – H.

Átomo de $_7N$ — $1s^2$ $2s^2$ [↑↓] $2p^3$ [↓|↓|↓]

união de 4 orbitais com 5 elétrons

Átomo de $_7N$ no NH_3 — [↓↑|↓|↓|↓]

4 orbitais híbridos sp^3

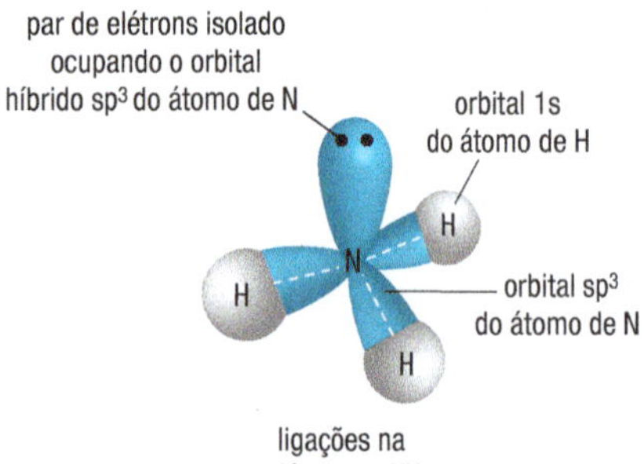
par de elétrons isolado ocupando o orbital híbrido sp³ do átomo de N
orbital 1s do átomo de H
H
N
H
H
orbital sp³ do átomo de N
ANA OLÍVIA JUSTO/acervo da editora

ligações na molécula de NH_3

c) H_2O

H – Ö: (com H ligado abaixo do O) — ângulo experimental: 105°

geometria molecular: angular

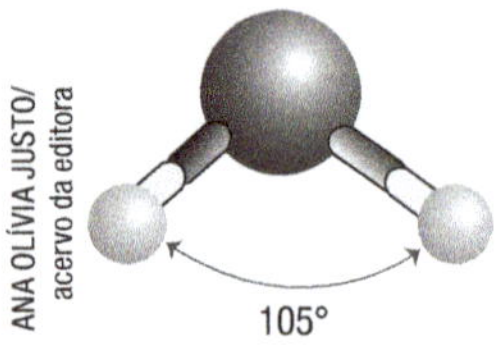
105°
ANA OLÍVIA JUSTO/acervo da editora

geometria da molécula angular

Como o ângulo experimental do H_2O é próximo do ângulo de 109°28', admite-se que o átomo de O tenha uma hibridização sp^3. Os dois pares de elétrons isolados ficam acomodados em dois orbitais híbridos e cada um dos outros dois híbridos sp^3 está ocupado por um único elétron. O emparelhamento dos elétrons cria a ligação O – H.

Átomo de $_8O$ — $1s^2$ $2s^2$ [↓↑] $2p^3$ [↓|↓|↓]

união de 4 orbitais com 6 elétrons

Átomo de $_8O$ no H_2O — [↓↑|↓↑|↓|↓]

4 orbitais híbridos sp^3

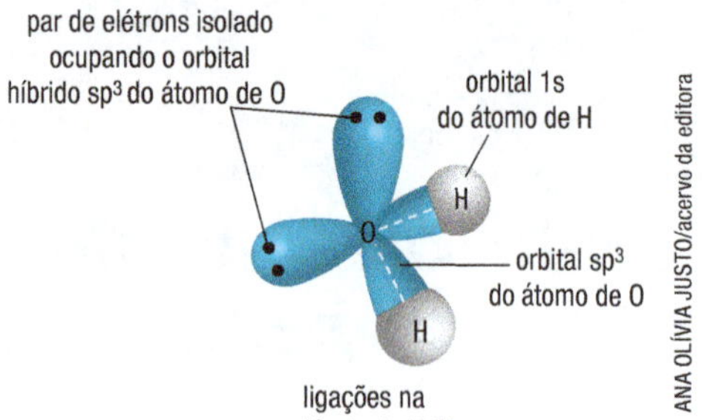
par de elétrons isolado ocupando o orbital híbrido sp³ do átomo de O
orbital 1s do átomo de H
H
O
H
orbital sp³ do átomo de O
ANA OLÍVIA JUSTO/acervo da editora

ligações na molécula de H_2O

3. Hibridização sp^2

É a união de **um** orbital atômico s com **dois** orbitais atômicos p formando três orbitais híbridos chamados de $\mathbf{sp^2}$. Esse tipo de hibridização ocorre em moléculas em que o átomo central tem três pares de elétrons totalmente ligados.

Exemplo:

BF_3 — :F̤̈• •B• •F̤̈ (com :F̤̈: ligado abaixo do B) — ângulo experimental: 120°; geometria molecular: trigonal

Átomo de $_5B$ — $1s^2$ $2s^2$ [↑↓] $2p^1$ [↑|↓|]

Átomo de $_5B$ no BF_3 — [↑|↑|↑] três orbitais híbridos sp^2 — [ ] orbital vazio

Os três orbitais sp^2 têm a mesma forma e energia e o ângulo entre eles é 120°, o ângulo trigonal. O orbital p vazio fica perpendicular ao plano do triângulo.

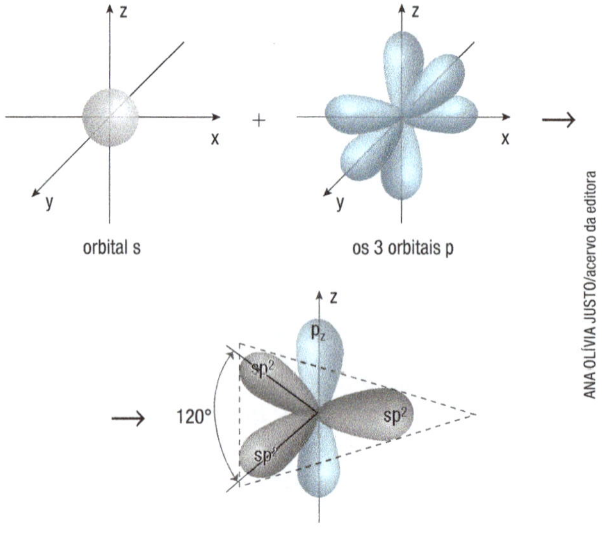
z
x
y
orbital s
+
z
x
y
os 3 orbitais p
→
z
→
120°
p_z
sp²
sp²
sp²
orbitais sp²
ANA OLÍVIA JUSTO/acervo da editora

A molécula do trifluoreto de boro (BF_3) é plana e não obedece à regra do octeto (o boro fica com 6 elétrons na camada de valência)

B (Z = 5) F(Z = 9)

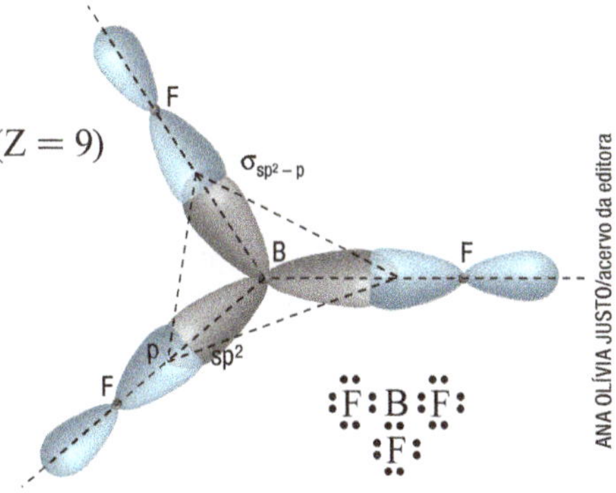
F
σ_{sp^2-p}
B
F
p
sp^2
F
:F:B:F:
:F:

ANA OLÍVIA JUSTO/acervo da editora

1s	3sp²			2pz	1s	2s	2p		
↑	↓	↓	↓		↓↑	↓↑	↓↑	↓↑	↓

A molécula do cloreto de berílio ($BeCl_2$) é linear e não obedece à regra do octeto (o berílio fica com 4 elétrons na camada de valência).

Be (Z = 4) Cl (Z = 17)

1s	2sp		2py	2pz
↓↑	↑	↑		

1s	2s	2p			3s	3p		
↓↑	↓↑	↓↑	↓↑	↓↑	↓↑	↓↑	↓↑	↓

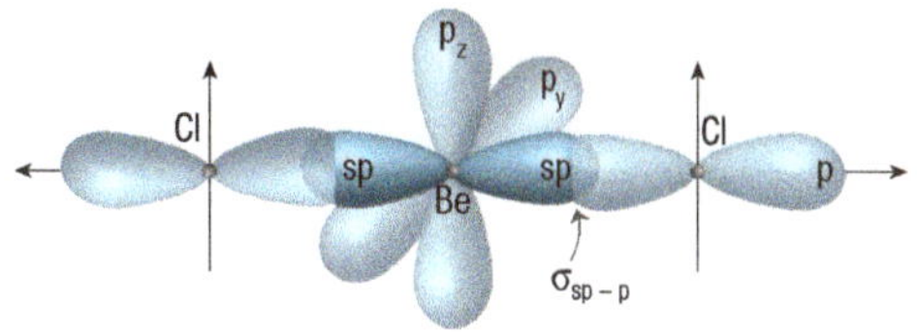
p_z
p_y
Cl
sp
Be
sp
Cl
p
σ_{sp-p}

:C̤̈l• •Be• •C̤̈l:

ANA OLÍVIA JUSTO/acervo da editora

4. Hibridização sp

É a união de **um** orbital s com **um** orbital p formando **dois** orbitais híbridos chamados de **sp**. Esse tipo de hibridização ocorre em moléculas em que o átomo central tem dois pares de elétrons totalmente ligados.

Exemplos:

$BeCl_2$:C̤̈l• •Be• •C̤̈l: ângulo experimental: 180°
geometria molecular: linear

Átomo de $_4Be$: $1s^2$ $2s^2$ [↓↑] $2p^3$ [| |]

união de 2 orbitais com 2 elétrons

Átomo de $_4Be$ no $BeCl_2$: [↑|↑] 2 orbitais híbridos sp; [|] 2 orbitais p vazios

Os dois orbitais híbridos sp têm a mesma forma e energia e o ângulo entre eles é 180°, ângulo linear. Os dois orbitais p vazios são perpendiculares aos orbitais híbridos sp.

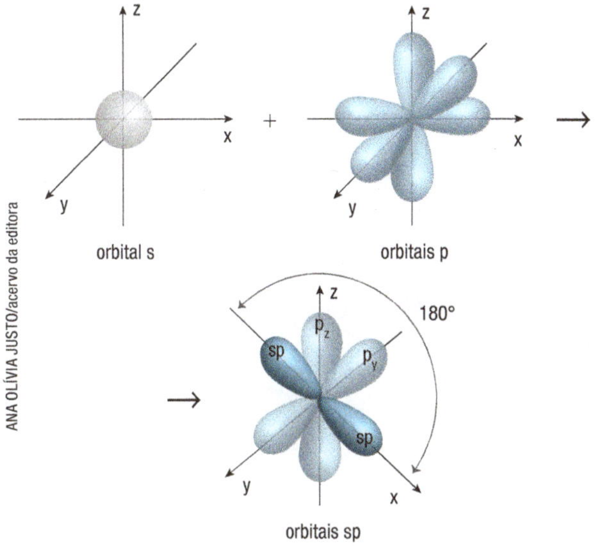
z
x
y
orbital s
+
z
x
y
orbitais p
→
→
z
180°
p_z
sp
p_y
sp
y
x
orbitais sp

ANA OLÍVIA JUSTO/acervo da editora

5. Hibridização dsp^3 ou sp^3d

É a união de **um** orbital s com **três** orbitais p e um orbital d formando **cinco** orbitais híbridos chamados de **dsp^3**. Esse tipo de hibridização ocorre em moléculas em que o átomo central tem cinco pares de elétrons totalmente ligados ou não.

Exemplo:

PCl_5 (estrutura de Lewis: P ligado a cinco :C̤̈l:)

ângulos 120° e 90°
geometria molecular: bipirâmide trigonal

Átomo de $_{15}P$: $1s^2$ $2s^2$ $2p^6$ $3s^2$ [↓↑] $3p^3$ [↓|↓|↓] 3d [| | | |]

união de 5 orbitais com 5 elétrons

Átomo de $_{15}P$ no PCl_5: [↓|↓|↓|↓|↓]

cinco orbitais híbridos dsp^3

Os cinco orbitais híbridos dsp^3 têm a mesma forma e energia e se dirigem para os vértices de uma bipirâmide trigonal, com ângulos de 90° e 120°.

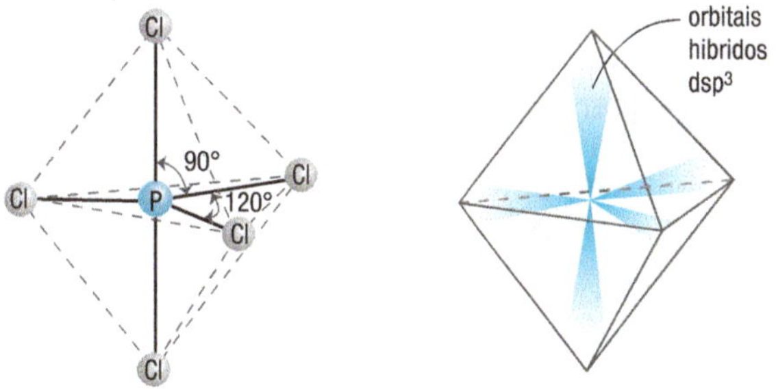
Cl
90°
Cl
Cl
P
120°
Cl
Cl
orbitais híbridos dsp^3

ANA OLÍVIA JUSTO/acervo da editora

6. Hibridização d^2sp^3 ou sp^3d^2

É a união de **um** orbital s com **três** orbitais p e **dois** orbitais d formando **seis** orbitais híbridos chamados de **d^2sp^3**. Esse tipo de hibridização ocorre em moléculas em que o átomo central tem seis pares de elétrons totalmente ligados ou não.

Exemplo:

SF_6 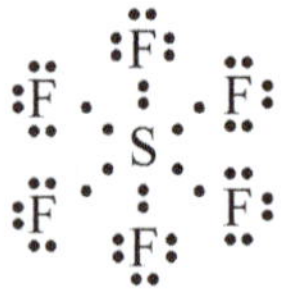 ângulo experimental: 90°

geometria molecular: octaédrica

	$1s^2$	$2s^2$	$2p^6$	$3s^2$	$3p^4$	3d
Átomo de $_{16}S$				↓↑	↓↑ ↓ ↓	☐ ☐ ☐ ☐ ☐

união de 6 orbitais com 6 elétrons

Átomo de ^{16}S no SF_6 ↓ ↓ ↓ ↓ ↓ ↓

seis orbitais híbridos d^2sp^3

Os seis orbitais híbridos d^2sp^3 têm a mesma forma e energia e se dirigem para os vértices de um octaedro, com ângulos de 90°.

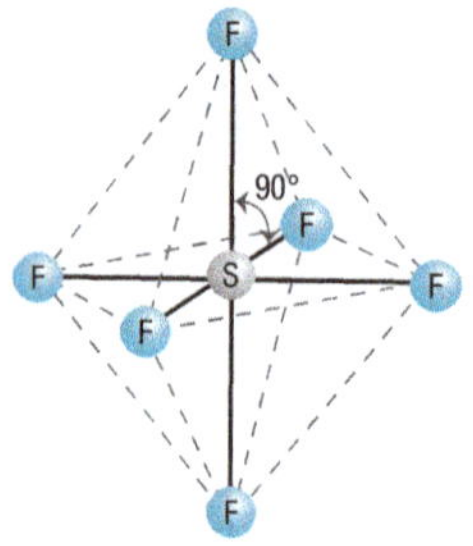

F
90°
S

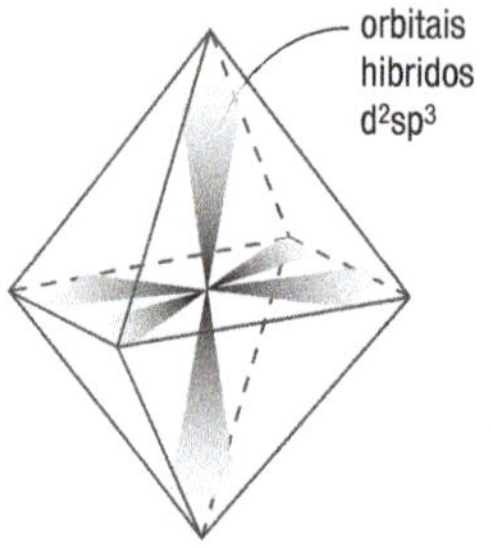

orbitais híbridos d^2sp^3

ANA OLÍVIA JUSTO/acervo da editora

7. Resumo

Distribuição dos pares de elétrons	Figuras geométricas	Exemplos
Dois pares, sp 	Linear 	$BeCl_2$ 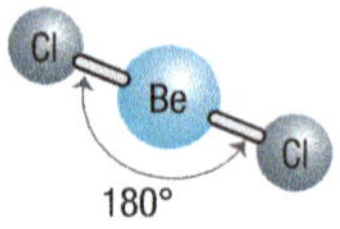
Três pares, sp^2 	Plana triangular 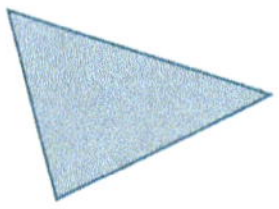	BF_3 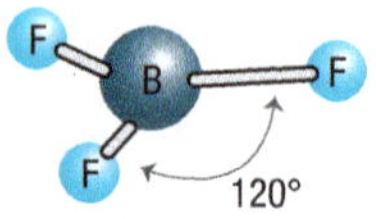
Quatro pares, sp^3 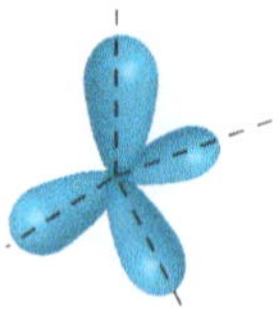	Tetraédrica 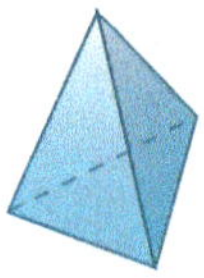	CH_4 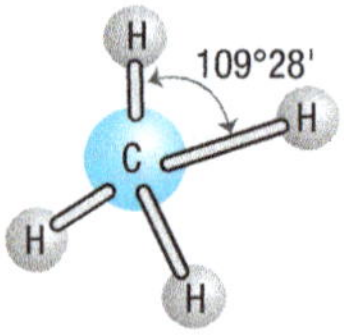
Cinco pares, dsp^3 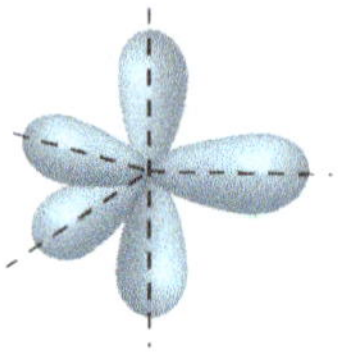	Bipirâmide triangular 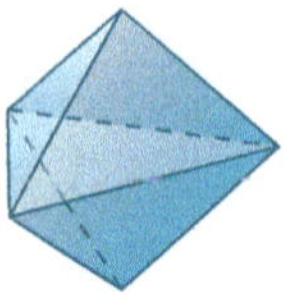	PF_5 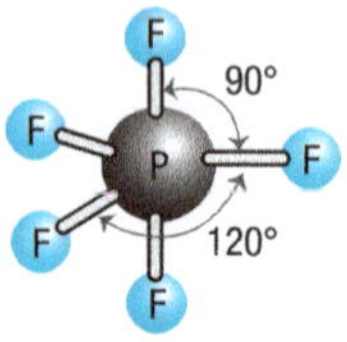
Seis pares, d^2sp^3 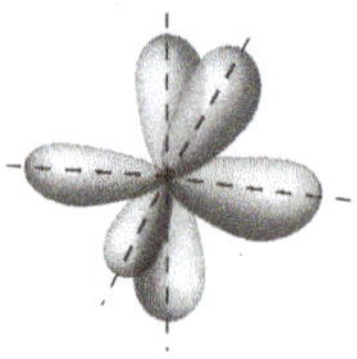	Octaédrica 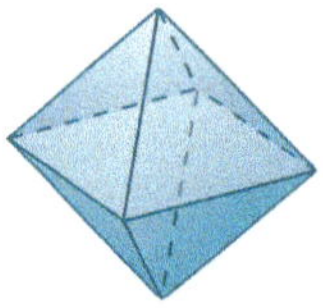	SF_6 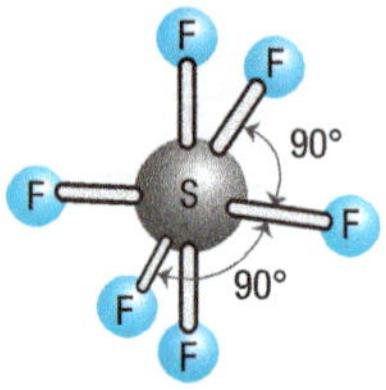

Cl Be Cl 180°
F B F F 120°
H C H H H 109°28'
F P F F F F 90° 120°
F S F F F F F 90° 90°

ANA OLÍVIA JUSTO/acervo da editora

Geometria dos conjuntos de orbitais híbridos para dois até seis pares de elétrons estruturais. Na formação de um conjunto de orbitais híbridos o orbital s é sempre usado, além de quantos orbitais p (ou orbitais d) para a formação das ligações sigma e para a ocupação por pares de elétrons isolados.

Exercícios Série Prata

Complete com **sp**, **sp²** ou **sp³**.

1.  hibridização ____________________

2. 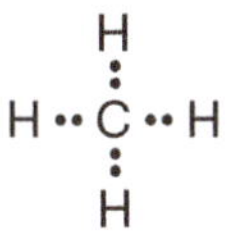 hibridização ____________________

3. 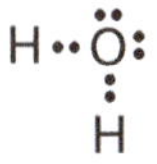 hibridização ____________________

4. 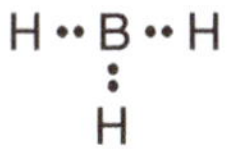 hibridização ____________________

5. 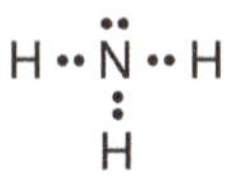 hibridização ____________________

6. (MACKENZIE – SP) O BeH_2 é uma molécula que apresenta:

a) geometria molecular linear.
b) ângulo de ligação igual a 120°.
c) o átomo de berílio com hibridação sp^2.
c) uma ligação covalente sigma s – s e uma ligação pi.
e) duas ligações covalentes sigma s – p.

Dados: os números atômicos: Be = 4 e H = 1.

Complemento 3 — Hibridização do Carbono

1. Introdução

O tipo de hibridização do carbono depende do número de ligações pi ao redor do carbono. Se o carbono não fizer pi a hibridização será sp^3, se fizer uma ligação pi a hibridização será sp^2 e se fizer duas ligações pi a hibridização será sp.

2. Hibridização sp^3 no carbono

Exemplo: etano: $CH_3 - CH_3$

	$1s^2$	$2s^2$	$2p^2$
Átomo de $_6C$	[↓↑]	[↓↑]	[↓][↓][ ]

união de 4 orbitais com 4 elétrons

Átomos de $_6C$ no etano [↓][↓][↓][↓]

quatro orbitais híbridos sp^3

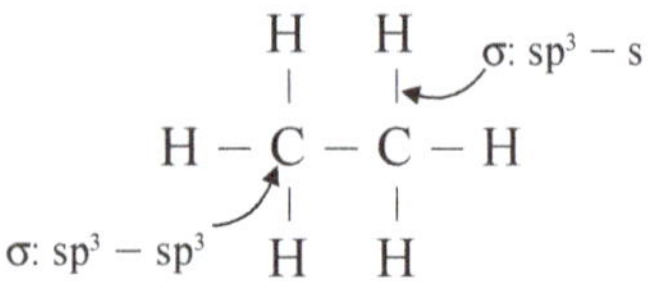

H H
H – C – C – H
H H
σ: sp³ – s
σ: sp³ – sp³

- ligação C – C será $\sigma: sp^3 - sp^3$
- ligação C – H será $\sigma: sp^3 - s$

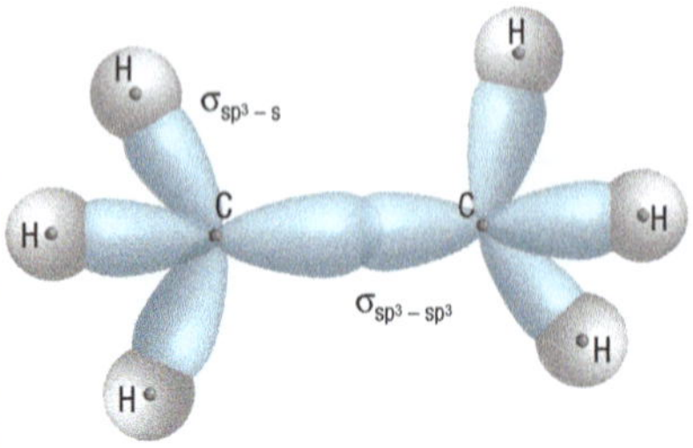

H
σsp³ – s
C
C
σsp³ – sp³

ANA OLÍVIA JUSTO/acervo da editora

representação esquemática da molécula de etano (espacial)

3. Hibridização sp^2 no carbono

Exemplo: eteno: $CH_2 \overset{\pi}{\underset{\sigma}{=}} CH_2$

	$1s^2$	$2s^2$	$2p^2$
Átomo de $_6C$	[↓↑]	[↓↑]	[↓][↓][ ]

união de 3 orbitais com 3 elétrons,
1 orbital p é reservado para fazer ligação π

Átomos de $_6C$ no eteno: [↓][↓][↓] [↓]

três orbitais híbridos sp^2 — orbital p

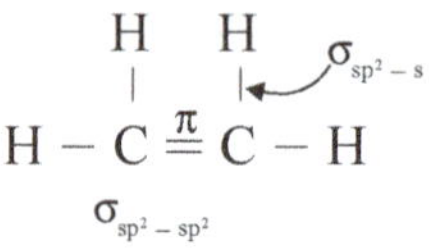

H H
H – C = C – H
π
σsp² – s
σsp² – sp²

- ligação C = C: $\sigma_{sp^2 - sp^2}$ e π
- ligação C – H será $\sigma_{sp^2 - s}$

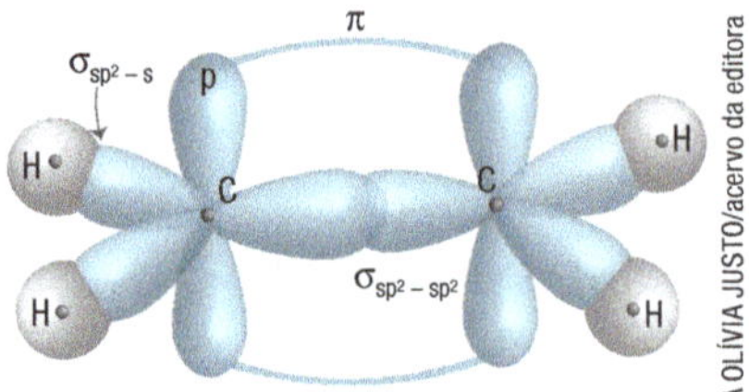

π
σsp² – s
p
C
C
σsp² – sp²
H

ANA OLÍVIA JUSTO/acervo da editora

representação esquemática da molécula de eteno (molécula plana, porque os seis núcleos estão no mesmo plano)

4. Hibridização sp no carbono

Exemplo: etino: $HC^{\sigma} \overset{\pi}{\underset{\pi}{\equiv}} CH$

	$1s^2$	$2s^2$	$2p^2$
Átomo de $_6C$	[↓↑]	[↓↑]	[↓][↓][↓]

união de 2 orbitais com 2 elétrons, 2 orbitais p são reservados para fazerem duas ligações π

Átomos de $_6C$ no etino: [↓][↓] [↓][↓]

dois orbitais híbridos sp — 2 orbitais p

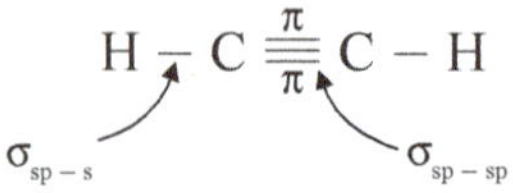

H – C ≡ C – H
π
π
σsp – s
σsp – sp

- ligação C = C $\left\langle \begin{array}{l} \sigma_{sp-sp} \\ 2\pi \end{array} \right.$
- ligação C – H

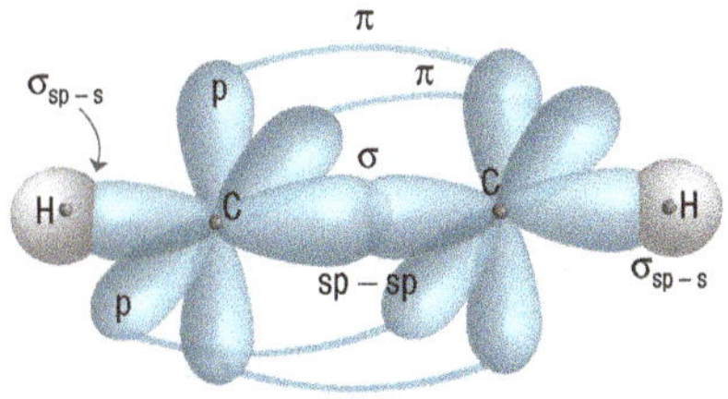
π
π
σ_{sp-s}
p
σ
H
C
C
H
sp – sp
σ_{sp-s}
p

representação esquemática da molécula de etino (molécula linear, porque os núcleos estão em uma mesma reta)

ANA OLÍVIA JUSTO/acervo da editora

5. Resumo

a) C não faz π ⟶ sp^3

b) C faz uma π ⟶ sp^2

c) C faz duas π ⟶ sp

Exemplo:

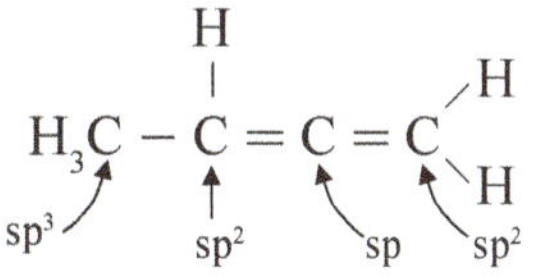
H
$H_3C - C = C = C$
H
H
sp^3
sp^2
sp
sp^2

Exercícios Série Prata

Complete com **sp**, **sp²** ou **sp³**.

1. C não faz π hibridização ______________________

2. C faz uma π hibridização ______________________

3. C faz duas π hibridização ______________________

4. (CENTEC – BA) Na estrutura representada a seguir, os carbonos numerados são, respectivamente:

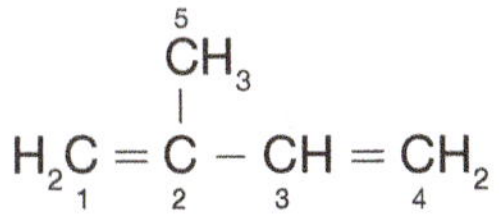
5
CH_3
$H_2C = C - CH = CH_2$
1
2
3
4

a) sp^2, sp, sp^2, sp^2, sp^3.
b) sp, sp^3, sp^2, sp, sp^4.
c) sp^2, sp^2, sp^2, sp^2, sp^3.
d) sp^2, sp, sp, sp^2, sp^3.
e) sp^3, sp, sp^2, sp^3, sp^4.

5. (ITA – SP) A(s) ligação(ões) carbono-hidrogênio existente(s) na molécula de metano (CH_4) pode(m) ser interpretada(s) como sendo formada(s) pela interpenetração frontal dos orbitais atômicos **s** do átomo de hidrogênio, com os seguintes orbitais atômicos do átomo de carbono:

a) Quatro orbitais **p**.
b) Quatro orbitais **sp³**.
c) Um orbital híbrido **sp³**.
d) Um orbital **s** e três orbitais **p**.
e) Um orbital **p** e três orbitais **sp²**.

6. (UERJ) Na composição de corretores do tipo *Liquid Paper*, além de hidrocarbonetos e dióxido de titânio encontra-se a substância isocianato de alila, cuja fórmula estrutural plana é representada por

$$CH_2 = CH - CH_2 - N = C = O$$

Com relação a essa molécula, é correto afirmar que o número de carbonos com hibridação sp^2 é igual a:

a) 1
b) 2
c) 3
d) 4

7. (UFRGS – RS) O hidrocarboneto que apresenta todos os átomos de carbono com orientação espacial tetraédrica é o:

a) $H_2C = CH_2$

b) 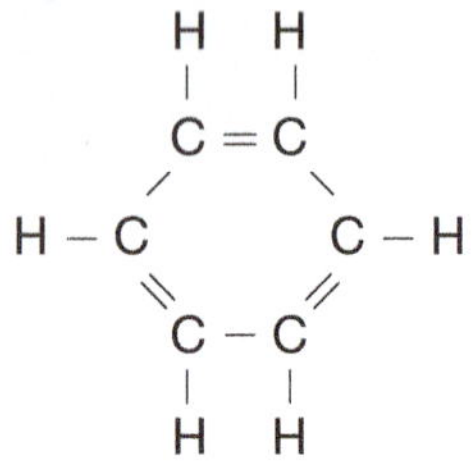

c) $HC = CH$

d) $H_2C = C = CH_2$

e) 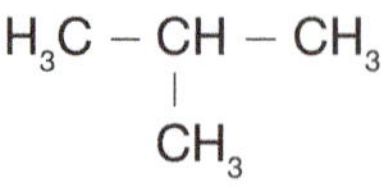

8. (UFSC) Indique as proposições corretas. Em relação à figura a seguir, podemos afirmar que:

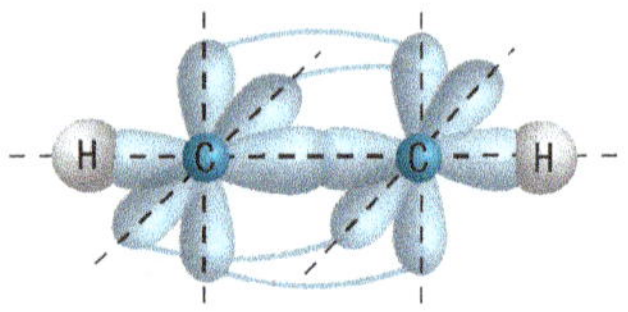

H
C
C
H

ANA OLÍVIA JUSTO/ acervo da editora

(01) representa os orbitais das ligações na molécula de C_2H_4.

(02) representa os orbitais das ligações na molécula de C_2H_2.

(04) entre os átomos de carbono existem uma ligação σ do tipo $sp^2 - sp^2$ e uma ligação π do tipo $p - p$.

(08) entre os átomos de carbono existem uma ligação σ do tipo $sp - sp$ e duas ligações π do tipo $p - p$.

(16) a geometria da molécula é linear.

(32) a ligação entre o carbono e hidrogênio é σ do tipo $sp^2 - s$.

9. A fórmula estrutural da acetona pode ser representada por

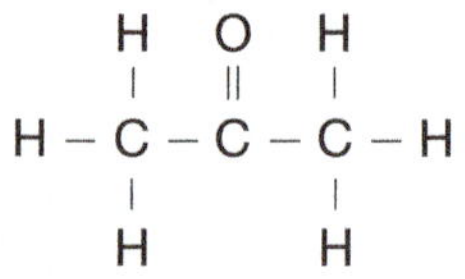

Pede-se:

a) Quantas ligações σ e π existem em uma molécula de acetona?

b) Quais os tipos de hibridização do carbono presentes na acetona?

10. (UCGO – adaptada) A muscalura é um feromônio utilizado pela mosca doméstica para atrair os machos, marcar trilhas e outras atividades.

a) Qual é o número total de ligações sigma nesse composto?

b) Quais são os tipos de hibridização do carbono presentes no composto?

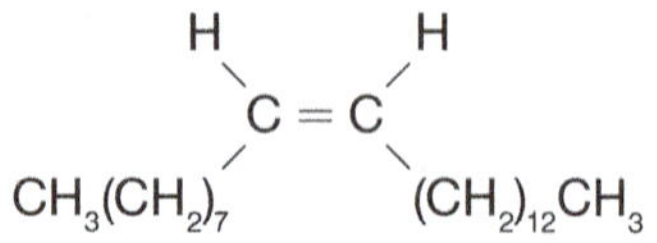

muscalura

H2

Método do Íon-elétron ou Método da Semirreação

Complemento 4

1. Equilibrando equações de oxidorredução

Existem dois métodos de balanceamento destas equações: o método do número de oxidação (utilizado no livro de Química Geral) e o método da semirreação, também conhecido como método do íon-elétron; eles são diferentes e não devem ser confundidos entre si. Cada um tem suas vantagens e desvantagens. A maior vantagem do método do número de oxidação é a sua rapidez.

1.1 Método da semirreação para soluções ácidas

1. Escreva as semirreações de oxidação e redução e balanceie os átomos oxidados e reduzidos.
2. Balanceie os átomos de O usando H_2O.
3. Balanceie os átomos de H usando H^+.
4. Adicione elétrons (e^-) a cada semirreação ao lado deficiente em carga negativa, isto é, para alcançar o equilíbrio elétrico.
5. Uma vez que o número de elétrons ganhos e perdidos deve ser igual, multiplique cada semirreação pelo número apropriado para tornar igual o número de elétrons de cada semirreação.
6. Some as duas semirreações, cancelando os elétrons e quaisquer outras substâncias que apareçam em lados opostos da equação.

1.2 Método da semirreação para soluções básicas

Balancear como se fosse solução ácida e, ao final, juntar OH^- a ambos os membros da equação para "neutralizar" o H^+ que se converte em H_2O.

Exercício resolvido

$$PbO_2(s) + Mn^{2+}(aq) \longrightarrow Pb^{2+} + MnO_4^{1-}(aq) \quad \text{meio ácido}$$

Oxidação	Redução
1. $Mn^{2+} \longrightarrow MnO_4^{1-}$	$PbO_2 \longrightarrow Pb^{2+}$
2. $Mn^{2+} + 4\,H_2O \longrightarrow MnO_4^{1-}$	$PbO_2 \longrightarrow Pb^{2+} + 2\,H_2O$
3. $Mn^{2+} + 4\,H_2O \longrightarrow MnO_4^{1-} + 8\,H^+$	$PbO_2 + 4\,H^+ \longrightarrow Pb^{2+} + 2\,H_2O$
4. $Mn^{2+} + 4\,H_2O \longrightarrow MnO_4^{1-} + 8\,H^+ + 5e^-$	$PbO_2 + 4\,H^+ + 2e^- \longrightarrow Pb^{2+} + 2\,H_2O$

$$Mn^{2+} + 4\,H_2O \longrightarrow MnO_4^{1-} + 8\,H^+ + 5e^- \ (\times 2)$$

$$PbO_2 + 4\,H^+ + 2e^- \longrightarrow Pb^{2+} + 2\,H_2O \ (\times 5)$$

$$2\,Mn^{2+}(aq) + 5\,PbO_2(s) + 4\,H^+(aq) \longrightarrow 2\,MnO_4^{1-}(aq) + 5\,Pb^{2+}(aq) + 2\,H_2O(l)$$

Exercícios Série Prata

Usando o método da semirreação, complete e balanceie as seguintes equações que estão ocorrendo em solução ácida.

1. $Fe^{2+} + MnO_4^{1-} \longrightarrow Fe^{3+} + Mn^{2+}$

Oxidação

1) $Fe^{2+} \longrightarrow Fe^{3+}$
2) $Fe^{2+} \longrightarrow Fe^{3+}$
3) $Fe^{2+} \longrightarrow Fe^{3+}$
4) $Fe^{2+} \longrightarrow Fe^{3+} + e^-$ (× 5)

Redução

1) $MnO_4^- \longrightarrow Mn^{2+}$
2) $MnO_4^- \longrightarrow Mn^{2+} + 4\ H_2O$
3) $MnO_4^- + 8\ H^+ \longrightarrow Mn^{2+} + 4\ H_2O$
4) $MnO_4^- + 8\ H^+ + 5e^- \longrightarrow Mn^{2+} + 4\ H_2O$

oxidação: $5\ Fe^{2+} \longrightarrow 5\ Fe^{3+} + 5e^-$
redução: $MnO_4^- + 8\ H^+ + 5e^- \longrightarrow Mn^{2+} + 4\ H_2O$
equação final: $MnO_4^- + 8\ H^+ + 5\ Fe^{2+} \longrightarrow$
$\longrightarrow Mn^{2+} + 4\ H_2O + 5\ Fe^{3+}$

2. $Co + NO_3^{1-} \longrightarrow Co^{3+} + NO_2$

Oxidação

1) __________
2) __________
3) __________
4) __________

Redução

1) __________
2) __________
3) __________
4) __________

oxidação: __________
redução: __________
equação final: __________

3. $Ag^+ + HCHO \longrightarrow Ag + HCO_2H$

Oxidação

1) __________
2) __________
3) __________
4) __________

Redução

1) __________
2) __________
3) __________
4) __________

oxidação: __________
redução: __________
equação final: __________

4. $H_2S + Cr_2O_7^{2-} \longrightarrow S + Cr^{3+}$

Oxidação

1) __________
2) __________
3) __________
4) __________

Redução

1) __________
2) __________
3) __________
4) __________

oxidação: __________
redução: __________
equação final: __________

5. (UNESP) $H_2C_2O_4 + MnO_4^{1-} \longrightarrow CO_2 + Mn^{2+}$

Oxidação

1) __________
2) __________
3) __________
4) __________

Redução

1) __________
2) __________
3) __________
4) __________

oxidação: __________
redução: __________
equação final: __________

6. $CH_3CH_2OH + Cr_2O_7^{2-} \longrightarrow CH_3COOH + Cr^{3+}$ (teste do bafômetro)

Oxidação

1) __________
2) __________
3) __________
4) __________

Redução

1) __________
2) __________
3) __________
4) __________

oxidação: __________
redução: __________
equação final: __________

Usando o método da semirreação, complete e balanceie as seguintes equações que estão ocorrendo em solução básica.

7. $MnO_4^{1-} + I^{1-} \longrightarrow MnO_2 + IO_3^{1-}$

Oxidação

1) $I^- \longrightarrow IO_3^-$
2) $I^- + 3\ H_2O \longrightarrow IO_3^-$
3) $I^- + 3\ H_2O \longrightarrow IO_3^- + 6\ H^+$
4) $I^- + 3\ H_2O \longrightarrow IO_3^- + 6\ H^+ + 6e^-$

Redução

1) $MnO_4^- \longrightarrow MnO_2$
2) $MnO_4^- \longrightarrow MnO_2 + 2\ H_2O$
3) $MnO_4^- + 4\ H^+ \longrightarrow MnO_2 + 2\ H_2O$
4) $MnO_4^- + 4\ H^+ + 3e^- \longrightarrow MnO_2 + 2\ H_2O\ (\times\ 2)$

oxidação: $I^- + 3\ H_2O \longrightarrow IO_3^- + 6\ H^+ + 6e^-$
redução: $2\ MnO_4^- + 8\ H^+ + 6e^- \longrightarrow 2\ MnO_2 + 4\ H_2O$
Introduzindo 2 OH^-: $2\ MnO_4^- + I^- + 2\ H^+ + 2\ OH^- \longrightarrow 2\ MnO_2 + IO_3^- + H_2O + OH^-$
equação final: $2\ MnO_4^- + I^- + H_2O \longrightarrow 2\ MnO_2 + IO_3^- + 2\ OH^-$

8. $Zn + ClO^{1-} \longrightarrow Zn(OH)_2 + Cl^{1-}$

Oxidação

1) ____
2) ____
3) ____
4) ____

Redução

1) ____
2) ____
3) ____
4) ____

oxidação: ____
redução: ____
equação final: ____

Exercícios Série Ouro

Use o método da semirreação para equilibrar as equações em meio ácido.

1. $Cr_2O_7^{2-}(aq) + Fe^{2+}(aq) \longrightarrow Cr^{3+}(aq) + Fe^{3+}(aq)$

Oxidação

1) ____
2) ____
3) ____
4) ____

Redução

1) ____
2) ____
3) ____
4) ____

oxidação: ____
redução: ____
equação final: ____

2. $Ag(s) + NO_3^-(aq) \longrightarrow NO_2(aq) + Ag^+(aq)$

Oxidação

1) ____
2) ____
3) ____
4) ____

Redução

1) ____
2) ____
3) ____
4) ____

oxidação: ____
redução: ____
equação final: ____

3. $MnO_4^{1-}(aq) + HSO_3^{1-}(aq) \longrightarrow Mn^{2+}(aq) + SO_4^{2-}(aq)$

Oxidação

1) ____
2) ____
3) ____
4) ____

Redução

1) ____
2) ____
3) ____
4) ____

oxidação: ____
redução: ____
equação final: ____

4. $Zn(s) + NO_3^-(aq) \longrightarrow Zn^{2+}(aq) + N_2O(g)$

Oxidação

1) ___

2) ___

3) ___

4) ___

Redução

1) ___

2) ___

3) ___

4) ___

oxidação: ___

redução: ___

equação final: ___

5. $U^{4+}(aq) + MnO_4^{1-}(aq) \longrightarrow Mn^{2+}(aq) + UO_2^+(aq)$

Oxidação

1) ___

2) ___

3) ___

4) ___

Redução

1) ___

2) ___

3) ___

4) ___

oxidação: ___

redução: ___

equação final: ___

Use o método das semirreações para equilibrar as equações em meio básico.

6. $ClO^-(aq) + CrO_2^-(aq) \longrightarrow Cl^-(aq) + CrO_4^{2-}(aq)$

Oxidação

1) ___

2) ___

3) ___

4) ___

Redução

1) ___

2) ___

3) ___

4) ___

oxidação: ___

redução: ___

introduzindo OH^-

equação final: ___

7. $Br_2(l) \longrightarrow Br^-(aq) + BrO_3^-(aq)$

Oxidação

1) ___

2) ___

3) ___

4) ___

Redução

1) ___

2) ___

3) ___

4) ___

oxidação: ___

redução: ___

introduzindo OH^-

equação final: ___

8. (FUVEST – SP) Uma estudante de Química elaborou um experimento para investigar a reação entre cobre metálico (Cu) e ácido nítrico ($HNO_3(aq)$). Para isso, adicionou o ácido nítrico a um tubo de ensaio (I) e, em seguida, adicionou raspas de cobre metálico a esse mesmo tubo. Observou que houve liberação de calor e de um gás marrom, e que a solução se tornou azul. A seguir, adicionou raspas de cobre a dois outros tubos (II e III), contendo, respectivamente, soluções aquosas de ácido clorídrico ($HCl(aq)$) e nitrato de sódio ($NaNO_3(aq)$). Não observou qualquer mudança nos tubos II e III, ao realizar esses testes.
Sabe-se que soluções aquosas de íons Cu^{2+} são azuis e que o gás NO_2 é marrom.

a) Escreva, nos espaços delimitados na página de respostas, as equações que representam a semirreação de oxidação e a semirreação de redução que ocorrem no tubo I.

Semirreação de oxidação	
Semirreação de redução	

b) Qual foi o objetivo da estudante ao realizar os testes com $HCl(aq)$ e $NaNO_3(aq)$? Explique.

Exercícios Série Platina

1. (PUC – SP) Existem dois tipos de bafômetro. O mais antigo, se baseia na reação do vapor de álcool etílico (etanol) contido no ar expirado pelo indivíduo com uma fase sólida embebida em solução de dicromato de potássio ($K_2Cr_2O_7$) em ácido sulfúrico (H_2SO_4). O teor de álcool é determinado a partir de uma escala de variação de cores que vai do laranja ao verde. A reação que ocorre pode ser equacionada por:

$$\underset{\text{laranja}}{Cr_2O_7^{2-}(aq)} + C_2H_6O(g) \longrightarrow \underset{\text{verde}}{Cr^{3+}(aq)} + C_2H_4O(g)$$

em meio ácido

O bafômetro mais moderno determina a concentração de etanol no sangue a partir da quantidade de elétrons envolvida na transformação do etanol em acetaldeído (etanal).

a) Completar e balancear a equação através do método do íon-elétron.

b) Na reação do dicromato de potássio e do etanol identifique o agente redutor e o agente oxidante.

c) Quantos elétrons são envolvidos por molécula de acetaldeído formada? Justifique.

2. (ITA – SP – adaptada) A seguinte reação não balanceada e incompleta ocorre em meio ácido:

$$(Cr_2O_7)^{-2} + (C_2O_4)^{-2} \longrightarrow Cr^{3+} + CO_2$$

a) Através do método íon-eletron, escreva a semirreação de oxidação balanceada.

b) Através do método íon-eletron, escreva a semirreação de redução balanceada.

c) Escreva a reação completa de oxirredução e dê a soma dos coeficientes estequiométricos (inteiros mínimos) desta reação.

d) Escreva a reação completa e balanceada de oxirredução caso a reação ocorresse em meio básico.

3. (IME – RJ – adaptada) Dada a equação química em meio ácido, não balanceada:

$$P_4 + NO_3^- \longrightarrow NO + PO_4^{3-}$$

a) Acerte os coeficientes estequiométricos pelo método do íon-elétron.

b) A reação de 124 g de P_4 com uma solução de ácido nítrico gera 50 g de NO. Sabendo que o rendimento é 100%, determine o grau de pureza do fósforo.

Dados: P = 31, N = 14, O = 16.

Complemento 5

Solução-tampão — Curva de Titulação

Distúrbios do equilíbrio ácido-básico nos seres humanos

Distúrbios do equilíbrio ácido-básico no corpo humano são alterações comuns resultantes de uma série de condições que podem ser adquiridas ou genéticas. Esses distúrbios são facilmente detectados por meio do histórico médico e de exames laboratoriais: a análise gasométrica (ou gasometria) juntamente com avaliação urinária permitem a identificação do distúrbio e de suas causas.

A regulação do hidrogênio é essencial, uma vez que quase todos os sistemas enzimáticos do organismo são influenciados por sua concentração. Como essa concentração é muito baixa, usa-se a escala de pH ($pH = -\log [H^+]$), cujo valor normal varia de 7,35 a 7,45. Uma pessoa entra em acidose quando o pH está abaixo de 7,35 e em alcalose quando está acima de 7,45. Os limites de pH compatíveis com a vida humana situam-se entre 6,8 e 8,0.

O controle da concentração desses íons hidrogênio ocorre por meio de 3 sistemas: mecanismos de tamponamento ácido-básico, pulmão e rins.

Caso haja excesso de íons H^+, em um primeiro momento, os íons bicarbonato, presentes no sangue, são capazes de receber um íon hidrogênio formando um ácido fraco, H_2CO_3 (ácido carbônico). Esse mecanismo de defesa (sistema tampão) não elimina o excesso de H^+, mas mantém-no estacionado.

$$H^+(aq) + HCO_3^-(aq) \rightleftharpoons H_2CO_3(aq) \rightleftharpoons CO_2(aq) + H_2O(l)$$

A segunda linha de defesa é o sistema respiratório, que entra em ação em poucos minutos, atuando por meio da eliminação ou retenção de CO_2 e, consequentemente, balanceando o déficit ou excesso de H_2CO_3 do organismo. Assim, pode-se perceber que a concentração de CO_2 também deve ser monitorada: valores normais de pCO_2 (pressão parcial) situam-se entre 35 e 45 mmHg. Quando a pCO_2 é maior que 45 mmHg, diz-se que o indivíduo apresenta uma acidose respiratória. Por outro lado, quando a pCO_2 é menor que 35 mmHg, trata-se de uma alcalose respiratória.

Já os rins, terceira linha de defesa, agem de forma mais lenta por meio da eliminação do excesso de ácido ou de base do organismo. Embora lentos para responder, eles são a única forma efetiva de alteração na concentração de hidrogênio no decurso de dias ou semanas. São o sistema regulador ácido-básico mais potente. Quando os rins não são capazes de regular o pH e este apresenta-se maior que 7,45, trata-se de uma alcalose metabólica; já quando o pH é menor que 7,35, classifica-se como acidose metabólica.

A tabela a seguir resume o diagnóstico dos distúrbios ácido-básicos a partir da análise dos valores de pH e pCO_2.

	pH baixo ($< 7,30$)	**pH normal (7,35-7,45)**	**pH alto ($> 7,50$)**
pCO_2 alta (acima de 45 mmHg)	Acidose respiratória com ou sem alcalose metabólica parcialmente compensada. Acidose metabólica e respiratória concomitantes.	Acidose respiratória compensada com alcalose metabólica.	Alcalose metabólica com acidose respiratória concomitante. Alcalose respiratória parcialmente compensada.
pCO_2 normal (35 a 45 mmHg)	Acidose metabólica.	Normal.	Alcalose metabólica.
pCO_2 baixa (abaixo de 35 mmHg)	Acidose metabólica com alcalose respiratória, concomitante, ou alcalose respiratória parcialmente compensada.	Alcalose respiratória compensada com acidose metabólica.	Alcalose respiratória com ou sem acidose metabólica parcialmente compensada. Alcalose metabólica e respiratória coexistentes.

Assim, a solução-tampão é o primeiro mecanismo de defesa quando há distúrbios do equilíbrio ácido-básico. Vamos desvendar como o nosso organismo se defende nessas situações e como efetuar os cálculos para determinar o pH do sistema.

1. Solução-tampão

É uma solução que praticamente não sofre variação de pH quando adicionamos uma pequena quantidade de ácido ou de base, mesmo que sejam fortes.

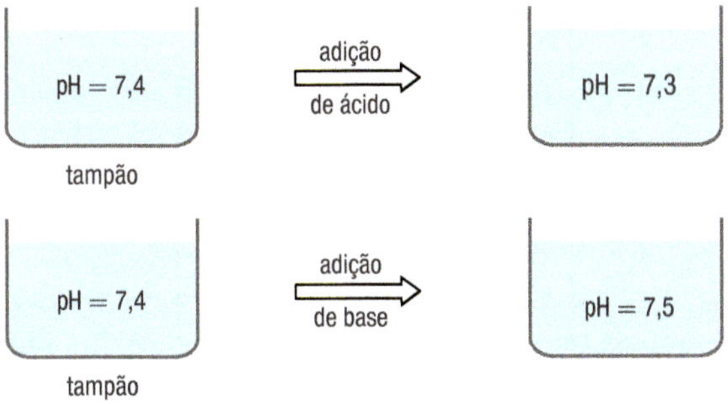

pH = 7,4
adição
de ácido
pH = 7,3
tampão
pH = 7,4
adição
de base
pH = 7,5
tampão

2. Como se prepara uma solução-tampão?

a) **Tampão ácido**: mistura de um ácido fraco e sua base conjugada (proveniente de um sal).

Exemplos:

CH_3COOH / CH_3COO^- $\longrightarrow$
ácido fraco — base conjugada
proveniente do CH_3COONa

H_2CO_3 / HCO_3^- $\longrightarrow$
ácido fraco — base conjugada
proveniente do $NaHCO_3$

b) **Tampão básico**: mistura de uma base fraca e seu ácido conjugado (proveniente de um sal).

Exemplos:

NH_3 / NH_4^+ $\longrightarrow$ proveniente do NH_4Cl.
base fraca — ácido conjugado

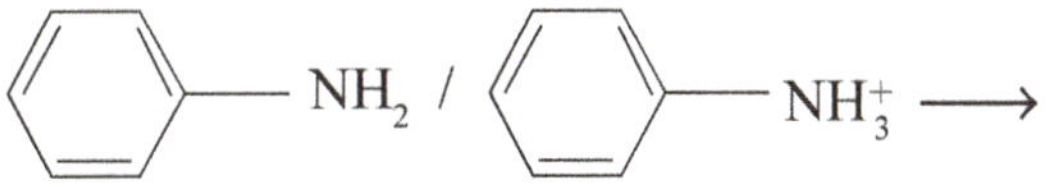

NH₂ /
NH₃⁺ ⟶

base fraca — ácido conjugado

proveniente do 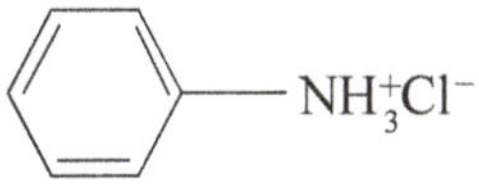

NH₃⁺Cl⁻

Na prática usa-se mais o tampão ácido. Qualquer tampão, porém, perde a sua capacidade se for adicionada quantidade muito grande de ácido forte ou de base forte.

3. Como funciona um tampão?

Vamos exemplificar com o tampão CH_3COOH / CH_3COONa.

Qualquer íon H^+ adicionado em pequena quantidade no tampão reage com o íon acetato (base conjugada) presente no tampão, não alterando o pH.

$$H^+ + CH_3COO^- \rightleftarrows CH_3COOH \qquad K = 5{,}6 \cdot 10^4$$

0,1 mol
CH₃COOH
0,1 mol
CH₃COO⁻
pH = 4,74
adição
de 0,01 mol de H⁺
(HCl)
0,11 mol
CH₃COOH
0,09 mol
CH₃COO⁻
pH = 4,65

Qualquer íon OH^- adicionado em pequena quantidade no tampão reage com o CH_3COOH (ácido fraco) presente no tampão, não alterando o pH.

$$CH_3COOH + OH^- \rightleftarrows CH_3COO^- + H_2O \quad K = 1{,}8 \cdot 10^9$$

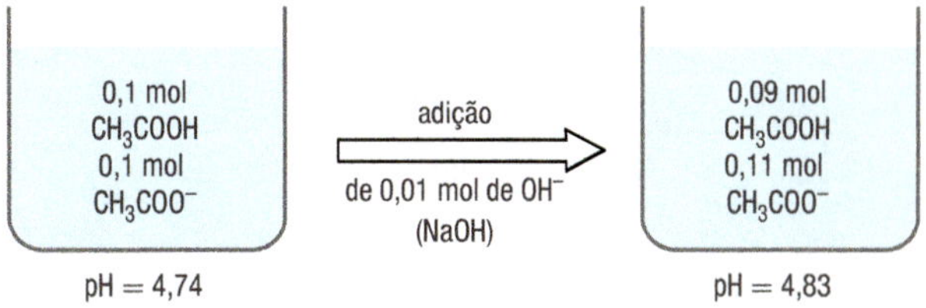

0,1 mol
CH₃COOH
0,1 mol
CH₃COO⁻
pH = 4,74
adição
de 0,01 mol de OH⁻
(NaOH)
0,09 mol
CH₃COOH
0,11 mol
CH₃COO⁻
pH = 4,83

4. Cálculo do pH de um tampão

4.1 Tampão ácido

Exemplo: CH_3COOH / CH_3COONa

Temos:

$$CH_3COOH \rightleftarrows H^+ + CH_3COO^-$$

$$CH_3COONa \longrightarrow Na^+ + CH_3COO^-$$

a) Através do Ka

O pH de um tampão ácido pode ser calculado pela expressão de Ka:

$$Ka = \frac{[H^+]\,[CH_3COO^-]}{[CH_3COOH]}$$

$[CH_3COO^-]$ proveniente do sal CH_3COONa

Podemos generalizar

$$Ka = \frac{[H^+]\,[\text{sal}]}{[\text{ácido}]}$$

b) Através da equação Henderson-Hasselbach. Aplicando log nos dois membros, temos:

$$Ka = [H^+] \frac{[\text{sal}]}{[\text{ácido}]}$$

$$\log Ka = \log [H^+] + \log \frac{[\text{sal}]}{[\text{ácido}]} \qquad x\,(-1)$$

$$-\log Ka = -\log [H^+] - \log \frac{[\text{sal}]}{[\text{ácido}]}$$

$$pKa = pH - \log \frac{[\text{sal}]}{[\text{ácido}]}$$

$$\boxed{pH = pKa + \log \frac{[\text{sal}]}{[\text{ácido}]}}$$

4.2 Tampão básico

As fórmulas são semelhantes:

$$Kb = \frac{[OH^-]\,[\text{sal}]}{[\text{base}]}$$

$$pOH = pKb + \log \frac{[\text{sal}]}{[\text{base}]}$$

5. Tampão nos seres vivos

a) **Sangue**

O pH normal do sangue está entre 7,35 e 7,45. O pH do sangue é mantido nesse intervalo por três tampões principais: H_2CO_3 / HCO_3^-, $H_2PO_4^-$ / HPO_4^{2-} e proteínas.

Acidose ocorre para altas concentrações de H^+ (baixo pH), tendo como efeito a depressão do sistema nervoso central e, eventualmente, estado de coma.

Alcalose ocorre para baixas concentrações de H^+ (alto pH), causando hiperexcitabilidade, espasmos musculares e convulsões.

A morte ocorre rapidamente se a acidose e a alcalose não forem tratadas e se o pH do sangue ficar abaixo de 6,8 ou acima de 8,0.

b) **Sistema digestório**

A digestão do alimento começa na boca. A saliva contém enzimas que catalisam a degradação dos carboidratos e o tampão H_2CO_3 / HCO_3^- que remove ácidos dos alimentos e os ácidos produzidos por bactérias na boca. O pH da saliva mantém-se no valor 6,8.

No estômago, os sucos gástricos são bastante ácidos. O pH deve estar por volta de 1,5 para promover a digestão dos alimentos.

O pH do duodeno está entre 6,0 e 6,5 e o da urina entre 5,5 e 6,5.

6. Curvas de titulação

6.1 Conceito

São curvas obtidas através de um gráfico pH *versus* volume de um ácido ou base adicionada em uma titulação. Um fato importante é que a variação do volume é maior que a variação do pH, pois o pH corresponde a uma escala logarítima.

	Volume (mL)	pH	
	0	1	
	10	1,18	
50 mL	20	1,37	6
	30	1,50	
	40	1,50	
	50	7,00	

Verifica-se experimentalmente que o ponto de neutralização, também chamado ponto de equivalência, pode ter os seguintes valores:

1. Ácido Forte + Base Forte $\longrightarrow$ pH = 7 (não há hidrólise do sal formado).

2. Ácido Fraco + Base Forte $\longrightarrow$ pH > 7 (hidrólise do ânion do sal formado).

3. Ácido Forte + Base Fraca $\longrightarrow$ pH < 7 (hidrólise do cátion do sal formado).

Não se fazem, em geral, titulações de ácido fraco e base fraca, pois o ponto de equivalência não pode ser determinado com exatidão.

6.2 Curva de titulação: ácido forte e base forte

Vamos exemplificar titulando 50 mL de uma solução de HCl 0,1 mol/L com 0,1 mol/L de NaOH.

$$NaOH + HCl \longrightarrow NaCl + H_2O$$

Para se ter uma ideia sobre a curva de titulação, vamos calcular alguns pH.

1. O pH antes da adição da base

$HCl \longrightarrow H^+ + Cl^-$

0,1 mol/L 0,1 mol/L

$pH = -\log [H^+] \therefore pH = 1$

2. O pH antes do ponto de equivalência:

adição de 49 mL de NaOH 0,1 mol/L

	NaOH	+ HCl	⟶ NaCl	+ H_2O
início	–	0,005 mol	–	–
adição	0,0049 mol	0,0049 mol	–	–
final	–	0,0001 mol	–	–

$$[HCl] = \frac{0{,}0001\ \text{mol}}{(0{,}005 + 0{,}049)\ \text{L}} \quad \therefore \quad [HCl] \cong 10^{-3}\ \text{mol/L}$$

$[H^+] = 10^{-3}$ mol/L $\therefore$ pH = 3

3. O pH no ponto de equivalência. Neste ponto há a reação em quantidades em mol iguais de ácido forte e base forte. O pH é igual a 7, pois o NaCl não sofre hidrólise.

adição de 50 mL de NaOH 0,1 mol/L

	NaOH	+ HCl	⟶ NaCl	+ H_2O
início	–	0,005 mol	–	–
adição	0,005 mol	0,005 mol	0,005 mol	–
final	–	–	0,005 mol	–

O ponto de equivalência numa titulação ácido-base se localiza no ponto médio da parte vertical da curva de pH.

4. O pH além do ponto de equivalência. Não há ácido remanescente depois do ponto de equivalência. A solução de NaOH é adicionada a uma solução de NaCl, que é um sal de caráter neutro. Então, o pH depende exclusivamente da concentração do íon OH^- proveniente da solução de NaOH adicionada.

adição de 51 mL de NaOH 0,1 mol/L

excesso de 1 mL de NaOH

1.000 mL ———— 0,1 mol

1 mL ———— x $\therefore$ $x = 10^{-4}$ mol

$$[NaOH] = \frac{n}{V} \therefore [NaOH] = \frac{10^{-4}}{\underset{\text{ácido}}{0{,}05} + \underset{\text{base}}{0{,}051}}$$

$[NaOH] \cong 10^{-3}$ mol/L $\therefore$ $[OH^-] = 10^{-3}$ mol/L

pOH = 3 e pH = 11

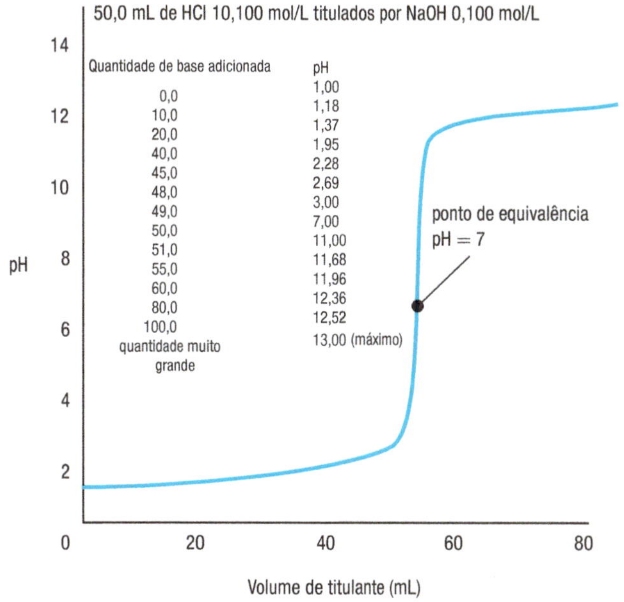
50,0 mL de HCl 10,100 mol/L titulados por NaOH 0,100 mol/L
Quantidade de base adicionada
pH
0,0
1,00
10,0
1,18
20,0
1,37
40,0
1,95
45,0
2,28
48,0
2,69
49,0
3,00
50,0
7,00
51,0
11,00
55,0
11,68
60,0
11,96
80,0
12,36
100,0
12,52
quantidade muito grande
13,00 (máximo)
ponto de equivalência
pH = 7
pH
14
12
10
8
6
4
2
0
20
40
60
80
Volume de titulante (mL)

Para perceber o ponto de equivalência, junta-se à solução de HCl um indicador que mude de cor na faixa de pH 3 a 11.

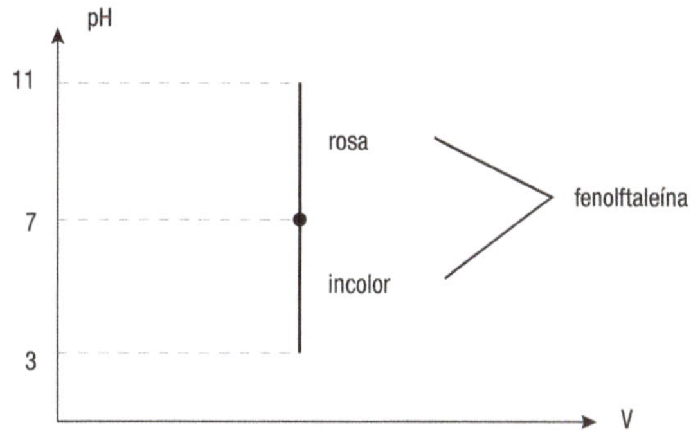
pH
11
7
3
rosa
incolor
fenolftaleína
V

Um indicador adequado seria a fenolftaleína.

pH = 3 incolor   pH > 8 rosa

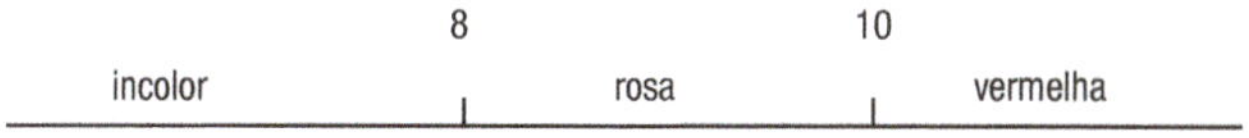
8
10
incolor
rosa
vermelha

6.3 Curva de titulação: ácido fraco e base forte

A curva de titulação de um ácido fraco por uma base forte é um tanto diferente da curva de titulação de um ácido forte com base forte. Analisaremos detalhadamente a curva de titulação de 100 mL de H_3CCOOH, 0,1 mol/L, com NaOH, 0,1 mol/L.

$$NaOH + CH_3COOH \longrightarrow CH_3COONa + H_2O$$

Para se ter uma ideia sobre a curva de titulação, vamos calcular alguns pH.

1. O pH antes da adição da base.

H_3CCOOH: ácido fraco

$Ka = 1,8 \cdot 10^{-5}$ e $M = 0,1$ mol/L

$[H^+] = \sqrt{Ka \cdot M} \therefore [H^+] = \sqrt{1,8 \cdot 10^{-5} \cdot 10^{-1}}$

$[H^+] = 1,34 \cdot 10^{-3}$ mol/L

Como $\log 1,34 = 0,13 \therefore pH = 2,87$

2. O pH antes do ponto de equivalência.

Em qualquer ponto entre o início da titulação (só H_3CCOOH) e o ponto de equivalência (só $H_3CCOONa$) a solução contém H_3CCOOH (excesso) e também CH_3COONa que formam um tampão. Devido ao tampão, a curva de titulação sofrerá uma pequena ascenção.

A concentração do íon H^+ pode ser calculada usando a expressão do Ka.

$$[H^+] = \frac{[CH_3COOH] \text{ excesso}}{[CH_3COONa] \text{ formado}} \cdot Ka$$

Adição de 90 mL de NaOH 0,1 mol/L (0,009 mol)

	$NaOH$ +	CH_3COOH →	CH_3COONa +	H_2O
início	–	0,01 mol	–	–
adição	0,009 mol	0,009 mol	0,009 mol	–
final	–	0,001 mol	0,009 mol	–

tampão (0,001 mol de CH_3COOH e 0,009 mol de CH_3COONa)

$$[H^+] = \frac{[CH_3COOH] \text{ excesso}}{[CH_3COONa] \text{ formado}} \cdot Ka$$

$$[H^+] = \frac{0,001}{0,009} \cdot 1,8 \cdot 10^{-5}$$

$[H^+] = 2 \cdot 10^{-6}$ mol/L como $\log 2 = 0,3 \therefore pH = 5,67$

3. O pH na metade da titulação.

Na metade da titulação (adição de 50 mL de NaOH), metade do ácido foi neutralizada, portanto, $[CH_3COOH]$ excesso = $[CH_3COONa]$ formada.

$$[H^+] = \frac{[CH_3COOH] \text{ excesso}}{[CH_3COONa] \text{ formado}} \cdot Ka$$

$[H^+] = Ka \therefore [H^+] = 1,8 \cdot 10^{-5}$ mol/L

$\log 1,8 = 0,26 \therefore pH = 4,74$

4. O pH no ponto de equivalência.

No ponto de equivalência todo CH_3COOH foi neutralizado, a solução é constituída somente de CH_3COONa, este sofre hidrólise liberando OH^-, o pH no ponto de equivalência é maior que 7.

adição de 100 mL de NaOH 0,1 mol/L

	$NaOH$ +	H_3CCOOH →	$H_3CCOONa$ +	H_2O
início	–	0,01 mol	–	–
adição	0,01 mol	0,01 mol	–	–
final	–	0	0,01 mol	–

O $H_3CCOONa$ sofre hidrólise de acordo com a equação.

$$CH_3COO^- + HOH \rightleftarrows CH_3COOH + OH^- \quad Kh = 5,6 \cdot 10^{-10}$$

$$[CH_3COO^-] = \frac{0,01}{0,2} \therefore [CH_3COO^-] = 0,05 \text{ mol/L}$$

$[OH^-] = \sqrt{Kh \cdot M} \therefore [OH^-] = \sqrt{5,6 \cdot 10^{-10}\ 5 \cdot 10^{-2}}$

$[OH^-] = \sqrt{28 \cdot 10^{-12}}\ [OH^-] = 5,29 \cdot 10^{-6}$ mol/L

$\log 5,29 = 0,72$, $pOH = 5,28 \therefore pH = 8,72$

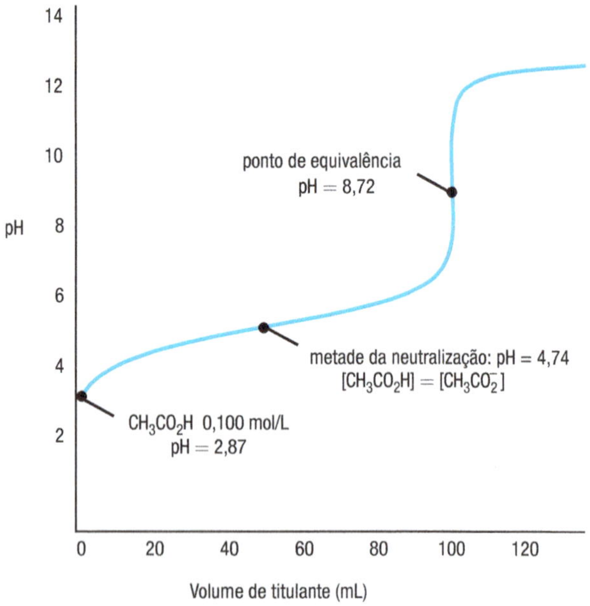

14
12
10
8
6
4
2
pH
ponto de equivalência
pH = 8,72
metade da neutralização: pH = 4,74
[CH3CO2H] = [CH3CO2−]
CH3CO2H 0,100 mol/L
pH = 2,87
0
20
40
60
80
100
120
Volume de titulante (mL)

Para perceber o ponto de equivalência, junta-se à solução de H_3CCOOH um indicador cuja faixa de viragem é maior que 7, por exemplo, fenolftaleína.

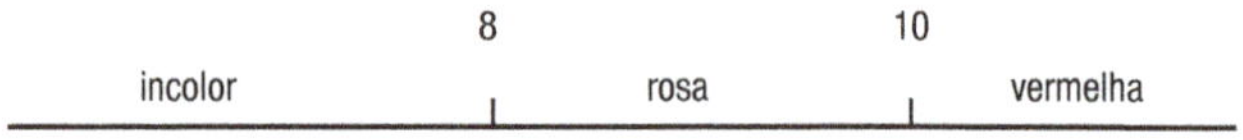

8
10
incolor
rosa
vermelha

6.4 Curva de titulação: ácido forte e base fraca

Toda a discussão feita para a curva de ácido fraco e base forte vale para ácido forte e base fraca, portanto, mostraremos de imediato um exemplo:

titulação de 25 mL de NH_3 0,1 mol/L com HCl 0,1 mol/L

$$NH_3 + HCl \longrightarrow NH_4Cl$$

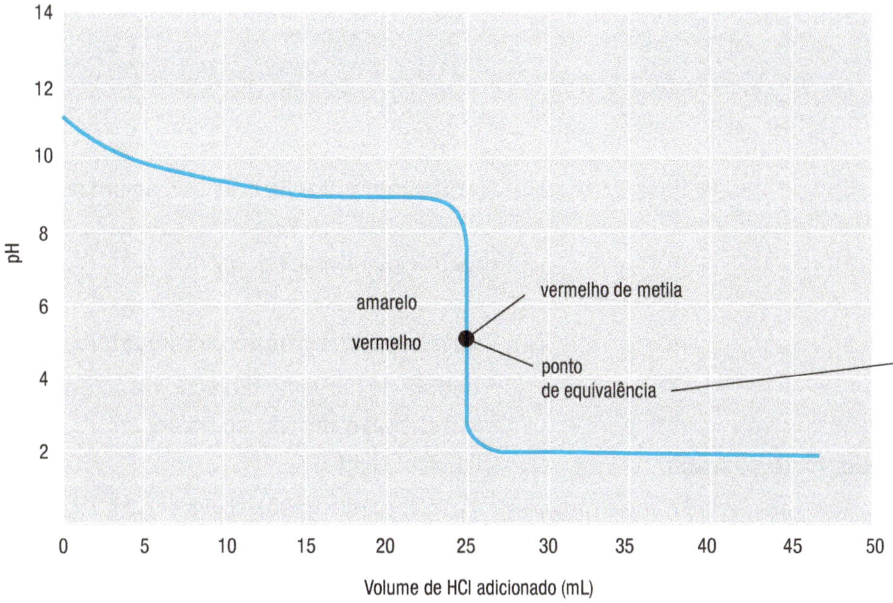
14
12
10
8
6
4
2
pH
0
5
10
15
20
25
30
35
40
45
50
Volume de HCl adicionado (mL)
amarelo
vermelho
vermelho de metila
ponto
de equivalência

Volume de HCl adicionado (mL)	pH
0	11,13
1	10,64
2	10,32
3	10,13
4	9,98
5	9,86
10	9,44
15	9,08
20	8,66
21	8,54
22	8,39
23	8,20
24	7,88
25	5,23
26	2,70
27	2,40
28	2,22
29	2,10
30	2,00
35	1,70
40	1,52
45	1,40
50	1,30

No ponto de equivalência, o pH é menor que 7, devido à hidrólise do cátion NH_4^+.

$$NH_4^+ + HOH \rightleftarrows NH_3 + H_3O^+$$

Para perceber o ponto de equivalência, junta-se à solução de NH_3 um indicador cuja faixa de viragem é menor que 7, por exemplo, vermelho de metila.

3,1
4,6
vermelho
alaranjado
amarelo

Exercícios Série Prata

1. (UFPA) A adição de uma pequena quantidade de ácido ou base produzirá uma variação desprezível no pH da solução de:

a) NH_4Cl
b) NH_4Cl / NaOH
c) NH_4^+ / HCl
d) NH_4Cl / NaCl
e) NH_3 / NH_4Cl

2. Uma solução-tampão contém 0,1 mol/L de CH_3COOH e 0,1 mol/L de $NaCH_3COO$. Sabendo que $Ka = 1,8 \cdot 10^{-5}$, determine o pH dessa solução.

Dado: log 1,8 = 0,26.

3. (FESP – PE) O pH de um tampão, preparado misturando-se 0,1 mol de ácido lático e 0,1 mol de lactato de sódio, em um litro de solução é

Dados: $Ka = 1{,}38 \cdot 10^{-4}$, $\log 1{,}38 = 0{,}14$.

a) 3,86
b) 3,76
c) 5,86
d) 6,86
e) 4,86

4. Complete com **forte** ou **fraco**, **forte** ou **fraca**.

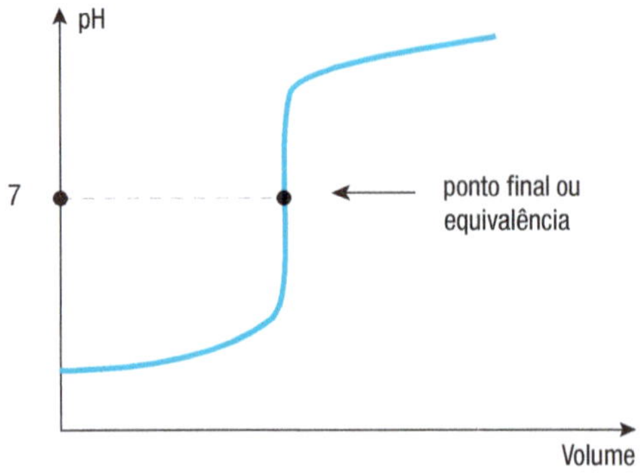
pH
7
ponto final ou equivalência
Volume

A curva representa a titulação ácido ____________ e base ____________ o pH no ponto final é igual a 7.

5. Complete com **forte** ou **fraco**, **forte** ou **fraca**.

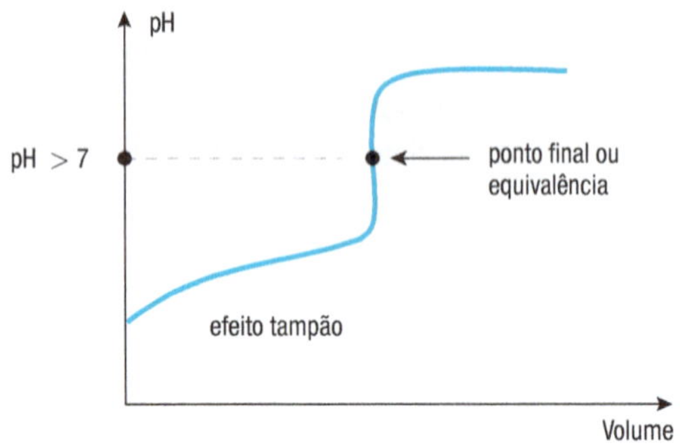
pH
pH > 7
ponto final ou equivalência
efeito tampão
Volume

A curva representa a titulação de um ácido ____________ e base ____________ . O pH no ponto final é maior que 7.

6. Complete com **forte** ou **fraco**, **forte** ou **fraca**.

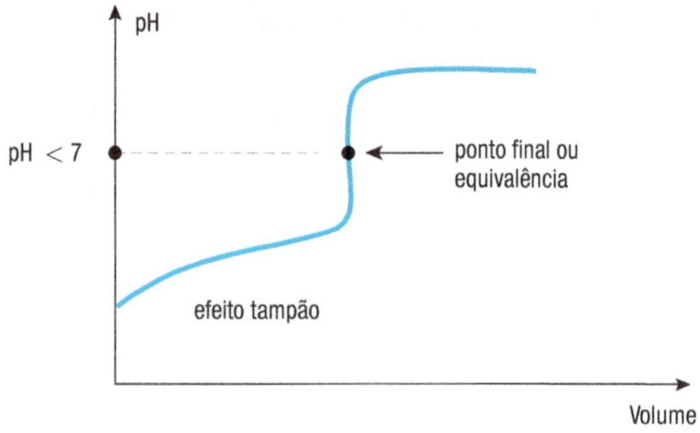
pH
pH < 7
ponto final ou equivalência
efeito tampão
Volume

A curva representa a titulação de um ácido ____________ e base ____________ . O pH no ponto final é menor que 7.

7. Complete com **tampão** ou **coligativo**.

A subida da curva de titulação de ácido forte e base fraca é suave devido ao efeito ____________ (NH_4OH / NH_4Cl).

8. Observe os gráficos seguintes.

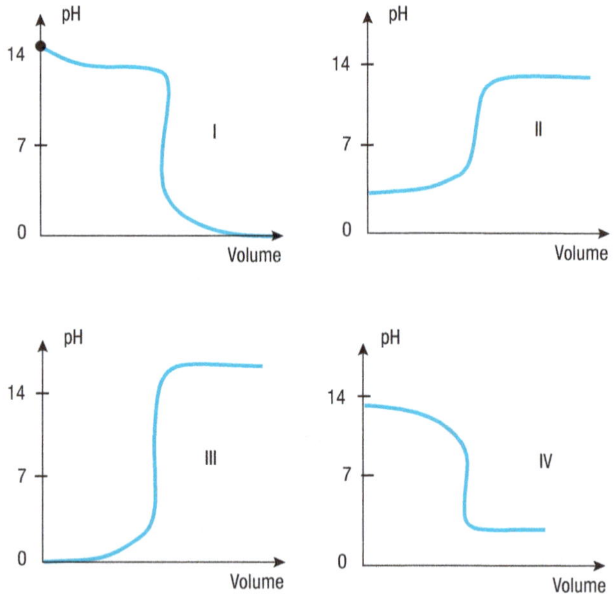
pH
14
7
0
I
Volume
pH
14
7
0
II
Volume
pH
14
7
0
III
Volume
pH
14
7
0
IV
Volume

Faça a associação correta entre esses gráficos e os itens abaixo:

– Titulação de ácido forte por base forte ________
– Titulação de ácido fraco por base forte ________
– Titulação de base fraca por ácido forte ________
– Titulação de base forte por ácido forte ________

9. (UFPE) Considere o gráfico que representa a variação do pH de uma solução 0,1 mol/L de HCl quando se adiciona gradualmente uma solução 0,1 mol/L de NaOH. Assinale os itens certos:

a) O ponto **e** corresponde ao pH inicial do ácido.
b) O ponto **c** corresponde ao pH de neutralização de HCl pelo NaOH.
c) O ponto **a** corresponde à concentração final do HCl.
d) O ponto **b** corresponde à neutralização parcial do HCl.
e) O ponto **d** corresponde ao pH da mistura com excesso de NaOH.

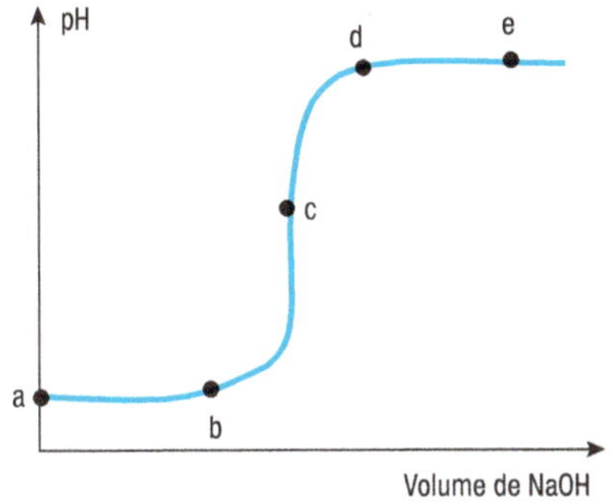
pH
d
e
c
a
b
Volume de NaOH

10. (PUC – MG) Considere o gráfico que representa a variação do pH de uma solução 0,1 mol/L de NaOH, quando se adiciona gradualmente uma solução 0,1 mol/L de HCl.

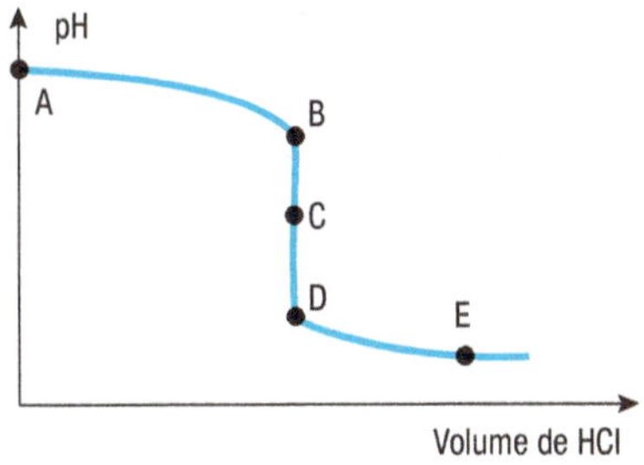
pH
A
B
C
D
E
Volume de HCl

Analise as afirmações:

I. O ponto **A** corresponde ao pH inicial da base.
II. O ponto **C** corresponde ao pH de neutralização do NaOH pelo HCl.
III. O ponto **B** corresponde à neutralização parcial do NaOH.
IV. O ponto **D** corresponde ao pH da mistura com excesso de NaOH.
V. O ponto **E** corresponde à concentração final da base.

Responda qual é a alternativa correta:

a) somente I.
b) somente II e V.
c) somente I, II, III.
d) somente I, II, III e V.
e) todas as alternativas.

11. A curva de titulação refere-se à titulação de um ácido HA, e KOH, 0,1 mol/L. Classifique cada uma das afirmações seguintes como verdadeira ou falsa:

1. O ácido pode ser HNO_3 0,1 mol/L.
2. O ácido pode ser HCN 0,1 mol/L.
3. No ponto de equivalência, o volume de HNO_3 0,1 mol/L neutralizado é 75 mL.
4. O pH no ponto de equivalência é igual a 4.

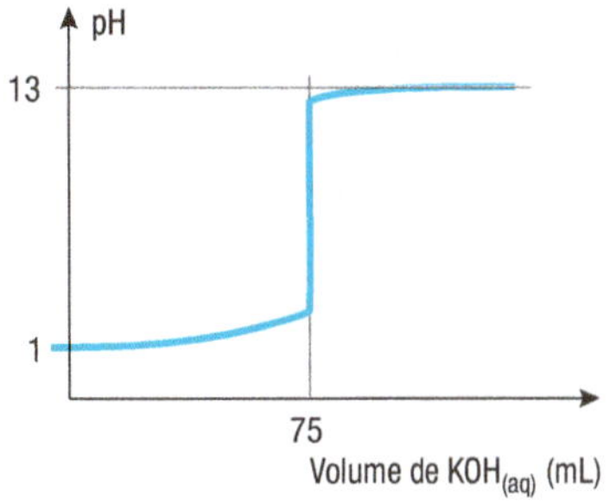
pH
13
1
75
Volume de KOH(aq) (mL)

12. (UFSM – RS) A titulação de 50 mL de uma base forte com ácido forte 0,1 mol/L, que reagem com estequiometria 1 : 1, pode ser representada através do gráfico, onde PE = ponto de equivalência.

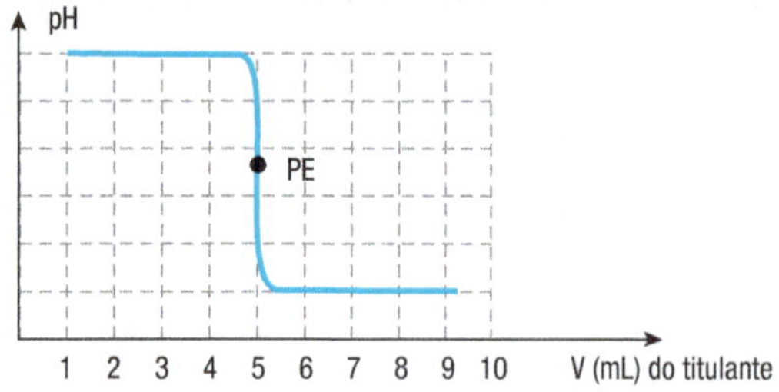

pH
PE
1 2 3 4 5 6 7 8 9 10
V (mL) do titulante

Considerando a informação dada, a alternativa correta é:

a) A concentração da base é 0,01 mol/L.
b) O pH P.E. é 12,0.
c) A concentração da base é 1,0 mol/L.
d) A concentração da base é 0,05 mol/L.
e) O pH da base é 12,7.

13. (ITA – SP – adaptada) Considere a curva de titulação abaixo, de um ácido fraco com uma base forte.

a) Qual o valor do pH no ponto de equivalência?
b) Em qual(ais) intervalo(s) de volume de base adicionado o sistema se comporta como tampão?
c) Em qual valor de volume de base adicionado pH = pKa?

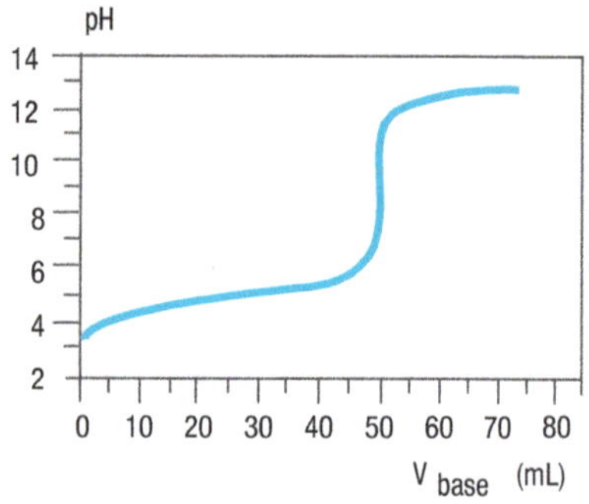

pH
14
12
10
8
6
4
2
0 10 20 30 40 50 60 70 80
V base (mL)

Exercícios Série Ouro

1. (UNICAP – PE) Suponha uma solução formada por 0,2 mol/litro de ácido acético e 0,2 mol/L de acetato de sódio.
Dado: Ka = 10^{-5}.

Decida quais das afirmações a seguir são verdadeiras e quais são falsas.

a) A solução constitui um sistema tamponado.
b) O pH da solução formada pelo ácido e o sal correspondente é 5.
c) O pH da solução, após a adição de pequenas quantidades de NaOH 0,1 mol/L, é pouco maior que 5.
d) Se fossem adicionadas algumas gotas de um ácido forte, o pH seria pouco menor que 5.
e) Ao adicionar o NaOH, as hidroxilas são retiradas da solução pelas moléculas não ionizadas do ácido acético, evitando grande variação de pH.

2. (CESGRANRIO – RJ) Assinale a opção na qual as substâncias relacionadas podem formar uma solução-tampão pH < 7:

a) NH_4Cl, H_2O
b) NH_4Cl, NH_3, H_2O
c) Na_2SO_4, H_2SO_4, H_2O
d) CH_3COOH, CH_3COONa, H_2O
e) HCl, NaCl, H_2O

3. (UFMG) Considere as seguintes experiências:

I. O pH de um litro de sangue (7,5) sofre apenas pequena alteração quando lhe é adicionado 0,01 mol de NaOH(s).
II. O pH de um litro de água pura passa de 7 para 12, pela dissolução de 0,01 mol de NaOH(s).

A alternativa que apresenta a explicação para a diferença de comportamento entre o sangue humano e a água pura é:

a) As soluções fracamente ácidas resistem a variações de pH.
b) As soluções fracamente básicas resistem a variações de pH.
c) O NaOH(s) é insolúvel no sangue humano.
d) O sangue e uma solução 0,01 mol/L de NaOH têm o mesmo pH.
e) O sangue humano é uma solução tamponada.

4. (UFMG) Considere duas soluções aquosas diluídas, **I** e **II**, ambas de pH = 5,0. A solução **I** é um tampão e a solução **II** não. Um béquer contém 100 mL da solução **I** e um segundo béquer contém 100 mL da solução **II**. A cada uma dessas soluções, adicionam-se 10 mL de NaOH aquoso concentrado. Assinale a alternativa que representa corretamente as variações de pH das soluções **I** e **II**, após a adição de NaOH(aq).

a) O pH de ambas irá diminuir e o pH de **I** será maior do que o de **II**.
b) O pH de ambas irá aumentar e o pH de **I** será igual ao de **II**.
c) O pH de ambas irá diminuir e o pH de **I** será igual ao de **II**.
d) O pH de ambas irá aumentar e o pH de **I** será menor do que o de **II**.

5. (UNIFESP) O pH do plasma sanguíneo, em condições normais, varia de 7,35 a 7,45 e é mantido nesta faixa principalmente devido à ação tamponante do sistema H_2CO_3 / HCO_3^-, cujo equilíbrio pode ser representado por:

$$CO_2 + H_2O \rightleftharpoons H_2CO_3 \rightleftharpoons H^+ + HCO_3^-$$

Em determinadas circunstâncias, o pH do plasma pode sair dessa faixa. Nas circunstâncias:

I. histeria, ansiedade ou choro prolongado, que provocam respiração rápida e profunda (hiperventilação);
II. confinamento de um indivíduo em um espaço pequeno e fechado;
III. administração endovenosa de uma solução de bicarbonato de sódio; a situação que melhor representa o que ocorre com o pH do plasma, em relação à faixa normal é:

	I	II	III
a)	diminui	diminui	diminui
b)	diminui	aumenta	aumenta
c)	diminui	aumenta	diminui
d)	aumenta	diminui	aumenta
e)	aumenta	aumenta	diminui

6. (UEL – PR) Nos seres humanos, o pH do plasma sanguíneo está entre 7,35 e 7,45, assegurado pelo tamponamento característico associado à presença das espécies bicarbonato/ácido carbônico de acordo com a reação:

$$H_3O^+ + HCO_3^- \rightleftharpoons H_2CO_3 + H_2O$$

Após atividade física intensa a contração muscular libera no organismo altas concentrações de ácido lático. Havendo adição de ácido lático ao equilíbrio químico descrito, é correto afirmar:

a) A concentração dos produtos permanece inalterada.
b) A concentração dos reagentes permanece inalterada.
c) O equilíbrio desloca-se para uma maior concentração de reagentes.
d) O equilíbrio desloca-se nos dois sentidos, aumentando a concentração de todas as espécies presentes nos reagentes e produtos.
e) O equilíbrio desloca-se no sentido de formação dos produtos.

7. (ITA – SP) Considere as soluções aquosas obtidas pela dissolução das seguintes quantidades de solutos em 1 L de água:

I. 1 mol de acetato de sódio e 1 mol de ácido acético.
II. 2 mol de amônia e 1 mol de ácido clorídrico.
III. 2 mol de ácido acético e 1 mol de hidróxido de sódio.
IV. 1 mol de hidróxido de sódio e 1 mol de ácido clorídrico.
V. 1 mol de hidróxido de amônio e 1 mol de ácido acético.

Das soluções obtidas, apresentam efeito tamponante

a) apenas I e V.
b) apenas I, II e III.
c) apenas I, II, III e V.
d) apenas III, IV e V.
e) apenas IV e V.

8. (UNIRIO – RJ) Uma solução-tampão é preparada adicionando 6,4 g de NH_4NO_3 em 0,10 L de solução aquosa 0,080 mol/L de NH_4OH. Sendo assim, determine:

a) o pH desta solução;
b) o pH após a adição de 700 mL de água destilada à solução-tampão. Justifique.

Dados: Kb = $1{,}8 \cdot 10^{-5}$; log 1,8 = 0,26; H = 1; N = 14; O = 16.

9. (PSS – UFPB) Soluções-tampão são sistemas químicos muito importantes na Medicina e Biologia, visto que muitos fluidos biológicos necessitam de um pH adequado para que as reações químicas aconteçam apropriadamente. O plasma sanguíneo é um exemplo de um meio tamponado que resiste a variações bruscas de pH quando se adicionam pequenas quantidades de ácidos ou bases.

Se a uma solução 0,01 mol $\cdot$ L^{-1} de ácido nitroso (HNO_2, Ka = $5 \cdot 10^{-4}$) for adicionado igual volume de nitrito de sódio ($NaNO_2$) também 0,01 mol $\cdot$ L^{-1}, determine:

a) o pH da solução do ácido;
b) o pH da solução-tampão resultante depois da adição do sal à solução do ácido.

Dados: log 5 = 0,7.

10. (FUVEST – SP) Um indicador universal apresenta as seguintes cores em função do pH da solução em que está dissolvido.

vermelho
laranja
verde
azul
1
3
5
8
11
14

A 25,0 mL de uma solução de ácido fórmico (HCOOH), de concentração 0,100 mol/L, contendo indicador universal, foi acrescentada, aos poucos, solução de hidróxido de sódio (NaOH), de concentração 0,100 mol/L. O gráfico mostra o pH da solução resultante no decorrer dessa adição.

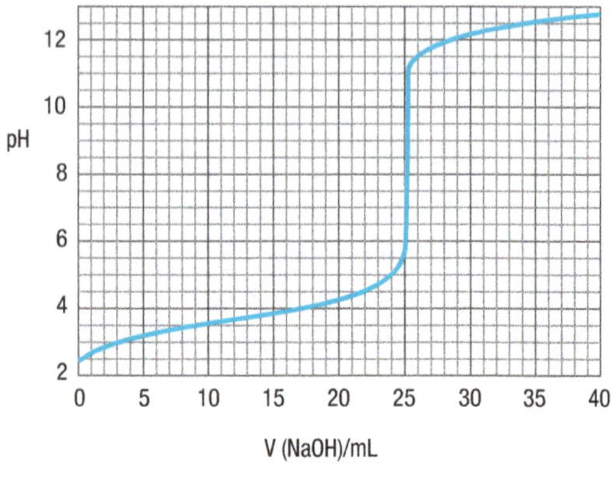
pH
12
10
8
6
4
2
0
5
10
15
20
25
30
35
40
V (NaOH)/mL

Em certo momento, durante a adição, as concentrações de HCOOH e de $HCOO^-$ se igualaram. Nesse instante, a cor da solução era

a) vermelha.
b) laranja.
c) amarela.
d) verde.
e) azul.

11. (UNIFESP) Os resultados da titulação de 25,0 mL de uma solução 0,10 mol/L do ácido CH_3COOH por adição gradativa de solução de NaOH 0,10 mol/L estão representados no gráfico.

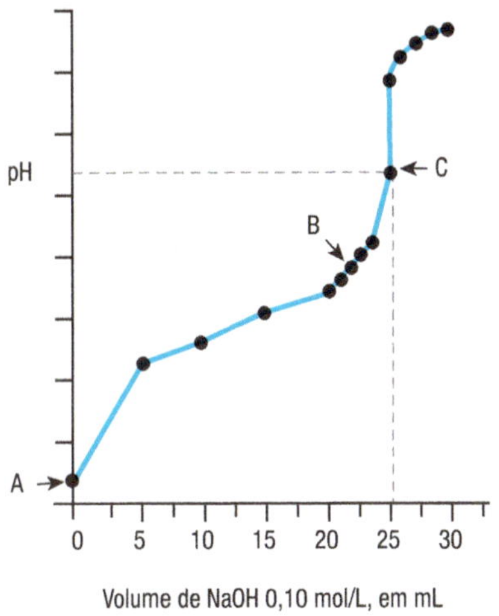

pH
A
B
C
0
5
10
15
20
25
30
Volume de NaOH 0,10 mol/L, em mL

Com base nos dados apresentados neste gráfico foram feitas as afirmações:

I. O ponto **A** corresponde ao pH da solução inicial do ácido, sendo igual a 1.
II. O ponto **B** corresponde à neutralização parcial do ácido, e a solução resultante é um tampão.
III. O ponto **C** corresponde ao ponto de neutralização do ácido pela base, sendo seu pH maior que 7.

É correto o que se afirma em

a) I, apenas.
b) II, apenas.
c) I e II, apenas.
d) II e III, apenas.
e) I, II e III.

12. (UNESP) A análise ácido-base de uma solução de concentração desconhecida é geralmente feita por titulação, procedimento no qual um volume medido do ácido é adicionado a um frasco, e um titulante, uma solução conhecida de base, é adicionado até que o ponto de equivalência seja atingido.

a) Qual o valor de pH no ponto de equivalência em uma titulação de uma solução aquosa de HCl 0,10 mol/L com uma solução aquosa de NaOH 0,10 mol/L? Justifique.
b) Dos indicadores a seguir, qual seria o mais apropriado para realizarmos a titulação de HCl com NaOH? Justifique.

Indicador	pH para mudança de cor	Mudança de cor
azul de bromofenol	3,0 – 4,6	amarelo para azul
fenolftaleína	8,0 – 10,0	incolor para vermelho
amarelo de alizarina	10,0 – 12,0	amarelo para violeta

13. (ITA – SP) Considere a curva de titulação abaixo, de um ácido fraco com uma base forte.

a) Qual o valor do pH no ponto de equivalência?
b) Em qual(is) intervalo(s) de volume de base adicionado o sistema se comporta como tampão?
c) Em qual valor de volume de base adicionado pH = pKa?

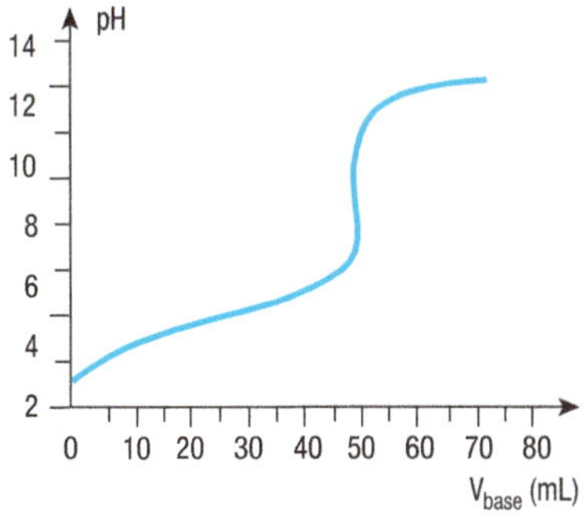

pH
14
12
10
8
6
4
2
0
10
20
30
40
50
60
70
80
V_{base} (mL)

Exercícios Série Platina

1. A fenolftaleína, incolor, é um indicador ácido-base utilizado nas titulações com o objetivo de caracterizar a acidez da solução. Sua coloração muda de incolor para rósea em pH 8,00 e é completamente rósea quando o pH alcança o valor 9,80.

Determine se a fenolftaleína assumirá coloração rósea permanente

a) em uma solução que contém 1,0 mL de hidróxido de amônio 0,10 mol/L, dissolvido em 25,0 mL de água pura;

b) na mesma solução diluída, sabendo-se que a ela foi adicionado 0,10 g de cloreto de amônio. Considere que $K_b = 1{,}00 \times 10^{-5}$ e despreze a adição de volumes.
log 2 = 0,3; massa molar de NH_4Cl = 53,5 g/mol; log 5,3 = 0,7.

c) Escreva a equação química de hidrólise do cátion NH_4^+.

2. (UNIFESP) O metabolismo humano utiliza diversos tampões. No plasma sanguíneo, o principal deles é o equilíbrio ácido carbônico e íon bicarbonato, representado na equação:

$$CO_2(g) + H_2O(l) \rightleftarrows H_2CO_3(aq) \rightleftarrows$$
$$\rightleftarrows H^+(aq) + HCO_3^-(aq)$$

A razão $[HCO_3^-]/[H_2CO_3]$ é 20/1.

Considere duas situações:

I. No indivíduo que se excede na prática de exercícios físicos, ocorre o acúmulo de ácido lático, que se estende rapidamente para o sangue, produzindo cansaço e câimbras.

II. O aumento da quantidade de ar que ventila os pulmões é conhecido por hiperventilação, que tem como consequência metabólica a hipocapnia, diminuição da concentração de gás carbônico no sangue.

a) O que ocorre com a razão $[HCO_3^-]/[H_2CO_3]$ no plasma sanguíneo do indivíduo que se excedeu nos exercícios físicos? Justifique.

b) O que ocorre com o pH do sangue do indivíduo que apresenta hipocapnia? Justifique.

Química nos Vestibulares

Complemento 6

Capítulo 1 – Equilíbrios Iônicos em Soluções Aquosas

1. (FGV) O faturamento da indústria farmacêutica no Brasil vem aumentando nos últimos anos e mantém forte potencial de crescimento. A população utiliza medicamentos preventivos de doenças, como a vitamina C, anti-inflamatórios de ultima geração, como a nimesulida, e medicação de uso continuado, como o propranolol.

Disponível em: <http://www.espm.br/Publicacoes/CentralDeCases/Documents/ACHE.pdf>.
<http://qnint.sbq.org.br/qni/visualizarConceito.php?idConceito=14>.
Química Nova, v. 36, n. 8, p. 123-124, 2013.

Nas reações, apresentam-se as reações de hidrólise com os reagentes da vitamina C (I), da nimesulida (II) e do propranolol (III).

I.

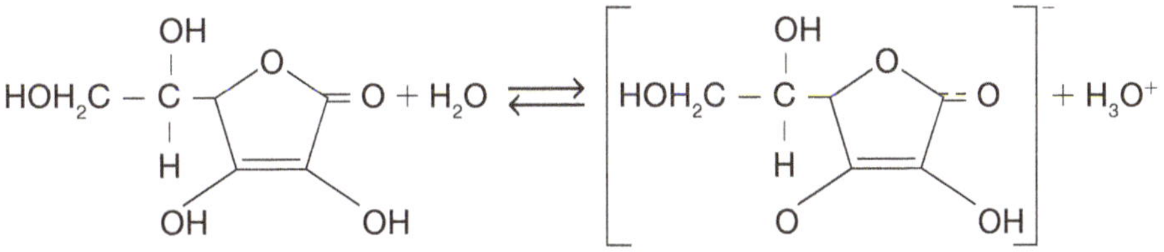

II.

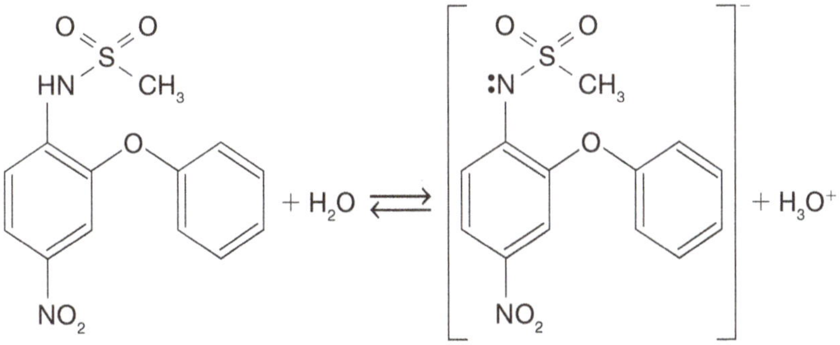

III.

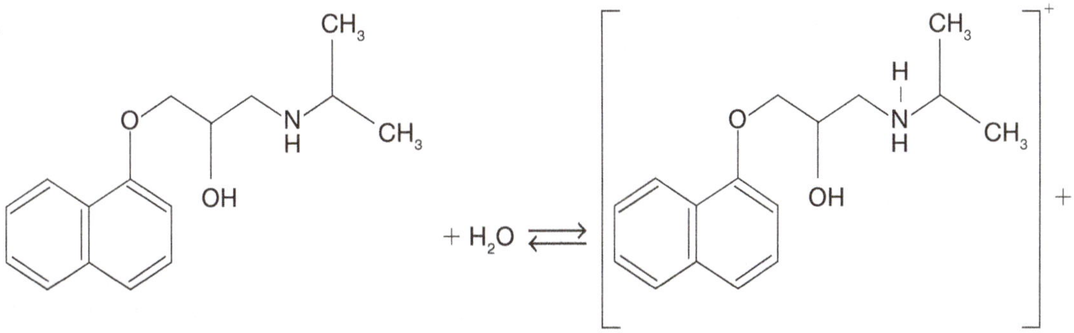

De acordo com o conceito de ácidos-bases de Brönsted-Lowry, a água nas equações I, II e III é classificada, respectivamente, como:

a) base, ácido e base.
b) base, ácido e ácido.
c) base, base e ácido.
d) ácido, ácido e base.
e) ácido, base e ácido.

2. (FGV) Estudos ambientais revelaram que o ferro é um dos metais presentes em maior quantidade na atmosfera, apresentando-se na forma do íon de ferro 3+ hidratado, $[Fe(H_2O)_6]^{3+}$. O íon de ferro na atmosfera se hidrolisa de acordo com a equação

$$[Fe(H_2O)_6]^{3+} \longrightarrow [Fe(H_2O)_5OH]^{2+} + H^+$$

Química Nova, v. 25, n. 2, 2002 (adaptado).

Um experimento em laboratório envolvendo a hidrólise de íons de ferro em condições atmosféricas foi realizado em um reator de capacidade de 1,0 L. Foi adicionado inicialmente 1,0 mol de $[Fe(H_2O)_6]^{3+}$ e, após a reação atingir o equilíbrio, havia sido formado 0,05 mol de íons H^+. A constante de equilíbrio dessa reação nas condições do experimento tem valor aproximado igual a

a) $2,5 \times 10^{-1}$.
b) $2,5 \times 10^{-3}$.
c) $2,5 \times 10^{-4}$.
d) $5,0 \times 10^{-2}$.
e) $5,0 \times 10^{-3}$.

3. (FUVEST – SP) A Gruta do Lago Azul (MS), uma caverna composta por um lago e várias salas, em que se encontram espeleotemas de origem carbonática (estalactites e estalagmites), é uma importante atração turística. O número de visitantes, entretanto, é controlado, não ultrapassando 300 por dia. Um estudante, ao tentar explicar tal restrição, levantou as seguintes hipóteses:

I. Os detritos deixados indevidamente pelos visitantes se decompõem, liberando metano, que pode oxidar os espeleotemas.
II. O aumento da concentração de gás carbônico que é liberado na respiração dos visitantes, e que interage com a água do ambiente, pode provocar a dissolução progressiva dos espeleotemas.
III. A concentração de oxigênio no ar diminui nos períodos de visita, e essa diminuição seria compensada pela liberação de O_2 pelos espeleotemas.

O controle do número de visitantes, do ponto de vista da Química, é explicado por

a) I, apenas.
b) II, apenas.
c) III, apenas.
d) I e III, apenas.
e) I, II e III.

4. (UNESP) O ácido etanoico, popularmente chamado de ácido acético, é um ácido fraco e um dos componentes do vinagre, sendo o responsável por seu sabor azedo. Dada a constante de ionização, Ka, igual a $1,8 \times 10^{-5}$, assinale a alternativa que apresenta a concentração em $mol \cdot L^{-1}$ de H^+ em uma solução deste ácido de concentração $2,0 \times 10^{-2}\ mol \cdot L^{-1}$.

a) $0,00060\ mol \cdot L^{-1}$
b) $0,000018\ mol \cdot L^{-1}$
c) $1,8\ mol \cdot L^{-1}$
d) $3,6\ mol \cdot L^{-1}$
e) $0,000060\ mol \cdot L^{-1}$

5. (FGV) A teoria ácido-base de Brönsted-Lowry tem grande importância e aplicação na química, pois ela pode ser útil para elucidar mecanismos de reações e, portanto, otimizar suas condições para aplicações em processos industriais.

Considere as reações:

I. $CN^- + H_2O \rightleftarrows HCN + OH^-$
II. $CN^- + NH_3 \rightleftarrows HCN + NH_2^-$
III. $H_2O + NH_3 \rightleftarrows NH_4^+ + OH^-$

De acordo com essa teoria ácido-base, o cianeto, em I e II, e a amônia, em II e III, são classificados, respectiva e corretamente, como:

a) base, base, ácido, base.
b) base, base, base, ácido.
c) base, ácido, base, ácido.
d) ácido, ácido, base, ácido.
e) ácido, base, ácido, base.

6. (FUVEST – SP) Muitos medicamentos analgésicos contêm, em sua formulação, o ácido acetilsalicílico, que é considerado um ácido fraco (constante de ionização do ácido acetilsalicílico $= 3,2 \times 10^{-4}$). A absorção desse medicamento no estômago do organismo humano ocorre com o ácido acetilsalicílico em sua forma não ionizada.

a) Escreva a equação química que representa a ionização do ácido acetilsalicílico em meio aquoso, utilizando fórmulas estruturais.
b) Escreva a expressão da constante de equilíbrio para a ionização do ácido acetilsalicílico. Para isto, utilize o símbolo AA para a forma não ionizada e o símbolo AA^- para a forma ionizada.
c) Considere um comprimido de aspirina contendo 540 mg de ácido acetilsalicílico, totalmente dissolvido em água, sendo o volume da solução 1,5 L. Calcule a concentração, em mol/L, dos íons H^+

nessa solução. Em seus cálculos, considere que a variação na concentração inicial do fármaco, devido a sua ionização, é desprezível.

d) No pH do suco gástrico, a absorção do fármaco será eficiente? Justifique sua resposta.

Note e adote
pH do suco gástrico: 1,2 a 3,0
massa molar do ácido acetilsalicílico: 180 g/mol
ácido acetilsalicílico: 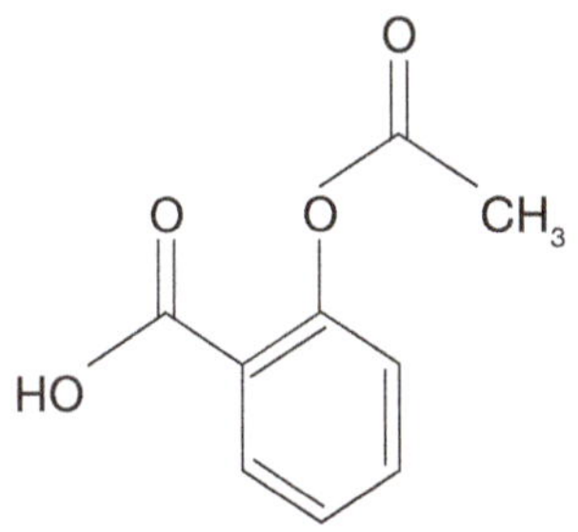

7. (PUC) Uma das reações utilizadas para a demonstração de deslocamento de equilíbrio, devido à mudança de cor, é a representada pela equação a seguir:

$$2\ CrO_4^{2-}(aq) + 2\ H^+(aq) \rightleftarrows Cr_2O_7^{2-}(aq) + H_2O(l)$$

sendo que o cromato (CrO_4^{2-}) possui cor amarela e o dicromato ($Cr_2O_7^{2-}$) possui cor alaranjada.

Sobre esse equilíbrio foram feitas as seguintes afirmações:

I. A adição de HCl provoca o deslocamento do equilíbrio para a direita.

II. A adição de NaOH resulta na cor alaranjada da solução.

III. A adição de HCl provoca o efeito do íon comum.

IV. A adição de dicromato de potássio não desloca o equilíbrio.

As afirmações corretas são:

a) I e II. b) II e IV. c) I e III. d) III e IV.

8. (UNICAMP – SP) Um teste caseiro para saber se um fermento químico ainda se apresenta em condições de bom uso consiste em introduzir uma amostra sólida desse fermento em um pouco de água e observar o que acontece. Se o fermento estiver bom, ocorre uma boa efervescência; caso contrário, ele está ruim. Considere uma mistura sólida que contém os íons dihidrogenofosfato, $H_2PO_4^-$, e hidrogenocarbonato, HCO_3^-.

a) Considerando que o teste descrito anteriormente indica que a mistura sólida pode ser de um fermento que está bom, escreva a equação química que justifica esse resultado.

b) Tendo em vista que a embalagem do produto informa que 18 g desse fermento químico devem liberar, no mínimo, $1{,}45 \times 10^{-3}$ m³ de gases a 298 K e 93.000 Pa, determine a mínima massa de hidrogenocarbonato de sódio que o fabricante deve colocar em 18 gramas do produto.

Dados: $R = 8{,}3$ Pa m³ · mol⁻¹ · K⁻¹.

$NaHCO_3 = 84$ g/mol.

9. (UNIFESP) Certo produto utilizado como "tira-ferrugem" contém solução aquosa de ácido oxálico, $H_2C_2O_4$, a 2% (m/V). O acido oxálico é um ácido diprótico e em suas soluções aquosas ocorrem duas reações de dissociação simultâneas, representadas pelas seguintes equações químicas:

Primeira dissociação:

$$H_2C_2O_4(aq) \rightleftarrows HC_2O_4^-(aq) + H^+(aq);$$
$$K_{a_1} = 5{,}9 \times 10^{-2}$$

Segunda dissociação:

$$HC_2O_4^-(aq) \rightleftarrows C_2O_4^{2-}(aq) + H^+(aq);$$
$$K_{a_2} = 6{,}4 \times 10^{-5}$$

Equilíbrio global:

$$H_2C_2O_4(aq) \rightleftarrows C_2O_4^{2-}(aq) + 2\ H^+(aq);\ K_a = ?$$

a) Expresse a concentração de ácido oxálico no produto em g/L e em mol/L.

b) Escreva a expressão da constante K_a do equilíbrio global e calcule seu valor numérico a partir das constantes K_{a_1} e K_{a_2}.

Dado: $H_2C_2O_4 = 90$ g/mol.

a) Escreva as equações químicas balanceadas que representam a formação das espécies químicas SO_2(aq) e SO_3^{2-}(aq) a partir dos íons $S_2O_5^{2-}$(aq).

b) Reações indesejáveis no organismo podem ocorrer quando a ingestão de íons $S_2O_5^{2-}$, HSO_3^- ou SO_3^{2-} ultrapassa um valor conhecido como IDA (ingestão diária aceitável, expressa em quantidade de SO_2/dia/massa corpórea), que, neste caso, é igual a $1,1 \times 10^{-5}$ mol de SO_2 por dia para cada quilograma de massa corpórea. Uma pessoa que pesa 50 kg tomou, em um dia, 200 mL de uma água de coco industrializada que continha 64 mg/L de SO_2. Essa pessoa ultrapassou o valor da IDA? Explique, mostrando os cálculos.

Dados: massa molar (g/mol): O = 16, S = 32.

Capítulo 2 – pH e pOH

10. (FUVEST – SP) O metabissulfito de potássio ($K_2S_2O_5$) e o dióxido de enxofre (SO_2) são amplamente utilizados na conservação de alimentos como sucos de frutas, retardando a deterioração provocada por bactérias, fungos e leveduras. Ao ser dissolvido em soluções aquosas ácidas ou básicas, o metabissulfito pode se transformar nas espécies químicas SO_2, HSO_3^- ou SO_3^{2-}, dependendo do pH da solução, como é mostrado no gráfico.

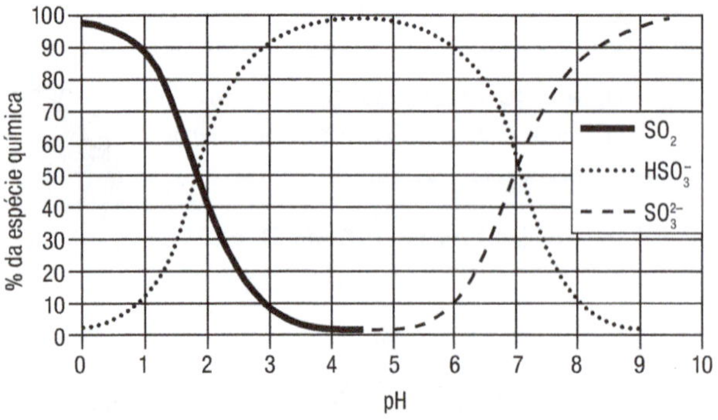
100
90
80
70
60
50
40
30
20
10
0
% da espécie química
0 1 2 3 4 5 6 7 8 9 10
pH
SO2
HSO3-
SO3 2-

A equação a seguir representa a formação dos íons HSO_3^- em solução aquosa.

$$S_2O_5^{2-}(aq) + H_2O(l) \longrightarrow 2\ HSO_3^-(aq)$$

11. (MACKENZIE – SP) Determine, respectivamente, o pH e a constante de ionização de uma solução aquosa de um ácido monocarboxílico 0,01 mol/L, a 25 °C, que está 20% ionizado, após ter sido atingido o equilíbrio.

Dado: log 2 = 0,3.

a) 3,3 e $5 \cdot 10^{-4}$.
b) 2,7 e $2 \cdot 10^{-3}$.
c) 1,7 e $5 \cdot 10^{-4}$.
d) 2,7 e $5 \cdot 10^{-4}$.
e) 3,3 e $2 \cdot 10^{-3}$.

12. (PUC) Considere uma solução aquosa de hidróxido de sódio (NaOH) de pH 12. Utilizando-se a aparelhagem adequada, foi borbulhado um gás até que a solução apresentasse pH 9.

Sobre esse experimento, foram feitas algumas afirmações:

I. A concentração de cátions H^+ é 1.000 vezes maior na solução de pH 9 em relação à solução de pH 12.
II. A concentração de ânions OH^- na solução de pH 9 é 75% da concentração desse mesmo ânion na solução de pH 12.
III. Os gases borbulhados podem ser CH_4 ou NH_3.
IV. Os gases borbulhados podem ser CO_2 ou SO_2.

Estão corretas apenas as afirmações

a) I e II.
b) III e IV.
c) II e III.
d) I e IV.
e) I, II e IV.

13. (UNESP) Para preparar 200 mL da solução-padrão de concentração 0,10 mol · L^{-1} utilizada na titulação, a estudante utilizou determinada alíquota de uma solução concentrada de HNO_3, cujo título era de 65,0% (m/m) e a densidade de 1,50 g · mL^{-1}. Admitindo-se a ionização de 100% do ácido nítrico, expresse sua equação de ionização em água, calcule o volume da alíquota da solução concentrada, em mL, e calcule o pH da solução-padrão preparada.

Dados: massa molar do HNO_3 = 63,0 g · mol^{-1};
pH = – log [H^+].

14. (UNICAMP – SP) A coloração verde de vegetais se deve à clorofila, uma substância formada por uma base nitrogenada ligada ao íon magnésio, que atua como um ácido de Lewis. Essa coloração não se modifica quando o vegetal está em contato com água fria, mas pode se modificar no cozimento do vegetal. O que leva à mudança de cor é a troca dos íons magnésio por íons hidrogênio, sendo que a molécula da clorofila permanece eletricamente neutra após a troca.

Essas informações permitem inferir que na mudança de cor cada íon magnésio é substituído por

a) um íon hidrogênio e a mudança de cor seria mais pronunciada pela adição de vinagre no cozimento.
b) dois íons hidrogênio e a mudança de cor seria mais pronunciada pela adição de vinagre no cozimento.
c) dois íons hidrogênio e a mudança de cor seria menos pronunciada pela adição de vinagre no cozimento.
d) um íon hidrogênio e a mudança de cor seria menos pronunciada pela adição de vinagre no cozimento.

15. (UNICAMP – SP) O hidrogenocarbonato de sódio apresenta muitas aplicações no dia a dia. Todas as aplicações indicadas nas alternativas abaixo são possíveis e as equações químicas apresentadas estão corretamente balanceadas, porém somente em uma alternativa a equação química é coerente com a aplicação. A alternativa correta indica que o hidrogenocarbonato de sódio é utilizado

a) como higienizador bucal, elevando o pH da saliva:
$2\ NaHCO_3 \longrightarrow Na_2CO_3 + H_2O + CO_2$
b) em extintores de incêndio, funcionando como propelente:
$NaHCO_3 + OH^- \longrightarrow Na^+ + CO_3^{2-} + H_2O$
c) como fermento em massas alimentícias, promovendo a expansão da massa.
$NaHCO_3 \longrightarrow HCO_3^- + Na^+$
d) como antiácido estomacal, elevando o pH do estômago:
$NaHCO_3 + H^+ \longrightarrow CO_2 + H_2O + Na^+$

16. (UNICAMP – SP) A figura a seguir mostra a porcentagem de saturação da hemoglobina por oxigênio, em função da pressão de O_2, para alguns valores de pH do sangue.

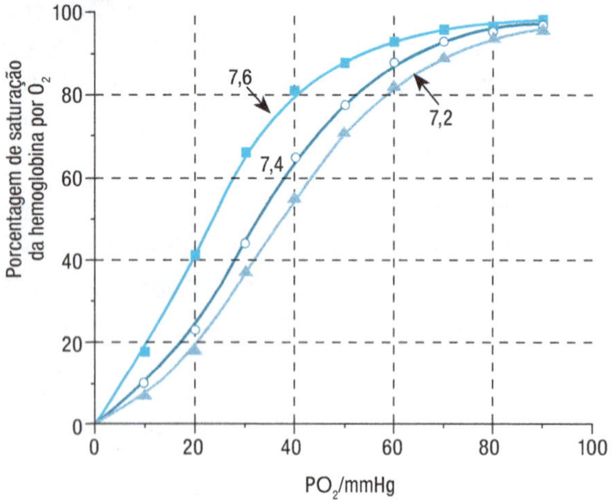

Porcentagem de saturação da hemoglobina por O_2
100
80
60
40
20
0
7,6
7,4
7,2
0
20
40
60
80
100
PO_2/mmHg

a) Devido ao metabolismo celular, a acidez do sangue se altera ao longo do aparelho circulatório. De acordo com a figura, um aumento da acidez do sangue **favorece** ou **desfavorece** o transporte de oxigênio no sangue? Justifique sua resposta com base na figura.

b) De acordo com o conhecimento científico e **a partir dos dados da figura**, explique por que uma pessoa que se encontra em uma região de grande altitude apresenta dificuldades de respiração.

17. (FUVEST – SP) Dispõe-se de 2 litros de uma solução aquosa de soda cáustica que apresenta pH 9. O volume de água, em litros, que deve ser adicionado a esses 2 litros para que a solução resultante apresente pH 8 é

a) 2 b) 6 c) 10 d) 14 e) 18

18. (UNESP) Os gráficos ilustram a atividade catalítica de enzimas em função da temperatura e do pH.

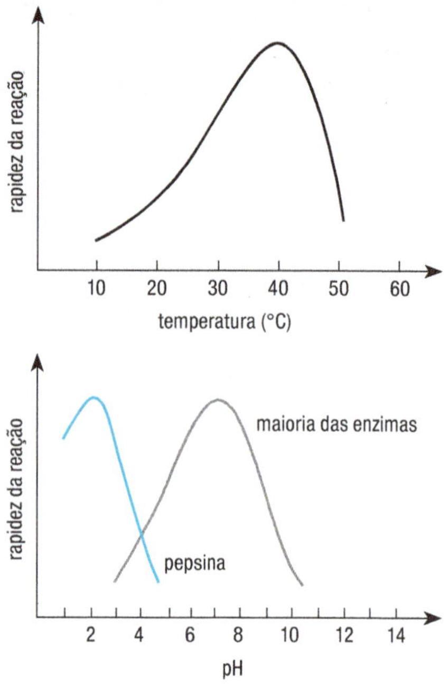

rapidez da reação
10
20
30
40
50
60
temperatura (°C)
rapidez da reação
maioria das enzimas
pepsina
2
4
6
8
10
12
14
pH

Disponível em: <http://docentes.esalq.usp.br> (adaptado).

A pepsina é uma enzima presente no suco gástrico, que catalisa a hidrólise de proteínas, como a albumina, constituinte da clara do ovo.

Em um experimento foram utilizados cinco tubos de ensaio contendo quantidades iguais de clara de ovo cozida e quantidades iguais de pepsina. A esses tubos, mantidos em diferentes temperaturas, foram acrescentados iguais volumes de diferentes soluções aquosas.

Assinale a alternativa que indica corretamente qual tubo de ensaio teve a albumina transformada mais rapidamente.

a) pepsina + solução de NaOH 10^{-2} mol/L + clara de ovo cozida (temperatura = 40 °C).

b) pepsina + solução de NaOH 10^{-4} mol/L + clara de ovo cozida (temperatura = 60 °C).

c) pepsina + solução de HCl 10^{-2} mol/L + clara de ovo cozida (temperatura = 40 °C).

d) pepsina + solução de HCl 10^{-4} mol/L + clara de ovo cozida (temperatura = 40 °C).

e) pepsina + solução de HCl 10^{-2} mol/L + clara de ovo cozida (temperatura = 60 °C).

19. (UNICAMP – SP) A natureza fornece não apenas os insumos como também os subsídios necessários para transformá-los, de acordo com as necessidades do homem. Um exemplo disso é o couro de alguns peixes, utilizado para a fabricação de calçados e bolsas, que pode ser tingido com corantes naturais, como o extraído do crajiru, uma planta arbustiva que contém o pigmento natural mostrado nos equilíbrios apresentados a seguir. Esse pigmento tem a característica de mudar de cor de acordo com o pH. Em pH baixo, ele tem a coloração vermelha intensa, que passa a violeta à medida que o pH aumenta.

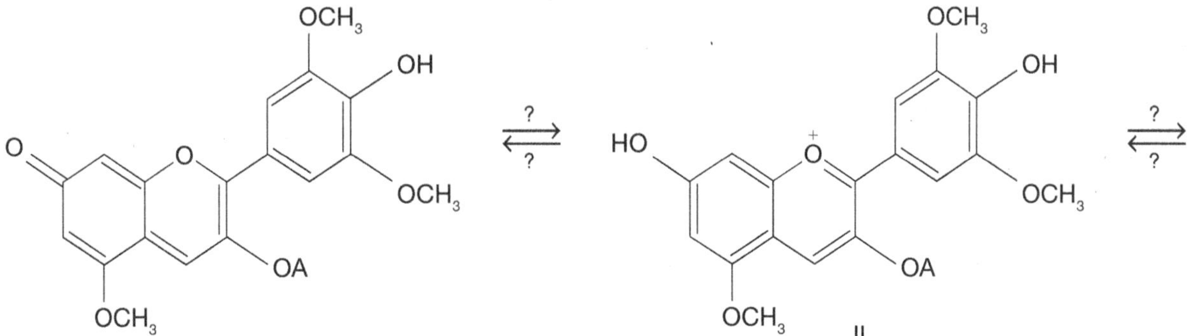

OCH_3
OH
O
O
OA
OCH_3
OCH_3
?
?
HO
$\overset{+}{O}$
OCH_3
OH
OA
OCH_3
OCH_3
?
?

I II

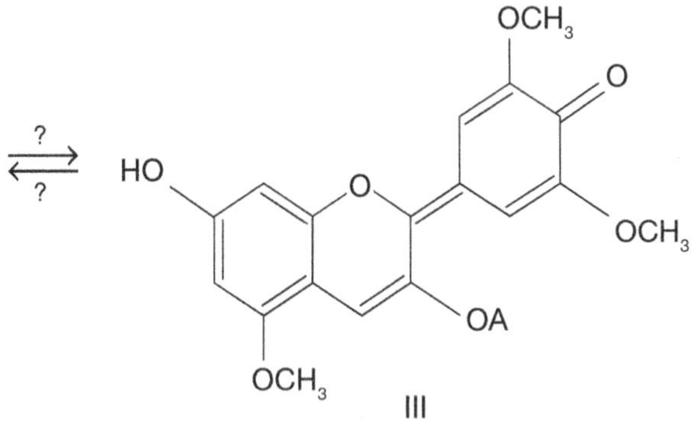

?
?
HO
O
OCH_3
O
OCH_3
OA
OCH_3

III

a) Complete o desenho no espaço de resolução, preenchendo os retângulos vazios com os símbolos H^+ ou OH^-, de modo a contemplar os aspectos de equilíbrio ácido-base em meio aquoso, de acordo com as informações químicas contidas na figura acima.

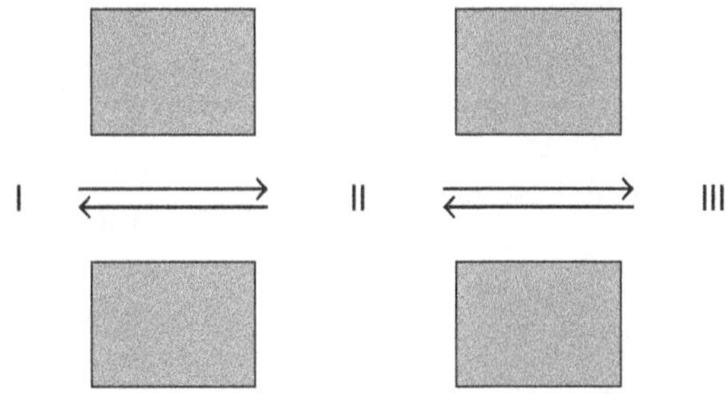

I
II
III

b) Dentre as espécies I, II e III, identifique aquela(s) presente(s) no pigmento com coloração violeta e justifique sua escolha em termos de equilíbrio químico.

20. (FUVEST – SP) Dependendo do pH do solo, os nutrientes nele existentes podem sofrer transformações químicas que dificultam sua absorção pelas plantas. O quadro mostra algumas dessas transformações, em função do pH do solo.

Elementos presentes nos nutrientes	pH do solo							
	4	5	6	7	8	9	10	11
fósforo	formação de fosfatos de ferro e de alumínio, pouco solúveis em água				formação de fosfatos de cálcio, pouco solúveis em água			
magnésio						formação de carbonatos pouco solúveis em água		
nitrogênio	redução dos íons nitrato a íons amônio							
zinco				formação de hidróxidos pouco solúveis em água				

Para que o solo possa fornecer todos os elementos citados na tabela, o seu pH deverá estar entre

a) 4 e 6. b) 4 e 8. c) 6 e 7. d) 6 e 11. e) 8,5 e 11.

21. (FUVEST – SP) A hemoglobina (Hb) é a proteína responsável pelo transporte de oxigênio. Nesse processo, a hemoglobina se transforma em oxi-hemoglobina ($Hb(O_2)_n$). Nos fetos, há um tipo de hemoglobina diferente da do adulto, chamada de hemoglobina fetal. O transporte de oxigênio pode ser representado pelo seguinte equilíbrio:

$$Hb + nO_2 \rightleftarrows Hb(O_2)_n,$$

em que Hb representa tanto a hemoglobina do adulto quanto a hemoglobina fetal.

A figura mostra a porcentagem de saturação de Hb por O_2 em função da pressão parcial de oxigênio no sangue humano, em determinado pH e em determinada temperatura.

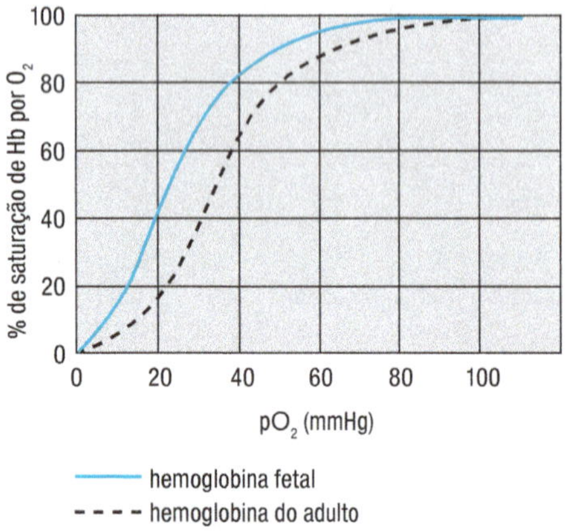

100
80
60
40
20
0
% de saturação de Hb por O2
0
20
40
60
80
100
pO2 (mmHg)
hemoglobina fetal
hemoglobina do adulto

A porcentagem de saturação pode ser entendida como:

$$\% \text{ de saturação} = \frac{[Hb(O_2)_n]}{[Hb(O_2)_n] + [Hb]} \times 100$$

Com base nessas informações, um estudante fez as seguintes afirmações:

I. Para uma pressão parcial de O_2 de 30 mmHg, a hemoglobina fetal transporta mais oxigênio do que a hemoglobina do adulto.

II. Considerando o equilíbrio de transporte de oxigênio, no caso de um adulto viajar do litoral para um local de grande altitude, a concentração de Hb em seu sangue deverá aumentar, após certo tempo, para que a concentração de $Hb(O_2)_n$ seja mantida.

III. Nos adultos, a concentração de hemoglobina associada a oxigênio é menor no pulmão do que nos tecidos.

Note e adote
pO_2 (pulmão) > pO_2 (tecidos).

É correto apenas o que o estudante afirmou em

a) I.
b) II.
c) I e II.
d) I e III.
e) II e III.

22. (MACKENZIE – SP) Certo ácido diprótico fraco de concentração igual a 1 mol · L^{-1} apresenta, no equilíbrio, grau de ionização de ordem de 2%. Considerando-se tais informações, é correto afirmar que a concentração em mol · L^{-1} dos íons H^+ e o potencial hidroxiliônico da solução são, respectivamente,

Dados: log $10^2 = 0,3$; log $10^4 = 0,6$; log $10^6 = 0,78$ e log $10^8 = 0,9$

a) $2 \cdot 10^{-2}$ e 1,4
b) $2 \cdot 10^{-4}$ e 12,6
c) $2 \cdot 10^{-3}$ e 1,4
d) $4 \cdot 10^{-2}$ e 1,4
e) $4 \cdot 10^{-2}$ e 12,6

23. (PUC) **Dados:**

Constante de ionização (K_a) do $H_2CO_3 = 4 \times 10^{-7}$; constante de ionização (K_b) do $NH_3 = 2 \times 10^{-5}$; constante de ionização (K_w) do $H_2O = 1 \times 10^{-14}$

Os indicadores ácido-base são substâncias cuja cor se altera em uma faixa especifica de pH. A tabela a seguir apresenta a faixa de viragem (mudança de cor) de alguns indicadores ácido-base.

Indicador	Cor em pH abaixo da viragem	Intervalo aproximado de pH de mudança de cor	Cor em pH acima da viragem
violeta de metila	amarelo	0,0-1,6	azul-púrpura
alaranjado de metila	vermelho	3,1-4,4	amarelo
azul de bromotimol	amarelo	6,0-7,6	azul
fenolftaleína	incolor	8,2-10,0	rosa-carmim
amarelo de alizarina R	amarelo	10,3-12,0	vermelho

A partir da análise dessa tabela, um técnico executou um procedimento para distinguir algumas soluções.

Para diferenciar uma solução de HCl de concentração 1,0 mol · L^{-1} de uma solução de HCl de concentração 0,01 mol · L^{-1} ele utilizou o indicador **X**. Para diferenciar uma solução de bicarbonato de sódio ($NaHCO_3$) de concentração 0,01 mol · L^{-1} de uma solução de cloreto de amônio (NH_4Cl) de concentração 0,01 mol · L^{-1} ele utilizou o indicador **Y**. Para diferenciar uma solução de amoníaco (NH_3) de concentração $1,0 \times 10^{-3}$ mol · L^{-1} de uma solução de hidróxido de sódio (NaOH) de concentração 0,1 mol · L^{-1} ele utilizou o indicador **Z**.

A alternativa que apresenta os indicadores **X**, **Y** e **Z** adequados para cada um dos procedimentos propostos pelo técnico é

	X	Y	Z
a)	violeta de metila	azul de bromotimol	amarelo de alizarina R
b)	violeta de metila	fenolftaleína	azul de bromotimol
c)	alaranjado de metila	azul de bromotimol	fenolftaleína
d)	alaranjado de metila	violeta de metila	amarelo de alizarina R

24. (UNESP) Considere a tabela, que apresenta indicadores ácido-base e seus respectivos intervalos de pH de viragem de cor.

Indicador	Intervalo de pH de viragem	Mudança de cor
1. púrpura de m-cresol	1,2-2,8	vermelho-amarelo
2. vermelho de metila	4,4-6,2	vermelho-alaranjado
3. tornassol	5,0-8,0	vermelho-azul
4. timolftaleína	9,3-10,5	incolor-azul
5. azul de épsilon	11,6-13,0	alaranjado-violeta

Para distinguir uma solução aquosa 0,0001 mol/L de HNO_3 (ácido forte) de outra solução aquosa do mesmo ácido 0,1 mol/L, usando somente um desses indicadores, deve-se escolher o indicador

a) 1. b) 4. c) 2. d) 3. e) 5.

25. (UNICAMP – SP) O sangue que circula por todo o nosso corpo é muito resistente a alterações, mas acaba sendo o depósito de muitos resíduos provenientes da ingestão de alguma substância. No caso dos fumantes, o contato com a nicotina após o consumo de um cigarro leva à variação de concentração de nicotina no sangue ao longo do tempo, como mostra o gráfico abaixo.

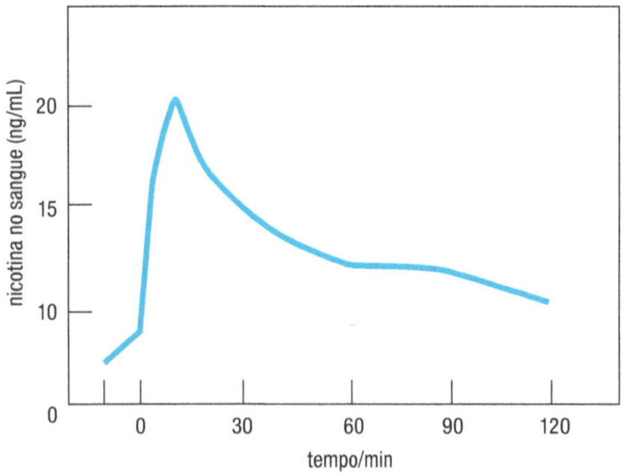
nicotina no sangue (ng/mL)
20
15
10
0
0
30
60
90
120
tempo/min

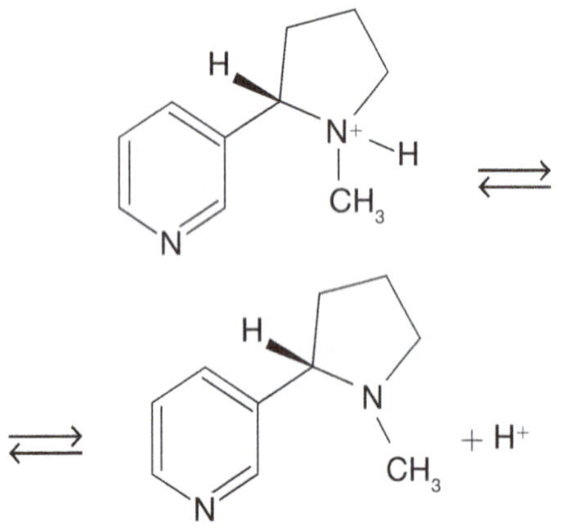

Dados: massa molar da nicotina = 162,2 g · mol^{-1}; $\log_{10} 4 = 0{,}6$.

a) Considere o momento em que a quantidade de nicotina no sangue de um fumante atinge seu valor máximo. Se nesse momento o pH do sangue for de 7,4, qual espécie estará em maior concentração (mol/L): o H^+ ou a nicotina total? Justifique sua resposta.

b) A constante de equilíbrio da equação acima é $1{,}0 \times 10^{-8}$. Qual das formas da nicotina estará em maior concentração no sangue: a forma protonada ou a desprotonada? Justifique sua resposta.

Capítulo 3 – Caráter Ácido e Básico nos Compostos Orgânicos

26. (MACKENZIE – SP) Abaixo estão representadas as fórmulas estruturais de quatro compostos orgânicos.

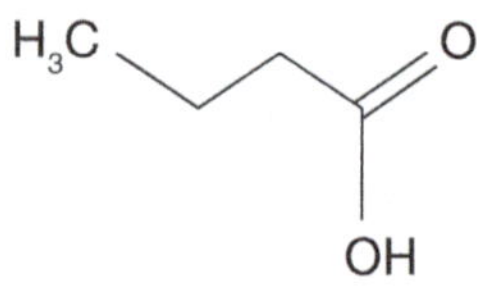

A

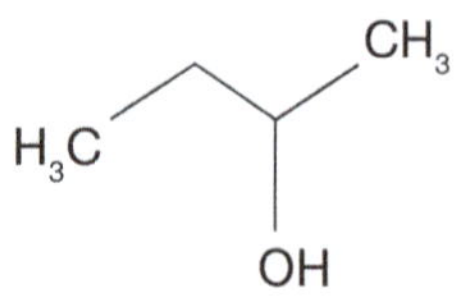

B

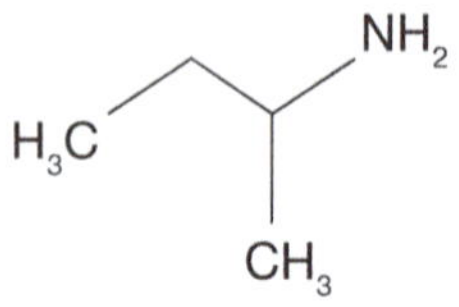

C

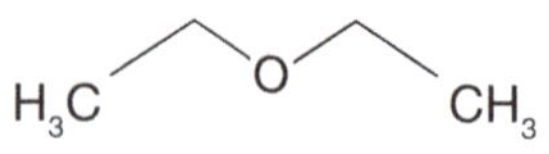

D

A respeito desses compostos orgânicos, é correto afirmar que

a) todos possuem cadeia carbônica aberta e homogênea.

b) a reação entre A e B, em meio ácido, forma o éster butanoato de isobutila.

c) B e D são isômeros de posição.
d) o composto C possui caráter básico e é uma amina alifática secundária.
e) sob as mesmas condições de temperatura e pressão, o composto D é o mais volátil.

27. (UNICAMP – SP) Com a crescente crise mundial de dengue, as pesquisas pela busca tanto de vacinas quanto de repelentes de insetos têm se intensificado. Nesse contexto, os compostos I e II abaixo representados têm propriedades muito distintas: enquanto um deles tem caráter ácido e atrai os insetos, o outro tem caráter básico e não os atrai.

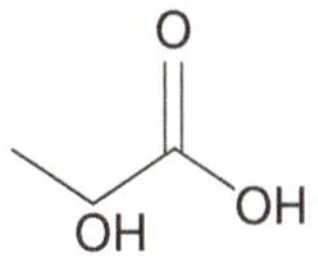

I

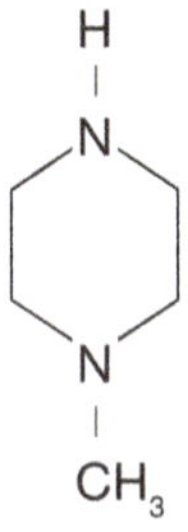

II

Baseado nessas informações, pode-se afirmar corretamente que o composto

a) I não atrai os insetos e tem caráter básico.
b) II atrai os insetos e tem caráter ácido.
c) II não atrai os insetos e tem caráter básico.
d) I não atrai os insetos e tem caráter ácido e básico.

28. (ALBERT EINSTEIN – SP) A metilamina e a etilamina são duas substâncias gasosas à temperatura ambiente que apresentam forte odor, geralmente caracterizado como de peixe podre.
Uma empresa pretende evitar a dispersão desses gases e para isso adaptou um sistema de borbulhamento do gás residual do processamento de carne de peixe em uma solução aquosa.

Um soluto adequado para neutralizar o odor da metilamina e etilamina é

a) amônia.
b) nitrato de potássio.
c) hidróxido de sódio.
d) acido sulfúrico.

Capítulo 4 – Hidrólise Salina

29. (MACKENZIE – SP) Um aluno preparou três soluções aquosas, a 25 °C, de acordo com a figura abaixo.

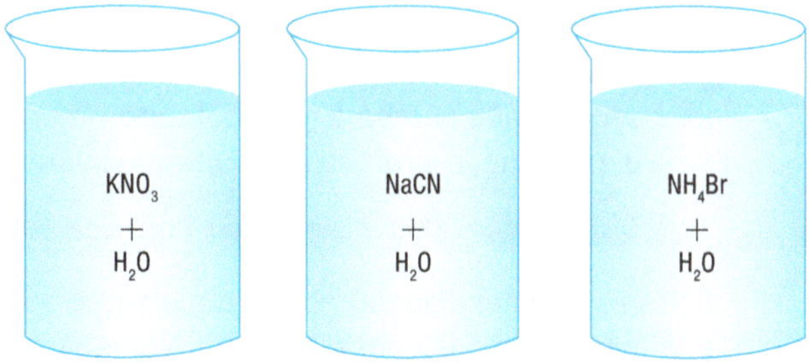
KNO3 + H2O
NaCN + H2O
NH4Br + H2O

Conhecedor dos conceitos de hidrólise salina, o aluno fez as seguintes afirmações:

I. a solução de nitrato de potássio apresenta caráter neutro;
II. o cianeto de sódio sofre ionização em água, produzindo uma solução básica;
III. ao verificar o pH da solução de brometo de amônio, a 25 °C, conclui-se que $K_b > K_a$.
IV. $NH_4^+(aq) + H_2O(l) \rightleftarrows NH_4OH(aq) + H^+(aq)$ representa a hidrólise do cátion amônio.

Estão corretas somente as afirmações

a) I e II.
b) I, II e III.
c) I e IV.
d) II e III.
e) I, II e IV.

Capítulo 5 – Equilíbrio de Dissolução

(FAMERP) Considere a tabela para responder às questões de números **30** e **31**.

Substância	Fórmula	Produto de solubilidade (K_{PS})
I	$BaCO_3$	$5,0 \times 10^{-9}$
II	$CaCO_3$	$4,9 \times 10^{-9}$
III	$CaSO_4$	$2,4 \times 10^{-5}$
IV	$BaSO_4$	$1,1 \times 10^{-10}$
V	$PbSO_4$	$6,3 \times 10^{-7}$

HARRIS, D. C. **Análise química quantitativa**, 2001 (adaptado).

30. Uma das substâncias da tabela é muito utilizada como meio de contraste em exames radiológicos, pois funciona como um marcador tecidual que permite verificar a integridade da mucosa de todo o trato gastrintestinal, delineando cada segmento. Uma característica necessária ao meio de contraste é que seja o mais insolúvel possível, para evitar que seja absorvido pelos tecidos, tornando-o um marcador seguro, que não será metabolizado no organismo e, portanto, excretado na sua forma intacta.

Disponível em: <http://qnint.sbq.org.br> (adaptado).

Dentre as substâncias da tabela, aquela que atende às características necessárias para o uso seguro como meio de contraste em exames radiológicos é a substância

a) IV. b) III. c) II. d) V. e) I.

31. Uma solução saturada de carbonato de cálcio tem concentração de íons cálcio, em mol/L, próximo a

a) $2,5 \times 10^{-8}$.
b) $2,5 \times 10^{-9}$.
c) $7,0 \times 10^{-4}$.
d) $9,8 \times 10^{-9}$.
e) $7,0 \times 10^{-5}$.

32. (FATEC – SP) **Experiência - Escrever uma mensagem secreta no laboratório**

Materiais e reagentes necessários

✓ folha de papel
✓ pincel fino
✓ difusor
✓ solução de fenolftaleína
✓ solução de hidróxido de sódio 0,1 mol/L ou solução saturada de hidróxido de cálcio

Procedimento experimental

Utilizando uma solução incolor de fenolftaleína, escreva com um pincel fino uma mensagem em uma folha de papel. A mensagem permanecerá invisível. Para revelar essa mensagem, borrife a folha de papel com uma solução de hidróxido de sódio ou de cálcio, com o auxílio de um difusor. A mensagem aparecerá magicamente com a cor vermelha.

Explicação

A fenolftaleína é um indicador que fica vermelho na presença de soluções básicas, nesse caso, uma solução de hidróxido de sódio ou de cálcio.

Disponível em: <http://tinyurl.com/o2vav8v>.
Acesso em: 31 ago. 2015 (adaptado).

Para obtermos 100 mL de uma solução aquosa saturada de hidróxido de cálcio, $Ca(OH)_2$, para o experimento, devemos levar em consideração a solubilidade desse composto.

Sabendo que o produto de solubilidade do hidróxido de cálcio é $5,5 \times 10^{-6}$, a 25 °C, a solubilidade dessa base em mol/L é, aproximadamente,

a) 1×10^{-2}.
b) 1×10^{-6}.
c) 2×10^{-6}.
d) 5×10^{-4}.
e) 5×10^{-6}.

Dados: $Ca(OH)_2(s) \rightleftharpoons Ca^{2+}(aq) + 2\ OH^-(aq)$;
$K_{PS} = [Ca^{2+}] \cdot [OH^-]^2$

33. (FGV) O nitrito de sódio, $NaNO_2$, é um conservante de alimentos processados a partir de carnes e peixes. Os dados de solubilidade desse sal em água são apresentados na tabela.

Temperatura	20 °C	50 °C
Massa de $NaNO_2$ em 100 g de H_2O	84 g	104 g

Em um frigorifico, preparou-se uma solução saturada de $NaNO_2$ em um tanque contendo 0,5 m^3 de água a 50 °C. Em seguida, a solução foi resfriada para 20 °C e mantida nessa temperatura. A massa de

$NaNO_2$, em kg, cristalizada após o resfriamento da solução, é (considere a densidade da água = 1 g/mL)

a) 10. b) 20. c) 50. d) 100. e) 200.

34. (FUVEST – SP) Uma estudante recebeu uma amostra de ácido benzoico sólido contendo impurezas. Para purificá-lo, ela optou por efetuar uma recristalização. No procedimento adotado, o sólido deve ser dissolvido em um solvente aquecido, e a solução assim obtida deve ser resfriada. Sendo as impurezas mais solúveis a temperatura ambiente, ao final devem ser obtidos cristais de ácido benzoico puro. Para escolher o solvente apropriado para essa purificação, a estudante fez testes de solubilidade com etanol, água e heptano. Inicialmente, os testes foram efetuados a temperatura ambiente, e a estudante descartou o uso de etanol. A seguir, efetuou testes a quente, e o heptano não se mostrou adequado.

Nos testes de solubilidade, a estudante observou a formação de sistema heterogêneo quando tentou dissolver o ácido benzoico impuro em

	À temperatura ambiente	A quente
a)	água	água
b)	etanol	heptano
c)	água	heptano
d)	etanol	água
e)	heptano	água

35. (MACKENZIE – SP) A tabela abaixo mostra a solubilidade do sal X, em 100 g de água, em função da temperatura.

Temperatura (°C)	0	10	20	30	40	50	60	70	80	90
Massa (g) sal X/100 g de água	16	18	21	24	28	32	37	43	50	58

Com base nos resultados obtidos, foram feitas as seguintes afirmativas:

I. A solubilização do sal X, em água, é exotérmica.

II. Ao preparar-se uma solução saturada do sal X, a 60 °C, em 200 g de água e resfriá-la, sob agitação até 10 °C, serão precipitados 19 g desse sal.

III. Uma solução contendo 90 g de sal e 300 g de água, a 50 °C, apresentará precipitado.

Assim, analisando-se as afirmativas acima, é correto dizer que

a) nenhuma das afirmativas está certa.
b) apenas a afirmativa II está certa.
c) apenas as afirmativas II e III estão certas.
d) apenas as afirmativas I e III estão certas.
e) todas as afirmativas estão certas.

36. (UNICAMP – SP) Bebidas gaseificadas apresentam o inconveniente de perderem a graça depois de abertas. A pressão do CO_2 no interior de uma garrafa de refrigerante, antes de ser aberta, gira em torno de 3,5 atm, e é sabido que, depois de aberta, ele não apresenta as mesmas características iniciais.

Considere uma garrafa de refrigerante de 2 litros sendo aberta e fechada a cada 4 horas, retirando-se de seu interior 250 mL de refrigerante de cada vez. Nessas condições, pode-se afirmar corretamente que, dos gráficos a seguir, o que mais se aproxima do comportamento da pressão dentro da garrafa, em função do tempo é o

a)

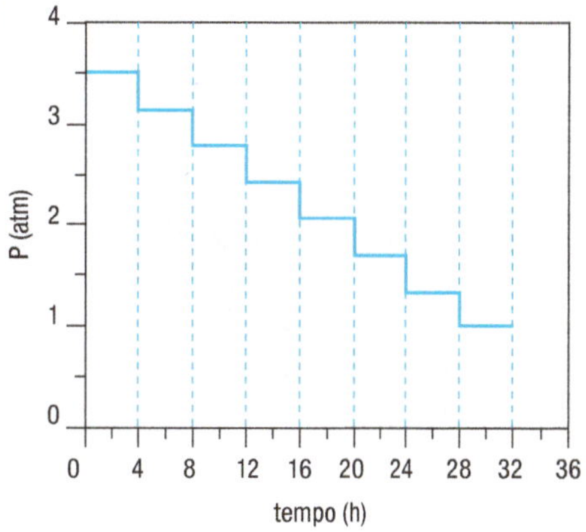

P (atm)
4
3
2
1
0
0
4
8
12
16
20
24
28
32
36
tempo (h)

b)

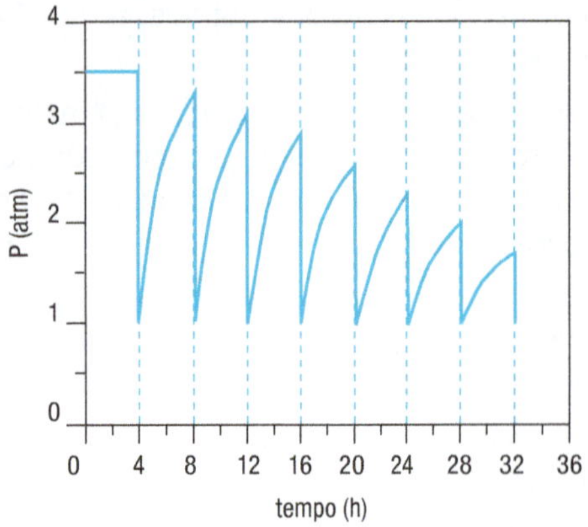
P (atm)
0
1
2
3
4
0 4 8 12 16 20 24 28 32 36
tempo (h)

c)

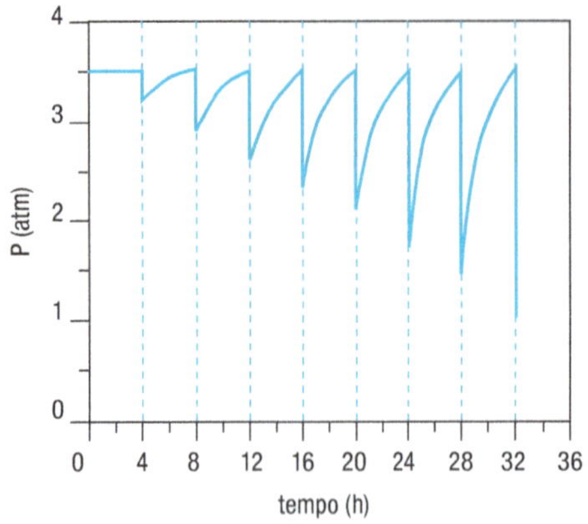
P (atm)
0
1
2
3
4
0 4 8 12 16 20 24 28 32 36
tempo (h)

d)

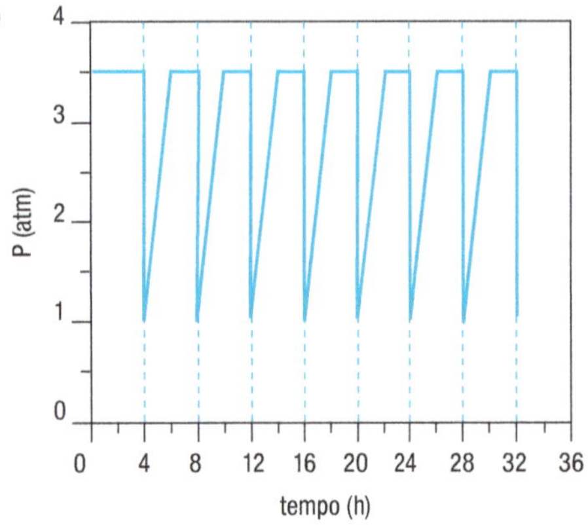
P (atm)
0
1
2
3
4
0 4 8 12 16 20 24 28 32 36
tempo (h)

Capítulo 6 – Propriedades Físicas dos Compostos Orgânicos

37. (FATEC – SP) Após identificar a presença de álcool etílico, $H_3C — CH_2 — OH$, em amostras de leite cru refrigerado usado por uma empresa na produção de leite longa vida e de requeijão, fiscais da superintendência do Ministério da Agricultura, Pecuária e Abastecimento recomendaram que os lotes irregulares dos produtos fossem recolhidos das prateleiras dos supermercados, conforme prevê o Código de Defesa do Consumidor. Segundo o Ministério, a presença de álcool etílico no leite cru refrigerado pode mascarar a adição irregular de água no produto.

Disponível em: <http://tinyurl.com/m8hxq6b>. *Acesso em:* 21 ago. 2014 (adaptado).

Essa fraude não é facilmente percebida em virtude da grande solubilidade desse composto em água, pois ocorrem interações do tipo

a) dipolo-dipolo.
b) íon-dipolo.
c) dispersão de London.
d) ligações de hidrogênio.
e) dipolo instantâneo-dipolo induzido.

38. (FGV) Um experimento de laboratório para estudo de misturas foi realizado em uma aula prática, empregando-se as substâncias da tabela seguinte:

Recipiente	Substâncias	Fórmula molecular	Densidade aproximada g/cm³ 20 °C
I	tetracloreto de carbono	CCl_4	1,6
II	benzeno	C_6H_6	0,88
III	água	H_2O	1,0
IV	iodo	I_2	4,9

Os alunos documentaram os reagentes por meio de fotografias:

I
II
III

IV

Uma fotografia do resultado da mistura de 3 dessas substâncias, seguida da agitação e da decantação, é apresentada ao lado:

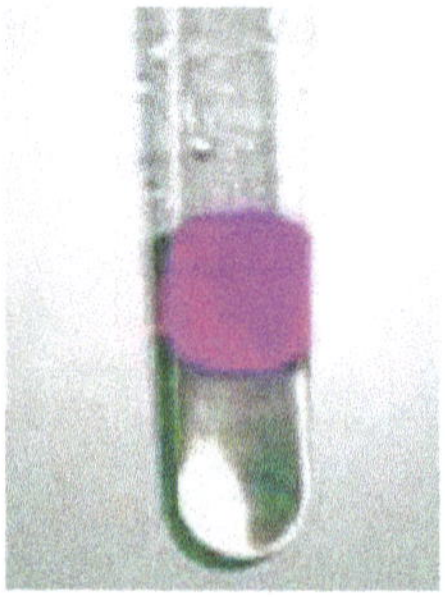

E correto afirmar que, no tubo de ensaio contendo a mistura do experimento, a fase superior é composta de ____________________ e a fase inferior é composta de ________________.

As lacunas no texto são preenchidas, correta e respectivamente, por:

a) água e iodo ... tetracloreto de carbono
b) água e iodo ... benzeno
c) tetracloreto de carbono e iodo ... benzeno
d) benzeno ... água e iodo
e) benzeno e iodo ... água

39. (FGV) O segmento empresarial de lavanderias no Brasil tem tido um grande crescimento nas últimas decadas. Dentre os solventes mais empregados nas lavanderias industriais, destacam-se as isoparafinas, I, e o tetracloroetileno, II, conhecido comercialmente como percloro. Um produto amplamente empregado no setor de lavanderia hospitalar é representado na estrutura III.

Disponível em:
<http://www.freedom.inf.br/revista/hc18/household.asp> e
<http://www.ccih.med.br/Caderno%20E.pdf> (adaptado).

I.

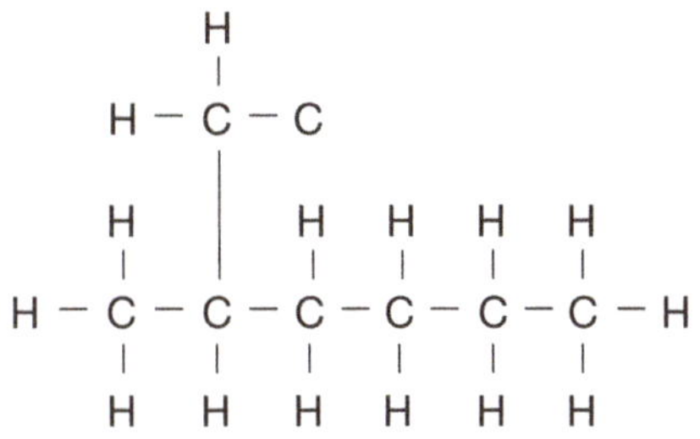

II.

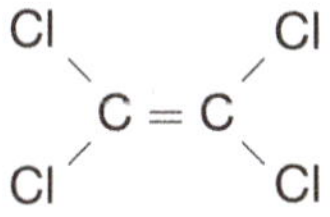

III.

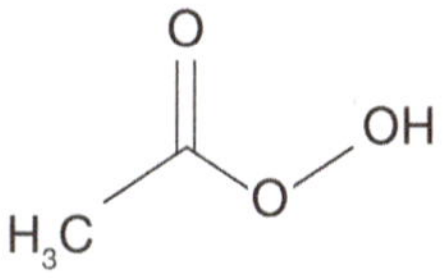

Considerando cada uma das substâncias separadamente, as principais forças intermoleculares que ocorrem em I, II e III são, correta e respectivamente:

a) dipolo-dipolo, dipolo induzido-dipolo induzido, dipolo-dipolo.
b) dipolo-dipolo; dipolo-dipolo; ligação de hidrogênio.
c) dipolo induzido-dipolo induzido; dipolo induzido-dipolo induzido; ligação de hidrogênio.
d) ligação de hidrogênio; dipolo induzido-dipolo induzido; dipolo induzido-dipolo induzido.
e) ligação de hidrogênio; dipolo-dipolo; ligação de hidrogênio.

40. (UNESP) Os protetores solares são formulações que contêm dois componentes básicos: os ingredientes ativos (filtros solares) e os veículos. Dentre os veículos, os cremes e as loções emulsionadas são os mais utilizados, por associarem alta proteção à facilidade de espalhamento sobre a pele. Uma emulsão pode ser obtida a partir da mistura entre óleo e água, por meio da ação de um agente emulsionante. O laurato de sacarose (6-O-laurato de sacarose), por exemplo, é um agente emulsionante utilizado no preparo de emulsões.

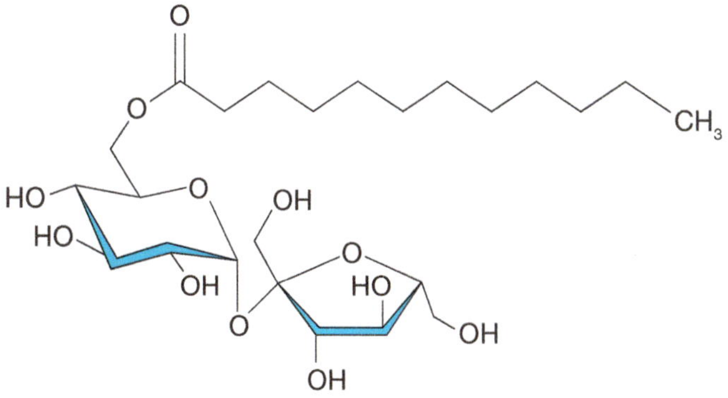

laurato de sacarose

BOSCOLO, M. Sucroquímica. **Quím. Nova**, 2003 (adaptado).

A ação emulsionante do laurato de sacarose deve-se à presença de

a) grupos hidroxila que fazem ligações de hidrogênio com as moléculas de água.
b) uma longa cadeia carbônica que o torna solúvel em óleo.
c) uma longa cadeia carbônica que o torna solúvel em água.
d) grupos hidrofílicos e lipofílicos que o tornam solúvel nas fases aquosa e oleosa.
e) grupos hidrofóbicos e lipofóbicos que o tornam solúvel nas fases aquosa e oleosa.

41. (ALBERT EINSTEIN – SP) As substâncias pentano, butan-1-ol, butanona e ácido propanoico apresentam massas molares semelhantes, mas temperaturas de ebulição bem distintas devido as suas interações intermoleculares.

Assinale a alternativa que relaciona as substâncias com suas respectivas temperaturas de ebulição.

	36 °C	80 °C	118 °C	141 °C
a)	butanona	butan-1-ol	pentano	ácido propanoico
b)	pentano	ácido propanoico	butanona	butan-1-ol
c)	ácido propanoico	butanona	butan-1-ol	pentano
d)	pentano	butanona	butan-1-ol	ácido propanoico

42. (FGV) Na tabela a seguir, são apresentadas informações dos rótulos de dois produtos comercializados por uma indústria alimentícia.

Água de coco – Ingredientes	Óleo de coco – Ingredientes
Água de coco, água de coco concentrada reconstituída, sacarose (menos de 1% para padronização do produto) e conservador INS223	Óleo vegetal de coco-da-bahia (*Cocos nucifera L.*) extraído em primeira prensagem mecânica.

Para melhorar as qualidades nutricionais desses produtos, o fabricante pretende adicionar a cada um deles vitaminas solúveis, tendo como opção aquelas representadas na figura.

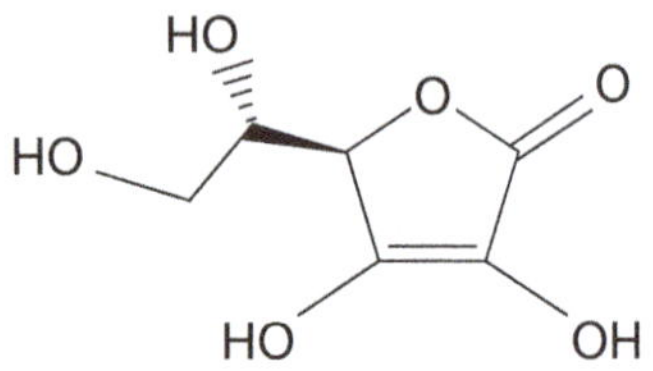

vitamina C

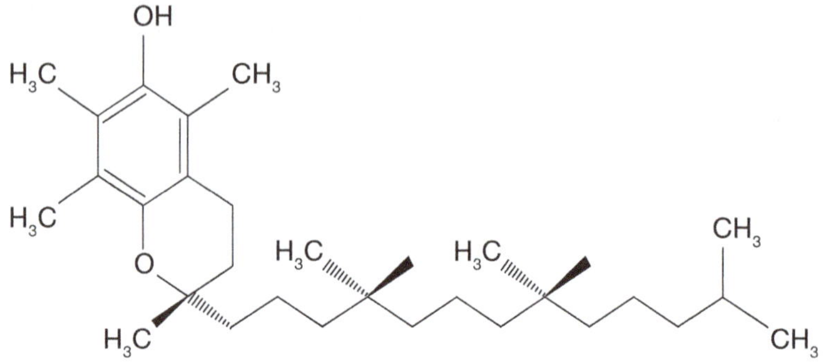

vitamina E

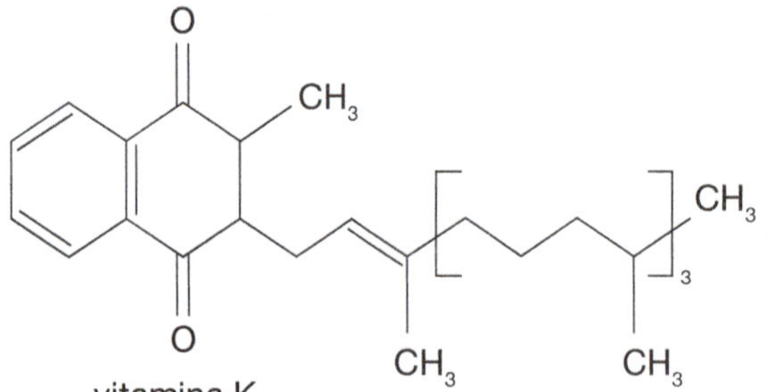

vitamina K_1

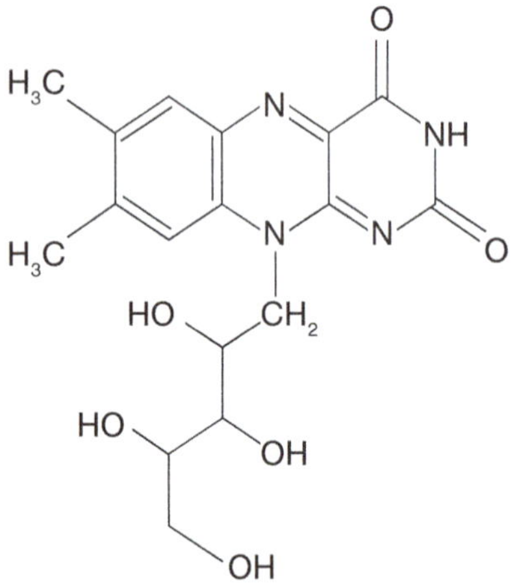

vitamina B_2

Considerando as vitaminas apresentadas, são mais solúveis na água de coco as __(I)__, e mais solúveis no óleo de coco as __(II)__.

Assinale a alternativa que preenche corretamente as lacunas.

a) I – vitaminas C e E … II – vitaminas B_2 e K_1

b) I – vitaminas C e B_2 … II – vitaminas E e K_1

c) I – vitaminas C e K_1 … II – vitaminas B_2 e E

d) I – vitaminas E e K_1 … II – vitaminas C e B_2

e) I – vitaminas E e B_2 … II – vitaminas C e K_1

43. (FUVEST – SP) A estrutura do DNA é formada por duas cadeias contendo açúcares e fosfatos, as quais se ligam por meio das chamadas bases nitrogenadas, formando a dupla hélice. As bases timina, adenina, citosina e guanina, que formam o DNA, interagem por ligações de hidrogênio, duas a duas em uma ordem determinada. Assim, a timina, de uma das cadeias, interage com a adenina, presente na outra cadeia, e a citosina, de uma cadeia, interage com a guanina da outra cadeia. Considere as seguintes bases nitrogenadas:

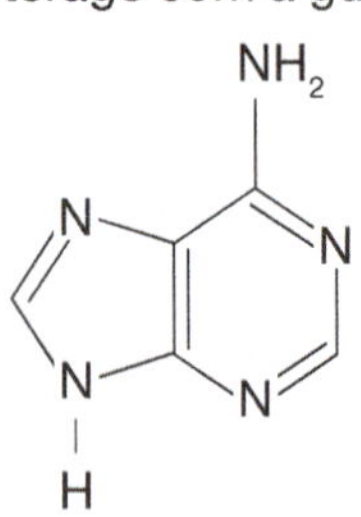

adenina (**A**)

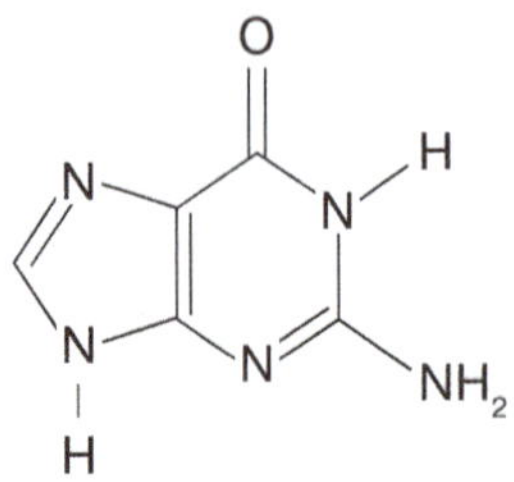

guanina (**G**)

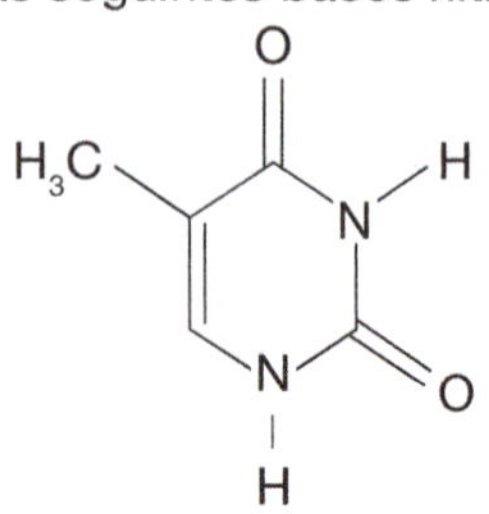

timina (**T**)

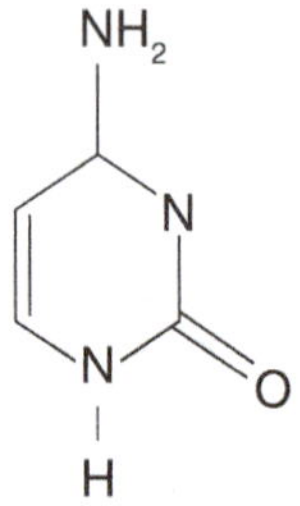

citosina (**C**)

As interações por ligação de hidrogênio entre adenina e timina e entre guanina e citosina, que existem no DNA, estão representadas corretamente em:

	Adenina-timina	Guanina-citosina
a)	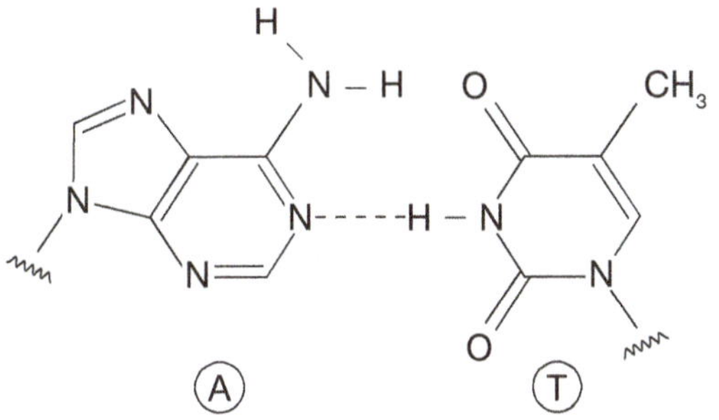	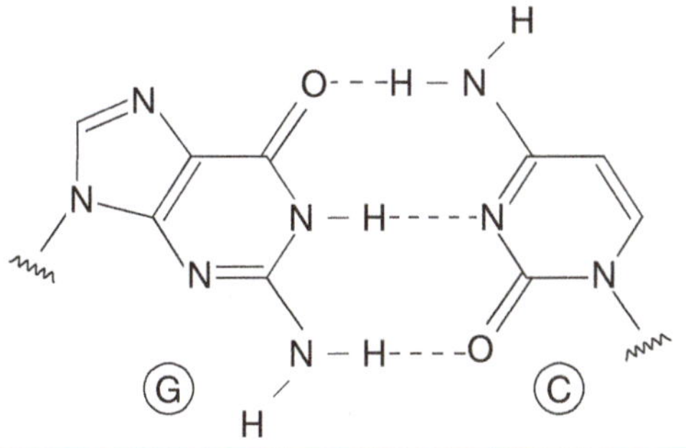
b)	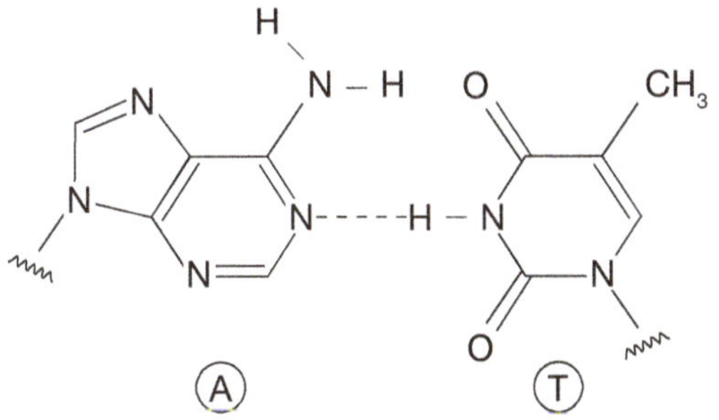	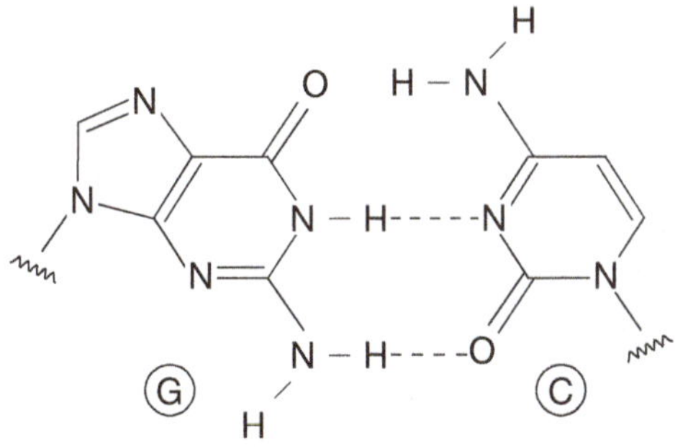
c)	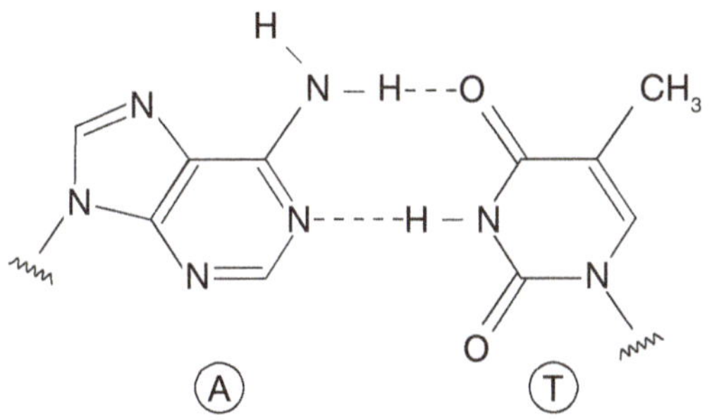	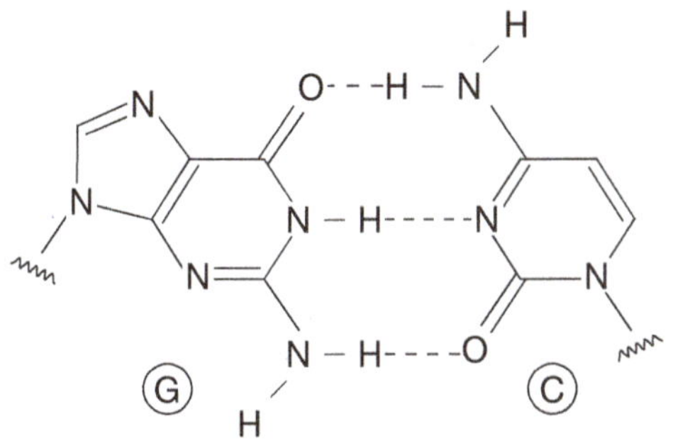
d)	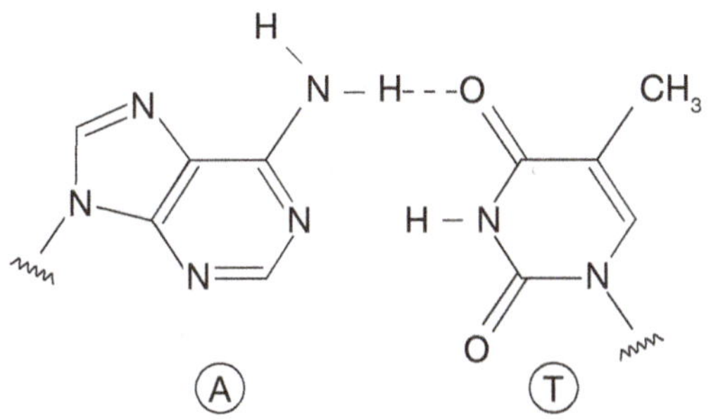	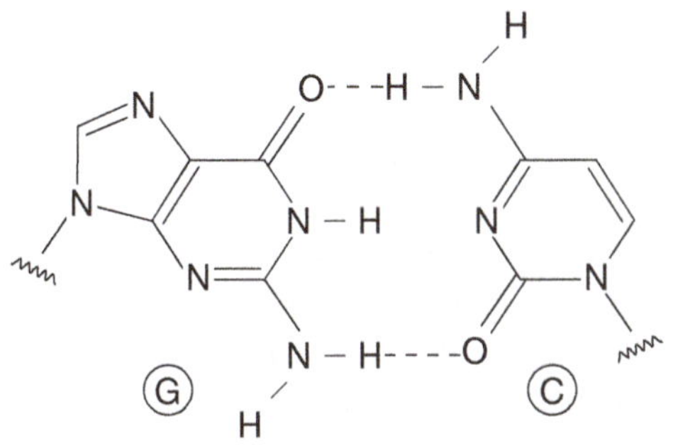
e)	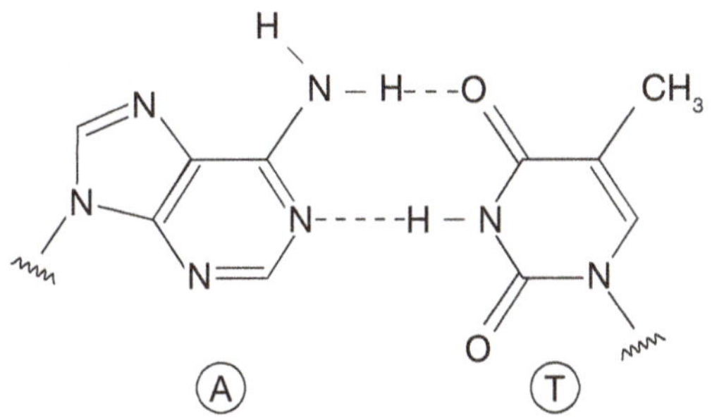	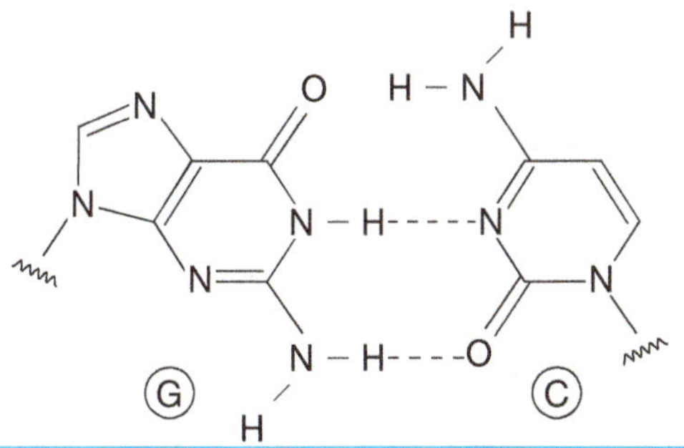

44. (FUVEST - SP) A figura abaixo ilustra as principais etapas do tratamento de água destinada ao consumo humano.

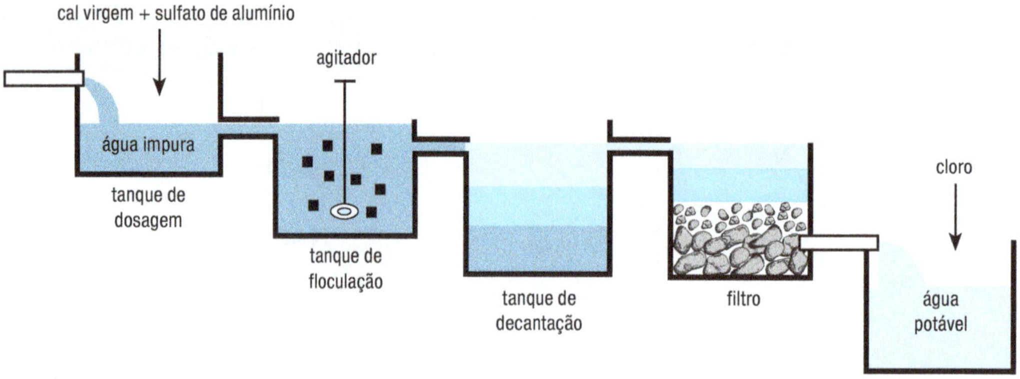

cal virgem + sulfato de alumínio
agitador
água impura
tanque de dosagem
tanque de floculação
tanque de decantação
filtro
cloro
água potável

Disponível em: <http://www.noticias.uol.com.br/cotidiano/ultimas-noticias/2014/04/25/>. *Acesso em:* 18 jun. 2015 (adaptado).

a) Na etapa de floculação, ocorre a formação de flocos de hidróxido de alumínio, nos quais se aglutinam partículas de sujeira, que depois decantam. Esse processo ocorre pela adição de sulfato de alumínio [$Al_2(SO_4)_3$] e cal virgem (CaO) à água impura. Se apenas sulfato de alumínio fosse adicionado à água, ocorreria a transformação representada pela equação química:

$$Al_2(SO_4)_3(s) + 6\ H_2O(l) \longrightarrow 2\ Al(OH)_3(s) + 6\ H^+(aq) + 3\ SO_4^{2-}(aq)$$

Explique o que ocorre com o pH da água após a adição de cal virgem.

b) A água não tratada está contaminada, entre outras substâncias, por hidrocarbonetos policíclicos aromáticos (HPA). Esses hidrocarbonetos apresentam caráter lipofílico. Considerando a estrutura da membrana celular plasmática, o caráter lipofílico dos HPA facilita ou dificulta a entrada dos hidrocarbonetos nas células dos indivíduos que ingerem a água contaminada? Explique.

45. (PUC) O eugenol e o anetol são substâncias aromáticas presentes em óleos essenciais, com aplicações nas indústrias de cosméticos e farmacêutica. O eugenol está presente principalmente nos óleos de cravo, canela e sassafrás, já o anetol é encontrado nos óleos essenciais de anis e anis estrelado.

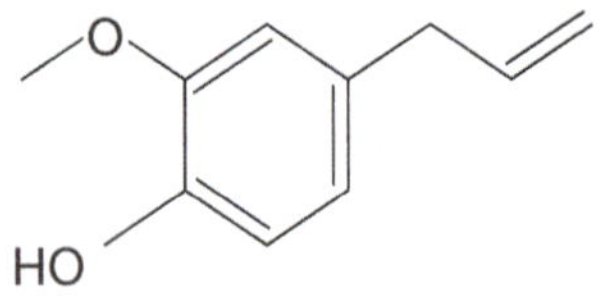

eugenol

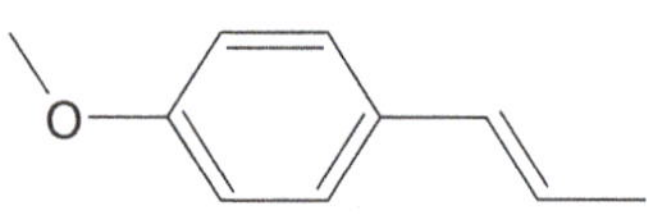

anetol

Sobre esses compostos foram feitas as seguintes afirmações.

I. Ambos apresentam isomeria geométrica.

II. O eugenol apresenta funções fenol e éter, enquanto que o anetol apresenta função éter.

III. A fórmula molecular do eugenol é $C_{10}H_{12}O_2$, enquanto que o anetol apresenta fórmula molecular $C_{10}H_{12}O$.

IV. O anetol apresenta temperatura de ebulição maior do que o eugenol.

Estão corretas **APENAS** as afirmações:

a) I e II. b) I e IV. c) II e III. d) III e IV.

46. (UNESP) Analise a fórmula que representa a estrutura do iso-octano, um derivado de petróleo, componente da gasolina.

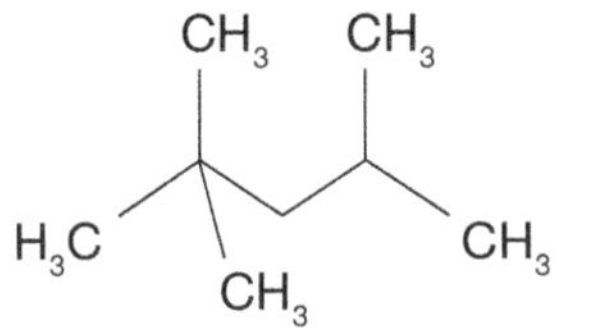

CH3
CH3
H3C
CH3
CH3

De acordo com a fórmula analisada, é correto afirmar que o iso-octano

a) é solúvel em água.
b) é um composto insaturado.
c) conduz corrente elétrica.
d) apresenta carbono assimétrico.
e) tem fórmula molecular C_8H_{18}.

47. (UNESP) Analise as fórmulas que representam as estruturas do retinol (vitamina A), lipossolúvel, e do acido pantotênico (vitamina B_5), hidrossolúvel.

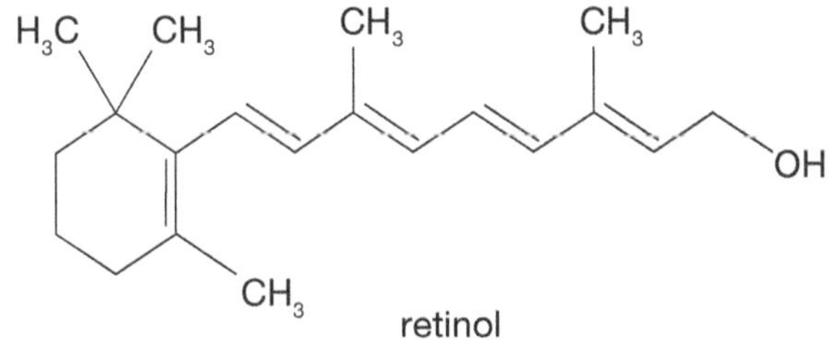

H3C
CH3
CH3
CH3
OH
CH3

retinol

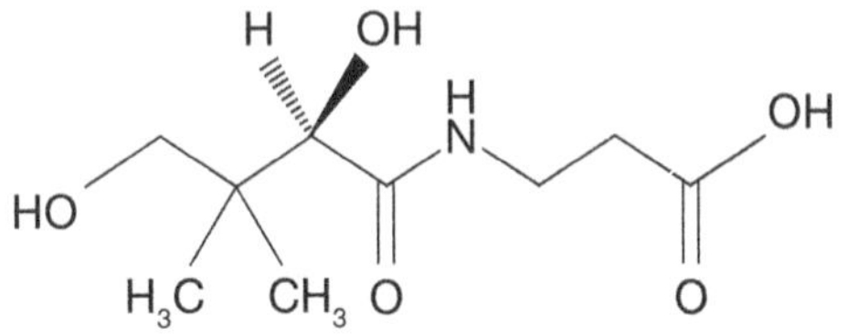

H
OH
H
N
OH
HO
H3C
CH3
O
O

ácido pantotênico

Com base na análise das fórmulas, identifique as funções orgânicas presentes em cada vitamina e justifique por que a vitamina B_5 é hidrossolúvel e a vitamina A é lipossolúvel. Qual dessas vitaminas apresenta isomeria óptica? Justifique sua resposta.

48. (UNICAMP - SP) O trecho seguinte foi extraído de uma revista de divulgação do conhecimento químico, e trata de alguns aspectos da lavagem a seco de tecidos. "Tratando-se do desempenho para lavar, o tetracloroetileno é um solvente efetivo para limpeza das roupas, pois evita o encolhimento dos tecidos, já que evapora facilmente, dada sua baixa pressão de vapor (0,017 atm., 20 °C), e dissolve manchas lipofílicas, como óleos, ceras e gorduras em geral..."

A leitura desse trecho sugere que o tetracloroetileno é um líquido apolar e sua alta volatilidade se deve ao seu baixo valor de pressão de vapor. Levando em conta o conhecimento químico, pode-se

a) concordar parcialmente com a sugestão, pois há argumentos que justificam a polaridade, mas não há argumentos que justificam a volatilidade.
b) concordar totalmente com a sugestão, pois os argumentos referentes a polaridade e a volatilidade apresentados no trecho justificam ambas.
c) concordar parcialmente, pois não há argumentos que justificam a polaridade, mas há argumentos que justificam a volatilidade.
d) discordar totalmente, pois não há argumentos que justifiquem a polaridade nem a volatilidade.

49. (UNICAMP – SP) As empresas que fabricam produtos de limpeza têm se preocupado cada vez mais com a satisfação do consumidor e a preservação dos materiais que estão sujeitos ao processo de limpeza. No caso do vestuário, é muito comum encontrarmos a recomendação para fazer o teste da firmeza das cores para garantir que a roupa não será danificada no processo de lavagem. Esse teste consiste em molhar uma pequena parte da roupa e colocá-la sobre uma superfície plana; em seguida, coloca-se um pano branco de algodão sobre sua superfície e passa-se com um ferro bem quente. Se o pano branco ficar manchado, sugere-se que essa roupa deve ser lavada separadamente, pois durante esse teste ocorreu um processo de

a) fusão do corante, e o ferro quente é utilizado para aumentar a pressão sobre o tecido.
b) liquefação do corante, e o ferro quente é utilizado para acelerar o processo.
c) condensação do corante, e o ferro quente é utilizado para ajudar a sua transferência para o pano branco.
d) dissolução do corante, e o ferro quente é utilizado para acelerar o processo.

50. (UNICAMP – SP) Já faz parte do folclore brasileiro alguém pedir um "prato quente" na Bahia e se dar mal. Se você come algo muito picante, sensação provocada pela presença da capsaicina (fórmula estrutural mostrada a seguir) no alimento, logo toma algum líquido para diminuir essa sensação. No entanto, nem sempre isso adianta, pois logo em seguida você passa a sentir o mesmo ardor.

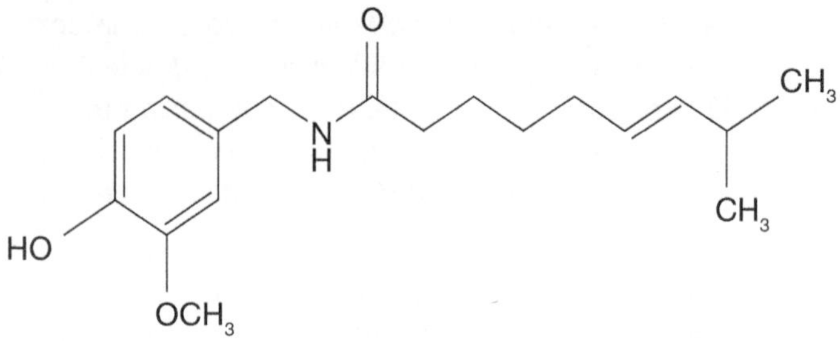

a) Existem dois tipos de pimenta em conserva, um em que se usa vinagre e sal, e outro em que se utiliza óleo comestível. Comparando-se os dois tipos, observa-se que o óleo comestível se torna muito mais picante que o vinagre. Em vista disso, o que seria mais eficiente para eliminar o ardor na boca provocado pela ingestão de pimenta: vinagre ou óleo? Justifique sua escolha baseando-se apenas nas informações dadas.

b) Durante uma refeição, a ingestão de determinados líquidos nem sempre é palatável; assim, se o "prato quente" também estiver muito salgado, a ingestão de leite faz desaparecer imediatamente as duas sensações. Baseando-se nas interações químicas entre os componentes do leite e os condimentos, explique por que ambas as sensações desaparecem após a ingestão do leite. Lembre-se que o leite é uma suspensão constituída de água, sais minerais, proteínas, gorduras e açúcares.

51. (UNIFESP) A descoberta das propriedades antitumorais do cisplatina, fórmula molecular $[Pt(NH_3)_2Cl_2]$, constituiu um marco na história da Química Medicinal. Esse composto é usado em vários tipos de neoplasias, como câncer de próstata, pulmão, cabeça, esôfago, estômago, linfomas, entre outros.

O cisplatina sofre hidrólise ao penetrar na célula, e seu alvo principal é o DNA celular. A ligação deste fármaco ao DNA ocorre preferencialmente através de um dos átomos de nitrogênio das bases nitrogenadas adenina ou guanina.

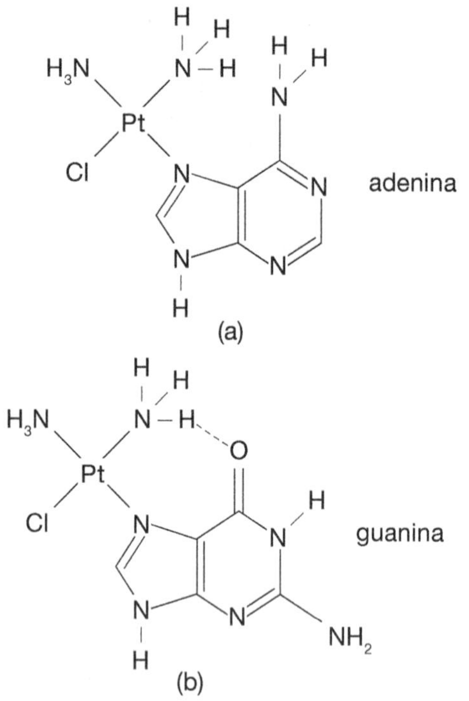

Interações da platina com as bases adenina (a) e guanina (b).

No Brasil, um dos nomes comerciais do fármaco cisplatina e Platinil®. Usualmente, os frascos deste medicamento acondicionam solução injetável, contendo 50 mg de cisplatina. Uma determinada indústria farmacêutica utilizou 0,050 mol de cisplatina na produção de um lote de frascos do medicamento Platinil® do tipo descrito.

Disponível em: <http://qnesc.sbq.org.br> (adaptado).

a) A interação da platina é mais estável com qual base nitrogenada? Justifique sua resposta.

b) Determine o número de frascos de Platinil® contidos no lote produzido por aquela indústria farmacêutica, supondo 100% de eficiência no processo. Apresente os cálculos efetuados.
Dado: cisplatina = 300 g/mol.

52. (PUC) As propriedades das substâncias moleculares estão relacionadas com o tamanho da molécula e a intensidade das interações intermoleculares. Considere as substâncias a seguir, e suas respectivas massas molares.

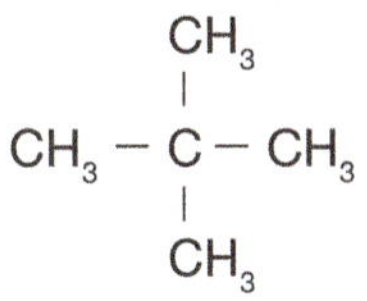

dimetilpropano

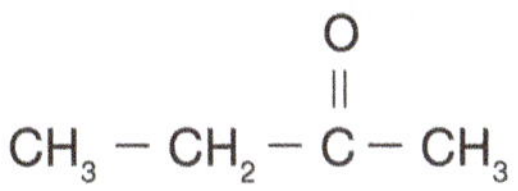

butanona

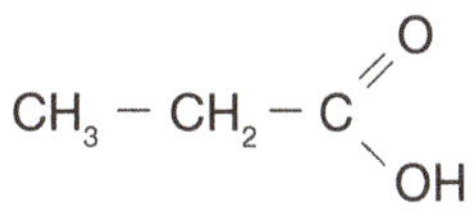

ácido propanoico

$CH_3 - CH_2 - CH_2 - CH_2 - CH_3$

pentano

$CH_3 - CH_2 - CH_2 - CH_2 - OH$

butan-1-ol

T_{eb}	10 °C	36 °C	80 °C	118 °C	141 °C
a)	dimetilpropano	pentano	butanona	butan-1-ol	ácido propanoico
b)	ácido propanoico	dimetilpropano	pentano	butanona	butan-1-ol
c)	dimetilpropano	pentano	butanona	ácido propanoico	butan-1-ol
d)	pentano	dimetilpropano	butan-1-ol	butanona	ácido propanoico

Capítulo 7 – Reação de Substituição em Alcanos

53. (FUVEST - SP) Um estudante realizou em laboratório a reação de hidrólise do cloreto de terc-butila ($(CH_3)_3CCl$) para produzir terc-butanol. Para tal, fez o seguinte procedimento: adicionou 1 mL do cloreto de terc-butila a uma solução contendo 60% de acetona e 40% de água, em volume. Acrescentou, ainda, algumas gotas de indicador universal (mistura de indicadores ácido-base).

Ao longo da reação, o estudante observou a mudança de cor: inicialmente a solução estava esverdeada, tornou-se amarela e, finalmente, laranja.

a) Complete a equação química que representa a reação de hidrólise do cloreto de terc-butila.

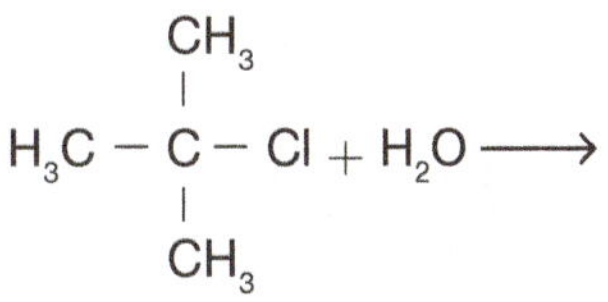

b) Explique por que a cor da solução se altera ao longo da reação. O estudante repetiu a reação de hidrólise nas mesmas condições experimentais anteriormente empregadas, exceto quanto à composição do solvente. Nesse novo experimento, o cloreto de terc-butila foi solubilizado em uma mistura contendo 70% de acetona e 30% de água, em volume. Verificou que, para atingir a mesma coloração laranja observada anteriormente, foi necessário um tempo maior.

c) Explique por que a mudança da composição do solvente afetou o tempo de reação.

Note e adote

pH	Cor do indicador universal
2,0-4,9	laranja
5,0-6,9	amarelo
7	esverdeado

Em ambos os experimentos, o cloreto de terc-butila estava totalmente solúvel na mistura de solventes.

54. (MACKENZIE – SP) A gota é um tipo de artrite causada pela presença de níveis mais altos do que o normal de ácido úrico na corrente sanguínea. Isso pode ocorrer quando o corpo produz ácido úrico em excesso ou tem dificuldade de eliminá-lo pelos rins. Quando essa substância se acumula no líquido ao redor das articulações, são formados os cristais de ácido úrico, que causam inchaço e inflamação nas articulações.

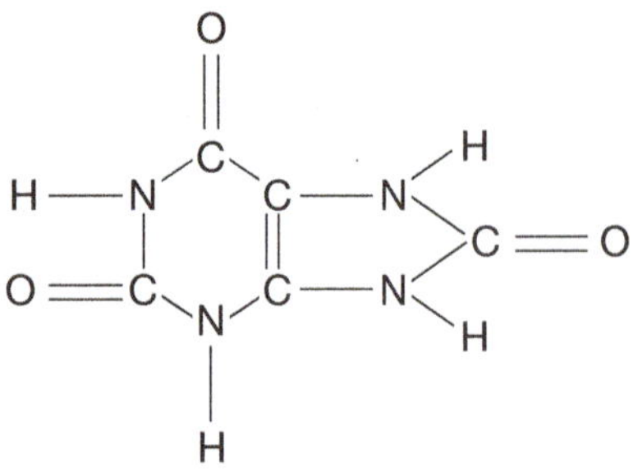

De acordo com a fórmula estrutural do ácido úrico, anteriormente representada, são feitas as seguintes afirmações:

I. possui somente átomos de carbono com geometria trigonal plana;
II. possui os grupos funcionais cetona e amina;
III. apresenta isomeria geométrica cis/trans;
IV. possui 10 pares de elétrons não compartilhados.

Estão corretas somente as afirmações

a) I e II.
b) I e III.
c) II e III.
d) I e IV.
e) III e IV.

Capítulo 10 – Reação de Adição em Cíclicos

55. (ALBERT EINSTEIN – SP) Os cicloalcanos reagem com bromo líquido (Br_2) em reações de substituição ou de adição. Anéis cíclicos com grande tensão angular entre os átomos de carbono tendem a sofrer reação de adição, com abertura de anel. Já compostos cíclicos com maior estabilidade, devido à baixa tensão nos ângulos, tendem a sofrer reações de substituição.
Considere as substâncias ciclobutano e cicloexano, representadas a seguir.

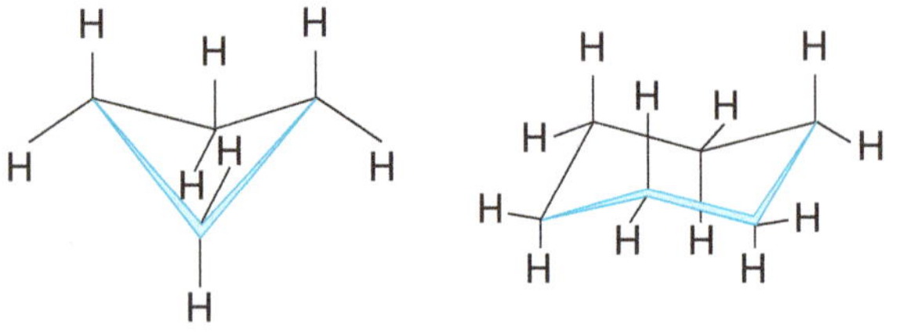

Em condições adequadas para a reação, pode-se afirmar que os produtos principais da reação do ciclobutano e do cicloexano com o bromo são, respectivamente,

a) bromociclobutano e bromocicloexano.
b) 1,4-dibromobutano e bromocicloexano.
c) bromociclobutano e 1,6-dibromoexano.
d) 1,4-dibromobutano e 1,6-dibromoexano.

Capítulo 11 – Reação de Eliminação

56. (ALBERT EINSTEIN – SP) A lisozima é uma enzima presente nas lágrimas e nos mucos dos seres humanos. Ela apresenta uma função protetora muito importante, pois atua na hidrólise de carboidratos de alto peso molecular, destruindo a camada protetora da parede celular de muitas bactérias. A seguir são apresentados gráficos que relacionam a atividade da lisozima em função do pH e da temperatura.

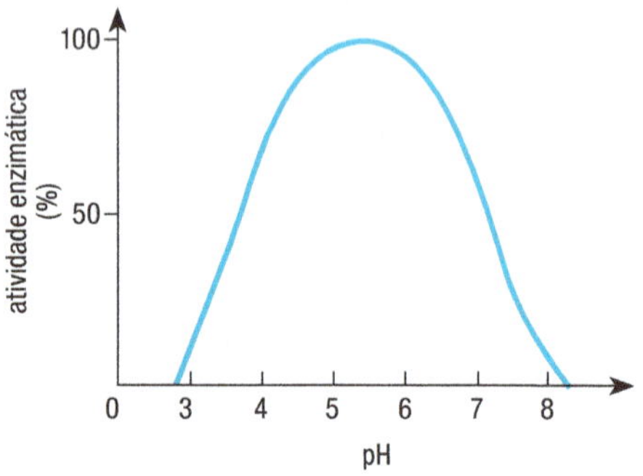
atividade enzimática (%)
100
50
0
3
4
5
6
7
8
pH

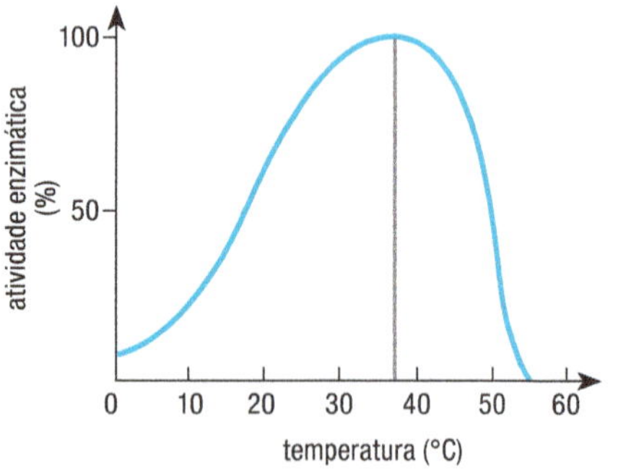
atividade enzimática (%)
100
50
0
10
20
30
40
50
60
temperatura (°C)

Considerando os gráficos, a condição em que a lisozima apresenta a maior atividade enzimática corresponde a

a) solução aquosa de HCl 0,05 mol . L^{-1} e temperatura 70 °C.
b) solução aquosa de NH_4Cl 0,05 mol . L^{-1} e temperatura 37 °C.
c) solução aquosa de H_2SO_4 0,05 mol . L^{-1} e temperatura 37 °C.
d) solução aquosa de NaOH 0,05 mol . L^{-1} e temperatura 10 °C.

57. (FUVEST – SP) Na produção de biodiesel, o glicerol é formado como subproduto. O aproveitamento do glicerol vem sendo estudado, visando à obtenção de outras substâncias. O 1,3-propanodiol, empregado na síntese de certos polímeros, é uma dessas substâncias que pode ser obtida a partir do glicerol. O esquema a seguir ilustra o processo de obtenção do 1,3-propanodiol.

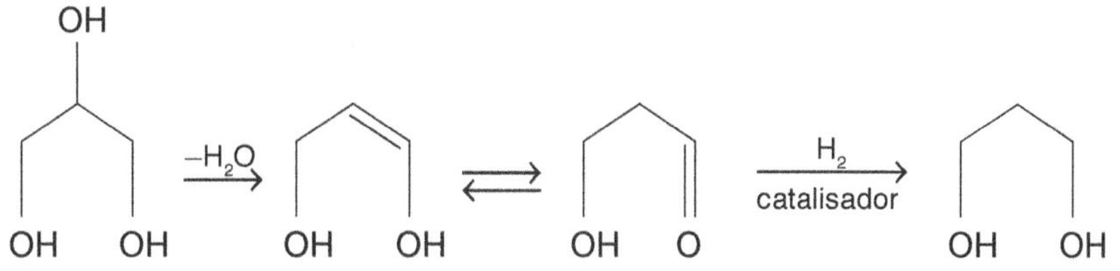

OH
OH OH
$-H_2O$
OH OH
OH O
H_2
catalisador
OH OH

glicerol 1,3-propanodiol

a) Na produção do 1,3-propanodiol a partir do glicerol também pode ocorrer a formação do 1,2-propanodiol. Na página de resposta, complete o esquema que representa a formação do 1,2-propanodiol a partir do glicerol.

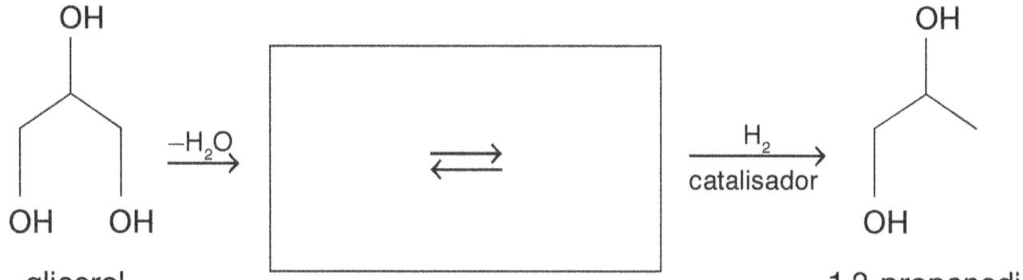

OH
OH OH
$-H_2O$
H_2
catalisador
OH
OH

glicerol 1,2-propanodiol

b) O glicerol é líquido à temperatura ambiente, apresentando ponto de ebulição de 290 °C a 1 atm. O ponto de ebulição do 1,3-propanodiol deve ser maior, menor ou igual ao do glicerol? Justifique.

58. (FATEC – SP) As reações de eliminação são reações orgânicas em que alguns átomos ou grupos de átomos são retirados de compostos orgânicos produzindo moléculas com cadeias carbônicas insaturadas, que são muito usadas em diversos ramos da indústria.

A dehidrohalogenação é um exemplo de reação de eliminação que ocorre entre um composto orgânico e uma base forte. Nesse processo químico, retira-se um átomo de halogênio ligado a um dos átomos de carbono. O átomo de carbono adjacente ao átomo de carbono halogenado "perde" um átomo de hidrogênio, estabelecendo entre os dois átomos de carbono considerados uma ligação dupla.

A reação entre o hidróxido de sódio e o cloroetano ilustrada é um exemplo de dehidrohalogenação.

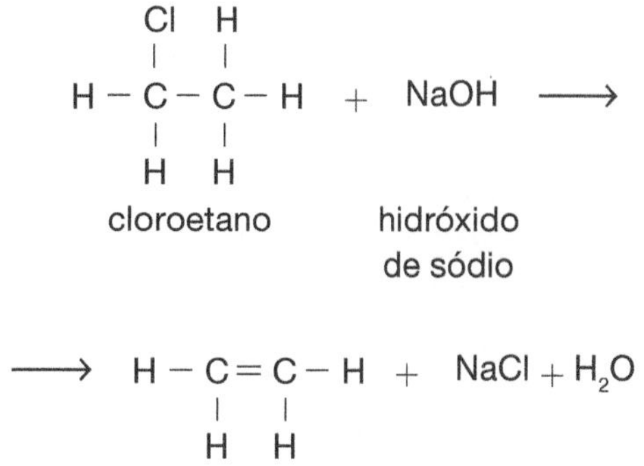

Cl H
H – C – C – H + NaOH ⟶
H H
cloroetano
hidróxido de sódio
⟶ H – C = C – H + NaCl + H_2O
H H

Agora, considere a reação entre o 1-clorobutano e o hidróxido de potássio.

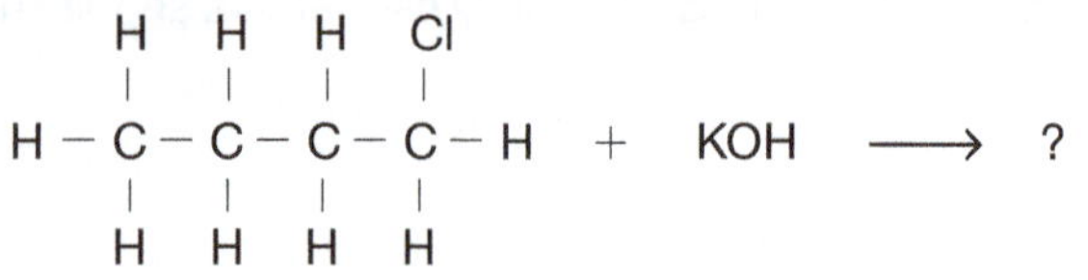
H H H Cl
H – C – C – C – C – H + KOH ⟶ ?
H H H H

1-clorobutano hidróxido de potássio

Assinale a alternativa que apresenta a fórmula estrutural correta do composto orgânico obtido na reação entre o 1-clorobutano e o hidróxido de potássio, representada na figura.

a) 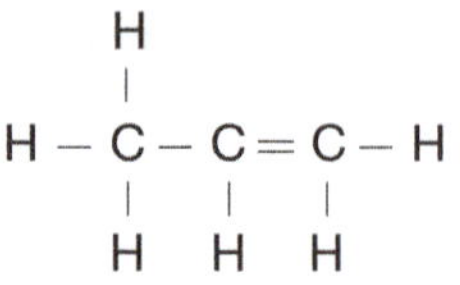

b) 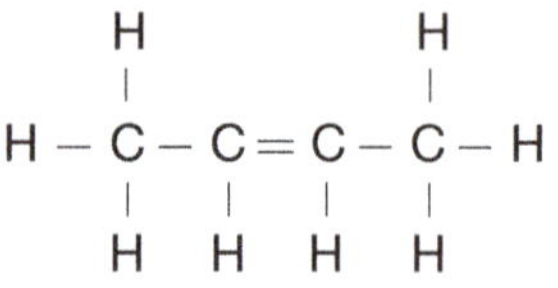

c) 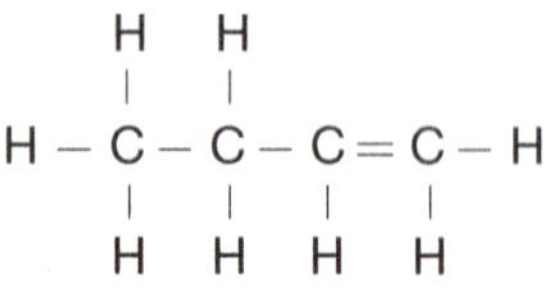

d) 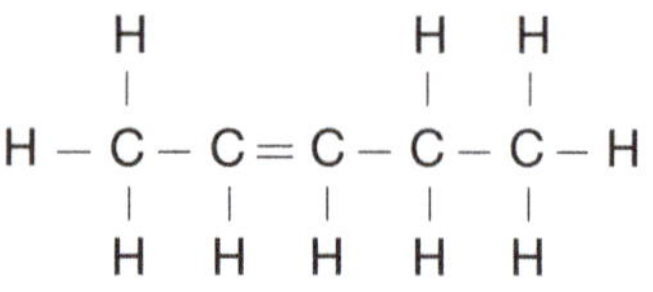

e) 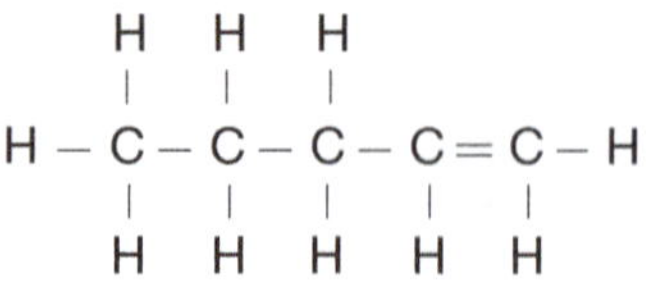

Capítulo 12 – Polímeros de Adição

59. (FATEC – SP) Em 1859, surgiram experimentos para a construção de uma bateria para acumular energia elétrica, as baterias de chumbo, que, passando por melhorias ao longo dos tempos, se tornaram um grande sucesso comercial especialmente na indústria de automóveis.
Essas baterias são construídas com ácido sulfúrico e amálgamas de chumbo e de óxido de chumbo IV, em caixas confeccionadas com o polímero polipropileno.

Disponível em: <http://tinyurl.com/n6byxmf>.
Acesso em: 10 abr. 2015 (adaptado).

O monômero usado na produção desse polímero é o

a) etino.
b) eteno.
c) etano.
d) propeno.
e) propano.

60. (FUVEST - SP) Atendendo às recomendações da Resolução 55/AMLURB, de 2015, em vigor na cidade de São Paulo, as sacolas plásticas, fornecidas nos supermercados, passaram a ser feitas de "polietileno verde", assim chamado não em virtude da cor das sacolas, mas pelo fato de ser produzido a partir do etanol, obtido da cana-de-açúcar. Atualmente, é permitido aos supermercados paulistanos cobrar pelo fornecimento das "sacolas verdes".

O esquema a seguir apresenta o processo de produção do "poliletileno verde":

$$\text{cana-de-açúcar} \longrightarrow \underset{(C_2H_6O)}{\text{etanol}} \longrightarrow \underset{(C_2H_4)}{\text{etileno}} \longrightarrow \text{polietileno}$$

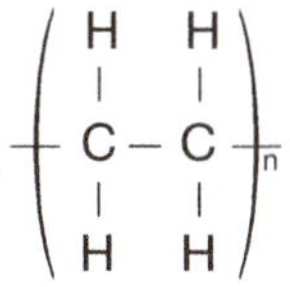

a) Em uma fábrica de "polietileno verde", são produzidas 28 mil toneladas por ano desse polímero. Qual é o volume, em m^3, de etanol consumido por ano nessa fábrica, considerando rendimentos de 100% na produção de etileno e na sua polimerização? (Em seus cálculos, despreze a diferença de massa entre os grupos terminais e os do interior da cadeia polimérica.)

b) Mantendo-se os níveis atuais de produção de cana-de-açúcar, como um aumento na exportação de açúcar pode afetar o valor pago pelo consumidor pelas novas sacolas? Explique.

Note e adote
massas molares (g/mol): H = 1, C = 12, O = 16
densidade do etanol nas condições da fábrica = 0,8 g/mL

61. (FGV) Um polímero empregado no revestimento de reatores na indústria de alimentos é o politetrafluoreteno. Sua fabricação é feita por um processo análogo ao da formação do poliestireno e PVC.

O politetrafluoreteno é formado por reação de ________________, e a fórmula mínima de seu monômero é ________________.

Assinale a alternativa que preenche, correta e respectivamente, as lacunas.

a) adição ... CF_2
b) adição ... CHF
c) condensação ... CF_2
d) condensação ... C_2HF
e) condensação ... CHF

62. (FUVEST – SP) Atualmente, é possível criar peças a partir do processo de impressão 3D. Esse processo consiste em depositar finos fios de polímero, uns sobre os outros, formando objetos tridimensionais de formas variadas. Um dos polímeros que pode ser utilizado tem a estrutura mostrada a seguir:

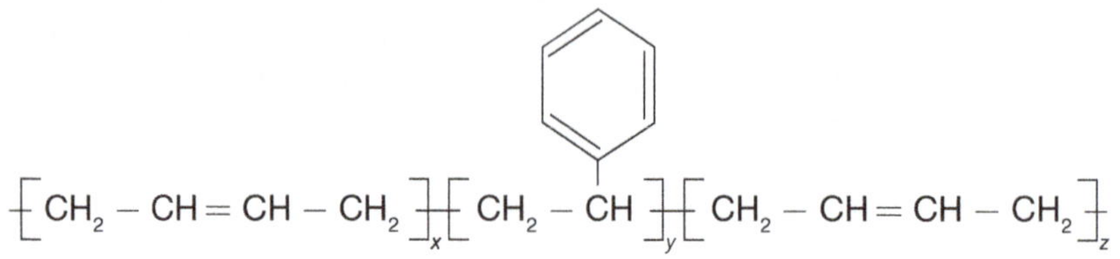
CH2 – CH = CH – CH2
x
CH2 – CH
y
CH2 – CH = CH – CH2
z

Na impressão de esferas maciças idênticas de 12,6 g, foram consumidos, para cada uma, 50 m desse polímero, na forma de fios cilíndricos de 0,4 mm de espessura. Para uso em um rolamento, essas esferas foram tratadas com graxa. Após certo tempo, durante a inspeção do rolamento, as esferas foram extraídas e, para retirar a graxa, submetidas a procedimentos diferentes. Algumas dessas esferas foram colocadas em um frasco ao qual foi adicionada uma mistura de água e sabão (procedimento A), enquanto outras esferas foram colocadas em outro frasco, ao qual foi adicionado removedor, que é uma mistura de hidrocarbonetos líquidos (procedimento B).

a) Em cada um dos procedimentos, A e B, as esferas ficaram no fundo do frasco ou flutuaram? Explique sua resposta.
b) Em qual procedimento de limpeza, A ou B, pode ter ocorrido dano à superfície das esferas? Explique.

Note e adote: considere que não existe qualquer espaço entre os fios do polímero, no interior ou na superfície das esferas.
x, y, z = número de repetições do monômero; densidade (g/mL): água e sabão = 1,2; removedor = 1,0.
$1\ m^3 = 10^6\ mL$
$\pi = 3$

63. (MACKENZIE - SP) Os polímeros condutores são geralmente chamados de "metais sintéticos" por possuírem propriedades elétricas, magnéticas e ópticas de metais e semicondutores. O mais adequado seria chamá-los de "polímeros conjugados", pois apresentam elétrons pi (π) conjugados.

Assinale a alternativa que contém a fórmula estrutural que representa um polímero condutor.

a) 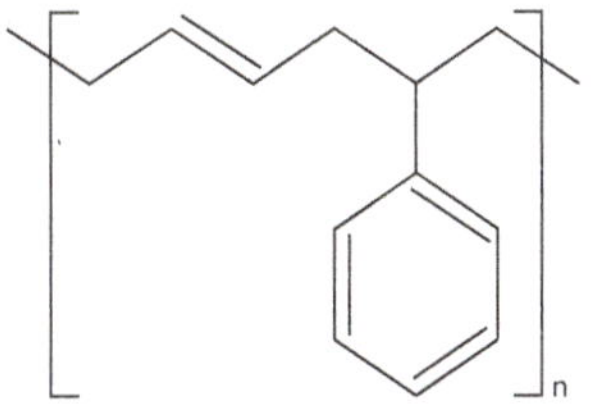

b) 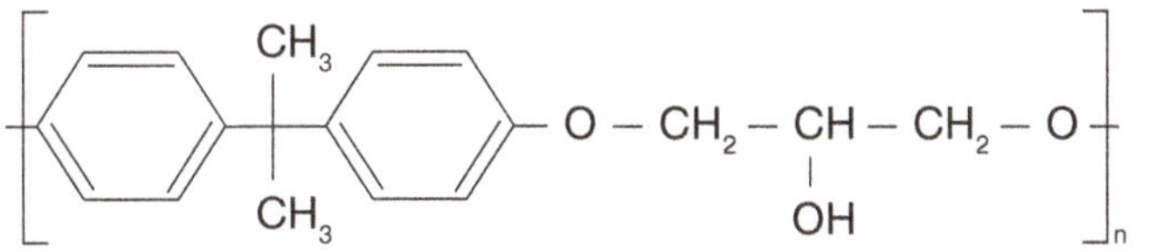

c) 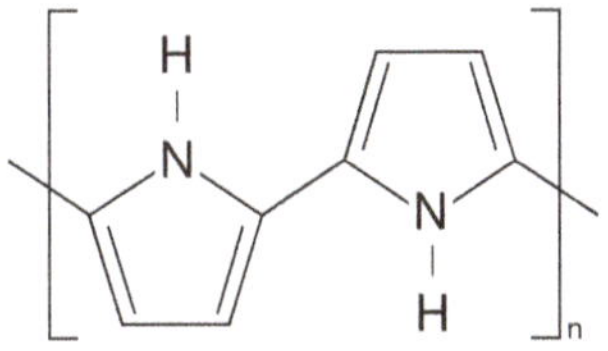

d) 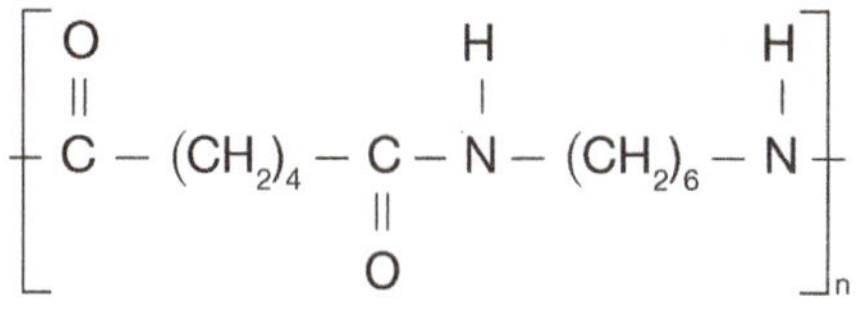

e) 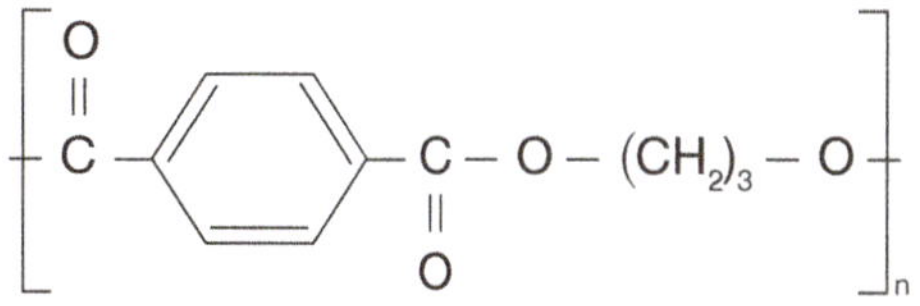

64. (PUC - SP) Pesquisadores da Embrapa (Empresa Brasileira de Agropecuária) estudam há muito tempo os bioplásticos, nome dado pelos próprios pesquisadores. Esses bioplásticos, também conhecidos como biopolímeros, são obtidos da polpa e cascas de frutas ou de legumes. A vantagem desses bioplásticos seria diminuir o impacto ambiental provocado pelos plásticos sintéticos, porém não se sabe ainda se os bioplásticos não atrairiam animais enquanto estocados.

Sobre os polímeros sintéticos e polímeros naturais, avalie as afirmativas abaixo e assinale a correta.

a) Polietileno, poliestireno e policloreto de vinila são exemplos de polímeros naturais.
b) O monômero utilizado na formação de um polímero sintético de adição precisa ter pelo menos uma dupla ligação entre carbonos.
c) As proteínas possuem como monômeros os aminoácidos e são exemplos de polímeros sintéticos.
d) Os polímeros sintéticos se deterioram em poucos dias ou semanas.

Capítulo 13 – Polímeros de Condensação

65. (FUVEST - SP) O glicerol pode ser polimerizado em uma reação de condensação catalisada por ácido sulfúrico, com eliminação de moléculas de água, conforme se representa a seguir:

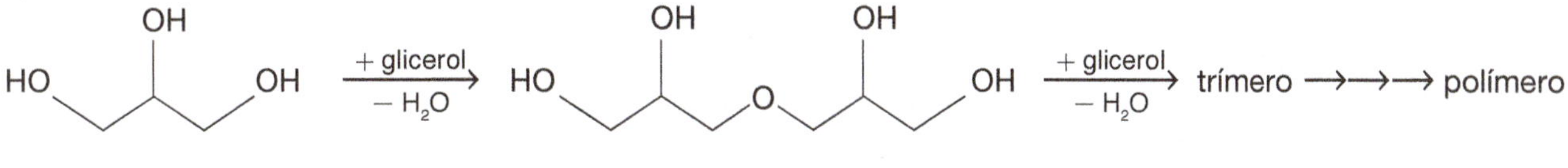

a) Considerando a estrutura do monômero, pode-se prever que o polímero deverá ser formado por cadeias ramificadas. Desenhe a fórmula estrutural de um segmento do polímero, mostrando quatro moléculas do monômero ligadas e formando uma cadeia ramificada.
Para investigar a influência da concentração do catalisador sobre o grau de polimerização do glicerol (isto é, a porcentagem de moléculas de glicerol que reagiram), foram efetuados dois ensaios:

Ensaio 1: 25 g de glicerol + 0,5% (em mol) de $H_2SO_4 \xrightarrow[\text{durante 4 h}]{\text{agitação e aquecimento}}$ polímero 1

Ensaio 2: 25 g de glicerol + 3% (em mol) de $H_2SO_4 \xrightarrow[\text{durante 4 h}]{\text{agitação e aquecimento}}$ polímero 2

Ao final desses ensaios, os polímeros 1 e 2 foram analisados separadamente. Amostras de cada um deles foram misturadas com diferentes solventes, observando-se em que extensão ocorria a dissolução parcial de cada amostra.
A tabela ao lado mostra os resultados dessas análises.

Amostra	Solubilidade (% em massa)	
	Hexano (solvente apolar)	Etanol (solvente polar)
polímero 1	3	13
polímero 2	2	3

b) Qual dos polímeros formados deve apresentar menor grau de polimerização? Explique sua resposta, fazendo referência à solubilidade das amostras em etanol.

66. (FUVEST - SP) Fenol e metanal (aldeído fórmico), em presença de um catalisador, reagem formando um polímero que apresenta alta resistência térmica. No início desse processo, pode se formar um composto com um grupo $-CH_2OH$ ligado no carbono 2 ou no carbono 4 do anel aromático. O esquema a seguir apresenta as duas etapas iniciais do processo de polimerização para a reação no carbono 2 do fenol.

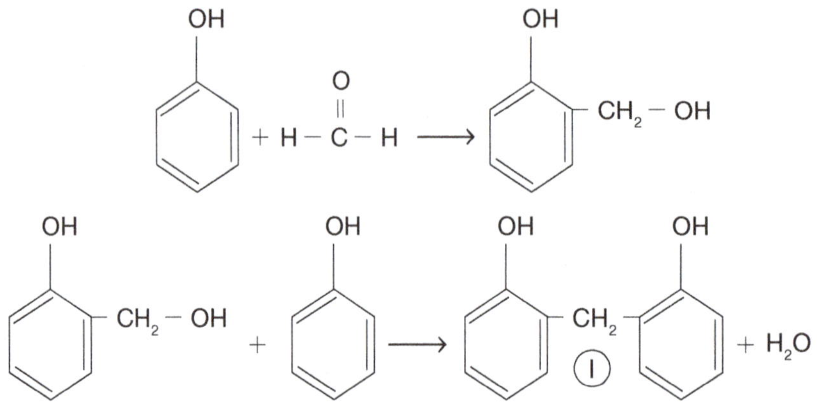
OH
O
+ H – C – H
OH
CH2 – OH
OH
CH2 – OH
+
OH
OH
CH2
I
OH
+ H2O

Considere que, na próxima etapa desse processo de polimerização, a reação com o metanal ocorra no átomo de carbono 4 de um dos anéis de (I). Assim, no esquema

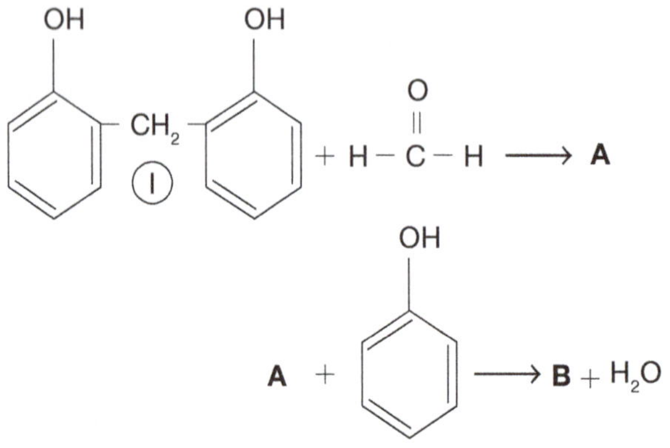
OH
OH
CH2
I
O
+ H – C – H
A
OH
A +
B + H2O

A e B podem ser, respectivamente,

	A	B
a)	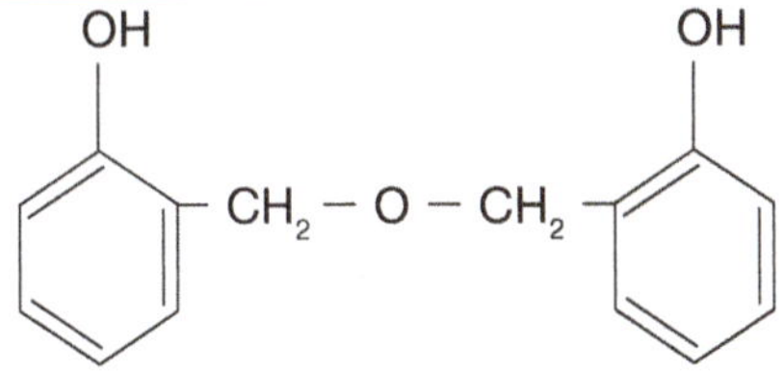	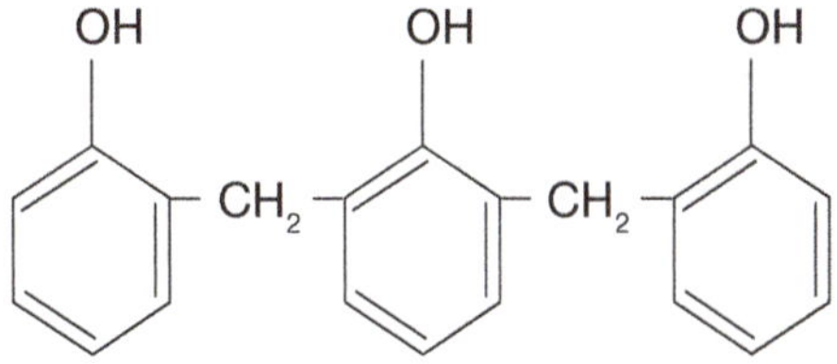
b)	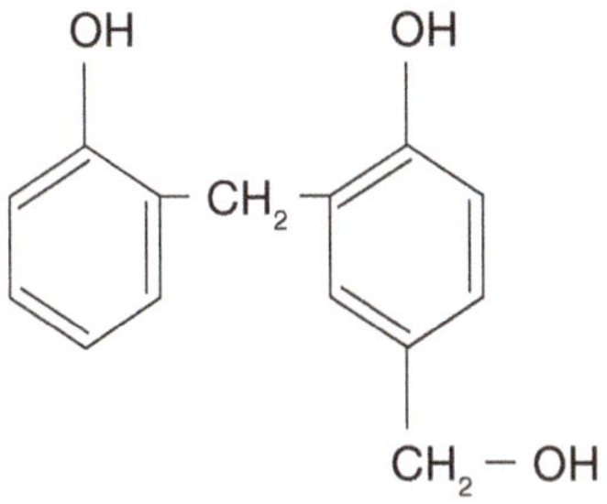	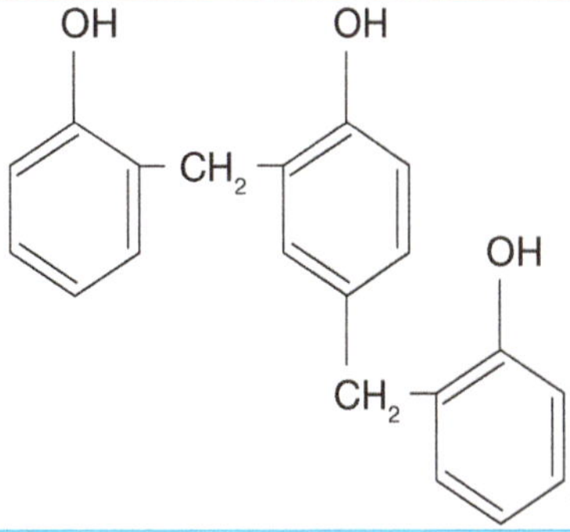
c)	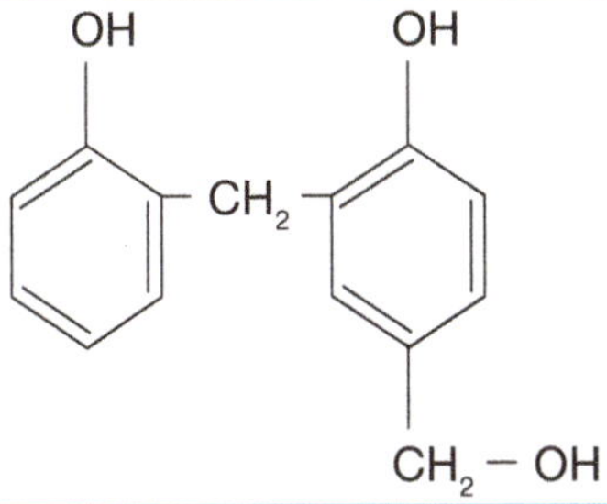	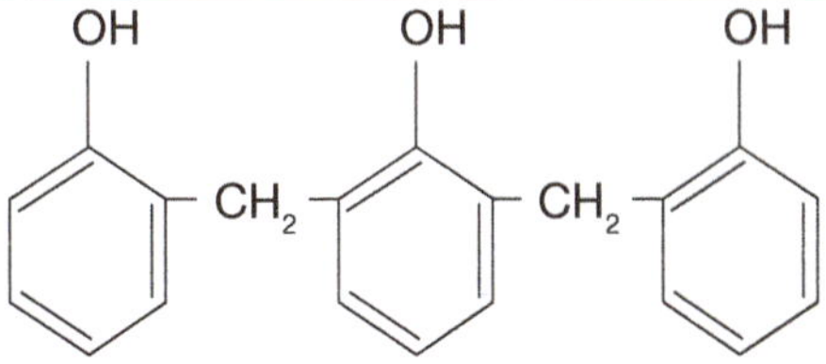
d)	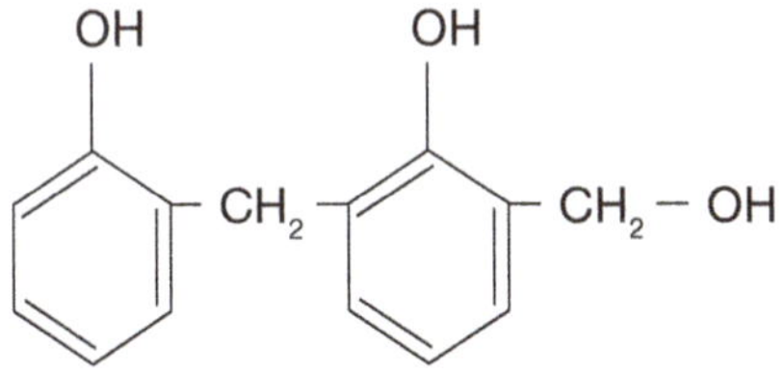	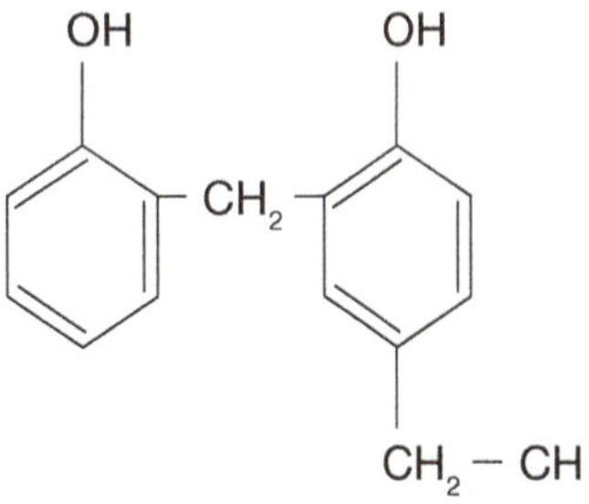
e)	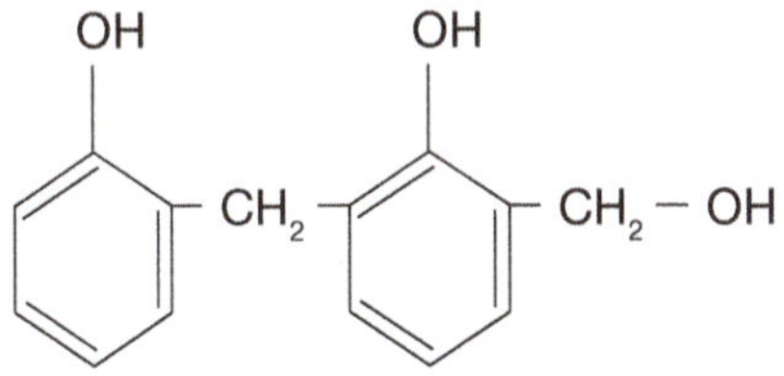	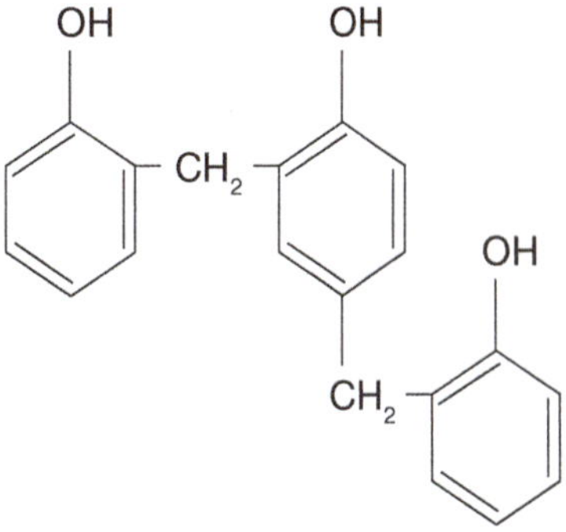

Note e adote: Numeração dos átomos de carbono do anel aromático do fenol.

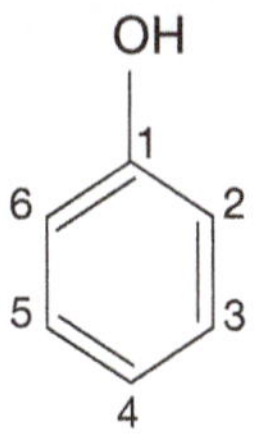

Capítulo 14 – Açúcares, Glicídios, Hidratos de Carbonos ou Carboidratos

67. (FUVEST – SP) A dieta de jogadores de futebol deve fornecer energia suficiente para um bom desempenho. Essa dieta deve conter principalmente carboidratos e pouca gordura. A glicose proveniente dos carboidratos é armazenada sob a forma do polímero glicogênio, que é uma reserva de energia para o atleta.

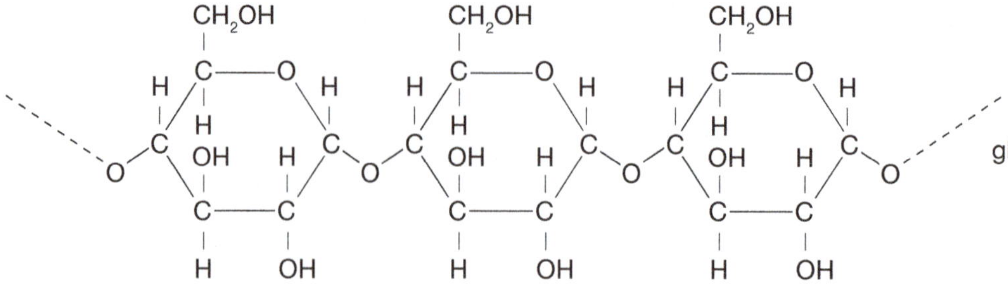

glicogênio

Certos lipídios, contidos nos alimentos, são derivados do glicerol e também fornecem energia.

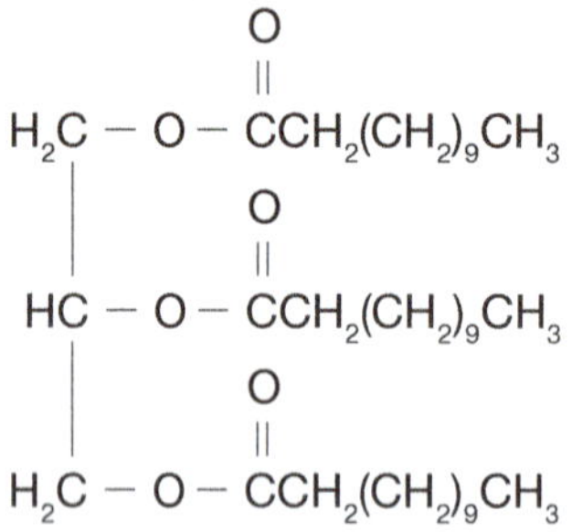

um lipídio derivado do glicerol

a) Durante a respiração celular, tanto a glicose quanto os ácidos graxos provenientes do lipídio derivado do glicerol são transformados em CO_2 e H_2O. Em qual destes casos deverá haver maior consumo de oxigênio: na transformação de 1 mol de glicose ou na transformação de 1 mol do ácido graxo proveniente do lipídio cuja fórmula estrutural é mostrada acima? Explique.

Durante o período de preparação para a Copa de 2014, um jogador de futebol recebeu, a cada dia, uma dieta contendo 600 g de carboidrato e 80 g de gordura. Durante esse período, o jogador participou de um treino por dia.

b) Calcule a energia consumida por km percorrido em um treino (kcal/km), considerando que a energia necessária para essa atividade corresponde a 2/3 da energia proveniente da dieta ingerida em um dia.

Dados: energia por componente dos alimentos:

carboidrato .... 4 kcal/g
gordura .... 9 kcal/g
distância média percorrida por um jogador: 5.000 m/treino

68. (FUVEST – SP) A preparação de um biodiesel, em uma aula experimental, foi feita utilizando-se etanol, KOH e óleo de soja, que é constituído principalmente por triglicerídeos. A reação que ocorre nessa preparação de biodiesel é chamada transesterificação, em que um éster reage com um álcool, obtendo-se um outro éster. Na reação feita nessa aula, o KOH foi utilizado como catalisador. O procedimento foi o seguinte:

1.ª etapa: Adicionou-se 1,5 g de KOH a 35 mL de etanol, agitando-se continuamente a mistura.

2.ª etapa: Em um erlenmeyer, foram colocados 100 mL de óleo de soja, aquecendo-se em banho-maria, a uma temperatura de 45 °C. Adicionou-se a esse óleo de soja a solução de catalisador, agitando-se por mais 20 minutos.

3.ª etapa: Transferiu-se a mistura formada para um funil de separação, e esperou-se a separação das fases, conforme representado na figura ao lado.

a) Toda a quantidade de KOH, empregada no procedimento descrito, se dissolveu no volume de etanol empregado na primeira etapa? Explique, mostrando os cálculos.

b) Considere que a fórmula estrutural do triglicerídeo contido no óleo de soja é a mostrada abaixo.

$$\begin{array}{l} H \\ | \\ H-C-O-C(=O)-C_{17}H_{31} \\ | \\ H-C-O-C(=O)-C_{17}H_{31} \\ | \\ H-C-O-C(=O)-C_{17}H_{31} \\ | \\ H \end{array}$$

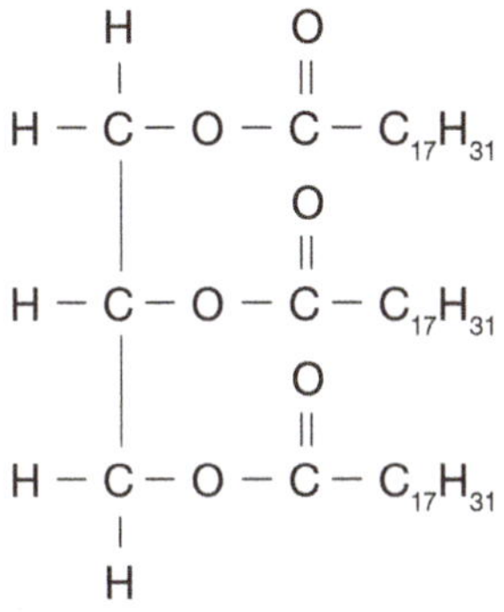

Escreva, no espaço abaixo, a fórmula estrutural do biodiesel formado.

c) Se, na primeira etapa desse procedimento, a solução de KOH em etanol fosse substituída por um excesso de solução de KOH em água, que produtos se formariam? Responda, completando o esquema a seguir, com as fórmulas estruturais dos dois compostos que se formariam e balanceando a equação química.

$$\begin{array}{l} H \\ | \\ H-C-O-C(=O)-C_{17}H_{31} \\ | \\ H-C-O-C(=O)-C_{17}H_{31} + KOH(aq) \longrightarrow \\ | \\ H-C-O-C(=O)-C_{17}H_{31} \\ | \\ H \end{array}$$

⟶ ☐ + ☐

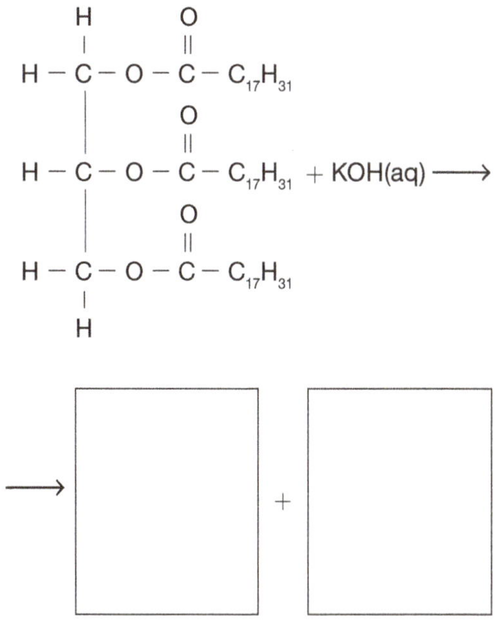

Dado: solubilidade do KOH em etanol a 25 °C = = 40 g em 100 mL.

69. (UNICAMP – SP) Podemos obter energia no organismo pela oxidação de diferentes fontes. Entre essas fontes destacam-se a gordura e o açúcar. A gordura pode ser representada por uma fórmula mínima $(CH_2)_n$ enquanto um açúcar pode ser representado por $(CH_2O)_n$. Considerando essas duas fontes de energia, podemos afirmar corretamente que na oxidação total de 1 grama de ambas as fontes em nosso organismo, os produtos formados são

a) os mesmos, mas as quantidades de energia são diferentes.
b) diferentes, mas as quantidades de energia são iguais.
c) os mesmos, assim como as quantidades de energia.
d) diferentes, assim como as quantidades de energia.

Capítulo 15 – Aminoácidos e Proteínas

70. (FUVEST – SP) A ardência provocada pela pimenta dedo-de-moça é resultado da interação da substância capsaicina com receptores localizados na língua, desencadeando impulsos nervosos que se propagam até o cérebro, o qual interpreta esses impulsos na forma de sensação de ardência. Esse tipo de pimenta tem, entre outros efeitos, o de estimular a sudorese no organismo humano.

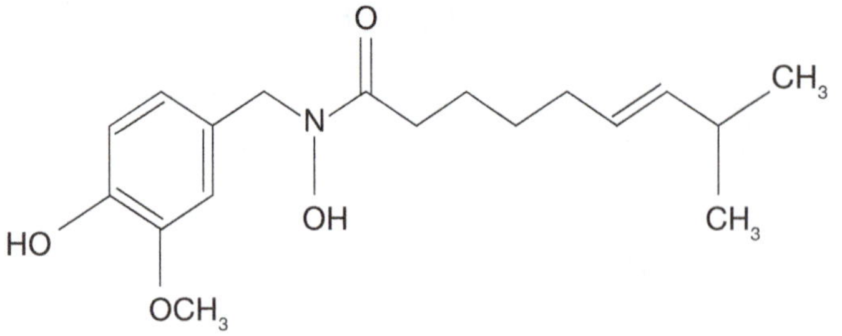
O
N
OH
HO
OCH3
CH3
CH3

capsaicina

Considere as seguintes afirmações:

I. Nas sinapses, a propagação dos impulsos nervosos, desencadeados pelo consumo dessa pimenta, se dá pela ação de neurotransmissores.

II. Ao consumir essa pimenta, uma pessoa pode sentir mais calor pois, para evaporar, o suor libera calor para o corpo.

III. A hidrólise ácida da ligação amídica da capsaicina produz um aminoácido que é transportado até o cérebro, provocando a sensação de ardência.

É correto apenas o que se afirma em

a) I.
b) II.
c) I e II.
d) II e III.
e) I e III.

---

71. (FUVEST - SP) A gelatina é uma mistura de polipeptídeos que, em temperaturas não muito elevadas, apresenta a propriedade de reter moléculas de água, formando, assim, um gel. Esse processo é chamado de gelatinização. Porém, se os polipeptideos forem hidrolisados, a mistura resultante não mais apresentará a propriedade de gelatinizar. A hidrólise pode ser catalisada por enzimas, como a bromelina, presente no abacaxi.

Em uma série de experimentos, todos à mesma temperatura, amostras de gelatina foram misturadas com água ou com extratos aquosos de abacaxi. Na tabela ao lado, foram descritos os resultados dos diferentes experimentos.

Experimento	Substrato	Reagente	Resultado observado
1	gelatina	água	gelatinização
2	gelatina	extrato de abacaxi	não ocorre gelatinização
3	gelatina	extrato de abacaxi previamente fervido	gelatinização

a) Explique o que ocorreu no experimento 3 que permitiu a gelatinização, mesmo em presença do extrato de abacaxi.

Na hidrólise de peptídeos, ocorre a ruptura das ligações peptídicas. No caso de um dipeptídeo, sua hidrólise resulta em dois aminoácidos.

b) Complete o esquema abaixo, escrevendo as fórmulas estruturais planas dos dois produtos da hidrólise do peptídeo representado abaixo.

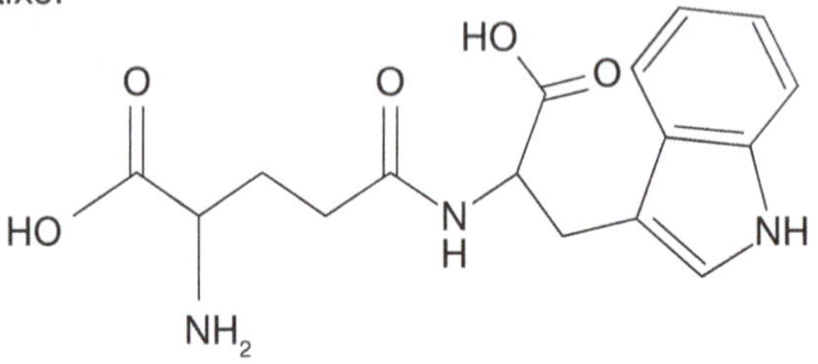
HO
O
O
O
HO
N
H
NH
NH2

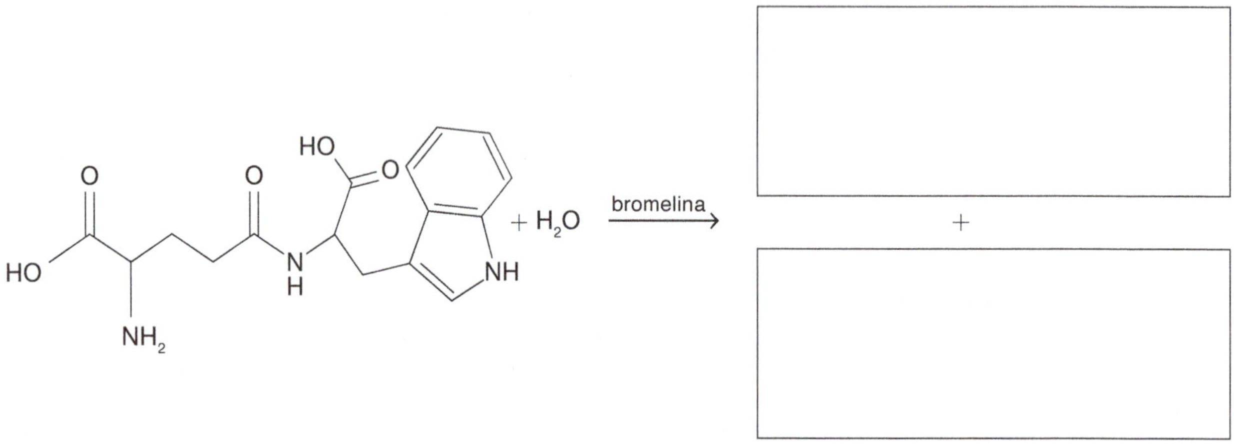
HO
O
O
O
HO
N
H
NH
NH2
+ H2O
bromelina
+

Capítulo 16 – Oxidação em Hidrocarbonetos

72. (MACKENZIE – SP) Em condições apropriadas, são realizadas as três reações orgânicas, representadas abaixo.

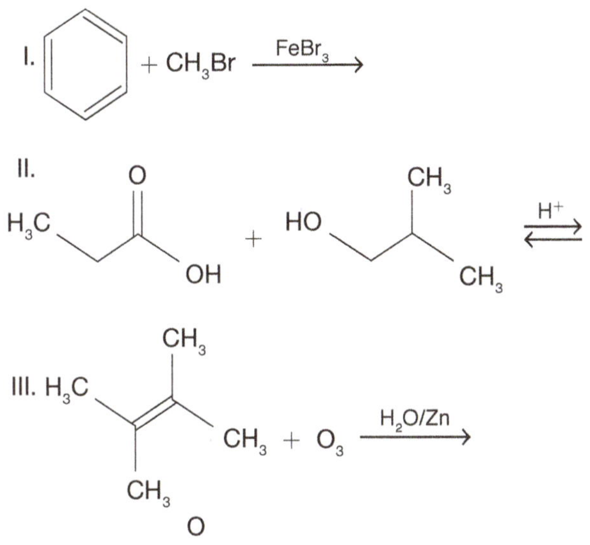

I.
+ CH_3Br
$FeBr_3$
II.
O
H_3C
OH
+
HO
CH_3
CH_3
H^+
III. H_3C
CH_3
CH_3 + O_3
H_2O/Zn
CH_3
O

Assim, os produtos orgânicos obtidos em **I**, **II** e **III**, são, respectivamente,

a) bromobenzeno, propanoato de isopropila e acetona.
b) tolueno, propanoato de isobutila e propanona.
c) metilbenzeno, butanoato de isobutila e etanal.
d) metilbenzeno, isobutanoato de propila e propanal.
e) bromobenzeno, butanoato de propila e propanona.

Capítulo 17 – Oxidação em Compostos Oxigenados

73. (FUVEST – SP) O 1,4-pentanodiol pode sofrer reação de oxidação em condições controladas, com formação de um aldeído A, mantendo o número de átomos de carbono da cadeia. O composto A formado pode, em certas condições, sofrer reação de descarbonilação, isto é, cada uma de suas moléculas perde CO, formando o composto B. O esquema a seguir representa essa sequência de reações:

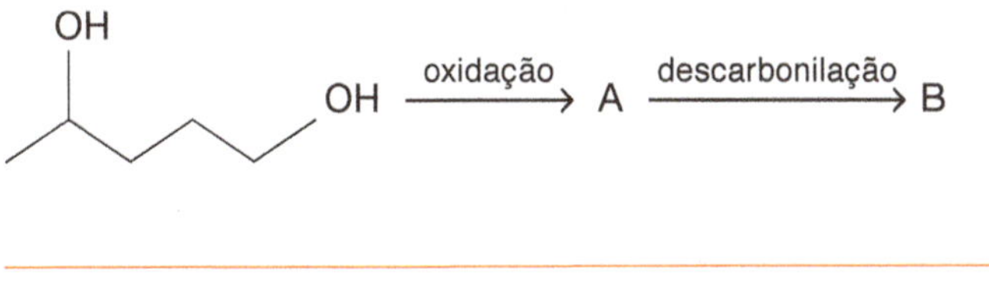

OH
OH
oxidação
A
descarbonilação
B

Os produtos A e B dessas reações são:

	A	B
a)	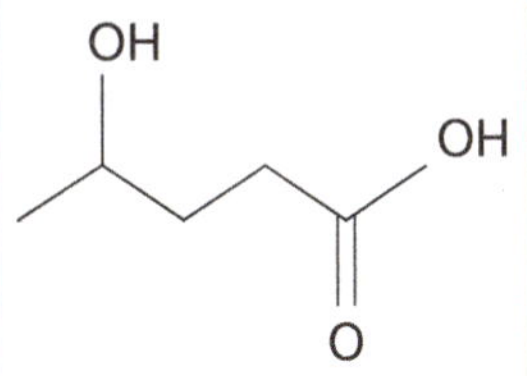	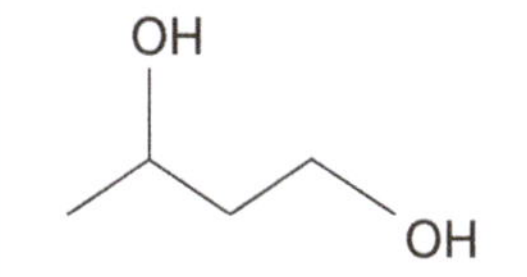
b)	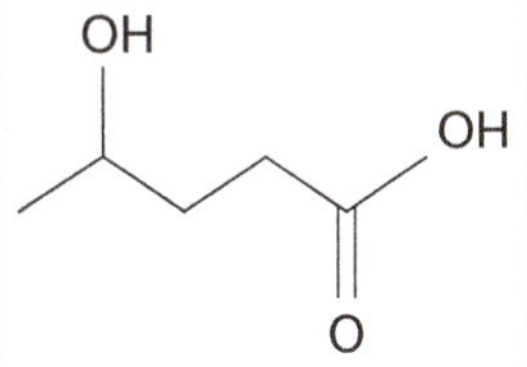	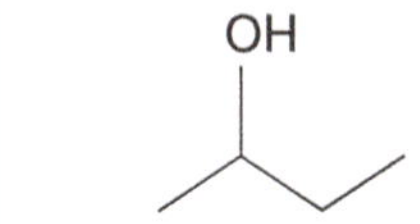
c)	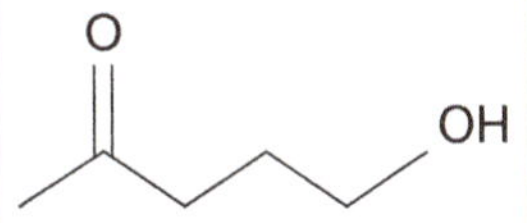	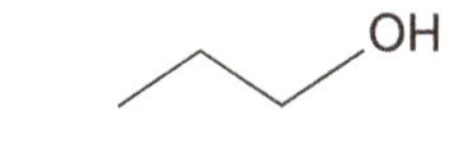
d)	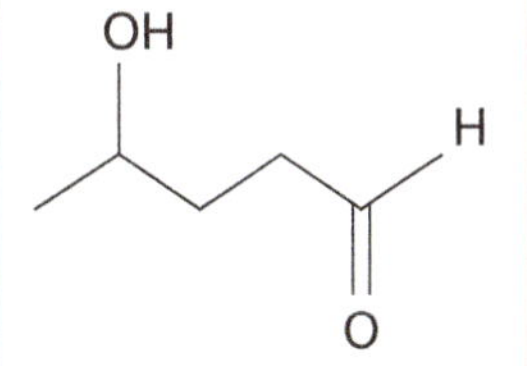	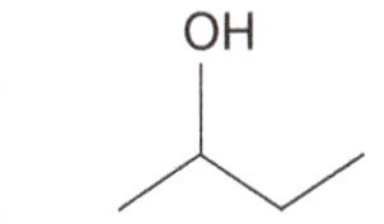
e)	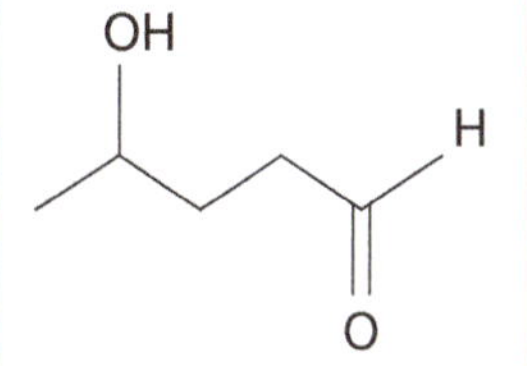	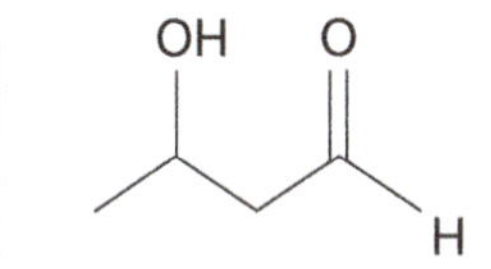

74. (PUC) O ácido propanoico é um produto usual do metabolismo de alguns aminoácidos ou ácidos graxos de cadeia mais longa. Também é sintetizado pelas bactérias do gênero *Propionibacterium* presentes nas glândulas sudoríparas humanas e trato digestores dos ruminantes. O seu cheiro acre é reconhecido no suor e em alguns tipos de queijo.

A respeito do acido propanoico, pode-se afirmar:

I. É muito solúvel em água.
II. Apresenta massa molar de 72 g/mol.
III. A combustão completa de 37 g de ácido propanoico gera 66 g de gás carbônico.
IV. Pode ser obtido a partir da oxidação do propanal.
V. A reação com etanol na presença de ácido sulfúrico concentrado resulta no éster etanoato de propila (acetato de propila).

Estão corretas apenas as afirmações

a) I, II e V.
b) I, III e IV.
c) II, III e V.
d) I e IV.
e) II e IV.

Dados: H = 1; C = 12; O = 16.

75. (FGV) O hidrogênio para células a combustível de uso automotivo poderá ser obtido futuramente a partir da reação de reforma do etanol. Atualmente, nessa reação, são gerados subprodutos indesejados: etanal (I) e etanoato de etila (II). Porém, pesquisadores da UNESP de Araraquara verificaram que, com o uso de um catalisador adequado, a produção de hidrogênio do etanol poderá ser viabilizada sem subprodutos.

Revista Pesquisa Fapesp, 234, ago. 2015 (adaptado).

A reação da transformação de etanol no subproduto I e a substância que reage com o etanol para formação do subproduto II são, correta e respectivamente,

a) substituição e etanal.
b) redução e etanal.
c) redução e ácido acético.
d) oxidação e etanal.
e) oxidação e ácido acético.

76. (PUC) O β-caroteno é um corante antioxidante presente em diversos vegetais amarelos ou laranja, como a cenoura, por exemplo. Em nosso organismo, o β-caroteno é um importante precursor do retinal e do retinol (vitamina A), substâncias envolvidas no metabolismo da visão.

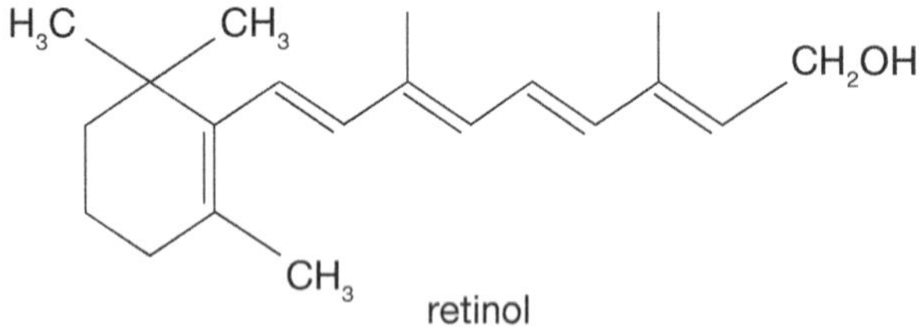
H3C
CH3
CH2OH
CH3
retinol

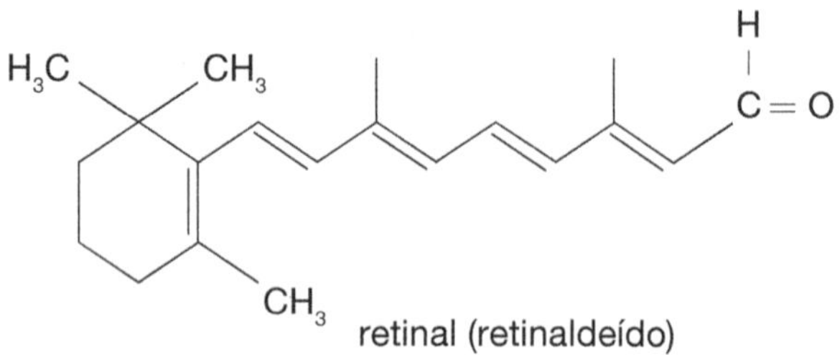
H3C
CH3
H
C=O
CH3
retinal (retinaldeído)

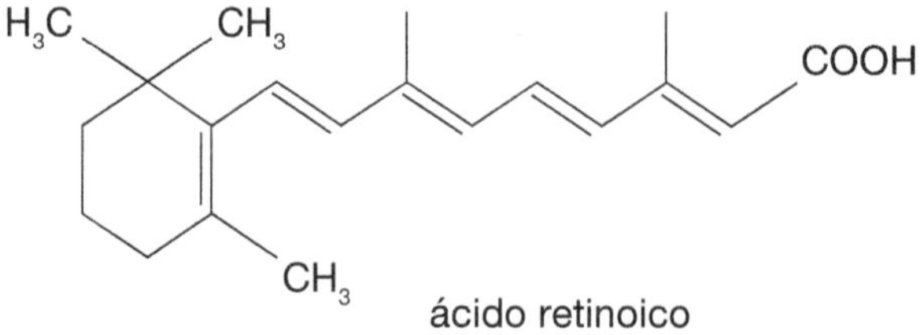
H3C
CH3
COOH
CH3
ácido retinoico

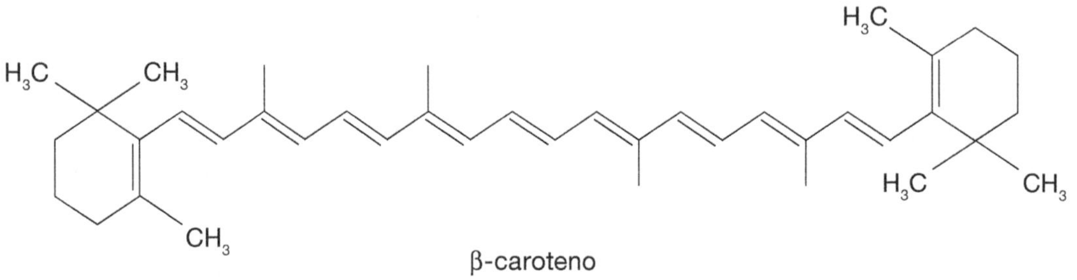
H3C
CH3
CH3
H3C
H3C
CH3
β-caroteno

Sobre as reações envolvidas no metabolismo do retinol foram feitas as seguintes afirmações:

I. β-caroteno, retinal e retinol são classificados, respectivamente, como hidrocarboneto, aldeído e álcool.
II. O retinol sofre oxidação ao ser transformado em retinal.
III. Retinal é um isômero de função do retinol.
IV. Retinal é reduzido ao se transformar em ácido retinoico.

Estão corretas APENAS as afirmações:

a) I e II.
b) II e III.
c) I e IV.
d) II e IV.

77. (PUC) A análise de um composto orgânico oxigenado de fórmula geral $C_xH_yO_z$ permitiu uma série de informações sobre o comportamento químico da substância.

I. A combustão completa de uma amostra contendo 0,01 mol desse composto forneceu 1,76 g de CO_2 e 0,72 g de água.
II. Esse composto não sofre oxidação em solução de $KMnO_4$ em meio ácido.
III. A redução desse composto fornece um álcool.

Com base nessas afirmações é possível deduzir que o nome do composto é

a) etoxi etano.
b) butanal.
c) butan-2-ol.
d) butanona.

Dados: C = 12; O = 16; H = 1.

Capítulo 18 – Células Voltaicas

Leia o texto para responder às questões de números **78** e **79**.

Em um laboratório didático, um aluno montou pilhas elétricas usando placas metálicas de zinco e cobre, separadas com pedaços de papel-toalha, como mostra a figura.

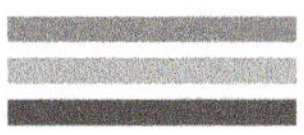
placa de cobre
placa de zinco
pedaço de papel-toalha

Utilizando três pilhas ligadas em série, o aluno montou o circuito elétrico esquematizado, a fim de produzir corrente elétrica a partir de reações químicas e acender uma lâmpada.

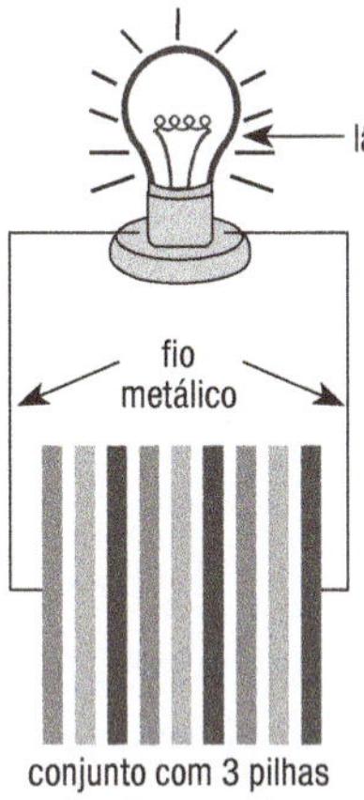
lâmpada de 1,5 V
fio metálico
conjunto com 3 pilhas ligadas em série

Com o conjunto e os contatos devidamente fixados, o aluno adicionou uma solução de sulfato de cobre ($CuSO_4$) aos pedaços de papel-toalha de modo a umedecê-los e, instantaneamente, houve o acendimento da lâmpada.

78. (UNESP) Sabe-se que o aluno preparou 400 mL de solução de sulfato de cobre com concentração igual a 1,00 mol · L^{-1}. Utilizando os dados da Classificação Periódica, calcule a massa necessária de sal utilizada no preparo de tal solução e expresse a equação balanceada de dissociação desse sal em água.

79. (UNESP) A tabela apresenta os valores de potencial-padrão para algumas semirreações.

Equação de semirreação	**E⁰ (V) (1 mol · L^{-1}, 100 kPa e 25 °C)**
$2 H^+(aq) + 2e^- \rightleftharpoons H_2(g)$	0,00
$Zn^{2+}(aq) + 2e^- \rightleftharpoons Zn(s)$	−0,76
$Cu^{2+}(aq) + 2e^- \rightleftharpoons Cu(s)$	+0,34

Considerando os dados da tabela e que o experimento tenha sido realizado nas condições ambientes, escreva a equação global da reação responsável pelo acendimento da lâmpada e calcule a diferença de potencial (ddp) teórica da bateria montada pelo estudante.

Capítulo 19 – Potencial de Eletrodo e suas Aplicações

80. (FUVEST – SP) A figura abaixo ilustra as estabilidades relativas das espécies que apresentam estado de oxidação +2 e +4 dos elementos da mesma família: carbono, silício, germânio, estanho e chumbo.

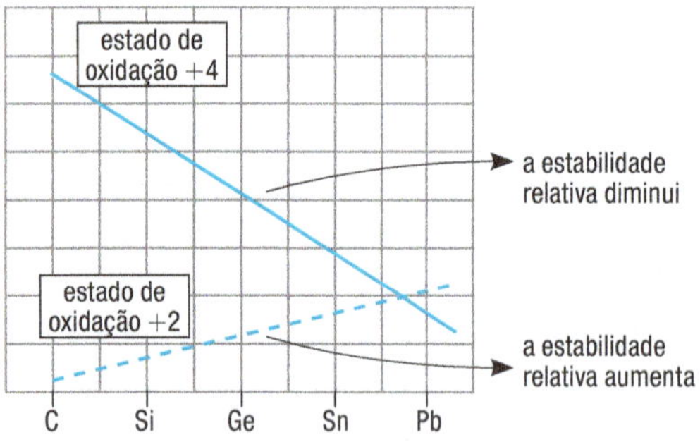
estado de oxidação +4
a estabilidade relativa diminui
estado de oxidação +2
a estabilidade relativa aumenta
C
Si
Ge
Sn
Pb

As estabilidades relativas podem ser interpretadas pela comparação entre potenciais-padrão de redução das espécies +4 formando as espécies +2, como representado a seguir para os elementos chumbo (Pb), germânio (Ge) e estanho (Sn):

$PbO_2 + 4\,H^+ + 2e^- \rightleftarrows Pb^{2+} + 2\,H_2O \qquad E_1^0$
$GeO_2 + 2\,H^+ + 2e^- \rightleftarrows GeO + H_2O \qquad E_2^0$
$SnO_2 + 4\,H^+ + 2e^- \rightleftarrows Sn^{2+} + 2\,H_2O \qquad E_3^0$

Os potenciais-padrão de redução dessas três semirreações, E_1^0, E_2^0 e E_3^0, foram determinados experimentalmente, obtendo-se os valores −0,12 V, −0,094 V e 1,5 V, não necessariamente nessa ordem.

Sabe-se que quanto maior o valor do potencial-padrão de redução, maior o caráter oxidante da espécie química.

a) Considerando as informações da figura, atribua, na tabela abaixo, os valores experimentais aos potenciais-padrão de redução E_1^0, E_2^0 e E_3^0.

	E_1^0	E_2^0	E_3^0
Valor experimental em volt			

b) O elemento carbono pode formar óxidos, nos quais a proporção entre carbono e oxigênio está relacionada ao estado de oxidação do carbono. Comparando os óxidos CO e CO_2, qual seria o mais estável? Explique, com base na figura apresentada acima.

81. (UNESP) Em um laboratório, uma estudante sintetizou sulfato de ferro (II) hepta-hidratado ($FeSO_4 \cdot 7\,H_2O$) a partir de ferro metálico e ácido sulfúrico diluído em água. Para tanto, a estudante pesou, em um béquer, 14,29 g de ferro metálico de pureza 98,00%. Adicionou água destilada e depois, lentamente, adicionou excesso de ácido sulfúrico concentrado sob agitação. No final do processo, a estudante pesou os cristais de produto formados. A tabela apresenta os valores de potenciais-padrão para algumas semirreações.

Equação de semirreação	**E⁰ (V) (1 mol · L⁻¹, 100 kPa e 25 °C)**
$2\,H^+(aq) + 2e^- \rightleftarrows H_2(g)$	0,00
$Fe^{2+}(aq) + 2e^- \rightleftarrows Fe(s)$	−0,44

Considerando que o experimento foi realizado pela estudante nas condições ambientes, escreva as equações das semirreações e a equação global da reação entre o ferro metálico e a solução de ácido sulfúrico. Tendo sido montada uma célula galvânica com as duas semirreações, calcule o valor da força eletromotriz da célula (ΔE^0).

82. (FUVEST - SP) Um estudante realizou um experimento para avaliar a reatividade dos metais Pb, Zn e Fe. Para isso, mergulhou, em separado, uma pequena placa de cada um desses metais em cada uma das soluções aquosas dos nitratos de chumbo, de zinco e de ferro. Com suas observações, elaborou a tabela a seguir, em que (sim) significa formação de sólido sobre a placa e (não) significa nenhuma evidência dessa formação:

Solução	Metal		
	Pb	Zn	Fe
$Pb(NO_3)_2$(aq)	(não)	(sim)	(sim)
$Zn(NO_3)_2$(aq)	(não)	(não)	(não)
$Fe(NO_3)_2$(aq)	(não)	(sim)	(não)

A seguir, montou três diferentes pilhas galvânicas, conforme esquematizado.

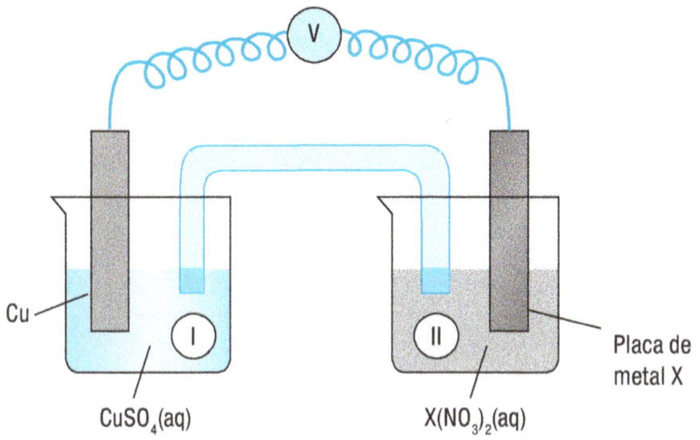
V
Cu
I
II
Placa de metal X
$CuSO_4$(aq)
$X(NO_3)_2$(aq)

Nessas três montagens, o conteúdo do béquer I era uma solução aquosa de $CuSO_4$ de mesma concentração, e essa solução era renovada na construção de cada pilha. O eletrodo onde ocorria a redução (ganho de elétrons) era o formado pela placa de cobre mergulhada em $CuSO_4$(aq).
Em cada uma das três pilhas, o estudante utilizou, no béquer II, uma placa de um dos metais X (Pb, Zn ou Fe), mergulhada na solução aquosa de seu respectivo nitrato. O estudante mediu a força eletromotriz das pilhas, obtendo os valores: 0,44 V; 0,75 V e 1,07 V.
A atribuição correta desses valores de força eletromotriz a cada uma das pilhas, de acordo com a reatividade dos metais testados, deve ser

	Metal X		
	Pb	Zn	Fe
a)	0,44	1,07	0,75
b)	0,44	0,75	1,07
c)	0,75	0,44	1,07
d)	0,75	1,07	0,44
e)	1,07	0,44	0,75

83. (MACKENZIE - SP) Um estudante de química colocou, separadamente, barras de chumbo, níquel, ferro e cobre no interior de 4 béqueres, que continham solução aquosa de nitrato de estanho (II) de concentração 1 mol . L^{-1} a 25 °C. As quatro possíveis reações de oxirredução, que ocorreriam espontaneamente, nos béqueres I, II, III e IV foram escritas abaixo:

I. $Pb(s) + Sn^{2+}(aq) \longrightarrow Pb^{2+}(aq) + Sn(s)$
II. $Ni(s) + Sn^{2+}(aq) \longrightarrow Ni^{2+}(aq) + Sn(s)$
III. $Fe(s) + Sn^{2+}(aq) \longrightarrow Fe^{2+}(aq) + Sn(s)$
IV. $Cu(s) + Sn^{2+}(aq) \longrightarrow Cu^{2+}(aq) + Sn(s)$

Dados:

$E^0 (Pb^{2+}(aq) / Pb(s)) = -0,13$ V
$E^0 (Sn^{2+}(aq) / Sn(s)) = -0,14$ V
$E^0 (Ni^{2+}(aq) / Ni(s)) = -0,23$ V
$E^0 (Fe^{2+}(aq) / Fe(s)) = -0,44$ V
$E^0 (Cu^{2+}(aq) / Cu(s)) = +0,34$ V

De acordo com as informações acima, os béqueres em que ocorreram, espontaneamente, as reações de oxirredução foram

a) I, II e IV, apenas.
b) II e III, apenas.
c) I, II e III, apenas.
d) I e II, apenas.
e) I e IV, apenas.

84. (PUC) **Dados:**

$Cu^{2+}(aq) + 2e^- \longrightarrow Cu(s)$ $E^0_{red} = +0,34$ V

$Al^{3+}(aq) + 3e^- \longrightarrow Al(s)$ $E^0_{red} = -1,68$ V

Considerando uma pilha formada pelos eletrodos de alumínio e cobre, qual será o valor de ΔE^0 da pilha?

a) +4,38 V b) +2,02 V c) −2,36 V d) −1,34 V

Capítulo 20 – Corrosão e Pilhas Comerciais

85. (FUVEST – SP) Quando começaram a ser produzidos em larga escala, em meados do século XX, objetos de plásticos eram considerados substitutos de qualidade inferior para objetos feitos de outros materiais. Com o tempo, essa concepção mudou bastante. Por exemplo, canecas eram feitas de folha de flandres, uma liga metálica, mas, hoje, também são feitas de louça ou de plástico. Esses materiais podem apresentar vantagens e desvantagens para sua utilização em canecas, como as listadas a seguir:

I. ter boa resistência a impactos, mas não poder ser levado diretamente ao fogo;
II. poder ser levado diretamente ao fogo, mas estar sujeito a corrosão;
III. apresentar pouca reatividade química, mas ter pouca resistência a impactos.

Os materiais utilizados na confecção de canecas os quais apresentam as propriedades I, II e III são, respectivamente,

a) metal, plástico, louça.
b) metal, louça, plástico.
c) louça, metal, plástico.
d) plástico, louça, metal.
e) plástico, metal, louça.

86. (PUC) **Dados:**

$Fe^{3+}(aq) + e^- \longrightarrow Fe^{2+}(aq)$ $E^0 = -0,77$ V

$Fe^{2+}(aq) + 2e^- \longrightarrow Fe(s)$ $E^0 = -0,44$ V

$Cu^{2+}(aq) + 2e^- \longrightarrow Cu(s)$ $E^0 = +0,34$ V

A formação da ferrugem é um processo natural e que ocasiona um grande prejuízo. Estima-se que cerca de 25% da produção anual de aço é utilizada para repor peças ou estruturas oxidadas.
Um estudante resolveu testar métodos para evitar a corrosão em um tipo de prego. Ele utilizou três pregos de ferro, um em cada tubo de ensaio. No tubo I, ele deixou o prego envolto por uma atmosfera contendo somente gás nitrogênio e fechou o tubo. No tubo II, ele enrolou um fio de cobre sobre o prego, cobrindo metade de sua superfície. No tubo III, ele cobriu todo o prego com uma tinta aderente.

Após um mês o estudante verificou formação de ferrugem

a) em nenhum dos pregos.
b) apenas no prego I.
c) apenas no prego II.
d) apenas no prego III.
e) apenas nos pregos I e II.

87. (UNICAMP – SP) Uma proposta para obter energia limpa é a utilização de dispositivos eletroquímicos que não gerem produtos poluentes, e que utilizem materiais disponíveis em grande quantidade ou renováveis. O esquema abaixo mostra, parcialmente, um dispositivo que pode ser utilizado com essa finalidade.

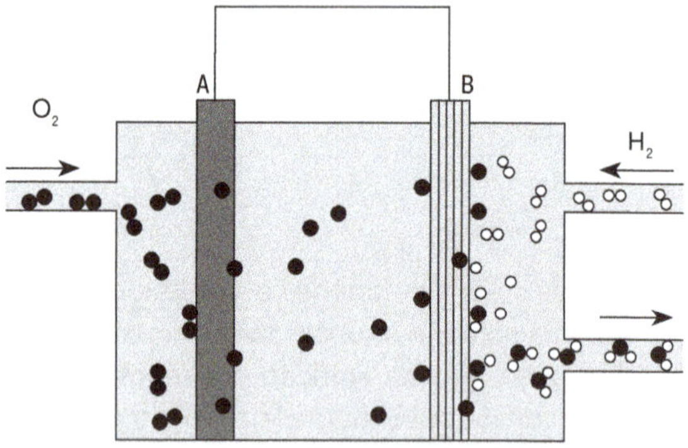
A
B
O_2
H_2

Nesse esquema, os círculos podem representar átomos, moléculas ou íons. De acordo com essas informações e o conhecimento de eletroquímica, pode-se afirmar que nesse dispositivo a corrente elétrica flui de

a) A para B e o círculo • representa o íon O^{2-}.
b) B para A e o círculo • representa o íon O^{2+}.
c) B para A e o círculo • representa o íon O^{2-}.
d) A para B e o círculo • representa o íon O^{2+}.

88. (MACKENZIE - SP) Em instalações industriais sujeitas à corrosão, é muito comum a utilização de um metal de sacrifício, o qual sofre oxidação mais facilmente do que o metal principal que compõe essa instalação, diminuindo portanto eventuais desgastes dessa estrutura. Quando o metal de sacrifício encontra-se deteriorado, é providenciada sua troca, garantindo-se a eficácia do processo denominado proteção catódica.

Considerando uma estrutura formada predominantemente por ferro e analisando a tabela a seguir que indica os potenciais-padrão de redução (E^0_{red}) de alguns outros metais, ao ser eleito um metal de sacrifício, a melhor escolha seria

Metal	Equação da semirreação	Potenciais-padrão de redução (E^0_{red})
magnésio	$Mg^{2+}(aq) + 2e^- \rightleftarrows Mg(s)$	−2,38 V
zinco	$Zn^{2+}(aq) + 2e^- \rightleftarrows Zn(s)$	−0,76 V
ferro	$Fe^{2+}(aq) + 2e^- \rightleftarrows Fe(s)$	−0,44 V
chumbo	$Pb^{2+}(aq) + 2e^- \rightleftarrows Pb(s)$	−0,13 V
cobre	$Cu^{2+}(aq) + 2e^- \rightleftarrows Cu(s)$	+0,34 V
prata	$Ag^{2+}(aq) + e^- \rightleftarrows Ag(s)$	+0,80 V

a) o magnésio.
b) o cobre.
c) o ferro.
d) o chumbo.
e) a prata.

89. (ALBERT EINSTEIN - SP) **Dados:** potencial de redução padrão em solução aquosa (E^0_{red}):

$Ag^+(aq) + e^- \longrightarrow Ag(s)$ $E^0_{red} = 0,80$ V
$Cu^{2+}(aq) + 2e^- \longrightarrow Cu(s)$ $E^0_{red} = 0,34$ V
$Pb^{2+}(aq) + 2e^- \longrightarrow Pb(s)$ $E^0_{red} = -0,13$ V
$Ni^{2+}(aq) + 2e^- \longrightarrow Ni(s)$ $E^0_{red} = -0,25$ V
$Fe^{2+}(aq) + 2e^- \longrightarrow Fe(s)$ $E^0_{red} = -0,44$ V
$Zn^{2+}(aq) + 2e^- \longrightarrow Zn(s)$ $E^0_{red} = -0,76$ V
$Mg^{2+}(aq) + 2e^- \longrightarrow Mg(s)$ $E^0_{red} = -2,37$ V

Tubulações metálicas são largamente utilizadas para o transporte de líquidos e gases, principalmente água, combustíveis e esgoto. Esses encanamentos sofrem corrosão em contato com agentes oxidantes como o oxigênio e a água, causando vazamentos e elevados custos de manutenção.

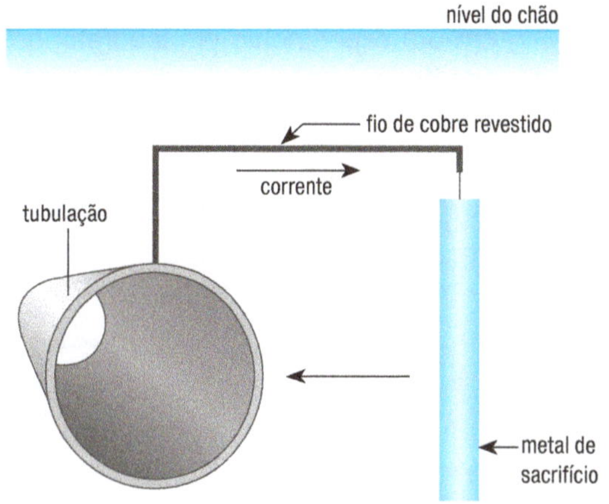
nível do chão
fio de cobre revestido
corrente
tubulação
metal de sacrifício

Uma das maneiras de prevenir a oxidação dos encanamentos é conectá-los a um metal de sacrifício, método conhecido como proteção catódica. Nesse caso, o metal de sacrifício sofre a corrosão, preservando a tubulação.
Considerando os metais relacionados na tabela de potencial de redução padrão, é possível estabelecer os metais apropriados para a proteção catódica de tubulações de aço (liga constituída principalmente por ferro) ou de chumbo.
Caso a tubulação fosse de aço, os metais adequados para atuarem como metais de sacrifício seriam X e, caso a tubulação fosse de chumbo, os metais adequados para atuarem como proteção seriam Y.

Assinale a alternativa que apresenta todos os metais correspondentes às condições X e Y.

	X	Y
a)	Ag e Cu	Ni e Fe
b)	Ag e Cu	Ni, Fe, Zn e Mg
c)	Zn e Mg	Ni, Fe, Zn e Mg
d)	Zn e Mg	Ag e Cu

É correto afirmar que se forma cobre no

a) catodo; no anodo, forma-se O_2.
b) catodo; no anodo, forma-se H_2O.
c) anodo; no catodo, forma-se H_2.
d) anodo; no catodo, forma-se O_2.
e) anodo; no catodo, forma-se H_2O.

Capítulo 21 - Eletrólise Qualitativa

90. (FGV) Em um experimento em laboratório de química, montou-se uma célula eletrolítica de acordo com o esquema:

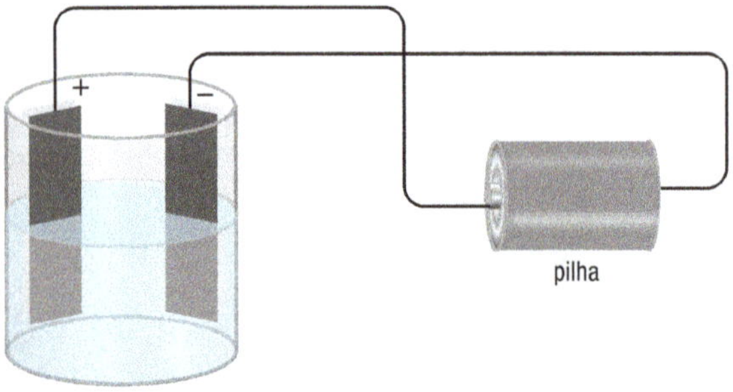

+
−
pilha

Usaram-se como eletrodo dois bastões de grafite, uma solução aquosa 1,0 mol . L^{-1} de $CuSO_4$ em meio ácido a 20 °C e uma pilha.

Alguns minutos após iniciado o experimento, observaram-se a formação de um sólido de coloração amarronzada sobre a superfície do eletrodo de polo negativo e a formação de bolhas na superfície do eletrodo de polo positivo.

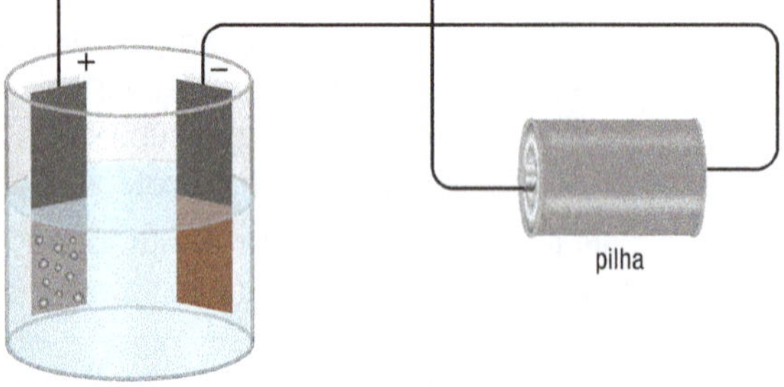

+
−
pilha

Com base nos potenciais de redução a 20 °C,

$Cu^{2+}(aq) + 2e^- \longrightarrow Cu(s)$ $\quad +0,34$ V

$2\ H^+(aq) + 2e^- \longrightarrow H_2(g)$ $\quad 0,00$ V

$O_2(g) + 4\ H^+(aq) + 4e^- \longrightarrow H_2O(l)$ $\quad +1,23$ V

91. (FATEC – SP) Para a cremação de um anel de aço, um estudante montou o circuito eletrolítico representado na figura a seguir, utilizando uma fonte de corrente contínua.

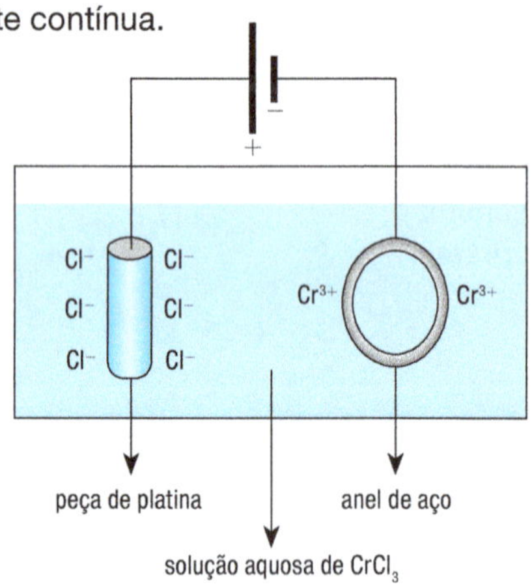

−
+
Cl⁻
Cl⁻
Cl⁻
Cl⁻
Cl⁻
Cl⁻
Cr³⁺
Cr³⁺
peça de platina
anel de aço
solução aquosa de CrCl₃

Durante o funcionamento do circuito, é correto afirmar que ocorre

a) liberação de gás cloro no anodo e depósito de cromo metálico no catodo.
b) liberação de gás cloro no catodo e depósito de cromo metálico no anodo.
c) liberação de gás oxigênio no anodo e depósito de platina metálica no catodo.
d) liberação de gás hidrogênio no anodo e corrosão da platina metálica no catodo.
e) liberação de gás hidrogênio no catodo e corrosão do aço metálico no anodo.

Utilize o texto para responder às questões de números **92** e **93**.

A soda cáustica, NaOH, é obtida industrialmente como subproduto da eletrólise da salmoura, NaCl em H_2O, que tem como objetivo principal a produção do gás cloro. Esse processo é feito em grande escala em uma cuba eletrolítica representada no esquema da figura:

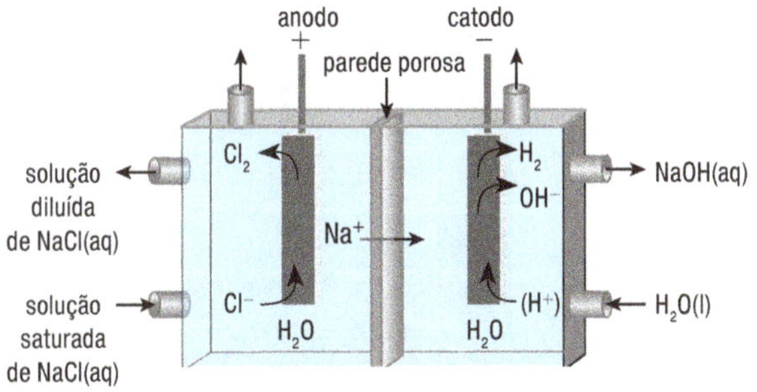
anodo
+
catodo
−
parede porosa
Cl_2
H_2
OH^-
solução diluída de NaCl(aq)
NaOH(aq)
Na^+
solução saturada de NaCl(aq)
Cl^-
(H^+)
$H_2O(l)$
H_2O
H_2O

Do compartimento em que se forma o gás hidrogênio, a solução concentrada de hidróxido de sódio é coletada para que esse composto seja separado e, no estado sólido, seja embalado e comercializado.

92. (FGV) A separação da soda cáustica formada no processo de eletrólise é feita por

a) fusão.
b) sublimação.
c) condensação.
d) cristalização.
e) solubilização.

93. (FGV) Na produção do cloro por eletrólise da salmoura, a espécie que é oxidada e as substâncias que são os reagentes da reação global do processo são, correta e respectivamente,

a) íon sódio e $NaCl + H_2$.
b) água e $NaCl + H_2O$.
c) íon cloreto e $NaCl + H_2O$.
d) íon hidrogênio e $NaOH + H_2O$.
e) íon hidróxido e $NaCl + H_2$.

94. (UNESP) Nas salinas, o cloreto de sódio é obtido pela evaporação da água do mar em uma série de tanques. No primeiro tanque, ocorre o aumento da concentração de sais na água, cristalizando-se sais de cálcio. Em outro tanque ocorre a cristalização de 90% do cloreto de sódio presente na água. O líquido sobrenadante desse tanque, conhecido como salmoura amarga, é drenado para outro tanque. É nessa salmoura que se encontra a maior concentração de íons $Mg^{2+}(aq)$, razão pela qual ela é utilizada como ponto de partida para a produção de magnésio metálico.

Ricardo Azoury/olharimagem

Disponível em: <www2.uol.com.br/Sciam>.
Salina da região de Cabo Frio.

A obtenção de magnésio metálico a partir da salmoura amarga envolve uma série de etapas: os íons Mg^{2+} presentes nessa salmoura são precipitados sob a forma de hidróxido de magnésio por adição de íons OH^-.
Por aquecimento, esse hidróxido transforma-se em óxido de magnésio que, por sua vez, reage com ácido clorídrico, formando cloreto de magnésio que, após cristalizado e fundido, é submetido à eletrólise ígnea, produzindo magnésio metálico no catodo e cloro gasoso no anodo.
Dê o nome do processo de separação de misturas empregado para obter o cloreto de sódio nas salinas e informe qual é a propriedade específica dos materiais na qual se baseia esse processo. Escreva a equação da reação que ocorre na primeira etapa da obtenção de magnésio metálico a partir da salmoura amarga e a equação que representa a reação global que ocorre na última etapa, ou seja, na eletrólise ígnea do cloreto de magnésio.

Capítulo 22 – Eletrólise Quantitativa

95. (FUVEST – SP) Em uma oficina de galvanoplastia, uma peça de aço foi colocada em um recipiente contendo solução de sulfato de cromo (III) [$Cr_2(SO_4)_3$], a fim de receber um revestimento de cromo metálico. A peça de aço foi conectada, por meio de um fio condutor, a uma barra feita de um metal X, que estava mergulhada em uma solução de um sal do metal X. As soluções salinas dos dois recipientes foram conectadas por meio de uma ponte salina. Após algum tempo, observou-se que uma camada de cromo metálico se depositou sobre a peça de aço e que a barra de metal X foi parcialmente corroída.

A tabela a seguir fornece as massas dos componentes metálicos envolvidos no procedimento:

	Massa inicial (g)	Massa final (g)
Peça de aço	100,00	102,08
Barra de metal X	100,00	96,70

Note e adote
massas molares (g/mol) Mg = 24, Cr = 52, Mn = 55, Zn = 65.

a) Escreva a equação química que representa a semirreação de redução que ocorreu nesse procedimento.

b) O responsável pela oficina não sabia qual era o metal X, mas sabia que podia ser magnésio (Mg), zinco (Zn) ou manganês (Mn), que formam íons divalentes em solução nas condições do experimento. Determine, mostrando os cálculos necessários, qual desses três metais é X.

96. (FUVEST – SP) Células a combustível são opções viáveis para gerar energia elétrica para motores e outros dispositivos. O esquema representa uma dessas células e as transformações que nela ocorrem.

$$H_2(g) + 1/2\ O_2(g) \longrightarrow H_2O(g)$$

$$\Delta H = -240 \text{ kJ/mol de } H_2$$

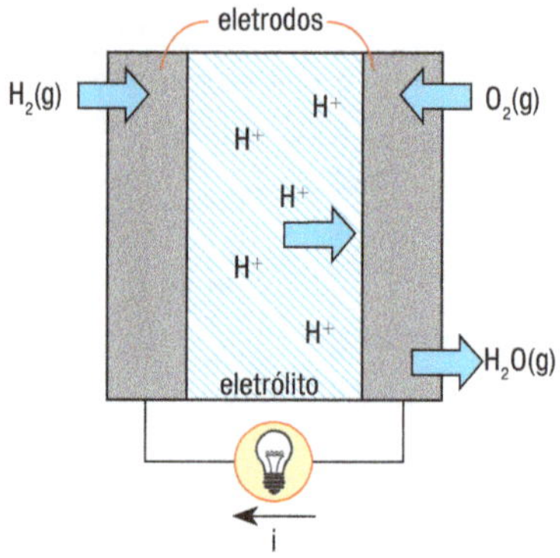
eletrodos
$H_2(g)$
$O_2(g)$
H^+
H^+
H^+
H^+
H^+
eletrólito
$H_2O(g)$
i

Note e adote
carga de um mol de elétrons = 96.500 coulomb.

A corrente elétrica (i), em ampère (coulomb por segundo), gerada por uma célula a combustível que opera por 10 minutos e libera 4,80 kJ de energia durante esse período de tempo, é

a) 3,32.
b) 6,43.
c) 12,9.
d) 386.
e) 772.

97. (UNESP) Em um experimento, um estudante realizou, nas Condições Ambiente de Temperatura e Pressão (CATP), a eletrólise de uma solução aquosa de ácido sulfúrico, utilizando uma fonte de corrente elétrica contínua de 0,200 A durante 965 s. Sabendo que a constante de Faraday é 96.500 C/mol e que o volume molar de gás nas CATP é 25.000 mL/mol, o volume de $H_2(g)$ desprendido durante essa eletrólise foi igual a

a) 30,0 mL.
b) 45,0 mL.
c) 10,0 mL.
d) 25,0 mL.
e) 50,0 mL.

Modelo de Reação Orgânica

98. (FUVEST – SP) Compostos com um grupo NO_2 ligado a um anel aromático podem ser reduzidos, sendo o grupo NO_2 transformado em NH_2, como representado abaixo.

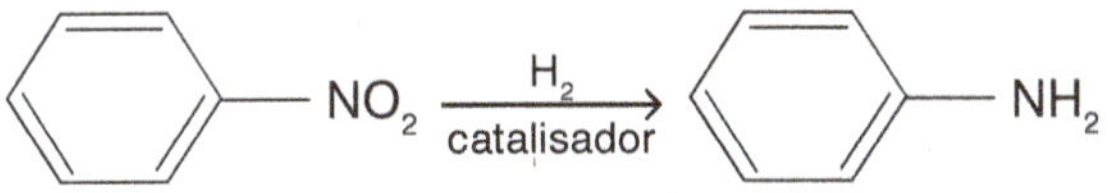

NO2
H2
catalisador
NH2

Compostos alifáticos ou aromáticos com grupo NH_2, por sua vez, podem ser transformados em amidas ao reagirem com anidrido acético. Essa transformação é chamada de acetilação do grupo amino, como exemplificado abaixo.

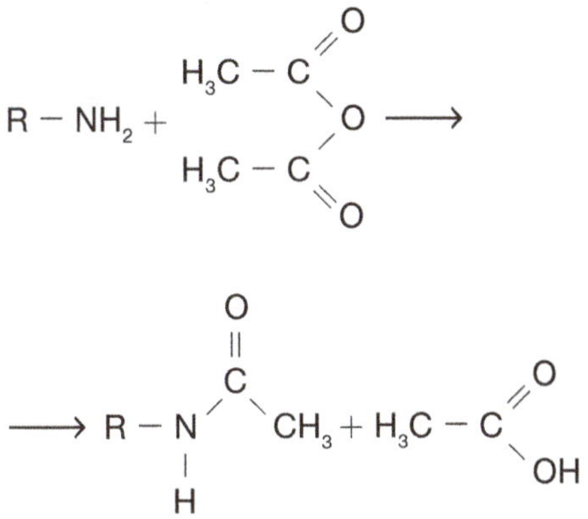

Essas transformações são utilizadas para a produção industrial do paracetamol, que é um fármaco empregado como analgésico e antitérmico.

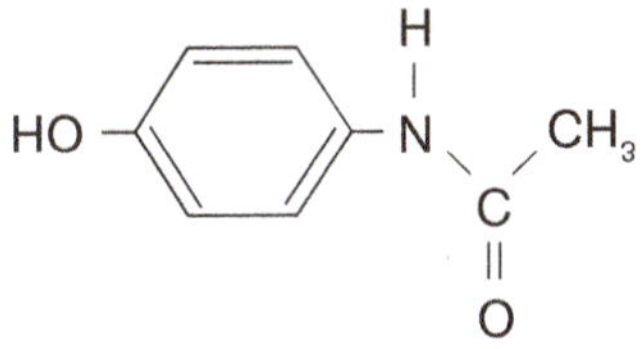

paracetamol

a) Qual é o reagente de partida que, após passar por redução e em seguida por acetilação, resulta no paracetamol? Escreva no quadro a seguir a fórmula estrutural desse reagente.

O fenol (C_6H_5OH) também pode reagir com anidrido acético. Nessa transformação, forma-se acetato de fenila.

b) Na etapa de acetilação do processo industrial de produção do paracetamol, formam-se, também, ácido acético e um subproduto diacetilado (mas monoacetilado no nitrogênio). Complete o esquema a seguir, de modo a representar a equação química balanceada de formação do subproduto citado.

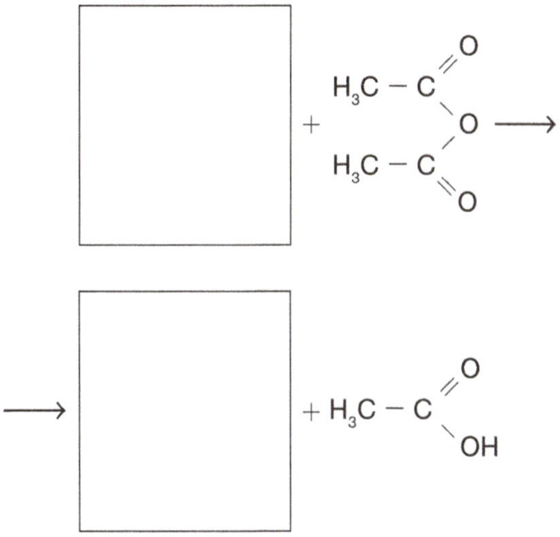

subproduto diacetilado

Complemento 7 — Química no ENEM

Capítulo 1 – Equilíbrios Iônicos em Soluções Aquosas

1. (ENEM) Parte do gás carbônico da atmosfera é absorvida pela água do mar. O esquema representa reações que ocorrem naturalmente, em equilíbrio, no sistema ambiental marinho. O excesso de dióxido de carbono na atmosfera pode afetar os recifes de corais.

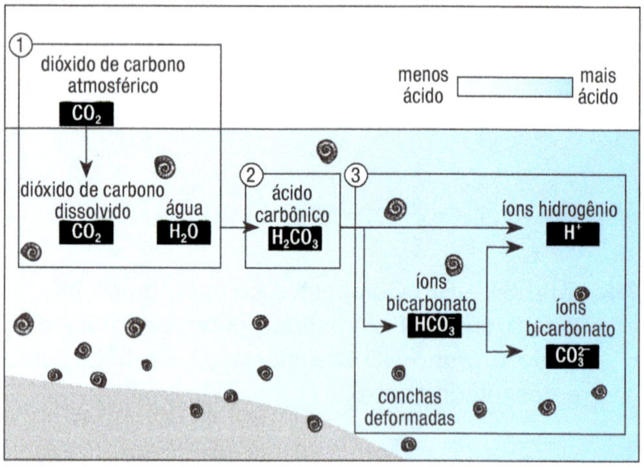

1
dióxido de carbono atmosférico
CO_2
menos ácido
mais ácido
dióxido de carbono dissolvido
CO_2
água
H_2O
2
ácido carbônico
H_2CO_3
3
íons hidrogênio
H^+
íons bicarbonato
HCO_3^-
íons bicarbonato
CO_3^{2-}
conchas deformadas

Disponível em: <http://news.bbc.co.uk>.
Acesso em: 20 maio 2014 (adaptado).

O resultado desse processo nos corais é o(a)

a) seu branqueamento, levando à sua morte e extinção.
b) excesso de fixação de cálcio, provocando calcificação indesejável.
c) menor incorporação de carbono, afetando seu metabolismo energético.
d) estímulo da atividade enzimática, evitando a descalcificação dos esqueletos.
e) dano à estrutura dos esqueletos calcários, diminuindo o tamanho das populações.

2. (ENEM) Após seu desgaste completo, os pneus podem ser queimados para a geração de energia. Dentre os gases gerados na combustão completa da borracha vulcanizada, alguns são poluentes e provocam a chuva ácida. Para evitar que escapem para a atmosfera, esses gases podem ser borbulhados em uma solução aquosa contendo uma substância adequada. Considere as informações das substâncias listadas no quadro.

Substância	Equilíbrio em solução aquosa	Valor da constante de equilíbrio
fenol	$C_6H_5OH + H_2O \rightleftharpoons C_6H_5O^- + H_3O^+$	$1{,}3 \times 10^{-10}$
piridina	$C_5H_5N + H_2O \rightleftharpoons C_5H_5NH^+ + OH^-$	$1{,}7 \times 10^{-9}$
metilamina	$CH_3NH_2 + H_2O \rightleftharpoons CH_3NH_3^+ + OH^-$	$4{,}4 \times 10^{-4}$
hidrogenofosfato de potássio	$HPO_4^{2-} + H_2O \rightleftharpoons H_2PO_4^- + OH^-$	$2{,}8 \times 10^{-2}$
hidrogenossulfato de potássio	$HSO_4^- + H_2O \rightleftharpoons SO_4^{2-} + H_3O^+$	$3{,}1 \times 10^{-2}$

Dentre as substâncias listadas no quadro, aquela capaz de remover com maior eficiência os gases poluentes é o(a)

a) fenol.
b) piridina.
c) metilamina.
d) hidrogenofosfato de potássio.
e) hidrogenossulfato de potássio.

Capítulo 2 – pH e pOH

3. (ENEM) Uma dona de casa acidentalmente deixou cair na geladeira a água proveniente do degelo de um peixe, o que deixou um cheiro forte e desagradável dentro do eletrodoméstico. Sabe-se que o odor característico de peixe se deve às aminas e que esses compostos se comportam como bases. Na tabela são listadas as concentrações hidrogeniônicas de alguns materiais encontrados na cozinha, que a dona de casa pensa em utilizar na limpeza da geladeira.

Material	Concentração de H_3O^+ (mol/L)
suco de limão	10^{-2}
leite	10^{-6}
vinagre	10^{-3}
álcool	10^{-8}
sabão	10^{-12}
carbonato de sódio/barrilha	10^{-12}

Dentre os materiais listados, quais são apropriados para amenizar esse odor?

a) Álcool ou sabão.
b) Suco de limão ou álcool.
c) Suco de limão ou vinagre.
d) Suco de limão, leite ou sabão.
e) Sabão ou carbonato de sódio/barrilha.

Capítulo 3 – Caráter Ácido e Básico nos Compostos Orgânicos

4. (ENEM) Grande quantidade dos maus odores do nosso dia a dia está relacionada a compostos alcalinos. Assim, em vários desses casos, pode-se utilizar o vinagre, que contém entre 3,5% e 5% de ácido acético, para diminuir ou eliminar o mau cheiro. Por exemplo, lavar as mãos com vinagre e depois enxaguá-las com água elimina o odor de peixe, já que a molécula de piridina (C_5H_5N) é uma das substâncias responsáveis pelo odor característico de peixe podre.

SILVA, V. A.; BENITE, A. M. C.; SOARES, M. H. F. B. Algo aqui não cheira bem... A química do mau cheiro. **Química Nova na Escola**. v. 33, n. 1, fev. 2011 (adaptado).

A eficiência do uso do vinagre nesse caso se explica pela

a) sobreposição de odor, propiciada pelo cheiro característico do vinagre.
b) solubilidade da piridina, de caráter ácido, na solução ácida empregada.
c) inibição da proliferação das bactérias presentes, devido à ação do ácido acético.
d) degradação enzimática da molécula de piridina, acelerada pela presença de ácido acético.
e) reação de neutralização entre o ácido acético e a piridina, que resulta em compostos sem mau odor.

Capítulo 4 – Hidrólise Salina

5. (ENEM) A formação frequente de grandes volumes de pirita (FeS_2) em uma variedade de depósitos minerais favorece a formação de soluções ácidas ferruginosas, conhecidas como “drenagem ácida de minas”. Esse fenômeno tem sido bastante pesquisado pelos cientistas e representa uma grande preocupação entre os impactos da mineração no ambiente. Em contato com oxigênio, a 25 °C, a pirita sofre reação, de acordo com a equação química:

$$4\ FeS_2(s) + 15\ O_2(g) + 2\ H_2O(l) \longrightarrow$$
$$\longrightarrow 2\ Fe_2(SO_4)_3(aq) + 2\ H_2SO_4(aq)$$

FIGUEIREDO, B. R. **Minérios e Ambientes.** Campinas: Unicamp, 2000.

Para corrigir os problemas ambientais causados por essa drenagem, a substância mais recomendada a ser adicionada ao meio é o

a) sulfeto de sódio.
b) cloreto de amônio.
c) dióxido de enxofre.
d) dióxido de carbono.
e) carbonato de cálcio.

6. (ENEM) Visando minimizar impactos ambientais, a legislação brasileira determina que resíduos químicos lançados diretamente no corpo receptor tenham pH entre 5,0 e 9,0.

Um resíduo líquido aquoso gerado em um processo industrial tem concentração de íons hidroxila igual a $1{,}0 \times 10^{-10}$ mol/L. Para atender à legislação, um químico separou as seguintes substâncias, disponibilizadas no almoxarifado da empresa: CH_3COOH, Na_2SO_4, CH_3OH, K_2CO_3 e NH_4Cl.

Para que o resíduo possa ser lançado diretamente no corpo receptor, qual substância poderia ser empregada no ajuste do pH?

a) CH_3COOH
b) Na_2SO_4
c) CH_3OH
d) K_2CO_3
e) NH_4Cl

7. (ENEM) Em um experimento, colocou-se água até a metade da capacidade de um frasco de vidro e, em seguida, adicionaram-se três gotas de solução alcoólica de fenolftaleína. Adicionou-se bicarbonato de sódio comercial, em pequenas quantidades, até que a solução se tornasse rosa. Dentro do frasco, acendeu-se um palito de fósforo, o qual foi apagado assim que a cabeça terminou de queimar. Imediatamente, o frasco foi tampado. Em seguida, agitou-se o frasco tampado e observou-se o desaparecimento da cor rosa.

MATEUS, A. L. **Química na Cabeça.**
Belo Horizonte: UFMG, 2001 (adaptado).

A explicação para o desaparecimento da cor rosa é que, com a combustão do palito de fósforo, ocorreu o(a)

a) formação de óxidos de caráter ácido.
b) evaporação do indicador fenolftaleína.
c) vaporização de parte da água do frasco.
d) vaporização dos gases de caráter alcalino.
e) aumento do pH da solução no interior do frasco.

Capítulo 5 – Equilíbrio de Dissolução

8. (ENEM) O etanol é considerado um biocombustível promissor, pois, sob o ponto de vista do balanço de carbono, possui uma taxa de emissão praticamente igual a zero. Entretanto, esse não é o único ciclo biogeoquímico associado à produção de etanol. O plantio de cana-de-açúcar, matéria-prima para a produção de etanol, envolve a adição de macronutrientes como enxofre, nitrogênio, fósforo e potássio, principais elementos envolvidos no crescimento de um vegetal.

Revista Química Nova na Escola, n. 28, 2008.

O nitrogênio incorporado ao solo, como consequência da atividade descrita anteriormente, é transformado em nitrogênio ativo e afetará o meio ambiente, causando

a) o acúmulo de sais insolúveis, desencadeando um processo de salinificação do solo.
b) a eliminação de microrganismos existentes no solo responsáveis pelo processo de desnitrificação.
c) a contaminação de rios e lagos devido à alta solubilidade de íons como NO_3^- e NH_4^+ em água.
d) a diminuição do pH do solo pela presença de NH_3, que reage com a água, formando o $NH_4OH(aq)$.
e) a diminuição da oxigenação do solo, uma vez que o nitrogênio ativo forma espécies químicas do tipo NO_2, NO_3^-, N_2O.

9. (ENEM) Em meados de 2003, mais de 20 pessoas morreram no Brasil após terem ingerido uma suspensão de sulfato de bário utilizada como contraste em exames radiológicos. O sulfato de bário é um sólido pouquíssimo solúvel em água, que não se dissolve mesmo na presença de ácidos. As mortes ocorreram porque um laboratório farmacêutico forneceu o produto contaminado com carbonato de bário, que é solúvel em meio ácido. Um simples teste para verificar a existência de íons bário solúveis poderia ter evitado a tragédia. Esse teste consiste em tratar a amostra com solução aquosa de HCl e, após filtrar para separar os compostos insolúveis de bário, adiciona-se solução aquosa de H_2SO_4 sobre o filtrado e observa-se por 30 min.

TUBINO, M.; SIMONI, J. A.
Refletindo sobre o caso Celobar®.
Química Nova. n. 2, 2007 (adaptado).

A presença de íons bário solúveis na amostra é indicada pela

a) liberação de calor.
b) alteração da cor para rosa.
c) precipitação de um sólido branco.
d) formação de gás hidrogênio.
e) volatilização de gás cloro.

Capítulo 6 – Propriedades Físicas dos Compostos Orgânicos

10. (ENEM) O uso de protetores solares em situações de grande exposição aos raios solares como, por exemplo, nas praias, é de grande importância para a saúde. As moléculas ativas de um protetor apresentam, usualmente, anéis aromáticos conjugados com grupos carbonila, pois esses sistemas são capazes de absorver a radiação ultravioleta mais nociva aos seres humanos. A conjugação é definida como a ocorrência de alternância entre ligações simples e duplas em uma molécula. Outra propriedade das moléculas em questão é apresentar, em uma de suas extremidades, uma parte apolar responsável por reduzir a solubilidade do composto em água, o que impede sua rápida remoção quando do contato com a água. De acordo com as considerações do texto, qual das moléculas apresentadas a seguir é a mais adequada para funcionar como molécula ativa de protetores solares?

a)

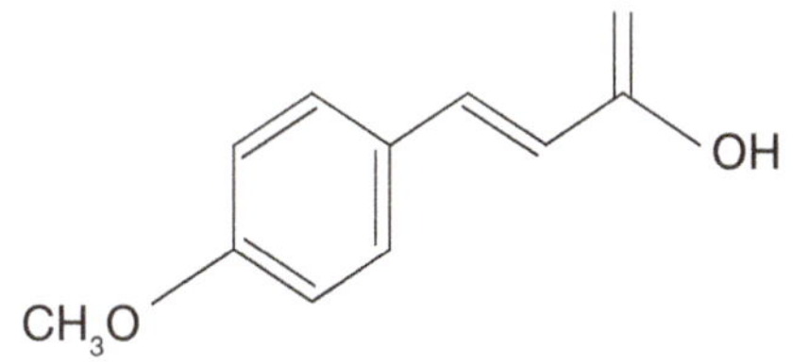

b)

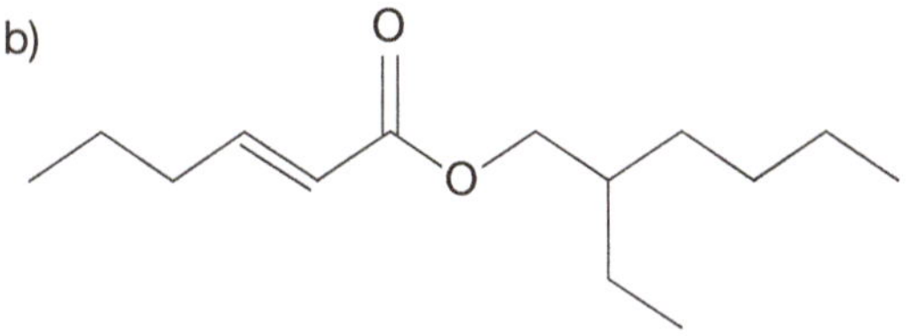

c)

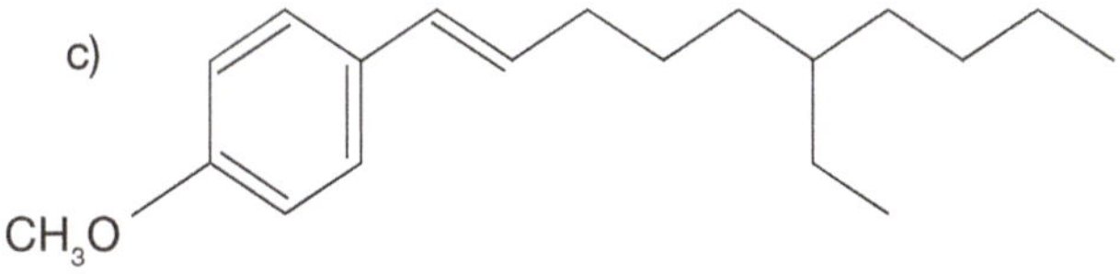

d)

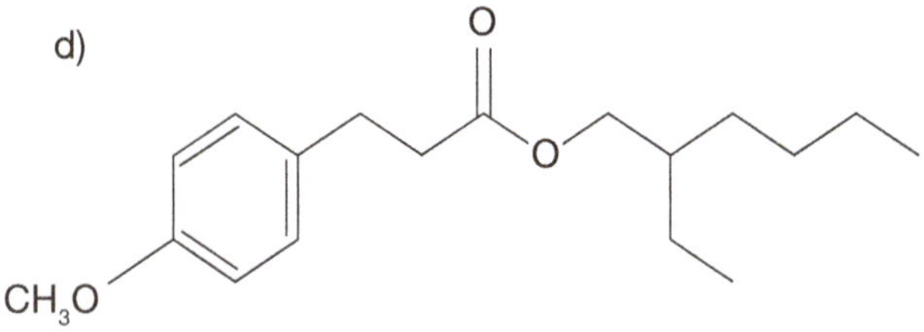

e)

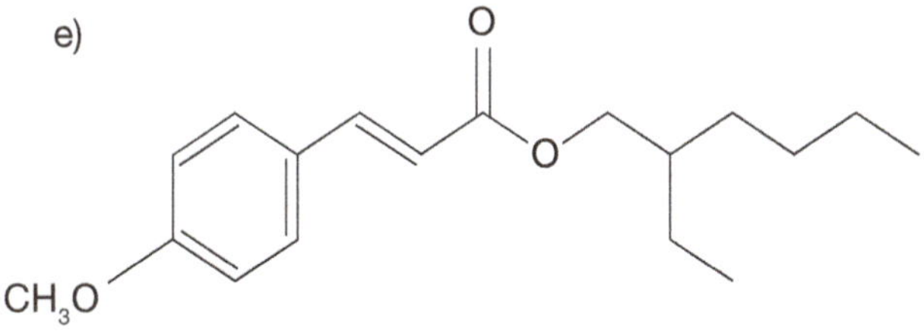

11. (ENEM) A pele humana, quando está bem hidratada, adquire boa elasticidade e aspecto macio e suave. Em contrapartida, quando está ressecada, perde sua elasticidade e se apresenta opaca e áspera. Para evitar o ressecamento da pele é necessário, sempre que possível, utilizar hidratantes umectantes, feitos geralmente à base de glicerina e polietilenoglicol:

$$\begin{array}{ccccc} HO & & OH & & OH \\ | & & | & & | \\ H_2C & - & CH & - & CH_2 \end{array}$$

glicerina

$$HO - CH_2 - CH_2 - [O - CH_2 - CH_2]_n - O - CH_2 - CH_2 - OH$$

polietilenoglicol

Disponível em: <http://www.brasilescola.com>. *Acesso em:* 23 abr. 2010 (adaptado).

A retenção de água na superfície da pele promovida pelos hidratantes é consequência da interação dos grupos hidroxila dos agentes umectantes com a umidade contida no ambiente por meio de

a) ligações iônicas.
b) forças de London.
c) ligações covalentes.
d) forças dipolo-dipolo.
e) ligações de hidrogênio.

12. (ENEM) Quando colocados em água, os fosfolipídios tendem a formar lipossomos, estruturas formadas por uma bicamada lipídica, conforme mostrado na figura. Quando rompida, essa estrutura tende a se reorganizar em um novo lipossomo.

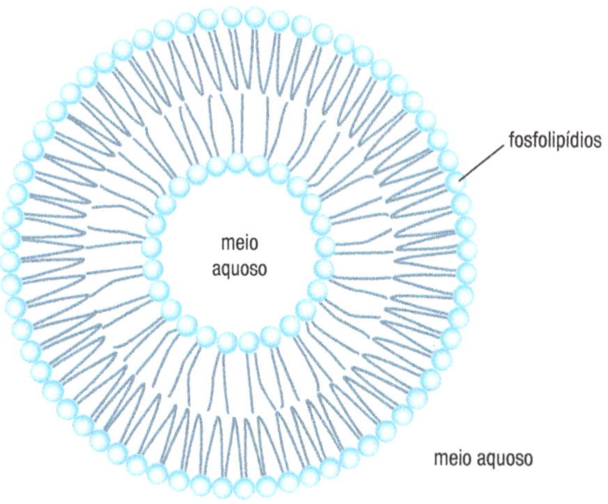
fosfolipídios
meio aquoso
meio aquoso

Disponível em: <http://course1.winona.edu>. *Acesso em:* 1.º mar. 2012 (adaptado).

Esse arranjo característico se deve ao fato de os fosfolipídios apresentarem uma natureza

a) polar, ou seja, serem inteiramente solúveis em água.
b) apolar, ou seja, não serem solúveis em solução aquosa.
c) anfotérica, ou seja, podem comportar-se como ácidos e bases.
d) insaturada, ou seja, possuírem duplas ligações em sua estrutura.
e) anfifílica, ou seja, possuírem uma parte hidrofílica e outra hidrofóbica.

13. (ENEM) Para impedir a contaminação microbiana do suprimento de água, devem-se eliminar as emissões de efluentes e, quando necessário, tratá-los com desinfetante.

O ácido hipocloroso (HClO), produzido pela reação entre cloro e água, é um dos compostos mais empregados como desinfetante. Contudo, ele não atua somente como oxidante, mas também como um ativo agente de cloração.

A presença de matéria orgânica dissolvida no suprimento de água clorada pode levar à formação de clorofórmio ($CHCl_3$) e outras espécies orgânicas cloradas tóxicas.

SPIRO, T. G.; STIGLIANI, W. M. **Química Ambiental.** São Paulo: Pearson, 2009 (adaptado).

Visando eliminar da água o clorofórmio e outras moléculas orgânicas, o tratamento adequado é a

a) filtração, com o uso de filtros de carvão ativo.
b) fluoretação, pela adição de fluoreto de sódio.
c) coagulação, pela adição de sulfato de alumínio.
d) correção do pH, pela adição de carbonato de sódio.
e) floculação, em tanques de concreto com a água em movimento.

14. (ENEM) O principal processo industrial utilizado na produção de fenol é a oxidação do cumeno (isopropilbenzeno). A equação mostra que esse processo envolve a formação do hidroperóxido de cumila, que em seguida é decomposto em fenol e acetona, ambos usados na indústria química como precursores de moléculas mais complexas. Após o processo de síntese, esses dois insumos devem ser separados para comercialização individual.

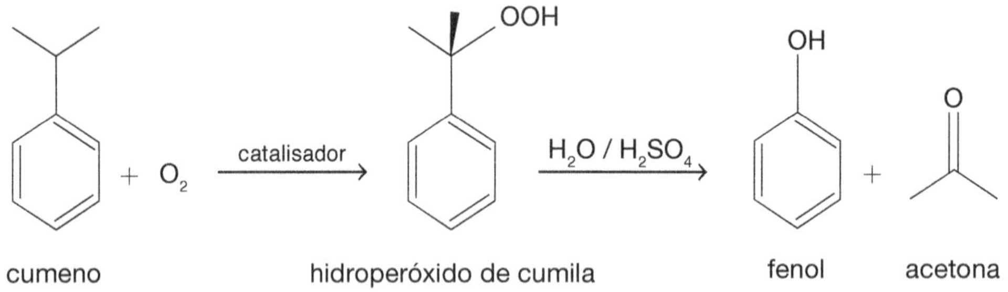
+ O_2
catalisador
OOH
H_2O / H_2SO_4
OH
+
O
cumeno
hidroperóxido de cumila
fenol
acetona

Considerando as características físico-químicas dos dois insumos formados, o método utilizado para a separação da mistura, em escala industrial, é a

a) filtração. b) ventilação. c) decantação. d) evaporação. e) destilação fracionada.

15. (ENEM) A capacidade de limpeza e a eficiência de um sabão dependem de sua propriedade de formar micelas estáveis, que arrastam com facilidade as moléculas impregnadas no material a ser limpo. Tais micelas têm em sua estrutura partes capazes de interagir com substâncias polares, como a água, e partes que podem interagir com substâncias apolares, como as gorduras e os óleos.

SANTOS, W. L. P.; MÓL, G. S. (Coords.). **Química e Sociedade.** São Paulo: Nova Geração, 2005 (adaptado).

A substância capaz de formar as estruturas mencionadas é

a) $C_{18}H_{36}$ b) $C_{17}H_{33}COONa$ c) CH_3CH_2COONa d) $CH_3CH_2CH_2COOH$ e) $CH_3CH_2CH_2CH_2OCH_2CH_2CH_2CH_3$

16. (ENEM) Pesticidas são substâncias utilizadas para promover o controle de pragas. No entanto, após sua aplicação em ambientes abertos, alguns pesticidas organoclorados são arrastados pela água até lagos e rios e, ao passar pelas guelras dos peixes, podem difundir-se para seus tecidos lipídicos e lá se acumularem.

A característica desses compostos, responsável pelo processo descrito no texto, é o(a)

a) baixa polaridade.
b) baixa massa molecular.
c) ocorrência de halogênios.
d) tamanho pequeno das moléculas.
e) presença de hidroxilas nas cadeias.

17. (ENEM) Em sua formulação, o *spray* de pimenta contém porcentagens variadas de oleorresina de *Capsicum*, cujo princípio ativo é a capsaicina, e um solvente (um álcool como etanol ou isopropanol). Em contato com os olhos, pele ou vias respiratórias, a capsaicina causa um efeito inflamatório que gera uma sensação de dor e ardor, levando à cegueira temporária. O processo é desencadeado pela liberação de neuropeptídios das terminações nervosas.

Como Funciona o Gás de Pimenta.
Disponível em: <http://pessoas.hsw.uol.com.br>.
Acesso em: 1.º mar. 2012 (adaptado).

Quando uma pessoa é atingida com o *spray* de pimenta nos olhos ou na pele, a lavagem da região atingida com água é ineficaz, porque a

a) reação entre etanol e água libera calor, intensificando o ardor.
b) solubilidade do princípio ativo em água é muito baixa, dificultando a sua remoção.
c) permeabilidade da água na pele é muito alta, não permitindo a remoção do princípio ativo.
d) solubilização do óleo em água causa um maior espalhamento além das áreas atingidas.
e) ardência faz evaporar rapidamente a água, não permitindo que haja contato entre o óleo e o solvente.

18. (ENEM) O carvão ativado é um material que possui elevado teor de carbono, sendo muito utilizado para a remoção de compostos orgânicos voláteis do meio, como o benzeno. Para a remoção desses compostos, utiliza-se a adsorção. Esse fenômeno ocorre por meio de interações do tipo intermoleculares entre a superfície do carvão (adsorvente) e o benzeno (adsorvato, substância adsorvida). No caso apresentado, entre o adsorvente e a substância adsorvida ocorre a formação de:

a) ligações dissulfeto.
b) ligações covalentes.
c) ligações de hidrogênio.
d) interações dipolo induzido-dipolo induzido.
e) interações dipolo permanente-dipolo permanente.

19. (ENEM) Os tensoativos são compostos capazes de interagir com substâncias polares e apolares. A parte iônica dos tensoativos interage com substâncias polares, e a parte lipofílica interage com as apolares. A estrutura orgânica de um tensoativo pede ser representada por:

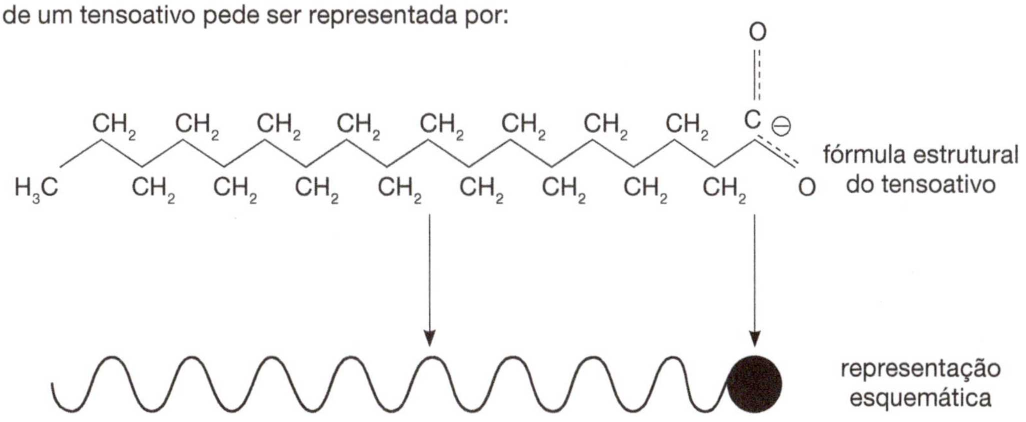
fórmula estrutural do tensoativo
representação esquemática

Ao adicionar um tensoativo sobre a água, suas moléculas formam um arranjo ordenado. Esse arranjo é representado esquematicamente por:

a)
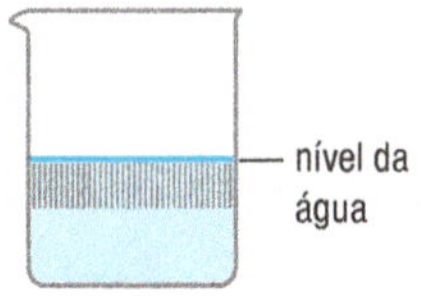
nível da água

b)
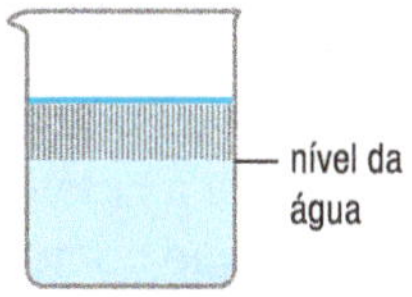
nível da água

c)
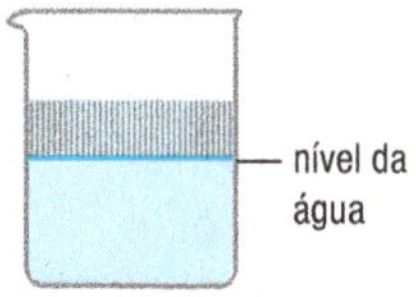
nível da água

d)
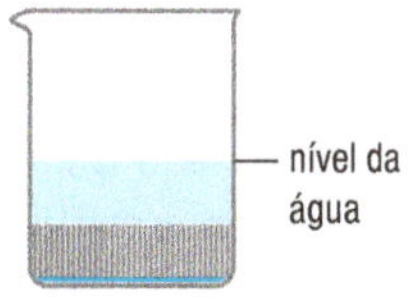
nível da água

e)
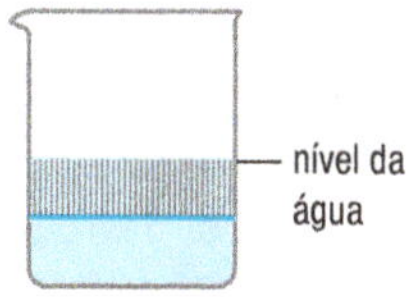
nível da água

Capítulo 10 – Reação de Adição em Cíclicos

20. (ENEM) A forma das moléculas, como representadas no papel, nem sempre é planar. Em determinado fármaco, a molécula contendo um grupo não planar é biologicamente ativa, enquanto moléculas contendo substituintes planares são inativas.

O grupo responsável pela bioatividade desse fármaco é

a) 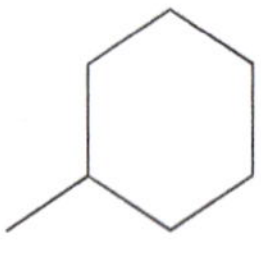

b) 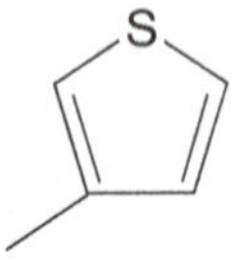
S

c) 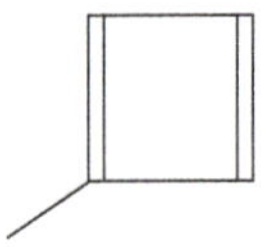

d) 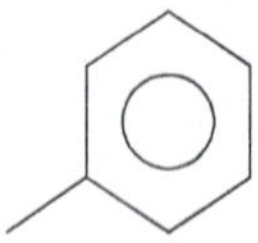

e) 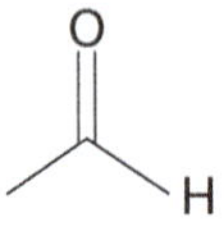
O
H

Capítulo 14 – Açúcares, Glicídios, Hidratos de Carbono ou Carboidratos

21. (ENEM) Com o objetivo de substituir as sacolas de polietileno, alguns supermercados têm utilizado um novo tipo de plástico ecológico, que apresenta em sua composição amido de milho e uma resina polimérica termoplástica, obtida a partir de uma fonte petroquímica.

ERENO, D. Plásticos de vegetais. **Pesquisa Fapesp,** n. 179, jan. 2011 (adaptado).

Nesses plásticos, a fragmentação da resina polimérica é facilitada porque os carboidratos presentes

a) dissolvem-se na água.
b) absorvem água com facilidade.
c) caramelizam por aquecimento e quebram.
d) são digeridos por organismos decompositores.
e) decompõem-se espontaneamente em contato com água e gás carbônico.

Capítulo 15 – Aminoácidos e Proteínas

22. (ENEM) A bile é produzida pelo fígado, armazenada na vesícula biliar e tem papel fundamental na digestão de lipídios. Os sais biliares são esteroides sintetizados no fígado a partir do colesterol, e sua rota de síntese envolve várias etapas. Partindo do ácido cólico representado na figura, ocorre formação dos ácidos glicocólico e taurocólico; o prefixo glico- significa a presença de um resíduo do aminoácido glicina e o prefixo tauro-, do aminoácido taurina.

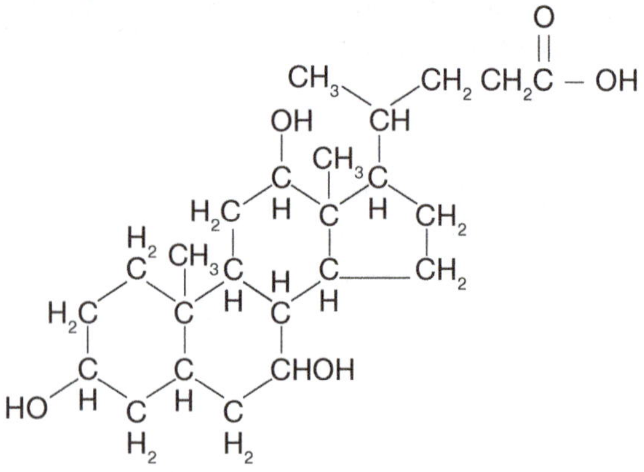
O
CH3
CH2 CH2C – OH
OH
CH
CH3
H2C
H
H
CH2
H2
C
CH3
C
H
C
CH2
H2C
H
H
C
C
CHOH
HO
H
C
H
C
H2
H2

ácido cólico

UCKO, D. A. **Química para as Ciências da Saúde:** uma introdução à Química Geral, Orgânica e Biológica. São Paulo: Manole, 1992 (adaptado).

A combinação entre o ácido cólico e a glicina ou taurina origina a função amida, formada pela reação entre o grupo amina desses aminoácidos e o grupo:

a) carboxila do ácido cólico.
b) aldeído do ácido cólico.
c) hidroxila do ácido cólico.
d) cetona do ácido cólico.
e) éster do ácido cólico.

23. (ENEM) Um pesquisador percebe que o rótulo de um dos vidros em que guarda um concentrado de enzimas digestivas está ilegível. Ele não sabe qual enzima o vidro contém, mas desconfia de que seja uma protease gástrica, que age no estômago digerindo proteínas. Sabendo que a digestão no estômago é ácida e no intestino é básica, ele monta cinco tubos de ensaio com alimentos diferentes, adiciona o concentrado de enzimas em soluções com pH determinado e aguarda para ver se a enzima age em algum deles.

O tubo de ensaio em que a enzima deve agir para indicar que a hipótese do pesquisador está correta é aquele que contém

a) cubo de batata em solução com pH = 9.
b) pedaço de carne em solução com pH = 5.
c) clara de ovo cozida em solução com pH = 9.
d) porção de macarrão em solução com pH = 5.
e) bolinha de manteiga em solução com pH = 9.

24. (ENEM) Na década de 1940, na Região Centro-Oeste, produtores rurais, cujos bois, porcos, aves e cabras estavam morrendo por uma peste desconhecida, fizeram uma promessa, que consistiu em não comer carne e derivados até que a peste fosse debelada. Assim, durante três meses, arroz, feijão, verduras e legumes formaram o prato principal desses produtores.

O Hoje, 15 out. 2011 (adaptado).

Para suprir o déficit nutricional a que os produtores rurais se submeteram durante o período da promessa, foi importante eles terem consumido alimentos ricos em

a) vitaminas A e E.
b) frutose e sacarose.
c) aminoácidos naturais.
d) aminoácidos essenciais.
e) ácidos graxos saturados.

25. (ENEM) Recentemente, um estudo feito em campos de trigo mostrou que níveis elevados de dióxido de carbono na atmosfera prejudicam a absorção de nitrato pelas plantas. Consequentemente, a qualidade nutricional desses alimentos pode diminuir à medida que os níveis de dióxido de carbono na atmosfera atingirem as estimativas para as próximas décadas.

BLOOM, A. J. *et al.* Nitrate Assimilation Is Inhibited by Elevated CO_2 in Field-grown Wheat. **Nature Climate Change**, n. 4, abr. 2014 (adaptado).

Nesse contexto, a qualidade nutricional do grão de trigo será modificada primariamente pela redução de

a) amido.
b) frutose.
c) lipídios.
d) celulose.
e) proteínas.

Capítulo 16 – Oxidação em Hidrocarbonetos

26. (ENEM) O rótulo de um desodorante aerossol informa ao consumidor que o produto possui em sua composição os gases isobutano, butano e propano, dentre outras substâncias. Além dessa informação, o rótulo traz, ainda, a inscrição "Não contém CFC". As reações a seguir, que ocorrem na estratosfera, justificam a não utilização de CFC (clorofluorcarbono ou Freon) nesse desodorante:

I) $CF_2Cl_2 \xrightarrow{UV} CF_2Cl\bullet + Cl\bullet$

II) $Cl\bullet + O_3 \longrightarrow O_2 + ClO\bullet$

A preocupação com as possíveis ameaças à camada de ozônio (O_3) baseia-se na sua principal função: proteger a matéria viva na Terra dos efeitos prejudiciais dos raios solares ultravioleta. A absorção da radiação ultravioleta pelo ozônio estratosférico é intensa o suficiente para eliminar boa parte da fração de ultravioleta que é prejudicial à vida. A finalidade da utilização dos gases isobutano, butano e propano neste aerossol é

a) substituir o CFC, pois não reagem com o ozônio, servindo como gases propelentes em aerossóis.
b) servir como propelentes, pois, como são muito reativos, capturam o Freon existente livre na atmosfera, impedindo a destruição do ozônio.
c) reagir com o ar, pois se decompõem espontaneamente em dióxido de carbono (CO_2) e água (H_2O), que não atacam o ozônio.
d) impedir a destruição do ozônio pelo CFC, pois os hidrocarbonetos gasosos reagem com a radiação UV, liberando hidrogênio (H_2), que reage com o oxigênio do ar (O_2), formando água (H_2O).
e) destruir o CFC, pois reagem com a radiação UV, liberando carbono (C), que reage com o oxigênio do ar (O_2), formando dióxido de carbono (CO_2), que é inofensivo para a camada de ozônio.

27. (ENEM) O permanganato de potássio ($KMnO_4$) é um agente oxidante forte muito empregado tanto em nível laboratorial quanto industrial. Na oxidação de alcenos de cadeia normal, como o 1-fenil-1-propeno, ilustrado na figura, o $KMnO_4$ é utilizado para a produção de ácidos carboxílicos.

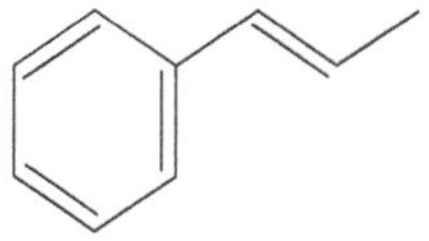

1-fenil-1-propeno

Os produtos obtidos na oxidação do alceno representado, em solução aquosa de $KMnO_4$, são

a) ácido benzoico e ácido etanoico.
b) ácido benzoico e ácido propanoico.
c) ácido etanoico e ácido 2-feniletanoico.
d) ácido 2-feniletanoico e ácido metanoico.
e) ácido 2-feniletanoico e ácido propanoico.

Capítulo 19 – Potencial de Eletrodo e suas Aplicações

28. (ENEM) A revelação das chapas de raios X gera uma solução que contém íons prata na forma de $Ag(S_2O_3)_2^{3-}$. Para evitar a descarga desse metal no ambiente, a recuperação de prata metálica pode ser feita tratando eletroquimicamente essa solução com uma espécie adequada. O quadro apresenta semirreações de redução de alguns íons metálicos.

Semirreação de redução	E^0 (V)
$Ag(S_2O_3)_2^{3-}(aq) + e^- \rightleftarrows Ag(s) + 2\ S_2O_3^{2-}(aq)$	+0,02
$Cu^{2+}(aq) + 2e^- \rightleftarrows Cu(s)$	+0,34
$Pt^{2+}(aq) + 2e^- \rightleftarrows Pt(s)$	+1,20
$Al^{3+}(aq) + 3e^- \rightleftarrows Al(s)$	−1,66
$Sn^{2+}(aq) + 2e^- \rightleftarrows Sn(s)$	−0,14
$Zn^{2+}(aq) + 2e^- \rightleftarrows Zn(s)$	−0,76

BENDASSOLLI, J. A. *et al.* Procedimentos para a Recuperação de Ag de Resíduos Líquidos e Sólidos. **Química Nova**, v. 26, n. 4, 2003 (adaptado).

Das espécies apresentadas, a adequada para essa recuperação é

a) Cu(s).
b) Pt(s).
c) $Al^{3+}(aq)$.
d) Sn(s).
e) $Zn^{2+}(aq)$.

29. (ENEM) A calda bordalesa é uma alternativa empregada no combate a doenças que afetam folhas de plantas. Sua produção consiste na mistura de uma solução aquosa de sulfato de cobre (II), $CuSO_4$, com óxido de cálcio, CaO, e sua aplicação só deve ser realizada se estiver levemente básica. A avaliação rudimentar da basicidade dessa solução é realizada pela adição de três gotas sobre uma faca de ferro limpa. Após três minutos, caso surja uma mancha avermelhada no local da aplicação, afirma-se que a calda bordalesa ainda não está com a basicidade necessária. O quadro apresenta os valores de potenciais-padrão de redução (E^0) para algumas semirreações de redução.

Semirreação de redução	E^0 (V)
$Ca^{2+} + 2e^- \longrightarrow Ca$	−2,87
$Fe^{3+} + 3e^- \longrightarrow Fe$	−0,04
$Cu^{2+} + 2e^- \longrightarrow Cu$	+0,34
$Cu^{+} + e^- \longrightarrow Cu$	+0,52
$Fe^{3+} + e^- \longrightarrow Fe^{2+}$	+0,77

MOTTA, I. S. **Calda Bordalesa:** utilidades e preparo. Dourados: Embrapa, 2008 (adaptado).

A equação química que representa a reação de formação da mancha avermelhada é:

a) $Ca^{2+}(aq) + 2\ Cu^{+}(aq) \longrightarrow Ca(s) + 2\ Cu^{2+}(aq)$
b) $Ca^{2}(aq) + 2\ Fe^{2+}(aq) \longrightarrow Ca(s) + 2\ Fe^{3+}(aq)$
c) $Cu^{2+}(aq) + 2\ Fe^{2+}(aq) \longrightarrow Cu(s) + 2\ Fe^{3+}(aq)$
d) $3\ Ca^{2+}(aq) + 2\ Fe(s) \longrightarrow 3\ Ca(s) + 2\ Fe^{3+}(aq)$
e) $3\ Cu^{2+}(aq) + 2\ Fe(s) \longrightarrow 3\ Cu(s) + 2\ Fe^{3}(aq)$

30. (ENEM) O boato de que os lacres das latas de alumínio teriam um alto valor comercial levou muitas pessoas a juntarem esse material na expectativa de ganhar dinheiro com sua venda. As empresas fabricantes de alumínio esclarecem que isso não passa de uma "lenda urbana", pois ao retirar o anel da lata, dificulta-se a reciclagem do alumínio. Como a liga do qual é feito o anel contém alto teor de magnésio, se ele não estiver junto com a lata, fica mais fácil ocorrer a oxidação do alumínio no forno. A tabela apresenta as semirreações e os valores de potencial-padrão de redução de alguns metais:

Semirreação	Potencial-padrão de redução (V)
$Li^{+} + e^- \longrightarrow Li$	−3,05
$K^{+} + e^- \longrightarrow K$	−2,93
$Mg^{2+} + 2e^- \longrightarrow Mg$	−2,36
$Al^{3+} + 3e^- \longrightarrow Al$	−1,66
$Zn^{2+} + 2e^- \longrightarrow Zn$	−0,76
$Cu^{2+} + 2e^- \longrightarrow Cu$	+0,34

Disponível em: <http://www.sucatas.com>. *Acesso em:* 28 fev. 2012 (adaptado).

Com base no texto e na tabela, que metais poderiam entrar na composição do anel das latas com a mesma função do magnésio, ou seja, proteger o alumínio da oxidação nos fornos e não deixar diminuir o rendimento da sua reciclagem?

a) Somente o lítio, pois ele possui o menor potencial de redução.
b) Somente o cobre, pois ele possui o maior potencial de redução.
c) Somente o potássio, pois ele possui potencial de redução mais próximo do magnésio.
d) Somente o cobre e o zinco, pois eles sofrem oxidação mais facilmente que o alumínio.
e) Somente o lítio e o potássio, pois seus potenciais de redução são menores do que o do alumínio.

31. (ENEM) Alimentos em conserva são frequentemente armazenados em latas metálicas seladas, fabricadas com um material chamado folha de flandres, que consiste de uma chapa de aço revestida com uma fina camada de estanho, metal brilhante e de difícil oxidação. É comum que a superfície interna seja ainda revestida por uma camada de verniz à base de epóxi, embora também existam latas sem esse revestimento, apresentando uma camada de estanho mais espessa.

SANTANA, V. M. S. A leitura e a química das substâncias. **Cadernos PDE.** Ivaiporã Secretaria de Estado da Educação do Paraná (SEED); Universidade Estadual de Londrina, 2010 (adaptado).

Comprar uma lata de conserva amassada no supermercado é desaconselhável porque o amassado pode

a) alterar a pressão no interior da lata, promovendo a degradação acelerada do alimento.
b) romper a camada de estanho, permitindo a corrosão do ferro e alterações do alimento.
c) prejudicar o apelo visual da embalagem, apesar de não afetar as propriedades do alimento.
d) romper a camada de verniz, fazendo com que o metal tóxico estanho contamine o alimento.
e) desprender camadas de verniz, que se dissolverão no meio aquoso, contaminando o alimento.

32. (ENEM)

Texto I

Biocélulas combustíveis são uma alternativa tecnológica para substituição das baterias convencionais. Em uma biocélula microbiológica, bactérias catalisam reações de oxidação de substratos orgânicos. Liberam elétrons produzidos na respiração celular para um eletrodo, onde fluem por um circuito externo até o cátodo do sistema, produzindo corrente elétrica. Uma reação típica que ocorre em biocélulas microbiológicas utiliza o acetato como substrato.

AQUINO NETO, S. **Preparação e Caracterização de Bioanodos para Biocélula e Combustível Etanol/O_2.** *Disponível em:* <http://www.teses.usp.br>. *Acesso em:* 23 jun. 2015 (adaptado).

Texto II

Em sistemas bioeletroquímicos, os potenciais-padrão (E^0) apresentam valores característicos. Para as biocélulas de acetato, considere as seguintes semirreações de redução e seus respectivos potenciais:

$$2\,CO_2 + 7\,H^+ + 8e^- \longrightarrow CH_3COO^- + 2\,H_2O \qquad E^0 = -0{,}3\ V$$

$$O_2 + 4\,H^+ + 4\,e^- \longrightarrow 2\,H_2O \qquad E^0 = +0{,}8\ V$$

SCOTI, K.; YU, E. H. Microbial electrochemical and fuel cells: fundamentals and applications. **Woodhead Publishing Series in Energy**, n. 88, 2016 (adaptado).

Nessas condições, qual é o número mínimo de biocélulas de acetato, ligadas em série, necessárias para se obter uma diferença de potencial de 4,4 V?

a) 3 b) 4 c) 6 d) 9 e) 15

Capítulo 21 – Eletrólise Qualitativa

33. (ENEM) Para que apresente condutividade elétrica adequada a muitas aplicações, o cobre bruto obtido por métodos térmicos é purificado eletroliticamente. Nesse processo, o cobre bruto impuro constitui o ânodo da célula, que está imerso em uma solução de $CuSO_4$. À medida que o cobre impuro é oxidado no ânodo, íons Cu^{2+} da solução são depositados na forma pura no cátodo. Quanto às impurezas metálicas, algumas são oxidadas, passando à solução, enquanto outras simplesmente se desprendem do ânodo e se sedimentam abaixo dele. As impurezas sedimentadas são posteriormente processadas, e sua comercialização gera receita que ajuda a cobrir os custos do processo. A série eletroquímica a seguir lista o cobre e alguns metais presentes como impurezas no cobre bruto de acordo com suas forças redutoras relativas.

ouro
platina
prata
cobre
chumbo
níquel
zinco

↓ **força redutora**

Entre as impurezas metálicas que constam na série apresentada, as que se sedimentam abaixo do ânodo de cobre são

a) Au, Pt, Ag, Zn, Ni e Pb.
b) Au, Pt e Ag.
c) Zn, Ni e Pb.
d) Au e Zn.
e) Ag e Pb.

34. (ENEM) Eu também podia decompor a água, se fosse salgada ou acidulada, usando a pilha de Daniell como fonte de força. Lembro o prazer extraordinário que sentia ao decompor um pouco de água em uma taça para ovos quentes, vendo-a separar-se em seus elementos, o oxigênio em um eletrodo, o hidrogênio no outro. A eletricidade de uma pilha de 1 volt parecia tão fraca, e no entanto podia ser suficiente para desfazer um composto químico, a água.

SACKS, O. **Tio Tungstênio:** memórias de uma infância química. São Paulo: Cia. das Letras, 2002.

O fragmento do romance de Oliver Sacks relata a separação dos elementos que compõem a água. O princípio do método apresentado é utilizado industrialmente na

a) obtenção de ouro a partir de pepitas.
b) obtenção de calcário a partir de rochas.
c) obtenção de alumínio a partir de bauxita.
d) obtenção de ferro a partir de seus óxidos.
e) obtenção de amônia a partir de hidrogênio e nitrogênio.

Capítulo Extra – Siga o modelo

35. (ENEM) Hidrocarbonetos podem ser obtidos em laboratório por descarboxilação oxidativa anódica, processo conhecido como eletrossíntese de Kolbe. Essa reação é utilizada na síntese de hidrocarbonetos diversos, a partir de óleos vegetais, os quais podem ser empregados como fontes alternativas de energia, em substituição aos hidrocarbonetos fósseis. O esquema ilustra simplificadamente esse processo.

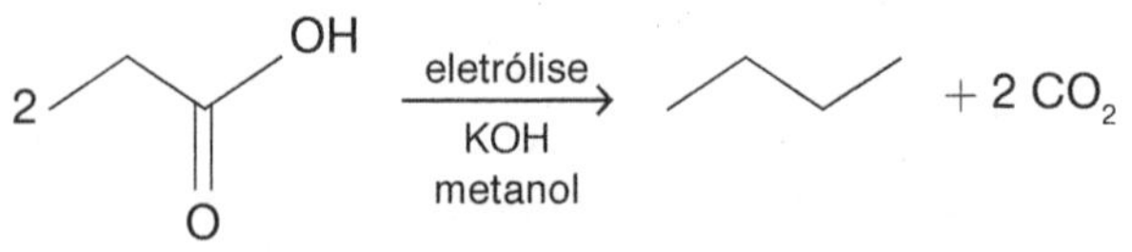

2
OH
O
eletrólise
KOH
metanol
+ 2 CO2

AZEVEDO, D. C.; GOULART, M. O. F. Estereosseletividade em reações eletródicas. **Química Nova**, n. 2, 1997 (adaptado).

Com base nesse processo, o hidrocarboneto produzido na eletrólise do ácido 3,3-dimetil-butanoico é o

a) 2,2,7,7-tetrametil-octano.
b) 3,3,4,4-tetrametil-hexano.
c) 2,2,5,5-tetrametil-hexano.
d) 3,3,6,6-tetrametil-octano.
e) 2,2,4,4-tetrametil-hexano.

36. (ENEM) Nucleófilos (Nu^-) são bases de Lewis que reagem com haletos de alquila por meio de uma reação chamada substituição nucleofílica (SN), como mostrado no esquema:

$$\mathbf{R} - X + Nu^- \longrightarrow \mathbf{R} - Nu + X^-$$

(**R**: grupo alquila; X: halogênio)

A reação de SN entre metóxido de sódio ($Nu^- = CH_3O^-$) e brometo de metila fornece um composto orgânico pertencente à função

a) éter.
b) éster.
c) álcool.
d) haleto.
e) hidrocarboneto.